전기산업기사 합격수기 보러가기

# 이제 합격은 **당신** 차례입니다.
# 한솔과 함께라면 빠르게 합격할 수 있습니다!

## 한솔아카데미와 함께 합격의 주인공이 되어보세요!

**비전공자 이*일**

### # 어떤 분야든 2년만 열심히 공부하면 전문가가 될 수 있다

공기업 정년퇴직 후 아파트 시설관리업무를 시작하였습니다. 공부를 한 계기는 매주 전기안전점검 오시는 기사분이 전기산업기사 공부를 권유하여 무작정 공부를 시작하였는데 제가 문과라서 벡터 스칼라 또는 공학용 계산기 자체와 접근성이 매우 떨어졌습니다. 그렇게 포기를 하고 약 2년이 지나서 우연히 고교절친을 만났는데 전기산업기사 자격증을 가지고 있었습니다. 친구의 조언을 받아 한솔아카데미에 등록하여 진도를 따라가니 혼자 할 때는 진도가 안 나갔는데 내용은 잘 몰라도 진도는 나갔습니다. 아무 생각 없이 일회독을 하니 자신감이 붙기 시작하였고 두 번 세 번 반복하니 첫 시험에서 과락점수가 나온 과목도 조금씩 올라가기 시작하였습니다. 2024년 2회 차에 필기시험에 합격을 했습니다. 한솔아카데미 인강 시작 후 6개월 만에 이룬 쾌거였습니다. 1차 필기시험은 회로이론과 전기자기학이 힘들었습니다. 인강을 듣고 반복하여 외우고 난이도가 있는 공식은 벽과 화장실에 붙여두고 반복하여 외웠습니다. 2차 실기시험도 한솔아카데미 인터넷 강의로 공부했습니다. 10년치 문제를 8번 정도 반복하여 풀었습니다. 2차 실기는 반복해서 문제풀이에 집중하였고 특히 난이도가 있는 문제를 하루 1문제씩 외우는 방식으로 문제를 해결해 나갔습니다. 여러분의 건투를 빕니다.

**직장인 오*국**

### # 너무나 바쁜 투잡러의 전기산업기사 합격 후기!!!!

두 가지 일을 하는 49세 투잡러입니다. 대학 전공은 약간 관련 있는 이점이 있긴 하였지만, 20년 넘는 세월 동안 다 잊어버리고, 직업은 전기 비슷한 일을 하였지만 자격증과는 별 관련 없는 일을 하며 살았습니다. 더 나이가 들기 전에 자격증을 꼭 취득해야겠다는 다짐을 하고 한솔아카데미를 만나게 되었습니다. 하지만 두 가지 일을 하며 공부를 한다는 것은 쉽지 않았습니다. 저는 한솔아카데미의 필기와 실기 인강을 잘 활용했습니다. 몸이 피곤할 때는 졸더라도 인강을 재생시켜 반복해서 들었습니다. 그냥 한두 번 들은 것이 아니라 필기는 4회, 실기는 6회 정도 들었습니다. 직접 볼펜을 들고 공책에 풀어보지 못한 문제도 많았습니다. 하지만 교수님들의 강의를 듣고 또 들으니 시험장에서 어느 정도 생각이 났습니다. 인강을 들은 시간은 많았지만, 막상 문제를 직접 푸는 제대로 된 공부 시간은 절대적으로 부족한 상황에서 전기기사는 아쉽게 불합격이지만, 전기산업기사는 극적으로 합격을 하였습니다. 일단 저에게는 한솔아카데미 강의가 너무 잘 맞습니다. 또한 중요한 개념은 반복하여 설명을 해주시니 잊을래야 잊을 수도 없습니다. 지난 시험 후 계속 강의를 들으니 이제는 전기기사도 합격할 수 있을 것 같습니다. 인강을 들으면 들을수록 이전에 몰랐던 것도 하나씩 하나씩 알게 되고 직접 문제풀이한 문제는 쉽게 이해가 되었습니다. 이제는 11월의 기사 시험이 기다려집니다. 자신 있습니다.

# 전용 홈페이지를 통한
# 2026/365일 학습질의응답 관리

## 홈페이지 주요메뉴

http://www.inup.co.kr

**수강신청**
- 필기+실기 패키지
- 필기과정
- 실기과정
- 교수진

**무료제공 동영상강의 한솔TV**
- 전기입문특강
- 필기대비 무료강의
- 실기대비 무료강의
- 한솔TV 특강

**기출문제·학습자료**
- 전기기사 필기
- 전기산업기사 필기
- 전기기사 실기
- 전기산업기사 실기
- 전기공사기사 필기
- 전기공사산업기사 필기

**수험정보·EVENT**
- 이벤트
- 전기(산업)기사란?
- 수험정보
- 전기기사 수험자료
- 학습정보/특강
- 전기기사 합격가이드

**학원강의**
- 학원강의 개강안내
- 수강신청(내일배움카드)
- 교수진

**교재안내**
- 전기 필기
- 전기 실기

**학습게시판·합격수기**
- 학습 Q&A
- 공지사항
- 합격수기/커뮤니티

**나의 강의실**

# 한솔아카데미가 답이다!
# 전기산업기사 5주완성 인터넷 강좌

## 한솔과 함께라면 빠르게 합격 할 수 있습니다.

### 강의수강 중 학습관련 문의사항, 성심성의껏 답변드리겠습니다.

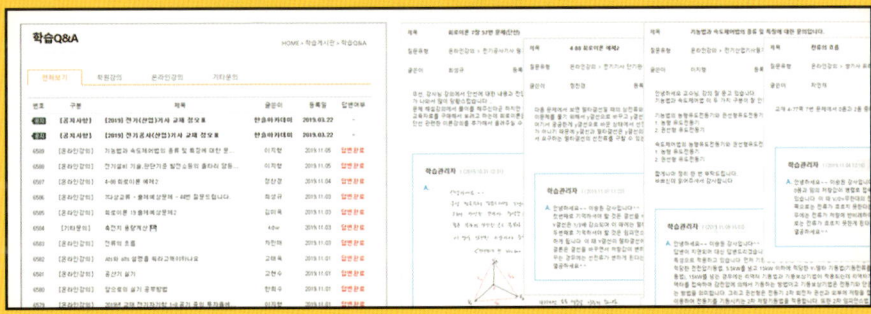

## 전기산업기사 5주완성 유료 동영상 강의

| 구 분 | 과 목 | 담당강사 | 강의시간 | 동영상 | 교 재 |
|---|---|---|---|---|---|
| 필 기 | 전기자기학 | 윤종식 | 약 31시간 | | |
| | 전력공학 | 김민혁 | 약 17시간 | | |
| | 전기기기 | 이승원 | 약 28시간 | | |
| | 회로이론 | 이승원 | 약 33시간 | | |
| | 전기설비기술기준 | 윤홍준 | 약 25시간 | | |
| | 산업기사 과년도 | 과목별 교수님 | 약 44시간 | | |

• 유료 동영상강의 수강방법 : www.inup.co.kr

꿈은 이루어진다
www.inup.co.kr

## 2026 완벽대비

**핵심포켓북**
동영상강의 제공

각 과목별 핵심정리 및 과년도문제 분석

# 전기산업기사
## 5주 완성

**INUP**
2026 대비

전용 홈페이지 학습게시판을 통한
담당교수님의 1:1 질의응답 학습관리

www.inup.co.kr

29년간 기출문제 분석
**3** 적중문제

한솔아카데미

# Contents

## 12개년 기출문제(2014~2025) 완벽한 해설

### 01 과년도 출제문제(2021~2025)

| | |
|---|---|
| 2021년 해설 및 정답 | 2 |
| 2022년 해설 및 정답 | 81 |
| 2023년 해설 및 정답 | 159 |
| 2024년 해설 및 정답 | 245 |
| 2025년 해설 및 정답 | 323 |

### 02 과년도 출제문제(2014~2020) 다운로드 제공

홈페이지(www.inup.co.kr)에서 다운받으실 수 있습니다.

- 2014년 제1회 기출 실전테스트
- 2014년 제2회 기출 실전테스트
- 2014년 제3회 기출 실전테스트
- 2015년 제1회 기출 실전테스트
- 2015년 제2회 기출 실전테스트
- 2015년 제3회 기출 실전테스트
- 2016년 제1회 기출 실전테스트
- 2016년 제2회 기출 실전테스트
- 2016년 제3회 기출 실전테스트
- 2017년 제1회 기출 실전테스트
- 2017년 제2회 기출 실전테스트
- 2017년 제3회 기출 실전테스트
- 2018년 제1회 기출 실전테스트
- 2018년 제2회 기출 실전테스트
- 2018년 제3회 기출 실전테스트
- 2019년 제1회 기출 실전테스트
- 2019년 제2회 기출 실전테스트
- 2019년 제3회 기출 실전테스트
- 2020년 제1·2회 기출 실전테스트
- 2020년 제3회 기출 실전테스트
- 2020년 제4회 기출 실전테스트

### 03 CBT대비 8회 실전테스트

홈페이지(www.inup.co.kr)에서 필기시험 문제를 CBT 모의 TEST로 체험하실 수 있습니다.

- CBT 필기시험문제 제1회 (2025년 제1회 과년도)
- CBT 필기시험문제 제2회 (2025년 제3회 과년도)
- CBT 필기시험문제 제3회 (2024년 제1회 과년도)
- CBT 필기시험문제 제4회 (2024년 제3회 과년도)
- CBT 필기시험문제 제5회 (2023년 제1회 과년도)
- CBT 필기시험문제 제6회 (2023년 제3회 과년도)
- CBT 필기시험문제 제7회 (2022년 제1회 과년도)
- CBT 필기시험문제 제8회 (2022년 제3회 과년도)

# 전기산업기사 5주완성 06

Industrial Engineer Electricity

## 과년도출제문제

❶ 2021년 1회  과년도문제해설 및 정답 … 2
❷ 2021년 2회  과년도문제해설 및 정답 … 28
❸ 2021년 3회  과년도문제해설 및 정답 … 54
❹ 2022년 1회  과년도문제해설 및 정답 … 81
❺ 2022년 2회  과년도문제해설 및 정답 … 107
❻ 2022년 3회  과년도문제해설 및 정답 … 133
❼ 2023년 1회  과년도문제해설 및 정답 … 159
❽ 2023년 2회  과년도문제해설 및 정답 … 187
❾ 2023년 3회  과년도문제해설 및 정답 … 217
❿ 2024년 1회  과년도문제해설 및 정답 … 245
⓫ 2024년 2회  과년도문제해설 및 정답 … 271
⓬ 2024년 3회  과년도문제해설 및 정답 … 297
⓭ 2025년 1회  과년도문제해설 및 정답 … 323
⓮ 2025년 2회  과년도문제해설 및 정답 … 351
⓯ 2025년 3회  과년도문제해설 및 정답 … 378

# 1. 전기자기학(CBT시험 복원문제)

2021년 1회 전기산업기사

※ 본 기출문제는 수험자의 기억을 바탕으로 하여 복원한 문제이므로 실제 문제와 다를 수 있음을 미리 알려드립니다.

**01** 넓이 4[m²], 간격 1[m]의 진공 평행판 콘덴서에 1[C]의 전하를 충전하는 경우 평행판 사이의 힘[N]은?

① $\dfrac{1}{4\epsilon_0}$ [N]   ② $\dfrac{1}{8\epsilon_0}$ [N]

③ $\dfrac{1}{16\epsilon_0}$ [N]   ④ $\dfrac{1}{32\epsilon_0}$ [N]

> **평행판 사이의 작용력($F$)**
> 전계의 세기 $E$, 면적 $S$, 간격 $d$, 전하 $Q$, 면전하밀도 $\rho_s$, 진공유전율 $\epsilon_0$라 하면
> $E=\dfrac{\rho_s}{\epsilon_0}=\dfrac{Q}{\epsilon_0 S}$ [V/m], $F=EQ$ [N]이므로
> $s=4$ [m²], $d=1$ [m], $Q=1$ [C]일 때
> ∴ $F=EQ=\dfrac{Q^2}{\epsilon_0 S}=\dfrac{1^2}{\epsilon_0 \times 4}=\dfrac{1}{4\epsilon_0}$ [N]

**02** 맥스웰(Maxwell)의 전자방정식 중 성립하지 않는 식은?

① $\text{div} D = \rho$   ② $\text{div} B = 0$

③ $\text{rot} E = \dfrac{\partial B}{\partial t}$   ④ $H = J + \dfrac{\partial D}{\partial t}$

> **맥스웰 방정식**
> (1) 패러데이-노이만의 전자유도법칙에서 유도된 전자방정식
> $\text{rot } E = \nabla \times E = -\dfrac{\partial B}{\partial t} = -\mu \dfrac{\partial H}{\partial t}$
> (2) 암페어의 주회적분법칙에서 유도된 전자방정식
> $\text{rot } H = \nabla \times H = J + i_d = J + \dfrac{\partial D}{\partial t} = J + \epsilon \dfrac{\partial E}{\partial t}$
> (3) 가우스의 발산정리에 의해서 유도된 전자방정식
> $\text{div } D = \rho_v$, $\text{div } B = 0$

**03** 전류 2π[A]가 흐르고 있는 무한직선도체로부터 2[m]만큼 떨어진 자유공간 내 P점의 자속밀도의 세기[Wb/m²]는?

① $\dfrac{\mu_0}{8}$   ② $\dfrac{\mu_0}{4}$

③ $\dfrac{\mu_0}{2}$   ④ $\mu_0$

> **직선도체에 의한 자계의 세기($H$) 및 자속밀도($B$)**
> $H=\dfrac{NI}{l}=\dfrac{NI}{2\pi r}$ [AT/m]
> $B=\mu_0 H=\dfrac{\mu_0 NI}{l}=\dfrac{\mu_0 NI}{2\pi r}$ [Wb/m²]이므로
> $N=1$, $I=2\pi$ [A], $r=2$ [m]일 때
> ∴ $B=\dfrac{\mu_0 NI}{2\pi r}=\dfrac{\mu_0 \times 2\pi}{2\pi \times 2}=\dfrac{\mu_0}{2}$ [Wb/m²]

**04** 전계 $E = i3x^2 + j2xy^2 + kx^2yz$의 $\text{div} E$는 얼마인가?

① $-i6x + jxy + kx^2y$

② $i6x + j6xy + kx^2y$

③ $-6x - 6xy - x^2y$

④ $6x + 4xy + x^2y$

> **전계의 발산($\text{div } E$)**
> $\text{div } E = \nabla \cdot E = \dfrac{\partial E_x}{\partial x}+\dfrac{\partial E_y}{\partial y}+\dfrac{\partial E_z}{\partial z}$ 이며
> $E = E_x i + E_y j + E_z k = i3x^2 + j2xy^2 + kx^2yz$이므로
> $E_x = 3x^2$, $E_y = 2xy^2$, $E_z = x^2yz$일 때
> ∴ $\text{div } E = \dfrac{\partial}{\partial x}(3x^2)+\dfrac{\partial}{\partial y}(2xy^2)+\dfrac{\partial}{\partial z}(x^2yz)$
> $= 6x + 4xy + x^2y$

정답  01 ①  02 ③  03 ③  04 ④

**05** 그림과 같이 권수 $N$회, 평균 반지름 $r$[m]인 환상솔레노이드에 $I$ [A]의 전류가 흐를 때 중심 O점의 자계의 세기는 몇 [AT/m]인가? (단, 누설자속은 없다고 함)

① 0
② $NI$
③ $\dfrac{NI}{2\pi r}$
④ $\dfrac{NI}{2\pi r^2}$

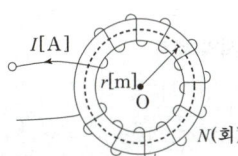

환상 솔레노이드에 의한 자계의 세기
$H_{\text{in}} = \dfrac{NI}{l} = \dfrac{NI}{2\pi r}$ [AT/m], $H_{\text{out}} = 0$ [AT/m]일 때
중심 O점은 솔레노이드의 외부에 해당하므로
∴ $H_{\text{out}} = 0$ [AT/m]

**06** 한 금속에서 전류의 흐름으로 인한 온도 구배 부분의 줄열 이외의 발열 또는 흡열에 관한 현상은?

① 펠티에 효과(Peltier effect)
② 볼타 법칙(Volta law)
③ 제벡 효과(Seebeck effect)
④ 톰슨 효과(Thomson effect)

전기효과
(1) 펠티에(Peltier) 효과 : 두 종류의 도체로 접합된 폐회로에 전류를 흘리면 접합점에서 열의 흡수 또는 발생이 일어나는 현상. 전자냉동의 원리
(2) 볼타(Volta) 효과 : 서로 다른 두 종류의 금속을 접촉시킨 다음 얼마 후에 떼어서 보면 정(+) 및 부(−) 전하로 대전되는 현상
(3) 제벡(Seebeck) 효과 : 두 종류의 도체로 접합된 폐회로에 온도차를 주면 접합점에서 기전력차가 생겨 전류가 흐르게 되는 현상. 열전온도계나 태양열발전 등이 이에 속한다.
(4) 톰슨(Thomson) 효과 : 같은 도선에 온도차가 있을 때 전류를 흘리면 열의 흡수 또는 발생이 일어나는 현상

**07** 전계와 자계와의 관계식으로 옳은 것은?

① $\sqrt{\epsilon}H = \sqrt{\mu}E$
② $\sqrt{\mu}H = \sqrt{\epsilon}E$
③ $\sqrt{\epsilon\mu} = EH$
④ $\epsilon\mu = EH$

고유임피던스($\eta$)
$\eta = \dfrac{E}{H} = \sqrt{\dfrac{\mu}{\epsilon}} = \sqrt{\dfrac{\mu_0}{\epsilon_0}} \cdot \sqrt{\dfrac{\mu_s}{\epsilon_s}} = 120\pi\sqrt{\dfrac{\mu_s}{\epsilon_s}}$
$= 377\sqrt{\dfrac{\mu_s}{\epsilon_s}}$ [$\Omega$]
∴ $\sqrt{\mu}H = \sqrt{\epsilon}E$

**08** 유전체에서 변위전류를 발생하는 것은?

① 분극전하밀도의 시간적 변화
② 분극전하밀도의 공간적 변화
③ 자속밀도의 시간적 변화
④ 전속밀도의 시간적 변화

변위전류란 유전체 내에 흐르는 전류로서 전속밀도의 시간적 변화에 의해서 정해진다.

**09** 전류에 의한 자계의 방향을 결정하는 법칙은?

① Ampere의 오른나사 법칙
② Fleming의 오른손 법칙
③ Fleming의 왼손 법칙
④ Lentz의 법칙

암페어의 오른나사법칙
무한장 직선도체의 전류에 의한 자계의 세기 방향은 암페어의 오른나사법칙에 의해서 결정되며 암페어의 주회적분으로 자계의 세기를 구할 수 있다.

정답 05 ① 06 ④ 07 ② 08 ④ 09 ①

**10** 어느 철심에 도선을 250회 감고 여기에 2[A]의 전류를 흘릴 때 발생하는 자속이 0.02[Wb]이었다. 이 코일의 자기인덕턴스는 몇 [H]인가?

① 1.05　② 1.25
③ 2.5　④ $\sqrt{2}\pi$

> **자기인덕턴스($L$)**
> $LI = N\phi$ 식에서
> $N = 250$, $I = 2$ [A], $\phi = 0.02$ [Wb]일 때
> $\therefore L = \dfrac{N\phi}{I} = \dfrac{250 \times 0.02}{2} = 2.5$ [H]

**11** 그림과 같이 비투자율 $\mu_r$이 800, 원형단면적 S가 10[cm²], 평균 자로의 길이 $l$이 30[cm]의 환상철심에 코일을 600회 감아 1[A]의 전류를 흘릴 때 철심내 자속은 약 몇 [Wb]인가?

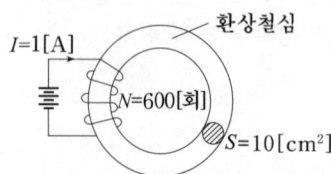

① $1.51 \times 10^{-1}$ [Wb]
② $2.01 \times 10^{-1}$ [Wb]
③ $1.51 \times 10^{-3}$ [Wb]
④ $2.01 \times 10^{-3}$ [Wb]

> **자기회로 내의 옴의 법칙**
> $S = 10$ [cm²], $l = 30$ [cm], $N = 600$, $I = 1$ [A], $\mu_r = 800$일 때
> $\therefore \phi = \dfrac{\mu_0 \mu_r SNI}{l}$
> $= \dfrac{4\pi \times 10^{-7} \times 800 \times 10 \times 10^{-4} \times 600 \times 1}{30 \times 10^{-2}}$
> $= 2.01 \times 10^{-3}$ [Wb]

**12** 원점에 $10^{-8}$[C]의 전하가 있을 때 점(1, 2, 2)[m]에서의 전계의 세기는 몇 [V/m]인가?

① 0.1　② 1
③ 10　④ 100

> **전계의 세기**
> $Q = 10^{-8}$ [C],
> $r = \sqrt{x^2 + y^2 + z^2} = \sqrt{1^2 + 2^2 + 2^2} = 3$ [m]이므로
> $E = \dfrac{Q}{4\pi\epsilon_0 r^2} = 9 \times 10^9 \times \dfrac{10^{-8}}{3^2} = 10$ [V/m]

**13** 10[A]가 흐르는 1[m] 간격의 평행 도체 사이의 1[m] 당 작용하는 힘[N/m]은?

① 1　② $10^{-5}$
③ $2 \times 10^{-5}$　④ $2 \times 10^{-7}$

> **평행도선 사이의 작용력($F$)**
> $F = \dfrac{\mu_0 I_1 I_2}{2\pi r}$ [N/m]이므로
> $I_1 = I_2 = 10$ [A], $r = 1$ [m]일 때
> $\therefore F = \dfrac{\mu_0 I^2}{2\pi r} = \dfrac{4\pi \times 10^{-7} \times 10^2}{2\pi \times 1} = 2 \times 10^{-5}$ [N/m]

**14** 두 유전체의 경계면에서 정전계가 만족하는 것은?

① 전계의 법선성분이 같다.
② 전속밀도의 접선성분이 같다.
③ 경계면상의 두 점간의 전위차가 같다.
④ 전속은 유전율이 작은 유전체로 모인다.

> **유전체 내에서의 경계조건**
> (1) 전계의 세기는 경계면의 접선성분이 서로 같다.
> $E_1 \sin \theta_1 = E_2 \sin \theta_2$
> (2) 전속밀도는 경계면의 법선성분이 서로 같다.
> $D_1 \cos \theta_1 = D_2 \cos \theta_2$ 또는
> $\epsilon_1 E_1 \cos \theta_1 = \epsilon_2 E_2 \cos \theta_2$
> (3) 굴절각 조건
> $\dfrac{\epsilon_1}{\epsilon_2} = \dfrac{\tan \theta_1}{\tan \theta_2}$ 또는 $\epsilon_1 \tan \theta_2 = \epsilon_2 \tan \theta_1$
> $\therefore$ 경계면상의 두 점간의 전위차가 같다.

정답 10 ③　11 ④　12 ③　13 ③　14 ③

**15** 자장 중에서 도선에 발생되는 유기 기전력의 방향은 어떤 법칙에 의하여 설명되는가?

① 패러데이(Faraday)의 법칙
② 앙페르(Ampere)의 오른나사 법칙
③ 렌츠(Lenz)의 법칙
④ 가우스(Gauss)의 법칙

> **전자유도법칙**
> (1) 패러데이법칙
>    회로에 발생하는 유기기전력은 자속쇄교수의 시간에 대한 감쇠율에 비례한다.
>    $$e = -N\frac{d\phi}{dt} \text{ [V]}$$
> (2) 렌쯔의 법칙
>    유기기전력의 방향은 자속의 변화를 방해하는 방향으로 유도된다.

**16** 500[AT/m]의 자계 중에 어떤 자극을 놓았을 때 $3 \times 10^3$[N]의 힘이 작용했다면 이때의 자극의 세기는 몇 [Wb]인가?

① 2[Wb]  ② 3[Wb]
③ 5[Wb]  ④ 6[Wb]

> **작용력($F$)과 자계의 세기($H$) 관계**
> 자계 중에 자극을 놓았을 때 자극에 의한 작용력($F$)과 자계의 세기($H$)는
> $$F = \frac{m^2}{4\pi\mu_0 r^2} = 6.33 \times 10^4 \times \frac{m^2}{r^2} \text{ [N]}$$
> $$H = \frac{m}{4\pi\mu_0 r^2} = 6.33 \times 10^4 \times \frac{m}{r^2} = \frac{F}{m} \text{ [AT/m]}$$이므로
> $H = 500$ [AT/m], $F = 3 \times 10^3$ [N]일 때
> $$\therefore m = \frac{F}{H} = \frac{3 \times 10^3}{500} = 6 \text{ [Wb]}$$

**17** 정전차폐와 자기차폐를 비교하였을 때 옳은 것은?

① 정전차폐가 자기차폐에 비교하여 완전하다.
② 정전차폐가 자기차폐에 비교하여 불완전하다.
③ 두 차폐방법은 모두 완전하다.
④ 두 차폐방법은 모두 불완전하다.

> **정전차폐와 자기차폐**
> (1) 정전차폐
>    임의의 도체를 일정전위의 도체로 완전히 감싸면 내외공간의 전계를 완전히 차단할 수 있는 현상으로 도전율이 매우 큰 양도체를 이용한다. 양도체의 경우 절연체에 비해 도전율이 $10^{20}$배 정도 된다.
> (2) 자기차폐
>    투자율이 매우 큰 자성재료를 이용하여 대상이 되는 장치 또는 시설을 완전히 감싸면 전자계의 영향으로부터 차단하게 되는 현상으로 일반적인 강자성체의 투자율이 $10^5$ 정도이다.
> ∴ 정전차폐가 자기차폐에 비해서 완전함을 알 수 있다.

**18** 반지름 $a$[m]인 접지 구도체의 중심으로부터 $d$[m]($>a$)인 곳에 점전하 $Q$[C]가 있다면 구도체에 유기되는 전하량은 몇 [C]인가?

① $-\frac{a}{d}Q$ [C]  ② $+\frac{a}{d^2}Q$ [C]
③ $-\frac{d}{a}Q$ [C]  ④ $+\frac{d^2}{a}Q$ [C]

> **접지구도체와 점전하**
> 접지구도체로부터 영상전하($Q'$)와 그 위치 및 작용력($F$)은
> (1) 영상전하 $Q' = -\frac{a}{d}Q$ [C]
> (2) 영상전하의 위치 $= +\frac{a^2}{d}$ [m]
> (3) 작용력
> $$F = \frac{QQ'}{4\pi\epsilon_0\left(d - \frac{a^2}{d}\right)^2} = \frac{QQ'}{4\pi\epsilon_0\left(\frac{d^2 - a^2}{d}\right)^2} \text{ [N]}$$

**19** 유전율 $\epsilon$, 투자율 $\mu$인 매질 중을 주파수 $f$[Hz]의 전자파가 전파되어 나갈 때의 파장은 몇 [m]인가?

① $f\sqrt{\epsilon\mu}$
② $\dfrac{1}{f\sqrt{\epsilon\mu}}$
③ $\dfrac{f}{\sqrt{\epsilon\mu}}$
④ $\dfrac{\sqrt{\epsilon\mu}}{f}$

> 파장 $\lambda$, 주파수 $f$, 각속도 $\omega$, 위상정수 $\beta$, 인덕턴스 $L$, 정전용량 $C$라 하면
> $v = \lambda f = \dfrac{\omega}{\beta} = \dfrac{1}{\sqrt{LC}} = \dfrac{1}{\sqrt{\epsilon\mu}}$
> $= \dfrac{1}{\sqrt{\epsilon_0 \mu_0}} \cdot \dfrac{1}{\sqrt{\epsilon_s \mu_s}} = \dfrac{3 \times 10^8}{\sqrt{\epsilon_s \mu_s}}$ [m/sec]
> $\therefore \lambda = \dfrac{1}{f\sqrt{\epsilon\mu}}$ [m]

**20** 자극의 세기 $4 \times 10^{-6}$[Wb], 길이 20[cm]인 막대자석을 150[A/m]의 평등자계 내에 자계와 $60°$로 놓았을 때 자석이 받는 회전력은 몇 [N·m]인가?

① $3\sqrt{3} \times 10^{-4}$
② $6\sqrt{3} \times 10^{-4}$
③ $3\sqrt{3} \times 10^{-5}$
④ $6\sqrt{3} \times 10^{-5}$

> 막대자석의 회전력($T$)
> 자극의 세기 $m$, 길이 $l$, 자기모멘트 $M$, 자계의 세기 $H$, 각도 $\theta$라 하면
> $T = M \times H = MH\sin\theta = mlH\sin\theta$ [N·m]이므로
> $\therefore T = ml\sin\theta$
> $= 4 \times 10^{-6} \times 20 \times 10^{-2} \times 150 \times \sin 60°$
> $= 6\sqrt{3} \times 10^{-5}$ [N·m]

정답 19 ② 20 ④

## 2. 전력공학 (CBT시험 복원문제)

2021년 1회 전기산업기사

※ 본 기출문제는 수험자의 기억을 바탕으로 하여 복원한 문제이므로 실제 문제와 다를 수 있음을 미리 알려드립니다.

**01** 다음 중 3상 차단기의 정격차단용량으로 알맞은 것은?

① 정격전압×정격차단전류
② $\sqrt{3}$ ×정격전압×정격차단전류
③ 3×정격전압×정격차단전류
④ $3\sqrt{3}$ ×정격전압×정격차단전류

> **차단기의 차단용량(=단락용량)**
> 차단용량은 그 차단기가 적용되는 계통의 3상 단락용량($P_s$)의 한도를 표시하고
> $P_s$ [MVA] = $\sqrt{3}$ ×정격전압[kV]×정격차단전류[kA]
> 식으로 표현한다.
> 이때 정격전압은 계통의 최고전압을 표시하며 정격차단전류는 단락전류를 기준으로 한다. 또한 차단용량의 크기를 정하는 기준이기도 하다. 단락전류는 단락지점을 기준으로 한 경우 공급측 계통에 흐르게 되며 그 전류로 공급측 전원용량의 크기나 공급측 전원단락용량을 결정하게 된다.

**02** 다음 중 배전선로의 손실을 경감하기 위한 대책으로 적절하지 않은 것은?

① 누전차단기 설치
② 배전전압의 승압
③ 전류밀도의 감소와 평형
④ 역률개선

> **전력손실 경감**
> $P_l = 3I^2R = \dfrac{P^2R}{V^2\cos^2\theta} = \dfrac{P^2\rho l}{V^2\cos^2\theta A}$ [W]식에서
> $P_l \propto \dfrac{1}{V^2}$, $P_l \propto \dfrac{1}{\cos^2\theta}$, $P_l \propto \dfrac{1}{A}$ 이므로
> ∴ 승압, 역률개선(=전력용 콘덴서 설치), 단면적 증가(=동량증가)는 전력손실을 경감시킨다. 이 밖에도 부하의 불평형 방지 및 루프배전방식, 저압뱅킹방식, 네트워크방식 채용 등이 있다.

**03** 수력발전소의 댐(Dam)의 설계 및 저수지 용량 등을 결정하는데 사용되는 것은?

① 유량도
② 유황곡선
③ 수위-유량곡선
④ 적산유량곡선

> 적산유량곡선은 유량도를 기초로 하여 횡축에 역일순으로 하고 종축에 적산유량의 총계를 취하여 만든 곡선으로 댐 설계 및 저수지 용량 결정에 사용된다.

**04** 송전선의 파동임피던스를 $Z_0$, 전자파의 전파 속도를 $V$라 할 때 송전선의 단위 길이에 대한 인덕턴스 $L$은?

① $L = \sqrt{VZ_0}$
② $L = \dfrac{V}{Z_0}$
③ $L = \dfrac{Z_0}{V}$
④ $L = \dfrac{Z_0 1^2}{V}$

> **특성임피던스(파동임피던스 : $Z_0$)와 전파속도($V$)**
> $Z_0 = \sqrt{\dfrac{L}{C}}$ [Ω], $V = \dfrac{1}{\sqrt{LC}}$ [m/sec]이므로
> ∴ $L = \dfrac{Z_0}{V}$ [H/m], $C = \dfrac{1}{Z_0 V}$ [F/m]

**05** 피뢰기의 정격전압이란?

① 상용주파수의 방전개시전압
② 속류를 차단할 수 있는 최고의 교류전압
③ 방전을 개시할 때 단자전압의 순시값
④ 충격방전전류를 통하고 있을 때 단자전압

> **피뢰기의 용어해설**
> 정격전압 – 속류가 차단되는 순간 피뢰기 단자전압

정답 01 ② 02 ① 03 ④ 04 ③ 05 ②

**06** 단상 2선식의 배전선로에서 전선의 1가닥의 저항이 0.15[Ω]이고 리액턴스가 0.25[Ω]일 때 급전점의 전압은 약 몇 [V]인가? (단, 부하는 순저항 부하이고 부하단의 전압은 100[V], 부하 출력은 3[kW]이다.)

① 105　　② 110
③ 115　　④ 125

> **선로의 특성값 계산**
> $R = 0.15\,[\Omega]$, $X = 0.25\,[\Omega]$, $V_r = 100\,[V]$,
> $P = 3\,[kW]$, $\cos\theta = 1$ 이므로
> $I = \dfrac{P}{V\cos\theta}\,[A]$,
> $e = V_s - V_r = 2I(R\cos\theta + X\sin\theta)\,[V]$
> 식에서
> $I = \dfrac{P}{V\cos\theta} = \dfrac{3 \times 10^3}{100 \times 1} = 30\,[A]$
> $\therefore V_s = V_r + 2I(R\cos\theta + X\sin\theta)$
> 　　　$= 100 + 2 \times 30 \times (0.15 \times 1 + 0.25 \times 0)$
> 　　　$= 109\,[V]$

**07** 3상 송전선로의 선간전압이 100[kV]일 때 3상 기준용량을 10,000[kVA]로 잡으면 선로 리액턴스 100[Ω]은 %리액턴스 몇 [%]로 환산되는가?

① 0.33[%]　　② 3.33[%]
③ 10[%]　　　④ 20[%]

> **%리액턴스(%$x$)**
> $\%x = \dfrac{xI_n}{E} \times 100 = \dfrac{\sqrt{3}\,xI_n}{V} \times 100\,[\%]$ 또는
> $\%x = \dfrac{P[kVA]\,x[\Omega]}{10\{V[kV]\}^2}\,[\%]$ 이므로
> $V = 100\,[kV]$, $x = 100\,[\Omega]$, $P = 10,000\,[kVA]$일 때
> $\therefore \%x = \dfrac{Px}{10V^2} = \dfrac{10,000 \times 100}{10 \times 100^2} = 10\,[\%]$

**08** 송전단 전압이 3,300[V], 수전단전압은 3,000[V]이다. 수전단의 부하를 차단한 경우 수전단전압이 3,200[V]라면 이 회로의 전압변동률은 약 몇 [%]인가?

① 3.25　　② 4.28
③ 5.67　　④ 6.67

> **전압변동률($\delta$)**
> $V_S = 3,300\,[V]$, $V_R = 3,000\,[V]$,
> $V_{R0} = 3,200\,[V]$ 이므로
> $\therefore \delta = \dfrac{V_{R0} - V_R}{V_R} \times 100 = \dfrac{3,200 - 3,000}{3,000} \times 100$
> 　　$= 6.67\,[\%]$

**09** 중성점 저항접지방식의 병행 2회선 송전선로의 지락사고 차단에 사용되는 계전기는?

① 선택접지계전기
② 거리계전기
③ 과전류계전기
④ 역상계전기

> **중성점 저항접지방식**
> 접지저항값이 너무 낮으면 고장발생시 통신선에 유도장해가 커지고 반대로 너무 크면 지락계전기의 동작이 곤란해진다. 동시에 건전상의 대지전압상승을 초래하게 된다. 접지개소의 수는 한 군데에서만 하는 단일 저항접지보다 2개소 이상의 중성점을 동시에 접지하는 복저항접지가 지락전류를 2개소 이상으로 분산시켜서 유도전압을 감소시키고, 선택접지계전기의 병행 2회선 선택을 쉽게 할 수 있다는 이점이 있어 채택되는 경우가 있다.

**정답** 06 ②　07 ③　08 ④　09 ①

**10** 송전선에 복도체를 사용할 경우, 같은 단면적의 단도체를 사용하였을 경우와 비교할 때 옳지 않은 것은?

① 전선의 인덕턴스는 증가되고 정전용량은 감소된다.
② 정태안정도가 증대된다.
③ 송전용량이 증대된다.
④ 코로나 개시전압이 높아진다.

**복도체의 특징**
(1) 주된 사용 목적 : 코로나 방지
(2) 장점
 ㉠ 등가반지름이 등가되어 $L$이 감소하고 $C$가 증가한다. - 송전용량이 증가하고 안정도가 향상된다.
 ㉡ 코로나 임계전압이 증가하여 코로나 손실이 감소한다. - 송전효율이 증가한다.
 ㉢ 통신선의 유도장해가 억제된다.

**11** 설비용량의 합계가 3[kW]인 주택에서 최대 수요 전력이 2.1[kW]일 때의 수용률은?

① 51[%]  ② 58[%]
③ 63[%]  ④ 70[%]

**수용률**
$$수용률 = \frac{최대수용전력}{설비부하용량} \times 100 = \frac{2.1}{3} \times 100 = 70\,[\%]$$

**12** 송전계통의 안정도 증진방법에 대한 설명으로 옳지 않은 것은?

① 고장시 발전기 입·출력의 불평형을 작게 한다.
② 전압변동을 작게 한다.
③ 고장전류를 줄이고 고장구간을 신속하게 차단한다.
④ 직렬리액턴스를 크게 한다.

**안정도 개선책**
(1) 리액턴스를 줄인다. : 직렬콘덴서 설치
(2) 단락비를 증가시킨다. : 전압변동률을 줄인다.
(3) 중간조상방식을 채용한다. : 동기조상기 설치
(4) 속응여자방식을 채용한다. : 고속 AVR 채용
(5) 재폐로 차단방식을 채용한다. : 고속도차단기 사용
(6) 계통을 연계한다.
(7) 소호리액터 접지방식을 채용한다.

**13** 대칭분을 $I_0$, $I_1$, $I_2$라 하고, 선전류를 $I_a$, $I_b$, $I_c$라 할 때 역상분 전류는?

① $\frac{I}{3}(I_0 + aI_1 + a^2 I_2)$   ② $\frac{1}{3}(I_a + aI_b + a^2 I_c)$
③ $\frac{1}{3}(I_0 + a^2 I_1 + aI_2)$   ④ $\frac{1}{3}(I_a + a^2 I_b + aI_c)$

**대칭분 전류($I_0$, $I_1$, $I_2$)**
(1) 영상전류
$$I_0 = \frac{1}{3}(I_a + I_b + I_c)$$
(2) 정상전류
$$I_1 = \frac{1}{3}(I_a + aI_b + a^2 I_c)$$
$$= \frac{1}{3}(I_a + \angle 120° I_b + \angle -120° I_c)$$
(3) 역상전류
$$I_2 = \frac{1}{3}(I_a + a^2 I_b + aI_c)$$
$$= \frac{1}{3}(I_a + \angle -120° I_b + \angle 120° I_c)$$

정답 10 ① 11 ④ 12 ④ 13 ④

## 14 송전선의 중성점을 접지하는 이유가 아닌 것은?

① 코로나를 방지한다.
② 기기의 절연강도를 낮출 수 있다.
③ 이상전압을 방지한다.
④ 지락사고선을 선택 차단한다.

**중성점 접지의 목적**
(1) 1선 지락이나 기타 원인으로 생기는 이상전압의 발생을 방지하고 건전상의 대지전위상승을 억제함으로써 전선로 및 기기의 절연을 경감시킬 수 있다.
(2) 보호계전기의 동작을 확실히 하여 신속히 차단한다.
(3) 소호리액터 접지를 이용하여 지락전류를 빨리 소멸시켜 송전을 계속할 수 있도록 한다.

## 15 수전 용량에 비해 첨두부하가 커지면 부하율은 그에 따라 어떻게 되는가?

① 높아진다.
② 낮아진다.
③ 변하지 않고 일정하다.
④ 부하의 종류에 따라 달라진다.

**부하율**
부하율은 그 전기설비가 얼마만큼 유효하게 이용되고 있는가 하는 정도를 나타내는 것이므로 부하율이 높을수록 설비가 효율적으로 사용되고 있음을 의미한다. 하지만 최근에 짧은 시간 동안 운전하는 냉난방기기의 급증으로 첨두부하가 증가하여 연부하율이 급속히 저하되고 있다. 이와 같이 첨두부하가 커지면 최대전력이 증가하여 부하율은 낮아지게 된다.

$$부하율 = \frac{평균전력}{최대전력} \times 100[\%]$$

## 16 우리나라 22.9[kVA] 배전선로에 적용하는 피뢰기의 공칭방전전류[A]는?

① 1,500　　② 2,500
③ 5,000　　④ 10,000

**피뢰기의 공칭방전전류**

| 공칭전압[kV] | 정격전압[kV] | 공칭방전전류[A] |
|---|---|---|
| 3.3 | 7.5 | |
| 6.6 | 7.5 | |
| 22.9 | 18(배전선로) | 2,500 |
| | 21(변전소) | |
| 22 | 24 | |
| 66 | 75 | 5,000 |
| 154 | 144 | 10,000 |
| 345 | 288 | |

## 17 피뢰기의 구비조건으로 옳지 않은 것은?

① 충격방전개시전압이 낮을 것
② 상용주파방전개시전압이 높을 것
③ 방전내량이 작으면서 제한전압이 높을 것
④ 속류차단능력이 충분할 것

**피뢰기의 역할**
(1) 충격파 방전개시전압이 낮을 것 - 뇌전류를 신속히 방전하며 시간지연이 없어야 한다.
(2) 상용주파 방전개시전압이 높을 것 - 뇌전류를 방전 후 선로에 남아있는 상용주파에 해당되는 속류는 신속히 차단하여야 한다.
(3) 방전내량이 크며 제한전압은 낮아야 한다. - 내구력이 클 것
(4) 속류차단능력이 충분히 커야 한다.
(5) 충격파 전류가 흐르고 있을 때의 피뢰기 단자전압이 제한전압이며 속류가 차단되는 순간 피뢰기 단자전압을 정격전압이라 한다.

**정답** 14 ① 15 ② 16 ② 17 ③

**18** 배전전압을 3,000[V]에서 5,200[V]로 높일 때 전선이 같고 배전손실률도 같다고 하면 수송전력은 몇 배로 증가시킬 수 있는가?

① 약 $\sqrt{3}$ 배  ② 약 $\sqrt{2}$ 배
③ 약 2배  ④ 약 3배

전력손실률($k$)
$P \propto V^2$ 이므로 $P' = \left(\dfrac{V'}{V}\right)^2 P = \left(\dfrac{5,200}{3,000}\right)^2 P = 3P$
∴ 3배

**19** 배전 계통에서 전력용콘덴서를 설치하는 목적으로 다음 중 가장 타당한 것은?

① 전력손실감소
② 개폐기의 차단 능력 증대
③ 고장시 영상전류 감소
④ 변압기 손실 감소

콘덴서의 설치 목적
(1) 직렬콘덴서
 ㉠ 전압강하보상
 ㉡ 안정도 개선
(2) 병렬콘덴서(=전력용콘덴서)
 ㉠ 역률개선
 ㉡ 전력손실 경감
 ㉢ 전력요금 감소
 ㉣ 설비용량의 여유 증가
 ㉤ 전압강하 경감

**20** 송전계통에서 지락보호계전기의 동작이 가장 확실한 접지방식은?

① 비접지  ② 고저항 접지
③ 직접 접지  ④ 소호리액터 접지

중성점 접지방식의 각 항목에 대한 비교표

| 항목 \ 종류 및 특징 | 비접지 | 직접 접지 | 저항 접지 | 소호 리액터 접지 |
|---|---|---|---|---|
| 지락사고시 건전상의 전위 상승 | 크다 | 최저 | 약간 크다 | 최대 |
| 절연레벨 | 최고 | 최저 (단절연) | 크다 | 크다 |
| 지락전류 | 적다 | 최대 | 적다 | 최소 |
| 보호계전기 동작 | 곤란 | 가장 확실 | 확실 | 불확실 |
| 유도장해 | 작다 | 최대 | 작다 | 최소 |
| 안정도 | 크다 | 최소 | 크다 | 최대 |

정답 18 ④  19 ①  20 ③

## 과년도 출제문제

### 2021년 1회 전기산업기사

## 3. 전기기기 (CBT시험 복원문제)

※ 본 기출문제는 수험자의 기억을 바탕으로 하여 복원한 문제이므로 실제 문제와 다를 수 있음을 미리 알려드립니다.

**01** 동기발전기의 병렬운전에 필요한 조건이 아닌 것은?

① 용량이 같을 것
② 위상이 같을 것
③ 주파수가 같을 것
④ 기전력의 크기가 같을 것

**동기발전기의 병렬운전조건**
(1) 기전력의 크기가 같을 것
(2) 기전력의 위상이 같을 것
(3) 기전력의 주파수가 같을 것
(4) 기전력의 파형이 같을 것
(5) 상회전이 일치할 것

**02** 다음 중 3상 동기기의 제동권선의 주된 설치 목적은?

① 출력을 증가시키기 위하여
② 효율을 증가시키기 위하여
③ 역률을 개선하기 위하여
④ 난조를 방지하기 위하여

**동기기의 제동권선의 효과**
(1) 난조 방지
(2) 불평형 부하시 전류와 전압의 파형 개선
(3) 송전선의 불평형 부하시 이상 전압 방지
(4) 동기전동기의 기동토크 발생

**03** 50[Hz], 4극, 15[kW]의 3상 유도전동기가 있다. 전부하시의 회전수가 1,450[rpm]이라면 토크는 몇 [kg·m]인가?

① 약 68.52  ② 약 88.65
③ 약 98.68  ④ 약 10.08

**유도전동기의 토크($\tau$)**
기계적 출력 $P_o$, 회전자 속도 $N$, 2차 입력 $P_2$, 동기속도 $N_s$라 하면

$\tau = 9.55 \dfrac{P_o}{N}$ [N·m] $= 0.975 \dfrac{P_o}{N}$ [kg·m]

$= 9.55 \dfrac{P_2}{N_s}$ [N·m] $= 0.975 \dfrac{P_2}{N_s}$ [kg·m] 이므로

$f = 50$ [Hz], 극수 $P = 4$, $P_o = 15$ [kW],
$N = 1,450$ [rpm]일 때

$\therefore \tau = 975 \dfrac{P_o}{N} = 975 \times \dfrac{15}{1,450} = 10.08$ [kg·m]

**04** 동기 발전기의 전기자 권선을 분포권으로 하는 이유는 다음 중 어느 것인가?

① 권선의 누설 리액턴스가 증가한다.
② 분포권은 집중권에 비하여 합성 유기기전력이 증가한다.
③ 기전력의 고조파가 감소하여 파형이 좋아진다.
④ 난조를 방지한다.

**분포권의 특징**
(1) 매극 매상당 슬롯 수가 증가하여 코일에서의 열발산을 고르게 분산시킬 수 있다.
(2) 누설 리액턴스가 작다.
(3) 고조파가 제거되어 기전력의 파형이 개선된다.
(4) 집중권에 비해 기전력의 크기가 저하한다.

정답  01 ①  02 ④  03 ④  04 ③

## 05 인버터(inverter)의 전력변환은?

① 직류 → 교류로 변환
② 직류 → 직류로 변환
③ 교류 → 교류로 변환
④ 교류 → 직류로 변환

**전력변환기기**
(1) 인버터 : 직류를 교류로 변환하는 기기
(2) 초퍼 : 직류를 직류로 변환하는 기기
(3) 사이클로 컨버터 : 교류를 교류로 변환하는 기기
(4) 정류기 : 교류를 직류로 변환하는 기기

## 06 3상 동기 발전기에서 매극 매상의 슬롯 수가 3이면 기본파에 대한 분포권 계수는 어떻게 되는가?

① $3\sin\frac{\pi}{18}$
② $\frac{1}{3\sin\frac{\pi}{18}}$
③ $6\sin\frac{\pi}{18}$
④ $\frac{1}{6\sin\frac{\pi}{18}}$

**분포권 계수($k_d$)**
$m = 3$, $q = 3$이므로

$$k_d = \frac{\sin\frac{\pi}{2m}}{q\sin\frac{\pi}{2mq}}$$ 식에 대입하여 풀면

$$\therefore k_d = \frac{\sin\frac{\pi}{2\times 3}}{3\sin\frac{\pi}{2\times 3\times 3}} = \frac{\frac{1}{2}}{3\sin\frac{\pi}{18}} = \frac{1}{6\sin\frac{\pi}{18}}$$

## 07 단상 직권 정류자 전동기의 회전속도를 높게 하였을 때 나타나는 주된 현상으로 옳은 것은?

① 리액턴스 강하가 크게 된다.
② 전기자에 유도되는 역기전력이 적게 된다.
③ 역률이 개선된다.
④ 병렬회로수가 증가한다.

**단상 직권정류자전동기의 역률개선방법**
(1) 전기자 권선수를 계자 권선수보다 많게 한다.(약계자, 강전기자) → 주자속이 감소하면 직권계자 권선의 인덕턴스가 감소되어 역률이 좋아진다.
(2) 회전속도를 증가시킨다. → 속도 기전력이 증가되어 전류와 동위상이 되면 역률이 좋아진다.
(3) 보상 권선을 설치하여 전기자 기자력을 상쇄시켜 전기자 반작용을 억제하고 누설 리액턴스를 감소시켜 변압기 기전력을 적게 하여 역률을 좋게 한다.

## 08 동기 전동기의 자기동법에서 계자권선을 단락하는 이유는?

① 고전압이 유도된다.
② 전기자 반작용을 방지한다.
③ 기동권선으로 이용한다.
④ 기동이 쉽다.

**동기전동기의 자기동법**
회전자(계자) 표면에 단락하게 한 권선(농형유도권선)을 설치하여 고정자 권선에 의한 회전자계와 농형유도권선에 유도되는 전류 사이의 전자력으로 기동토크를 얻게 하는 방법을 자기동법이라 한다. 여기서 계자권선을 농형유도권선으로 단락시키는 이유는 계자권선에 고전압이 유도되는 현상을 방지하기 위함이다.

**09** 정격 전압 6,000[V], 용량 5,000[kVA]의 Y결선 3상 동기 발전기가 있다. 여자전류 200[A]에서의 무부하 단자전압 6,000[V], 단락전류 600[A]일 때, 이 발전기의 단락비는 약 얼마인가?

① 0.25　　　　② 1
③ 1.25　　　　④ 1.5

**단락비($k_s$)**
문제 조건에 단락전류($I_s$)가 주어진 경우에 단락비($k_s$) 계산은 정격전류($I_n$)와의 비로 계산하여야 한다.
$V = 6,000$ [V], 용량 $P = 5,000$ [kVA], $I_s = 600$ [A] 이므로
$I_n = \dfrac{P}{\sqrt{3}\,V} = \dfrac{5,000 \times 10^3}{\sqrt{3} \times 6,000} = 481$ [A]
$\therefore k_s = \dfrac{I_s}{I_n} = \dfrac{600}{481} = 1.25$

**11** 3상 동기 발전기의 여자 전류가 5[A]일 때 1상의 유기기전력은 440[V]이고 3상 단락전류는 20[A]이다. 이 발전기의 동기 임피던스는?

① 17[Ω]　　　　② 20[Ω]
③ 22[Ω]　　　　④ 25[Ω]

**동기발전기의 단락전류($I_s$)**
동기임피던스 $Z_s$, 동기리액턴스 $x_s$,
유기기전력(상전압) $E$, 단자전압(선간전압) $V$ 일 때
$I_s = \dfrac{E}{Z_s} = \dfrac{E}{x_s}$ 또는
$I_s = \dfrac{V}{\sqrt{3}\,Z_s} = \dfrac{V}{\sqrt{3}\,x_s}$ [A] 식에서
$E = 440$ [V], $I_s = 20$ [A] 이므로
$\therefore Z_s = \dfrac{E}{I_s} = \dfrac{440}{20} = 22$ [A]

**10** 1,000[V]의 단상 교류를 전파 정류해서 150[A]의 직류를 얻는 정류기의 교류측 전류는 약 몇 [A]인가?

① 106　　　　② 116
③ 125　　　　④ 166

**단상 전파정류회로**
$I_d = \dfrac{2\sqrt{2}}{\pi}I = 0.9I$ [A]식에서 $I_d$는 직류분,
$I$는 교류분이므로 $I_d = 150$ [A]일 때
$\therefore I = \dfrac{1}{0.9}I_d = 1.11\,I_d = 1.11 \times 150 = 166$ [V]

**12** 단상 주상변압기의 2차측(105[V]단자)에 1[Ω]의 저항을 접속하고, 1차측 900[V]를 가하여 1차 전류가 1[A]라면, 1차측 탭 전압[V]은? (단, 변압기의 내부 임피던스는 무시한다)

① 3,350　　　　② 3,250
③ 3,150　　　　④ 3,050

**변압기 탭전압 계산**
$V_{2T} = 105$ [V], $R_2 = 1$ [Ω], $I_1 = 1$ [A],
$V_1 = 900$ [V] 이므로
$R_1 = \dfrac{V_1}{I_1} = \dfrac{900}{1} = 900$ [Ω]
권수비 $a = \sqrt{\dfrac{R_1}{R_2}} = \dfrac{V_{1T}}{V_{2T}} = \sqrt{\dfrac{900}{1}} = 30$
$\therefore V_{1T} = a\,V_{2T} = 30 \times 105 = 3,150$ [V]

**13** 직류 분권전동기의 전체 도체수는 100이고 단중 중권이며 자극수는 4, 자속수는 극당 0.628[Wb]이다. 부하를 걸어 전기자에 5[A]가 흐르고 있을 때의 토크는 약 몇 [N·m]인가?

① 15
② 25
③ 50
④ 100

직류전동기의 토크($\tau$)
$Z=100$, 중권($a=p$), 극수 $p=4$, $\phi=0.628$ [Wb], $I_a=5$ [A]이므로(여기서, $a$는 병렬회로수이다.)
$$\therefore \tau = \frac{pZ\phi I_a}{2\pi a} = \frac{4 \times 100 \times 0.628 \times 5}{2\pi \times 4} = 50 \text{ [N·m]}$$

**14** 직류 분권전동기가 있다. 여기에 전원전압 120[V]를 가했을 때 전기자 전류 35[A]가 흐르고 회전수는 1,300[rpm]이었다. 이때 계자전류 및 부하전류를 일정하게 유지하고 전원 전압을 150[V]로 올리면 회전수[rpm]은 약 얼마인가? (단, 전기자 저항은 0.4[Ω]이다.)

① 1,543
② 1,668
③ 1,625
④ 2,031

직류 분권전동기의 역기전력
$V=120$ [V], $I_a=35$ [A], $N=1,300$ [rpm], $R_a=0.4$ [Ω], $V'=150$ [V]일 때
$E = V - R_a I_a = 120 - 0.4 \times 35 = 106$ [V]
$E' = V' - R_a I_a = 150 - 0.4 \times 35 = 136$ [V]이다.
역기전력 $E = K\phi N$ [V] 식에서 $E \propto N$ 이므로
$$\therefore N' = \frac{E'}{E} N = \frac{136}{106} \times 1,300 = 1,668 \text{ [rpm]}$$

**15** 무부하 전동기는 역률이 낮지만 부하가 증가하면 역률이 커지는 이유는?

① 전류 증가
② 효율 증가
③ 전압 감소
④ 2차 저항 증가

유도전동기의 부하와 역률 관계
유도전동기는 무부하 운전 시 여자전류에 의한 무부하 전류만으로 운전을 지속하게 되면 역률이 매우 떨어지게 된다. 하지만 부하를 증가시키면 부하전류에 의한 유효분 전류가 증가되어 전동기의 역률이 좋아지게 된다. 따라서 유도전동기의 역률은 부하전류에 따라 비례함을 알 수 있다.

**16** 명판(name plate)에 정격전압 220[V], 정격전류 14.4[A], 출력 3.7[kW]로 기재되어 있는 3상 유도전동기가 있다. 이 전동기의 역률을 84[%]라 할 때 이 전동기의 효율[%]은?

① 78.25
② 78.84
③ 79.15
④ 80.27

유도전동기의 효율($\eta$)
$\eta = \frac{출력[W]}{입력[W]} \times 100$ [%]이므로 3상 유도전동기의 입력 $P_{in} = \sqrt{3} \, VI\cos\theta$ [W] 식에서
$V=220$ [V], $I=14.4$ [A], $\cos\theta=84$ [%],
출력 $P_{out}=3.7$ [kW]일 때
$$\therefore \eta = \frac{P_{out}}{P_{in}} \times 100 = \frac{P_{out}}{\sqrt{3} \, VI\cos\theta} \times 100$$
$$= \frac{3.7 \times 10^3}{\sqrt{3} \times 220 \times 14.4 \times 0.84} \times 100 = 80.27 \text{ [%]}$$

정답 13 ③ 14 ② 15 ① 16 ④

**17** 발전기의 단락비나 동기 임피던스를 산출하는 데 필요한 시험은?

① 무부하 포화 시험과 3상 단락시험
② 정상, 영상 리액턴스의 측정시험
③ 돌발 단락 시험과 부하시험
④ 단상 단락 시험과 3상 단락시험

**단락시험과 무부하시험으로 구할 수 있는 항목**
(1) 단락시험으로 구할 수 있는 항목 : 동기임피던스 또는 동기리액턴스, 동손(임피던스 와트), 임피던스 전압(변압기)
(2) 무부하시험으로 구할 수 있는 항목 : 무부하전류 또는 여자전류, 여자어드미턴스, 철손, 기계손
(3) 단락시험과 무부하시험 동시시행으로 구할 수 있는 항목 : 단락비

**18** 3상 동기발전기를 병렬 운전하는 도중 여자전류를 증가시킨 발전기에서는 어떤 현상이 생기는가?

① 무효전류가 감소한다.
② 역률이 나빠진다.
③ 전압이 높아진다.
④ 출력이 커진다.

동기발전기 두 대가 병렬운전 중 한 대의 여자전류가 증가하게 되면 여자전류가 증가한 발전기에는 위상이 늦은 지상전류(무효순환전류)가 증가되어 역률이 떨어지게 되며 상대적으로 다른 쪽 발전기에는 위상이 앞선 전류(무효순환전류)가 흐르게 되어 역률이 좋아지는 현상이 생긴다.

**19** 2,000/100[V], 10[kVA] 변압기의 1차 환산 등가임피던스가 $6.2+j7[\Omega]$이라면 % 임피던스 강하는 약 몇 [%]인가?

① 2.34　　② 3.25
③ 4.14　　④ 5.25

**%임피던스 강하($z$)**
권수비 $a = \dfrac{V_1}{V_2} = \dfrac{2,000}{100}$, 용량 $P_n = 10\,[\text{kVA}]$,
$Z_{12} = 6.2 + j7\,[\Omega]$이므로
$z = \dfrac{I_2 Z_2}{V_2} \times 100 = \dfrac{I_1 Z_{12}}{V_1} \times 100 = \dfrac{V_s}{V_1} \times 100\,[\%]$
식을 이용하면
$I_1 = \dfrac{P_n}{V_1} = \dfrac{10 \times 10^3}{2,000} = 5\,[\text{A}]$
$\therefore z = \dfrac{I_1 Z_{12}}{V_1} \times 100 = \dfrac{5 \times \sqrt{6.2^2 + 7^2}}{2,000} \times 100$
$= 2.34\,[\%]$

**20** 출력이 50[kW]인 3상 농형 유도전동기를 기동하려고 할 때 다음 중 가장 적당한 기동법은?

① Y-Δ 기동법　　② 기동보상기법
③ 전전압 기동법　　④ 저항 기동법

**유도전동기의 기동법**
(1) 농형 유도전동기
　㉠ 전전압 기동법 : 5.5[kW] 이하에 적용
　㉡ Y-Δ 기동법 : 5.5[kW]~15[kW] 범위에 적용
　㉢ 리액터 기동법 : 감전압 기동법으로 15[kW] 넘는 경우에 적용
　㉣ 기동보상기법 : 단권변압기를 이용하는 방법으로 15[kW] 넘는 경우에 적용
(2) 권선형 유도전동기
　㉠ 2차 저항 기동법(기동저항기법) : 비례추이원리 적용
　㉡ 게르게스법

## 21  4. 회로이론(CBT시험 복원문제)

2021년 1회 전기산업기사

※ 본 기출문제는 수험자의 기억을 바탕으로 하여 복원한 문제이므로 실제 문제와 다를 수 있음을 미리 알려드립니다.

**01** 전달함수 $C(s) = G(s)R(s)$에서 입력함수를 단위 임펄스 즉, $\delta(t)$로 가할 때 계의 응답은?

① $C(s) = G(s)\delta(s)$
② $C(s) = \dfrac{G(s)}{\delta(s)}$
③ $C(s) = \dfrac{G(s)}{s}$
④ $C(s) = G(s)$

> **임펄스응답**
> 입력함수를 단위 임펄스 $\delta(t)$로 했을 때 반응하는 제어계의 출력특성을 응답이라 한다.
> 입력을 $R(s)$, 출력을 $C(s)$라 하면
> $R(s) = \mathcal{L}[\delta(t)] = 1$이므로
> $\therefore C(s) = G(s)R(s) = G(s)$

**02** 어떤 정현파 교류전압의 실효값이 314[V]일 때 평균값[V]은 약 얼마인가?

① 142
② 283
③ 365
④ 382

> **파형률**
> 임의의 교류전압은 정현파를 기준으로 정하여 계산하면 되므로 정현파의 파형률(=1.11)값을 이용하여 푼다.
> 파형률 = $\dfrac{\text{실효값}}{\text{평균값}}$, 실효값 = 파형률×평균값,
> 평균값 = $\dfrac{\text{실효값}}{\text{파형률}}$
> $\therefore$ 평균값 = $\dfrac{314}{1.11} = 283$ [V]

**03** 그림과 같은 $\pi$형 회로의 4단자 정수 중 D의 값은?

① $Z_2$
② $1 + \dfrac{Z_2}{Z_1}$
③ $\dfrac{1}{Z_1} + \dfrac{1}{Z_2}$
④ $1 + \dfrac{Z_2}{Z_3}$

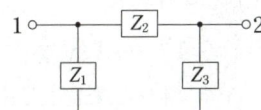

> **4단자 정수의 회로망 특성**
> $\begin{bmatrix} A & B \\ C & D \end{bmatrix} = \begin{bmatrix} 1+\dfrac{Z_2}{Z_3} & Z_2 \\ \dfrac{1}{Z_1}+\dfrac{1}{Z_3}+\dfrac{Z_2}{Z_1 Z_3} & 1+\dfrac{Z_2}{Z_1} \end{bmatrix}$
> $\therefore D = 1 + \dfrac{Z_2}{Z_1}$

**04** 1차 지연 요소의 전달함수는?

① $K$
② $\dfrac{K}{s}$
③ $Ks$
④ $\dfrac{K}{1+Ts}$

> **전달함수의 요소**
>
> | 요소 | 전달함수 |
> |---|---|
> | 비례요소 | $G(s) = K$ |
> | 미분요소 | $G(s) = Ts$ |
> | 적분요소 | $G(s) = \dfrac{1}{Ts}$ |
> | 1차 지연 요소 | $G(s) = \dfrac{1}{1+Ts}$ |
> | 2차 지연 요소 | $G(s) = \dfrac{\omega_n^2}{s^2 + 2\zeta\omega_n s + \omega_n^2}$ |
> | 부동작 시간 요소 | $G(s) = Ke^{-Ls} = \dfrac{K}{e^{Ls}}$ |

정답 01 ④  02 ②  03 ②  04 ④

**05** $R-L-C$ 직렬회로에서 $L=0.1\times 10^{-3}$[H], $R=100$[Ω], $C=0.1\times 10^{-6}$[F]일 때 이 회로는?

① 비진동적이다.
② 진동적이다.
③ 정현파로 진동한다.
④ 진동과 비진동을 반복한다.

> **R-L-C 과도현상**
> 진동 조건식 $R \square 2\sqrt{\dfrac{L}{C}}$ 에서 □ 안에 들어갈 등호 및 부등호에 따라 전류의 성질이 결정된다.
> $R=100$[Ω]이므로
> $2\sqrt{\dfrac{L}{C}} = 2\sqrt{\dfrac{0.1\times 10^{-3}}{0.1\times 10^{-6}}} = 63.2$[Ω]이면
> $\therefore R > 2\sqrt{\dfrac{L}{C}}$ ⇒ 비진동이다.

**06** R-L-C 회로망에서 입력전압을 $e_i(t)$[V], 출력량을 전류 $i(t)$[A]로 할 때, 이 요소의 전달함수는?

① $\dfrac{Rs}{LCs^2+RCs+1}$

② $\dfrac{RLs}{LCs^2+RCs+1}$

③ $\dfrac{Ls}{LCs^2+RCs+1}$

④ $\dfrac{Cs}{LCs^2+RCs+1}$

> **전달함수 $G(s)$**
> $E(s) = \left(R+Ls+\dfrac{1}{Cs}\right)I(s)$ 이므로
> $\therefore G(s) = \dfrac{I(s)}{E(s)} = \dfrac{1}{R+Ls+\dfrac{1}{Cs}}$
> $= \dfrac{Cs}{LCs^2+RCs+1}$

**07** 회로에서 저항 15[Ω]에 흐르는 전류는 몇 [A]인가?

① 0.5
② 2
③ 4
④ 6

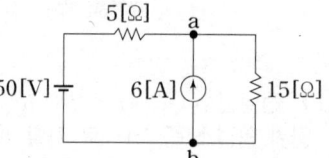

> **밀만의 정리**
> $V_{ab} = \dfrac{\dfrac{V_1}{R_1}+I_2}{\dfrac{1}{R_1}+\dfrac{1}{R_2}} = \dfrac{\dfrac{50}{5}+6}{\dfrac{1}{5}+\dfrac{1}{15}} = 60$ [V]
> 15[Ω]에 걸리는 전압은 a, b 단자에 걸리는 $V_{ab}$[V]이므로 15[Ω]에 흐르는 전류 $I$는
> $\therefore I = \dfrac{V_{ab}}{15} = \dfrac{60}{15} = 4$ [A]

**08** $f(t)=At^2$의 라플라스변환은?

① $\dfrac{A}{s^2}$ ② $\dfrac{2A}{s^2}$

③ $\dfrac{A}{s^3}$ ④ $\dfrac{2A}{s^3}$

> **라플라스변환**
> $f(t) = At^2$일 때
>
> | $f(t)$ | $t$ | $t^2$ | $t^3$ |
> | --- | --- | --- | --- |
> | $F(s)$ | $\dfrac{1}{s^2}$ | $\dfrac{2}{s^3}$ | $\dfrac{6}{s^4}$ |
>
> $\therefore \mathcal{L}[f(t)] = \mathcal{L}[At^2] = \dfrac{2A}{s^3}$

정답 05 ① 06 ④ 07 ③ 08 ④

**09** $F(s) = \dfrac{2}{(s+1)(s+3)}$ 의 역 Laplace 변환은?

① $e^{-t} - e^{-3t}$  ② $e^{t} - e^{3t}$
③ $e^{-t} - e^{3t}$  ④ $e^{t} - e^{-3t}$

역라플라스 변환
$F(s) = \dfrac{2}{(s+1)(s+3)} = \dfrac{A}{s+1} + \dfrac{B}{s+3}$ 일 때 해비사이드 전개를 이용하여 $A$, $B$를 구하면
$A = (s+1)F(s)|_{s=-1} = \dfrac{2}{s+3}\bigg|_{s=-1} = \dfrac{2}{-1+3} = 1$
$B = (s+3)F(s)|_{s=-3} = \dfrac{2}{s+1}\bigg|_{s=-3}$
$= \dfrac{2}{-3+1} = -1$
$F(s) = \dfrac{1}{s+1} - \dfrac{1}{s+3}$ 이므로
$\therefore f(t) = \mathcal{L}^{-1}[F(s)] = e^{-t} - e^{-3t}$

**10** 3상 불평형 전압에서 역상전압이 50[V]이고 정상전압이 200[V], 영상전압이 10[V]라고 할 때 전압의 불평형률은?

① 1[%]  ② 5[%]
③ 25[%]  ④ 50[%]

불평형률
불평형률 $= \dfrac{\text{역상분}}{\text{정상분}} \times 100 = \dfrac{50}{200} \times 100 = 25[\%]$

**11** 다음의 회로가 정저항 회로가 되기 위한 L[H]의 값은?

① 1[H]
② 0.1[H]
③ 0.01[H]
④ 0.001[H]

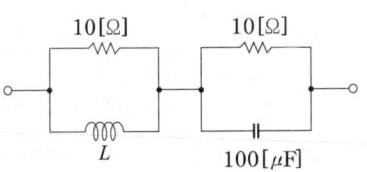

정저항 조건식
$R = 10[\Omega]$, $C = 100[\mu\text{F}]$이므로
$L = CR^2 = 100 \times 10^{-6} \times 10^2 = 0.01[\text{H}]$

**12** $R=50[\Omega]$, $L=200[\text{mH}]$의 직렬회로에 주파수 $f=50[\text{Hz}]$의 교류에 대한 역률은?

① 82.3[%]  ② 72.3[%]
③ 62.3[%]  ④ 52.3[%]

R-L 직렬회로의 역률($\cos\theta$)
$X_L = \omega L = 2\pi f L[\Omega]$이므로
$\cos\theta = \dfrac{R}{Z} = \dfrac{R}{\sqrt{R^2 + X_L^2}}$
$= \dfrac{50}{\sqrt{50^2 + (2\pi \times 50 \times 200 \times 10^{-3})^2}}$
$= 0.623[\text{P.u}] = 62.3[\%]$

**13** $F(s) = \dfrac{5s+8}{5s^2+4s}$ 일 때 $f(t)$의 최종값은?

① 1  ② 2
③ 3  ④ 4

최종값 정리
$F(\infty) = \lim_{t \to \infty} f(t) = \lim_{s \to 0} sF(s) = \lim_{s \to 0} \dfrac{s(5s+8)}{5s^2+4s}$
$= \lim_{s \to 0} \dfrac{5s+8}{5s+4} = \dfrac{8}{4} = 2$

**14** 평형 3상 무유도 저항 부하가 3상 4선식 회로에 접속되어 있을 때 단상 전력계를 그림과 같이 접속했더니 그 지시값이 $W$[W]이었다. 이 부하의 전력[W]은? (단, 정현파 교류이다.)

① $\sqrt{2}\,W$
② $2W$
③ $\sqrt{3}\,W$
④ $3W$

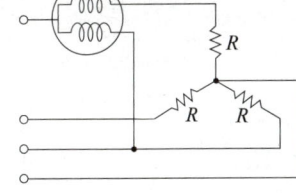

1전력계법
(1) 전전력 : $P = 2W = \sqrt{3}\,VI$[W]
(2) 선전류 : $I = \dfrac{2W}{\sqrt{3}\,V}$[A]

**15** 2단자 임피던스 함수 $Z(s) = \dfrac{(s+2)(s+3)}{(s+4)(s+5)}$일 때 극점(pole)은?

① -2, -3　　② -3, -4
③ -2, -4　　④ -4, -5

> **극점**
> 극점이란 $Z(s) = \infty\,[\Omega]$을 만족해야 하므로 $(s+4)(s+5) = 0$이 되어야 한다.
> ∴ $s = -4$, $s = -5$

**17** 그림과 같은 순저항으로 된 회로에 대칭 3상 전압을 가했을 때 각 선에 흐르는 전류가 같으려면 $R[\Omega]$의 값은?

① 20
② 25
③ 30
④ 35

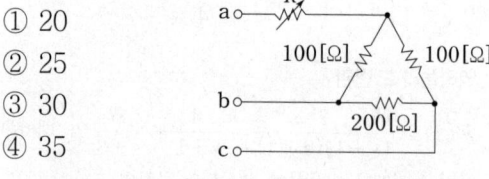

> △결선된 상 부하가 불평형이므로 각 선에 흐르는 전류는 크기가 다른 불평형 전류가 흐를 수밖에 없다. 이 경우 각 선에 흐르는 전류를 같게 하기 위해서는 각 상의 부하를 평형으로 유지해주어야 한다. △결선된 저항을 Y결선으로 변형하면
>
> $R_a = \dfrac{100 \times 100}{100 + 100 + 200} = 25\,[\Omega]$
> $R_b = \dfrac{100 \times 200}{100 + 100 + 200} = 50\,[\Omega]$
> $R_c = \dfrac{100 \times 200}{100 + 100 + 200} = 50\,[\Omega]$
>
> 각 상이 평형을 유지하기 위해서는
> $R_a + R = R_b = R_c$
> 이어야 하므로 $R_a + R = 50\,[\Omega]$이어야 한다.
> ∴ $R = 50 - R_a = 50 - 25 = 25\,[\Omega]$

**16** 단자 a-b에 30[V]의 전압을 가했을 때 전류 $I$는 3[A]가 흘렀다고 한다. 저항 $r[\Omega]$은 얼마인가?

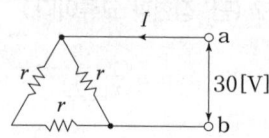

① 5　　② 10
③ 15　　④ 20

> **옴의 법칙**
> $V = 30\,[V]$, $I = 3\,[A]$일 때 합성저항 $R_0$은
> $R_0 = \dfrac{V}{I} = \dfrac{r \cdot 2r}{r + 2r} = \dfrac{2}{3}r = \dfrac{30}{3}\,[\Omega]$
> ∴ $r = \dfrac{30}{2} = 15\,[\Omega]$

**18** 20[mH]와 60[mH]의 두 인덕턴스가 병렬로 연결되어 있다. 합성인덕턴스의 값[mH]은? (단, 상호 인덕턴스는 없는 것으로 한다.)

① 15　　② 20
③ 50　　④ 75

> 병렬로 결합된 두 코일의 합성인덕턴스는
> $L = \dfrac{L_1 L_2 - M^2}{L_1 + L_2 \pm 2M}\,[H]$이므로 $M = 0$이라면
> $L_1 = 20\,[mH]$, $L_2 = 60\,[mH]$일 때
> ∴ $L = \dfrac{L_1 L_2}{L_1 + L_2} = \dfrac{20 \times 60}{20 + 60} = 15\,[H]$

정답　15 ④　16 ③　17 ②　18 ①

**19** 자동제어의 각 요소를 블록선도로 표시할 때 각 요소는 전달함수로 표시하고 신호의 전달경로는 무엇으로 표시하는가?

① 전달함수　　② 단자
③ 화살표　　　④ 출력

> 블록선도는 계통의 구성이나 연결관계를 전달함수와 화살표를 이용하여 모델링한 것으로서 전달함수는 블록으로 표시하고 신호의 전달경로는 화살표로 표시한다.

**20** 314[mH]의 자기 인덕턴스에 120[V], 60[Hz]의 교류전압을 가하였을 때 흐르는 전류[A]는?

① 10　　② 8
③ 1　　　④ 0.5

> $L$에 흐르는 전류 : $I_L$[A]
> $L = 314$ [mH], $V = 120$ [V], $f = 60$ [Hz]이므로
> $I_L = \dfrac{V}{\omega L} = \dfrac{V}{2\pi f L}$ [A] 식에서
> $\therefore I_L = \dfrac{120}{2\pi \times 60 \times 314 \times 10^{-3}} = 1$ [A]

# 21   5. 전기설비기술기준(CBT시험 복원문제)

2021년 1회 전기산업기사

※ 2021.1.1. 한국전기설비규정 개정에 따라 기출문제를 개정된 내용으로 반영하여 일부 삭제 및 변형하였습니다.
※ 본 기출문제는 수험자의 기억을 바탕으로 하여 복원한 문제이므로 실제 문제와 다를 수 있음을 미리 알려드립니다.

**01** 사용되는 전선이 반드시 절연전선이 아니라도 되는 배선공사는?

① 합성수지관공사    ② 금속관공사
③ 버스덕트공사    ④ 플로어덕트공사

> **나전선의 사용 제한**
> 옥내에 시설하는 저압전선에는 나전선을 사용하여서는 아니 된다. 다만, 다음 중 어느 하나에 해당하는 경우에는 그러하지 아니하다.
> (1) 애자공사에 의하여 전개된 곳에 다음의 전선을 시설하는 경우
>    ㉠ 전기로용 전선
>    ㉡ 전선의 피복 절연물이 부식하는 장소에 시설하는 전선
>    ㉢ 취급자 이외의 자가 출입할 수 없도록 설비한 장소에 시설하는 전선
> (2) 버스덕트공사에 의하여 시설하는 경우
> (3) 라이팅덕트공사에 의하여 시설하는 경우
> (4) 옥내에 시설하는 저압 접촉전선을 시설하는 경우
> (5) 유희용 전차의 전원장치에 있어서 2차측 회로의 배선을 제3레일 방식에 의한 접촉전선을 시설하는 경우

**02** 교류 전차선 등 충전부와 식물 사이의 이격거리는 몇 [m] 이상이어야 하는가?

① 3[m]    ② 5[m]
③ 7[m]    ④ 10[m]

> **전차선 등과 식물 사이의 이격거리**
> 교류 전차선 등 충전부와 식물 사이의 이격거리는 5[m] 이상이어야 한다. 다만, 5[m] 이상 확보하기 곤란한 경우에는 현장여건을 고려하여 방호벽 등 안전조치를 하여야 한다.

**03** 지중전선로를 직접 매설식에 의하여 차량 기타 중량물의 압력을 받을 우려가 있는 장소에 시설하는 경우 그 깊이는 몇 [m] 이상이어야 하는가?

① 1.0    ② 1.2
③ 1.5    ④ 2.5

> **지중전선로의 시설**
> 지중전선로를 직접매설식에 의하여 시설하는 경우에는 매설 깊이를 차량 기타 중량물의 압력을 받을 우려가 있는 장소에는 1.0[m] 이상, 기타 장소에는 0.6[m] 이상으로 하고 또한 지중전선을 견고한 트라프 기타 방호물에 넣어 시설하여야 한다. 다만, 저압 또는 고압의 지중전선에 콤바인덕트 케이블을 사용하여 시설하는 경우에는 지중전선을 견고한 트라프 기타 방호물에 넣지 아니하여도 된다.

**정답**   01 ③   02 ②   03 ①

**04** 특별고압 가공전선로의 지지물에 시설하는 통신선 또는 이에 직접 접속하는 가공통신선의 높이는 철도 또는 궤도를 횡단하는 경우에는 궤조면상 몇 [m] 이상으로 하여야 하는가?

① 5
② 5.5
③ 6
④ 6.5

> **전력보안통신선의 시설 높이**
> 가공전선로의 지지물에 시설하는 통신선(첨가 통신선) 또는 이에 직접 접속하는 가공통신선의 높이는 다음에 따라야 한다.
> (1) 도로를 횡단하는 경우에는 지표상 6 [m] 이상. 다만, 저압이나 고압의 가공전선로의 지지물에 시설하는 통신선 또는 이에 직접 접속하는 가공통신선을 시설하는 경우에 교통에 지장을 줄 우려가 없을 때에는 지표상 5 [m] 까지로 감할 수 있다.
> (2) 철도 또는 궤도를 횡단하는 경우에는 레일면상 6.5 [m] 이상.
> (3) 횡단보도교 위에 시설하는 경우에는 그 노면상 5 [m] 이상. 다만, 다음 중 어느 하나에 해당하는 경우에는 그러하지 아니하다.
> ㉠ 저압 또는 고압의 가공전선로의 지지물에 시설하는 통신선 또는 이에 직접 접속하는 가공통신선을 노면상 3.5 [m] (통신선이 절연전선과 동등 이상의 절연성능이 있는 것인 경우에는 3 [m]) 이상으로 하는 경우
> ㉡ 특고압 전선로의 지지물에 시설하는 통신선 또는 이에 직접 접속하는 가공통신선으로서 광섬유케이블을 사용하는 것을 그 노면상 4 [m] 이상으로 하는 경우

**05** 분산형 전원설비에서 주택의 태양전지 모듈에 접속하는 부하측 옥내배선을 사람이 접촉할 우려가 없는 장소에 합성수지관공사로 시설할 경우 옥내배선의 대지전압은 직류 몇 [V] 이하이어야 하는가?

① 150[V]
② 300[V]
③ 500[V]
④ 600[V]

> **분산형 전원설비의 태양광 발전설비**
> 주택의 태양전지모듈에 접속하는 부하측 옥내배선(복수의 태양전지모듈을 시설하는 경우에는 그 집합체에 접속하는 부하측의 배선)을 다음에 따라 시설하는 경우에 옥내배선의 대지전압은 직류 600[V] 이하이어야 한다.

**06** 특고압 전선로에 접속하는 배전용 변압기를 시설하는 경우에 특고압 전선에 특고압 절연전선 또는 케이블을 사용하였다면 변압기의 1차 전압은 몇 [kV] 이하이어야 하는가?(단, 발전소, 변전소, 개폐소 이외의 곳)

① 20
② 35
③ 50
④ 70

> **특고압 배전용 변압기의 시설**
> (1) 변압기의 1차 전압은 35 [kV] 이하, 2차 전압은 저압 또는 고압일 것.
> (2) 변압기의 특고압측에 개폐기 및 과전류차단기를 시설할 것.
> (3) 변압기의 2차 전압이 고압인 경우에는 고압측에 개폐기를 시설하고 또한 쉽게 개폐할 수 있도록 할 것.

**07** 아크용접장치의 용접변압기에서 용접전극에 이르는 부분에 사용할 수 있는 전선은?

① EP 고무 절연 클로로프렌 캡타이어 케이블
② 비닐 캡타이어 케이블
③ 옥외용 비닐절연전선
④ 인입용 비닐절연전선

> **아크 용접기**
> 전선은 용접용 케이블이고 용접변압기로부터 용접전극에 이르는 전로는 0.6/1 [kV] EP 고무 절연 클로로프렌 캡타이어 케이블일 것.

정답  04 ④  05 ④  06 ②  07 ①

**08** 유도장해를 방지하기 위하여 사용전압 60,000 [V] 이하인 가공전선로의 유도전류는 전화선로의 길이 12[km]마다 몇 [μA]를 넘지 않도록 하여야 하는가?

① 1[μA]　　② 2[μA]
③ 3[μA]　　④ 4[μA]

**특고압 가공전선로의 유도장해 방지**
(1) 특고압 가공 전선로는 다음 ㉠, ㉡에 따르고 또한 기설 가공 전화선로에 대하여 상시 정전유도작용(常時靜電誘導作用)에 의한 통신상의 장해가 없도록 시설하여야 한다.
　㉠ 사용전압이 60 [kV] 이하인 경우에는 전화선로의 길이 12 [km] 마다 유도전류가 2 [μA]를 넘지 아니하도록 할 것.
　㉡ 사용전압이 60 [kV]를 초과하는 경우에는 전화선로의 길이 40 [km] 마다 유도전류가 3 [μA]을 넘지 아니하도록 할 것.
(2) 특고압 가공전선로는 기설 통신선로에 대하여 상시 정전유도작용에 의하여 통신상의 장해를 주지 아니하도록 시설하여야 한다.
(3) 특고압 가공 전선로는 기설 약전류 전선로에 대하여 통신상의 장해를 줄 우려가 없도록 시설하여야 한다.

**09** 66[kV] 가공전선과 6[kV] 가공전선을 동일 지지물에 병가하는 경우에 특별고압 가공전선은 케이블인 경우를 제외하고는 단면적이 몇 [mm²] 이상인 경동연선을 사용하여야 하는가?

① 22　　② 38
③ 50　　④ 100

**병가의 설비기준**
· 35[kV] 초과 100[kV] 미만인 경우 이격거리와 제한사항

| 전력선의 종류 | 특별고압과 저·고압 | 제한사항 |
|---|---|---|
| 이격거리 | 2[m]<br>케이블 사용시<br>1[m] | · 목주는 사용하지 말 것<br>· 50[mm²] 이상,<br>21.67[kN] 이상<br>· 제2종 특별고압 보안공사일 것 |

**10** 저압 연접인입선은 인입선에서 분기하는 점으로부터 몇 [m]를 초과하는 지역에 미치지 아니하도록 시설하여야 하는가?

① 100[m]　　② 150[m]
③ 200[m]　　④ 250[m]

**연접인입선**
(1) 저압 연접인입선
　㉠ 인입선에서 분기하는 점으로부터 100 [m]를 초과하는 지역에 미치지 아니할 것.
　㉡ 폭 5 [m]를 초과하는 도로를 횡단하지 아니할 것.
　㉢ 옥내를 통과하지 아니할 것.
(2) 고압 연접인입선과 특고압 연접인입선은 시설하여서는 안된다.

**11** 3상 220[V] 유도 전동기의 권선과 대지간의 절연내력시험 전압과 견디어야 할 최소 시간이 맞는 것은?

① 220[V], 5분　　② 275[V], 10분
③ 330[V], 20분　　④ 500[V], 10분

**회전기, 정류기의 절연내력시험**

| 구분<br>종류 | 최대사용전압 | 시험전압 | 시험방법 |
|---|---|---|---|
| 회전기 | 발전기,<br>전동기,<br>조상기,<br>기타 회전기 | 7 [kV]<br>이하 | 1.5배<br>(최저<br>500 [V]) | 권선과<br>대지<br>사이에<br>연속하여<br>10분간<br>가한다. |
| | | 7 [kV]<br>초과 | 1.25배<br>(최저<br>10.5<br>[kV]) | |
| | 회전변류기 | | 1배<br>(최저<br>500 [V]) | |

시험전압 = 220×1.5 = 330[V]
하지만 시험전압의 최저값이 500[V] 이상으로 하여야 하므로
∴ 시험전압 = 500[V], 연속하여 10분간 견뎌야 한다.

**12** 고압용 개폐기·차단기·피뢰기 기타 이와 유사한 기구로서 동작시에 아크가 생기는 것은 목재의 벽 또는 천장 기타의 가연성 물질로부터 몇 [m] 이상 떼어놓아야 하는가?

① 0.5[m]　　　② 1.0[m]
③ 2.0[m]　　　④ 3.0[m]

> **아크를 발생하는 기구의 시설**
> 고압용 또는 특고압용의 개폐기·차단기·피뢰기 기타 이와 유사한 기구로서 동작시에 아크가 생기는 것은 목재의 벽 또는 천장 기타의 가연성 물체로부터 아래 표에서 정한 값 이상 이격하여 시설하여야 한다.
>
> | 기구 등의 구분 | 이격거리 |
> |---|---|
> | 고압용의 것 | 1[m] 이상 이격 |
> | 특고압용의 것 | 2[m] (사용전압이 35[kV] 이하의 특고압용의 기구 등으로서 동작할 때에 생기는 아크의 방향과 길이를 화재가 발생할 우려가 없도록 제한하는 경우에는 1[m]) 이상 |

**13** 도로를 횡단하여 시설하는 지선의 높이는 특별한 경우를 제외하고 지표상 몇 [m] 이상으로 하여야 하는가?

① 5　　　② 5.5
③ 6　　　④ 6.5

> **지선의 높이**
> (1) 도로를 횡단하여 시설하는 경우에는 지표상 5 [m] 이상으로 하여야 한다. 다만, 기술상 부득이한 경우로서 교통에 지장을 초래할 우려가 없는 경우에는 지표상 4.5 [m] 이상으로 할 수 있다.
> (2) 보도의 경우에는 2.5 [m] 이상으로 할 수 있다.

**14** 전로의 중성점을 접지하는 목적으로 볼 수 없는 것은?

① 부하전류의 일부를 대지로 방류하여 전선 절약
② 전로의 보호 장치의 확실한 동작의 확보
③ 이상전압의 억제
④ 대지전압의 저하

> **전로의 중성점 접지의 목적**
> (1) 전로의 보호 장치의 확실한 동작의 확보
> (2) 이상 전압의 억제
> (3) 대지전압의 저하

**15** 가공 전선로의 지지물에 하중이 가하여지는 경우에 그 하중을 받는 지지물 기초의 안전율은 일반적인 경우에 얼마 이상이어야 하는가?

① 1.5　　　② 2.0
③ 2.5　　　④ 3.0

> **각종 안전율에 대한 종합 정리**
> (1) 지지물 : 기초 안전율 2(이상시 상정하중에 대한 철탑의 기초에 대하여는 1.33)
> (2) 목주
> 　㉠ 저압 : 1.2(저압 보안공사로 한 경우 1.5)
> 　㉡ 고압 : 1.3(고압 보안공사로 한 경우 1.5)
> 　㉢ 특고압 : 1.5(제2종 특고압 보안공사로 한 경우 2)
> 　㉣ 저·고압 가공전선의 공가 : 1.5
> 　㉤ 저·고압 가공전선이 교류전차선 위로 교차 : 2
> (3) 전선 : 2.5(경동선 또는 내열 동합금선은 2.2)
> (4) 지선 : 2.5
> (5) 특고압 가공전선을 지지하는 애자장치 : 2.5
> (6) 무선용 안테나를 지지하는 지지물, 케이블 트레이 : 1.5

정답 12 ②　13 ①　14 ①　15 ②

**16** 유희용 전차에 전기를 공급하는 전로의 사용전압이 교류인 경우 몇 [V] 이하이어야 하는가?

① 20　　　　② 40
③ 60　　　　④ 100

**유희용 전차**
(1) 유희용 전차(유원지·유희장 등의 구내에서 유희용으로 시설하는 것을 말한다)에 전기를 공급하기 위하여 사용하는 변압기의 1차 전압은 400 [V] 이하이어야 한다.
(2) 유희용 전차에 전기를 공급하는 전원장치의 변압기는 절연변압기이고, 전원장치의 2차측 단자의 최대사용전압은 직류의 경우 60 [V] 이하, 교류의 경우 40 [V] 이하일 것.
(3) 유희용 전차의 전원장치에 있어서 2차측 회로의 접촉전선은 제3레일 방식에 의하여 시설할 것.
(4) 유희용 전차의 전차 내에서 승압하여 사용하는 경우는 다음에 의하여 시설하여야 한다.
　㉠ 변압기는 절연변압기를 사용하고 2차 전압은 150 [V] 이하로 할 것.
　㉡ 변압기는 견고한 함 내에 넣을 것.
　㉢ 전차의 금속제 구조부는 레일과 전기적으로 완전하게 접촉되게 할 것.

**17** 고압 가공전선로의 지지물이 B종 철주인 경우, 경간은 몇 [m] 이하이어야 하는가?

① 150　　　　② 200
③ 250　　　　④ 300

**가공전선로의 경간**

| 구분<br>지지물종류 | A종주,<br>목주 | B종주 | 철탑 |
|---|---|---|---|
| 표준경간 | 150[m] | 250[m] | 600[m]<br>㉠ 400[m] |
| 저·고압<br>보안공사 | 100[m] | 150[m] | 400[m] |

㉠ 특고압 기공전선로의 경간으로 철탑이 단주인 경우에 적용한다.

**18** 석유류를 저장하는 장소의 저압 옥내 전기설비에 사용할 수 없는 배선 공사방법은?

① 합성수지관공사　② 케이블공사
③ 금속관공사　　　④ 애자공사

**위험물 등이 존재하는 장소**
셀룰로이드·성냥·석유류 기타 타기 쉬운 위험한 물질(이하 "위험물"이라 한다)을 제조하거나 저장하는 곳에 시설하는 저압 옥내전기설비는 금속관공사, 케이블공사, 합성수지관공사(두께 2[mm] 미만의 합성수지 전선관 및 난연성이 없는 콤바인덕트관을 사용하는 것을 제외한다)의 규정에 준하여 시설한다.

**19** 345[kV] 변전소의 충전 부분에서 5.98[m] 거리에 울타리를 설치할 경우 울타리 최소 높이는 몇 [m]인가?

① 2.1　　　　② 2.3
③ 2.5　　　　④ 2.7

**발전소 등의 울타리·담 등의 시설**
울타리·담 등과 고압 및 특고압의 충전부분이 접근하는 경우에는 울타리·담 등의 높이와 울타리·담 등으로부터 충전부분까지 거리의 합계는 아래 표에서 정한 값 이상으로 할 것.

| 사용전압 | 울타리·담 등의 높이와 울타리·담 등으로부터 충전부분까지 거리의 합계 |
|---|---|
| 160[kV] 초과 | 10[kV] 초과마다<br>12[cm] 가산하여<br>6+(사용전압[kV]/10-16)×0.12<br>소수점 절상 |

$6+(345/10-16)×0.12 = 6+19×0.12$
　　　　　　　　　　$= 5.98+$울타리 높이
∴ 울타리 높이 $= 6+19×0.12-5.98 = 2.3$ [m]

**20** 고압 가공전선이 상부 조영재의 위쪽으로 접근 시의 가공전선과 조영재의 이격거리는 몇 [m] 이상이어야 하는가?

① 0.6
② 0.8
③ 1.2
④ 2.0

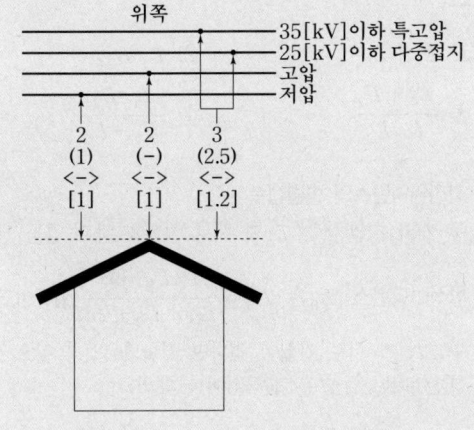

가공전선과 건조물의 조영재 사이의 이격거리

<기호 설명>
( ) : 저압선에 DV전선 또는 450/750 [V] 일반용 단심 비닐절연전선을 사용하고, 고압선에 고압 절연전선을 사용하거나 특고압선에 특고압 절연전선을 사용하는 경우
[ ] : 저압선에 고압 절연전선, 특고압 절연전선 또는 케이블을 사용하거나 고압과 특고압선에 케이블을 사용하는 경우
< > : 사람이 쉽게 접촉할 우려가 없도록 시설하는 경우

정답 20 ④

## 과년도 출제문제

**2021년 2회 전기산업기사**

# 21  1. 전기자기학(CBT시험 복원문제)

※ 본 기출문제는 수험자의 기억을 바탕으로 하여 복원한 문제이므로 실제 문제와 다를 수 있음을 미리 알려드립니다.

**01** 1[$\mu$F]의 콘덴서를 30[kV]로 충전하여 200[$\Omega$]의 저항에 연결하면 저항에서 소모되는 에너지는 몇 [J]인가?

① 450[J]   ② 900[J]
③ 1,350[J]   ④ 1,800[J]

> **정전에너지($W_C$)와 소비에너지($W_R$)**
> 콘덴서에 충전된 정전에너지($W_C$)를 저항에 공급하게 되면 저항에서는 모두 열로 에너지를 소모하게 되므로 저항의 소비에너지($W_R$)는 정전에너지와 같게 된다.
> $C=1$[$\mu$F], $V=3$[kV]일 때
> $\therefore W = \frac{1}{2}CV^2 = \frac{1}{2} \times 1 \times 10^{-6} \times (30 \times 10^3)^2$
> $= 450$[J]

**02** 반지름 $a$[m] 되는 접지 도체구의 중심에서 $r$[m] 되는 거리에 점전하 $Q$[C]을 놓았을 때 도체구에 유도된 총 전하는 몇 [C]인가?

① 0   ② $-Q$
③ $-\frac{a}{r}Q$   ④ $-\frac{r}{a}Q$

> **접지구도체와 점전하**
> 접지구도체로부터 영상전하($Q'$)와 그 위치는
> (1) 영상전하 $Q' = -\frac{a}{r}Q$[C]
> (2) 위치 $= +\frac{a^2}{r}$[m]

**03** 자기인덕턴스가 각각 $L_1$, $L_2$인 두 코일을 서로 간섭이 없도록 병렬로 연결했을 때 그 합성인덕턴스는?

① $L_1 + L_2$   ② $L_1 \cdot L_2$
③ $\frac{L_1 + L_2}{L_1 \cdot L_2}$   ④ $\frac{L_1 \cdot L_2}{L_1 + L_2}$

> **자기인덕턴스의 병렬접속**
> 두 개의 코일 $L_1$, $L_2$가 서로 결합을 하고 있을 경우 합성인덕턴스 $L_0$은 $L_0 = \frac{L_1 L_2 - M^2}{L_1 + L_2 \pm 2M}$ [H]이므로 두 코일이 서로 간섭이 없다면 결합되어있지 않으므로 상호인덕턴스 $M$은 $M=0$이 된다.
> $\therefore L_0 = \frac{L_1 L_2}{L_1 + L_2}$ [H]

**04** 한 변의 길이가 2[m] 되는 정삼각형의 3정점 A, B, C에 $10^{-4}$[C]의 점전하가 있다. 점 B에 작용하는 힘[N]은 다음 중 어느 것인가?

① 29   ② 39
③ 45   ④ 49

> 정삼각형은 각 전하끼리의 거리가 모두 같으며 점전하 또한 크기가 같으므로 $F_{AB}$와 $F_{BC}$를 구하여 벡터해석으로 계산한다.
> $F_{AB}$와 $F_{BC}$ 사이의 각도가 60°이므로 B구에 작용하는 힘($F_B$)은
> $F_B = \sqrt{F_{AB}^2 + F_{BC}^2 + 2F_{AB}F_{BC}\cos\theta}$ [V]
> 식에서 $F_{AB} = F_{BC}$일 때 $F_B = \sqrt{3}F_{AB}$이므로
> $\therefore F_B = \sqrt{3}F_{AB} = \sqrt{3} \times 9 \times 10^9 \frac{Q^2}{r^2}$
> $= \sqrt{3} \times 9 \times 10^9 \frac{(10^{-4})^2}{2^2}$
> $= 39$ [N]

**정답** 01 ①  02 ③  03 ④  04 ②

## 05 균질의 철사에 온도 구배가 있을 때 여기에 전류가 흐르면 열의 흡수 또는 발생을 수반하는데 이 현상은?

① 톰슨 효과  ② 핀치 효과
③ 펠티에 효과  ④ 제벡 효과

**전기효과**
(1) 톰슨(Thomson) 효과 : 같은 도선에 온도차가 있을 때 전류를 흘리면 열의 흡수 또는 발생이 일어나는 현상
(2) 핀치(Pinch) 효과 : 유도적인 도체에 대전류가 흐르면 이 전류에 의한 자계와 전류와의 사이에 작용하는 힘이 중심을 향해 발생하여 도전체가 수축하고 저항이 증가되어 결국 전류가 흐르지 못하게 되는 현상
(3) 펠티에(Peltier) 효과 : 두 종류의 도체로 접합된 폐회로에 전류를 흘리면 접합점에서 열의 흡수 또는 발생이 일어나는 현상. 전자냉동의 원리
(4) 제벡(Seebeck) 효과 : 두 종류의 도체로 접합된 폐회로에 온도차를 주면 접합점에서 기전력차가 생겨 전류가 흐르게 되는 현상. 열전온도계나 태양열발전 등이 이에 속한다.

## 06 직선전류에 의해서 그 주위에 생기는 환상의 자계의 방향은?

① 전류의 방향
② 전류와 반대방향
③ 오른나사의 진행방향
④ 오른나사의 회전방향

**암페어의 오른나사의 법칙**
직선도체에 흐르는 전류의 방향을 기준으로 하였을 때 그 주위를 회전하는 자계의 방향은 오른나사의 회전방향으로 정해진다.

## 07 두 코일의 자기 인덕턴스가 각각 0.25[H]와 0.4[H]이고 결합계수가 1일 때 합성 인덕턴스는 몇 [H]인가?(두 코일은 가동결합인 상태이다.)

① 128  ② 12.8
③ 1.28  ④ 0.128

**합성 인덕턴스($L_0$)**
두 코일이 가동결합인 경우 상호 인덕턴스($M$)와 합성 인덕턴스($L_0$)는
$M = k\sqrt{L_1 L_2}$ [H], $L_0 = L_1 + L_2 + 2M$ [H] 이므로
$L_1 = 0.25$ [H], $L_2 = 0.4$ [H], $k = 1$일 때
∴ $L_0 = L_1 + L_2 + 2M = L_1 + L_2 + 2k\sqrt{L_1 L_2}$
$= 0.25 + 0.4 + 2 \times 1 \times \sqrt{0.25 \times 0.4}$
$= 1.28$ [H]

## 08 변압기 철심으로 주철을 사용하지 않고 규소강판이 사용되는 주된 이유는?

① 와류손을 적게 하기 위하여
② 큐리온도를 높이기 위하여
③ 히스테리시스손을 적게 하기 위하여
④ 부하손(동손)을 적게 하기 위하여

**히스테리시스손과 와류손**
변압기 철심에 규소가 함유된 강판을 사용하면 히스테리시스손을 줄일 수 있고 얇게 성층하여 사용하면 와류손을 줄일 수 있다.

**09** 폐곡면을 통하여 나가는 전력선의 총수는 그 내부에 있는 점전하의 대수합의 몇 배와 같은가?

① $\dfrac{1}{\epsilon_0}$  ② $\dfrac{1}{\pi\epsilon_0}$

③ $\dfrac{1}{2\pi\epsilon_0}$  ④ $\dfrac{1}{4\pi\epsilon_0}$

> **가우스의 발산정리(전기력선과 전속선)**
> (1) 전기력선의 개수
> $$N=\int_s \dot{E}\cdot ds=\int_v \text{div}\,\dot{E}\cdot dv$$
> $$=\int_v \nabla\cdot\dot{E}\,dv=\dfrac{Q}{\epsilon_0}$$
> (2) 전속선의 개수
> $$\Psi=Q$$
> ∴ 전기력선의 총수는 점전하 대수합의 $\dfrac{1}{\epsilon_0}$ 배이다.

**10** 비유전율 81이고, 비투자율 1인 물속에 전자파의 파동 임피던스는 약 몇 [Ω]인가?

① 9[Ω]  ② 27[Ω]
③ 33[Ω]  ④ 42[Ω]

> **파동임피던스(=고유임피던스 : $\eta$)**
> 자유공간에서 $\epsilon_s=81$, $\mu_s=1$일 때 사용된다.
> $$\eta=\dfrac{E}{H}=\sqrt{\dfrac{\mu}{\epsilon}}=\sqrt{\dfrac{\mu_0}{\epsilon_0}}\cdot\sqrt{\dfrac{\mu_s}{\epsilon_s}}=120\pi\sqrt{\dfrac{\mu_s}{\epsilon_s}}$$
> $$=377\sqrt{\dfrac{\mu_s}{\epsilon_s}}\,[\Omega]$$
> $\epsilon_s=81$, $\mu_s=1$일 때
> ∴ $\eta=377\sqrt{\dfrac{\mu_s}{\epsilon_s}}=377\times\sqrt{\dfrac{1}{81}}=42\,[\Omega]$

**11** 도체의 단면적이 5[m²]인 곳을 3초 동안에 30 [C]의 전하가 통과하였다면 이때의 전류는?

① 5[A]  ② 10[A]
③ 30[A]  ④ 90[A]

> **전류($I$)**
> 전류란 어느 도선을 임의의 시간($t$) 동안 통과한 전하량($Q$)으로 정의하며 $I=\dfrac{dQ}{dt}$ [A]로 표현한다.
> $s=5\,[m^2]$, $dt=3\,[\sec]$, $dQ=30\,[C]$일 때
> ∴ $I=\dfrac{dQ}{dt}=\dfrac{30}{3}=10\,[A]$

**12** 자기쌍극자의 자위에 관한 설명 중 맞는 것은?

① 쌍극자의 자기모멘트에 반비례한다.
② 거리의 제곱에 반비례한다.
③ 자기쌍극자의 축과 이루는 각도 $\theta$의 $\sin\theta$에 비례한다.
④ 자위의 단위는 [Wb/J]이다.

> **자기쌍극자의 자위($U$)**
> 자기쌍극자모멘트를 $M$이라 하면
> $$U=\dfrac{M\cos\theta}{4\pi\mu_o r^2}=6.33\times10^4\dfrac{M\cos\theta}{r^2}\,[A]$$이므로
> ∴ 자기쌍극자의 자위는 자기모멘트에 비례하며, $\cos\theta$에 비례하고 거리의 제곱에 반비례한다.

**13** 양도체에 있어서 전자파의 전파정수는?

① $\sqrt{\pi f\sigma\mu}+j\sqrt{\pi f\sigma\mu}$
② $\sqrt{2\pi f\sigma\mu}+j\sqrt{2\pi f\sigma\mu}$
③ $\sqrt{2\pi f\sigma\mu}+j\sqrt{\pi f\sigma\mu}$
④ $\sqrt{\pi f\sigma\mu}+j\sqrt{2\pi f\sigma\mu}$

> **양도체에서의 전파정수**
> 양도체에서 감쇠정수($\alpha$)와 위상정수($\beta$)는 같아진다.
> $\alpha=\beta=\sqrt{\pi f\mu\sigma}$ 이므로
> $\gamma=\sqrt{ZY}=\sqrt{(r+j\omega L)(g+j\omega C)}=\alpha+j\beta$
> 식에서
> ∴ $\gamma=\alpha+j\beta=\sqrt{\pi f\mu\sigma}+j\sqrt{\pi f\mu\sigma}$

정답  09 ①  10 ④  11 ②  12 ②  13 ①

**14** 정전용량이 0.5[μF], 1[μF]인 콘덴서에 각각 $2\times10^{-4}$[C] 및 $3\times10^{-4}$[C]의 전하를 주고 극성을 같게 하여 병렬로 접속할 때 콘덴서에 축적된 에너지는 약 몇 [J] 인가?

① 0.042
② 0.063
③ 0.083
④ 0.126

**정전에너지($W$)**
$C_1 = 0.5$ [μF], $C_2 = 1$ [μF], $Q_1 = 2\times10^{-4}$ [C], $Q_2 = 3\times10^{-4}$ [C]인 경우 콘덴서가 병렬접속되었다면 합성정전용량 $C$와 합성전하량 $Q$는
$C = C_1 + C_2 = 0.5 + 1 = 1.5$ [μF]
$Q = Q_1 + Q_2 = 2\times10^{-4} + 3\times10^{-4}$
$\quad = 5\times10^{-4}$ [C]이므로
$\therefore W = \dfrac{Q^2}{2C} = \dfrac{(5\times10^{-4})^2}{2\times1.5\times10^{-6}} = 0.083$ [J]

**15** 대전도체 표면의 전하밀도를 $\sigma$[C/m²]이라 할 때, 대전도체 표면의 단위면적이 받는 정전응력은 전하밀도 $\sigma$와 어떤 관계에 있는가?

① $\sigma^{\frac{1}{2}}$에 비례
② $\sigma^{\frac{3}{2}}$에 비례
③ $\sigma$에 비례
④ $\sigma^2$에 비례

**정전응력($f$)**
단위면적당 정전응력($f$)과 단위체적당 정전에너지($w$)는 서로 같으며
$f = \dfrac{\sigma^2}{2\epsilon_0} = \dfrac{D^2}{2\epsilon_0} = \dfrac{1}{2}\epsilon_0 E^2 = \dfrac{1}{2}ED$ [N/m²]이다.
여기서 $\sigma$: 면전하밀도, $D$: 전속밀도, $E$: 전계의 세기
$\therefore$ 정전응력($f$)은 $\sigma^2$에 비례한다.

**16** 권수 1회의 코일에 5[Wb]의 자속이 쇄교하고 있었다. $10^{-1}$초 사이에 이 자속이 0으로 변하였다면 코일에 유도되는 기전력은 몇 [V]가 되는가?

① 5
② 25
③ 50
④ 100

**유기기전력($e$)**
$e = N\dfrac{d\phi}{dt}$ [V] 식에서
$N = 1$, $d\phi = 5$ [Wb], $dt = 10^{-1}$ [sec]일 때
$\therefore e = N\dfrac{d\phi}{dt} = 1\times\dfrac{5}{10^{-1}} = 50$ [V]

**17** 환상철심에 감은 코일에 5[A]의 전류를 흘리면 2,000[AT]의 기자력이 생긴다면 코일의 권수는 얼마로 하여야 하는가?

① 10,000
② 5,000
③ 400
④ 250

**자기회로 내의 옴의 법칙**
코일권수 $N$, 전류 $I$, 자기저항 $R_m$, 자속 $\phi$라 하면 기자력 $F$는
$F = NI = R_m\phi$ [AT]이므로
$I = 5$ [A], $F = 2,000$ [AT]일 때
$\therefore N = \dfrac{F}{I} = \dfrac{2,000}{5} = 400$

**18** 도체계에서 임의의 도체를 일정전위(영전위)의 도체로 완전 포위하면 내외공간의 전계를 완전히 차단할 수 있다. 이것을 무엇이라 하는가?

① 표피효과
② 핀치효과
③ 전자차폐
④ 정전차폐

**정전차폐와 전자차폐**
(1) 정전차폐 : 임의의 도체를 일정 전위의 도체로 완전히 감싸면 내외 공간의 전계를 완전히 차단할 수 있게 되는 현상
(2) 전자차폐 : 전자유도에 의한 방해작용을 방지할 목적으로 대상이 되는 장치 또는 시설을 투자율이 큰 자성재료를 이용해서 감싸게 되면 전자계의 영향으로부터 차단하게 되는 현상

**참고 표피효과와 핀치효과**
(1) 표피효과 : 전선의 중심부로 갈수록 리액턴스가 증가하여 전류가 흐르기 어렵게 되어 전류는 도체 표면으로 갈수록 증가하는 현상
(2) 핀치효과 : 유동적인 도체에 대전류가 흐르면 이 전류에 의한 자계와 전류와의 사이에 작용하는 힘이 중심을 향해 발생하여 도전체가 수축하고 저항이 증가되어 결국 전류가 흐르지 못하게 되는 현상

**19** 유전체 중의 전계의 세기를 $E$, 유전율을 $\epsilon$이라 하면 전기 변위는?

① $\frac{1}{2}\epsilon E^2$
② $\frac{E}{\epsilon}$
③ $\epsilon E^2$
④ $\epsilon E$

**유전체 내의 전기변위(=전속밀도 : $D$)**
$D = \rho_s = \frac{Q}{S} = \frac{Q}{4\pi r^2}$ [C/m²]
$E = \frac{Q}{4\pi\epsilon r^2}$ [V/m]이므로
∴ $D = \rho_s = \epsilon E$ [C/m²]

**20** 그림과 같이 반지름 $r$[m]인 원의 임의의 2점 $a$, $b$(각 $\theta$) 사이에 전류 $I$[A]가 흐른다. 원의 중심 O의 자계의 세기는 몇 [A/m]인가?

① $\frac{I\theta}{4\pi r^2}$
② $\frac{I\theta}{4\pi r}$
③ $\frac{I\theta}{2\pi r^2}$
④ $\frac{I\theta}{2\pi r}$

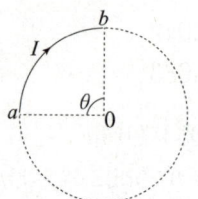

**원형코일 중심의 자계의 세기**
원형코일 중심의 자계의 세기 $H_0$, 중심각 $\theta$에 해당하는 원주도체에 의한 중심의 자계의 세기 $H_\theta$라 하면
$H_0 = \frac{I}{2r}$ [AT/m], $H_\theta = \frac{\theta}{2\pi}H_0$ [AT/m]이므로
∴ $H_\theta = \frac{\theta}{2\pi}H_0 = \frac{\theta}{2\pi} \times \frac{I}{2r} = \frac{I\theta}{4\pi r}$ [AT/m]

정답 18 ④ 19 ④ 20 ②

# 21 2. 전력공학(CBT시험 복원문제)

**2021년 2회 전기산업기사**

※ 본 기출문제는 수험자의 기억을 바탕으로 하여 복원한 문제이므로 실제 문제와 다를 수 있음을 미리 알려드립니다.

**01** 어떤 고층건물의 총 부하 설비전력이 400[kW], 수용률 0.5일 때 이 건물의 변전시설 용량의 최저값은 몇 [kVA]인가? (단, 부하의 역률은 0.80이다)

① 150    ② 200
③ 250    ④ 300

변전설비용량 = 변압기용량(합성최대전력)

$$변전설비용량 = \frac{설비용량 \times 수용률}{역률 \times 부등률}$$

$$= \frac{400 \times 0.5}{0.8}$$

$$= 250 [kVA]$$

**02** 전력계통의 안정도 향상대책으로 옳은 것은?

① 송전계통의 직렬리액턴스를 증가시킨다.
② 고속도 재폐로 방식을 사용한다.
③ 전원측 원동기용 조속기의 응답시간을 크게 한다.
④ 고장을 줄이기 위하여 각 계통을 분리시킨다.

**안정도 개선책**
(1) 리액턴스를 줄인다. : 직렬콘덴서 설치
(2) 단락비를 증가시킨다. : 전압변동률을 줄인다.
(3) 중간조상방식을 채용한다. : 동기조상기 설치
(4) 속응여자방식을 채용한다. : 고속도 AVR 채용
(5) 재폐로 차단방식을 채용한다. : 고속도차단기 사용
(6) 계통을 연계한다.
(7) 소호리액터 접지방식을 채용한다.

**03** 동일한 부하전력에 대하여 전압을 2배로 승압하면 전압강하, 전압강하율, 전력 손실률은 각각 어떻게 되는지 순서대로 나열한 것은?

① $\frac{1}{2}, \frac{1}{2}, \frac{1}{2}$    ② $\frac{1}{2}, \frac{1}{2}, \frac{1}{4}$
③ $\frac{1}{2}, \frac{1}{4}, \frac{1}{4}$    ④ $\frac{1}{4}, \frac{1}{4}, \frac{1}{4}$

**전압에 따른 특성값의 변화들**
전압강하 $V_d$, 전압강하율 $\epsilon$, 전력손실률 $k$ 라 하면

$$V_d = \frac{P}{E}(R + X\tan\theta) [V]$$

$$\epsilon = \frac{P}{V_R^2}(R + X\tan\theta) \times 100 [\%]$$

$$k = \frac{PR}{V^2\cos^2\theta} \times 100 [\%]$$이므로

$V_d \propto \frac{1}{V}$, $\epsilon \propto \frac{1}{V^2}$, $k \propto \frac{1}{V^2}$ 이므로 $V$를 2배로 승압하면

∴ $V_d = \frac{1}{2}$ 배, $\epsilon = \frac{1}{4}$ 배, $k = \frac{1}{4}$ 배이다.

**04** 배전전압, 배전거리 및 전력손실이 같다는 조건에서 단상 2선식 전기방식의 전선 총중량을 100[%]라 할 때 3상 3선식 전기방식은 몇 [%] 인가?

① 33.3    ② 37.5
③ 75.0    ④ 100.0

**배전방식의 전기적 특성 비교**

| 구분 | 전선량비교 |
|---|---|
| 단상 2선식 | 100[%] |
| 단상 3선식 | 37.5[%] |
| 3상 3선식 | 75[%] |
| 3상 4선식 | 33.3[%] |

**정답** 01 ③   02 ②   03 ③   04 ③

**05** 배전선에서 균등하게 분포된 부하일 경우 배전선 말단의 전압강하는 모든 부하가 배전선의 어느 지점에 집중되어 있을 때의 전압강하와 같은가?

① $\frac{1}{2}$  ② $\frac{1}{3}$
③ $\frac{2}{3}$  ④ $\frac{1}{5}$

**전압강하와 전력손실 비교**

| 구분<br>종류 | 말단에 집중부하 | 균등분포(균등분산)된 부하 |
|---|---|---|
| 전압강하 | 100[%] | 50[%] = $\frac{1}{2}$배 |
| 전력손실 | 100[%] | 33.3[%] = $\frac{1}{3}$배 |

**06** 전극의 어느 일부분의 전위경도가 커져서 공기와의 절연이 파괴되어 생기는 현상은?

① 페란티 현상  ② 코로나 현상
③ 카르노 현상  ④ 보어 현상

**코로나 현상**

공기는 절연물이긴 하지만 절연내력에 한계가 있으며 직류에서는 약 30[kV/cm], 교류에서는 21.1[kV/cm]의 전압에서 공기의 절연이 파괴된다. 이때 이 전압을 파열극한 전위경도라 하며 송전선로의 전선 주위의 공기의 절연이 국부적으로 파괴되어 낮은 소리나 엷은 빛의 아크 방전이 생기는데 이 현상을 코로나 현상 또는 코로나 방전이라 한다.

**07** 차단기와 차단기의 소호 매질이 틀리게 결합된 것은 어느 것인가?

① 공기차단기 – 압축공기
② 가스차단기 – 냉매가스
③ 자기차단기 – 전자력
④ 유입차단기 – 절연유

**차단기의 소호매질**

(1) 공기차단기(ABB) – 압축공기
(2) 가스차단기(GCB) – $SF_6$ 가스
(3) 유입차단기(OCB) – 절연유
(4) 진공차단기(VCB) – 고진공
(5) 자기차단기(MBB) – 전자력

**08** 그림과 같은 평형 3상 발전기가 있다. a상이 지락한 경우 지락전류는 어떻게 표현되는가? (단, $Z_0$ : 영상임피던스, $Z_1$ : 정상임피던스, $Z_2$ : 역상임피던스이다.)

① $\dfrac{E_a}{Z_0 + Z_1 + Z_2}$

② $\dfrac{3E_a}{Z_0 + Z_1 + Z_2}$

③ $\dfrac{-Z_0 E_a}{Z_0 + Z_1 + Z_2}$

④ $\dfrac{2Z_2 E_a}{Z_1 + Z_2}$

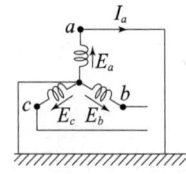

**1선 지락사고 및 지락전류($I_g$)**

$a$상이 지락한 경우
$I_a = I_g$, $I_b = I_c = 0$, $V_a = 0$이므로

$$I_0 = I_1 = I_2 = \frac{1}{3}I_a = \frac{1}{3}I_g = \frac{E_a}{Z_0 + Z_1 + Z_2} \text{ [A]}$$

$I_0 = I_1 = I_2 \neq 0$이며

$$\therefore I_g = I_a = 3I_0 = \frac{3E_a}{Z_0 + Z_1 + Z_2} \text{ [A]}$$

참고 1선 지락사고는 영상임피던스($Z_0$), 정상임피던스($Z_1$), 역상임피던스($Z_2$)를 모두 이용하여 지락전류를 계산한다.

**09** 중거리 송전선로에서 T형 회로인 경우 4단자 정수 $A$는?

① $1+\dfrac{ZY}{2}$  ② $1-\dfrac{ZY}{4}$
③ $Z$  ④ $Y$

> T형 선로의 4단자 정수($A$, $B$, $C$, $D$)
> $$\begin{bmatrix} A & B \\ C & D \end{bmatrix} = \begin{bmatrix} 1+\dfrac{ZY}{2} & Z\left(1+\dfrac{ZY}{4}\right) \\ Y & 1+\dfrac{ZY}{2} \end{bmatrix}$$
> ∴ $A = 1+\dfrac{ZY}{2}$

**10** 유효낙차 50[m], 최대사용수량 20[m³/s], 수차 효율 87[%], 발전기 효율 97[%]인 수력발전소의 최대출력은 몇 [kW]인가?

① 7,570  ② 8,070
③ 8,270  ④ 8,570

> 수력발전소의 최대출력($P_g$)
> $P_g = 9.8 QH\eta_t \eta_g$ [kW] 식에서
> $H=50$[m], $Q=20$[m³/s], $\eta_t=0.87$,
> $\eta_g = 0.97$일 때
> ∴ $P_g = 9.8 QH\eta_t \eta_g = 9.8 \times 20 \times 50 \times 0.87 \times 0.97$
>    $= 8,270$ [kW]

**11** 다음 중 뇌해방지와 관계가 없는 것은?

① 댐퍼  ② 소호각
③ 가공지선  ④ 매설지선

> 뇌해방지
> 직격뢰가 송전선로에 바로 진입하지 못하도록 뇌격을 차폐시키는 설비를 가공지선이라 하며 철탑을 통하여 대지로 방전되는 섬락전압이 탑각접지저항이 너무 큰 경우 다시 전선로로 진행하는 역섬락을 방지하기 위해 탑각접지저항을 경감시키기 위한 매설지선, 그리고 섬락으로부터 애자련을 보호하기 위한 소호각은 모두가 뇌격으로부터 생기는 직·간접적인 재해를 방지하기 위한 설비이다. 그러나 댐퍼는 전선이 진동하는 경우 상·하 전선의 접촉으로 단락사고가 생길 우려가 있으므로 전선로 지지물 부근에 설치하는 진동완화설비이다.

**12** 3상 3선식 3각형 배치의 송전선로에 있어서 각 선의 대지정전용량이 0.5038[$\mu$F]이고, 선간정전용량이 0.1237[$\mu$F]일 때 1선의 작용정전용량은 몇 [$\mu$F]인가?

① 0.6275  ② 0.8749
③ 0.9164  ④ 0.9755

> 작용정전용량($C_w$)
> $C_s = 0.5038$ [$\mu$F], $C_m = 0.1237$ [$\mu$F]이고 3상 3선식이므로
> ∴ $C_w = C_s + 3C_m = 0.5038 + 3 \times 0.1237$
>     $= 0.8749$ [$\mu$F]

**13** 가스터빈 발전의 장점은?

① 효율이 가장 높은 발전방식이다.
② 기동시간이 짧아 첨두부하용으로 사용한다.
③ 연료로서 가스는 모두 사용할 수 있다.
④ 장기간 운전해서 고장이 적으나 냉각수는 많이 소요된다.

> 가스터빈의 장·단점
> (1) 장점
>   ㉠ 운전조작이 간단하다.
>   ㉡ 구조가 간단해서 운전에 대한 신뢰도가 높다.
>   ㉢ 기동, 정지가 용이하다.
>   ㉣ 물처리가 필요 없으며 또한 냉각수의 소요량도 적다.
>   ㉤ 설치장소를 비교적 자유롭게 선정할 수 있다.
>   ㉥ 건설기간이 짧고 이설도 쉽게 할 수 있다.
>   ㉦ 기동시간이 짧아 첨두부하용으로 사용된다.
> (2) 단점
>   ㉠ 가스온도가 높기 때문에 값 비싼 내열재료를 사용해야 한다.
>   ㉡ 열효율은 내연력 발전소나 대용량의 기력발전소보다 떨어진다.
>   ㉢ 사이클 공기량이 많기 때문에 이것을 압축하는데 많은 에너지가 필요하다.
>   ㉣ 가스터빈의 종류에 따라서는 성능이 외기온도와 대기압의 영향을 받는다.

**14** 연가를 하는 주된 목적으로 옳은 것은?

① 선로정수의 평형
② 유도뢰의 방지
③ 계전기의 확실한 동작의 확보
④ 전선의 절약

**연가의 목적**
(1) 선로정수평형
(2) 소호리액터 접지시 직렬공진에 의한 이상전압 억제
(3) 유도장해 억제

**15** 도체 표면의 전류밀도가 커지고 도체 중심으로 갈수록 전류밀도가 작아지는 효과는?

① 표피효과
② 홀효과
③ 펠티에효과
④ 제벡효과

**전기효과**
(1) 표피(Skin) 효과 : 도체에 교류전원이 인가된 경우 도체 내의 전류밀도의 분포는 균일하지 않고 중심부에서 작아지고 표면에서 증가하는 성질을 갖는다. 그 결과 전선의 중심부로 갈수록 전류가 흐르기 어렵게 되어 전류는 도체 표면으로 갈수록 증가하는 현상을 표피효과라 한다.
(2) 홀(Hall) 효과 : 전류가 흐르고 있는 도체에 자계를 가하면 도체 측면에 (+), (−) 전하가 분리되어 전위차가 발생하는 현상
(3) 펠티에(Peltier) 효과 : 두 종류의 도체로 접합된 폐회로에 전류를 흘리면 접합점에서 열의 흡수 또는 발생이 일어나는 현상. 전자냉동의 원리
(4) 제벡(Seebeck) 효과 : 두 종류의 도체로 접합된 폐회로에 온도차를 주면 접합점에서 기전력차가 생겨 전류가 흐르게 되는 현상. 열전온도계나 태양열발전 등이 이에 속한다.

**16** 다음 중 조상설비가 아닌 것은?

① 동기 조상기
② 진상 콘덴서
③ 상순 표시기
④ 분로 리액터

**조상설비**
조상설비는 무효전력을 조절하여 송·수전단 전압이 일정하게 유지되도록 하는 조정 역할과 역률개선에 의한 송전손실의 경감, 전력시스템의 안정도 향상을 목적으로 하는 설비이다. 동기조상기, 병렬콘덴서(=전력용 콘덴서), 분로리액터가 이에 속한다.

**17** 한류 리액터의 사용 목적은?

① 충전전류의 제한
② 단락전류의 제한
③ 누설전류의 제한
④ 접지전류의 제한

**한류리액터**
선로의 단락사고시 단락전류를 제한하여 차단기의 차단용량을 경감함과 동시에 직렬기기의 손상을 방지하기 위한 것으로서 차단기의 전원측에 직렬연결한다.

**18** 3상 수직배치인 선로에서 오프셋(offset)을 주는 이유는?

① 전선의 진동 억제
② 단락 방지
③ 철탑의 중량 감소
④ 전선의 풍압 감소

**오프세트(off − set)**
송전선로에 빙설이 많은 지역은 송전선로에 부착된 빙설이 떨어지면서 전선의 빙설하중에 의한 장력에 의해 높이 튀어 오르게 되어 상부전선과 단락이 일어날 수 있기 때문에 상, 하전선의 배치를 일직선 배치하지 않고 삼각배치하는 방법

**19** 역률 80[%], 10,000[kVA]의 부하를 갖는 변전소에 2,000[kVA]의 콘덴서를 설치하여 역률을 개선하면 변압기에 걸리는 부하는 몇 [kVA] 정도 되는가?

① 8,000[kVA]  ② 8,500[kVA]
③ 9,000[kVA]  ④ 9,500[kVA]

역률개선 후 변압기에 걸리는 부하($s'$)
$\cos\theta_1 = 0.8$, $S = 10,000$ [kVA], $Q_c = 2,000$ [kVA]
일 때 역률 개선 전 변압기 부하의 유효분($P$)과 무효분($Q$)을 구하면
$P = S\cos\theta_1 = 10,000 \times 0.8 = 8,000$ [kW]
$Q = S\sin\theta_1 = 10,000 \times 0.6 = 6,000$ [kVar] 이므로
$\therefore S' = \sqrt{P^2 + (Q - Q_c)^2}$
$= \sqrt{8,000^2 + (6,000 - 2,000)^2} = 9,000$ [kVA]

**20** 차단기에서 "O - $t_1$ - CO - $t_2$ - CO"의 표기로 나타내는 것은? (단, O : 차단동작, $t_1$, $t_2$ : 시간 간격, C : 투입동작, CO : 투입 직후 차단)

① 차단기 동작 책무
② 차단기 재폐로 계수
③ 차단기 속류 주기
④ 차단기 무전압 시간

차단기의 동작책무
차단기의 동작책무란 차단기에 부과된 1회 또는 2회 이상의 투입, 차단동작을 일정시간 간격을 두고 행하는 일련의 동작을 말한다.
일반적으로 사용하는 정격동작책무는 다음과 같다.
일반용 : O - (3분) - CO - (3분) - CO
또는 CO - (15초) - CO
고속도 재투입용 : O - (0.3초) - CO - (3분) - CO

정답  19 ③  20 ①

## 21 3. 전기기기(CBT시험 복원문제)

2021년 2회 전기산업기사

※ 본 기출문제는 수험자의 기억을 바탕으로 하여 복원한 문제이므로 실제 문제와 다를 수 있음을 미리 알려드립니다.

**01** 권선형 유도전동기의 속도제어 방법 중 저항제어법의 특징으로 옳은 것은?

① 효율이 높고 역률이 좋다.
② 부하에 대한 속도 변동률이 작다.
③ 구조가 간단하고 제어조작이 편리하다.
④ 전부하로 장시간 운전하여도 온도의 영향이 적다.

> **권선형 유도전동기의 저항제어법의 장·단점**
> (1) 장점
>  ㉠ 구조가 간단하다.
>  ㉡ 제어조작이 용이하다.
>  ㉢ 내구성이 좋다.
>  ㉣ 제어용 저항기를 겸할 수 있다.
> (2) 단점
>  ㉠ 부하에 대한 속도변동이 크다.
>  ㉡ 부하가 적을 때는 광범위한 속도조정이 곤란하다.
>  ㉢ 제어용저항기는 가격이 비싸다.
>  ㉣ 운전효율이 나쁘다.

**02** 3,000[V], 1,500[kVA], 동기 임피던스 5[Ω]인 동일 정격의 두 동기발전기를 병렬운전하던 중 한쪽 계자 전류가 증가해서 각 상 유도기전력 사이에 300[V]의 전압차가 발생했다면 두 발전기 사이에 흐르는 무효 횡류는 몇 [A]인가?

① 20  ② 30
③ 40  ④ 50

> **동기발전기의 무효순환전류(무효횡류)**
> $I_s = \dfrac{E_A - E_B}{2Z_s}$ [A] 식에서
> $Z_s = 5[\Omega]$, $E_A - E_B = 300$ [V] 이므로
> $\therefore I_s = \dfrac{E_A - E_B}{2Z_s} = \dfrac{300}{2 \times 5} = 30$ [A]

**03** 직류기에서 정류 불량의 원인이 되는 것은 무엇인가?

① 탄소브러시 사용으로 인한 접촉저항 증가
② 코일의 인덕턴스에 의한 리액턴스 전압 증가
③ 유도기전력을 균등하게 하기 위한 균압선 접속
④ 전기자 반작용 보상을 위한 보극의 설치

> **평균리액턴스전압($e_r$)**
> 정류 코일의 자기인덕턴스($L$)와 정류주기($T_C$) 동안의 전류 변화율($2I_C$)에 의해서 생기는 평균리액턴스전압은 정류코일과 브러시의 폐회로 내에 단락전류를 흘려서 아크를 발생시킨다. 따라서 평균리액턴스전압의 과다는 정류불량의 원인이 된다.
> $e_r = L\dfrac{di}{dt} = L\dfrac{2I_C}{T_C}$ [V]

**04** 단상 반파정류로 직류전압 99[V]를 얻으려고 한다. 최대 역전압(Peak Inverse Voltage)이 약 몇 [V] 이상의 다이오드를 사용하여야 하는가? (단, 정류회로 및 변압기의 전압강하는 무시한다.)

① 471  ② 311
③ 251  ④ 161

> **단상 반파 정류회로의 최대역전압($PIV$)**
> 교류전압 $E$, 직류전압 $E_d$인 경우
> $PIV = \sqrt{2}\,E = \pi E_d$ [V] 이므로
> $E_d = 99$ [V] 일 때
> $\therefore PIV = \pi E_d = \pi \times 99 = 311$ [V]

정답 01 ③ 02 ② 03 ② 04 ②

**05** 6극 직류발전기의 정류자 편수가 132, 단자전압이 220[V], 직렬 도체수가 132개이고 중권이다. 정류자 편간 전압은 몇 [V]인가?

① 10　　　　　② 20
③ 30　　　　　④ 40

정류자편간 평균전압($e_s$)
극수 $p$, 유기기전력 $E$, 정류자편수 $k_s$라 하면
$\therefore e_s = \dfrac{pE}{k_s} = \dfrac{6 \times 220}{132} = 10\,[V]$

**06** 가동 복권발전기의 내부 결선을 바꾸어 분권 발전기로 하려면?

① 내분권 복권형으로 해야 한다.
② 외분권 복권형으로 해야 한다.
③ 복권 계자를 단락시킨다.
④ 직권 계자를 단락시킨다.

가동복권발전기는 계자권선이 병렬접속된 분권과 직렬접속된 직권을 모두 가지고 있는 발전기로서 분권계자 권선을 개방시키면 가동복권발전기가 직권발전기로 운전되며 직권계자권선을 단락시키면 가동복권발전기가 분권발전기로 운전하게 된다.

**07** 2차 저항과 2차 리액턴스가 각각 0.04[Ω], 3상 유도전동기의 슬립이 4[%]일 때 1차 부하전류가 10[A]라면 기계적출력은 약 몇 [kW]인가? (단, 권수비 $\alpha = 2$, 상수비 $\beta = 1$이다.)

① 0.57　　　　② 0.65
③ 1.15　　　　④ 1.35

유도전동기의 기계적출력($P_0$)
$P_0 = 3I_2^2 R\,[W]$ 식에서
$I_2 = \alpha\beta I_1\,[A]$, $R = \left(\dfrac{1}{s} - 1\right)r_2\,[\Omega]$ 이므로
$r_2 = 0.04\,[\Omega]$, $x_2 = 0.4\,[\Omega]$, $s = 0.04$,
$I_1 = 10\,[A]$일 때
$I_2 = \alpha\beta I_1 = 2 \times 1 \times 10 = 20\,[A]$,
$R = \left(\dfrac{1}{s} - 1\right)r_2 = \left(\dfrac{1}{0.04} - 1\right) \times 0.04 = 0.96\,[\Omega]$
$\therefore P_0 = 3I_2^2 R = 3 \times 20^2 \times 0.96 = 1{,}152\,[W]$
　　　$= 1.15\,[kW]$

**08** 동기 조상기를 부족여자로 사용하면?

① 리액터로 작용
② 저항손의 작용
③ 일반 부하의 뒤진 전류를 보상
④ 콘덴서로 사용

동기전동기의 위상특선곡선(V곡선)
(1) 계자전류 증가시(중부하시)
　계자전류가 증가하면 동기전동기가 과여자 상태로 운전되는 경우로서 역률이 진역률이 되어 콘덴서 작용으로 진상전류가 흐르게 된다. 또한 전기자전류는 증가한다.
(2) 계자전류 감소시(경부하시)
　계자전류가 감소되면 동기전동기가 부족여자 상태로 운전되는 경우로서 역률이 지역률이 되어 리액터 작용으로 지상전류가 흐르게 된다. 또한 전기자전류는 증가한다.

정답　05 ①　06 ④　07 ③　08 ①

**09** 4극, 220[V], 60[Hz]인 단상 직권정류자 전동기가 있다. 이 전동기는 전기자 총도체수가 72, 전기자 병렬회로수가 4, 극당 자속의 최대값이 $10^{-3}$[Wb]이고, 6,000[rpm]으로 회전하고 있다. 이 때 전기자 권선에 유기되는 속도기전력의 실효값은 약 몇 [V]인가?

① 7.2　　② 5.1
③ 3.6　　④ 2.6

---
단상 직권정류자 전동기의 속도기전력($E$)
$E = \dfrac{pZ\phi N}{60a} = \dfrac{1}{\sqrt{2}} \cdot \dfrac{pZ\phi_m N}{60a}$ [V] 식에서
$p=4$, $V=220$[V], $f=60$[Hz], $Z=72$,
$a=4$, $\phi_m = 10^{-3}$[Wb], $N=6,000$[rpm] 일 때
$\therefore E = \dfrac{1}{\sqrt{2}} \cdot \dfrac{pZ\phi_m N}{60a}$
$= \dfrac{1}{\sqrt{2}} \cdot \dfrac{4 \times 72 \times 10^{-3} \times 6,000}{60 \times 4} = 5.1$ [V]

---

**11** T-결선에 의하여 3,300[V]의 3상으로부터 200[V], 40[kVA]의 전력을 얻는 경우 T좌 변압기의 권수비는 약 얼마인가?

① 16.5　　② 14.3
③ 11.7　　④ 10.2

---
변압기의 스코트 결선(T결선)
변압기의 T결선은 3상 전원을 2상 전원으로 공급하는 결선 중의 하나로 T좌 변압기의 권수비는 원래 권수비의 $\dfrac{\sqrt{3}}{2}$배 되는 지점에 T좌 변압기 탭을 연결하도록 되어 있다.
$V_1 = 3,300$[V], $V_2 = 200$[V], $P_n = 40$[kVA]인 경우 원래 권수비($a$)와 T좌 변압기 권수비($a_t$)를 구하면
$a = \dfrac{n_1}{n_2} = \dfrac{V_1}{V_2} = \dfrac{I_2}{I_1}$ 이므로
$\therefore a_t = \dfrac{\sqrt{3}}{2} a = \dfrac{\sqrt{3}}{2} \cdot \dfrac{V_1}{V_2}$
$= \dfrac{\sqrt{3}}{2} \times \dfrac{3,300}{200} = 14.3$

---

**10** 어느 변압기의 %저항강하 $p$[%], %리액턴스강하가 %저항강하의 $\dfrac{1}{2}$이고 역률이 80[%](지역률) 일 때 변압기의 전압변동률[%]은?

① $1.0p$　　② $1.1p$
③ $1.2p$　　④ $1.3p$

---
변압기 전압변동률($\epsilon$)
$\epsilon = p\cos\theta + q\sin\theta$ [%] 식에서
$q = \dfrac{1}{2}p$, $\cos\theta = 0.8$ (지역률) 이므로
$\therefore \epsilon = p\cos\theta + q\sin\theta$
$= p \times 0.8 + \dfrac{1}{2}p \times 0.6 = 1.1p$ [%]

---

**12** 직류 분권전동기의 정격 전압 200[V], 정격 전류 105[A], 전기자 저항 및 계자회로의 저항이 각각 0.1[Ω] 및 40[Ω]이다. 기동 전류를 정격 전류의 150[%]로 할 때의 기동 저항은 약 몇 [Ω]인가?

① 0.46　　② 0.92
③ 1.08　　④ 1.21

---
직류분권전동기의 기동저항
역기전력 $E$, 정격전압 $V$, 전기자저항 $R_a$, 기동저항 $R_s$, 전기자 기동전류 $I_{as}$, 정격전류 $I$, 계자저항 $R_f$, 계자전류 $I_f$라 하면
$E = 0$[V], $V = 200$[V], $I = 105$[A], $R_a = 0.1$[Ω], $R_f = 40$[Ω], $n = 1.5$이므로
$E = V - R_s I_{as} = V - (R_a + R) I_{as}$ [V] 식에서
$I_{as} = nI - I_f = nI - \dfrac{V}{R_f} = 1.5 \times 105 - \dfrac{200}{40}$
$= 152.5$ [A]이다.
$\therefore R = \dfrac{V-E}{I_{as}} - R_a = \dfrac{200-0}{152.5} - 0.1 = 1.21$ [Ω]

정답　09 ②　10 ②　11 ②　12 ④

**13** 비돌극형 동기 발전기의 단자전압(1상)을 $V$, 유도 기전력(1상)을 $E$, 동기 리액턴스(1상)를 $x_s$, 부하각을 $\delta$라 하면 1상의 출력[W]은 약 얼마인가?

① $\dfrac{EV}{x_s}\cos\delta$  ② $\dfrac{EV}{x_s}\sin\delta$

③ $\dfrac{E^2V}{x_s}\sin\delta$  ④ $\dfrac{EV^2}{x_s}\cos\delta$

> **동기발전기의 출력($P$)**
> (1) 1상의 출력
> $P = \dfrac{VE}{x_s}\sin\delta$ [W]
> (2) 3상의 출력
> $P = \dfrac{3VE}{x_s}\sin\delta$ [W]

**14** 변압기 온도시험을 하는 데 가장 좋은 방법은?

① 실부하법
② 반환부하법
③ 단락시험법
④ 내전압시험법

> **변압기의 온도시험**
> 변압기의 온도시험으로 실부하법과 반환부하법이 있으나 실부하법은 손실이 매우 크게 나타나기 때문에 경제적으로 매우 좋지 않다. 또한 소용량만으로 제한되어 대용량 온도시험에는 불가능하다. 따라서 동일 정격인 변압기 2대를 병렬로 접속하여 임피던스 전압에 의해서 생기는 손실만을 측정하여 온도시험을 행하는 반환부하법이 가장 많이 사용되고 있다.

**15** 전부하에서 동손 100[W], 철손 50[W]인 변압기가 최대효율을 나타내는 부하는?

① 50[%]  ② 67[%]
③ 70[%]  ④ 86[%]

> **최대효율조건**
> (1) 전부하시
> $P_i = P_c$
> (2) $\dfrac{1}{m}$ 부하시
> $P_i = \left(\dfrac{1}{m}\right)^2 P_c$ 이므로
> (여기서, $P_i$는 철손, $P_c$는 동손이다.)
> $\therefore \dfrac{1}{m} = \sqrt{\dfrac{P_i}{P_c}} \times 100 = \sqrt{\dfrac{50}{100}} \times 100 = 70$ [%]

**16** 어떤 직류 전동기의 유기전력이 200[V], 매분 회전수가 1,200[rpm]으로 토크 16.2[kg·m]를 발생하고 있을 때의 전류는 약 몇 [A]인가?

① 60  ② 80
③ 100  ④ 120

> **직류전동기의 토크($\tau$)**
> $E = 200$ [V], $N = 1,200$ [rpm], $\tau = 16.2$ [kg·m]이므로 $\tau = 0.975\dfrac{P}{N} = 0.975\dfrac{EI_a}{N}$ [kg·m] 식에서 전기자 전류 $I_a$를 정리하여 풀면
> $\therefore I_a = \dfrac{\tau \cdot N}{0.975E} = \dfrac{16.2 \times 1,200}{0.975 \times 200} = 100$ [A]

정답 13 ② 14 ② 15 ③ 16 ③

**17** 권선형 유도 전동기의 기동시 2차 저항을 넣는 이유는?

① 기동 전류 증대
② 회전수 감소
③ 기동 토크 감소
④ 기동 전류 감소와 토크 증대

> **비례추이의 특징**
> 2차 저항이 증가하면
> (1) 최대 토크는 변하지 않고 기동 토크가 증가하며 반면 기동 전류는 감소한다.
> (2) 최대 토크를 발생시키는 슬립이 증가한다.
> (3) 기동 역률이 좋아진다.
> (4) 전부하 효율이 저하되고 속도가 감소한다.

**18** 직류전동기의 제동법 중 발전제동을 옳게 설명한 것은?

① 전동기가 정지할 때까지 제동토크가 감소하지 않는 특징을 지닌다.
② 전동기를 발전기로 동작시켜 발생하는 전력을 전원으로 반환함으로써 제동한다.
③ 전기자를 전원과 분리한 후 이를 외부저항에 접속하여 전동기의 운동에너지를 열에너지로 소비시켜 제동한다.
④ 운전 중인 전동기의 전기자접속을 반대로 접속하여 제동한다.

> **직류전동기의 제동**
> (1) 역전제동(플러깅) : 전기자회로의 극성을 반대로 하여 역회전토크를 발생시켜 전동기를 급제동하는 방식
> (2) 발전제동 : 직류 전동기의 공회전 운전을 이용하여 직류 발전기로 사용하며 전기자에서 발생하는 역기전력을 외부저항에서 열에너지를 소비하여 제동하는 방식
> (3) 회생제동 : 발전제동과 비슷하나 전기자에서 발생하는 역기전력을 전원전압보다 크게 하여 전원에 반환시켜 제동하는 방식

**19** 스테핑모터의 스텝각이 $3°$이면 분해능(resolution) [스텝/회전]은?

① 180  ② 150
③ 120  ④ 100

> **스테핑모터의 분해능**
> 스테핑모터의 분해능이란 1회전 당 스텝수를 의미하는 값으로 $n = \dfrac{360°}{\Delta\theta}$ [스텝/회전]에 의해서 구할 수 있다.
> $\Delta\theta = 3°$일 때 분해능 $n$ 은
> $\therefore n = \dfrac{360°}{\Delta\theta} = \dfrac{360°}{3°} = 120$ [스텝/회전]

**20** IGBT의 특징으로 틀린 것은?

① GTO 사이리스터처럼 역방향 전압저지 특성을 갖는다.
② MOSFET처럼 전압제어소자이다.
③ BJT처럼 온드롭(on-drop)이 전류에 관계없이 낮고 거의 일정하여 MOSFET보다 훨씬 큰 전류를 흘릴 수 있다.
④ 게이트와 에미터간 입력임피던스가 매우 작아 BJT보다 구동하기 쉽다.

> **IGBT(Insulated Gate Bipolar Transistor)의 특징**
> IGBT는 Power-MOSFET의 고속 Switching 성능과 bipolar transistor의 고전압, 대전류 처리능력을 함께 가진 전력용반도체 소자이다. 이 소자는 MOSFET와 같이 전압제어 소자로서 응답속도가 빠르며(고속 스위칭 특성) 게이트 입력 임피던스가 매우 크기 때문에 드라이브 하기가 좋다. 또한 GTO처럼 자기소호능력과 역방향 전압 저지 특성을 지니고 있으며 BJT처럼 전류제어 소자이기 때문에 전류에 관계없이 on-drop이 거의 일정하고 큰 전류를 제어할 수 있다.

**정답** 17 ④  18 ③  19 ③  20 ④

# 21. 회로이론(CBT시험 복원문제)

2021년 2회 전기산업기사

※ 본 기출문제는 수험자의 기억을 바탕으로 하여 복원한 문제이므로 실제 문제와 다를 수 있음을 미리 알려드립니다.

**01** RL 직렬회로에서 시정수의 값이 작을수록 과도현상의 소멸되는 시간에 대한 설명으로 옳은 것은?

① 짧아진다.
② 과도기가 없어진다.
③ 길어진다.
④ 변화가 없다.

**시정수**
시정수가 크면 클수록 과도시간은 길어져서 정상상태에 도달하는데 오래 걸리게 되며 반대로 시정수가 작으면 작을수록 과도시간은 짧게 되어 일찍 소멸하게 된다.

**02** 키르히호프의 전압법칙의 적용에 대한 서술 중 잘못된 것은?

① 이 법칙은 집중 정수회로에 적용된다.
② 이 법칙은 회로소자의 선형, 비선형성에는 관계 받지 않고 적용된다.
③ 이 법칙은 회로소자의 시변, 시불변성에 구애받지 아니한다.
④ 이 법칙은 선형소자로만 이루어진 회로에 적용된다.

**중첩의 원리**
중첩의 원리란 여러 개의 전원을 이용하는 하나의 회로망에서 임의의 지로에 흐르는 전류를 구하기 위해서 전원 각각 단독으로 존재하는 경우의 회로를 해석하여 계산된 전류의 대수의 합을 말한다.
중첩의 원리는 선형 회로에서만 적용할 수 있다.

**03** 6상 성형 상전압이 200[V]일 때 선간전압[V]은?

① 200
② 150
③ 100
④ 50

**대칭 6상 성형결선**
대칭 6상 성형결선에서는 $V_L = V_P$[V]이므로
∴ $V_L = V_P = 200$ [V]

**04** 그림과 같은 회로의 컨덕턴스 $G_2$에 흐르는 전류는 몇 [A]인가?

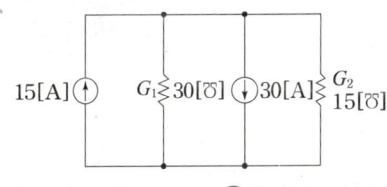

① 3
② 5
③ 10
④ 15

**중첩의 원리**
30[A] 전류원 개방 후 15[A] 전류원에 의한 $i'$는
$i' = \dfrac{G_2}{G_1 + G_2} \times 15 = \dfrac{15}{30+15} \times 15 = 5$ [A]이다.
15[A] 전류원 개방 후 30[A] 전류원에 의한 $i''$는
$i'' = \dfrac{G_2}{G_1 + G_2} \times 30 = \dfrac{15}{30+15} \times 30 = 10$ [A]이다.
$i'$와 $i''$의 전류 방향이 서로 반대이므로
∴ $i = i'' - i' = 5$ [A]

정답 01 ① 02 ④ 03 ① 04 ②

**05** 비정현파의 성분을 표시한 것이다. 일반적인 표현으로 가장 바르게 나타낸 것은?

① 직류분+고조파
② 교류분+고조파
③ 기본파+고조파+직류분
④ 교류분+고조파+기본파

> **비정현파에 포함된 요소**
> (1) 직류분 또는 평균치 : $a_0$
> (2) 기본파 : $a_1 \cos \omega t + b_1 \sin \omega t$
> (3) 고조파 : $\sum_{n=2}^{\infty} a_n \cos n\omega t + \sum_{n=2}^{\infty} b_n \sin n\omega t$
> ∴ 직류분 + 기본파 + 고조파

**06** 전압이 $v(t) = V(\sin \omega t - \sin 3\omega t)$ [V]이고, 전류가 $i(t) = I \sin \omega t$ [A]일 때 교류 평균전력은 몇 [W]인가?

① $VI$
② $\dfrac{\sqrt{3}}{2} VI$
③ $\dfrac{2}{\sqrt{3}} VI$
④ $\dfrac{1}{2} VI$

> **비정현파의 소비전력**
> 비정현파에서 소비전력의 크기는 전압과 전류의 주파수 성분이 같은 경우에만 나타난다. 따라서 전압의 기본파와 3고조파, 그리고 전류의 기본파가 주어진 경우 전압과 전류의 주파수 성분이 일치하는 경우는 기본파에 대한 성분이므로 소비전력은 기본파만 나타날 수 있다.
> ∴ $P = \dfrac{V}{\sqrt{2}} \times \dfrac{I}{\sqrt{2}} = \dfrac{1}{2} VI$ [W]
>
> **참고**
> 소비전력을 구할 때 전압과 전류의 크기는 실효값으로 적용하여야 하기 때문에 최대값을 $\sqrt{2}$ 로 나눈 값으로 적용하여야 한다.

**07** 각 상 전압이 $V_a = 30 \sin \omega t$ [V], $V_b = 30 \sin(\omega t + 90°)$ [V], $V_c = 30 \sin(\omega t - 90°)$ [V]일 때 영상분 전압은 약 몇 [V]인가?

① $30 \sin \omega t$
② $10 \sin \omega t$
③ $30 \sin(\omega t - 90°)$
④ $10 \sin(\omega t + 90°)$

> **영상분의 순시치 계산($v_o$)**
> 각 상전압의 위상이 $a$상은 0°, $b$상은 +90°, $C$상은 -90°이므로 $b$상과 $c$상의 위상차가 180°임을 알 수 있다.
> $v_b = 30 \sin(\omega t + 90°)$, $v_c = 30 \sin(\omega t - 90°)$에서 최대치가 모두 30이므로 $v_b + v_c = 0$이 된다.
> $v_o = \dfrac{1}{3}(v_a + v_b + v_c) = \dfrac{1}{3} v_a$이므로
> ∴ $v_o = \dfrac{1}{3} \times 30 \sin \omega t = 10 \sin \omega t$

**08** 복소수 $I_1 = 10 \angle \tan^{-1} \dfrac{4}{3}$, $I_2 = 10 \angle \tan^{-1} \dfrac{3}{4}$일 때 $I = I_1 + I_2$는 얼마인가?

① $-2 + j2$
② $14 + j14$
③ $14 + j4$
④ $14 + j3$

> $I = I_1 + I_2 = 10 \angle \tan^{-1} \dfrac{4}{3} + 10 \angle \tan^{-1} \dfrac{3}{4}$
> $= 10 \left\{ \cos\left(\tan^{-1} \dfrac{4}{3}\right) + j \sin\left(\tan^{-1} \dfrac{4}{3}\right) \right\}$
> $\quad + 10 \left\{ \cos\left(\tan^{-1} \dfrac{3}{4}\right) + j \sin\left(\tan^{-1} \dfrac{3}{4}\right) \right\}$
> $= 14 + j14$ [A]

정답 05 ③  06 ④  07 ②  08 ②

**09** 대칭 좌표법에 관한 설명으로 옳지 않은 것은?

① 불평형 3상 회로의 비접지식 회로에서는 영상분이 존재한다.
② 대칭 3상 전압에서 영상분은 0이 된다.
③ 대칭 3상 전압은 정상분만 존재한다.
④ 불평형 3상 회로의 접지식 회로에서는 영상분이 존재한다.

영상분은 Y-Y결선의 3상4선식 회로의 중성점이 접지되어 있는 경우에 나타날 수 있기 때문에 비접지식 회로에서는 영상분이 존재하지 않는다.

**10** $f(t) = \sin t \cos t$를 라플라스 변환하면?

① $\dfrac{1}{s^2+2}$  ② $\dfrac{1}{s^2+4}$
③ $\dfrac{1}{(s+2)^2}$  ④ $\dfrac{1}{(s+4)^2}$

라플라스 변환
$f(t) = \sin t \cos t$일 때

| $f(t)$ | $F(s)$ |
| --- | --- |
| $\sin t \cos t$ | $\dfrac{1}{s^2+4}$ |
| $\sin t + 2\cos t$ | $\dfrac{2s+1}{s^2+1}$ |
| $t \sin \omega t$ | $\dfrac{2\omega s}{(s^2+\omega^2)^2}$ |
| $\sin(\omega t + \theta)$ | $\dfrac{\omega \cos\theta + s\sin\theta}{s^2+\omega^2}$ |

$\therefore \mathcal{L}[f(t)] = \mathcal{L}[\sin t \cos t] = \dfrac{1}{s^2+4}$

**11** 어떤 회로에 흐르는 전류가 $i = 7 + 14.1\sin\omega t$ [A]인 경우 실효값은 약 몇 [A]인가?

① 11.2  ② 12.2
③ 13.2  ④ 14.2

비정현파의 실효값
$I_0 = 7$ [A], $I_{m1} = 14.1$ [A]
$\therefore I = \sqrt{I_0^2 + \left(\dfrac{I_{m1}}{\sqrt{2}}\right)^2} = \sqrt{7^2 + \left(\dfrac{14.1}{\sqrt{2}}\right)^2}$
$= 12.2$ [A]

**12** 정현파 교류의 실효값을 계산하는 식은?

① $I = \dfrac{1}{T}\displaystyle\int_0^T i^2\,dt$
② $I^2 = \dfrac{2}{T}\displaystyle\int_0^T i\,dt$
③ $I^2 = \dfrac{1}{T}\displaystyle\int_0^T i^2\,dt$
④ $I = \sqrt{\dfrac{2}{T}\displaystyle\int_0^T i^2\,dt}$

정현파 교류의 실효값 정의식
(1) $I^2 = \dfrac{1}{T}\displaystyle\int_0^T i^2 dt$
(2) $I = \sqrt{\dfrac{1}{T}\displaystyle\int_0^T i^2 dt}$
(3) $I = \sqrt{1\text{주기 동안의 } i^2 \text{의 평균값}}$

**13** 그림과 같은 회로의 영상 임피던스 $Z_{01}$, $Z_{02}$의 값[Ω]은?

① $Z_{01} = 9$, $Z_{02} = 5$
② $Z_{01} = 4$, $Z_{02} = 5$
③ $Z_{01} = 4$, $Z_{02} = \dfrac{20}{9}$
④ $Z_{01} = 6$, $Z_{02} = \dfrac{10}{3}$

4단자 정수 A, B, C, D를 구하면
$$\begin{bmatrix} A & B \\ C & D \end{bmatrix} = \begin{bmatrix} 1+\dfrac{4}{5} & 4 \\ \dfrac{1}{5} & 1 \end{bmatrix} = \begin{bmatrix} \dfrac{9}{5} & 4 \\ \dfrac{1}{5} & 1 \end{bmatrix}$$

$$Z_{01} = \sqrt{\dfrac{AB}{CD}} = \sqrt{\dfrac{\dfrac{9}{5} \times 4}{\dfrac{1}{5} \times 1}} = 6\,[\Omega]$$

$$Z_{02} = \sqrt{\dfrac{DB}{CA}} = \sqrt{\dfrac{1 \times 4}{\dfrac{1}{5} \times \dfrac{9}{5}}} = \dfrac{10}{3}\,[\Omega]$$

**15** 평형 3상 Y결선의 상전압과 선전류의 크기가 각각 60[V], 10[A]이고, 부하의 역률이 0.8일 때 무효전력은 약 몇 [Var]인가?

① 1,440  ② 1,080
③ 821    ④ 624

3상 무효전력
$Q = 3V_P I_P \sin\theta = \sqrt{3}\,V_L I_L \sin\theta$ [Var] 식에서
Y결선의 전압과 전류의 특성은
$V_L = \sqrt{3}\,V_P$[V], $I_L = I_P$[A], $\cos\theta = 0.8$ 이므로
$V_P = 60$[V], $I_L = 10$[A]일 때
∴ $Q = 3V_P I_P \sin\theta = 3 \times 60 \times 10 \times 0.6$
   $= 1,080$ [Var]

참고
$\sin\theta = \sqrt{1 - \cos^2\theta} = \sqrt{1 - 0.8^2} = 0.6$

**14** 다음과 같은 전기회로의 입력을 $e_1$, 출력을 $e_2$라고 할 때 전달함수는? (단, $T = \dfrac{L}{R}$이다.)

① $TS+1$
② $TS^2+1$
③ $\dfrac{1}{TS+1}$
④ $\dfrac{TS}{TS+1}$

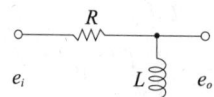

전달함수 $G(s)$
$E_i(s) = (R + Ls)\,I(s)$
$E_0(s) = Ls\,I(s)$

∴ $G(s) = \dfrac{E_0(s)}{E_i(s)} = \dfrac{Ls}{R+Ls} = \dfrac{\dfrac{L}{R}s}{1+\dfrac{L}{R}s}$
$= \dfrac{Ts}{1+Ts}$

**16** $R$-$L$-$C$ 직렬공진회로에서 $R = 100$[Ω], $L = 314$[mH], $C = 125.6$[pF]일 때, 선택도(전압확대율) $Q$는?

① $2 \times 10^3$  ② $3 \times 10^3$
③ $4 \times 10^2$  ④ $5 \times 10^2$

$R$-$L$-$C$ 직렬공진시 첨예도($Q$)
$Q = \dfrac{1}{R}\sqrt{\dfrac{L}{C}} = \dfrac{1}{100}\sqrt{\dfrac{314 \times 10^{-3}}{125.6 \times 10^{-12}}} = 5 \times 10^2$

**17** 그림과 같이 접속된 회로의 단자 a, b에서 본 등가임피던스는 어떻게 표현되는가?

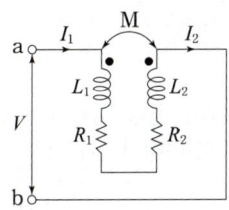

① $R_1+R_2+j\omega(L_1+L_2)$
② $R_1+R_2+j\omega(L_1-L_2)$
③ $R_1+R_2+j\omega(L_1+L_2+2M)$
④ $R_1+R_2+j\omega(L_1+L_2-2M)$

결합회로
그림은 차동결합된 코일이므로 합성인덕턴스 $L$은
$L = L_1+L_2-2M$[H]이다.
저항도 직렬접속되어 있으므로 합성저항 $R$은
$R = R_1+R_2$[Ω]이 된다.
∴ $Z = R+j\omega L = (R_1+R_2)+j\omega(L_1+L_2-2M)$

**18** 회로의 3[Ω] 저항 양단에 걸리는 전압[V]은?

① 2
② -2
③ 3
④ -3

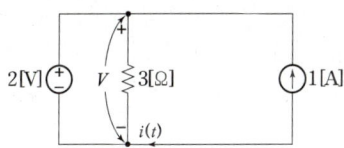

중첩의 원리
(1) 전압원 2[V]를 단락시키면

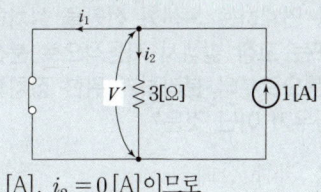

$i_1 = 1$[A], $i_2 = 0$[A]이므로
$V' = 3i_2 = 0$[V]
(2) 전류원 1[A]를 개방시키면

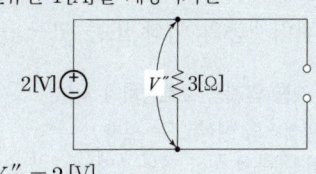

$V'' = 2$[V]
∴ $V = V'+V'' = 0+2 = 2$[V]

**19** 대칭 3상 교류회로에서 선간전압이 100[V], 한 상의 임피던스가 $5\angle 45°$[Ω]인 부하를 △결선 하였을 때 선전류는 약 몇 [A]인가?

① 42.3
② 34.6
③ 28.2
④ 19.2

선전류 계산
$I_\Delta = \dfrac{\sqrt{3}\,V_L}{Z}$ [A] 식에서
$V_L = 100$[V], $Z = 5$[Ω] 이므로
∴ $I_\Delta = \dfrac{\sqrt{3}\,V_L}{Z} = \dfrac{\sqrt{3}\times 100}{5} = 34.6$[A]

**20** 그림에서 $e(t) = E_m\cos\omega t$의 전원전압을 인가했을 때 인덕턴스 L에 축적되는 에너지[J]는?

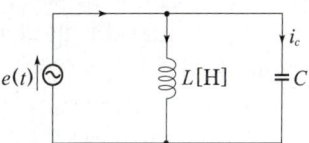

① $\dfrac{1}{2}\dfrac{E_m^2}{\omega^2 L^2}(1+\cos\omega t)$
② $\dfrac{1}{4}\dfrac{E_m^2}{\omega^2 L}(1-\cos\omega t)$
③ $\dfrac{1}{2}\dfrac{E_m^2}{\omega^2 L^2}(1+\cos 2\omega t)$
④ $\dfrac{1}{4}\dfrac{E_m^2}{\omega^2 L}(1-\cos 2\omega t)$

인덕턴스에 축적되는 자기에너지($W$)
$i(t) = \dfrac{1}{L}\displaystyle\int e(t)\,dt = \dfrac{1}{L}\int E_m\cos\omega t\,dt$
$= \dfrac{E_m}{\omega L}\sin\omega t$ [A]
$W = \dfrac{1}{2}Li(t)^2 = \dfrac{1}{2}L\left(\dfrac{E_m}{\omega L}\sin\omega t\right)^2$
$= \dfrac{E_m^2}{2\omega^2 L}\sin^2\omega t$ [J]
$\sin^2\omega t = \dfrac{1}{2}(1-\cos 2\omega t)$ 이므로
∴ $W = \dfrac{E_m^2}{4\omega^2 L}(1-\cos 2\omega t)$ [J]

## 5. 전기설비기술기준 (CBT시험 복원문제)

2021년 2회 전기산업기사

※ 2021.1.1. 한국전기설비규정 개정에 따라 기출문제를 개정된 내용으로 반영하여 일부 삭제 및 변형하였습니다.
※ 본 기출문제는 수험자의 기억을 바탕으로 하여 복원한 문제이므로 실제 문제와 다를 수 있음을 미리 알려드립니다.

**01** 저압 옥상전선로의 시설에 대한 설명으로 옳지 않은 것은?

① 전선과 옥상전선로를 시설하는 조영재와의 이격거리를 0.5[m]로 하였다.
② 전선은 상시 부는 바람 등에 의하여 식물에 접촉하지 않도록 시설하였다.
③ 전선은 절연 전선을 사용하였다.
④ 전선은 지름 2.6[mm]의 경동선을 사용하였다.

**저압 옥상전선로**
(1) 저압 옥상전선로는 전개된 장소에 다음에 따르고 또한 위험의 우려가 없도록 시설하여야 한다.
 ㉠ 전선은 인장강도 2.30[kN] 이상의 것 또는 지름 2.6[mm] 이상의 경동선을 사용할 것.
 ㉡ 전선은 절연전선(OW전선을 포함한다.) 또는 이와 동등 이상의 절연효력이 있는 것을 사용할 것.
 ㉢ 전선은 조영재에 견고하게 붙인 지지주 또는 지지대에 절연성·난연성 및 내수성이 있는 애자를 사용하여 지지하고 또한 그 지지점 간의 거리는 15[m] 이하일 것.
 ㉣ 전선과 그 저압 옥상 전선로를 시설하는 조영재와의 이격거리는 2[m](전선이 고압절연전선, 특고압 절연전선 또는 케이블인 경우에는 1[m]) 이상일 것.
(2) 저압 옥상전선로의 전선은 상시 부는 바람 등에 의하여 식물에 접촉하지 아니하도록 시설하여야 한다.

**02** 154[kV] 가공전선로를 시가지에 시설하는 경우 특별고압가공전선에 지락 또는 단락이 생기면 몇 초 이내에 자동적으로 이를 전로로부터 차단하는 장치를 시설하는가?

① 1    ② 2
③ 3    ④ 10

**시가지 등에서 특고압 가공전선로의 시설**
사용전압이 100[kV]를 초과하는 특고압 가공전선에 지락 또는 단락이 생겼을 때에는 1초 이내에 자동적으로 이를 전로로부터 차단하는 장치를 시설할 것.

**03** 무선용 안테나 등을 지지하는 철탑의 기초 안전율은 얼마 이상이어야 하는가?

① 1.0    ② 1.5
③ 2.0    ④ 2.5

**무선용 안테나 등을 지지하는 철탑 등의 시설**
(1) 목주의 풍압하중에 대한 안전율은 1.5 이상이어야 한다.
(2) 철주·철근 콘크리트주 또는 철탑의 기초 안전율은 1.5 이상이어야 한다.

**04** 계통 연계하는 분산형 전원을 설치하는 경우에 이상 또는 고장 발생시 자동적으로 분산형 전원을 전력계통으로부터 분리하기 위한 장치를 시설해야 하는 경우가 아닌 것은?

① 역률 저하 상태
② 단독운전 상태
③ 분산형전원의 이상 또는 고장
④ 연계한 전력계통의 이상 또는 고장

**분산형 전원 계통 연계용 보호장치의 시설**
(1) 분산형전원설비의 이상 또는 고장
(2) 연계한 전력계통의 이상 또는 고장
(3) 단독운전 상태

정답  01 ①  02 ①  03 ②  04 ①

**05** 애자공사에 의한 고압 옥내배선에 사용되는 연동선의 최소 굵기는 몇 [mm²]인가?

① 2.5
② 4
③ 6
④ 8

**애자공사**

| | 저압 | 고압 |
|---|---|---|
| 굵기 | 저압 옥내배선의 전선 규격에 따른다. | 6 [mm²] 이상의 연동선 |
| 전선 상호간의 간격 | 6 [cm] 이상 | 8 [cm] 이상 |
| 전선과 조영재 이격거리 | 사용전압 400 [V] 미만 : 2.5 [cm] 이상<br>사용전압 400 [V] 이상 : 4.5 [cm] 이상<br>단, 건조한 장소 : 2.5 [cm] 이상 | 5 [cm] 이상 |
| 전선의 지지점간의 거리 | 400 [V] 이상인 것은 6 [m] 이하<br>단, 전선을 조영재의 윗면 또는 옆면에 따라 붙일 경우에는 2 [m] 이하 | 6 [m] 이하<br>단, 전선을 조영재의 면을 따라 붙이는 경우에는 2 [m] 이하 |

**06** 유희용 전차의 시설에 대한 설명 중 틀린 것은?

① 전로의 사용전압은 직류의 경우 60 [V] 이하, 교류의 경우 40 [V] 이하일 것
② 전기를 공급하기 위하여 사용하는 접촉전선은 제3레일 방식일 것
③ 전기를 변성하기 위하여 사용하는 변압기의 1차 전압은 400 [V] 이하일 것
④ 전차 안의 승압용 변압기의 2차 전압은 200 [V] 이하일 것

**유희용 전차**

(1) 유희용 전차(유원지·유회장 등의 구내에서 유희용으로 시설하는 것을 말한다)에 전기를 공급하기 위하여 사용하는 변압기의 1차 전압은 400 [V] 이하이어야 한다.
(2) 유희용 전차에 전기를 공급하는 전원장치의 변압기는 절연변압기이고, 전원장치의 2차측 단자의 최대 사용전압은 직류의 경우 60 [V] 이하, 교류의 경우 40 [V] 이하일 것.
(3) 유희용 전차의 전원장치에 있어서 2차측 회로의 접촉전선은 제3레일 방식에 의하여 시설할 것.
(4) 유희용 전차의 전차 내에서 승압하여 사용하는 경우는 다음에 의하여 시설하여야 한다.
 ㉠ 변압기는 절연변압기를 사용하고 2차 전압은 150 [V] 이하로 할 것.
 ㉡ 변압기는 견고한 함 내에 넣을 것.
 ㉢ 전차의 금속제 구조부는 레일과 전기적으로 완전하게 접촉되게 할 것.

**07** 주택 등 저압수용장소에서 고정 전기설비에 TN-C-S 접지방식으로 접지공사 시 중성선 겸용 보호도체(PEN)를 알루미늄으로 사용할 경우 단면적은 몇 [mm²] 이상이어야 하는가?

① 2.5
② 6
③ 10
④ 16

**주택 등 저압수용장소 접지**

저압수용장소에서 계통접지가 TN-C-S 방식인 경우에 중성선 겸용 보호도체(PEN)는 고정 전기설비에만 사용할 수 있고, 그 도체의 단면적이 구리는 10 [mm²] 이상, 알루미늄은 16 [mm²] 이상이어야 하며, 그 계통의 최고전압에 대하여 절연되어야 한다.

**08** 용량 몇 [kVA] 이상의 조상기에는 그 내부에 고장이 생긴 경우에 자동적으로 이를 전로로부터 차단하는 장치를 하여야 하는가?

① 5,000
② 10,000
③ 15,000
④ 20,000

**무효전력 보상장치의 보호장치**
무효전력 보상장치에는 그 내부에 고장이 생긴 경우에 보호하는 장치를 아래 표와 같이 시설하여야 한다.

| 설비 종별 | 뱅크용량의 구분 | 자동적으로 전로로부터 차단하는 장치 |
|---|---|---|
| 조상기 (調相機) | 15,000[kVA] 이상 | 내부에 고장이 생긴 경우에 동작하는 장치 |

**09** 사용전압이 35 [kV] 이하인 특고압 가공전선과 저압 가공전선을 동일 지지물에 시설하는 경우 전선 상호간 이격거리는 몇 [m] 이상이어야 하는가?(단, 특고압 가공전선으로는 케이블을 사용하지 않는 것으로 한다.)

① 1.0
② 1.2
③ 1.5
④ 2.0

**특고압과 저·고압 가공전선 또는 전차선 등의 병행설치 (특고압과 저·고압 병가)**
사용전압이 35 [kV] 이하인 특고압 가공전선과 저압 또는 고압의 가공전선을 동일 지지물에 시설하는 경우에는 다음에 따라야 한다.
(1) 특고압 가공전선은 저압 또는 고압 가공전선의 위에 시설하고 별개의 완금류에 시설할 것. 다만, 특고압 가공전선이 케이블이고 저압 또는 고압 가공전선이 절연전선 또는 케이블인 경우에는 그러하지 아니하다.
(2) 특고압 가공전선은 연선일 것.
(3) 특고압 가공전선과 저압 또는 고압 가공전선 사이의 이격거리는 1.2 [m] 이상일 것. 다만, 특고압 가공전선이 케이블이고 저압 가공전선이 절연전선이거나 케이블인 때 또는 고압 가공전선이 고압 절연전선, 특고압 절연전선 또는 케이블인 때는 0.5 [m]까지로 감할 수 있다.

**10** 합성수지몰드공사에 의한 저압옥내배선의 시설 방법으로 옳은 것은?

① 전선으로는 단선만을 사용하고 연선을 사용해서는 안 된다.
② 전선으로 옥외용 비닐절연전선을 사용하였다.
③ 합성수지몰드 안에 전선의 접속점을 두기 위해 합성수지제의 조인트 박스를 사용하였다.
④ 합성수지몰드 안에는 전선의 접속점을 최소 2개소 두어야 한다.

**합성수지몰드공사**
(1) 전선은 절연전선(옥외용 비닐 절연전선을 제외한다)일 것.
(2) 합성수지몰드 안에는 접속점이 없도록 할 것. 다만, 합성수지몰드 안의 전선을 합성 수지제의 조인트 박스를 사용하여 접속할 경우에는 그러하지 아니하다.
(3) 합성수지몰드는 홈의 폭 및 깊이가 35 [mm] 이하의 것일 것. 다만, 사람이 쉽게 접촉할 우려가 없도록 시설하는 경우에는 폭이 50 [mm] 이하의 것을 사용할 수 있다.
(4) 합성수지몰드 상호 간 및 합성수지 몰드와 박스 기타의 부속품과는 전선이 노출되지 아니하도록 접속할 것.

**11** 전기철도차량이 전차선로와 접촉한 상태에서 견인력을 끄고 보조전력을 가동한 상태로 정지해 있는 경우, 가공 전차선로의 유효전력이 200[kW] 이상일 경우 총 역률은 몇 [%] 이상이어야 하는가?

① 80[%]
② 85[%]
③ 90[%]
④ 95[%]

**전기철도차량의 역률**
전기철도차량이 전차선로와 접촉한 상태에서 견인력을 끄고 보조전력을 가동한 상태로 정지해 있는 경우, 가공 전차선로의 유효전력이 200 [kW] 이상일 경우 총 역률은 0.8보다는 작아서는 안 된다.

**12** 철도, 궤도 또는 자동차도의 전용터널 안의 터널 내 전선로의 시설방법으로 맞는 것은?

① 고압전선을 금속관공사에 의하여 시설하고 이를 레일면상 또는 노면상 2.5[m]의 높이로 시설하였다.
② 고압전선을 지름 3.2[mm]의 경동선의 절연전선으로 사용하였다.
③ 저압전선을 애자공사에 의하여 시설하고 이를 레일면상 또는 노면상 2.2[m]의 높이로 하였다.
④ 저압전선을 지름 2.6[mm]의 경동선의 절연전선으로 사용하였다.

> **철도·궤도 또는 자동차도 전용터널 안의 전선로**
> (1) 저압 전선은 다음 중 1에 의하여 시설할 것.
>  ㉠ 애자공사에 의하여 인장강도 2.3[kN] 이상의 절연전선 또는 지름 2.6[mm] 이상의 경동선의 절연전선을 사용하고 또한 이를 레일면상 또는 노면상 2.5[m] 이상의 높이로 유지할 것.
>  ㉡ 케이블공사, 금속관공사, 합성수지관공사, 가요전선관공사, 애자공사에 의할 것.
> (2) 고압 전선은 다음 중 1에 의하여 시설할 것.
>  ㉠ 전선은 케이블공사에 의할 것. 다만 인장강도 5.26[kN] 이상의 것 또는 지름 4[mm] 이상의 경동선의 고압 절연전선 또는 특고압 절연전선을 사용하여 애자공사에 의하여 시설하고 또한 이를 레일면상 또는 노면상 3[m] 이상의 높이로 유지하여 시설하는 경우에는 그러하지 아니하다.
>  ㉡ 케이블을 조영재의 옆면 또는 아랫면에 따라 붙일 경우에는 케이블의 지지점간의 거리를 2[m](수직으로 붙일 경우에는 6[m]) 이하로 하고 또한 피복을 손상하지 아니하도록 붙일 것.
> (3) 특고압 전선은 케이블배선에 의할 것.

**13** 고압 가공인입선의 높이는 그 아래에 위험표시를 하였을 경우에 지표상 몇 [m]까지로 감할 수 있는가?

① 2.5　　② 3
③ 3.5　　④ 4

> **고압 가공인입선의 높이**
> (1) 도로[농로 기타 교통이 번잡하지 않은 도로 및 횡단보도교(도로·철도·궤도 등의 위를 횡단하여 시설하는 다리모양의 시설물로서 보행용으로만 사용되는 것을 말한다. 이하 같다.)를 제외한다. 이하 같다.]를 횡단하는 경우에는 지표상 6[m] 이상. 단, 고압 가공인입선이 케이블 이외의 것인 때에는 그 전선의 아래쪽에 위험 표시를 한 경우에는 지표상 3.5[m]까지로 감할 수 있다.
> (2) 철도 또는 궤도를 횡단하는 경우에는 레일면상 6.5[m] 이상
> (3) 횡단보도교의 위에 시설하는 경우에는 노면상 3.5[m] 이상
> (4) (1)에서 (3)까지 이외의 경우에는 지표상 5[m] 이상

**14** 특고압의 기계기구·모선 등을 옥외에 시설하는 변전소의 구내에 취급자 이외의 자가 들어가지 못하도록 시설하는 울타리·담 등의 높이는 몇 [m] 이상으로 하여야 하는가?

① 2.0　　② 2.6
③ 3.2　　④ 3.8

> **발전소 등의 울타리·담 등의 시설**
> 울타리·담 등의 높이는 2[m] 이상으로 하고 지표면과 울타리·담 등의 하단 사이의 간격은 0.15[m] 이하로 할 것.

정답 12 ④  13 ③  14 ①

**15** 전기욕기에 전기를 공급하는 전원장치는 전기욕기용으로 내장되어 있는 2차측 전로의 사용전압을 몇 [V] 이하로 한정하고 있는가?

① 6
② 10
③ 12
④ 15

**전기욕기**
전기욕기에 전기를 공급하기 위한 전기욕기용 전원장치는 내장되는 전원 변압기의 2차측 전로의 사용전압이 10[V] 이하의 것에 한한다.

**17** 전선 기타의 가섭선(架涉線) 주위에 두께 6[mm], 비중 0.9의 빙설이 부착된 상태에서 을종풍압하중은 구성재의 수직 투영면적 1[m²]당 몇 [Pa]을 기초로 하여 계산하는가?(단, 다도체를 구성하는 전선이 아니라고 한다.)

① 333[Pa]
② 372[Pa]
③ 588[Pa]
④ 666[Pa]

**풍압하중의 종별**
갑종풍압하중 : 각 구성재의 수직투영면적 1 [m²]에 대한 풍압을 기초로 하여 계산

| 풍압을 받는 구분 | | 풍압[Pa] |
|---|---|---|
| 전선 기타 가섭선 | 다도체 | 666 |
| | 기타의 것 | 745 |

을종풍압하중과 병종풍압하중은 모두 갑종풍압하중의 $\frac{1}{2}$ 배로 계산하므로

$\therefore 745 \times \frac{1}{2} = 372$ [Pa]

**16** 최대사용전압이 3.3[kV]인 고압 유도전동기의 절연내력시험은 몇 [V]의 시험전압을 권선과 대지 간에 가하여 10분간 견뎌야 하는가?

① 4,120
② 4,950
③ 6,600
④ 7,600

**회전기, 정류기의 절연내력시험**

| 종류 | 구분 | 최대사용전압 | 시험전압 | 시험방법 |
|---|---|---|---|---|
| 회전기 | 발전기, 전동기, 조상기, 기타 회전기 | 7[kV] 이하 | 1.5배 (최저 500[V]) | 권선과 대지 사이에 연속하여 10분간 가한다. |
| | | 7[kV] 초과 | 1.25배 (최저 10.5[kV]) | |
| | 회전변류기 | | 1배 (최저 500[V]) | |

$\therefore$ 시험전압 $= 3,300 \times 1.5 = 4,950$[V]

**18** 전기철도의 전차선 가선방식은 열차의 속도 및 노반의 형태, 부하전류 특성에 따라 적합한 방식을 채택하여야 하는데 다음 중 전차선 가선방식의 표준이 아닌 것은?

① 지중조가선방식
② 가공방식
③ 강체방식
④ 제3레일방식

**전기철도의 전차선 가선방식**
전차선의 가선방식은 열차의 속도 및 노반의 형태, 부하전류 특성에 따라 적합한 방식을 채택하여야 하며, 가공방식, 강체방식, 제3레일방식을 표준으로 한다.

정답  15 ②  16 ②  17 ②  18 ①

**19** 전선의 접속법을 열거한 것 중 잘못 설명한 것은?

① 전선 세기를 20 [%] 이상 감소시키지 않는다.
② 접속부분은 절연전선의 절연물과 동등 이상의 절연효력이 있도록 충분히 피복한다.
③ 두 개 이상의 전선을 병렬로 사용할 때 각 전선의 굵기를 70[mm²] 이상의 동선을 사용할 것.
④ 알루미늄 도체의 전선과 동도체의 전선을 접속할 때에는 전기적인 부식이 생기지 않도록 한다.

**전선의 접속**
전선을 접속하는 경우에는 전선의 전기저항을 증가시키지 아니하도록 접속하여야 하며, 또한 다음에 따라야 한다.
(1) 나전선 상호 또는 나전선과 절연전선 또는 캡타이어 케이블과 접속하는 경우 전선의 세기[인장하중(引張荷重)으로 표시한다. 이하 같다.]를 20 [%] 이상 감소시키지 아니할 것. (또는 80 [%] 이상 유지할 것.)
(2) 절연전선 상호·절연전선과 코드, 캡타이어케이블과 접속하는 경우에는 접속되는 절연전선의 절연물과 동등 이상의 절연성능이 있는 접속기를 사용하거나 접속부분을 그 부분의 절연전선의 절연물과 동등 이상의 절연효력이 있는 것으로 충분히 피복할 것.
(3) 도체에 알루미늄(알루미늄 합금을 포함한다. 이하 같다.)을 사용하는 전선과 동(동합금을 포함한다.)을 사용하는 전선을 접속하는 등 전기 화학적 성질이 다른 도체를 접속하는 경우에는 접속부분에 전기적 부식(電氣的腐蝕)이 생기지 않도록 할 것.
(4) 두 개 이상의 전선을 병렬로 사용하는 경우 병렬로 사용하는 각 전선의 굵기는 동선 50 [mm²] 이상 또는 알루미늄 70 [mm²] 이상으로 하고, 전선은 같은 도체, 같은 재료, 같은 길이 및 같은 굵기의 것을 사용할 것.

**20** 일반주택 및 아파트 각 호실의 현관에 조명용 백열전등을 설치할 때 사용하는 타임스위치는 몇 분 이내에 소등되는 것을 시설하여야 하는가?

① 1분  ② 3분
③ 5분  ④ 10분

**점멸기의 시설**
다음의 경우에는 센서등(타임스위치를 포함한다)을 시설하여야 한다.
(1) 관광숙박업 또는 숙박업(여인숙업을 제외한다)에 이용되는 객실의 입구등은 1분 이내에 소등되는 것.
(2) 일반주택 및 아파트 각 호실의 현관등은 3분 이내에 소등되는 것.

## 1. 전기자기학(CBT시험 복원문제)

2021년 3회 전기산업기사

※ 본 기출문제는 수험자의 기억을 바탕으로 하여 복원한 문제이므로 실제 문제와 다를 수 있음을 미리 알려드립니다.

**01** 자화율을 $\chi$, 자속밀도를 $B$, 자계의 세기를 $H$, 자화의 세기를 $J$ 라고 할 때, 다음 중 성립할 수 없는 식은?

① $\mu = \mu_0 + \chi$  
② $\mu_s = 1 + \dfrac{\chi}{\mu_0}$  
③ $B = \mu H$  
④ $J = \chi B$

**자화의 세기($J$)**
자속밀도 $B$, 자계의 세기 $H$, 투자율 $\mu$, 자화율 $\chi_m$라 하면
$J = B - \mu_0 H = \mu H - \mu_0 H = \mu_0(\mu_s - 1)H$
$= \chi_m H = \left(1 - \dfrac{1}{\mu_s}\right) B [\text{Wb/m}^2]$ 이다.
(1) $B = \mu H = \mu_0 \mu_s H [\text{Wb/m}^2]$
(2) $\chi_m = \mu - \mu_0 = \mu_0 \mu_s - \mu_0 = \mu_0(\mu_s - 1)$

**02** 다음 중 정전계에 대한 설명으로 가장 알맞은 것은?

① 전계에너지와 무관한 전하분포의 전계이다.
② 전계에너지가 최소로 되는 전하분포의 전계이다.
③ 전계에너지가 최대로 되는 전하분포의 전계이다.
④ 전계에너지를 일정하게 유지하는 전하분포의 전계이다.

정전계란 단위 전하가 받는 힘이 최소로 작용하는 자유 공간으로서 전계에너지가 최소로 되는 전하분포의 전계이다.

**03** 다음 중 강자성체가 아닌 것은?

① 철  ② 니켈
③ 백금  ④ 코발트

**자성체의 성질**
비투자율 $\mu_s$, 자화율 $\chi_m$라 하면
(1) 역자성체 : $\mu_s < 1$, $\chi_m < 0$
  (수소, 헬륨, 구리, 탄소 등)
(2) 상자성체 : $\mu_s > 1$, $\chi_m > 0$ (칼륨, 텅스텐, 산소 등)
(3) 강자성체 : $\mu_s \gg 1$, $\chi_m \gg 0$ (철, 니켈, 코발트 등)

**04** 평행판 콘덴서의 양극판 면적을 3배로 하고 간격을 $\dfrac{1}{3}$로 하면 정전용량은 처음의 몇 배가 되는가?

① 1  ② 3
③ 6  ④ 9

**평행판 전극 사이의 정전용량($C$)**
극판면적 $S$, 극판간격 $d$라 하면 $C = \dfrac{\epsilon_0 S}{d} [\text{F}]$이므로 정전용량은 면적 $S$에 비례하고 간격 $d$에 반비례한다.
$C' = \dfrac{\epsilon_0 S'}{d'} = \dfrac{\epsilon_0 (3S)}{\frac{1}{3}d} = 9 \cdot \dfrac{\epsilon_0 S}{d} = 9C [\text{F}]$
∴ 정전용량은 처음의 9배이다.

정답 01 ④ 02 ② 03 ③ 04 ④

**05** 액체 유전체를 넣은 콘덴서의 용량이 30[μF]이다. 여기에 500[V]의 전압을 가했을 때 누설전류는 약 얼마인가? (단, 고유저항 $\rho$는 $10^{11}[\Omega \cdot m]$, 비유전율 $\epsilon_s$는 2.2이다)

① 5.1[mA]  ② 7.7[mA]
③ 10.2[mA]  ④ 15.4[mA]

전기저항($R$)과 정전용량($C$)의 관계
$RC = \rho\epsilon = \dfrac{\epsilon}{k}$ 또는 $\dfrac{C}{G} = \rho\epsilon = \dfrac{\epsilon}{k}$ 이므로
누설전류 $I$는 $I = \dfrac{V}{R} = \dfrac{CV}{\rho\epsilon}$ [A]이다.
$C = 30[\mu F]$, $V = 500[V]$, $\rho = 10^{11}[\Omega \cdot m]$,
$\epsilon_s = 2.2$ 일 때
$\therefore I = \dfrac{CV}{\rho\epsilon} = \dfrac{CV}{\rho\epsilon_0\epsilon_s} = \dfrac{30 \times 10^{-6} \times 500}{10^{11} \times 8.855 \times 10^{-12} \times 2.2}$
$= 7.7 \times 10^{-3}$ [A] = 7.7 [mA]

**07** 대전도체 표면의 전하밀도를 $\sigma[C/m^2]$이라 할 때, 대전도체 표면의 단위면적이 받는 정전응력은 전하밀도 $\sigma$와 어떤 관계에 있는가?

① $\sigma^{\frac{1}{2}}$에 비례  ② $\sigma^{\frac{3}{2}}$에 비례
③ $\sigma$에 비례  ④ $\sigma^2$에 비례

정전응력($f$)
단위면적당 정전응력($f$)과 단위체적당 정전에너지($w$)는 서로 같으며
$f = \dfrac{\sigma^2}{2\epsilon_0} = \dfrac{D^2}{2\epsilon_0} = \dfrac{1}{2}\epsilon_0 E^2 = \dfrac{1}{2}ED$ [N/m²]이다.
여기서 $\sigma$ : 면전하밀도, $D$ : 전속밀도, $E$ : 전계의 세기
$\therefore$ 정전응력($f$)은 $\sigma^2$에 비례한다.

**06** 극판면적 10[cm²], 간격 1[mm]의 평행판 콘덴서에 비유전율이 3인 유전체를 채웠을 때 전압 100[V]를 가하면 축적되는 에너지는 약 몇 [J]인가?

① $1.3 \times 10^{-7}$  ② $1.3 \times 10^{-9}$
③ $2.6 \times 10^{-7}$  ④ $2.6 \times 10^{-9}$

유전체 내의 정전에너지($W$)
$C = \dfrac{\epsilon_0\epsilon_s S}{d} = \dfrac{8.855 \times 10^{-12} \times 3 \times 10 \times 10^{-4}}{1 \times 10^{-3}}$
$= 2.66 \times 10^{-11}$ [F]
$\therefore W = \dfrac{1}{2}CV^2 = \dfrac{1}{2} \times 2.66 \times 10^{-11} \times 100^2$
$= 1.3 \times 10^{-7}$ [J]

**08** 자유공간내의 전자파의 진행에서 전계와 자계의 시간적인 위상관계는?

① 위상이 서로 같다.
② 전계가 자계보다 90° 빠르다.
③ 전계가 자계보다 90° 늦다.
④ 전계가 자계보다 45° 빠르다.

자유공간에서 전계($E$)와 자계($H$)가 같은 위상으로 동시에 존재하게 되며 모두 진행방향에 대하여 수직으로 나타나게 되는데 이때 전계와 자계가 만드는 파를 전자파라 한다.

정답  05 ②  06 ①  07 ④  08 ①

**09** 극판의 면적이 50[cm²], 극판 사이의 간격이 1[mm], 극판 사이의 매질이 비유전율 5인 평행판 콘덴서의 정전용량은 약 몇 [pF]인가?

① 220　　② 22
③ 250　　④ 25

**평행판 전극 사이의 정전용량($C$)**
면적 $d$, 간격 $d$, 유전율 $\epsilon$이라 하면
$C = \dfrac{\epsilon S}{d} = \dfrac{\epsilon_0 \epsilon_s S}{d}$ [F]이므로
$S = 50$ [cm²], $d = 1$ [mm], $\epsilon_s = 5$일 때
$\therefore C = \dfrac{\epsilon_0 \epsilon_s S}{d} = \dfrac{8.855 \times 10^{-12} \times 5 \times 50 \times 10^{-4}}{10^{-3}}$
$= 220 \times 10^{-12}$ [F] = 220 [pF]

**10** 직류 500[V] 절연저항계로 절연저항을 측정하니 2[MΩ]이 되었다면 누설전류는?

① 25[μA]　　② 250[μA]
③ 1,000[μA]　　④ 1,250[μA]

**전기회로의 옴의 법칙**
전압 $V$, 저항 $R$, 전류 $I$라 하면 $I = \dfrac{V}{R}$ [A]이므로
$V = 500$ [V], $R = 2$ [MΩ]일 때
$\therefore I = \dfrac{V}{R} = \dfrac{500}{2 \times 10^6} = 250 \times 10^{-6}$ [A] = 250 [μA]

**11** 도전성을 가진 매질내의 평면파에서 전송계수 $\gamma$를 표현한 것으로 알맞은 것은? (단, $\alpha$는 감쇠정수, $\beta$는 위상정수 이다.)

① $\gamma = \alpha + j\beta$　　② $\gamma = \alpha - j\beta$
③ $\gamma = j\alpha + \beta$　　④ $\gamma = j\alpha - \beta$

**전송선로의 특성임피던스($Z_0$)와 전파정수($\gamma$)**
(1) 특성임피던스($Z_0$)
$Z_0 = \sqrt{\dfrac{Z}{Y}} = \sqrt{\dfrac{R + j\omega L}{G + j\omega C}}$ [Ω]
(2) 전파정수($\gamma$)
$\gamma = \sqrt{ZY} = \sqrt{(R + j\omega L)(G + j\omega C)} = \alpha + j\beta$
여기서 $\alpha$는 감쇠정수, $\beta$는 위상정수이다.

**12** 그림과 같이 진공내의 A, B, C 각 점에 $Q_A = 4 \times 10^{-6}$[C], $Q_B = 3 \times 10^{-6}$[C], $Q_C = 5 \times 10^{-6}$[C]의 점전하가 일직선상에 놓여있을 때 B점에 작용하는 힘은 몇 [N]인가?

① $0.8 \times 10^{-2}$
② $1.2 \times 10^{-2}$
③ $1.8 \times 10^{-2}$
④ $2.4 \times 10^{-2}$

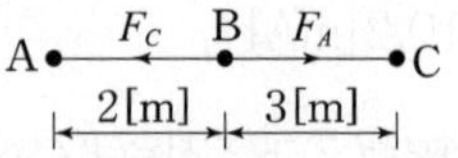

A와 B 사이에 작용하는 힘 $F_{AB}$, B와 C 사이에 작용하는 힘 $F_{BC}$라 하면 전하 사이의 작용력은 반발력이므로 B구에 작용하는 힘($F_B$)은 두 힘($F_{AB}$와 $F_{BC}$)의 벡터 차이다.
$\therefore F_B = F_{AB} - F_{BC}$
$= 9 \times 10^9 \dfrac{Q_A Q_B}{r_{AB}} - 9 \times 10^9 \dfrac{Q_B Q_C}{r_{BC}}$
$= 9 \times 10^9 \left( \dfrac{4 \times 3 \times 10^{-12}}{2^2} - \dfrac{3 \times 5 \times 10^{-12}}{3^2} \right)$
$= 1.2 \times 10^{-2}$ [N]

**13** 전계 내에서 폐회로를 따라 전하를 일주시킬 때 전계가 행하는 일은 몇 [J]인가?

① ∞　　② π
③ 1　　④ 0

**도체의 성질**
도체 표면은 등전위면이며 등전위면을 따라 이동한 전하량($Q$)이 하는 일은 항상 0이다.
또한 전계 내에서 폐회로를 따라 전하를 일주시키면 전하가 하는 일도 항상 0이다.

**14** 전하 $8\pi$[C]이 8[m/s]의 속도로 진공 중을 직선운동하고 있다면, 이 운동 방향에 대하여 각도 $\theta$이고, 거리 4[m] 떨어진 점의 자계의 세기는 몇 [A/m]인가?

① $\cos\theta$ ② $\dfrac{1}{2\sin\theta}$
③ $\sin\theta$ ④ $2\sin\theta$

**비오-사바르 법칙**

비오-사바르 법칙은 자유공간에서 미소 전류에 의한 자계의 세기를 구하는 법칙으로 다음과 같다.

$$H = \oint \dfrac{Idl \times a_r}{4\pi r^2} = \dfrac{Il\sin\theta}{4\pi r^2} \text{[AT/m]}$$

$Q = 8\pi$[C], $v = 8$[m/s], $r = 4$[m]일 때

$I = \dfrac{Q}{t}$[A], $v = \dfrac{l}{t}$[m/s]이므로

$Il = \dfrac{Q}{t} \cdot vt = Qv$[A·m]이다.

$$\therefore H = \dfrac{Il\sin\theta}{4\pi r^2} = \dfrac{Qv\sin\theta}{4\pi r^2} = \dfrac{8\pi \times 8 \times \sin\theta}{4\pi \times 4^2}$$
$$= \sin\theta \text{[AT/m]}$$

**15** 유전율 $\epsilon$[F/m]인 유전체 중에서 전하가 $Q$[C], 전위가 $V$[V], 반지름 $a$[m]인 도체구가 갖는 에너지는 몇 [J]인가?

① $\dfrac{1}{2}\pi\epsilon a V^2$ ② $\pi\epsilon a V^2$
③ $2\pi\epsilon a V^2$ ④ $4\pi\epsilon a V^2$

**정전에너지($W$)**

$W = \dfrac{1}{2}CV^2 = \dfrac{1}{2}QV = \dfrac{Q^2}{2C}$ [J] 식에서

구도체의 정전용량 $C = 4\pi\epsilon a$ [F]이므로

$\therefore W = \dfrac{1}{2}CV^2 = \dfrac{1}{2} \times 4\pi\epsilon a V^2 = 2\pi\epsilon a V^2$ [J]

**16** 비투자율 800의 환상철심으로 하여 권선 600회 감아서 환상솔레노이드를 만들었다. 이 솔레노이드의 평균반경이 20[cm]이고, 단면적이 10[cm²]이다. 이 권선에 전류 1[A]를 흘리면 내부에 통하는 자속 [Wb]은?

① $2.7 \times 10^{-4}$ ② $4.8 \times 10^{-4}$
③ $6.8 \times 10^{-4}$ ④ $9.6 \times 10^{-4}$

**자기회로 내의 옴의 법칙**

$\phi = \dfrac{NI}{R_m} = \dfrac{\mu SNI}{l} = \dfrac{\mu_0\mu_s SNI}{l}$ [Wb] 식에서

$\mu_s = 800$, $N = 600$, 평균반경 $a = 20$[cm],
$S = 10$[cm²], $I = 1$[A]일 때
평균 자기회로의 길이 $l = 2\pi a$ [m]이므로

$\therefore \phi = \dfrac{\mu_0\mu_s SNI}{l}$

$= \dfrac{4\pi \times 10^{-7} \times 800 \times 10 \times 10^{-4} \times 600 \times 1}{2\pi \times 20 \times 10^{-2}}$

$= 4.8 \times 10^{-4}$ [Wb]

**17** 금속도체의 전기저항은 일반적으로 온도와 어떤 관계인가?

① 전기저항은 온도의 변화에 무관하다.
② 전기저항은 온도의 변화에 대해 정특성을 갖는다.
③ 전기저항은 온도의 변화에 대해 부특성을 갖는다.
④ 금속도체의 종류에 따라 전기저항의 온도특성은 일관성이 없다.

**도체의 전기저항($R$)**

고유저항 $\rho$[Ω·m], 도체의 길이 $l$[m], 도체의 단면적 $S$[m²], 도전율 $k$[S/m]일 때

$R = \rho\dfrac{l}{S} = \dfrac{l}{kS}$ [Ω]이므로

(1) 도체의 전기저항은 길이에 비례하고 단면적에 반비례한다.
(2) 도체의 전기저항은 온도가 올라가면 증가한다.
(+저항온도계수 또는 정특성)
단, 반도체의 전기저항은 온도가 올라가면 감소한다.
(-저항온도계수 또는 부특성)

정답 14 ③ 15 ③ 16 ② 17 ②

**18** 코일의 면적을 2배로 하고 자속밀도의 주파수를 2배로 높이면 유기기전력의 최대값은 어떻게 되는가?

① $\frac{1}{4}$로 된다.  ② $\frac{1}{2}$로 된다.
③ 2배로 된다.  ④ 4배로 된다.

유기기전력의 최대값($E_m$)
$S' = 2S[\text{m}^2]$, $f' = 2f[\text{Hz}]$, $\omega = 2\pi f[\text{rad/sec}]$, $\phi_m = B_m S[\text{Wb}]$일 때
$E_m = \omega N \phi_m = 2\pi f N B_m S[\text{V}]$ 식에서
$E_m \propto fS$이므로
$E_m' = \frac{f'S'}{fS} E_m = \frac{2f \times 2S}{fS} E_m = 4E_m[\text{V}]$
∴ 4배

**19** 제백(Seebeck) 효과를 이용한 것은?

① 광전지  ② 열전대
③ 전자냉동  ④ 수정 발진기

제백(Seebeck) 효과
두 종류의 도체로 접합된 폐회로에 온도차를 주면 접합점에서 기전력차가 생겨 전류가 흐르게 되는 현상. 열전 온도계나 열전대 및 태양열발전 등이 이에 속한다.

**20** 접지되어 있는 반지름 0.2[m]인 도체구의 중심으로부터 거리가 0.4[m] 떨어진 점 P에 점전하 $6 \times 10^{-3}$[C]이 있다. 영상전하는 몇 [C]인가?

① $-2 \times 10^{-3}$  ② $-3 \times 10^{-3}$
③ $-4 \times 10^{-3}$  ④ $-6 \times 10^{-3}$

접지구도체와 점전하
접지구도체로부터 영상전하($Q'$)와 그 위치는 구도체 반지름 $a$[m], 점전하까지의 거리 $d$[m]라 할 때
$Q' = -\frac{a}{d} Q$[C], 위치 $= +\frac{a^2}{d}$[m]이므로 $a = 0.2$[m], $d = 0.4$[m], $Q = 6 \times 10^{-3}$[C]일 때
∴ $Q' = -\frac{a}{d} Q = -\frac{0.2}{0.4} \times 6 \times 10^{-3} = -3 \times 10^{-3}$[C]

## 21  2. 전력공학(CBT시험 복원문제)

2021년 3회 전기산업기사

※ 본 기출문제는 수험자의 기억을 바탕으로 하여 복원한 문제이므로 실제 문제와 다를 수 있음을 미리 알려드립니다.

**01** 배전선의 전압조정 방법이 아닌 것은?

① 승압기 사용
② 유도전압조정기 사용
③ 동기조상기 사용
④ 주상변압기 탭 전환

**배전선의 전압조정**
(1) 유도전압조정기에 의한 방법 : 배전용 변전소 내에 설치하여 배전선 전체의 전압을 조정한다. 자동식이 많이 쓰인다.
(2) 직렬콘덴서에 의한 방법 : 선로도중에 부하와 직렬로 진상의 콘덴서를 설치하여 전압강하를 보상하는 것이다.
(3) 승압기에 의한 방법 : 배전선의 도중에 승압기를 설치하여 1차 전압을 조정한다.
(4) 주상변압기의 탭 절환에 의한 방법 : 변전소의 전압을 일정하게 유지하여도 배전선 말단에 이르러서는 전압강하가 생긴다. 이런 경우 주상변압기의 탭을 절환하여 2차 전압을 조정한다.

**02** 모선의 보호계전방식에 해당되는 것은?

① 전력평형 보호방식
② 전압차동 보호방식
③ 표시선 계전방식
④ 위상비교 반송방식

**모선보호 계전방식**
모선사고는 어쩌다가 한번 일어나는 사고이지만 한번 일어나면 그 영향이 크고 전력계통에 중대한 지장을 주기 때문에 신속하게 고장 제거를 할 수 있는 선택성이 높은 보호계전방식이 요구된다.
(1) 전류차동 계전방식
(2) 전압차동 계전방식
(3) 위상비교 계전방식
(4) 방향비교 계전방식
이 4가지가 대표적인 모선보호 계전방식이다.

**03** 송전선로에서 역섬락이 생기기 쉬운 때는?

① 선로손실이 클 때
② 코로나 현상이 발생할 때
③ 선로정수가 균일하지 않을 때
④ 철탑각부의 접지저항이 클 때

**매설지선**
탑각의 접지저항이 충분히 적어야 직격뢰를 대지로 안전하게 방전시킬 수 있으나 탑각의 접지저항이 너무 크면 대지로 흐르던 직격뢰가 다시 선로로 역류하여 철탑재나 애자련에 섬락이 일어나게 된다. 이를 역섬락이라 한다. 역섬락이 일어나면 뇌전류가 애자련을 통하여 전선로로 유입될 우려가 있으므로 이때 탑각에 방사형 매설지선을 포설하여 탑각의 접지저항을 낮춰주면 역섬락을 방지할 수 있게 된다.

**04** 전력용콘덴서에서 방전코일의 역할은?

① 잔류전하의 방전
② 고조파의 억제
③ 콘덴서의 수명 연장
④ 역률의 개선

**방전코일**
역률을 개선하기 위한 병렬콘덴서(=전력용 콘덴서) 회로를 개방한 경우 콘덴서 내부에 잔류하는 전하를 방전하여 인체 접촉으로 인한 감전을 방지할 수 있다. 방전코일은 급속으로 이루어져야 하며 5초 이내 50[V] 이하로 방전할 수 있는 코일을 설치하여야 한다.

**정답** 01 ③  02 ②  03 ④  04 ①

**05** 피뢰기의 정격전압이란?

① 상용주파수의 방전개시전압
② 속류를 차단할 수 있는 최고의 교류전압
③ 방전을 개시할 때 단자전압의 순시값
④ 충격방전전류를 통하고 있을 때 단자전압

**피뢰기의 용어해설**
(1) 제한전압
   충격파전류가 흐르고 있을 때의 피뢰기의 단자전압
(2) 충격파 방전개시전압
   충격파 방전을 개시할 때 피뢰기 단자의 최대전압
(3) 상용주파 방전개시전압
   정상운전 중 상용주파수에서 방전이 개시되는 전압
(4) 정격전압
   속류가 차단되는 순간 피뢰기 단자전압
(5) 공칭전압
   상용주파 허용단자 전압

**06** 다음 차단기의 종류 중 고압회로에 사용되는 차단기가 아닌 것은?

① ABB      ② MBB
③ VCB      ④ ACB

**차단기의 소호매질**
(1) 공기차단기(ABB) - 압축공기
(2) 가스차단기(GCB) - $SF_6$ 가스
(3) 유입차단기(OCB) - 절연유
(4) 진공차단기(VCB) - 고진공
(5) 자기차단기(MBB) - 전자력
∴ ACB(기중차단기)는 저압회로에 사용되는 차단기이다.

**07** 뒤진 역률 80[%], 1,000[kW]의 3상 부하가 있다. 이것에 콘덴서를 설치하여 역률을 95[%]로 개선하려면 콘덴서의 용량은 약 몇 [kVA]인가?

① 240[kVA]      ② 420[kVA]
③ 630[kVA]      ④ 950[kVA]

**전력용콘덴서 용량**($Q_c$)
$P = 1,000$ [kW], $\cos\theta_1 = 0.8$, $\cos\theta_2 = 0.95$

$$\therefore Q_c = P\left(\frac{\sqrt{1-\cos^2\theta_1}}{\cos\theta_1} - \frac{\sqrt{1-\cos^2\theta_2}}{\cos\theta_2}\right)$$

$$= 1,000\left(\frac{\sqrt{1-0.8^2}}{0.8} - \frac{\sqrt{1-0.95^2}}{0.95}\right)$$

$$= 420 \text{ [kVA]}$$

**08** 전선 지지점에 고저차가 없는 경간 300[m]인 송전선로가 있다. 이도를 8[m]로 유지할 경우 지지점 간의 전선 길이는 약 몇 [m]인가?

① 300.56      ② 300.66
③ 300.76      ④ 300.86

**실장**($L$)
$S = 300$ [m], $D = 8$ [m]이므로
$$\therefore L = S + \frac{8D^2}{3S} = 300 + \frac{8 \times 8^2}{3 \times 300} = 300.56 \text{ [m]}$$

**09** 송전선로의 안정도 향상대책으로 볼 수 없는 것은?

① 속응여자방식을 채용한다.
② 재폐로방식이나 복도체방식을 채용한다.
③ 단락비가 작은 발전기를 사용한다.
④ 고속차단기를 사용한다.

**안정도 개선책**
(1) 리액턴스를 줄인다. : 직렬콘덴서 설치
(2) 단락비를 증가시킨다. : 전압변동률을 줄인다.
(3) 중간조상방식을 채용한다. : 동기조상기 설치
(4) 속응여자방식을 채용한다. : 고속도 AVR 채용
(5) 재폐로 차단방식을 채용한다. : 고속도차단기 사용
(6) 계통을 연계한다.
(7) 소호리액터 접지방식을 채용한다.

**정답** 05 ②   06 ④   07 ②   08 ①   09 ③

## 10 저수지의 이용 수심이 클 때 사용하면 유리한 조압수조는?

① 차동조압수조
② 단동조압수조
③ 수실조압수조
④ 제수공조압수조

> 수실조압수조는 저수지의 이용수심이 크고 지형에 따라 수실의 모양을 적당히 맞추어서 시공할 수 있다.

## 11 과전류계전기의 반한시 특성이란?

① 동작전류가 커질수록 동작시간이 짧아진다.
② 동작전류가 적을수록 동작시간이 짧아진다.
③ 동작전류에 관계없이 동작시간은 일정하다.
④ 동작전류가 커질수록 동작시간이 길어진다.

> **계전기의 한시특성**
> (1) 순한시계전기 : 정정된 최소동작전류 이상의 전류가 흐르면 즉시 동작하는 계전기
> (2) 정한시계전기 : 정정된 값 이상의 전류가 흘렀을 때 동작 전류의 크기에는 관계없이 정해진 시간이 경과한 후에 동작하는 계전기
> (3) 반한시계전기 : 정정된 값 이상의 전류가 흘렀을 때 동작하는 시간과 전류값이 서로 반비례하여 동작하는 계전기
> (4) 정한시-반한시 계전기 : 어느 전류값까지는 반한시 계전기의 성질을 띠지만 그 이상의 전류가 흐르는 경우 정한시계전기의 성질을 띠는 계전기

## 12 다음 중 배전 선로에 사용되는 개폐기의 종류로서 주상변압기의 고장이 배전선로에 파급되는 것을 방지하고 변압기의 과부하 소손을 예방하고자 사용하는 것은?

① 부하 개폐기
② 컷아웃 스위치
③ 리클로저
④ 섹셔널라이저

> **고압 개폐기의 종류**
> (1) 부하 개폐기 ; 고장 전류와 같은 대전류는 차단할 수 없지만 평상 운전시의 부하전류는 개폐할 수 있다.
> (2) 컷아웃 스위치(COS) : 주된 용도로는 주상변압기이 고장이 배전선로에 파급되는 것을 방지하고 변압기의 과부하 소손을 예방하고자 사용한다.
> (3) 리클로저(recloser) : 선로에 고장이 발생하였을 때 고장전류를 검출하여 지정된 시간내에 고속 차단하고 자동 재폐로 동작을 수행하여 고장구간을 분리하거나 재송전하는 장치이다.
> (4) 섹셔널라이저(sectionalizer) — 선로 고장시 후비보호 장치인 리클로저나 재폐로 계전기가 장치된 차단기의 고장차단으로 선로가 정전상태일 때 자동으로 개방되어 고장구간을 분리시키는 선로개폐기로서 반드시 리클로저와 조합해서 사용해야 한다.

## 13 유효저수량 200,000[m³], 평균유효낙차 100[m], 발전기출력 7,500[kW]이다. 1대를 운전할 경우 약 몇 시간 정도 발전할 수 있는가? (단, 발전기 및 수차의 합성효율은 85[%]이다.)

① 4
② 5
③ 6
④ 7

> $Q = \dfrac{200,000}{T}$ [m³/h] $= \dfrac{200,000}{3,600\,T}$ [m³/s]이므로
> 
> $P_g = 9.8\,QH\eta_t\eta_g = \dfrac{9.8 \times 200,000 \times H\eta_t\eta_g}{3,600\,T}$ [kW]
> 
> 식에서
> $P_g = 7,500$ [kW], $H = 100$ [m], $\eta_t\eta_g = 0.85$ 일 때
> 
> $\therefore T = \dfrac{9.8 \times 200,000 \times H\eta_t\eta_g}{3,600\,P_g}$
> 
> $= \dfrac{9.8 \times 200,000 \times 100 \times 0.85}{3,600 \times 7,500} = 6$ 시간

**14** 1선 지락시 건전상의 전압상승이 가장 적은 중성점 접지 방식은?

① 직접 접지방식
② 비접지방식
③ 저항 접지방식
④ 소호리액터 접지방식

중성점 접지방식의 각 항목에 대한 비교표

| 종류 및 특징<br>항목 | 비접지 | 직접 접지 | 저항 접지 | 소호 리액터 접지 |
|---|---|---|---|---|
| 지락사고시 건전상의 전위 상승 | 크다 | 최저 | 약간 크다 | 최대 |
| 절연레벨 | 최고 | 최저 (단절연) | 크다 | 크다 |
| 지락전류 | 적다 | 최대 | 적다 | 최소 |
| 보호계전기 동작 | 곤란 | 가장 확실 | 확실 | 불확실 |
| 유도장해 | 작다 | 최대 | 작다 | 최소 |
| 안정도 | 크다 | 최소 | 크다 | 최대 |

**15** 다음 중 3상 차단기의 정격차단용량으로 알맞은 것은?

① 정격전압×정격차단전류
② $\sqrt{3}$ ×정격전압×정격차단전류
③ 3×정격전압×정격차단전류
④ $3\sqrt{3}$ ×정격전압×정격차단전류

차단기의 차단용량(=단락용량)
차단용량은 그 차단기가 적용되는 계통의 3상 단락용량($P_s$)의 한도를 표시하고
$P_s$ [MVA] = $\sqrt{3}$ ×정격전압[kV]×정격차단전류[kA]
식으로 표현한다.
이때 정격전압은 계통의 최고전압을 표시하며 정격차단전류는 단락전류를 기준으로 한다. 또한 차단용량의 크기를 정하는 기준이기도 하다. 단락전류는 단락지점을 기준으로 한 경우 공급측 계통에 흐르게 되며 그 전류로 공급측 전원용량의 크기나 공급측 전원단락용량을 결정하게 된다.

**16** 초고압 장거리 송전선로에 접속되는 1차 변전소에 분로 리액터를 설치하는 목적은?

① 페란티효과 방지
② 코로나손실 경감
③ 전압강하 경감
④ 선로손실 경감

분로리액터(=병렬리액터)
부하와 리액터를 병렬로 접속한다.
(1) 계통에 흐르는 전류를 지상전류로 공급하여 페란티 효과를 억제한다.
(2) 지상전류만을 공급한다.

**참고** 페란티 현상이란 선로의 정전용량(C)으로 인하여 진상전류가 흐르는 경우 수전단전압이 송전단전압보다 더 높아지는 현상

**17** 그림의 $x$ 부분에 흐르는 전류는 어떤 전류인가?

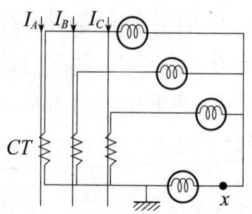

① b상 전류
② 정상전류
③ 역상전류
④ 영상전류

영상전류($I_0$)
$a$, $b$, $c$상에 흐르는 각각의 변류기 2차 전류를 $I_a$, $I_b$, $I_c$라 하면 $x$표시의 전류 $I_x$는 다음과 같다.
$I_x = I_a + I_b + I_c = 3I_0$ [A]
따라서 $I_x$는 지락전류이며 영상전류로 표현된다.

## 18 우리나라 22.9[kVA] 배전선로에 적용하는 피뢰기의 공칭방전전류[A]는?

① 1,500　　② 2,500
③ 5,000　　④ 10,000

피뢰기의 공칭방전전류

| 공칭전압[kV] | 정격전압[kV] | 공칭방전전류[A] |
|---|---|---|
| 3.3 | 7.5 | 2,500 |
| 6.6 | 7.5 | |
| 22.9 | 18(배전선로) | |
| | 21(변전소) | |
| 22 | 24 | |
| 66 | 75 | 5,000 |
| 154 | 144 | 10,000 |
| 345 | 288 | |

## 20 초고압용 차단기에 사용되는 개폐저항기의 목적은?

① 차단속도 증진
② 개폐서지 이상전압 억제
③ 차단전류 감소
④ 차단전류의 역률 개선

**개폐저항기**
개폐기나 차단기를 개폐하는 순간 단자에서 발생하는 서지를 억제하기 위해 설치하는 설비

## 19 배전전압, 배전거리 및 전력손실이 같다는 조건에서 단상 2선식 전기방식의 전선 총중량을 100[%]라 할 때 3상 3선식 전기방식은 몇 [%]인가?

① 33.3　　② 37.5
③ 75.0　　④ 100.0

배전방식의 전기적 특성 비교

| 구분 | 전선량비교 |
|---|---|
| 단상 2선식 | 100[%] |
| 단상 3선식 | 37.5[%] |
| 3상 3선식 | 75[%] |
| 3상 4선식 | 33.3[%] |

정답  18 ②  19 ③  20 ②

## 3. 전기기기 (CBT시험 복원문제)

2021년 3회 전기산업기사

※ 본 기출문제는 수험자의 기억을 바탕으로 하여 복원한 문제이므로 실제 문제와 다를 수 있음을 미리 알려드립니다.

**01** 권선형 유도전동기에서 비례추이를 할 수 없는 것은?

① 회전력  ② 1차 전류
③ 2차 전류  ④ 효율

비례추이를 할 수 있는 제량
(1) 비례추이가 가능한 특성
  토크, 1차 입력, 2차 입력(=동기와트), 1차 전류, 2차 전류, 역률
(2) 비례추이가 되지 않는 특성
  출력, 효율, 2차 동손

**02** 4극, 7.5[kW], 220[V], 60[Hz]인 3상 유도전동기가 있다. 전부하에서의 2차 입력이 7,950[W]이다. 이 경우의 2차 효율은 약 몇 [%]인가? (단, 여기서 기계손은 130[W]이다.)

① 92  ② 94
③ 96  ④ 98

유도전동기의 2차 효율($\eta_2$)
극수 $P=4$, 기계적 출력 $P_o = 7.5$ [kW], $V=200$ [V], $f=60$ [Hz], 2차 입력 $P_2 = 7,950$ [W], 기계손 $P_\ell = 130$ [W]일 때
$\eta_2 = \dfrac{P_o + P_\ell}{P_2} = 1-s = \dfrac{N}{N_s}$ 이므로
$\therefore \eta_2 = \dfrac{P_o + P_\ell}{P_2} = \dfrac{7,500+130}{7,950} \times 100 = 96$ [%]

**03** 6극 직류발전기의 정류자 편수가 132, 단자전압이 220[V], 직렬 도체수가 132개이고 중권이다. 정류자 편간 전압은 몇 [V]인가?

① 10  ② 20
③ 30  ④ 40

정류자편간 평균전압($e_s$)
극수 $p$, 유기기전력 $E$, 정류자편수 $k_s$라 하면
$\therefore e_s = \dfrac{pE}{k_s} = \dfrac{6 \times 220}{132} = 10$ [V]

**04** 직류기의 다중 중권 권선법에서 전기자 병렬회로수($a$)와 극수($P$)와의 관계는? (단, 다중도는 $m$이다.)

① $a=2$  ② $a=2m$
③ $a=P$  ④ $a=mP$

중권과 파권의 비교

| 비교항목 | 중권 | 파권 |
|---|---|---|
| 전기자병렬회로수($a$) | $a=P$ (극수) | $a=2$ |
| 브러시 수($b$) | $b=P$ | $b=2$ |
| 용도 | 저전압, 대전류용 | 고전압, 소전류용 |
| 균압접속 | 필요하다. | 불필요하다. |
| 다중도(m) | $a=mP$ | $a=2m$ |

정답 01 ④  02 ③  03 ①  04 ④

**05** 단상변압기 2대를 사용하여 3상 전원에서 2상 전압을 얻고자 할 때 가장 적합한 결선은?

① 스코트결선  ② 대각결선
③ 2중 3각 결선  ④ 포크결선

> **상수변환**
> 3상 전원을 2상 전원으로 변환하는 결선은 다음과 같다.
> (1) 스코트 결선(T결선)
>  ㉠ T좌 변압기의 탭 위치 : $\frac{\sqrt{3}}{2}$ 지점
>  ㉡ M좌 변압기의 탭 위치 : $\frac{1}{2}$ 지점
> (2) 메이어 결선
> (3) 우드브리지 결선

**06** 출력 3[kW], 1,500[rpm]인 전동기의 토크[kg·m]는?

① 1.95  ② 2.12
③ 2.90  ④ 3.82

> **직류전동기의 토크($\tau$)**
> 출력 $P$[kW], 회전수 $N$[rpm]이라 하면
> $\therefore \tau = 975\frac{P}{N} = 975 \times \frac{3}{1,500} = 1.95 \, [\text{kg}\cdot\text{m}]$

**07** 직류 분권전동기의 단자전압과 계자전류를 일정하게 하고 2배의 속도로 2배의 토크를 발생하는데 필요한 전력은 처음 전력의 몇 배인가?

① 불변  ② 2배
③ 4배  ④ 8배

> **직류전동기의 토크($\tau$)**
> 출력 $P$, 회전수 $N$이라 하면
> $\tau = \frac{P}{\omega} = \frac{60P}{2\pi N} = 9.55\frac{P}{N} [\text{N}\cdot\text{m}] = 0.975\frac{P}{N} [\text{kg}\cdot\text{m}]$
> 식에서 $P = \frac{1}{0.975}N\tau = 1.026 N\tau$ [W]이므로
> $N = 2$배, $\tau = 2$배일 때
> $\therefore P \propto N\tau = 4$배

**08** 직류 분권전동기의 공급 전압의 극성을 반대로 하면 회전방향은 어떻게 되는가?

① 변하지 않는다.
② 반대로 된다.
③ 발전기로 된다.
④ 회전하지 않는다.

> **직류분권전동기의 특성**
> 직류분권전동기의 공급전압의 극성이 반대가 되면 계자전류와 전기자전류의 방향이 동시에 반대로 바뀌게 되므로 회전방향에 변함이 없게 된다.

**09** 다음에서 게이트에 의한 턴온(turn-on)을 이용하지 않는 소자는?

① DIAC  ② SCR
③ GTO  ④ TRAIC

> **DIAC**
> 정상동작 시에 양방향으로 전류를 흘릴 수 있는 PNPN 4층 구조로 된 2단자 반도체 사이리스터이다. DIAC은 애노드와 캐소드의 2개의 단자로 구성되어 양단의 어느 극성에서도 브레이크 오버전압에 도달하면 도통할 수 있다. 유지전류 이하의 전류에서 OFF 된다.

정답  05 ①  06 ①  07 ③  08 ①  09 ①

**10** 유도전동기에서 부하를 증가시킬 때 일어나는 현상에 관한 설명 중 틀린 것은? (단, $n_s$ : 회전자계의 속도, $n$ : 회전자의 속도이다.)

① 상대속도$(n_s - n)$ 증가
② 2차 전류 증가
③ 토크 증가
④ 속도 증가

> **유도전동기의 부하증가시**
> 유도전동기에 접속된 부하가 증가하면 회전자의 속도 $(n)$가 감소되어 고정자속도$(n_s$ : 동기속도$)$와의 차에 해당하는 상대속도$(n_s - n)$가 증가하게 된다. 또한
> $\tau = 0.975 \dfrac{P}{n} = 0.975 \dfrac{P_2}{n_s} = 0.975 \dfrac{E_2 I_2}{n_s}$ [kg·m]
> 식에서 $n$이 감소하면 토크 $\tau$는 증가하게 되고 $\tau \propto P_2 \propto E_2 I_2$이므로 2차 전류도 증가하게 된다.

**11** 동기발전기의 자기여자 방지법이 아닌 것은?

① 발전기 2대 또는 3대를 병렬로 모선에 접속한다.
② 수전단에 동기조상기를 접속한다.
③ 송전선로의 수전단에 변압기를 접속한다.
④ 충전전류를 공급한다.

> **동기발전기의 자기여자현상의 방지대책**
> (1) 동기조상기를 설치한다.
> (2) 분로리액터를 설치한다.
> (3) 발전기 여러 대를 병렬로 운전한다.
> (4) 변압기를 병렬로 설치한다.
> (5) 단락비가 큰 기계를 설치한다.

**12** 단상 직권정류자전동기의 기본형이 아닌 것은?

① 직권형
② 보상직권형
③ 유도보상직권형
④ 톰슨형

> **단상직권정류자 전동기와 단상반발정류자 전동기의 종류**
> (1) 단상직권정류자 전동기
>  ㉠ 단순직권형
>  ㉡ 보상직권형
>  ㉢ 유도보상직권형
> (2) 단상반발정류자 전동기
>  ㉠ 애트킨슨 반발전동기
>  ㉡ 톰슨 반발전동기
>  ㉢ 데리 반발전동기
>  ㉣ 보상 반발전동기

**13** 출력이 20[kW]인 직류발전기의 효율이 80[%]이면 손실[kW]은 얼마인가?

① 1
② 2
③ 5
④ 8

> **직류기의 효율$(\eta)$**
> 실측효율 $= \dfrac{출력}{입력} \times 100$ [%]이므로
> $80 = \dfrac{20}{20 + 손실} \times 100$
> $\therefore$ 손실 $\dfrac{20 \times 100}{80} - 20 = 5$ [kW]

**14** 전기자를 고정자로 하고, 계자극을 회전자로 한 회전계자형으로 가장 많이 사용되는 것은?

① 직류발전기
② 회전변류기
③ 동기발전기
④ 유도발전기

> **동기발전기의 구조**
> (1) 고정자 – 전기자
> (2) 회전자 – 계자(돌극형, 비돌극형)

**15** 변압기 결선방식에서 Δ-Δ결선 방식의 특성이 아닌 것은?

① 중성점 접지를 할 수 없다.
② 110[kV] 이상 되는 계통에서 많이 사용되고 있다.
③ 외부에 고조파 전압이 나오지 않으므로 통신장해의 염려가 없다.
④ 단상 변압기 3대 중 1대의 고장이 생겼을 때 2대로 V결선하여 송전할 수 있다.

> **Δ-Δ결선의 특징**
> (1) 1차, 2차 전압 또는 1차, 2차 전류간에 위상차가 없다.
> (2) 상전류는 선전류의 $\frac{1}{\sqrt{3}}$ 배이므로 대전류, 저전압, 단거리 송전에 유리하다.
> (3) 제3고조파가 Δ결선 내부를 순환하므로 선로에 제3고조파가 나타나지 않기 때문에 기전력의 파형이 정현파가 된다.
> (4) 인접 통신선에 유도장해가 없다.
> (5) 변압기 1대 고장시 V결선으로 송전을 계속할 수 있다.
> (6) 비접지 방식이므로 이상전압 및 지락사고에 대한 보호가 어렵다.

**16** 동기전동기의 진상전류에 의한 전기자반작용은 어떤 작용을 하는가?

① 횡축반작용 ② 교차자화작용
③ 증자작용 ④ 감자작용

> **동기전동기의 전기자 반작용**
> (1) 교차자화작용 : 동상전류(R부하 특성)
> (2) 감자작용 : 진상전류(C부하 특성)
> (3) 증자작용 : 지상전류(L부하 특성)

**17** 3상 유도전동기의 원선도를 작성하는데 필요하지 않은 것은?

① 구속시험 ② 무부하시험
③ 슬립측정 ④ 저항측정

> **원선도를 그리는데 필요한 시험**
> (1) 무부하시험
>   철손, 무부하전류, 여자어드미턴스 측정
> (2) 구속시험
>   동손, 동기 임피던스, 단락비 측정
> (3) 권선저항 측정

**18** IGBT의 특징으로 틀린 것은?

① GTO 사이리스터처럼 역방향 전압저지 특성을 갖는다.
② MOSFET처럼 전압제어소자이다.
③ BJT처럼 온드롭(on-drop)이 전류에 관계없이 낮고 거의 일정하여 MOSFET보다 훨씬 큰 전류를 흘릴 수 있다.
④ 게이트와 에미터간 입력임피던스가 매우 작아 BJT보다 구동하기 쉽다.

> **IGBT(Insulated Gate Bipolar Transistor)의 특징**
> IGBT는 Power-MOSFET의 고속 Switching 성능과 bipolar transistor의 고전압, 대전류 처리능력을 함께 가진 전력용반도체 소자이다. 이 소자는 MOSFET와 같이 전압제어 소자로서 응답속도가 빠르며(고속 스위칭 특성) 게이트 입력 임피던스가 매우 크기 때문에 드라이브 하기가 좋다. 또한 GTO처럼 자기소호능력과 역방향 전압 저지 특성을 지니고 있으며 BJT처럼 전류제어 소자이기 때문에 전류에 관계없이 on-drop이 거의 일정하고 큰 전류를 제어할 수 있다.

정답 15 ② 16 ④ 17 ③ 18 ④

**19** 3상 유도전동기의 운전 중 전압이 80[%]로 떨어지면 부하회전력은 몇 [%] 정도로 되는가?

① 94  ② 80
③ 72  ④ 64

> 토크($\tau$)와 공급전압(V)과의 관계
> 토크($\tau$)는 공급전압(V)의 제곱에 비례하므로
> $V' = 0.8V$ [V]이면
> $\tau' = \left(\dfrac{V'}{V}\right)^2 \tau = \left(\dfrac{0.8V}{V}\right)^2 \tau = 0.64\tau$
> ∴ 64[%]

**20** 3상 직권 정류자 전동기의 중간 변압기는 고정자 권선과 회전자 권선 사이에 직렬로 접속되는데 이 중간 변압기를 사용하는 중요한 이유는?

① 경부하시 속도의 급상승 방지를 위하여
② 주파수 변동으로 속도를 조정하기 위하여
③ 회전자 상수를 감소하기 위하여
④ 역회전을 방지하기 위하여

> 3상 직권 정류자전동기
> (1) 고정자 권선에 직렬 변압기(중간 변압기)를 접속시켜 실효 권수비를 조정하여 전동기의 특성을 조정하고, 정류전압 조정 및 전부하 때 속도의 이상 상승을 방지한다.
> (2) 브러시의 이동으로 속도 제어를 할 수 있다.
> (3) 변속도 전동기로 기동 토크가 매우 크지만 저속에서는 효율과 역률이 좋지 않다.

## 21  4. 회로이론(CBT시험 복원문제)

**2021년 3회 전기산업기사**

※ 본 기출문제는 수험자의 기억을 바탕으로 하여 복원한 문제이므로 실제 문제와 다를 수 있음을 미리 알려드립니다.

**01** 대칭 다상 교류에 의한 회전자계 중 설명이 잘못된 것은?

① 대칭 3상 교류에 의한 회전자계는 원형 회전자계이다.
② 대칭 2상 교류에 의한 회전자계는 타원형 회전자계이다.
③ 3상 교류에서 어느 두 코일의 전류의 상순을 바꾸면 회전자계의 방향도 바꾸어진다.
④ 회전자계의 회전속도는 일정한 각속도이다.

> **회전자계의 모양**
> (1) 대칭 $n$상 회전자계는 각 상의 모든 크기가 같으며 각 상간 위상차가 $\frac{2\pi}{n}$이 되어 회전자계의 모양이 원형을 그린다.
> (2) 비대칭 $n$상 회전자계는 각 상의 크기가 균등하지 못하여 각 상간 위상차는 $\frac{2\pi}{n}$가 될 수 없기 때문에 회전자계의 모양이 타원형을 그린다.

**02** 단상 전력계 2개로 평형 3상 부하의 전력을 측정하였더니 각각 100[W]와 200[W]를 나타내었다. 부하역률은 얼마인가? (단, 전압과 전류는 정현파이다.)

① 0.5  ② 0.577
③ 0.637  ④ 0.866

> **2전력계법**
> 2전력계의 지시값이 각각 100[W]와 200[W]를 나타내는 경우 $W_1 = 2W_2$ 또는 $W_2 = 2W_1$인 경우에 속하므로
> $\therefore \cos\theta = 0.866 [\text{p.u}] = 86.6 [\%]$

**03** 그림과 같은 회로에서 스위치 s를 $t=0$에서 닫았을 때 $(V_L)_{t=0} = 100$[V], $\left(\frac{di}{dt}\right)_{t=0} = 400$[A/sec]이다. $L$의 값은 몇 [H]인가?

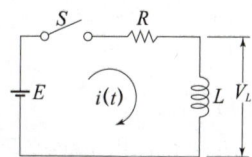

① 0.1
② 0.5
③ 0.25
④ 7.5

> **전류의 시간적 변화**
> $e_L = L\frac{di}{dt}$ [V] 식에 의하여
> $\therefore L = \dfrac{(V_L)_{t=0}}{\left(\dfrac{di}{dt}\right)_{t=0}} = \dfrac{100}{400} = 0.25$ [H]

**정답** 01 ② 02 ④ 03 ③

**04** 그림과 같은 회로의 2단자 임피던스 $Z(s)$는? (단, $s = j\omega$라 한다.)

① $\dfrac{s^3+1}{3s^2(s+1)}$

② $\dfrac{3s^2(s+1)}{s^3+1}$

③ $\dfrac{3s^2(s+1)}{s^4+2s^2+1}$

④ $\dfrac{s^4+4s^2+1}{s(3s^2+1)}$

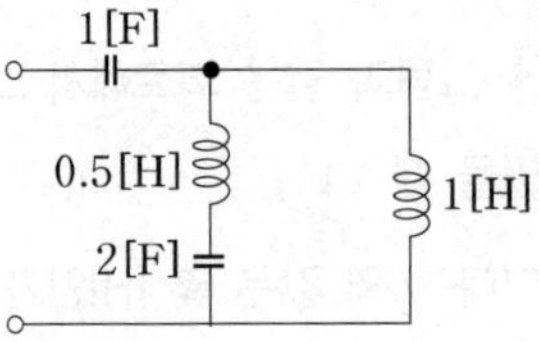

임피던스 $Z(s)$
$C_1 = 1\,[\text{F}]$, $L_1 = 0.5\,[\text{H}]$, $C_2 = 2\,[\text{F}]$, $L_2 = 1\,[\text{H}]$라 하면

$$Z(s) = \dfrac{1}{j\omega C_1} + \dfrac{\left(j\omega L_1 + \dfrac{1}{j\omega C_2}\right) \times j\omega L_2}{j\omega L_1 + \dfrac{1}{j\omega C_2} + j\omega L_2}$$

$$= \dfrac{1}{s} + \dfrac{\left(\dfrac{s}{2} + \dfrac{1}{2s}\right) \times s}{\dfrac{s}{2} + \dfrac{1}{2s} + s}$$

$$= \dfrac{1}{s} + \dfrac{(s^2+1) \times s}{s^2 + 1 + 2s^2}$$

$$= \dfrac{3s^2 + 1 + s^4 + s^2}{s(3s^2+1)}$$

$$= \dfrac{s^4 + 4s^2 + 1}{s(3s^2+1)}$$

**05** 대칭 좌표법에 관한 설명 중 잘못된 것은?

① 불평형 3상 회로 비접지식 회로에서는 영상분이 존재한다.
② 대칭 3상 전압에서 영상분은 0이 된다.
③ 대칭 3상 전압은 정상분만 존재한다.
④ 불평형 3상 회로의 접지식 회로에서는 영상분이 존재한다.

영상분은 Y-Y결선의 3상4선식 회로의 중성점이 접지되어 있는 경우에 나타날 수 있기 때문에 비접지식 회로에서는 영상분이 존재하지 않는다.

**06** 단위계단함수 $u(t)$의 라플라스 변환은?

① $1$  ② $\dfrac{1}{s}$

③ $\dfrac{1}{s^2}$  ④ $\dfrac{1}{s^2}e^{-1}$

$f(t) = u(t) = 1$일 때

$\therefore \mathcal{L}[f(t)] = \mathcal{L}[u(t)] = \displaystyle\int_0^\infty u(t)e^{-st}dt$

$= \left[-\dfrac{1}{s}e^{-st}\right]_0^\infty = \dfrac{1}{s}$

**07** $Z = 8 + j6\,[\Omega]$인 평형 Y부하에 선간 전압이 200[V]인 대칭 3상 전압을 가할 때 선전류는 약 몇 [A]인가?

① 0.08  ② 11.5
③ 17.8  ④ 19.5

선전류 계산
$V_L = 200\,[\text{V}]$이므로

$I_Y = \dfrac{V_P}{Z} = \dfrac{V_L}{\sqrt{3}\,Z} = \dfrac{200}{\sqrt{3} \times \sqrt{8^2+6^2}}$

$= 11.5\,[\text{A}]$

**08** 어떤 회로 소자에 $e = 125\sin 377t\,[\text{V}]$를 가했을 때 전류 $i = 25\sin 377t\,[\text{A}]$가 흐른다면 이 소자는?

① 다이오드  ② 순저항
③ 유도리액턴스  ④ 용량리액턴스

전류의 위상이 전압과 동위상이므로 순저항 소자이다.

정답 04 ④  05 ①  06 ②  07 ②  08 ②

**09** 그림 (a)의 인덕턴스에 전류가 그림 (b)와 같이 흐를 때 2초에서 6초 사이의 인덕턴스 전압 $V_L$은?

(a) 회로도
(b) 전류파형: 0~2초에서 0→20[mA]로 증가, 2~6초에서 20[mA] 일정, 6~8초에서 감소

① 0[V]  ② 5[V]
③ 10[V] ④ 20[V]

**자기유도기전력(e)**

$e = -L\dfrac{di}{dt}$ [V]이므로 $L = 1$[H], 2초에서 6초 사이의 $dt = 4$[sec], 전류가 일정하므로 $di = 0$[A]일 때

∴ $e = -L\dfrac{di}{dt} = -1 \times \dfrac{0}{4} = 0$[V]

**10** 파고율이 2가 되는 파형은?

① 정현파  ② 톱니파
③ 사각파  ④ 반파정류파

**파형의 파고율**

| 파형 | 정현파 | 반파정류파 | 구형파 | 반파구형파 | 톱니파 | 삼각파 |
|---|---|---|---|---|---|---|
| 파고율 | $\sqrt{2}$ | 2 | 1 | $\sqrt{2}$ | $\sqrt{3}$ | $\sqrt{3}$ |

**11** 그림과 같은 대칭 3상 Y결선 부하 $Z = 6 + j8$ [Ω]에 200[V]의 상전압이 공급될 때 선전류는 몇 [A]인가?

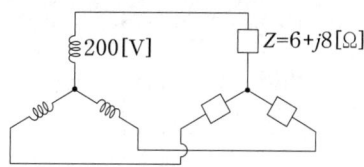

① 15       ② 20
③ $15\sqrt{3}$  ④ $20\sqrt{3}$

**Y결선의 선전류 계산**

Y결선의 선전류 $I_Y$, Δ결선의 선전류 $I_\Delta$라 하면 $V_P = 200$[V]일 때

$I_Y = \dfrac{V_P}{Z} = \dfrac{V_L}{\sqrt{3}\,Z}$ [A],

$I_\Delta = \dfrac{3V_P^2}{Z} = \dfrac{3V_L^2}{Z}$ [A]이므로

∴ $I_Y = \dfrac{V_P}{Z} = \dfrac{V_L}{\sqrt{3}\,Z} = \dfrac{200}{\sqrt{6^2+8^2}} = 20$ [A]

**12** 다음과 같은 파형 $v(t)$를 단위계단함수로 표시하면 어떻게 되는가?

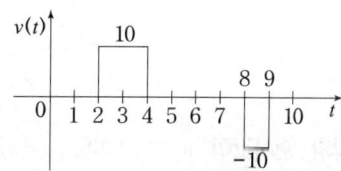

① $10u(t-2) + 10u(t-4) + 10u(t-8) + 10u(t-9)$
② $10u(t-2) - 10u(t-4) - 10u(t-8) - 10u(t-9)$
③ $10u(t-2) - 10u(t-4) + 10u(t-8) - 10u(t-9)$
④ $10u(t-2) - 10u(t-4) - 10u(t-8) + 10u(t-9)$

**시간추이정리**

∴ $f(t) = 10u(t-2) - 10u(t-4) - 10u(t-8)$
        $- \{-10u(t-9)\}$
      $= 10u(t-2) - 10u(t-4) - 10u(t-8)$
        $+ 10u(t-9)$

정답 09 ① 10 ④ 11 ② 12 ④

**13** 그림과 같은 회로에서 $V_1(S)$를 입력, $V_2(S)$를 출력으로 한 전달함수는? (단, $L=1[H]$, $C=1[F]$이다.)

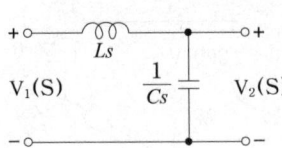

① $\dfrac{1}{s+1}$  ② $\dfrac{1}{s^2+s}$

③ $\dfrac{1}{s^2+1}$  ④ $\dfrac{s}{s^2+1}$

**전달함수**

$V_1(s) = \left(Ls + \dfrac{1}{Cs}\right)I(s)$

$V_2(s) = \dfrac{1}{Cs}I(s)$ 이므로

$G(s) = \dfrac{V_2(s)}{V_1(s)} = \dfrac{\dfrac{1}{Cs}I(s)}{\left(Ls + \dfrac{1}{Cs}\right)I(s)}$

$= \dfrac{\dfrac{1}{Cs}}{Ls + \dfrac{1}{Cs}} = \dfrac{1}{LCs^2+1}$ 이다.

$L=1[H]$, $C=1[F]$인 조건에서 전달함수는

∴ $G(s) = \dfrac{1}{s^2+1}$

**14** 전압의 순시값이 $v = 50 + 30\sin\omega t[V]$일 때 실효값은 약 몇 [V]인가?

① 34.3  ② 44.3
③ 54.3  ④ 64.3

**비정현파의 실효값**

$v = 50 + 30\sin\omega t[V]$에서
$V_0 = 50[V]$, $V_{m1} = 30[V]$이므로 실효값 $V$는

∴ $V = \sqrt{V_0^2 + \left(\dfrac{V_{m1}}{\sqrt{2}}\right)^2}$

$= \sqrt{50^2 + \left(\dfrac{30}{\sqrt{2}}\right)^2} = 54.3[V]$

**15** 다음과 같은 브리지 회로가 평형이 되기 위한 $Z_4$의 값은?

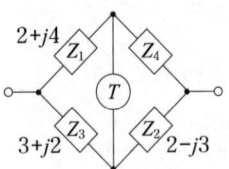

① $2+j4$  ② $-2+j4$
③ $4+j2$  ④ $4-j2$

**휘스톤브리지 평형조건**

휘스톤브리지 회로가 평형되기 위해서는
$Z_1Z_2 = Z_3Z_4$ 식을 만족해야 하므로

∴ $Z_4 = \dfrac{Z_1Z_2}{Z_3} = \dfrac{(2+j4)(2-j3)}{3+j2} = 4-j2[\Omega]$

**16** $e_1 = 30\sqrt{2}\sin\omega t[V]$, $e_2 = 40\sqrt{2}\cos\left(\omega t - \dfrac{\pi}{6}\right)$ [V]일 때 $e_1 + e_2$의 실효값은 몇 [V]인가?

① 50  ② 70
③ $10\sqrt{7}$  ④ $10\sqrt{37}$

**교류의 실효값**

$e_1 = 30\sqrt{2}\sin\omega t[V]$

$e_2 = 40\sqrt{2}\cos\left(\omega t - \dfrac{\pi}{6}\right)$

$= 40\sqrt{2}\sin\left(\omega t - \dfrac{\pi}{6} + \dfrac{\pi}{2}\right)$

$= 40\sqrt{2}\sin(\omega t + 60°)[V]$

$E_1 = 30[V]$, $E_2 = 40[V]$, 위상차 $\theta = 60°$이므로

∴ $E_1 + E_2 = \sqrt{E_1^2 + E_2^2 + 2E_1E_2\cos\theta}$

$= \sqrt{30^2 + 40^2 + 2 \times 30 \times 40 \times \cos 60°}$

$= 10\sqrt{37}[V]$

**17** 비정현파에서 반파대칭의 조건은 어느 것인가?

① $f(t) = f(-t)$
② $f(t) = -f(-t)$
③ $f(t) = -f(t)$
④ $f(t) = -f\left(t + \dfrac{T}{2}\right)$

> 대칭함수
> (1) 정현대칭 : $f(t) = -f(-t)$
> (2) 여현대칭 : $f(t) = f(-t)$
> (3) 반파대칭 : $f(t) = -f\left(t + \dfrac{T}{2}\right)$

**18** $RLC$ 직렬회로에 $t=0$에서 교류전압 $e = E_m \sin(\omega t + \theta)$를 가할 때 $R^2 - 4\dfrac{L}{C} > 0$이면 이 회로는?

① 진동적이다.
② 비진동적이다.
③ 임계적이다.
④ 비감쇠진동이다.

> R-L-C 과도현상
> 비진동조건(과제동인 경우)
> $\left(\dfrac{R}{2L}\right)^2 - \dfrac{1}{LC} > 0 \Rightarrow R^2 - \dfrac{4L}{C} > 0$
> $\Rightarrow R > 2\sqrt{\dfrac{L}{C}}$

**19** 그림에서 4단자망의 개방 순방향 전달 임피던스 $Z_{21}[\Omega]$과 단락 순방향 전달 어드미턴스 $Y_{21}[\mho]$은?

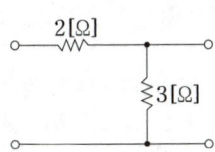

① $Z_{21} = 5,\ Y_{21} = -\dfrac{1}{2}$
② $Z_{21} = 3,\ Y_{21} = -\dfrac{1}{3}$
③ $Z_{21} = 3,\ Y_{21} = -\dfrac{1}{2}$
④ $Z_{21} = 5,\ Y_{21} = -\dfrac{5}{6}$

> Z파라미터와 Y파라미터의 4단자 정수로의 표현
> $\begin{bmatrix} A & B \\ C & D \end{bmatrix} = \begin{bmatrix} 1 + \dfrac{2}{3} & 2 \\ \dfrac{1}{3} & 1 \end{bmatrix} = \begin{bmatrix} \dfrac{5}{3} & 2 \\ \dfrac{1}{3} & 1 \end{bmatrix}$
>
> $\begin{bmatrix} Z_{11} & Z_{12} \\ Z_{21} & Z_{22} \end{bmatrix} = \begin{bmatrix} \dfrac{A}{C} & \dfrac{1}{C} \\ \dfrac{1}{C} & \dfrac{D}{C} \end{bmatrix} = \begin{bmatrix} \dfrac{5}{3}/\dfrac{1}{3} & 1/\dfrac{1}{3} \\ 1/\dfrac{1}{3} & 1/\dfrac{1}{3} \end{bmatrix}$
> $= \begin{bmatrix} 5 & 3 \\ 3 & 3 \end{bmatrix}$
>
> $\begin{bmatrix} Y_{11} & Y_{12} \\ Y_{21} & Y_{22} \end{bmatrix} = \begin{bmatrix} \dfrac{D}{B} & \pm\dfrac{1}{B} \\ \pm\dfrac{1}{B} & \dfrac{A}{B} \end{bmatrix}$
> $= \begin{bmatrix} \dfrac{1}{2} & -\dfrac{1}{2} \\ -\dfrac{1}{2} & \dfrac{5}{3}/2 \end{bmatrix} = \begin{bmatrix} \dfrac{1}{2} & -\dfrac{1}{2} \\ -\dfrac{1}{2} & \dfrac{5}{6} \end{bmatrix}$
>
> $\therefore Z_{21} = 3,\ Y_{21} = -\dfrac{1}{2}$

**20** 부동작 시간(dead time) 요소의 전달함수는?

① $Ks$
② $\dfrac{K}{s}$
③ $Ke^{-Ls}$
④ $\dfrac{K}{Ts+1}$

> 전달함수의 요소
>
> | 요소 | 전달함수 |
> |---|---|
> | 비례요소 | $G(s) = K$ |
> | 미분요소 | $G(s) = Ts$ |
> | 적분요소 | $G(s) = \dfrac{1}{Ts}$ |
> | 1차 지연 요소 | $G(s) = \dfrac{1}{1+Ts}$ |
> | 2차 지연 요소 | $G(s) = \dfrac{\omega_n^2}{s^2 + 2\zeta\omega_n s + \omega_n^2}$ |
> | 부동작 시간 요소 | $G(s) = Ke^{-Ls} = \dfrac{K}{e^{Ls}}$ |
>
> $\therefore G(s) = Ke^{-Ls} = \dfrac{K}{e^{Ls}}$

정답 17 ④  18 ②  19 ③  20 ③

## 21  5. 전기설비기술기준(CBT시험 복원문제)

2021년 3회 전기산업기사

※ 2021.1.1. 한국전기설비규정 개정에 따라 기출문제를 개정된 내용으로 반영하여 일부 삭제 및 변형하였습니다.
※ 본 기출문제는 수험자의 기억을 바탕으로 하여 복원한 문제이므로 실제 문제와 다를 수 있음을 미리 알려드립니다.

**01** 지중전선로를 직접 매설식에 의하여 차량 기타 중량물의 압력을 받을 우려가 있는 장소에 시설하는 경우 그 깊이는 몇 [m] 이상이어야 하는가?

① 1.0
② 1.2
③ 1.5
④ 2

**지중전선로의 시설**
지중전선로를 직접매설식에 의하여 시설하는 경우에는 매설 깊이를 차량 기타 중량물의 압력을 받을 우려가 있는 장소에는 1.0[m] 이상, 기타 장소에는 0.6[m] 이상으로 하고 또한 지중전선을 견고한 트라프 기타 방호물에 넣어 시설하여야 한다. 다만, 저압 또는 고압의 지중전선에 콤바인덕트 케이블을 사용하여 시설하는 경우에는 지중전선을 견고한 트라프 기타 방호물에 넣지 아니하여도 된다.

**02** 화약류 저장소에서의 전기설비 시설기준으로 틀린 것은?

① 전용개폐기 및 과전류차단기는 화약류 저장소 이외의 곳에 둔다.
② 전기기계기구는 반폐형의 것을 사용한다.
③ 전로의 대지전압은 300[V] 이하이어야 한다.
④ 케이블을 전기기계기구에 인입할 때에는 인입구에서 케이블이 손상될 우려가 없도록 시설하여야 한다.

**화약류 저장소 등의 위험장소**
화약류 저장소 안에는 전기설비를 시설해서는 안 되며 옥내배선은 금속관배선 또는 케이블배선에 의하여 시설하여야 한다. 다만, 백열전등이나 형광등 또는 이들에 전기를 공급하기 위한 전기설비(개폐기 및 과전류차단기를 제외한다)는 다음에 따라 시설하는 경우에는 그러하지 아니하다.

(1) 전로에 대지전압은 300[V] 이하일 것.
(2) 전기기계기구는 전폐형의 것일 것.
(3) 케이블을 전기기계기구에 인입할 때에는 인입구에서 케이블이 손상될 우려가 없도록 시설할 것.
(4) 전용개폐기 또는 과전류차단기에서 화약류저장소의 인입구까지의 저압 배선은 케이블을 사용하여 지중 선로로 시설할 것.

**03** 사용전압이 22,900[V]인 가공전선이 건조물과 제2차 접근상태로 시설되는 경우에 이 특별고압 가공전선로의 보안공사는 어떤 종류의 보안공사로 하여야 하는가?

① 고압 보안공사
② 제1종 특별고압 보안공사
③ 제2종 특별고압 보안공사
④ 제3종 특별고압 보안공사

**가공전선과 건조물의 조영재 사이의 이격거리**
(1) 사용전압이 35[kV] 이하인 특고압 가공전선이 건조물과 제2차 접근상태로 시설되는 경우에는 제2종 특고압 보안공사에 의하여야 한다.
(2) 사용전압이 35[kV] 초과 400[kV] 미만인 특고압 가공전선이 건조물(제2차 접근상태로 있는 부분의 상부조영재가 불연성 또는 자소성이 있는 난연성의 건축 재료로 건조된 것에 한한다)과 제2차 접근상태에 있는 경우에는 제1종 특고압 보안공사에 의하여야 한다.
(3) 사용전압이 400[kV] 이상의 특고압 가공전선이 건조물과 제2차 접근상태로 있는 경우에는 다음에 따라 시설하여야 한다.
  ㉠ 전선높이가 최저상태일 때 가공전선과 건조물 상부[지붕·챙(차양 : 遮陽)·옷 말리는 곳 기타 사람이 올라갈 우려가 있는 개소를 말한다]와의 수직거리가 28[m] 이상일 것.
  ㉡ 건조물 최상부에서 전계(3.5[kV/m]) 및 자계(83.3[μT])를 초과하지 아니할 것.

**04** 특고압 절연전선을 사용한 22,900[V] 가공전선과 안테나의 이격(수평이격) 거리는 몇 [m] 이상이어야 하는가? (단, 중성선 다중접지식의 것으로 전로에 지락이 생겼을 때에 2초 이내에 자동적으로 이를 전로로부터 차단하는 장치가 되어 있음)

① 1.0   ② 1.2
③ 1.5   ④ 2.0

가공전선과 다른 가공전선·약전류전선·안테나·삭도 등과의 이격거리

| 구분 | | | 이격거리 |
|---|---|---|---|
| 가공전선·약전류전선·안테나·삭도 등 | 저압 가공전선 | | 저압 가공전선 상호간 0.6[m] (어느 한쪽이 고압 절연전선, 특고압 절연전선, 케이블인 경우 0.3[m]) |
| | 고압 가공전선 | | 저압 또는 고압 가공전선과 0.8[m] (고압 가공전선이 케이블인 경우 0.4[m]) |
| | 25[kV] 이하 다중접지 | | 나전선 2[m], 특고압 절연전선 1.5[m], 케이블 0.5[m] (삭도와 접근 또는 교차하는 경우 나전선 2[m], 특고압 절연전선 1[m], 케이블 0.5[m]) |
| | 특고압 가공전선 | 60[kV] 이하 | 2[m] |
| | | 60[kV] 초과 | 10[kV]마다 12[cm] 가산하여 2+(사용전압[kV]/10-6)×0.12 소수점 절상 |

**05** 중성선 다중 접지식으로서 전로에 지락이 생겼을 때 2초 이내에 자동적으로 이를 전로로부터 차단하는 장치가 되어 있는 사용전압 22.9[kV]인 특고압 가공전선과 식물과의 이격거리는 몇 [m] 이상이어야 하는가?(단, 전선은 특고압 절연전선을 사용하였다.)

① 1.2
② 1.5
③ 2
④ 식물과 접촉하지 않도록 시설한다.

가공전선과 식물의 이격거리

| 구분 | | 이격거리 |
|---|---|---|
| 저·고압 가공전선 | | 상시 부는 바람 등에 의하여 식물에 접촉하지 않도록 시설하여야 한다. |
| 특고압 가공전선 | 25[kV] 이하 다중접지 | 1.5[m] 이상 (특고압 절연전선이나 케이블인 경우 식물에 접촉하지 않도록 시설할 것) |
| | 35[kV] 이하 | 고압 절연전선을 사용할 경우 0.5[m] 이상 (특고압 절연전선 또는 케이블을 사용하는 경우 식물에 접촉하지 않도록 시설하고, 특고압 수밀형 케이블을 사용하는 경우에는 접촉에 관계 없다.) |
| | 60[kV] 이하 | 2[m] |
| | 60[kV] 초과 | 10,000[V]마다 12[cm] 가산하여 2+(사용전압[kV]/10-6)×0.12 소수점 절상 |

## 06 특고압용 변압기로서 변압기 내부고장이 발생할 경우 경보장치를 시설하여야 뱅크용량의 범위는?

① 1,000[kVA] 이상 5,000[kVA] 미만
② 5,000[kVA] 이상 10,000[kVA] 미만
③ 10,000[kVA] 이상 15,000[kVA] 미만
④ 15,000[kVA] 이상 20,000[kVA] 미만

**특고압용 변압기의 보호장치**

특고압용의 변압기에는 그 내부에 고장이 생겼을 경우에 보호하는 장치를 아래 표와 같이 시설하여야 한다. 다만, 변압기의 내부에 고장이 생겼을 경우에 그 변압기의 전원인 발전기를 자동적으로 정지하도록 시설한 경우에는 그 발전기의 전로로부터 차단하는 장치를 하지 아니하여도 된다.

| 뱅크용량의 구분 | 동작조건 | 장치의 종류 |
|---|---|---|
| 5,000[kVA] 이상 10,000[kVA] 미만 | 변압기 내부고장 | 자동차단장치 또는 경보장치 |
| 10,000[kVA] 이상 | 변압기 내부고장 | 자동차단장치 |
| 타냉식변압기 (냉각방식을 말한다) | 냉각장치에 고장이 생긴 경우 | 경보장치 |

## 07 수소냉각식 발전기에서 발전기 안 수소의 순도가 얼마 이하가 되면 경보장치를 시설해야 하는가?

① 80[%]  ② 85[%]
③ 90[%]  ④ 95[%]

**수소냉각식 발전기 등의 시설**
발전기 내부 또는 조상기 내부의 수소의 순도가 85[%] 이하로 저하한 경우에 이를 경보하는 장치를 시설할 것.

## 08 금속제 가요전선관공사에 대한 설명 중 틀린 것은?

① 가요전선관 안에서는 전선의 접속점이 없어야 한다.
② 가요전선관은 1종 금속제 가요전선관이어여 한다.
③ 가요전선관 내에 수용되는 전선은 연선이어야 하며 단면적 10[mm²] 이하는 무방하다.
④ 가요전선관 내에 수용되는 전선은 옥외용 비닐절연전선을 제외하고는 절연전선이어야 한다.

**금속제 가요전선관공사**
(1) 전선은 절연전선(옥외용 비닐 절연전선을 제외한다)일 것.
(2) 전선은 연선일 것. 다만, 단면적 10[mm²] (알루미늄선은 단면적 16[mm²]) 이하의 것은 적용하지 않는다.
(3) 가요전선관 안에는 전선에 접속점이 없도록 할 것.
(4) 가요전선관은 2종 금속제 가요전선관일 것. 다만, 전개된 장소 또는 점검할 수 있는 은폐된 장소(옥내배선의 사용전압이 400[V] 초과인 경우에는 전동기에 접속하는 부분으로서 가요성을 필요로 하는 부분에 사용하는 것에 한한다)에는 1종 가요전선관(습기가 많은 장소 또는 물기가 있는 장소에는 비닐 피복 1종 가요전선관에 한한다)을 사용할 수 있다.

**09** 옥내에 시설하는 전동기에는 전동기가 소손될 우려가 있는 과전류가 생겼을 때 자동적으로 이를 저지하거나 이를 경보하는 장치를 하여야 하는데, 단상전동기인 경우 전원측 전로에 시설하는 과전류 차단기의 정격전류가 몇 [A] 이하이면 이 과부하 보호 장치를 시설하지 않아도 되는가? (단, 단상 전동기는 정격출력 0.2[kW] 이하의 것을 말한다.)

① 10[A]   ② 16[A]
③ 30[A]   ④ 50[A]

**저압전로 중의 전동기 보호용 과전류 보호장치의 시설**
옥내에 시설하는 전동기(정격 출력이 0.2 [kW] 이하인 것을 제외한다)에는 전동기가 손상될 우려가 있는 과전류가 생겼을 때에 자동적으로 이를 저지하거나 이를 경보하는 장치를 하여야 한다. 다만, 다음의 어느 하나에 해당하는 경우에는 그러하지 아니하다.
(1) 전동기를 운전 중 상시 취급자가 감시할 수 있는 위치에 시설하는 경우
(2) 전동기의 구조나 부하의 성질로 보아 전동기가 손상될 수 있는 과전류가 생길 우려가 없는 경우
(3) 단상전동기로서 그 전원측 전로에 시설하는 과전류차단기의 정격전류가 16[A] (배선용차단기는 20[A]) 이하인 경우

**10** 다음 중 가연성 분진에 전기설비가 발화원이 되어 폭발할 우려가 있는 곳에 시공할 수 있는 저압 옥내 배선공사는?

① 버스덕트 공사   ② 라이팅덕트 공사
③ 가요전선관 공사   ④ 금속관 공사

**가연성 분진 위험장소**
가연성 분진(소맥분·전분·유황 기타 가연성의 먼지로 공중에 떠다니는 상태에서 착화 하였을 때에 폭발할 우려가 있는 것을 말하며 폭연성 분진을 제외한다. 이하 같다)에 전기설비가 발화원이 되어 폭발할 우려가 있는 곳에 시설하는 저압 옥내 전기설비의 저압 옥내배선 등은 합성수지관공사(두께 2[mm] 미만의 합성수지전선관 및 난연성이 없는 콤바인 덕트관을 사용하는 것을 제외한다)·금속관공사 또는 케이블공사에 의할 것.

**11** 과전류 차단기로 시설하는 퓨즈 중 고압 전로에 사용되는 포장 퓨즈는 정격전류의 몇 배의 전류에 견디어야 하는가?

① 1.1   ② 1.2
③ 1.3   ④ 1.5

**고압전로에 사용하는 퓨즈**
과전류차단기로 시설하는 퓨즈 중 고압전로에 사용하는 포장 퓨즈(퓨즈 이외의 과전류 차단기와 조합하여 하나의 과전류차단기로 사용하는 것을 제외한다)는 정격전류의 1.3배의 전류에 견디고 또한 2배의 전류로 120분 안에 용단되는 것, 그리고 비포장 퓨즈는 정격전류의 1.25배의 전류에 견디고 또한 2배의 전류로 2분 안에 용단되는 것이어야 한다.

**12** 지중 또는 수중에 시설되어 있는 금속체의 부식을 방지하기 위해 전기부식회로의 사용전압은 직류 몇 [V] 이하이어야 하는가?

① 30   ② 60
③ 90   ④ 120

**전기부식방지 시설**
(1) 전기부식방지용 전원장치에 전기를 공급하는 전로의 사용전압은 저압이어야 한다.
(2) 전기부식방지 회로(전기부식방지용 전원장치로부터 양극 및 피방식체까지의 전로를 말한다. 이하 같다)의 사용전압은 직류 60[V] 이하일 것.
(3) 양극(陽極)은 지중에 매설하거나 수중에서 쉽게 접촉할 우려가 없는 곳에 시설하여야 하며 지중에 매설하는 양극의 매설깊이는 0.75[m] 이상일 것.
(4) 수중에 시설하는 양극과 그 주위 1[m] 이내의 거리에 있는 임의 점과의 사이의 전위차는 10[V]를 넘지 아니할 것.
(5) 지표 또는 수중에서 1[m] 간격의 임의의 2점간의 전위차가 5[V]를 넘지 아니할 것.

정답  09 ②  10 ④  11 ③  12 ②

## 13 지중전선로에 사용하는 지중함의 시설기준으로 틀린 것은?

① 견고하고 차량 기타 중량물의 압력에 견딜 수 있을 것
② 그 안의 고인 물을 제거할 수 있는 구조일 것
③ 뚜껑은 시설자 이외의 자가 쉽게 열 수 없도록 할 것
④ 조명 및 세척이 가능한 장치를 하도록 할 것

**지중함의 시설**
지중전선로에 사용하는 지중함은 다음에 따라 시설하여야 한다.
(1) 지중함은 견고하고 차량 기타 중량물의 압력에 견디는 구조일 것.
(2) 지중함은 그 안의 고인 물을 제거할 수 있는 구조로 되어 있을 것.
(3) 폭발성 또는 연소성의 가스가 침입할 우려가 있는 것에 시설하는 지중함으로서 그 크기가 1 [m³] 이상인 것에는 통풍장치 기타 가스를 방산시키기 위한 적당한 장치를 시설할 것.
(4) 지중함의 뚜껑은 시설자 이외의 자가 쉽게 열 수 없도록 시설할 것.

## 14 발전소 등의 울타리·담 등을 시설할 때 사용전압이 66[kV]인 경우 울타리·담 등의 높이와 울타리·담 등으로부터 충전부분까지의 거리의 합계는 몇 [m] 이상이어야 하는가?

① 5  ② 6
③ 8  ④ 10

**발전소 등의 울타리·담 등의 시설**
울타리·담 등은 다음에 따라 시설하여야 한다.
(1) 울타리·담 등의 높이는 2[m] 이상으로 하고 지표면과 울타리·담 등의 하단 사이의 간격은 0.15[m] 이하로 할 것.
(2) 울타리·담 등과 고압 및 특고압의 충전부분이 접근하는 경우에는 울타리·담 등의 높이와 울타리·담 등으로부터 충전부분까지 거리의 합계는 아래 표에서 정한 값 이상으로 할 것.

| 사용전압 | 울타리·담 등의 높이와 울타리·담 등으로부터 충전부분까지 거리의 합계 |
|---|---|
| 35[kV] 이하 | 5[m] |
| 35[kV] 초과 160[kV] 이하 | 6[m] |
| 160[kV] 초과 | 10[kV] 초과마다 12[cm] 가산하여 6+(사용전압[kV]/10−16)×0.12 소수점 절상 |

## 15 의료장소에서 인접하는 의료장소와의 바닥면적 합계가 몇 [m²] 이하인 경우 기준접지 바를 공용으로 할 수 있는가?

① 30  ② 50
③ 80  ④ 100

**의료장소**
의료장소와 의료장소 내의 전기설비 및 의료용 전기기기의 노출도전부, 그리고 계통외도전부에 대하여 다음과 같이 접지설비를 시설하여야 한다.
(1) 접지설비란 접지극, 접지도체, 기준접지 바, 보호도체, 등전위 본딩도체를 말한다.
(2) 의료장소마다 그 내부 또는 근처에 기준접지 바를 설치할 것. 다만, 인접하는 의료장소와의 바닥 면적 합계가 50[m²] 이하인 경우에는 기준접지 바를 공용할 수 있다.
(3) 의료장소 내에서 사용하는 모든 전기설비 및 의료용 전기기기의 노출도전부는 보호도체에 의하여 기준접지 바에 각각 접속되도록 할 것.
(4) 보호도체, 등전위 본딩도체 및 접지도체의 종류는 450/750[V] 일반용 단심 비닐절연전선으로서 절연체의 색이 녹/황의 줄무늬이거나 녹색인 것을 사용할 것.

**16** 전로의 절연원칙에 따라 반드시 절연하여야 하는 것은?

① 전로의 중성점에 접지공사를 하는 경우의 접지점
② 인입점
③ 계기용 변성기의 2차측 전로에 접지공사를 하는 경우의 접지점
④ 시험용 변압기

> **전로의 절연**
> 전로는 다음 이외에는 대지로부터 절연하여야 한다.
> ⑴ 각종 접지공사의 접지점
> ⑵ 다음과 같이 절연할 수 없는 부분
> ㉠ 시험용 변압기, 전력선 반송용 결합 리액터, 전기울타리용 전원장치, 엑스선발생장치, 전기부식방지용 양극, 단선식 전기철도의 귀선 등 전로의 일부를 대지로부터 절연하지 아니하고 전기를 사용하는 것이 부득이한 것.
> ㉡ 전기욕기·전기로·전기보일러·전해조 등 대지로부터 절연하는 것이 기술상 곤란한 것.

**17** 전기철도측의 전식방지를 위한 방법에 해당되지 않는 것은?

① 장대레일 채택
② 레일본드의 양호한 시공
③ 궤도와의 이격거리 증대
④ 절연도상 및 레일과 침목사이에 절연층의 설치

> **전기철도 레일 전위의 위험에 대한 보호**
> ⑴ 전기철도측의 전식방식 또는 전식예방을 위해서는 다음 방법을 고려하여야 한다.
> ㉠ 변전소 간 간격 축소
> ㉡ 레일본드의 양호한 시공
> ㉢ 장대레일채택
> ㉣ 절연도상 및 레일과 침목사이에 절연층의 설치
> ⑵ 매설 금속체측의 누설전류에 의한 전식의 피해가 예상되는 곳은 다음 방법을 고려하여야 한다.
> ㉠ 배류장치 설치
> ㉡ 절연코팅
> ㉢ 매설 금속체 접속부 절연
> ㉣ 저준위 금속체를 접속
> ㉤ 궤도와의 이격 거리 증대

**18** 전기자동차의 충전장치에 대한 설명이다. 다음 중 잘못된 것은?

① 전기자동차의 충전장치는 누구나 쉽게 열수 있는 구조로 시설한다.
② 전기자동차의 충전케이블은 반드시 거치할 것.
③ 충전장치의 충전케이블 인출부는 옥외용의 경우 지면으로부터 0.6[m] 이상에 위치할 것.
④ 충전장치와 전기자동차의 접속에는 연장코드를 사용하지 말 것.

> **전기자동차의 전원설비**
> 전기자동차의 충전장치는 다음에 따라 시설하여야 한다.
> ⑴ 전기자동차의 충전장치는 쉽게 열 수 없는 구조로 시설하고 충전장치 또는 충전장치를 시설한 장소에는 위험표시를 쉽게 보이는 곳에 표지할 것.
> ⑵ 전기자동차의 충전장치는 부착된 충전 케이블을 거치할 수 있는 거치대 또는 충분한 수납공간(옥내 0.45[m]이상, 옥외 0.6[m] 이상)을 갖는 구조이며, 충전케이블은 반드시 거치할 것.
> ⑶ 충전장치의 충전 케이블 인출부는 옥내용의 경우 지면으로부터 0.45[m] 이상 1.2[m] 이내에, 옥외용의 경우 지면으로부터 0.6[m] 이상에 위치할 것.
> ⑷ 충전장치와 전기자동차의 접속에는 연장코드를 사용하지 말 것.

**19** 교류 전기철도 급전시스템에서의 레일 전위의 최대 허용 접촉전압은 작업장 및 이와 유사한 장소에서 몇 [V]를 초과하지 않아야 하는가?

① 25[V]
② 50[V]
③ 60[V]
④ 120[V]

> **전기철도 레일 전위의 위험에 대한 보호**
> 교류 전기철도 급전시스템에서의 레일 전위의 최대 허용 접촉전압은 작업장 및 이와 유사한 장소에서는 25[V](실효값)를 초과하지 않아야 한다.

정답 16 ② 17 ③ 18 ① 19 ①

**20** 특별고압 가공전선로에서 양측의 경간의 차가 큰 곳에 사용하는 철탑의 종류는?

① 내장형　　　② 직선형
③ 인류형　　　④ 보강형

특고압 가공전선로의 B종 철주B종 철근 콘크리트주 또는 철탑의 종류
(1) 직선형 : 전선로의 직선부분(3도 이하인 수평각도를 이루는 곳을 포함한다)에 사용하는 것.
(2) 각도형 : 전선로중 3도를 초과하는 수평각도를 이루는 곳에 사용하는 것.
(3) 인류형 : 전가섭선을 인류하는 곳에 사용하는 것.
(4) 내장형 : 전선로의 지지물 양쪽의 경간의 차가 큰 곳에 사용하는 것.
(5) 보강형 : 전선로의 직선부분에 그 보강을 위하여 사용하는 것.

# 1. 전기자기학(CBT시험 복원문제)

2022년 1회 전기산업기사

※ 본 기출문제는 수험자의 기억을 바탕으로 하여 복원한 문제이므로 실제 문제와 다를 수 있음을 미리 알려드립니다.

**01** 진공 중에서 어떤 대전체의 전속이 $Q$였다. 이 대전체를 비유전율 2.2인 유전체 속에 넣었을 경우의 전속은?

① $Q$  
② $\epsilon Q$  
③ $2.2Q$  
④ $0$

**유전체 내의 전기력선 수($N$)와 전속선 수($\Psi$)**

(1) 전기력선의 수 : $N = \dfrac{Q}{\epsilon} = \dfrac{Q}{\epsilon_0 \epsilon_s}$

(2) 전속선의 수 : $\Psi = Q$

**02** 반지름 $a$[m]인 접지 구도체의 중심으로부터 $d$[m]($>a$)인 곳에 점전하 $Q$[C]가 있다면 구도체에 유기되는 전하량은 몇 [C]인가?

① $-\dfrac{a}{d}Q$[C]  
② $+\dfrac{a}{d^2}Q$[C]  
③ $-\dfrac{d}{a}Q$[C]  
④ $+\dfrac{d^2}{a}Q$[C]

**접지구도체와 점전하**

접지구도체로부터 영상전하($Q'$)와 그 위치

(1) 영상전하 $Q' = -\dfrac{a}{d}Q$[C]

(2) 영상전하의 위치 $=+\dfrac{a^2}{d}$ [m]

**03** 권수 1회의 코일에 5[Wb]의 자속이 쇄교하고 있었다. $10^{-1}$초 사이에 이 자속이 0으로 변하였다면 코일에 유도되는 기전력은 몇 [V]가 되는가?

① 5  
② 25  
③ 50  
④ 100

**유기기전력($e$)**

$e = N\dfrac{d\phi}{dt}$ [V] 식에서

$N=1$, $d\phi = 5$[Wb], $dt = 10^{-1}$[sec]일 때

∴ $e = N\dfrac{d\phi}{dt} = 1 \times \dfrac{5}{10^{-1}} = 50$ [V]

**04** 비유전율 4, 비투자율 1인 공간에서 전자파의 선파속도는 몇 [m/s]인가?

① $0.5 \times 10^8$  
② $1.0 \times 10^8$  
③ $1.5 \times 10^8$  
④ $2.0 \times 10^8$

**전파속도($v$)**

$v = \dfrac{1}{\sqrt{\epsilon \mu}} = \dfrac{1}{\sqrt{\epsilon_0 \mu_0}} \cdot \dfrac{1}{\sqrt{\epsilon_s \mu_s}}$

$= \dfrac{3 \times 10^8}{\sqrt{\epsilon_s \mu_s}}$ [m/sec] 식에서

$\epsilon_s = 4$, $\mu_s = 1$일 때

∴ $v = \dfrac{3 \times 10^8}{\sqrt{\epsilon_s \mu_s}} = \dfrac{3 \times 10^8}{\sqrt{4 \times 1}} = 1.5 \times 10^8$ [m/sec]

**정답** 01 ① 02 ① 03 ③ 04 ③

**05** 유전체 중의 전계의 세기를 $E$, 유전율을 $\epsilon$이라 하면 전기 변위는?

① $\dfrac{1}{2}\epsilon E^2$  ② $\dfrac{E}{\epsilon}$
③ $\epsilon E^2$  ④ $\epsilon E$

> 유전체 내의 전기변위(=전속밀도 : $D$)
> $D = \rho_s = \dfrac{Q}{S} = \dfrac{Q}{4\pi r^2}$ [C/m²] 식에서
> $E = \dfrac{Q}{4\pi\epsilon r^2}$ [V/m] 이므로
> ∴ $D = \rho_s = \epsilon E$ [C/m²]

**06** 점(-2, 1, 5)[m]와 점(1, 3, -1)[m]에 각각 위치해 있는 점전하 0.5[μC]과 4[μC]에 의해 발생된 전위장 내에 저장된 정전에너지는 약 몇 [mJ]인가?

① 2.57  ② 5.14
③ 7.71  ④ 10.28

> 점전하 사이의 정전에너지($W$)
> 두 점 사이의 거리 $r$, 두 점전하를 각각 $Q_1$, $Q_2$, 두 점전하 사이의 작용력 $F$라 하면
> $F = \dfrac{Q_1 Q_2}{4\pi\epsilon_0 r^2}$ [N] 이므로 에너지 $W$는
> $W = \int_r^\infty F\,dr = \dfrac{Q_1 Q_2}{4\pi\epsilon_0 r}$ [J]이다.
> $r = \sqrt{(-2-1)^2 + (1-3)^2 + (5+1)^2} = 7$ [m]
> $Q_1 = 0.5\,[\mu C]$, $Q_2 = 4\,[\mu C]$일 때
> ∴ $W = \dfrac{Q_1 Q_2}{4\pi\epsilon_0 r} = 9 \times 10^9 \times \dfrac{Q_1 Q_2}{r}$
> $= 9 \times 10^9 \times \dfrac{0.5 \times 10^{-6} \times 4 \times 10^{-6}}{7}$
> $= 2.57 \times 10^{-3}$ [J] $= 2.57$ [mJ]

**07** 대전도체 표면의 전하밀도를 $\sigma$[C/m²]이라 할 때, 대전도체 표면의 단위면적이 받는 정전응력은 전하밀도 $\sigma$와 어떤 관계에 있는가?

① $\sigma^{\frac{1}{2}}$에 비례  ② $\sigma^{\frac{3}{2}}$에 비례
③ $\sigma$에 비례  ④ $\sigma^2$에 비례

> 정전응력($f$)
> $f = \dfrac{\sigma^2}{2\epsilon_0} = \dfrac{D^2}{2\epsilon_0} = \dfrac{1}{2}\epsilon_0 E^2 = \dfrac{1}{2}ED$ [N/m²] 식에서
> ∴ 정전응력($f$)은 $\sigma^2$에 비례한다.

**08** 도체의 단면적이 5[m²]인 곳을 3초 동안에 30[C]의 전하가 통과하였다면 이때의 전류는?

① 5[A]  ② 10[A]
③ 30[A]  ④ 90[A]

> 전류($I$)
> 전류란 어느 도선을 임의의 시간($t$) 동안 통과한 전하량($Q$)으로 정의하며 $I = \dfrac{dQ}{dt}$ [A]로 표현한다.
> $S = 5$ [m²], $dt = 3$ [sec], $dQ = 30$ [C]일 때
> ∴ $I = \dfrac{dQ}{dt} = \dfrac{30}{3} = 10$ [A]

**09** 환상철심에 감은 코일에 5[A]의 전류를 흘리면 2,000[AT]의 기자력이 생긴다면 코일의 권수는 얼마로 하여야 하는가?

① 10,000  ② 5,000
③ 400  ④ 250

> 자기회로 내의 옴의 법칙
> $F = NI = R_m \phi$ [AT] 식에서
> $I = 5$ [A], $F = 2,000$ [AT]일 때
> ∴ $N = \dfrac{F}{I} = \dfrac{2,000}{5} = 400$

**10** 자기 인덕턴스가 각각 $L_1$, $L_2$인 두 코일을 서로 간섭이 없도록 병렬로 연결했을 때 그 합성 인덕턴스는?

① $L_1 + L_2$
② $L_1 \cdot L_2$
③ $\dfrac{L_1 + L_2}{L_1 \cdot L_2}$
④ $\dfrac{L_1 \cdot L_2}{L_1 + L_2}$

**자기 인덕턴스의 병렬접속**

$L_0 = \dfrac{L_1 L_2 - M^2}{L_1 + L_2 \pm 2M}$ [H] 식에서

두 코일이 서로 간섭이 없다면 결합되어있지 않으므로 상호 인덕턴스 $M$은 $M=0$이 된다.

$\therefore L_0 = \dfrac{L_1 L_2}{L_1 + L_2}$ [H]

**12** 한 변의 길이가 2[m] 되는 정삼각형의 3정점 A, B, C에 $10^{-4}$[C]의 점전하가 있다. 점 B에 작용하는 힘[N]은 다음 중 어느 것인가?

① 29
② 39
③ 45
④ 49

**쿨롱의 법칙($F$)**

정삼각형은 각 전하끼리의 거리가 모두 같으며 점전하 또한 크기가 같으므로 $F_{AB}$와 $F_{BC}$를 구하여 벡터해석으로 계산한다.

$F_{AB}$와 $F_{BC}$ 사이의 각도가 60° 이므로 B구에 작용하는 힘($F_B$)은

$F_B = \sqrt{F_{AB}^2 + F_{BC}^2 + 2F_{AB} F_{BC} \cos\theta}$ [V]

식에서 $F_{AB} = F_{BC}$일 때 $F_B = \sqrt{3} F_{AB}$ 이므로

$\therefore F_B = \sqrt{3} F_{AB} = \sqrt{3} \times 9 \times 10^9 \dfrac{Q^2}{r^2}$

$= \sqrt{3} \times 9 \times 10^9 \dfrac{(10^{-4})^2}{2^2}$

$= 39$ [N]

**11** 10[V]의 기전력을 유기시키려면 5초간에 몇 [Wb]의 자속을 끊어야 하는가?

① 2
② 10
③ 25
④ 50

**유기기전력($e$)**

$e = \dfrac{d\phi}{dt}$ [V] 식에서

$e = 10$ [V], $dt = 5$ [sec]일 때

$\therefore d\phi = e \cdot dt = 10 \times 5 = 50$ [Wb]

**13** 유전체 내의 전속밀도가 $D$[C/m²]인 전계에 저축되는 단위 체적당 정전에너지가 $w_e$[J/m³]일 때, 유전체의 비유전율은?

① $\dfrac{D^2}{2\epsilon_0 w_e}$
② $\dfrac{D^2}{\epsilon_0 w_e}$
③ $\dfrac{2\epsilon_0 D^2}{w_e}$
④ $\dfrac{\epsilon_0 D^2}{w_e}$

**유전체 내의 정전에너지 밀도($w_e$)**

$w_e = \dfrac{\rho_s^2}{2\epsilon} = \dfrac{D^2}{2\epsilon} = \dfrac{1}{2}\epsilon E^2 = \dfrac{1}{2} ED$ [J/m³] 식에서

$w_e = \dfrac{D^2}{2\epsilon} = \dfrac{D^2}{2\epsilon_0 \epsilon_s}$ [J/m³] 이므로

$\therefore \epsilon_s = \dfrac{D^2}{2\epsilon_0 w_e}$

정답  10 ④  11 ④  12 ②  13 ①

**14** 자계의 세기를 표시하는 단위가 아닌 것은?

① [A/m]   ② [Wb/m]
③ [N/Wb]  ④ [AT/m]

**자계의 세기($H$)의 단위**
작용력 $F$[N], 자극의 세기 $m$[Wb], 권수 $N$[T], 전류 $I$[A], 길이 $l$ 또는 $r$[m], 자위 $U$[A]라 하면
(1) $H = \dfrac{F}{m}$ 식에서 단위는 [N/Wb]이다.
(2) $H = \dfrac{NI}{l}$ 식에서 단위는 [AT/m]이다.
(3) $H = \dfrac{U}{r}$ 식에서 단위는 [A/m]이다.

**16** 자유공간에 자극의 세기가 $m$[Wb]인 점자극이 있다. 점자극으로부터 $r$[m] 떨어진 곳의 자위는 몇 [A]인가?

① $\dfrac{1}{4\pi\mu_0} \cdot \dfrac{r}{m}$   ② $\dfrac{1}{4\pi\mu_0} \cdot \dfrac{m}{r}$
③ $\dfrac{1}{4\pi\mu_0} \cdot \dfrac{r^2}{m}$   ④ $\dfrac{1}{4\pi\mu_0} \cdot \dfrac{m}{r^2}$

**점자극에 의한 자위($U$)**
$U = \dfrac{m}{4\pi\mu_0 r} = 6.33 \times 10^4 \times \dfrac{m}{r}$ [A]

**15** 그림과 같이 권수가 1이고 반지름 $a$[m]인 원형전류 $I$[A]가 만드는 자계의 세기[AT/m]는?

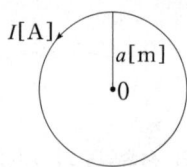

① $\dfrac{I}{a}$   ② $\dfrac{I}{2a}$
③ $\dfrac{I}{3a}$  ④ $\dfrac{I}{4a}$

**원형코일에 의한 자계의 세기($H$)**
(1) 원형코일 중심축상 $x$[m] 떨어진 점의 자계의 세기
$H = \dfrac{NI}{2a} \sin^3\theta = \dfrac{NIa^2}{2(a^2+x^2)^{\frac{3}{2}}}$ [AT/m]
(2) 원형코일 중심의 자계의 세기
$H_0 = \dfrac{NI}{2a}$ [AT/m]
$N=1$ 이므로 중심에서의 자계의 세기는
∴ $H_0 = \dfrac{I}{2a}$ [AT/m]

**17** 동일한 종류의 두 금속을 접합하여 전류를 흘리면 두 금속의 접합점에서 열의 흡수 또는 발생이 일어나는 현상은?

① 톰슨 효과   ② 핀치 효과
③ 펠티에 효과  ④ 제벡 효과

**전기효과**
(1) 톰슨(Thomson) 효과 : 같은 도선에 온도차가 있을 때 전류를 흘리면 열의 흡수 또는 발생이 일어나는 현상
(2) 핀치(Pinch) 효과 : 유도적인 도체에 대전류가 흐르면 이 전류에 의한 자계와 전류와의 사이에 작용하는 힘이 중심을 향해 발생하여 도전체가 수축하고 저항이 증가되어 결국 전류가 흐르지 못하게 되는 현상
(3) 펠티에(Peltier) 효과 : 두 종류의 도체로 접합된 폐회로에 전류를 흘리면 접합점에서 열의 흡수 또는 발생이 일어나는 현상. 전자냉동의 원리
(4) 제벡(Seebeck) 효과 : 두 종류의 도체로 접합된 폐회로에 온도차를 주면 접합점에서 기전력차가 생겨 전류가 흐르게 되는 현상. 열전온도계나 태양열발전 등이 이에 속한다.

**정답** 14 ② 15 ② 16 ② 17 ①

**18** 양도체에 있어서 전자파의 전파정수는?

① $\sqrt{\pi f \sigma \mu} + j\sqrt{\pi f \sigma \mu}$
② $\sqrt{2\pi f \sigma \mu} + j\sqrt{2\pi f \sigma \mu}$
③ $\sqrt{2\pi f \sigma \mu} + j\sqrt{\pi f \sigma \mu}$
④ $\sqrt{\pi f \sigma \mu} + j\sqrt{2\pi f \sigma \mu}$

> **양도체에서의 전파정수**
> 양도체에서 감쇠정수($\alpha$)와 위상정수($\beta$)는 같아진다.
> $\alpha = \beta = \sqrt{\pi f \mu \sigma}$ 이므로
> $\gamma = \sqrt{ZY} = \sqrt{(r+j\omega L)(g+j\omega C)} = \alpha + j\beta$
> 식에서
> $\therefore \gamma = \alpha + j\beta = \sqrt{\pi f \mu \sigma} + j\sqrt{\pi f \mu \sigma}$

**19** 진공 중의 도체계에서 임의의 도체를 일정 전위의 도체로 완전 포위하면 내외공간의 전계를 완전 차단시킬 수 있는데 이것을 무엇이라 하는가?

① 홀효과　　　　② 정전차폐
③ 핀치효과　　　④ 전자차폐

> **전기효과**
> (1) 홀(Hall) 효과 : 전류가 흐르고 있는 도체에 자계를 가하면 도체 측면에 (+), (−) 전하가 분리되어 전위차가 발생하는 현상
> (2) 정전차폐 : 임의의 도체를 일정 전위의 도체로 완전히 감싸면 내외 공간의 전계를 완전히 차단할 수 있게 되는 현상
> (3) 핀치(Pinch) 효과 : 유도적인 도체에 대전류가 흐르면 이 전류에 의한 자계와 전류와의 사이에 작용하는 힘이 중심을 향해 발생하여 도전체가 수축하고 저항이 증가되어 결국 전류가 흐르지 못하게 되는 현상
> (4) 전자차폐 : 전자유도에 의한 방해작용을 방지할 목적으로 대상이 되는 장치 또는 시설을 투자율이 큰 자성재료를 이용해서 감싸게 되면 전자계의 영향으로부터 차단하게 되는 현상

**20** 직선전류에 의해서 그 주위에 생기는 환상의 자계의 방향은?

① 전류의 방향
② 전류와 반대방향
③ 오른나사의 진행방향
④ 오른나사의 회전방향

> **암페어의 오른나사의 법칙**
> 직선도체에 흐르는 전류의 방향을 기준으로 하였을 때 그 주위를 회전하는 자계의 방향은 오른나사의 회전방향으로 정해진다.

정답　18 ①　19 ②　20 ④

## 2. 전력공학(CBT시험 복원문제)

2022년 1회 전기산업기사

※ 본 기출문제는 수험자의 기억을 바탕으로 하여 복원한 문제이므로 실제 문제와 다를 수 있음을 미리 알려드립니다.

**01** 배전선의 전압조정 방법이 아닌 것은?

① 승압기 사용
② 유도전압조정기 사용
③ 소호리액터 사용
④ 주상변압기 탭 전환

**배전선의 전압조정**
(1) 유도전압조정기에 의한 방법
(2) 직렬콘덴서에 의한 방법
(3) 승압기에 의한 방법
(4) 주상변압기의 탭 절환에 의한 방법

**02** 교류 저압 배전방식에서 밸런서를 필요로 하는 방식은?

① 단상 2선식    ② 단상 3선식
③ 3상 3선식    ④ 3상 4선식

**저압밸런서**
단선 3선식은 중성선이 용단되면 전압불평형률이 발생하므로 중성선에 퓨즈를 삽입하면 안되며 부하 말단에 저압밸런서를 설치하여 전압밸런스를 유지한다.

**03** 송전선에 낙뢰가 가해져서 애자에 섬락이 생기면 아크가 생겨 애자가 손상되는 경우가 있다. 이것을 방지하기 위하여 사용되는 것은?

① 댐퍼
② 아아모로드(armour rod)
③ 가공지선
④ 아킹혼(arcing horn)

**초호각(=아킹혼)**
전선로 주위에 코로나 방전, 역섬락 등에 의해서 애자련에 이상전압이 가해지는 경우 애자의 자기부 또는 유리부에 손상을 주게 된다. 이 경우 애자련 상하부에 아크 유도장비를 설치하여 아크의 진행 또는 발생을 애자련에 직접 향하지 않도록 하고 있다. 이 설비를 초호각이라 한다. 초호각은 애자련을 보호할 목적으로 사용된다.

참고 아킹혼과 유사어
소호환, 아킹링 등이 있다.

**04** 분산부하의 배전선로에서 선로의 전력손실은?

① 전류에 비례한다.
② 전류에 반비례한다.
③ 전류의 제곱에 비례한다.
④ 전류의 제곱에 반비례한다.

전력손실($P_l$)
$P_l = 3I^2R = \dfrac{V^2R}{R^2+X^2}$ [W]이므로
$P_l \propto I^2$ 이다.
$\therefore P_l \propto I^2$

정답 01 ③ 02 ② 03 ④ 04 ③

**05** 전력용 콘덴서에 직렬로 콘덴서 용량의 5[%] 정도의 유도 리액턴스를 삽입하는 목적은?

① 제3고조파를 제거시키기 위하여
② 제5고조파를 제거시키기 위하여
③ 이상전압의 발생을 방지하기 위하여
④ 정전용량을 조절하기 위하여

> **직렬리액터**
> 부하의 역률을 개선하기 위해 설치하는 전력용 콘덴서에 제5고조파 전압이 나타나게 되면 콘덴서 내부고장의 원인이 되므로 제5고조파 성분을 제거하기 위해서 직렬리액터를 설치하는데 5고조파 공진을 이용하기 때문에 직렬리액터의 용량은 이론상 4[%], 실제적 용량 5~6[%]이다.

**06** 다음 중 지락전류의 크기가 최소인 중성점 접지방식은?

① 비접지방식
② 소호 리액터접지방식
③ 직접접지방식
④ 고저항접지방식

> **중성점 접지방식의 각 항목에 대한 비교표**
>
> | 종류 및 특징 항목 | 비접지 | 직접 접지 | 저항 접지 | 소호 리액터 접지 |
> |---|---|---|---|---|
> | 지락사고시 건전상의 전위 상승 | 크다 | 최저 | 약간 크다 | 최대 |
> | 절연레벨 | 최고 | 최저 (단절연) | 크다 | 크다 |
> | 지락전류 | 적다 | 최대 | 적다 | 최소 |
> | 보호계전기 동작 | 곤란 | 가장 확실 | 확실 | 불가능 |
> | 유도장해 | 작다 | 최대 | 작다 | 최소 |
> | 안정도 | 크다 | 최소 | 크다 | 최대 |

**07** 다음 중 원자로에서 독작용을 설명한 것으로 가장 알맞은 것은?

① 열중성자가 독성을 받는 것을 말한다.
② $_{54}Xe^{135}$와 $_{62}Sn^{149}$가 인체에 독성을 주는 작용이다.
③ 열중성자 이용률이 저하되고 반응도가 감소되는 작용을 말한다.
④ 방사성 물질이 생체에 유해작용을 하는 것을 말한다.

> **독작용**
> 원자로 운전 중에는 연료 내에 핵분열 생성물질이 축적된다. 이 핵분열 생성물 중에는 열중성의 흡수 단면적이 큰 것이 포함되어 있는데 이것이 원자로의 반응도를 저하시키는 작용을 한다. 이것을 독작용(poisoning)이라 한다.

**08** $SF_6$ 가스차단기의 설명으로 적절하지 않은 것은?

① $SF_6$ 가스는 절연내력이 공기보다 크다.
② 개폐시의 소음이 작다.
③ 근거리 고장 등 가혹한 재기전압에 대해서 우수하다.
④ 아크에 의해 $SF_6$ 가스는 분해되어 유독가스를 발생시킨다.

> **가스차단기의 특징**
> (1) 밀폐구조로 되어있어 소음이 적다.
> (2) 근거리 고장 등 가혹한 재기전압에 대해서도 우수하다.
> (3) $SF_6$ 가스는 무색, 무취, 무해, 불활성 기체의 성질을 갖고 있으며 유독가스를 발생하지 않는다.
> (4) 절연내력은 공기보다 2배 크다.
> (5) 소호능력은 공기보다 100배 크다.

**09** 배전선로의 부하율이 $F$일 때 손실 계수 $H$는?

① $H = F$
② $H = \dfrac{1}{F}$
③ $F^2 \leq H \leq F$
④ $H = F^3$

> **손실계수($H$)와 부하율($F$)**
>
> 손실계수 $= \dfrac{\text{평균전력손실}}{\text{최대전력손실}} \times 100[\%]$
>
> 부하율 $= \dfrac{\text{평균전력}}{\text{최대전력}} \times 100[\%]$로서
>
> 손실계수는 부하곡선의 모양에 따라서 달라지는데 그 값은 부하율이 좋은 부하일 경우에는 부하율에 가까운 값이 되고($H \fallingdotseq F$), 부하율이 나쁜 부하일 경우에는 부하율의 제곱에 가까운 값으로 되는 경향이 있다. ($H \fallingdotseq F^2$)
>
> $\therefore \ 1 \geq F \geq H \geq F^2 \geq 0$

**10** 1상의 대지정전용량이 $0.5[\mu F]$이고 주파수 $60[Hz]$의 3상 송전선 소호리액터의 인덕턴스는 몇 $[H]$인가?

① 2.69
② 3.69
③ 4.69
④ 5.69

> **소호리액터접지의 소호리액터($X_L$) 및 인덕턴스($L$)**
>
> 1선 지락사고시 병렬공진되기 때문에 등가회로를 이용하면 $3X_L + x_t = X_c$이다.
>
> $X_L = \omega L = \dfrac{X_c}{3} - \dfrac{x_t}{3} = \dfrac{1}{3\omega C_s} - \dfrac{x_t}{3} [\Omega]$
>
> $L = \dfrac{1}{3\omega^2 C_s} - \dfrac{x_t}{3\omega} \fallingdotseq \dfrac{1}{3\omega^2 C_s} [H]$ 식에서
>
> $C_s = 0.5[\mu F]$, $f = 60[Hz]$, $\omega = 2\pi f [rad/sec]$일 때
>
> $\therefore \ L = \dfrac{1}{3\omega^2 C_s} = \dfrac{1}{3 \times (2\pi \times 60)^2 \times 0.5 \times 10^{-6}}$
> $= 4.69 [H]$

**11** 가공전선로와 비교하였을 때 지중전선로의 특징으로 옳은 것은?

① 인덕턴스, 정전용량이 모두 크다.
② 인덕턴스, 정전용량이 모두 적다.
③ 인덕턴스는 적고, 정전용량은 크다.
④ 인덕턴스는 크고, 정전용량은 적다.

> 지중전선로는 가공전선로에 비해서 선간거리($D$)가 매우 작기 때문에 인덕턴스($L$)와 정전용량($C$)은 다음 식에 의해서 정의할 수 있게 된다.
>
> $L = 0.05 + 0.4605 \log_{10} \dfrac{D}{r} [mH/km]$
>
> $C = \dfrac{0.02413}{\log_{10} \dfrac{D}{r}} [\mu F/km]$
>
> $D$가 감소하면 $L$은 감소하고 $C$는 증가하기 때문에
> $\therefore$ 인덕턴스는 작고, 정전용량은 크다.

**12** 전선의 굵기가 균일하고 부하가 균등하게 분산 분포 되어 있는 배전선로의 전력손실은 전체 부하가 송전단으로부터 전체 전선로 길이의 어느 지점에 집중되어 있을 경우의 손실과 같은가?

① $\dfrac{3}{4}$
② $\dfrac{2}{3}$
③ $\dfrac{1}{3}$
④ $\dfrac{1}{2}$

> **전압강하와 전력손실 비교**
>
> | 구분<br>종류 | 말단에 집중부하 | 균등분포(균등분산)된 부하 |
> |---|---|---|
> | 전압강하 | 100[%] | 50[%] = $\dfrac{1}{2}$배 |
> | 전력손실 | 100[%] | 33.3[%] = $\dfrac{1}{3}$배 |

정답 09 ③  10 ③  11 ③  12 ③

**13** 다음 중 전력선반송 보호계전방식의 장점이 아닌 것은?

① 저주파 반송전류를 중첩시켜 사용하므로 계통의 신뢰도가 높아진다.
② 고장구간의 선택이 확실하다.
③ 동작이 예민하다.
④ 고장점이나 계통의 여하에 불구하고 선택차단개소를 동시에 고속도 차단할 수 있다.

> **전력선반송 보호계전방식의 특징**
> (1) 200~300[kHz]의 고주파 반송전류를 중첩시켜 계전기를 제어하는 계전방식이다.
> (2) 신뢰도가 높다.
> (3) 고장구간의 선택이 확실하다.
> (4) 동작이 예민하다.
> (5) 고장점이나 계통의 여하에 불구하고 선택차단개소를 동시에 고속도 차단할 수 있다.

**14** 배전선로 개폐기 중 반드시 차단기능이 있는 후비 보조장치와 직렬로 설치하여 고장구간을 분리시키는 개폐기는?

① 컷아웃 스위치  ② 부하개폐기
③ 리클로저      ④ 섹셔널라이저

> **섹셔널라이저**
> 섹셔널라이저는 선로 고장시 후비보호장치인 리클로저나 재폐로 계전기가 장치된 차단기의 고장차단으로 선로가 정전상태일 때 자동으로 개방되어 고장구간을 분리시키는 선로개폐기로서 반드시 리클로저와 조합해서 사용해야 한다. 이것은 고장전류를 차단할 수 없으므로 반드시 차단기능이 있는 후비보호장치와 직렬로 설치되어야 한다.

**15** 배전선로의 역률개선에 따른 효과로 적합하지 않은 것은?

① 전원측 설비의 이용률 향상
② 선로절연에 요하는 비용 절감
③ 전압강하 감소
④ 선로의 전력손실 경감

> **역률개선 효과**
> 부하의 역률을 개선하기 위해서 전력용 콘덴서(병렬콘덴서)를 설치하며 역률이 개선될 경우 다음과 같은 효과가 있다.
> (1) 전력손실 경감
> (2) 전압강하 경감
> (3) 전력요금 감소
> (4) 설비용량의 여유 증가

**16** 파동 임피던스가 300[Ω]인 가공송전선 1[km]당의 인덕턴스는 몇 [mH/km]인가? (단, 저항과 누설 콘덕턴스는 무시한다.)

① 0.5  ② 1
③ 1.5  ④ 2

> **특성 임피던스(파동 임피던스 $Z_0$)와 전파속도($v$)**
> $Z_0 = \sqrt{\dfrac{L}{C}}$ [Ω], $v = \dfrac{1}{\sqrt{LC}}$ [m/sec] 식에서
> $L = \dfrac{Z_0}{v}$ [H/m], $C = \dfrac{1}{Z_0 v}$ [F/m] 이므로
> $Z_0 = 300$ [Ω], $v = 3 \times 10^8$ [m/sec]일 때
> ∴ $L = \dfrac{Z_0}{v} = \dfrac{300}{3 \times 10^8}$
> $= 1 \times 10^{-6}$ [H/m] = 1 [mH/km]

**정답** 13 ①  14 ④  15 ②  16 ②

**17** 송전계통의 안정도 증진방법에 대한 설명이 아닌 것은?

① 전압변동을 작게 한다.
② 직렬리액턴스를 크게 한다.
③ 고장 시 발전기 입·출력의 불평형을 작게 한다.
④ 고장전류를 줄이고 고장구간을 신속하게 차단한다.

**안정도 개선책**
(1) 리액턴스를 줄인다. : 직렬콘덴서 설치
(2) 단락비를 증가시킨다. : 전압변동률을 줄인다.
(3) 중간조상방식을 채용한다. : 동기조상기 설치
(4) 속응여자방식을 채용한다. : 고속도 AVR 채용
(5) 재폐로 차단방식을 채용한다. : 고속도차단기 사용
(6) 계통을 연계한다.
(7) 소호리액터 접지방식을 채용한다.

**18** 중성점 비접지 방식을 이용하는 것이 적당한 것은?

① 고전압, 장거리   ② 저전압, 장거리
③ 고전압, 단거리   ④ 저전압, 단거리

**비접지방식**
이 방식은 △결선 방식으로 단거리, 저전압 선로에만 적용하며 우리나라 계통에서는 3.3[kV]나 6.6[kV]에서 사용되었다. 1선 지락시 지락전류는 대지 충전전류로써 대지정전용량에 기인한다. 또한 1선 지락시 건전상의 전위상승이 $\sqrt{3}$ 배 상승하기 때문에 기기나 선로의 절연레벨이 매우 높다.

**19** 송전선로의 철탑에서 발생하는 역섬락을 방지하기 위해서 탑각접지저항을 감소시키기 위한 대책으로 가장 적합한 것은?

① 가공지선을 설치한다.
② 조가용선을 설치한다.
③ 매설지선을 설치한다.
④ 스페이서를 설치한다.

**매설지선**
역섬락이 일어나면 뇌전류가 애자련을 통하여 전선로로 유입될 우려가 있으므로 이때 탑각에 방사형 매설지선을 포설하여 탑각의 접지저항을 낮춰주면 역섬락을 방지할 수 있게 된다.

**20** 특고압 변전소에 주로 설치되는 차단기로서 소음이 가장 크게 발생하는 차단기는 어떤 것인가?

① 자기차단기   ② 유입차단기
③ 공기차단기   ④ 가스차단기

**공기차단기**
공기차단기는 소음이 매우 크기 때문에 별도의 방음설비를 필요로 하고 있다.

정답  17 ②  18 ④  19 ③  20 ③

## 3. 전기기기 (CBT시험 복원문제)

2022년 1회 전기산업기사

※ 본 기출문제는 수험자의 기억을 바탕으로 하여 복원한 문제이므로 실제 문제와 다를 수 있음을 미리 알려드립니다.

**01** 부하변동이 심한 부하에 직권전동기를 사용할 때 전기자 반작용을 감소시키기 위해서 설치하는 것은?

① 계자권선  ② 보상권선
③ 브러시    ④ 균압선

**전기자 반작용의 방지 대책**
(1) 보상권선을 설치하여 전기자 전류와 반대방향으로 흘리면 교차기자력이 줄어들어 전기자 반작용을 억제한다.(주 대책임)
(2) 보극을 설치하여 평균리액턴스전압을 없애고 정류작용을 양호하게 한다.
(3) 브러시를 새로운 중성축으로 이동시킨다.
   ㉠ 발전기는 회전방향
   ㉡ 전동기는 회전반대방향

**02** 임피던스 강하가 5[%]인 변압기기 운전 중 단락되었을 때 그 단락전류는 정격전류의 몇 배인가?

① 15   ② 20
③ 25   ④ 30

**단락전류($I_s$)**
단락비 $k_s$, 단락전류 $I_s$, 정격전류 $I_n$, %임피던스 %$Z$ 관계는

$k_s = \dfrac{100}{\%Z} = \dfrac{I_s}{I_n}$ 이므로 %$Z$ = 5 [%]일 때

∴ $I_s = \dfrac{100}{\%Z} I_n = \dfrac{100}{5} I_n = 20 I_n$

**03** 변압기의 전기적 특성을 알아보는데 편리한 시험 중 회로의 정수를 구하는 방법에 필요 없는 것은?

① 저항측정      ② 무부하시험
③ 절연내력시험  ④ 단락시험

**변압기의 시험**

| 구분 | 시험방법 |
|---|---|
| 정수측정시험 (등가회로 작성) | (1) 권선저항측정시험 (2) 무부하시험 (3) 단락시험 |
| 온도상승시험 | (1) 실부하법 (2) 반환부하법 |

**04** 변압기 철심으로 주철을 사용하지 않고 규소강판이 사용되는 주된 이유는?

① 와류손을 적게 하기 위하여
② 큐리온도를 놓이기 위하여
③ 히스테리시스손을 적게 하기 위하여
④ 부하손(동손)을 적게 하기 위하여

**히스테리시스손과 와류손**
변압기 철심에 규소가 함유된 강판을 사용하면 히스테리시스손을 줄일 수 있고 얇게 성층하여 사용하면 와류손을 줄일 수 있다.

**05** 직류 분권전동기의 공급 전압의 극성을 반대로 하면 회전 방향은 어떻게 되는가?

① 변하지 않는다.   ② 반대로 된다.
③ 발전기로 된다.   ④ 회전하지 않는다.

**직류 분권전동기의 특성**
직류 분권전동기의 공급전압의 극성이 반대가 되면 계자전류와 전기자전류의 방향이 동시에 반대로 바뀌게 되므로 회전방향에 변함이 없게 된다.

**정답** 01 ② 02 ② 03 ③ 04 ③ 05 ①

**06** 어떤 정류기의 부하 전압이 200[V]이고 맥동률이 5[%]이면 교류분은 몇 [V] 포함되어 있는가?

① 10    ② 20
③ 30    ④ 40

> **맥동률($\nu$)**
> $\nu = \dfrac{\text{교류분}}{\text{직류분}} \times 100\,[\%]$ 식에서
> 직류분 전압이 200[V], $\nu = 5\,[\%]$ 이므로
> ∴ 교류분 전압 $= \dfrac{\nu \times \text{직류분 전압}}{100} = \dfrac{5 \times 200}{100}$
> $= 10\,[\text{V}]$

**08** 단상 반발전동기에 해당되지 않는 것은?

① 아트킨손 전동기    ② 시라게 전동기
③ 데리 전동기    ④ 톰슨 전동기

> **단상 반발전동기의 종류**
> (1) 애트킨슨 반발 전동기
> (2) 톰슨 반발 전동기
> (3) 데리 반발 전동기
> (4) 보상 반발 전동기
> ∴ 시라게 전동기는 3상 분권정류자 전동기이다.

**09** 백분율 저항강하 2[%], 백분율 리액턴스강하 3[%]인 변압기가 있다. 역률(지역률) 80[%]인 경우의 전압변동률[%]은?

① 1.4    ② 3.4
③ 4.4    ④ 5.4

> **변압기 전압변동률($\epsilon$)**
> $p = 2\,[\%]$, $q = 3\,[\%]$, $\cos\theta = 0.8$ (지역률)이므로
> ∴ $\epsilon = p\cos\theta + q\sin\theta = 2 \times 0.8 + 3 \times 0.6 = 3.4\,[\%]$

**07** 단상 유도전압조정기에 대한 설명 중 옳지 않은 것은?

① 전압, 위상의 변화가 없다.
② 회전자계에 의한 유도작용을 한다.
③ 교번자계의 전자유도작용을 이용한다.
④ 무단으로 스무드(smooth)하게 전압이 조정된다.

> **단상 유도전압조정기**
> 단상 유도전압조정기는 단권변압기의 원리를 응용하여 교번자계에 의한 전자유도작용을 이용하는 방법으로 회전자에 유도된 2차 전압의 위상 조정에 따라 전압이 조정된다.
> 전압의 조정범위는
> $V_1 + E_2 \cos\alpha = V_1 + E_2 \sim V_1 - E_2$이다.
> ∴ 회전자계에 의한 유도작용을 이용하는 것은 3상 유도전압조정기의 동작원리에 속한다.

**10** 전기자 저항이 0.05[Ω]인 직류 분권발전기가 있다. 회전수가 1,000[rpm]이고 단자전압이 220[V]일 때 전기자 전류가 100[A]이다. 분권발전기를 전동기로 사용하여 그 단자전압 및 전기자 전류가 위의 값과 똑같을 경우 그 회전수[rpm]는 약 얼마인가? (단, 전기자 반작용은 무시한다.)

① 약 1,046.5    ② 약 977.8
③ 약 977.3    ④ 약 955.6

> **발전기를 전동기를 사용할 때의 속도변화**
> 발전기의 유기기전력 $E$, 전동기의 역기전력 $E'$라 하면
> $E = V + R_a I_a\,[\text{V}]$, $E' = V - R_a I_a\,[\text{V}]$ 식에서
> $R_a = 0.05\,[\Omega]$, $N = 1{,}000\,[\text{rpm}]$, $V = 200\,[\text{V}]$,
> $I_a = 100\,[\text{A}]$일 때
> $E = V + R_a I_a = 220 + 0.05 \times 100 = 225\,[\text{V}]$
> $E' = V - R_a I_a = 220 - 0.05 \times 100 = 215\,[\text{V}]$
> $E = K\phi N \propto N$ 이므로
> ∴ $N' = \dfrac{E'}{E} N = \dfrac{215}{225} \times 1{,}000 = 955.6\,[\text{rpm}]$

**11** 3상 유도전동기 기동특성에서 기동토크 $\tau_s$가 부하토크 $\tau_c$ 보다 약간 클 때 가속토크로 작용하는 것은? (단, 전동기 토크는 $\tau$ 이다.)

① $\tau_c - \tau$　　② $\tau - \tau_c$
③ $\tau - \tau_s$　　④ $\tau_s - \tau$

**가속토크**
기동토크($\tau_s$)가 부하토크($\tau_c$)보다 약간 큰 경우 전동기 토크($\tau$)라 불리는 구속토크가 기동토크에 의해 전동기 구동력을 주게 되며 이 경우 부하토크보다 큰 값이어야 전동기는 기동이 가능해진다. 전동기가 가속되는 토크는 전동기토크와 부하토크의 차에 의해 정해진다.
∴ $\tau - \tau_c$

**12** 3상 동기발전기에서 그림과 같이 1상의 권선을 서로 똑같은 2조로 나누어서 그 1조의 권선전압을 $E$ [V], 각 권선의 전류를 $I$ [A]라 하고 2중 Δ형 (double delta)으로 결선하는 경우 선간전압과 선전류 및 피상전력은?

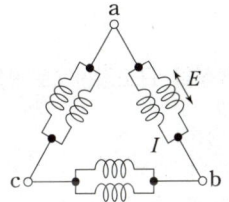

① $3E$, $I$, $5.19EI$
② $\sqrt{3}E$, $2I$, $6EI$
③ $E$, $2\sqrt{3}I$, $6EI$
④ $\sqrt{3}E$, $\sqrt{3}I$, $5.19EI$

**3상 동기발전기의 2중 Δ결선**
각 권선은 Δ결선의 상을 구성하고 있으므로 권선전압 $E$를 상전압으로, 권선전류 $I$를 상전류로 보면 Δ결선의 전압, 전류 관계는 다음과 같다.
선간전압 $V_L$, 상전압 $V_P$, 선전류 $I_L$, 상전류 $I_P$, 피상전력 $S$라 하면
$V_L = V_P$, $I_L = \sqrt{3}I_P$ 이므로
∴ $V_L = V_P = E$ [V]
∴ $I_L = \sqrt{3}I_P = 2\sqrt{3}I$ [A]
∴ $S = \sqrt{3}V_LI_L = \sqrt{3} \times E \times 2\sqrt{3}I = 6EI$ [VA]

**13** 동기발전기의 병렬 운전에서 기전력의 위상이 다른 경우, 동기화력($P_a$)을 나타낸 식은? (단, $P$ : 수수전력, $\delta$ : 상차각이다.)

① $P_a = \dfrac{dP}{d\delta}$　　② $P_a = \int P d\delta$
③ $P_a = P \times \cos\delta$　　④ $P_a = \dfrac{P}{\cos\delta}$

**동기화력**
동기발전기의 병렬운전에서 위상이 다른 경우 유효순환 전류(=동기화전류)가 흘러 발전기 상호간 전력을 주고 받는 수수전력이 나타난다. 이 경우에 동기화전류에 의해서 발전기에서는 상차각의 변화를 원상태로 회복시키려는 힘이 생기는데 이를 동기화력이라 한다.

수수전력 $P = \dfrac{{E_0}^2}{2Z_s}\sin\delta$

∴ 동기화력 $P_a = \dfrac{dP}{d\delta} = \dfrac{{E_0}^2}{2Z_s}\cos\delta$

**14** 슬롯수 36의 고정자 철심이 있다. 여기에 3상 4극의 2층권을 시행할 때 매극 매상의 슬롯수와 총 코일수는?

① 3과 18　　② 9와 36
③ 3과 36　　④ 9와 18

**매극 매상당 슬롯수($q$)**
$q = \dfrac{슬롯수}{극수 \times 상수} = \dfrac{36}{4 \times 3} = 3$
총 코일수는 2층권일 때 슬롯수와 같다.
∴ $q = 3$, 총 코일수 = 36

**15** 3상 유도전동기를 급속하게 정지시킬 경우에 사용되는 제동법은?

① 발전제동법
② 회생제동법
③ 마찰제동법
④ 역상제동법

> **유도전동기의 제동법**
> (1) 발전제동 : 유도전동기의 공회전 운전을 이용하여 유도발전기로 사용하고 회전자에 발생하는 역기전력을 외부저항에서 열에너지로 소비하여 제동하는 방식
> (2) 회생제동 : 발전제동과 비슷하나 회전자에서 발생하는 역기전력을 전원전압보다 크게 하여 전원에 반환시켜 제동하는 방식
> (3) 마찰제동 : 기계적인 마찰에 의해서 제동하는 방식
> (4) 역전제동(플러깅) : 유도전동기의 전원 극성을 반대로 하여 역회전토크를 발생시켜 전동기를 급제동하는 방식

**17** 3,300[V], 60[Hz]용 변압기의 와전류손이 720[W]이다. 변압기의 2,750[V], 50[Hz]의 주파수에서 사용할 때 와전류손[W]은 얼마인가?

① 250
② 350
③ 425
④ 500

> **와류손($P_e$)**
> $P_e = k_e t^2 f^2 B_m^2 [W]$, $E = 4.44 f B_m SN [V]$ 식에서
> $B_m \propto \dfrac{E}{f}$ 임을 알 수 있다.
> $P_e \propto f^2 \left(\dfrac{E}{f}\right)^2 = E^2$ 이므로
> $E = 3,300[V]$, $E' = 2,750[V]$, $P_e = 720[W]$일 때
> $\therefore P_e' = \left(\dfrac{E'}{E}\right)^2 P_e = \left(\dfrac{2,750}{3,300}\right)^2 \times 720 = 500 [W]$

**16** TRIAC에 대한 설명으로 틀린 것은?

① 쌍방향성 3단자 사이리스터이다.
② 턴오프 시간이 SCR보다 짧으며 급격한 전압 변동에 강하다.
③ SCR 2개를 서로 반대방향으로 병렬 연결하여 양방향 전류제어가 가능하다.
④ 게이트에 전류를 흘리면 어느 방향이든 전압이 높은 쪽에서 낮은 쪽으로 도통한다.

> **트라이액(TRIAC)의 특징**
> (1) SCR 2개를 역병렬로 연결하여 양방향 전류제어가 가능한 쌍방향성 3단자 사이리스터 소자이다.
> (2) 게이트에 전류가 흐르면 어느 방향이든 전압이 높은 쪽에서 낮은 쪽으로 도통한다.
> (3) SCR과 유사하며 정류기능, 위상제어 기능이 있다. 하지만 SCR보다 턴오프 시간이 길며 급격한 전압변동에 약하다.
> (4) AC 다이리스터라고 하며 상용주파수에서의 교류제어에는 없어서는 안 되는 소자이다.

**18** 전기자 철심을 규소강판으로 성층하는 가장 적절한 이유는?

① 가격이 싸다.
② 철손을 작게 할 수 있다.
③ 가공하기 쉽다.
④ 기계손을 작게 할 수 있다.

> **전기자 철심**
> 전기자 철심에 규소가 함유된 강판을 사용하면 히스테리시스손을 줄일 수 있고 얇게 성층하여 사용하면 와류손을 줄일 수 있다. 이 때 히스테리시스손과 와류손의 합이 철손이기 때문에 규소강판으로 성층하는 경우 결국 철손을 줄일 수 있게 된다.

정답 15 ④ 16 ② 17 ④ 18 ②

**19** 용량 10[kVA], 철손 120[W], 전부하 동손 200[W]인 단상변압기 2대를 V결선하여 부하를 걸었을 때, 전부하 효율은 약 몇 [%]인가? (단, 부하의 역률은 80[%]이라 한다.)

① 94.43
② 95.58
③ 97.56
④ 98.54

변압기 전부하효율($\eta$)

변압기 1대에 대한 출력과 손실이 각각
$P_n = 10$ [kVA], $P_i = 120$ [W], $P_c = 200$ [W] 이며
역률은 $\cos\theta = 0.8$ 이므로 V결선의 변압기 출력 $P_V$과 전손실 $P_l$은

$P_V = \sqrt{3}\, P_n \cos\theta = \sqrt{3} \times 10 \times 10^3 \times 0.8$
$= 13,856.4$ [W]
$P_l = 2P_i + 2P_c = 2 \times 120 + 2 \times 200 = 640$ [W]

$\therefore \eta = \dfrac{P_V}{P_V + P_l} \times 100$
$= \dfrac{13,856.4}{13,856.4 + 640} \times 100 = 95.58$ [%]

**20** 단상 단권변압기를 이용하여 전압 3,000[V]를 3,300[V]로 승압하고, 150[kVA]를 송전하려고 한다. 이 경우 단상 단권변압기의 자기용량 [kVA]은 약 얼마인가?

① 15.74
② 13.63
③ 7.87
④ 4.54

단권변압기 용량(자기용량)

$\dfrac{\text{자기용량}}{\text{부하용량}} = \dfrac{V_h - V_l}{V_h}$ 식에서

$V_h = 3,300$ [V], $V_l = 3,000$ [V],
부하용량 $= 150$ [kVA]일 때

$\therefore$ 자기용량 $= \dfrac{V_h - V_l}{V_h} \cdot$ 부하용량
$= \dfrac{3,300 - 3,000}{3,300} \times 150$
$= 13.63$ [kVA]

정답 19 ② 20 ②

## 22  4. 회로이론(CBT시험 복원문제)

2022년 1회 전기산업기사

※ 본 기출문제는 수험자의 기억을 바탕으로 하여 복원한 문제이므로 실제 문제와 다를 수 있음을 미리 알려드립니다.

**01** 어느 회로에 전압과 전류의 실효값이 각각 50[V], 10[A]이고 역률이 0.8이다. 무효전력은 몇 [Var]인가?

① 300　　② 400
③ 500　　④ 600

> 무효전력($Q$)
> $Q = VI\sin\theta$ [Var] 식에서
> $V = 50$ [V], $I = 10$ [A], $\cos\theta = 0.8$일 때
> ∴ $Q = VI\sin\theta = 50 \times 10 \times \sqrt{1-0.8^2}$
> 　　$= 300$ [Var]
> 참고 $\sin\theta = \sqrt{1-\cos^2\theta}$

**02** 교류전압 100[V], 전류 20[A]로서 1.2[kW]의 전력을 소비하는 회로의 리액턴스는 몇 [Ω]인가?

① 3　　② 4
③ 5　　④ 10

> 무효전력($Q$)
> $S = VI$ [VA],
> $Q = I^2 X = \sqrt{S^2 - P^2}$
> 　　$= \sqrt{(VI)^2 - P^2}$ [Var] 식에서
> $V = 100$ [V], $I = 20$ [A], $P = 1.2$ [kW]일 때
> ∴ $X = \dfrac{\sqrt{(VI)^2 - P^2}}{I^2} = \dfrac{\sqrt{(100\times20)^2 - 1,200^2}}{20^2}$
> 　　$= 4$ [Ω]

**03** 전압 $v = 30\sin\omega t + 50\sin(3\omega t + 60°)$ [V]의 실효값은 몇 [V]인가?

① 35.23　　② 41.23
③ 53.23　　④ 60.23

> 비정현파의 실효값
> $V = \sqrt{\left(\dfrac{V_{m1}}{\sqrt{2}}\right)^2 + \left(\dfrac{V_{m3}}{\sqrt{2}}\right)^2}$ [V] 식에서
> $v = 30\sin\omega t + 40\sin(3\omega t + 60°)$ [V]일 때
> $V_{m1} = 30$ [V], $V_{m3} = 50$ [V] 이므로
> ∴ $V = \sqrt{\left(\dfrac{V_{m1}}{\sqrt{2}}\right)^2 + \left(\dfrac{V_{m3}}{\sqrt{2}}\right)^2}$
> 　　$= \sqrt{\left(\dfrac{30}{\sqrt{2}}\right)^2 + \left(\dfrac{50}{\sqrt{2}}\right)^2} = 41.23$ [V]

**04** 다음 중 테브난의 정리와 쌍대의 관계가 있는 것은?

① 밀만의 정리　　② 중첩의 원리
③ 노튼의 정리　　④ 보상의 정리

> 테브난 정리와 노튼 정리
> 테브난 정리는 등가 전압원 정리로서 개방단자 기준으로 등가저항과 직렬접속하며 노튼의 정리는 등가 전류원 정리로서 개방단자 기준으로 등가저항과 병렬접속한다. 이때 전압원과 전류원, 직렬접속과 병렬접속이 모두 쌍대 관계에 있으며 서로는 등가회로 변환이 가능하다. 따라서 테브난 정리와 노튼의 정리는 서로 쌍대의 관계에 있다.

정답　01 ①　02 ②　03 ②　04 ③

**05** 정현파 교류의 실효값을 구하는 식이 잘못된 것은?

① $\sqrt{\dfrac{1}{T}\int_0^1 i^2 dt}$   ② 파고율×평균치

③ $\dfrac{최대치}{\sqrt{2}}$   ④ $\dfrac{\pi}{2\sqrt{2}}\times$평균치

**파형률**

파형률 = $\dfrac{실효값}{평균값}$ 식에 의해서

∴ 실효값 = 파형률×평균값

**06** $F(s) = \dfrac{3S+10}{S^3+2S^2+5S}$ 일 때 $f(t)$의 초기값은?

① 0   ② ∞
③ 2   ④ 3

**초기값 정리**

$f(0) = \lim_{t \to 0} f(t) = \lim_{s \to \infty} sF(s)$
$= \lim_{s \to \infty} \dfrac{s(3s+10)}{s^3+2s^2+5s} = \lim_{s \to \infty} \dfrac{3s+10}{s^2+2s+5}$
$= \lim_{s \to \infty} \dfrac{\dfrac{3}{s}+\dfrac{10}{s^2}}{1+\dfrac{2}{s}+\dfrac{5}{s^2}} = \dfrac{0+0}{1+0+0} = 0$

**07** 전달함수 $C(s) = G(s)R(s)$에서 입력함수를 단위 임펄스 즉, $\delta(t)$로 가할 때 계의 응답은?

① $C(s) = G(s)\delta(s)$   ② $C(s) = \dfrac{G(s)}{\delta(s)}$
③ $C(s) = \dfrac{G(s)}{s}$   ④ $C(s) = G(s)$

**임펄스응답**

입력함수를 단위 임펄스 $\delta(t)$로 했을 때 반응하는 제어계의 출력특성을 응답이라 한다.
입력을 $R(s)$, 출력을 $C(s)$라 하면
$R(s) = \mathcal{L}[\delta(t)] = 1$이므로
∴ $C(s) = G(s)R(s) = G(s)$

**08** 스위치 S를 닫을 때의 전류 $i(t)$는?

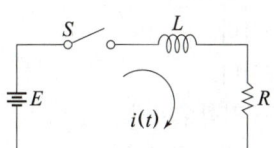

① $\dfrac{E}{R}e^{-\frac{R}{L}t}$ [A]   ② $\dfrac{E}{R}(1-e^{-\frac{R}{L}t})$ [A]

③ $\dfrac{E}{R}e^{-\frac{L}{R}t}$ [A]   ④ $\dfrac{E}{R}(1-e^{-\frac{L}{R}t})$ [A]

**R-L 과도현상**

스위치를 닫을 때의 회로에 흐르는 전류 $i(t)$는

∴ $i(t) = \dfrac{E}{R}(1-e^{-\frac{R}{L}t})$ [A]

**09** 상순이 $a$, $b$, $c$인 3상 회로에 있어서 대칭분 전압이 $V_0 = -8+j3$[V], $V_1 = 6-j8$[V], $V_2 = 8+j12$[V]일 때 $a$상의 전압 $V_a$는?

① $6+j7$   ② $8+j12$
③ $6+j14$   ④ $16+j4$

**불평형 $a$상 전압($V_a$)**

$V_a = V_0 + V_1 + V_2$
$= -8+j3+6-j8+8+j12$
$= 6+j7$ [V]

**10** 푸리에 급수에서 직류항은?

① 우함수이다.
② 기함수이다.
③ 우함수+기함수이다.
④ 우함수×기함수이다.

> **푸리에 급수**
> $$f(t) = a_0 + \sum_{n=1}^{\infty} a_n \cos n\omega t + \sum_{n=1}^{\infty} b_n \sin n\omega t$$
> 식에서
> (1) 반파대칭인 경우
>   ㉠ $a_0 = 0$ (직류분)
>   ㉡ $a_n, b_n$ = 기수차항만 존재
> (2) 정현대칭인 경우
>   ㉠ $a_0 = a_n = 0$
>   ㉡ $b_n$ = 모든 항이 존재
> (3) 여현대칭인 경우
>   ㉠ $a_0$ = 평균값
>   ㉡ $a_n$ = 모든 항이 존재
>   ㉢ $b_n = 0$
> ∴ $a_0$는 여현대칭인 경우에 존재하므로 우함수이다.

**11** 그림과 같은 불평형 Y형 회로에 평형 3상 전압을 가할 경우 중성점의 전위 $V_n$[V]는? (단, $Y_1, Y_2, Y_3$는 각 상의 어드미턴스[℧]이고, $Z_1, Z_2, Z_3$는 각 어드미턴스에 대한 임피던스[Ω]이다.)

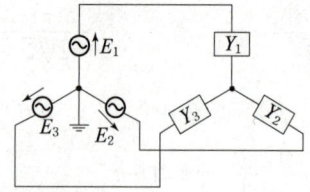

① $\dfrac{E_1 + E_2 + E_3}{Z_1 + Z_2 + Z_3}$

② $\dfrac{Z_1 E_1 + Z_2 E_2 + Z_3 E_3}{Z_1 + Z_2 + Z_3}$

③ $\dfrac{E_1 + E_2 + E_3}{Y_1 + Y_2 + Y_3}$

④ $\dfrac{Y_1 E_1 + Y_2 E_2 + Y_3 E_3}{Y_1 + Y_2 + Y_3}$

> **중성점 전위**
> 3상 성형 결선의 중성점 전위는
> $$V_n = \dfrac{\dfrac{E_1}{Z_1} + \dfrac{E_2}{Z_2} + \dfrac{E_3}{Z_3}}{\dfrac{1}{Z_1} + \dfrac{1}{Z_2} + \dfrac{1}{Z_3}}$$
> $$= \dfrac{Y_1 E_1 + Y_2 E_2 + Y_3 E_3}{Y_1 + Y_2 + Y_3} \text{[V]}$$

**12** 대칭 6상 성형결선 회로의 선간전압이 100[V]일 때 상전압은 약 몇 [V]인가?

① 100  ② 150
③ 173  ④ 200

> **대칭 $n$상 성형결선의 전압관계**
> 대칭 $n$상에서 성형결선에서 선간전압($V_L$)과 상전압($V_P$)의 관계는 $V_L = 2\sin\dfrac{\pi}{n} V_P$[V]이므로 대칭 6상은 $n=6$이고 $V_L = 100$[V]일 때
> ∴ $V_P = \dfrac{V_L}{2\sin\dfrac{\pi}{n}} = \dfrac{100}{2\sin\dfrac{\pi}{6}} = \dfrac{100}{2 \times 0.5}$
> $= 100$ [V]

정답  10 ①  11 ④  12 ①

**13** $e = E_m\cos\left(100\pi t - \dfrac{\pi}{3}\right)$ [V]와 $i = I_m\sin\left(100\pi t + \dfrac{\pi}{4}\right)$ [A]의 위상차를 시간으로 나타내면 약 몇 초인가?

① $3.33 \times 10^{-4}$  
② $4.33 \times 10^{-4}$  
③ $6.33 \times 10^{-4}$  
④ $8.33 \times 10^{-4}$

위상차($\theta$)

$e = E_m\cos\left(100\pi t - \dfrac{\pi}{3}\right) = E_m\sin\left(100\pi t - \dfrac{\pi}{3} + \dfrac{\pi}{2}\right)$
$= E_m\sin\left(100\pi t + \dfrac{\pi}{6}\right)$ [V]

$i = I_n\sin\left(100\pi t + \dfrac{\pi}{4}\right)$ [A]

$e$, $i$의 위상차 $\theta$는 $\theta = \dfrac{\pi}{4} - \dfrac{\pi}{6} = \dfrac{\pi}{12}$ [rad] 이므로

$\theta = \omega t = 100\pi t = \dfrac{\pi}{12}$ 일 때

$\therefore t = \dfrac{1}{12 \times 100} = 8.33 \times 10^{-4}$ [sec]

**14** T형 4단자 회로의 임피던스 파라미터 중 $Z_{22}$는?

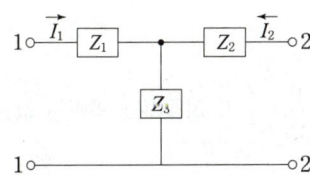

① $Z_1 + Z_2$  
② $Z_2 + Z_3$  
③ $Z_1 + Z_3$  
④ $-Z_2$

T형 회로망의 $Z$파라미터

$\begin{bmatrix} Z_{11} & Z_{12} \\ Z_{21} & Z_{22} \end{bmatrix} = \begin{bmatrix} Z_1 + Z_3 & Z_3 \\ Z_3 & Z_2 + Z_3 \end{bmatrix}$

$\therefore Z_{22} = Z_2 + Z_3$

**15** 800[kW], 역률 80[%]의 부하가 있다. 1/4시간 동안 소비되는 전력량[kWh]은?

① 800  
② 600  
③ 400  
④ 200

소비전력량($W$)

$W = P \cdot t$ [W·sec]이므로
$P = 800$ [kW], $t = \dfrac{1}{4}$ [h]일 때

$\therefore W = 800 \times \dfrac{1}{4} = 200$ [kWh]

**16** 전원이 Y결선, 부하가 △결선된 3상 대칭회로가 있다. 전원의 상전압이 220[V]이고 전원의 상전류가 10[A]일 경우, 부하 한 상의 임피던스[Ω]는?

① $22\sqrt{3}$  
② 22  
③ $\dfrac{22}{3}$  
④ 66

Y결선 및 △결선의 특성

부하 △결선의 상전압은 전원 Y결선 선간전압과 같으므로 $V_L = \sqrt{3}\,V_P = \sqrt{3} \times 220 = 220\sqrt{3}$ [V]이다.

부하 △결선의 상전류는 전원 Y결선 선전류의 $\dfrac{1}{\sqrt{3}}$ 배이므로 $I_P = \dfrac{I_L}{\sqrt{3}} = \dfrac{10}{\sqrt{3}}$ [A]이다.

$\therefore Z_P = \dfrac{V_L}{I_P} = \dfrac{220\sqrt{3}}{\dfrac{10}{\sqrt{3}}} = 66$ [Ω]

정답  13 ④  14 ②  15 ④  16 ④

**17** 그림과 같은 4단자망의 영상 임피던스[Ω]는?

① 600
② 450
③ 300
④ 200

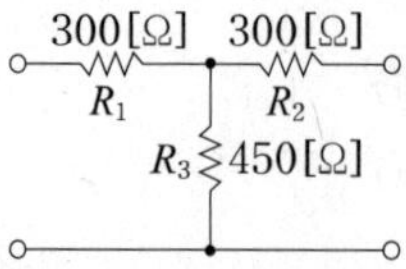

**영상 임피던스**

$Z_{01} = Z_{02} = \sqrt{\dfrac{B}{C}}$ [Ω] 식에서

4단자 정수를 먼저 구해보면

$\begin{bmatrix} A & B \\ C & D \end{bmatrix} = \begin{bmatrix} 1+\dfrac{300}{450} & 300+300+\dfrac{300\times300}{450} \\ \dfrac{1}{450} & 1+\dfrac{300}{450} \end{bmatrix}$

$= \begin{bmatrix} \dfrac{5}{3} & 800 \\ \dfrac{1}{450} & \dfrac{5}{3} \end{bmatrix}$

4단자 정수 중 $A=D$인 경우 대칭 조건이 성립되어

$B = 800$ [Ω], $C = \dfrac{1}{450}$ [S]일 때

$\therefore Z_{01} = Z_{02} = Z_0 = \sqrt{\dfrac{B}{C}} = \sqrt{\dfrac{800}{\dfrac{1}{450}}} = 600$ [Ω]

**18** 유도 코일의 시정수가 0.04[s], 저항이 15.8[Ω]일 때 코일의 인덕턴스[mH]는?

① 12.6
② 632
③ 2.53
④ 395

**R-L 과도현상**

$\tau = \dfrac{L}{R}$ [sec] 식에서

$\tau = 0.04$ [s], $R = 15.8$ [Ω]일 때

$\therefore L = \tau R = 0.04 \times 15.8 = 0.632$ [H] = 632 [mH]

**19** 두 코일의 자기 인덕턴스가 각각 30[mH]와 50[mH]이고 결합계수가 1일 때 상호 인덕턴스는 몇 [mH]인가?

① 20
② 30
③ 28.7
④ 38.7

**상호 인덕턴스($M$)**

$M = k\sqrt{L_1 L_2}$ [H] 식에서

$L_1 = 30$ [mH], $L_2 = 50$ [mH], $k = 1$일 때

$\therefore M = k\sqrt{L_1 L_2} = \sqrt{30 \times 50}$
$= 38.7$ [mH]

**20** $\dfrac{1}{s^2+2s+5}$ 의 라플라스 역변환 값은?

① $\dfrac{1}{2}e^{-t}\sin 2t$
② $\dfrac{1}{2}e^{-t}\sin t$
③ $e^{-2t}\cos 2t$
④ $\dfrac{1}{2}e^{-t}\cos 2t$

**역라플라스 변환**

$F(s) = \dfrac{1}{s^2+2s+5} = \dfrac{1}{(s+1)^2+4}$

$= \dfrac{1}{2} \cdot \dfrac{2}{s^2+2^2}\bigg|_{s=s+1}$

$\therefore f(t) = \mathcal{L}^{-1}[F(s)] = \dfrac{1}{2}e^{-t}\sin 2t$

정답 17 ① 18 ② 19 ④ 20 ①

## 5. 전기설비기술기준(CBT시험 복원문제)

2022년 1회 전기산업기사

※ 2021.1.1. 한국전기설비규정 개정에 따라 기출문제를 개정된 내용으로 반영하여 일부 삭제 및 변형하였습니다.
※ 본 기출문제는 수험자의 기억을 바탕으로 하여 복원한 문제이므로 실제 문제와 다를 수 있음을 미리 알려드립니다.

**01** 라이팅덕트공사에 의한 저압 옥내배선에서 덕트의 지지점간의 거리는 몇 [m] 이하로 하여야 하는가?

① 2  ② 3
③ 4  ④ 5

| 라이팅덕트공사 | |
|---|---|
| 구분 | 내용 |
| 지지점 간 거리 | 2[m] 이하 |
| 기타 | (1) 덕트 상호간 및 전선 상호간은 견고하고 또한 전기적으로 완전하게 접속할 것.<br>(2) 덕트는 조영재에 견고하게 붙일 것.<br>(3) 덕트의 끝부분은 막을 것.<br>(4) 덕트는 조영재를 관통하여 시설하지 아니할 것.<br>(5) 덕트의 개구부(開口部)는 아래로 향하여 시설할 것. 다만, 사람이 쉽게 접촉할 우려가 없는 장소에서 덕트의 내부에 먼지가 들어가지 아니하도록 시설하는 경우에 한하여 옆으로 향하여 시설할 수 있다. |

**02** 교통신호등 회로의 사용전압은 몇 [V] 이하여야 하는가?

① 100  ② 200
③ 300  ④ 400

| 교통신호등의 시설 | |
|---|---|
| 구분 | 내용 |
| 최대사용 전압 | 제어장치의 2차측 배선의 최대사용전압은 300[V] 이하이어야 한다. |
| 전선의 굵기 | 2차측 배선(인하선을 제외한다)은 전선에 케이블인 경우 이외에는 공칭단면적 2.5[mm²] 연동선일 것. |
| 인하선의 높이 | 지표상의 높이를 2.5[m] 이상으로 할 것. |
| 기타 | (1) 제어장치 전원측에는 전용개폐기 및 과전류차단기를 각 극에 시설하여야 한다.<br>(2) 사용전압이 150[V]를 넘는 경우는 전로에 지락이 생겼을 경우 자동적으로 전로를 차단하는 누전차단기를 시설할 것. |

**03** 다음 중 발전기를 전로로부터 자동적으로 차단하는 장치를 시설하여야 하는 경우에 해당되는 것은?

① 발전기에 과전압과 과전류가 생긴 경우
② 용량이 100[kVA] 이상의 발전기를 구동하는 수차의 압유장치의 유압이 현저히 저하한 경우
③ 용량이 500[kVA] 이상의 발전기를 구동하는 풍차의 압유장치의 유압, 압축공기장치의 공기압이 현저히 저하한 경우
④ 용량이 5,000[kVA] 이상인 발전기의 내부에 고장이 생긴 경우

**발전기 등의 보호장치**

발전기에는 다음의 경우에 자동적으로 이를 전로로부터 차단하는 장치를 시설하여야 한다.
(1) 발전기에 과전류나 과전압이 생긴 경우
(2) 용량이 500[kVA] 이상의 발전기를 구동하는 수차의 압유 장치의 유압 또는 전동식 가이드밴 제어장치, 전동식 니들 제어장치 또는 전동식 디플렉터 제어장치의 전원전압이 현저히 저하한 경우
(3) 용량이 100[kVA] 이상의 발전기를 구동하는 풍차(風車)의 압유장치의 유압, 압축 공기장치의 공기압 또는 전동식 브레이드 제어장치의 전원전압이 현저히 저하한 경우
(4) 용량이 2,000[kVA] 이상인 수차 발전기의 스러스트 베어링의 온도가 현저히 상승한 경우
(5) 용량이 10,000[kVA] 이상인 발전기의 내부에 고장이 생긴 경우
(6) 정격출력이 10,000[kW] 초과하는 증기터빈은 그 스러스트 베어링이 현저하게 마모되거나 그의 온도가 현저히 상승한 경우

정답 01 ① 02 ③ 03 ①

**04** 수상전선로의 전선을 가공전선로의 전선과 접속하는 경우 수상전선로의 사용전압이 저압인 경우로서 도로상 이외의 곳에 있을 때에는 지표상 몇 [m] 까지로 감할 수 있는가?

① 5[m]  ② 4[m]
③ 3.5[m] ④ 3[m]

수상전선과 가공전선의 접속점의 높이

| 구분 | 높이 |
|---|---|
| 접속점이 육상에 있는 경우 | 지표상 5[m] 이상. 다만, 수상전선로의 사용전압이 저압인 경우에 도로상 이외의 곳에 있을 때에는 지표상 4[m]까지 감할 수 있다. |
| 접속점이 수면상에 있을 경우 | 저압인 경우에는 수면상 4[m] 이상 |
| | 고압인 경우에는 수면상 5[m] 이상 |

**05** 고압 가공전선이 가공약전류 전선 등과 접근하는 경우는 고압 가공전선과 가공약전류 전선 등 사이의 이격거리는 몇 [cm] 이상이어야 하는가? (단, 전선이 케이블이 아닌 경우이다.)

① 15[cm]  ② 30[cm]
③ 40[cm]  ④ 80[cm]

가공전선과 다른 가공전선·약전류전선·안테나 등과의 이격거리

| 대상 | 구분 | | 이격거리 |
|---|---|---|---|
| 가공전선, 약전류전선, 안테나 등 | 저압 가공전선 | 나전선 | 0.6[m]이상 |
| | | 케이블 | 0.3[m]이상 |
| | 고압 가공전선 | 나전선 | 0.8[m]이상 |
| | | 케이블 | 0.4[m]이상 |

**06** 폭연성 분진 또는 화약류의 분말이 전기설비가 발화원이 되어 폭발할 우려가 있는 곳에 시설하는 저압 옥내배선의 공사방법으로 옳은 것은?

① 금속관공사
② 애자공사
③ 합성수지관공사
④ 캡타이어 케이블공사

위험장소에 시설하는 저압 옥내 전기설비의 공사방법

| 구분 | 공사방법 |
|---|---|
| 폭연성 분진 위험장소 | 금속관공사 또는 케이블공사(캡타이어케이블을 사용하는 것을 제외한다) |
| 가연성 분진 위험장소 | 합성수지관공사(두께 2[mm] 미만의 합성수지전선관 및 난연성이 없는 콤바인덕트관을 사용하는 것을 제외한다)·금속관공사 또는 케이블공사 |
| 위험물 등이 존재하는 장소 | 금속관공사, 케이블공사, 합성수지관공사(두께 2[mm] 미만의 합성수지 전선관 및 난연성이 없는 콤바인 덕트관을 사용하는 것을 제외한다) |
| 가연성 가스 등의 위험장소 | 금속관공사 또는 케이블공사 |

**07** 최대사용전압이 23[kV]인 중성점 비접지식 전로의 절연내력시험전압은 몇 [V]인가?

① 16.56[kV]  ② 21.16[kV]
③ 25.3[kV]   ④ 28.75[kV]

절연내력시험전압

| 전로의 최대사용전압 | 시험전압 | 최저시험전압 |
|---|---|---|
| 7[kV] 초과 60[kV] 이하 | 1.25배 | 10.5[kV] |

∴ 시험전압 = 23×1.25 = 28.75[kV]

**08** 가공 전선로의 지지물에 하중이 가하여지는 경우에 그 하중을 받는 지지물 기초의 안전율은 일반적인 경우에 얼마 이상이어야 하는가?

① 1.5　　　② 2.0
③ 2.5　　　④ 3.0

| 각종 안전율에 대한 총정리 | |
|---|---|
| 구분 | 안전율 |
| 지지물 | 기초 안전율 2 이상<br>(이상시 상정하중에 대한 철탑의 기초에 대하여는 1.33 이상) |
| | 무선용 안테나를 지지하는 지지물 1.5 이상 |
| 전선 | 2.5 이상<br>(경동선 또는 내열 동합금선 2.2 이상) |
| 지선 | 2.5 이상 |

**09** 저압 가공인입선의 시설에 대한 설명으로 틀린 것은?

① 전선은 절연전선, 다심형 전선 또는 케이블일 것
② 전선은 지름 1.6[mm]의 경동선 또는 이와 동등 이상의 세기 및 굵기일 것
③ 전선의 높이는 철도 및 궤도를 횡단하는 경우에는 레일면상 6.5[m] 이상일 것
④ 전선의 높이는 횡단보도교의 위에 시설하는 경우에는 노면상 3[m] 이상일 것

저압 가공인입선의 전선의 종류
케이블 이외에는 인장강도 2.30[kN] 이상 또는 지름 2.6[mm] 이상의 인입용 비닐절연전선일 것.(경간이 15[m] 이하인 경우는 인장강도 1.25[kN] 이상의 것 또는 지름 2[mm] 이상의 인입용 비닐절연전선일 것)

**10** 애자공사에 의한 고압 옥내배선을 할 때 전선을 조영재의 면을 따라 붙이는 경우, 전선의 지지점간의 거리는 몇 [m] 이하이어야 하는가?

① 2　　　② 3
③ 4　　　④ 5

| 애자공사에 의한 고압 옥내배선 | |
|---|---|
| 구분　　　전압종별 | 고압 |
| 전선 상호간의 간격 | 8[cm] 이상 |
| 전선과 조영재 이격거리 | 5[cm] 이상 |
| 전선의 지지점간의 거리 | 6[m] 이하<br>단, 전선을 조영재의 면을 따라 붙이는 경우에는 2[m] 이하 |

**11** 고압 가공전선과 통신선이 절연전선과 동등 이상의 절연효력이 있을 때 통신선과 고압 가공전선과의 이격거리는 몇 [cm] 이상인가?

① 30　　　② 60
③ 75　　　④ 90

| 가공전선과 첨가통신선과의 이격거리 | |
|---|---|
| 구분 | 이격거리 |
| 저·고압<br>가공전선 | 60[cm] 이상<br>단, 저압 가공전선이 절연전선이나 케이블인 경우 또는 고압 가공전선이 케이블인 경우에는 30[cm] 이상 |
| 특고압<br>가공전선 | 1.2[m] 이상<br>단, 특고압 가공전선이 케이블인 경우에는 30[cm] 이상 |
| 25[kV] 이하<br>특고압<br>다중접지식 | 전력선과 첨가통신선 : 75[cm] 이상 |
| | 중성선과 첨가통신선 : 60[cm] 이상 |

**12** 66[kV] 특고압 가공전선로를 시가지에 설치할 때, 전선의 인장강도 21.67[kN] 이상의 연선 또는 단면적 최소 몇 [mm²] 이상의 경동 연선 또는 이와 동등 이상의 세기 및 굵기의 연선을 사용해야 하는가?

① 30
② 38
③ 50
④ 55

**가공전선의 굵기**

| 구분 | | 인장강도 및 굵기 |
|---|---|---|
| 특고압 | 시가지 외 | 8.71[kN] 이상의 연선 또는 22[mm²] 이상의 경동연선 또는 동등 이상의 인장강도를 갖는 알루미늄 전선이나 절연전선 |
| | 시가지 100[kV] 미만 | 21.67[kN] 이상의 연선 또는 55[mm²] 이상의 경동연선 |
| | 시가지 100[kV] 이상 170[kV] 이하 | 58.84[kN] 이상의 연선 또는 150[mm²] 이상의 경동연선 |
| | 170[kV] 초과 | 240[mm²] 이상의 강심알루미늄선 또는 이와 동등 이상의 인장강도 및 내(耐)아크 성능을 가지는 연선 |

**13** 인입용 비닐절연전선을 사용한 저압 가공전선은 횡단보도교 위에 시설하는 경우 노면상의 높이는 몇 [m] 이상으로 하여야 하는가?

① 3
② 3.5
③ 4
④ 4.5

**가공전선의 높이**

| 구분 | 시설장소 | | 전선의 높이 |
|---|---|---|---|
| 저·고압 | 도로 횡단시 | | 지표상 6[m] 이상 |
| | 철도 또는 궤도 횡단시 | | 레일면상 6.5[m] 이상 |
| | 횡단보도교 위 | 저압 | 노면상 3.5[m] 이상 절연전선, 다심형 전선, 케이블 사용시 노면상 3[m] 이상 |
| | | 고압 | 노면상 3.5[m] 이상 |

**14** 동작시에 아크가 생기는 고압용 개폐기는 목재로부터 몇 [m] 이상 떼어놓아야 하는가?

① 1
② 1.2
③ 1.5
④ 2

**아크를 발생하는 기구의 시설**

고압용 또는 특고압용의 개폐기·차단기·피뢰기 기타 이와 유사한 기구로서 동작시에 아크가 생기는 것은 목재의 벽 또는 천장 기타의 가연성 물체로부터 아래 표에서 정한 값 이상 이격하여 시설하여야 한다.

| 구분 | 이격거리 |
|---|---|
| 고압용 | 1[m] 이상 |
| 특고압용 | 2[m] (사용전압이 35[kV] 이하의 특고압용으로서 아크에 의해 화재가 발생할 우려가 없도록 제한하는 경우에는 1[m]) 이상 |

**15** 22.9[kV]의 특고압 가공전선로를 시가지에 시설할 경우 지표상의 최저 높이는 몇 [m]이어야 하는가? (단, 전선은 특고압 절연전선이다.)

① 4
② 6
③ 8
④ 10

**가공전선의 높이**

| 구분 | 시설장소 | | 전선의 높이 |
|---|---|---|---|
| 특고압 | 시가지 | 35[kV] 이하 | ① 지표상 10[m] ② 특별고압 절연전선 사용시 8[m] |
| | | 35[kV] 초과 | 10,000[V]마다 12[cm] 가산하여 ①, ②항+(사용전압[kV]−3.5)×0.12 소수점 절상 |

정답 12 ④  13 ①  14 ①  15 ③

**16** 22.9[kV] 전선로를 제1종 특고압 보안공사로 시설할 경우 전선으로 경동연선을 사용한다면 그 단면적은 몇 [mm²] 이상의 것을 사용하여야 하는가?

① 38  ② 55
③ 80  ④ 100

제1종 특고압 보안공사의 전선의 단면적

| 사용전압 | 인장강도 및 굵기 |
|---|---|
| 100[kV] 미만 | 21.67[kN] 이상의 연선 또는 단면적 55[mm²] 이상의 경동연선 |
| 100[kV] 이상 300[kV] 미만 | 58.84[kN] 이상의 연선 또는 단면적 150[mm²] 이상의 경동연선 |
| 300[kV] 이상 | 77.47[kN] 이상의 연선 또는 단면적 200[mm²] 이상의 경동연선 |

**17** 직류 전기철도 급전시스템에서의 레일 전위의 최대 허용 접촉전압은 영구적 조건일 때 몇 [V] 이하이어야 하는가?

① 25[V]  ② 50[V]
③ 60[V]  ④ 120[V]

전기철도 레일 전위의 위험에 대한 보호
직류 전기철도 급전시스템에서의 레일 전위의 최대 허용 접촉전압은 아래 표의 값 이하여야 한다. 단, 작업장 및 이와 유사한 장소에서 최대 허용 접촉전압을 60[V]를 초과하지 않아야 한다.

| 시간 조건 | 최대 허용 접촉전압(실효값) |
|---|---|
| 순시조건(t ≤ 0.5초) | 535[V] |
| 일시적 조건 (0.5초 < t ≤ 300초) | 150[V] |
| 영구적 조건(t > 300) | 120[V] |

**18** 연료전지 설비의 보호장치 중 자동적으로 전로를 차단하고 연료전지에 연료가스 공급을 자동적으로 차단하여야 하는 경우로서 잘못된 것은?

① 연료전지에 과전류가 생긴 경우
② 연료전지의 온도가 현저히 저하한 경우
③ 발전요소의 발전전압에 이상이 생겼을 경우
④ 연료가스 출구에서의 산소 농도가 현저히 상승한 경우

연료전지설비의 보호장치
연료전지는 다음의 경우에 자동적으로 이를 전로에서 차단하고 연료전지에 연료가스 공급을 자동적으로 차단하며 연료전지내의 연료가스를 자동적으로 배제하는 장치를 시설하여야 한다.
(1) 연료전지에 과전류가 생긴 경우
(2) 발전요소(發電要素)의 발전전압에 이상이 생겼을 경우 또는 연료가스 출구에서의 산소농도 또는 공기 출구에서의 연료가스 농도가 현저히 상승한 경우
(3) 연료전지의 온도가 현저하게 상승한 경우

**19** 154[kV] 가공전선을 사람이 쉽게 들어갈 수 없는 산지(山地)에 시설하는 경우 전선의 지표상 높이는 몇 [m] 이상으로 하여야 하는가?

① 5.0  ② 5.5
③ 6.0  ④ 6.5

특고압 가공전선의 높이

| 구분 | 시설장소 | | 전선의 높이 |
|---|---|---|---|
| 특고압 | 시가지외 | 35[kV] 초과 160[kV] 이하 | ① 산지 / 지표상 5[m] 이상 |
| | | | ② 평지 / 지표상 6[m] 이상 |
| | | 160[kV] 초과 | 10,000[V]마다 12[cm] 가산하여 ①, ②항+ (사용전압[kV]/10-16)×0.12 소수점 절상 |

정답 16 ② 17 ④ 18 ② 19 ①

**20** 7[kV] 이하인 고압전로의 중성점 접지용 접지도체는 공칭단면적 몇 [mm²] 이상의 연동선 또는 동등 이상의 단면적 및 강도를 가져야 하는가?

① 6[mm²]
② 10[mm²]
③ 16[mm²]
④ 25[mm²]

> **접지도체의 굵기**
> 고장시 흐르는 전류를 안전하게 통할 수 있는 것으로서 중성점 접지용 접지도체는 공칭단면적 16[mm²] 이상의 연동선 또는 동등 이상의 단면적 및 세기를 가져야 한다. 다만, 다음의 경우에는 공칭단면적 6[mm²] 이상의 연동선 또는 동등 이상의 단면적 및 강도를 가져야 한다.
> (1) 7[kV] 이하의 전로
> (2) 사용전압이 25[kV] 이하인 특고압 가공전선로. 다만, 중성선 다중접지식의 것으로서 전로에 지락이 생겼을 때 2초 이내에 자동적으로 이를 전로로부터 차단하는 장치가 되어 있는 것.

정답 20 ①

## 1. 전기자기학(CBT시험 복원문제)

**2022년 2회 전기산업기사**

※ 본 기출문제는 수험자의 기억을 바탕으로 하여 복원한 문제이므로 실제 문제와 다를 수 있음을 미리 알려드립니다.

**01** 진공 중 도체 표면에서의 전계의 세기가 $E$ [V/m]일 때 도체 표면 $S$에 존재하는 전체 전하는 몇 [C]인가?

① $\dfrac{2}{\epsilon_0}\int E\cdot ds$   ② $\dfrac{1}{\epsilon_0}\int E\cdot ds$

③ $\epsilon_0\int E\cdot ds$   ④ $\dfrac{\epsilon_0}{2}\int E\cdot ds$

**전기력선의 총수($N$)**

진공 중에서 전기력선의 총수 $N$은

$N=\int E\cdot ds=\dfrac{Q}{\epsilon_0}$ 이므로 전체 전하 $Q$는

$\therefore\ Q=\epsilon_0\int E\cdot ds$ [C]

**02** 10[mH]의 두 자기 인덕턴스가 있다. 결합계수를 0.1부터 0.9까지 변화시킬 수 있다면 이것을 직렬 접속시켜 얻을 수 있는 합성 인덕턴스의 최대값과 최소값의 비는 얼마인가?

① 9 : 1   ② 13 : 1
③ 16 : 1   ④ 19 : 1

**합성 인덕턴스의 최대값($L_{\max}$), 최소값($L_{\min}$)**

두 코일 $L_1$, $L_2$는 결합상태에 따라 가동결합과 차동결합으로 나누어지며 가동결합일 때 최대값, 차동결합일 때 최소값을 각각 갖게 된다. 가동결합일 때 합성 인덕턴스를 $L_{\max}$, 차동결합일 때 합성 인덕턴스를 $L_{\min}$라 하면
$L_{\max}=L_1+L_2+2M$ [H]
$L_{\min}=L_1+L_2-2M$ [H] 식에서
$M=k\sqrt{L_1L_2}$ [H], $k=0.1\sim 0.9$까지 변화할 때
$L_1=L_2=10$ [mH]이므로
$L_{\max}=10+10+2\times 0.9\times\sqrt{10\times 10}=38$ [mH]
$L_{\min}=10+10-2\times 0.9\times\sqrt{10\times 10}=2$ [mH]
$\therefore\ L_{\max}:L_{\min}=38:2=19:1$

**03** 10[mm]의 지름을 가진 동선에 50[A]의 전류가 흐를 때 단위 시간에 동선의 단면을 통과하는 전자의 수는 얼마인가?

① $50\times 10^{19}$   ② $20.45\times 10^{19}$
③ $31.25\times 10^{19}$   ④ $7.85\times 10^{19}$

**전류($I$)**

$I=\dfrac{Q}{t}$ [A], $Q=ne$ [C] 식에서
$d=10$ [mm], $I=50$ [C], $t=1$ [sec],
$e=-1.062\times 10^{-19}$ [C]일 때
$\therefore\ n=\dfrac{Q}{e}=\dfrac{It}{e}=\dfrac{50\times 1}{1.602\times 10^{-19}}$
$\fallingdotseq 31.25\times 10^{19}$

**04** $C=5$ [μF]인 평행판 콘덴서에 5[V]인 전압을 걸어 줄 때 콘덴서에 축적되는 에너지는 몇 [J]인가?

① $6.25\times 10^{-5}$   ② $6.25\times 10^{-3}$
③ $1.25\times 10^{-5}$   ④ $1.25\times 10^{-3}$

**정전에너지($W$)**

$W=\dfrac{1}{2}CV^2=\dfrac{1}{2}QV=\dfrac{Q^2}{2C}$ [J] 식에서
$C=5$ [μF], $V=5$ [V]일 때
$\therefore\ W=\dfrac{1}{2}CV^2=\dfrac{1}{2}\times 5\times 10^{-6}\times 5^2$
$=6.25\times 10^{-5}$ [J]

**정답** 01 ③   02 ④   03 ③   04 ①

## 05
길이 40[cm]의 철선을 정사각형으로 만들고 전류 5[A]를 흘렸을 때 그 중심에서의 자계의 세기는 약 몇 [A/m]인가?

① 85
② 40
③ 45
④ 80

**정n변형 회로의 중심 자계의 세기($H$)**

반지름이 $a$[m] 또는 한 변의 길이가 $l$[m]인 정n변형 중심 자계의 세기를 $H_0$라 하면

$$H_0 = \frac{nI\tan\frac{\pi}{n}}{2\pi a} = \frac{nI}{\pi l}\sin\frac{\pi}{n}\tan\frac{\pi}{n} \text{ [AT/m]}$$이다.

길이 40[cm] 철선으로 정사각형을 만들면 한 변의 길이가 10[cm]가 됨을 알 수 있다.

$n=4$, $l=0.1$[m], $I=5$[A]일 때

$$\therefore H_0 = \frac{4\times 5}{\pi\times 0.1}\sin\left(\frac{\pi}{4}\right)\tan\left(\frac{\pi}{4}\right)$$
$$= \frac{4\times 5}{\pi\times 0.1}\times\sin 45°\times\tan 45°$$
$$= 45 \text{ [AT/m]}$$

## 06
도체계에서 임의의 도체를 일정전위(영전위)의 도체로 완전 포위하면 내외공간의 전계를 완전히 차단할 수 있다. 이것을 무엇이라 하는가?

① 표피효과
② 핀치효과
③ 전자차폐
④ 정전차폐

**정전차폐**

임의의 도체를 일정 전위의 도체로 완전히 감싸면 내외 공간의 전계를 완전히 차단할 수 있게 되는 현상

## 07
유전체내의 전계의 세기가 $E$, 분극의 세기가 $P$, 유전율이 $\epsilon = \epsilon_s\epsilon_o$인 유전체내의 변위전류밀도는?

① $\epsilon\frac{\partial E}{\partial t} + \frac{\partial P}{\partial t}$
② $\epsilon_o\frac{\partial E}{\partial t} + \frac{\partial P}{\partial t}$
③ $\epsilon_o\left(\frac{\partial E}{\partial t} + \frac{\partial P}{\partial t}\right)$
④ $\epsilon\left(\frac{\partial E}{\partial t} + \frac{\partial P}{\partial t}\right)$

**분극의 세기($P$)와 변위전류밀도($i_d$)**

전속밀도 $D$, 전계의 세기 $E$, 유전율 $\epsilon$, 비유전율 $\epsilon_s$, 분극률 $\chi$라 하면

$P = D - \epsilon_0 E = \epsilon E - \epsilon_0 E = \epsilon_0(\epsilon_s - 1)E = \chi E$
$= \left(1 - \frac{1}{\epsilon_s}\right)D$ [C/m²] 식에서

$D = \epsilon_0 E + P$ [C/m²] 이므로 변위전류밀도 $i_d$는

$$\therefore i_d = \frac{\partial D}{\partial t} = \frac{\partial(\epsilon_0 E + P)}{\partial t} = \epsilon_0\frac{\partial E}{\partial t} + \frac{\partial P}{\partial t} \text{ [A/m}^2\text{]}$$

## 08
유전율 $\epsilon$, 투자율 $\mu$의 공간에서 전자파의 전파속도 $v$는?

① $v = \sqrt{\epsilon\mu}$
② $v = \sqrt{\frac{\epsilon}{\mu}}$
③ $v = \sqrt{\frac{\mu}{\epsilon}}$
④ $v = \frac{1}{\sqrt{\epsilon\mu}}$

**전파속도($v$)**

$$\therefore v = \lambda f = \frac{\omega}{\beta} = \frac{1}{\sqrt{LC}} = \frac{1}{\sqrt{\epsilon\mu}} \text{ [m/sec]}$$

정답 05 ③  06 ④  07 ②  08 ④

**09** 전동기에서 회전력의 방향을 결정하는 법칙은?

① 암페어의 오른손 법칙
② 패러데이 법칙
③ 플레밍의 왼손 법칙
④ 플레밍의 오른손 법칙

**플레밍의 왼손 법칙**
자계 내에서 전기자 도체에 흐르는 전류에 의해 도체에 힘이 작용하고 그 힘에 의해 전기자가 회전을 하게 되는 원리인 플레밍의 왼손 법칙을 이용하면 그 방향을 쉽게 알 수 있다. 따라서 플레밍의 왼손 법칙은 전동기의 원리를 해석 할 때 이용되며 전동기의 회전 방향을 알 수 있는 법칙이다.

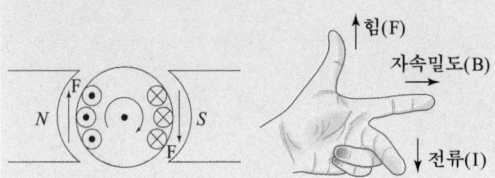

**10** 권수 1회의 코일에 5[Wb]의 자속이 쇄교하고 있었다. $10^{-1}$초 사이에 이 자속이 0으로 변하였다면 코일에 유도되는 기전력은 몇 [V]가 되는가?

① 5  ② 25
③ 50  ④ 100

**유기기전력($e$)**
$e = N\dfrac{d\phi}{dt}$ [V] 식에서
$N=1$, $d\phi = 5$[Wb], $dt = 10^{-1}$[sec]일 때
$\therefore e = N\dfrac{d\phi}{dt} = 1 \times \dfrac{5}{10^{-1}} = 50$ [V]

**11** 대전도체 표면의 전하밀도를 $\sigma$[C/m²]이라 할 때, 대전도체 표면의 단위면적이 받는 정전응력은 전하밀도 $\sigma$와 어떤 관계에 있는가?

① $\sigma^{\frac{1}{2}}$에 비례  ② $\sigma^{\frac{3}{2}}$에 비례
③ $\sigma$에 비례  ④ $\sigma^2$에 비례

**정전응력($f$)**
단위면적당 정전응력($f$)과 단위체적당 정전에너지($w$)는 서로 같으며
$f = \dfrac{\sigma^2}{2\epsilon_0} = \dfrac{D^2}{2\epsilon_0} = \dfrac{1}{2}\epsilon_0 E^2 = \dfrac{1}{2}ED$ [N/m²]이다.
여기서 $\sigma$: 면전하밀도, $D$: 전속밀도, $E$: 전계의 세기
$\therefore$ 정전응력($f$)은 $\sigma^2$에 비례한다.

**12** 대지면에 높이 $h$[m]로 평행하게 가설된 매우 긴 선전하(선전하밀도 $\lambda$[C/m])가 지면으로부터 받는 힘[N/m]은?

① $h^2$에 비례한다.  ② $h^2$에 반비례한다.
③ $h$에 비례한다.  ④ $h$에 반비례한다.

**접지무한 평면과 선전하**
직선도체로부터 영상전하까지의 거리는 $2h$[m] 떨어져 있으므로 그 사이의 전계의 세기($E$)는
$E = -\dfrac{\lambda}{2\pi\epsilon_0 r} = -\dfrac{\lambda}{2\pi\epsilon_0 (2h)} = -\dfrac{\lambda}{4\pi\epsilon_0 h}$ [V/m]이다.
따라서 작용력 $F$는
$F = QE = -\dfrac{\lambda^2 l}{4\pi\epsilon_0 h}$ [N] $= -\dfrac{\lambda^2}{4\pi\epsilon_0 h}$ [N/m] 이므로
$\therefore$ 작용력(지면으로부터 받는 힘)은 높이 $h$에 반비례한다.

정답 09 ③ 10 ③ 11 ④ 12 ④

**13** 지름이 10[cm]인 원형코일 중심에서 자계가 1,000[A/m]이다. 원형코일이 100회 감겨 있을 때 전류는 몇 [A]인가?

① 1
② 2
③ 3
④ 5

원형코일에 의한 자계의 세기
$H_0 = \dfrac{NI}{2a}$ [AT/m] 식에서
$a = \dfrac{10}{2} = 5$ [cm], $H_0 = 1,000$ [AT/m], $N = 100$일 때
$\therefore I = \dfrac{2aH_0}{N} = \dfrac{2 \times 5 \times 10^{-2} \times 1,000}{100} = 1$ [A]

**14** 비투자율 500, 단면적 3[cm²], 평균 자로 30[cm]의 환상철심에 코일이 600회 감겨 있다. 자기저항 $R_m$은 몇 [AT/Wb]인가? (단, 진공 중의 투자율 $\mu_0$는 편의상 $1 \times 10^{-6}$[H/m]로 계산한다.)

① $4 \times 10^{-6}$
② $2 \times 10^{-6}$
③ $4 \times 10^{6}$
④ $2 \times 10^{6}$

전기효과자기저항
$R_m = \dfrac{l}{\mu S} = \dfrac{l}{\mu_0 \mu_s S}$ [AT/Wb] 식에서
$\mu_s = 500$, $S = 3$ [cm²], $l = 30$ [cm], $N = 600$일 때
$\therefore R_m = \dfrac{l}{\mu_0 \mu_s S} = \dfrac{30 \times 10^{-2}}{1 \times 10^{-6} \times 500 \times 3 \times 10^{-4}}$
$= 2 \times 10^6$ [AT/Wb]

**15** 점자극 $m$[Wb]에 의한 자계 중에서 $r$[m] 거리에 있는 점의 자위[A]는?

① $\dfrac{1}{4\pi\mu_0} \times \dfrac{m}{r^2}$
② $\dfrac{1}{4\pi\mu_0} \times \dfrac{m}{r}$
③ $\dfrac{1}{4\pi\mu_0} \times \dfrac{m^2}{r}$
④ $\dfrac{1}{4\pi\mu_0} \times \dfrac{m^2}{r^2}$

점자극의 자위($U$)
$\therefore U = \dfrac{m}{4\pi\mu_0 r} = 6.33 \times 10^4 \times \dfrac{m}{r}$ [A]

**16** 압전기 현상에서 응력과 분극이 동일 방향으로 발생하는 경우를 무슨 효과라 하는가?

① 횡효과
② 역효과
③ 직접효과
④ 종효과

압전기 현상
(1) 압전기 효과(직접효과) : 결정체에 어떤 방향으로 압축 또는 응력을 가하여 기계적으로 변형시키면 내부에 전기분극이 일어나고 일정방향으로 분극전하가 나타난다.
(2) 압전기 역효과 : 결정체에 특정한 방향으로 전압을 가하면 기계적인 변형이 생긴다.
(3) 종효과 : 압전기 현상에서 분극과 응력이 동일 방향으로 발생한다.
(4) 횡효과 : 압전기 현상에서 분극과 응력이 수직 방향으로 발생한다.

**17** 한 변의 길이가 2[m] 되는 정삼각형의 3정점 A, B, C 에 $10^{-4}$[C]의 점전하가 있다. 점 B에 작용하는 힘[N]은 다음 중 어느 것인가?

① 29　　② 39
③ 45　　④ 49

**쿨롱의 법칙($F$)**
정삼각형은 각 전하끼리의 거리가 모두 같으며 점전하 또한 크기가 같으므로 $F_{AB}$와 $F_{BC}$를 구하여 벡터해석으로 계산한다.
$F_{AB}$와 $F_{BC}$ 사이의 각도가 60°이므로 B구에 작용하는 힘($F_B$)은
$$F_B = \sqrt{F_{AB}^2 + F_{BC}^2 + 2F_{AB}F_{BC}\cos\theta} \text{ [V]}$$
식에서 $F_{AB} = F_{BC}$일 때 $F_B = \sqrt{3}F_{AB}$ 이므로
$$\therefore F_B = \sqrt{3}F_{AB} = \sqrt{3} \times 9 \times 10^9 \frac{Q^2}{r^2}$$
$$= \sqrt{3} \times 9 \times 10^9 \frac{(10^{-4})^2}{2^2}$$
$$= 39 \text{ [N]}$$

**19** 그림과 같이 $+q$[C/m]로 대전된 두 도선이 $d$[m]의 간격으로 평행하게 가설되었을 때, 이 두 도선간에서 전계가 최소가 되는 점은?

① $\frac{d}{4}$ 지점
② $\frac{3}{4}d$ 지점
③ $\frac{d}{3}$ 지점
④ $\frac{d}{2}$ 지점

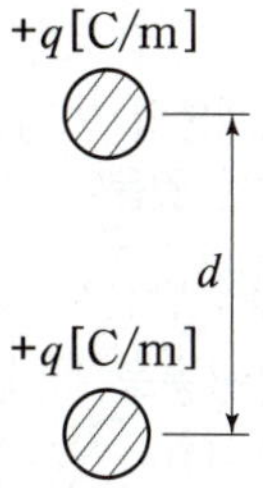

**선전하에 의한 전계의 세기($E$)**
두 도선 중 하나의 도체로부터 $x$[m] 떨어진 점에 단위전하(1[C])를 놓으면 나머지 하나의 도체로부터 단위전하까지의 거리는 $d-x$[m]이므로 각각의 전계의 세기를 $E_A$, $E_B$라 하면
$$E_A = \frac{q}{2\pi\varepsilon_0 x} \text{ [V/m]}, E_B = \frac{q}{2\pi\varepsilon_0(d-x)} \text{ [V/m]이다.}$$
두 도선간 전계가 최소가 되려면 $E_A = E_B$ 이어야 하므로
$$\frac{q}{2\pi\varepsilon_0 x} = \frac{q}{2\pi\varepsilon_0(d-x)}$$
$$x = d - x \text{ [m]}$$
$$\therefore x = \frac{d}{2} \text{ 지점}$$

**18** 자기 인덕턴스가 $L_1$, $L_2$이고 상호 인덕턴스가 $M$인 두 회로의 결합계수가 1일 때, 다음 중 성립되는 식은?

① $L_1 \cdot L_2 = M$　　② $L_1 \cdot L_2 < M$
③ $L_1 \cdot L_2 > M$　　④ $L_1 \cdot L_2 = M^2$

**상호 인덕턴스($M$)**
$$M = \frac{N_1 N_2}{R_m} = \frac{\mu s N_1 N_2}{l} = \frac{L_1 N_2}{N_1} = \frac{L_2 N_1}{N_2}$$
$$= k\sqrt{L_1 L_2} \text{ [H] 식에서}$$
$k = 1$일 때
$$\therefore M^2 = L_1 \cdot L_2$$

**20** 포아송의 방정식을 나타낸 식은? (단, $\rho$는 공간 전하밀도이다.)

① $\nabla \cdot E = \frac{\rho}{\varepsilon_0}$　　② $E = -\nabla V$
③ $\nabla^2 V = 0$　　④ $\nabla^2 V = -\frac{\rho}{\varepsilon_0}$

**포아송 방정식과 라플라스 방정식**
(1) 포아송 방정식
$$\nabla^2 V = -\frac{\rho_v}{\varepsilon_0}$$
(2) 라플라스 방정식
$$\nabla^2 V = 0$$

## 2. 전력공학(CBT시험 복원문제)

2022년 2회 전기산업기사

※ 본 기출문제는 수험자의 기억을 바탕으로 하여 복원한 문제이므로 실제 문제와 다를 수 있음을 미리 알려드립니다.

**01** 송전계통의 안정도 증진방법에 대한 설명으로 옳지 않은 것은?

① 고장시 발전기 입·출력의 불평형을 작게 한다.
② 전압변동을 작게 한다.
③ 고장전류를 줄이고 고장구간을 신속하게 차단한다.
④ 직렬리액턴스를 크게 한다.

> **안정도 개선책**
> (1) 리액턴스를 작게 한다. : 직렬콘덴서 설치
> (2) 단락비를 크게 한다. : 전압변동률을 줄인다.
> (3) 중간조상방식을 채용한다. : 동기조상기 설치
> (4) 속응여자방식을 채용한다. : 고속도 AVR 채용
> (5) 재폐로 차단방식을 채용한다. : 고속도차단기 사용
> (6) 계통을 연계한다.
> (7) 소호리액터 접지방식을 채용한다.

**02** 비접지 계통의 지락사고시 영상전류를 공급하기 위하여 설치하는 기기는?

① CT     ② GPT
③ ZCT    ④ PT

> **ZCT(영상변류기)와 GR(지락계전기)**
> (1) ZCT(영상변류기) : 지락사고시 영상전류를 지락계전기에 공급한다.
> (2) GR(지락계전기) : 지락전류를 검출하여 차단기를 트립(차단)시킨다.

**03** 단락전류를 제한하기 위하여 사용되는 것은?

① 현수애자    ② 사이리스터
③ 한류리액터  ④ 직렬콘덴서

> **한류리액터**
> 선로의 단락사고시 단락전류를 제한하여 차단기의 차단용량을 경감함과 동시에 직렬기기의 손상을 방지하기 위한 것으로서 차단기의 전원측에 직렬연결한다.

**04** SF₆ 가스차단기에 대한 설명으로 옳지 않은 것은?

① 공기에 비하여 소호능력이 약 100배 정도이다.
② 절연거리를 적게 할 수 있어 차단기 전체를 소형, 경량화 할 수 있다.
③ SF₆ 가스를 이용한 것으로서 독성이 있으므로 취급에 유의하여야 한다.
④ SF₆ 가스 자체는 불활성기체이다.

> **가스차단기의 특징**
> (1) 밀폐구조로 되어있어 소음이 적다.
> (2) 근거리 고장 등 가혹한 재기전압에 대해서도 우수하다.
> (3) SF6 가스는 무색, 무취, 무해, 불활성 기체의 성질을 갖고 있으며 유독가스를 발생하지 않는다.
> (4) 절연내력은 공기보다 2배 크다.
> (5) 소호능력은 공기보다 100배 크다.

**05** 송전선로에 관련된 설명으로 틀린 것은?

① 전선에 교류가 흐를 때 전류밀도는 도선의 중심으로 갈수록 작아진다.
② 수직배치 선로에서 오프셋을 주는 이유는 단락 방지이다.
③ 송전선에서 댐퍼를 설치하는 이유는 전선의 코로나 방지이다.
④ 송전선로에 ACSR을 사용한다.

> **댐퍼**
> 전선의 지지점에 가까운 곳에 추를 달아서 전선의 진동을 억제하는 설비이다.

정답 01 ④  02 ③  03 ③  04 ③  05 ③

**06** 그림과 같은 3상 송전계통의 송전전압은 22[kV] 이다. 한 점 P에서 3상 단락했을 때 발전기에 흐르는 단락전류는 약 몇 [A]인가?

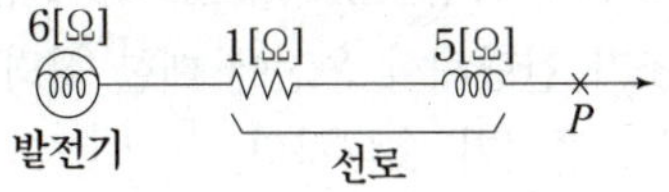

```
  6[Ω]    1[Ω]   5[Ω]
  ─MM─────/\/\───MM──× P
  발전기       선로
```

① 725
② 1,150
③ 1,990
④ 3,725

**단락전류($I_S$)**

$I_S = \dfrac{V}{\sqrt{3}\,Z}$ [A] 식에서

단락된 P점을 기준으로 전원측 임피던스($Z$)는
$Z = 1 + j5 + j6 = 1 + j11$ [Ω]이므로
$V = 22$ [kV]일 때

$\therefore I_S = \dfrac{V}{\sqrt{3}\,Z} = \dfrac{22 \times 10^3}{\sqrt{3} \times \sqrt{1^2 + 11^2}} = 1,150$ [A]

**07** 차단기에서 "O - $t_1$ - CO - $t_2$ - CO"의 표기로 나타내는 것은? (단, O : 차단동작, $t_1$, $t_2$ : 시간 간격, C : 투입동작, CO : 투입 직후 차단)

① 차단기 동작 책무
② 차단기 재폐로 계수
③ 차단기 속류 주기
④ 차단기 무전압 시간

**차단기의 동작책무**

차단기의 동작책무란 차단기에 부과된 1회 또는 2회 이상의 투입, 차단동작을 일정시간 간격을 두고 행하는 일련의 동작을 말한다.
일반적으로 사용하는 정격동작책무는 다음과 같다.
일반용 : O - (3분) - CO - (3분) - CO
　　　 또는 CO - (15초) - CO
고속도 재투입용 : O - (0.3초) - CO - (3분) - CO

**08** 다음 중 조상설비가 아닌 것은?

① 동기 조상기
② 진상 콘덴서
③ 상순 표시기
④ 분로 리액터

**조상설비**

조상설비는 무효전력을 조절하여 송·수전단 전압이 일정하게 유지되도록 하는 조정 역할과 역률개선에 의한 송전손실의 경감, 전력시스템의 안정도 향상을 목적으로 하는 설비이다. 동기조상기, 병렬콘덴서(=전력용 콘덴서 또는 진상용 콘덴서), 분로리액터가 이에 속한다.

**09** 뇌해 방지와 관계가 없는 것은?

① 매설지선
② 가공지선
③ 소호각
④ 댐퍼

**뇌해방지 설비**

(1) 매설지선 : 역섬락을 방지한다.
(2) 가공지선 : 직격뇌를 차폐한다.
(3) 소호각 : 애자련을 보호한다.
∴ 댐퍼는 전선의 진동을 억제하는 설비이다.

**10** 전력원선도 작성에 필요 없는 것은?

① 전압
② 선로정수
③ 상차각
④ 역률

**전력원선도**

전력원선도는 가로축에 유효전력(P)을 두고 세로축에 무효전력(Q)을 두어서 송·수전단 전압간의 위상차의 변화에 대해서 전력의 변화를 원의 방정식으로 유도하여 그리게 된다.
(1) 전력원선도로 알 수 있는 사항
　㉠ 송·수전단 전압간의 위상차
　㉡ 송·수전할 수 있는 최대전력(=정태안정극한전력)
　㉢ 송전손실 및 송전효율
　㉣ 수전단의 역률
　㉤ 조상용량
(2) 전력원선도 작성에 필요한 사항
　㉠ 선로정수
　㉡ 송·수전단 전압
　㉢ 송·수전단 전압간 위상차(상차각)

정답　06 ②　07 ①　08 ③　09 ④　10 ④

**11** 송전선의 중성점을 접지하는 이유가 아닌 것은?

① 코로나를 방지한다.
② 기기의 절연강도를 낮출 수 있다.
③ 이상전압을 방지한다.
④ 지락사고선을 선택 차단한다.

> **중성점 접지의 목적**
> (1) 1선 지락이나 기타 원인으로 생기는 이상전압의 발생을 방지하고 건전상의 대지전위상승을 억제함으로써 전선로 및 기기의 절연을 경감시킬 수 있다.
> (2) 보호계전기의 동작을 확실히 하여 신속히 차단한다.
> (3) 소호리액터 접지를 이용하여 지락전류를 빨리 소멸시켜 송전을 계속할 수 있도록 한다.

**12** 보일러 급수 중의 염류 등이 굳어서 내벽에 부착되어 보일러 열전도와 물의 순환을 방해하며 내면의 수관벽을 과열시켜 파열을 일으키게 하는 원인이 되는 것은?

① 스케일      ② 부식
③ 포밍        ④ 캐리 오버

> **급수설비의 불순물에 의한 장해**
> ① 스케일 : 급수에 함유된 염류가 침전하여, 보일러의 내벽에 스케일을 형성하므로 용적이 줄어들고 가열면의 열전도를 방해, 관벽의 과열을 초래한다.
> ② 관벽의 부식 : 급수 중에 용해되어 있는 산소, 이산화탄소, 각종 염화물로 인하여 드럼, 증기관, 과열기 및 터빈까지 부식작용을 일으키므로 수소이온농도를 작게 하기 위하여 급수의 pH값은 10.5~11.6이 되게 유지한다.
> ③ 포밍 : 보일러수 속의 불순물 등의 농도가 높아지면 드럼 수면에 거품이 발생하는 현상
> ④ 캐리 오버 : 거품일기 및 수분 치솟기 현상이 일어날 때 증기와 더불어 염류가 운반되어 과열기관에 고착하고, 터빈에까지 장해를 주는 것을 캐리 오버라 한다.

**13** 가스터빈의 장점이 아닌 것은?

① 화력발전소보다 열효율이 높다
② 냉각수를 다량으로 필요로 하지 않는다.
③ 구조가 간단해서 운전에 대한 신뢰도가 높다.
④ 기동, 정지가 용이하다.

> **가스터빈의 장·단점**
> (1) 장점
>  ㉠ 운전조작이 간단하다.
>  ㉡ 구조가 간단해서 운전에 대한 신뢰도가 높다.
>  ㉢ 기동, 정지가 용이하다.
>  ㉣ 물처리가 필요없으며 또한 냉각수의 소요량도 적다.
>  ㉤ 설치장소를 비교적 자유롭게 선정할 수 있다.
>  ㉥ 건설기간이 짧고 이설도 쉽게 할 수 있다.
>  ㉦ 기동시간이 짧아 첨두부하용으로 사용된다.
> (2) 단점
>  ㉠ 가스온도가 높기 때문에 값 비싼 내열재료를 사용해야 한다.
>  ㉡ 열효율은 내연력 발전소나 대용량의 기력발전소보다 떨어진다.
>  ㉢ 사이클 공기량이 많기 때문에 이것을 압축하는데 많은 에너지가 필요하다.
>  ㉣ 가스터빈의 종류에 따라서는 성능이 외기온도와 대기압의 영향을 받는다.

**14** 송전선로에서 연가를 하는 주된 목적은?

① 미관상 필요
② 직격뢰의 방지
③ 선로정수의 평형
④ 지지물의 높이를 낮추기 위하여

> **연가의 목적**
> (1) 선로정수평형
> (2) 소호리액터 접지시 직렬공진에 의한 이상전압 억제
> (3) 유도장해 억제

**15** 3,000[kVA], 역률 70[%]의 부하가 걸려 있는 변압기에 콘덴서를 설치하여 역률을 90[%]로 개선할 경우 변압기의 부하는 약 몇 [kVA]인가?

① 2,330　　② 1,140
③ 1,050　　④ 950

역률개선 후 변압기에 걸리는 부하($s'$)
$\cos\theta_1 = 0.7$, $S = 3,000$ [kVA], $\cos\theta_2 = 0.9$일 때 역률 개선 후 변압기 부하의 유효분($P$)과 무효분($Q$)을 구하면
$P = S\cos\theta_1 = 3,000 \times 0.7 = 2,100$ [kW]
$Q = P\tan\theta_2 = 2,100 \times \dfrac{\sqrt{1-0.9^2}}{0.9} = 1,017$ [kVar]
$\therefore S' = \sqrt{P^2 + Q^2}$
$= \sqrt{2,100^2 + 1,017^2} ≒ 2,330$ [kVA]

**17** 어떤 건물에서 총 설비부하용량이 400[kW], 수용률이 50[%]이면 변압기 용량은 최소 몇 [kVA]로 하여야 하는가? (단, 설비부하의 종합역률은 0.8이다.)

① 640　　② 1,000
③ 160　　④ 250

변압기 용량
변압기 용량 = $\dfrac{\text{설비용량} \times \text{수용률}}{\text{역률} \times \text{부등률}} = \dfrac{400 \times 0.5}{0.8}$
$= 250$ [kVA]
※ 문제 조건에서 주어지지 않는 값은 무시하거나 1을 대입한다.

**16** 계전기의 반한시 특성이란?

① 동작전류가 커질수록 동작시간이 짧아진다.
② 동작전류가 적을수록 동작시간이 짧아진다.
③ 동작전류에 관계없이 동작시간은 일정하다.
④ 동작전류가 커질수록 동작시간이 길어진다.

반한시계전기
정정된 값 이상의 전류가 흘렀을 때 동작하는 시간과 전류값이 서로 반비례하여 동작하는 계전기로서 고장전류의 크기가 커질수록 동작시간은 짧게 되는 특성을 갖는다.

**18** 총단면적이 같은 경우 단도체와 비교해 볼 때 복도체의 이점으로 옳지 않은 것은?

① 정전용량이 증가한다.
② 안정도가 증가한다.
③ 송전전력이 증가한다.
④ 코로나 임계전압이 낮아진다.

복도체의 장점
(1) 등가반지름이 등가되어 $L$이 감소하고 $C$가 증가한다. - 송전용량이 증가하고 안정도가 향상된다.
(2) 코로나 임계전압이 증가하여 코로나 손실이 감소한다. - 송전효율이 증가한다.
(3) 통신선의 유도장해가 억제된다.

**19** 동일 굵기의 전선으로 된 3상 3선식 2회선 송전선이 있다. A회선의 전류는 100[A], B회선의 전류는 50[A]이고 선로 손실은 합계 50[kW]이다. 개폐기를 닫아서 두 회선을 병렬로 사용하여 합계 150[A]의 전류를 통하도록 하려면 선로손실[kW]은?

① 40[kW]　　② 45[kW]
③ 50[kW]　　④ 55[kW]

> 전력손실($P_l$)
> A회선의 전력손실 $P_{lA}$, B회선의 전력손실 $P_{lB}$라 하면
> $I_A = 100$ [A], $I_B = 50$ [A]이므로
> $P_{lA} = I_A^2 R$ [W], $P_{lB} = I_B^2 R$ [W] 식에서
> $P_{lA} + P_{lB} = I_A^2 R + I_B^2 R = 50$ [kW]
> $R = \dfrac{50 \times 10^3}{I_A^2 + I_B^2} = \dfrac{50 \times 10^3}{100^2 + 50^2} = 4 \, [\Omega]$
> 두 회선을 병렬로 접속하면 두 회선의 합성저항 $R_0$는
> $R_0 = \dfrac{4 \times 4}{4+4} = 2 \, [\Omega]$
> 따라서 두 회선을 병렬로 접속했을 때 전류합($I_0$)이 150[A]이므로 선로손실 $P_l$은
> $\therefore P_l = I_0^2 R_0 = 150^2 \times 2 = 45 \times 10^3$ [W] = 45 [kW]

**20** 그림과 같은 평형 3상 발전기가 있다. a상이 지락한 경우 지락전류는 어떻게 표현되는가?
(단, $Z_0$ : 영상 임피던스, $Z_1$ : 정상 임피던스, $Z_2$ : 역상 임피던스이다.)

① $\dfrac{E_a}{Z_0 + Z_1 + Z_2}$

② $\dfrac{3E_a}{Z_0 + Z_1 + Z_2}$

③ $\dfrac{-Z_0 E_a}{Z_0 + Z_1 + Z_2}$

④ $\dfrac{2Z_2 E_a}{Z_1 + Z_2}$

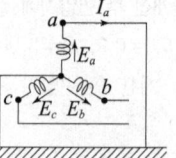

> 1선 지락사고 및 지락전류($I_g$)
> $a$상이 지락한 경우
> $I_a = I_g$, $I_b = I_c = 0$, $V_a = 0$ 이므로
> $I_0 = I_1 = I_2 = \dfrac{1}{3} I_a = \dfrac{1}{3} I_g$
> $= \dfrac{E_a}{Z_0 + Z_1 + Z_2}$ [A] 식에서
> $\therefore I_g = I_a = 3I_0 = \dfrac{3E_a}{Z_0 + Z_1 + Z_2}$ [A]

## 3. 전기기기 (CBT시험 복원문제)

2022년 2회 전기산업기사

※ 본 기출문제는 수험자의 기억을 바탕으로 하여 복원한 문제이므로 실제 문제와 다를 수 있음을 미리 알려드립니다.

**01** 10[kVA], 2,000/100[V] 변압기의 1차 환산 등가 임피던스가 $6.2+j7[\Omega]$일 때 %리액턴스 강하는 몇 [%]인가?

① 4.35  ② 1.75
③ 0.53  ④ 0.175

%리액턴스 강하($q$)

$q = \dfrac{I_2 x_2}{V_2} \times 100 = \dfrac{I_1 x_{12}}{V_1} \times 100 [\%]$ 식에서

$Z_{12} = r_{12} + jx_{12} = 6.2 + j7[\Omega]$,

$P_n = 10[kVA]$, $a = \dfrac{V_1}{V_2} = \dfrac{2,000}{100}$ 일 때

$I_1 = \dfrac{P_n}{V_1} = \dfrac{10 \times 10^3}{2,000} = 5[A]$ 이므로

$\therefore q = \dfrac{I_1 x_{12}}{V_1} \times 100 = \dfrac{5 \times 7}{2,000} \times 100 = 1.75[\%]$

**02** 계전기 중 변압기의 보호에 사용하지 않는 계전기는?

① 임피던스 계전기
② 충격압력 계전기
③ 부흐홀츠 계전기
④ 비율차동 계전기

변압기 보호계전기
(1) 비율차동계전기(차동계전기)
(2) 부흐홀츠계전기
(3) 가스검출계전기
(4) 압력계전기

**03** 탭전환 변압기 1차측에 몇 개의 탭이 있는 이유는?

① 예비용 단자
② 부하 전류를 조정하기 위하여
③ 수전점의 전압을 조정하기 위하여
④ 변압기의 여자전류를 조정하기 위하여

탭(Tap)전환 변압기
변압기는 1차 권선수와 2차 권선수를 이용하여 전압을 변압하는 기기이기 때문에 변압기 1차측에 몇 개의 탭(Tap)을 설치하여 권선수를 조정하면 변압기 2차측 부하전류에 관계없이 부하측에서 발생하는 전압변동을 조정할 수 있다. 따라서 탭전환 변압기 1차측에 탭을 설치한 이유는 수전점의 전압을 조정하기 위해서이다.

**04** 전력용 MOSFET와 전력용 BJT에 대한 설명 중 틀린 것은?

① 전력용 BJT는 전압제어소자로 온 상태를 유지하는데 거의 무시할 만큼의 전류가 필요로 된다.
② 전력용 MOSFET는 비교적 스위칭 시간이 짧아 높은 스위칭 주파수로 사용할 수 있다.
③ 전력용 BJT는 일반적으로 턴온 상태에서의 전압강하가 전력용 MOSFET보다 작아 전력손실이 적다.
④ 전력용 MOSFET 온·오프 제어가 가능한 소자이다.

전력용 MOSFET와 전력용 BJT의 비교
(1) BJT는 전류구동소자이나 MOSFET는 전압구동소자이므로 소자의 Base 구동회로가 소용량화가 가능하므로 매우 간단하게 된다.
(2) MOSFET는 비교적 스위칭 시간이 짧아 높은 스위칭 주파수로 사용할 수 있다.
(3) BJT는 턴온상태에서 전압강하가 MOSFET보다 작아 전력손실이 적다.
(4) MOSFET는 온 - 오프 제어가 가능하다.

정답 01 ② 02 ① 03 ③ 04 ①

**05** 10[kW], 3상, 200[V] 유도전동기의 전부하 전류는 약 몇 [A]인가? (단, 효율 및 역률 85[%]이다.)

① 60      ② 80
③ 40      ④ 20

$P = \sqrt{3}\, VI \cos\theta\, \eta$ [W] 식에서
$P = 10$ [kW], $V = 200$ [V], $\cos\theta = 0.85$
$\eta = 0.85$ 일 때

$\therefore I = \dfrac{P}{\sqrt{3}\, V \cos\theta\, \eta} = \dfrac{10 \times 10^3}{\sqrt{3} \times 200 \times 0.85 \times 0.85}$
$\quad = 40$ [A]

**06** 차단기의 트립방식이 아닌 것은?

① 과전류 트립방식    ② 인덕터 트립방식
③ 전압 트립방식      ④ 부족전압 트립방식

**차단기의 트립방식**
(1) 변류기 2차전류를 이용하는 방식(과전류 트립방식)
(2) 부족전압 트립방식
(3) 전압 트립방식(DC 방식)
(4) 콘덴서 트립방식(CTD 방식)

**07** 직류 분권발전기의 무부하 포화곡선이 $V = \dfrac{950 I_f}{30 + I_f}$ 이고, $I_f$ 는 계자전류[A], $V$ 는 무부하 전압[V]으로 주어질 때 계자 회로의 저항이 25[Ω]이면 몇 [V]의 전압이 유기되는가?

① 200      ② 250
③ 280      ④ 300

**직류분권 발전기의 무부하 포화특성**
계자저항 $R_f$, 계자전류 $I_f$, 단자전압 $V$ 라 하면
$I_f = \dfrac{V}{R_f}$ [A]이므로 $R_f = 25$ [Ω]일 때
$V = R_f I_f = 25 I_f$ [V]이다.
위 값을 무부하 포화특성식에 대입하면
$25 I_f = \dfrac{950 I_f}{30 + I_f}$
$I_f = \dfrac{950}{25} - 30 = 8$ [A]
$\therefore V = 25 I_f = 25 \times 8 = 200$ [V]

**08** 3상 동기발전기의 전기자 권선을 Y결선으로 하는 이유 중 △결선과 비교할 때 장점이 아닌 것은?

① 출력을 더욱 증대할 수 있다.
② 권선의 코로나 현상이 적다.
③ 고조파 순환전류가 흐르지 않는다.
④ 권선의 보호 및 이상전압의 방지대책이 용이하다.

**Y결선을 채용하는 이유**
(1) 상전압이 선간전압보다 $\dfrac{1}{\sqrt{3}}$ 배 작으므로 권선에서의 코로나, 열화 등이 감소된다.
(2) 제3고조파에 의한 순환전류가 흐르지 않는다.
(3) 중성점을 접지할 수 있으며 이상전압에 대한 대책이 용이하다.

**09** 동기발전기의 전기자 권선을 단절권으로 하는 가장 큰 이유는?

① 과열을 방지
② 기전력 증가
③ 기본파를 제거
④ 고조파를 제거해서 기전력 파형 개선

> **단절권의 특징**
> (1) 동량을 절감할 수 있어 발전기 크기가 축소된다.
> (2) 가격이 저렴하다.
> (3) 고조파가 제거되어 기전력의 파형이 개선된다.
> (4) 전절권에 비해 기전력의 크기가 저하한다.

**10** 직류 분권전동기의 계자저항을 운전 중에 증가시키면?

① 전류는 일정
② 속도는 감소
③ 속도는 일정
④ 속도는 증가

> **직류전동기의 속도특성**
> $N = k\dfrac{V - R_a I_a}{\phi}$ [rpm] 식에서 회전수($N$)은
> ∴ 계자권선의 저항이 증가하면 계자전류가 감소하게 되고 자속이 감소하여 회전속도는 증가한다.

**11** 단상 직권 정류자전동기의 기본형이 아닌 것은?

① 직권형
② 보상직권형
③ 유도보상직권형
④ 톰슨형

> 단상 직권 정류자전동기와 단상 반발 정류자전동기의 종류
>
> | 구분 | 종류 |
> |---|---|
> | 단상 직권 정류자전동기 | (1) 단순직권형<br>(2) 보상직권형<br>(3) 유도보상직권형 |
> | 단상 반발 정류자전동기 | (1) 애트킨슨 반발전동기<br>(2) 톰슨 반발전동기<br>(3) 데리 반발전동기<br>(4) 보상 반발전동기 |

**12** 어떤 공장에 뒤진 역률 0.8인 부하가 있다. 이 선로에 동기조상기를 병렬로 결선해서 선로의 역률을 0.95로 개선하였다. 개선 후 전력의 변화에 대한 설명으로 틀린 것은?

① 피상전력과 유효전력은 감소한다.
② 피상전력과 무효전력은 감소한다.
③ 피상전력은 감소하고 유효전력은 변화가 없다.
④ 무효전력은 감소하고 유효전력은 변화가 없다.

> **전력용 콘덴서($Q_c$)**
> $Q_c = Q_1 - Q_2 = P(\tan\theta_1 - \tan\theta_2)$
> $= P\left(\dfrac{\sqrt{1-\cos^2\theta_1}}{\cos\theta_1} - \dfrac{\sqrt{1-\cos^2\theta_2}}{\cos\theta_2}\right)$ [kVA]
> 식에서 역률이 $\cos\theta_1$에서 $\cos\theta_2$로 개선될 경우 무효전력은 $Q_1 - Q_2$ 만큼 감소된다. 하지만 유효전력($P$) 값은 변함이 없다. 또한 피상전력($S$)은 $S = \dfrac{P}{\cos\theta}$ 식에 의해서 역률이 개선되면 피상전력은 감소됨을 알 수 있다.
> ∴ 역률이 개선되면 피상전력과 무효전력은 감소되고 유효전력은 변화가 없다.

**13** 같은 정격 전압에서 변압기의 주파수만 높이면 가장 많이 증가하는 것은?

① 여자 전류  ② 온도 상승
③ 철손  ④ %임피던스

> **부하시 주파수에 따른 변화**
> 주파수가 상승하면 자속밀도($B_m$), 히스테리시스손($P_h$), 철손($P_i$), 여자전류($I_0$)는 감소하고, 누설임피던스, 퍼센트 임피던스, 누설 리액턴스, 퍼센트 리액턴스는 증가한다.

**14** 3상 전원에서 2상 전원을 얻기 위한 변압기의 결선방법은?

① △ 결선  ② T(스코트) 결선
③ Y 결선  ④ V 결선

> **상수변환**
> 3상 전원을 2상 전원으로 변환하는 결선은 다음과 같다.
> (1) 스코트 결선(T결선)
>   ㉠ T좌 변압기의 탭 위치 : $\frac{\sqrt{3}}{2}$ 지점
>   ㉡ M좌 변압기의 탭 위치 : $\frac{1}{2}$ 지점
> (2) 메이어 결선
> (3) 우드브리지 결선

**15** 변압기의 병렬운전에서 1차 환산 누설 임피던스가 $2+j3[\Omega]$과 $3+j2[\Omega]$일 때 변압기에 흐르는 부하전류가 50[A]이면 순환전류[A]는?

① 10  ② 8
③ 5  ④ 3

> **변압기 병렬운전시 순환전류($I_s$)**
> 각 변압기의 누설 임피던스를 $Z_1$, $Z_2$, 분담전류를 $I_1$, $I_2$, 부하전류를 $I$라 하면
> $Z_1 = 2+j3[\Omega]$, $Z_2 = 3+j2[\Omega]$, $I = 50[A]$일 때
> $I_1 = \dfrac{Z_2}{Z_1+Z_2} I = \dfrac{3+j2}{2+j3+3+j2} \times 50$
>   $= 25 - j5 [A]$
> $I_2 = \dfrac{Z_1}{Z_1+Z_2} I = \dfrac{2+j3}{2+j3+3+j2} \times 50$
>   $= 25 + j5 [A]$
> $I_1 = I_{L1} \pm jI_s$, $I_2 = I_{L2} \mp jI_s$일 때
> $I_{L1}$, $I_{L2}$는 각 변압기의 부하전류이고 $I_s$는 순환전류이므로
> $\therefore I_s = 5 [A]$

**16** 6극, 60[Hz], 200[V], 7.5[kW]의 3상 유도전동기가 840[rpm]으로 회전하고 있을 때 회전자 전류의 주파수는 몇 [Hz]인가?

① 18  ② 10
③ 12  ④ 14

> **유도전동기의 운전시 회전자 주파수($f_{2s}$)**
> $f_{2s} = sf[\text{Hz}]$  $N_s = \dfrac{120f}{p}[\text{rpm}]$ 식에서
> $p = 6$, $f = 60[\text{Hz}]$, $V = 200[\text{V}]$, $P = 7.5[\text{kW}]$, $N = 840[\text{rpm}]$일 때
> $N_s = \dfrac{120f}{p} = \dfrac{120 \times 60}{6} = 1,200[\text{rpm}]$,
> $s = \dfrac{N_s - N}{N_s} = \dfrac{1,200 - 840}{1,200} = 0.3$ 이므로
> $\therefore f_{2s} = sf = 0.3 \times 60 = 18[\text{Hz}]$

정답 13 ④  14 ②  15 ③  16 ①

**17** 정격 15[kW], 기계손 350[W], 전부하 슬립이 3[%]인 3상 유도전동기의 전부하시의 2차 동손은 약 몇 [W]인가?

① 400
② 425
③ 450
④ 475

2차 입력($P_2$), 2차 동손($P_{c2}$), 기계적 출력($P_0$) 관계

$P_{c2} = \dfrac{s}{1-s}(P_0 + P_l)$ [W] 식에서

$P_0 = 15$ [kW], $P_l = 350$ [W], $s = 3$ [%]일 때

$\therefore P_{c2} = \dfrac{s}{1-s}(P_0 + P_l)$

$= \dfrac{0.03}{1-0.03} \times (15 \times 10^3 + 350) = 475$ [W]

**18** 3상 동기발전기에서 매극 매상의 슬롯 수가 3이면 기본파에 대한 분포권 계수는 어떻게 되는가?

① $3\sin\dfrac{\pi}{18}$
② $\dfrac{1}{3\sin\dfrac{\pi}{18}}$
③ $6\sin\dfrac{\pi}{18}$
④ $\dfrac{1}{6\sin\dfrac{\pi}{18}}$

분포권 계수($k_d$)

$m = 3$, $q = 3$이므로

$k_d = \dfrac{\sin\dfrac{\pi}{2m}}{q\sin\dfrac{\pi}{2mq}}$ 식에 대입하여 풀면

$\therefore k_d = \dfrac{\sin\dfrac{\pi}{2 \times 3}}{3\sin\dfrac{\pi}{2 \times 3 \times 3}} = \dfrac{\dfrac{1}{2}}{3\sin\dfrac{\pi}{18}} = \dfrac{1}{6\sin\dfrac{\pi}{18}}$

**19** 정격용량 5,000[kVA], 정격(선간)전압 6,000[V]의 3상 교류발전기에 있어서 여자전류 200[A]에 상당하는 무부하 단자전압은 6,000[V]이고, 단락전류는 600[A]이다. 이 발전기의 동기 임피던스는 역 몇 [Ω]인가?

① 5.8
② 10
③ 17.3
④ 3.3

동기 임피던스($Z_s$)와 %동기 임피던스(%$Z_s$)

$\%Z_s = \dfrac{I_n}{I_s} \times 100 = \dfrac{P[\text{kVA}]\, Z_s[\Omega]}{10\{V[\text{kV}]\}^2}$ 식에서

$V = 6,000$ [V], $P = 5,000$ [kVA], $I_s = 600$ [A] 일 때

$I_n = \dfrac{P}{\sqrt{3}\, V} = \dfrac{5 \times 10^6}{\sqrt{3} \times 6,000} = 481$ [A] 이므로

$\therefore Z_s = \dfrac{1,000\{V[\text{kV}]\}^2 I_n}{P[\text{kVA}]\, I_s}$

$= \dfrac{1,000 \times 6^2 \times 481}{5,000 \times 600} = 5.8$ [Ω]

**20** 단자전압 100[V], 전기자 전류 10[A], 전기자 회로 저항 1[Ω], 회전수 1,800[rpm]으로 전부하 운전하고 있는 직류전동기의 토크는 약 몇 [kg·m]인가?

① 0.049
② 0.49
③ 19
④ 490

직류전동기의 토크($\tau$)

$\tau = 0.975\, \dfrac{P}{N} = 0.975\, \dfrac{EI_a}{N}$ [kg·m] 식에서

$V = 100$ [V], $I_a = 10$ [A], $R_a = 1$ [Ω], $N = 1,800$ [rpm]일 때

$E = V - R_a I_a = 100 - 1 \times 10 = 90$ [V] 이므로

$\therefore \tau = 0.975\, \dfrac{EI_a}{N} = 0.975 \times \dfrac{90 \times 10}{1,800}$

$= 0.49$ [kg·m]

정답 17 ④  18 ④  19 ①  20 ②

# 22. 4. 회로이론(CBT시험 복원문제)

2022년 2회 전기산업기사

※ 본 기출문제는 수험자의 기억을 바탕으로 하여 복원한 문제이므로 실제 문제와 다를 수 있음을 미리 알려드립니다.

**01** 그림과 같은 회로에서 스위치 $S$를 $t=0$에서 닫았을 때 $(V_L)_{t=0}=100$[V], $\left(\dfrac{di}{dt}\right)_{t=0}=400$[A/s]이다. $L$[H]의 값은?

① 0.75
② 0.5
③ 0.25
④ 0.1

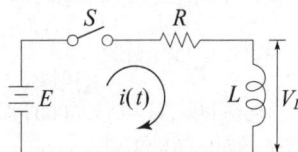

**전류의 시간적 변화**

$e_L = L\dfrac{di}{dt}$ [V] 식에 의해서

$\therefore L = \dfrac{(e_L)_{t=0}}{\left(\dfrac{di}{dt}\right)_{t=0}} = \dfrac{100}{400} = 0.25$ [H]

**02** 평형 3상 Y결선 회로의 선간전압 $V_l$, 상전압 $V_p$, 선전류 $I_l$, 상전류가 $I_p$일 때 다음의 관련식 중 틀린 것은? (단, $P_y$는 3상 부하전력을 의미한다.)

① $V_l = \sqrt{3}\,V_p$
② $I_l = I_p$
③ $P_y = \sqrt{3}\,V_l I_l \cos\theta$
④ $P_y = \sqrt{3}\,V_p I_p \cos\theta$

**Y결선의 3상 부하전력($P_y$)**

$\therefore P_y = 3V_P I_P \cos\theta = \sqrt{3}\,V_l I_l \cos\theta$ [W]

**03** 전류의 대칭분이 $I_0=-2+j4$[A], $I_1=6-j5$[A], $I_2=8+j10$[A]일 때 3상 전류 중 $a$상 전류($I_a$)의 크기는 몇 [A]인가? (단, 3상 전류의 상순은 $a$-$b$-$c$이고, $I_0$는 영상분, $I_1$은 정상분, $I_2$는 역상분이다.)

① 12
② 15
③ 19
④ 9

**대칭좌표법**

불평형 3상 회로의 대칭분 전류가 $I_0$, $I_1$, $I_2$라 할 때 각 상의 전류 $I_a$, $I_b$, $I_c$는

$I_a = I_0 + I_1 + I_2$ [A], $I_b = I_0 + a^2 I_1 + a I_2$ [A],
$I_c = I_0 + a I_1 + a^2 I_2$ [A] 이므로
$I_a = I_0 + I_1 + I_2$
$= -2 + j4 + 6 - j5 + 8 + j10$
$= 12 + j9$ [A]
$\therefore I_a = \sqrt{12^2 + 9^2} = 15$ [A]

**04** $R=10$[Ω], $\omega L=5$[Ω], $\dfrac{1}{\omega C}=30$[Ω]이 직렬로 접속된 회로에서 기본파에 대한 합성임피던스($Z_1$)과 제3고조파에 대한 합성임피던스($Z_3$)는 각각 몇 [Ω]인가?

① $Z_1 = \sqrt{725}$, $Z_3 = \sqrt{125}$
② $Z_1 = \sqrt{461}$, $Z_3 = \sqrt{461}$
③ $Z_1 = \sqrt{461}$, $Z_3 = \sqrt{125}$
④ $Z_1 = \sqrt{125}$, $Z_3 = \sqrt{461}$

**합성 임피던스($Z$)**

$R-L-C$ 직렬회로의 임피던스 $Z$를 기본파($Z_1$)와 제3고조파($Z_3$)로 각각을 구하면

$Z_1 = R + j\omega L - j\dfrac{1}{\omega C} = 10 + j5 - j30 = 10 + j25$
$= \sqrt{10^2 + 25^2} = \sqrt{725}$ [Ω]

$Z_3 = R + j3\omega L - j\dfrac{1}{3\omega C} = 10 + j15 - j10$
$= 10 + j5 = \sqrt{10^2 + 5^2} = \sqrt{125}$ [Ω]

$\therefore Z_1 = \sqrt{725}$ [Ω], $Z_3 = \sqrt{125}$ [Ω]

정답 01 ③ 02 ④ 03 ② 04 ①

**05** 2전력계법에서 전력계의 지시값이 $P_1 = 100$[W], $P_2 = 200$[W]일 때 역률[%]은?

① 50.2  ② 70.7
③ 86.6  ④ 90.4

**2전력계법**

$\cos\theta = \dfrac{P_1+P_2}{2\sqrt{P_1^2+P_2^2-P_1P_2}} \times 100$ [%] 식에서

$\therefore \cos\theta = \dfrac{P_1+P_2}{2\sqrt{P_1^2+P_2^2-P_1P_2}} \times 100$

$= \dfrac{100+200}{2\sqrt{100^2+200^2-100\times200}} \times 100$

$= 86.6$ [%]

**별해** 2전력계의 지시값을 $W_1$, $W_2$라 놓으면

| 구분 | 역률 |
|---|---|
| $W_1 = W_2$ | 100[%] |
| $W_1$과 $W_2$가 2배 관계 | 86.6[%] |
| $W_1$과 $W_2$가 3배 관계 | 75.6[%] |
| 둘 중 하나가 0일 때 | 50[%] |

**07** $V_1(s)$을 입력, $V_2(s)$를 출력이라 할 때, 다음 회로의 전달함수는?(단, $C_1=1$[F], $L_1=1$[H])

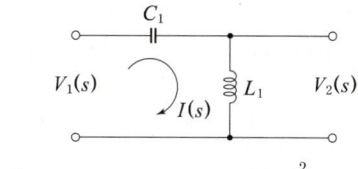

① $\dfrac{s}{s+1}$  ② $\dfrac{s^2}{s^2+1}$
③ $\dfrac{1}{s+1}$  ④ $1+\dfrac{1}{s}$

**전달함수** $G(s)$

$V_1(s) = \left(\dfrac{1}{C_1s}+L_1s\right)I(s)$

$V_2(s) = L_1s\,I(s)$

$\therefore G(s) = \dfrac{V_2(s)}{V_1(s)} = \dfrac{L_1s\,I(s)}{\left(\dfrac{1}{C_1s}+L_1s\right)I(s)}$

$= \dfrac{C_1L_1s^2}{C_1L_1s^2+1} = \dfrac{s^2}{s^2+1}$

**06** 그림과 같은 회로에서 a, b 단자의 전압[V]은?

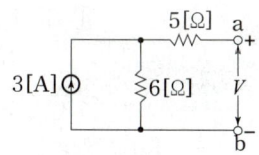

① 18  ② 15
③ 12  ④ 9

**테브난 정리**

등가전압($E$)은 저항 6[Ω]에 나타나는 전압으로 $E = 3 \times 6 = 18$ [V]이고
등가저항($R$)은 전류원 3[A]를 개방하고 개방단자 a, b에서 회로망을 바라보면 $R = 5+6 = 11$ [Ω]이다.
$\therefore E = 18$ [V]

**08** 대칭좌표법에 관한 설명 중 잘못된 것은?

① 불평형 3상 회로 비접지식 회로에서는 영상분이 존재한다.
② 대칭 3상 전압에서 영상분은 0이 된다.
③ 대칭 3상 전압은 정상분만 존재한다.
④ 불평형 3상 회로의 접지식 회로에서는 영상분이 존재한다.

**대칭좌표법**

영상분은 Y-Y 결선의 3상 4선식 회로의 중성점이 접지되어 있는 경우에 나타날 수 있기 때문에 비접지식 회로에서는 영상분이 존재하지 않는다.

**09** 어떤 회로 소자에 $e = 125\sin 377t$[V]를 가했을 때 전류 $i = 25\sin 377t$[A]가 흐른다면 이 소자는?

① 다이오드  ② 순저항
③ 유도 리액턴스  ④ 용량 리액턴스

> R-L-C 소자의 전압과 전류 관계
> (1) 순저항 : 전류가 전압과 위상이 같은 동상전류가 흐른다.
> (2) 유도 리액턴스 : 전류가 전압보다 90° 위상이 뒤진 지상전류가 흐른다.
> (2) 용량 리액턴스 : 전류가 전압보다 90° 위상이 빠른 진상전류가 흐른다.
> ∴ 전류와 전압의 위상이 동상이므로 순저항 부하이다.

**10** 다음과 같은 브리지 회로가 평형이 되기 위한 $Z_4$의 값은?

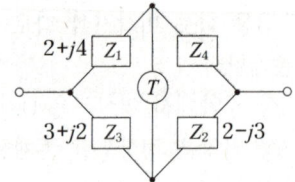

① $2+j4$  ② $-2+j4$
③ $4+j2$  ④ $4-j2$

> 휘스톤브리지 평형조건
> 휘스톤브리지 회로가 평형이 되기 위해서는
> $Z_1 Z_2 = Z_3 Z_4$ 식을 만족해야 하므로
> ∴ $Z_4 = \dfrac{Z_1 Z_2}{Z_3} = \dfrac{(2+j4)(2-j3)}{3+j2} = 4-j2$ [Ω]

**11** 그림과 같은 2단자망에서 구동점 임피던스를 구하면?

① $\dfrac{5s^2+1}{s(s^2+1)}$

② $\dfrac{5s+1}{5s^2+1}$

③ $\dfrac{5s^2+1}{(s+1)(s+2)}$

④ $\dfrac{s+2}{6s(s+1)}$

> 구동점 임피던스 $Z(s)$
> $C_1 = 1$[F], $L = 4$[H], $C_2 = \dfrac{1}{4}$[F]라 하면
> ∴ $Z(s) = \dfrac{1}{C_1 s} + \dfrac{1}{C_2 s + \dfrac{1}{Ls}} = \dfrac{1}{s} + \dfrac{1}{\dfrac{1}{4}s + \dfrac{1}{4s}}$
> $= \dfrac{1}{s} + \dfrac{4s}{s^2+1} = \dfrac{5s^2+1}{s(s^2+1)}$ [Ω]

**12** $i(t) = 50 + 30\sin \omega t$[A]의 실효값[A]은?

① 58.6  ② 50
③ 54.3  ④ 62.4

> 비정현파의 실효값
> $I = \sqrt{I_0^2 + \left(\dfrac{I_{m1}}{\sqrt{2}}\right)^2}$ [A] 식에서
> $I_0 = 50$ [A], $I_{m1} = 30$ [A]일 때
> ∴ $I = \sqrt{I_0^2 + \left(\dfrac{I_{m1}}{\sqrt{2}}\right)^2} = \sqrt{50^2 + \left(\dfrac{30}{\sqrt{2}}\right)^2}$
> $= 54.3$ [A]

**13** $3r[\Omega]$인 6개의 저항을 그림과 같이 접속하고 평형 3상 전압 $E$를 가했을 때 전류 $I$는 몇 [A]인가?(단, $r=2[\Omega]$, $E=200\sqrt{3}$ [V]이다.)

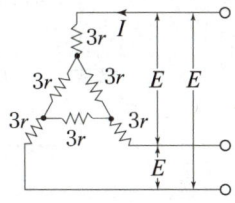

① 10
② 15
③ 25
④ 20

**3상 회로의 선전류**

$\Delta$결선으로 이루어진 저항 $3r$을 Y결선으로 변환하면 저항은 $\frac{1}{3}$배로 감소되므로 각 상의 합성저항($R$)은 다음과 같이 계산된다.

$R = 3r + \frac{3r}{3} = 4r [\Omega]$

Y결선의 선전류를 유도하면 $I$을 계산할 수 있다.

$I = \frac{E}{\sqrt{3}R} = \frac{E}{\sqrt{3}\times 4r}$ [A] 식에서

$\therefore I = \frac{E}{\sqrt{3}\times 4r} = \frac{200\sqrt{3}}{\sqrt{3}\times 4\times 2} = 25$ [A]

**14** 역률 60[%]인 부하의 유효전력이 120[kW]일 때 무효전력은[kVar]은?

① 40
② 80
③ 120
④ 160

**무효전력($Q$)**

$|S| = VI = \frac{P}{\cos\theta} = \frac{Q}{\sin\theta}$ [VA] 식에서

$\cos\theta = 0.6$, $P = 120$ [kW]일 때

$\therefore Q = P\frac{\sin\theta}{\cos\theta} = P \cdot \frac{\sqrt{1-\cos^2\theta}}{\cos\theta}$

$= 120 \times \frac{\sqrt{1-0.6^2}}{0.6} = 160$ [kW]

**15** $i = 10\sin\left(\omega t - \frac{\pi}{3}\right)$ [A]로 표시되는 전류 파형보다 위상 30° 앞서고, 최대치가 100[V]인 전압 파형을 식으로 나타내면?

① $100\sin\left(\omega t - \frac{\pi}{2}\right)$
② $100\sqrt{2}\sin\left(\omega t - \frac{\pi}{2}\right)$
③ $100\sin\left(\omega t - \frac{\pi}{6}\right)$
④ $100\sqrt{2}\sin\left(\omega t - \frac{\pi}{6}\right)$

**순시값 전압**

$v(t) = V_m\sin(\omega t \pm \theta_v)$ [V] 식에서

$V_m = 100$ [V], $\theta_i = -\frac{\pi}{3} = -60°$일 때

$\theta_v = \theta_i + 30° = -60° + 30° = -30° = -\frac{\pi}{6}$ 이므로

$\therefore v(t) = V_m\sin(\omega t \pm \theta_v) = 100\sin\left(\omega t - \frac{\pi}{6}\right)$ [V]

**16** 그림의 회로에서 전류 $I$는 약 몇 [A]인가? (단, 저항의 단위는 $[\Omega]$이다.)

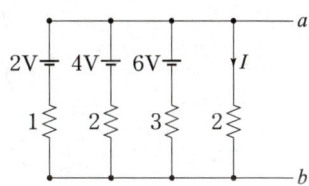

① 1.125
② 1.29
③ 6
④ 7

**밀만의 법칙**

$V_1 = 2$ [V], $R_1 = 1$ [$\Omega$], $V_2 = 4$ [V], $R_2 = 2$ [$\Omega$], $V_3 = 6$ [V], $R_3 = 3$ [$\Omega$], $R_4 = 2$ [$\Omega$]이라 하면

$V_{ab} = \dfrac{\dfrac{V_1}{R_1} + \dfrac{V_2}{R_2} + \dfrac{V_3}{R_3}}{\dfrac{1}{R_1} + \dfrac{1}{R_2} + \dfrac{1}{R_3} + \dfrac{1}{R_4}}$ [V] 식에서

$V_{ab} = \dfrac{\dfrac{2}{1} + \dfrac{4}{2} + \dfrac{6}{3}}{\dfrac{1}{1} + \dfrac{1}{2} + \dfrac{1}{3} + \dfrac{1}{2}} = \dfrac{18}{7}$ [V]

$\therefore I = \dfrac{V_{ab}}{R_4} = \dfrac{\dfrac{18}{7}}{2} = 1.29$ [A]

정답 13 ③  14 ④  15 ③  16 ②

**17** 대칭 다상 교류에 의한 회전자계 중 설명이 잘못된 것은?

① 대칭 3상 교류에 의한 회전자계는 원형 회전자계이다.
② 대칭 2상 교류에 의한 회전자계는 타원형 회전자계이다.
③ 3상 교류에서 어느 두 코일의 전류의 상순을 바꾸면 회전자계의 방향도 바꾸어진다.
④ 회전자계의 회전속도는 일정한 각속도이다.

> **회전자계의 모양**
> (1) 대칭 $n$상 회전자계는 각 상의 모든 크기가 같으며 각 상간 위상차가 $\dfrac{2\pi}{n}$이 되어 회전자계의 모양이 원형을 그린다.
> (2) 비대칭 $n$상 회전자계는 각 상의 크기가 균등하지 못하여 각 상간 위상차는 $\dfrac{2\pi}{n}$가 될 수 없기 때문에 회전자계의 모양이 타원형을 그린다.
> ∴ 대칭 2상 교류에 의한 자계는 교번자계이다.

**18** 파고율이 2가 되는 파형은?

① 정현파  ② 톱니파
③ 사각파  ④ 반파정류파

> **파형의 파고율**
> 
> | 파형 | 정현파 | 반파정류파 | 구형파 | 반파구형파 | 톱니파 | 삼각파 |
> |---|---|---|---|---|---|---|
> | 파고율 | $\sqrt{2}$ | 2 | 1 | $\sqrt{2}$ | $\sqrt{3}$ | $\sqrt{3}$ |

**19** 정상상태에서 시간 $t=0$일 때 스위치 S를 열면 흐르는 전류 $I$는?

① $\dfrac{E}{R}e^{-\frac{R+r}{L}t}$

② $\dfrac{E}{r}e^{-\frac{R+r}{L}t}$

③ $\dfrac{E}{r}e^{-\frac{L}{R+r}t}$

④ $\dfrac{E}{R}e^{-\frac{L}{R+r}t}$

> **R-L 과도현상**
> 스위치 $s$를 열면 회로에 흐르는 전류에 대한 전압방정식은 $L\dfrac{di(t)}{dt}+(R+r)i(t)=0$ [V] 이므로
> $i(t)=Ae^{-\frac{R+r}{L}t}$ [A]이다.
> $t=0$일 때 정상전류는 $\dfrac{E}{r}$ [A] 이므로
> $i(0)=A=\dfrac{E}{r}$ [A]임을 알 수 있다.
> ∴ $i(t)=\dfrac{E}{r}e^{-\frac{R+r}{L}t}$ [A]

**20** 단위계단함수 $u(t)$의 라플라스 변환은?

① $1$  ② $\dfrac{1}{s}$
③ $\dfrac{1}{s^2}$  ④ $\dfrac{1}{s^2}e^{-1}$

> $f(t)=u(t)=1$일 때
> ∴ $\mathcal{L}[f(t)]=\mathcal{L}[u(t)]=\displaystyle\int_0^\infty u(t)e^{-st}dt$
> $=\left[-\dfrac{1}{s}e^{-st}\right]_0^\infty=\dfrac{1}{s}$

정답 17 ② 18 ④ 19 ② 20 ②

# 22  5. 전기설비기술기준(CBT시험 복원문제)

2022년 2회 전기산업기사

※ 2021.1.1. 한국전기설비규정 개정에 따라 기출문제를 개정된 내용으로 반영하여 일부 삭제 및 변형하였습니다.
※ 본 기출문제는 수험자의 기억을 바탕으로 하여 복원한 문제이므로 실제 문제와 다를 수 있음을 미리 알려드립니다.

**01** 특고압 가공전선로의 지지물 중 전선로의 지지물 양쪽의 경간의 차가 큰 곳에 사용하는 철탑은?

① 내장형 철탑  ② 인류형 철탑
③ 보강형 철탑  ④ 각도형 철탑

**특고압 가공전선로의 지지물**

특고압 가공전선로의 B종 철주·B종 철근 콘크리트주 또는 철탑의 종류

| 종류 | 설명 |
|---|---|
| 직선형 | 전선로의 직선부분(3도 이하인 수평각도를 이루는 곳을 포함한다)에 사용하는 것. |
| 각도형 | 전선로 중 3도를 초과하는 수평각도를 이루는 곳에 사용하는 것. |
| 인류형 | 전가섭선을 인류하는 곳에 사용하는 것. |
| 내장형 | 전선로의 지지물 양쪽의 경간의 차가 큰 곳에 사용하는 것. |
| 보강형 | 전선로의 직선부분에 그 보강을 위하여 사용하는 것. |

**02** 사용전압이 고압인 전로에만 사용되는 케이블은?

① 저독성 난연 폴리올레핀외장 케이블
② 콤바인덕트 케이블
③ 클로로프렌외장 케이블
④ 비닐외장 케이블

**선선의 종류**

| 구분 | 종류 |
|---|---|
| 저압 케이블 | 0.6/1[kV] 연피케이블, 클로로프렌외장케이블, 비닐외장케이블, 폴리에틸렌외장케이블, 저독성 난연 폴리올레핀외장케이블(FR-CO), 무기물 절연케이블(MI), 금속외장케이블, 300/500[V] 연질 비닐시스케이블, 유선텔레비전용 급전겸용 동축 케이블 |
| 고압 케이블 | 연피케이블, 클로로프렌외장케이블, 비닐외장케이블, 폴리에틸렌외장케이블, 저독성 난연 폴리올레핀외장케이블(FR-CO), 알루미늄피케이블, 콤바인덕트케이블(CD) |

**03** B종 철주 또는 B종 철근 콘크리트주를 사용하는 특고압 가공전선로의 경간은 몇 [m] 이하이어야 하는가?

① 150  ② 250
③ 400  ④ 600

**가공전선로의 최대경간**

| 구분<br>지지물 종류 | 표준경간 |
|---|---|
| A종주, 목주 | 150[m]<br>(2) 300[m] |
| B종주 | 250[m]<br>(2) 500[m] |
| 철탑 | 600[m]<br>(1) 400[m] |

(1) 특고압 가공전선로의 경간으로 철탑이 단주인 경우에 한한다.
(2) 고압 가공전선로의 전선에 인장강도 8.71[kN] 이상의 것 또는 단면적 22[mm²] 이상의 경동연선의 것을 사용하는 경우, 특고압 가공전선로의 전선에 인장강도 21.67[kN] 이상의 것 또는 단면적 50[mm²] 이상의 경동연선의 것을 사용하는 경우에 한한다.

**04** 특고압용 변압기로서 변압기 내부고장이 발생할 경우 경보장치를 시설하여야 뱅크용량의 범위는?

① 500[kVA] 이상 1,000[kVA] 미만
② 10,000[kVA] 이상 15,000[kVA] 미만
③ 5,000[kVA] 이상 10,000[kVA] 미만
④ 1,000[kVA] 이상 5,000[kVA] 미만

**특고압용 변압기의 보호장치**

| 뱅크용량의 구분 | 동작조건 | 장치의 종류 |
|---|---|---|
| 5,000[kVA] 이상<br>10,000[kVA] 미만 | 변압기<br>내부고장 | 자동차단장치<br>또는 경보장치 |
| 10,000[kVA] 이상 | 변압기<br>내부고장 | 자동차단장치 |

정답  01 ①  02 ②  03 ②  04 ③

**05** 작업장 및 이와 유사한 장소에서의 레일 전위의 최대 허용 접촉전압은 몇 [V](실효값)를 초과하지 않아야 하는가? (단, 교류 전기철도 급전시스템의 경우이다.)

① 65　　　　② 60
③ 25　　　　④ 30

### 레일 전위의 위험에 대한 보호
교류 전기철도 급전시스템에서의 레일 전위의 최대 허용 접촉전압은 아래 표의 값 이하이어야 한다. 단, 작업장 및 이와 유사한 장소에서는 최대 허용 접촉전압을 25[V](실효값)를 초과하지 않아야 한다.

| 시간 조건 | 최대 허용 접촉전압(실효값) |
|---|---|
| 순시조건($t \leq 0.5$초) | 670[V] |
| 일시적 조건($0.5$초 $< t \leq 300$초) | 65[V] |
| 영구적 조건($t > 300$초) | 60[V] |

**06** 저압 옥측전선로를 시설하는 경우 공사방법으로 틀린 것은? (단, 전개된 장소로서 목조 이외의 조영물에 시설하는 경우이다.)

① 애자공사　　② 합성수지관공사
③ 케이블공사　④ 금속몰드공사

### 저압 옥측전선로의 공사방법

| 공사방법 | 제한사항 |
|---|---|
| 애자공사 | 전개된 장소에 한한다. |
| 합성수지관공사 | - |
| 금속관공사 | 목조 이외의 조영물에 시설하는 경우에 한한다. |
| 버스덕트공사 | 목조 이외의 조영물(점검할 수 없는 은폐된 장소는 제외한다.)에 시설하는 경우에 한한다. |
| 케이블공사 | 연피 케이블·알루미늄피 케이블 또는 미네럴 인슐레이션 케이블을 사용하는 경우에는 목조 이외의 조영물에 시설하는 경우에 한한다. |

**07** 중성선 다중 접지식으로서 전로에 지락이 생겼을 때 2초 이내에 자동적으로 이를 전로로부터 차단하는 장치가 되어 있는 사용전압 22,900[V]인 특고압 가공전선과 식물과의 이격거리는 몇 [m] 이상이어야 하는가?

① 1.2　　　　② 1.5
③ 2　　　　　④ 2.5

### 가공전선과 식물과의 이격거리

| 구분 | | 이격거리 |
|---|---|---|
| 특고압 | 25[kV] 이하 다중접지방식 | 1.5[m] 이상 |
| | 35[kV] 이하 | 고압 절연전선을 사용할 경우 0.5[m] 이상(특고압 절연전선 또는 케이블을 사용하는 경우 식물에 접촉하지 않도록 시설하여야 한다.) |
| | 60[kV] 이하 | 2[m] 이상 |

**08** 수소냉각식 발전기 안 또는 조상기 안의 수소의 순도가 몇 [%] 이하로 저하한 경우 이를 경보하는 장치를 시설하도록 하고 있는가?

① 90[%]　　② 85[%]
③ 80[%]　　④ 75[%]

### 수소냉각식 발전기 등의 시설
계측장치 및 경보장치 등의 시설
(1) 발전기 내부 또는 조상기 내부의 수소의 순도가 85[%] 이하로 저하한 경우에 이를 경보하는 장치를 시설할 것.
(2) 발전기 내부 또는 조상기 내부의 수소의 압력을 계측하는 장치 및 그 압력이 현저히 변동한 경우에 이를 경보하는 장치를 시설할 것.
(3) 발전기 내부 또는 조상기 내부의 수소의 온도를 계측하는 장치를 시설할 것.

정답　05 ③　06 ④　07 ②　08 ②

**09** 전기철도측의 전식방지를 위한 방법에 해당되지 않는 것은?

① 장대레일 채택
② 레일본드의 양호한 시공
③ 궤도와의 이격거리 증대
④ 절연도상 및 레일과 침목사이에 절연층의 설치

> 전기철도의 안전을 위한 전식방지대책
> (1) 전기철도측의 대책
>   ㉠ 변전소 간 간격 축소
>   ㉡ 레일본드의 양호한 시공
>   ㉢ 장대레일채택
>   ㉣ 절연도상 및 레일과 침목사이에 절연층의 설치
> (2) 매설 금속체측의 대책
>   ㉠ 배류장치 설치
>   ㉡ 절연코팅
>   ㉢ 매설 금속체 접속부 절연
>   ㉣ 저준위 금속체를 접속
>   ㉤ 궤도와의 이격 거리 증대
>   ㉥ 금속판 등의 도체로 차폐

**10** 사용전압이 66[kV]인 기계기구·모선 등을 옥외에 시설하는 변전소에서 울타리·담 등의 높이와 울타리·담 등으로부터 충전부분까지의 거리의 합계는 몇 [m] 이상이어야 하는가?

① 5.48   ② 6
③ 5     ④ 6.48

> 울타리·담 등의 높이와 울타리·담 등으로부터 충전부분까지 거리의 합계

| 사용전압 | 울타리·담 등의 높이와 울타리·담 등으로부터 충전부분까지 거리의 합계 |
|---|---|
| 35[kV] 이하 | 5 [m] |
| 35[kV] 초과 160[kV] 이하 | 6 [m] |

**11** 가공전선로의 지지물에 시설하는 통신선과 특고압 가공전선 사이의 이격거리는 몇 [m] 이상이어야 하는가? (단, 특고압 가공전선로의 다중접지를 한 중성선을 제외한다.)

① 0.8   ② 1.4
③ 1    ④ 1.2

> 가공전선과 첨가통신선과의 이격거리

| 구분 | 이격거리 |
|---|---|
| 저·고압 가공전선 | 60[cm] 이상<br>단, 저압 가공전선이 절연전선이나 케이블인 경우 또는 고압 가공전선이 케이블인 경우에는 30[cm] 이상 |
| 특고압 가공전선 | 1.2[m] 이상<br>단, 특고압 가공전선이 케이블인 경우에는 30[cm] 이상 |
| 25[kV] 이하 특고압 다중접지식 | 전력선과 첨가통신선 : 75[cm]이상<br>중성선과 첨가통신선 : 60[cm]이상 |

**12** 최대사용전압이 6,600[V]인 변압기 전로의 절연내력시험은 최대사용전압의 몇 배의 시험전압을 10분간 견디어야 하는가?

① 1.25   ② 0.92
③ 1.5    ④ 0.72

> 전로의 절연내력시험전압

| 전로의 최대사용전압 | | 시험전압 |
|---|---|---|
| 7[kV] 이하 | | 1.5배 |
| 7[kV] 초과 60[kV] 이하 | | 1.25배 |
| 7[kV] 초과 25[kV] 이하 중성점 다중접지 | | 0.92배 |
| 60[kV] 초과 | 비접지 | 1.25배 |
| 60[kV] 초과 170[kV] 이하 | 접지 | 1.1배 |
| | 직접접지 | 0.72배 |
| 170[kV] 초과 | 직접접지 | 0.64배 |

정답  09 ③  10 ②  11 ④  12 ③

**13** 소세력 회로의 최대사용전압이 15[V] 이하일 경우 2차 단락전류는 8[A] 이하의 것이어야 한다. 다만, 그 변압기의 2차 전류에 시설하는 과전류차단기의 정격전류는 몇 [A] 이하인 경우에는 그러하지 아니한가?

① 1.5
② 3
③ 5
④ 10

**소세력 회로**
절연변압기의 2차 단락전류는 소세력 회로의 최대사용전압에 따라 아래 표에서 정한 값 이하의 것이어야 한다. 다만, 그 변압기의 2차측 전로에 아래 표에서 정한 값 이하의 과전류차단기를 시설하는 경우에는 그러하지 아니하다.

| 소세력 회로의 최대사용전압의 구분 | 2차 단락전류 | 최대사용전류 및 과전류차단기의 정격전류 |
|---|---|---|
| 15[V] 이하 | 8[A] | 5[A] |
| 15[V] 초과 30[V] 이하 | 5[A] | 3[A] |
| 30[V] 초과 60[V] 이하 | 3[A] | 1.5[A] |

**14** 금속제 가요전선관공사의 시설기준에 대한 설명으로 틀린 것은?

① 가요전선관 안에는 전선에 접속점이 없어야 한다.
② 전개된 장소 또는 점검할 수 없는 은폐된 장소에 1종 가요전선관을 사용하였다.
③ 가요전선관 내에 수용되는 전선은 연선이어야 하며, 동선으로 단면적이 10[mm²] 이하인 것은 단선도 무방하다.
④ 가요전선관 내에 수용되는 전선은 옥외용 비닐절연전선을 제외한 절연전선이어야 한다.

**금속제 가요전선관공사**

| 구분 | 내용 |
|---|---|
| 전선 | (1) 전선은 절연전선(옥외용 비닐절연전선을 제외한다)일 것. <br> (2) 전선은 연선일 것. 다만, 단면적 10[mm²] (알루미늄선은 단면적 16[mm²]) 이하의 것은 적용하지 않는다. <br> (3) 전선은 금속제 가요전선관 안에서 접속점이 없도록 할 것. |
| 관재료 | 2종 금속제 가요전선관(습기 많은 장소 또는 물기가 있는 장소에 시설하는 때에는 비닐 피복 2종 가요전선관)일 것. 다만, 전개된 장소 또는 점검할 수 있는 은폐된 장소에는 1종 가요전선관(습기가 많은 장소 또는 물기가 있는 장소에는 비닐 피복 1종 가요전선관)을 사용할 수 있다. |

**15** 지중전선로에 사용하는 지중함의 시설기준으로 적절하지 않은 것은?

① 견고하고 차량 기타 중량물의 압력에 견디는 구조일 것
② 안에 고인 물을 제거할 수 있는 구조로 되어 있을 것
③ 뚜껑은 시설자 이외의 자가 쉽게 열 수 없도록 시설할 것
④ 조명 및 세척이 가능한 적당한 장치를 시설할 것

**지중함의 시설**
지중전선로에 사용하는 지중함은 다음에 따라 시설하여야 한다.
(1) 지중함은 견고하고 차량 기타 중량물의 압력에 견디는 구조일 것.
(2) 지중함은 그 안의 고인 물을 제거할 수 있는 구조로 되어 있을 것.
(3) 폭발성 또는 연소성의 가스가 침입할 우려가 있는 것에 시설하는 지중함으로서 그 크기가 1[m³] 이상인 것에는 통풍장치 기타 가스를 방산시키기 위한 적당한 장치를 시설할 것.
(4) 지중함의 뚜껑은 시설자 이외의 자가 쉽게 열 수 없도록 시설할 것.

정답 13 ③ 14 ② 15 ④

**16** 옥내에 시설하는 단상전동기에 소손될 우려가 있는 과전류가 생겼을 때 자동적으로 이를 저지하거나 경보하는 장치를 시설하여야 하는 경우, 전원측 전로에 시설하는 과전류차단기의 정격전류가 몇 [A] 이하이면 생략 가능한가? (단, 정격출력 0.2[kW] 이하인 전동기는 제외한다.)

① 16　　② 30
③ 20　　④ 10

저압전로 중의 전동기 보호용 과전류 보호장치의 시설

| 구분 | 내용 |
|---|---|
| 시설 | 옥내에 시설하는 전동기에는 전동기가 손상될 우려가 있는 과전류가 생겼을 때에 자동적으로 이를 저지하거나 이를 경보하는 장치를 하여야 한다. |
| 생략 | (1) 전동기의 정격출력이 0.2[kW] 이하인 경우<br>(2) 전동기를 운전 중 상시 취급자가 감시할 수 있는 위치에 시설하는 경우<br>(3) 전동기의 구조나 부하의 성질로 보아 전동기가 손상될 수 있는 과전류가 생길 우려가 없는 경우<br>(4) 단상전동기로서 그 전원측 전로에 시설하는 과전류차단기의 정격전류가 16[A] (배선용차단기는 20[A]) 이하인 경우 |

**17** 가연성 분진에 전기설비가 발화원이 되어 폭발할 우려가 있는 곳에 시설하는 저압 옥내배선에 적합하지 못한 공사방법은?

① 애자공사
② 금속관공사
③ 케이블공사
④ 합성수지관공사(두께 2[mm] 미만의 합성수지전선관 및 난연성이 없는 콤바인덕트관을 사용하는 것은 제외)

위험장소에 시설하는 저압 옥내 전기설비의 공사방법

| 구분 | 공사방법 |
|---|---|
| 폭연성 분진 위험장소 | 금속관공사 또는 케이블공사(캡타이어케이블을 사용하는 것은 제외한다) |
| 가연성 분진 위험장소 | 합성수지관공사(두께 2[mm] 미만의 합성수지전선관 및 난연성이 없는 콤바인덕트관을 사용하는 것을 제외한다)·금속관공사 또는 케이블공사 |
| 위험물 등이 존재하는 장소 | 금속관공사, 케이블공사, 합성수지관공사(두께 2[mm] 미만의 합성수지 전선관 및 난연성이 없는 콤바인 덕트관을 사용하는 것을 제외한다) |
| 가연성 가스 등의 위험장소 | 금속관공사 또는 케이블공사 |

**18** 태양전지 모듈에 사용하는 연동선은 단면적이 몇 [mm²] 이상이어야 하는가?

① 4.0　　② 2.5
③ 1.5　　④ 6.0

태양광 발전설비

| 구분 | 내용 |
|---|---|
| 안전 요구사항 | 태양전지 모듈, 전선, 개폐기 및 기타 기구는 충전부분이 노출되지 않도록 시설하여야 한다. |
| 전기배선 | (1) 모듈의 출력배선은 극성별로 확인할 수 있도록 표시할 것<br>(2) 전선은 공칭단면적 2.5[mm²] 이상의 연동선<br>(3) 옥내 및 옥측 또는 옥외에 시설할 경우에는 합성수지관공사, 금속관공사, 금속제 가요전선관공사, 케이블공사 규정에 준하여 시설하여야 한다. |

정답 16 ① 17 ① 18 ②

**19** 사용전압 35[kV]인 특고압 가공전선과 가공약전류 전선을 동일 지지물에 시설하는 경우, 특고압 가공전선로는 몇 종 특고압 보안공사에 의하여야 하는가?

① 제1종 특고압 보안공사
② 제2종 특고압 보안공사
③ 제3종 특고압 보안공사
④ 제4종 특고압 보안공사

| 사용전압이 35[kV] 이하인 특고압 가공전선과 가공약전류전선 등의 공용설치 |
|---|
| (1) 특고압 가공전선로은 제2종 특고압 보안공사에 의할 것 |
| (2) 전선 상호간 이격거리와 전선의 굵기 |

| 구분 | 이격거리 |
|---|---|
| 이격거리 | 2[m] 이상<br>단, 특고압 가공전선이 케이블인 경우에는 0.5[m]까지 감할 수 있다. |
| 전선의 굵기 | 인장강도 21.67[kN] 이상의 연선 또는 단면적이 50[mm2] 이상인 경동연선 |

**20** 지중 공가설비로 사용하는 광섬유 케이블 및 동축케이블은 지름 몇 [mm] 이하이어야 하는가?

① 16
② 5
③ 4
④ 22

**지중통신선로설비의 시설**
지중 공가설비로 사용하는 광섬유 케이블 및 동축케이블은 지름 22[mm] 이하일 것.

# 22. 1. 전기자기학 (CBT시험 복원문제)

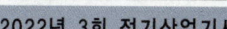
2022년 3회 전기산업기사

※ 본 기출문제는 수험자의 기억을 바탕으로 하여 복원한 문제이므로 실제 문제와 다를 수 있음을 미리 알려드립니다.

**01** 자화율을 $\chi$, 자속밀도를 $B$, 자계의 세기를 $H$, 자화의 세기를 $J$ 라고 할 때, 다음 중 성립할 수 없는 식은?

① $\mu = \mu_0 + \chi$
② $\mu_s = 1 + \dfrac{\chi}{\mu_0}$
③ $B = \mu H$
④ $J = \chi B$

**자화의 세기($J$)**
$J = B - \mu_0 H = \mu H - \mu_0 H = \mu_0(\mu_s - 1)H$
$= \chi_m H = \left(1 - \dfrac{1}{\mu_s}\right)B$ [Wb/m²] 식에서
(1) $B = \mu H = \mu_0 \mu_s H$ [Wb/m²]
(2) $\chi_m = \mu - \mu_0 = \mu_0 \mu_s - \mu_0 = \mu_0(\mu_s - 1)$

**02** 다음 중 정전계의 설명으로 옳은 것은?

① 전기 에너지가 최소로 되는 전하분포의 전계이다.
② 전계 에너지가 최대로 되는 전하분포의 전계이다.
③ 전계 에너지가 항상 0인 전기장을 말한다.
④ 전계 에너지가 항상 ∞인 전기장을 말한다.

**정전계의 정의**
정전계란 단위 전하가 받는 힘이 최소로 작용하는 자유공간으로서 전계에너지가 최소로 되는 전하분포의 전계이다.

**03** 다음 중 강자성체가 아닌 것은?

① 철
② 니켈
③ 백금
④ 코발트

**자성체의 성질**
비투자율 $\mu_s$, 자화율 $\chi_m$ 라 하면
(1) 역자성체 : $\mu_s < 1$, $\chi_m < 0$ (수소, 헬륨, 구리, 탄소, 안티몬, 비스무트, 은 등)
(2) 상자성체 : $\mu_s > 1$, $\chi_m > 0$ (칼륨, 텅스텐, 산소, 백금, 알루미늄 등)
(3) 강자성체 : $\mu_s \gg 1$, $\chi_m \gg 0$ (철, 니켈, 코발트 등)

**04** 제백(Seebeck) 효과를 이용한 것은?

① 광전지
② 열전대
③ 전자냉동
④ 수정 발진기

**제벡(Seebeck) 효과**
두 종류의 도체로 접합된 폐회로에 온도차를 주면 접합점에서 기전력차가 생겨 전류가 흐르게 되는 현상. 열전온도계나 열전대 및 태양열발전 등이 이에 속한다.

**05** 영구자석의 재료로 사용되는 철에 요구되는 사항으로 다음 중 가장 적절한 것은?

① 잔류자속밀도는 작고 보자력이 커야 한다.
② 잔류자속밀도는 크고 보자력이 작아야 한다.
③ 잔류자속밀도와 보자력이 모두 커야 한다.
④ 전류자속밀도는 커야 하나, 보자력은 0이어야 한다.

**영구자석과 전자석**
(1) 영구자석의 성질
   잔류자기와 보자력, 히스테리시스 곡선의 면적이 모두 크다.
(2) 전자석의 성질
   잔류자기는 커야 하며 보자력과 히스테리시스 곡선의 면적은 작다.

정답 01 ④ 02 ① 03 ③ 04 ② 05 ③

**06** 평행판 콘덴서의 양극판 면적을 3배로 하고 간격을 $\frac{1}{3}$로 하면 정전용량은 처음의 몇 배가 되는가?

① 1      ② 3
③ 6      ④ 9

**평행판 전극 사이의 정전용량($C$)**

극판면적 $S$, 극판간격 $d$라 하면 $C = \frac{\epsilon_0 S}{d}$ [F]이므로 정전용량은 면적 $S$에 비례하고 간격 $d$에 반비례한다.

$$C' = \frac{\epsilon_0 S'}{d'} = \frac{\epsilon_0 (3S)}{\frac{1}{3}d} = 9 \cdot \frac{\epsilon_0 S}{d} = 9C \text{[F]}$$

∴ 정전용량은 처음의 9배이다.

**07** 대전도체 표면의 전하밀도를 $\sigma$[C/m²]이라 할 때, 대전도체 표면의 단위면적이 받는 정전응력은 전하밀도 $\sigma$와 어떤 관계에 있는가?

① $\sigma^{\frac{1}{2}}$에 비례      ② $\sigma^{\frac{3}{2}}$에 비례
③ $\sigma$에 비례      ④ $\sigma^2$에 비례

**정전응력($f$)**

$f = \frac{\sigma^2}{2\epsilon_0} = \frac{D^2}{2\epsilon_0} = \frac{1}{2}\epsilon_0 E^2 = \frac{1}{2}ED$ [N/m²] 식에서

∴ 정전응력($f$)은 $\sigma^2$에 비례한다.

**08** 모든 전기장치를 접지시키는 근본적 이유는?

① 영상전하를 이용하기 때문에
② 지구는 전류가 잘 통하기 때문에
③ 편의상 지면의 전위를 무한대로 보기 때문에
④ 지구의 용량이 커서 전위가 거의 일정하기 때문에

**접지의 근본적인 이유**

모든 전기장치는 대지로부터 절연을 하여야 하지만 충전부는 대지와 전기적으로 연결하여 인체의 접촉에 의한 감전이나 화재에 대한 방지대책이 필요하다. 이때 전기장치의 충전부를 대지와 전기적으로 접속하는 것을 접지라 한다. 이렇게 전기장치에 접지를 하는 근본적인 이유는 지구의 용량이 대단히 커서 전위가 거의 변함없이 일정하기 때문이다. 또한 대지면은 실용상 영전위(0[V])로 취급한다.

**09** 액체 유전체를 넣은 콘덴서의 용량이 30[μF]이다. 여기에 500[V]의 전압을 가했을 때 누설전류는 약 얼마인가? (단, 고유저항 $\rho$는 $10^{11}$[Ω·m], 비유전율 $\epsilon_s$는 2.20이다)

① 5.1[mA]      ② 7.7[mA]
③ 10.2[mA]      ④ 15.4[mA]

**전기저항($R$)과 정전용량($C$)의 관계**

$RC = \rho\epsilon = \frac{\epsilon}{k}$ 또는 $\frac{C}{G} = \rho\epsilon = \frac{\epsilon}{k}$ 식에서

누설전류 $I$는 $I = \frac{V}{R} = \frac{CV}{\rho\epsilon}$ [A]이다.

$C = 30\,[\mu F]$, $V = 500\,[V]$, $\rho = 10^{11}\,[\Omega \cdot m]$,
$\epsilon_s = 2.2$일 때

$$\therefore I = \frac{CV}{\rho\epsilon} = \frac{CV}{\rho\epsilon_0\epsilon_s} = \frac{30 \times 10^{-6} \times 500}{10^{11} \times 8.855 \times 10^{-12} \times 2.2}$$
$$= 7.7 \times 10^{-3}\,[A] = 7.7\,[mA]$$

정답   06 ④   07 ④   08 ④   09 ②

**10** 그림 (a)의 인덕턴스에 전류가 그림 (b)와 같이 흐를 때 2초에서 6초 사이의 인덕턴스 전압 $V_L$은?

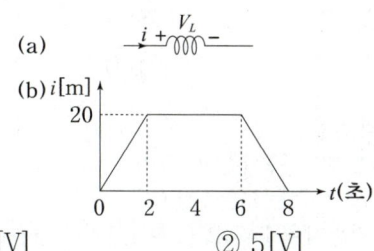

① 0[V]  ② 5[V]
③ 10[V] ④ 20[V]

자기 유도기전력($e$)

$e = -L\dfrac{di}{dt}$ [V] 식에서

$L=1$[H], 2초에서 6초 사이의 시간 $dt=4$[sec], 전류가 일정하므로 $di=0$[A]일 때

$\therefore e = -L\dfrac{di}{dt} = -1 \times \dfrac{0}{4} = 0$ [V]

**11** 직류 500[V] 절연저항계로 절연저항을 측정하니 2[MΩ]이 되었다면 누설전류[μA]는?

① 25     ② 250
③ 1,000  ④ 1,250

전기회로의 옴의 법칙

$I = \dfrac{V}{R}$ [A] 식에서

$V=500$[V], $R=2$[MΩ]일 때

$\therefore I = \dfrac{V}{R} = \dfrac{500}{2 \times 10^6} = 250 \times 10^{-6}$ [A] $= 250$ [μA]

**12** 도전성을 가진 매질내의 평면파에서 전송계수 $\gamma$를 표현한 것으로 알맞은 것은?

① $\gamma = \alpha + j\beta$     ② $\gamma = \alpha - j\beta$
③ $\gamma = j\alpha + \beta$     ④ $\gamma = j\alpha - \beta$

전송선로의 특성 임피던스($Z_0$)와 전파정수($\gamma$)

(1) 특성 임피던스($Z_0$)

$Z_0 = \sqrt{\dfrac{Z}{Y}} = \sqrt{\dfrac{R+j\omega L}{G+j\omega C}}$ [Ω]

(2) 전파정수($\gamma$)

$\gamma = \sqrt{ZY} = \sqrt{(R+j\omega L)(G+j\omega C)} = \alpha + j\beta$

여기서 $\alpha$는 감쇠정수, $\beta$는 위상정수이다.

**13** 그림과 같이 진공내의 A, B, C 각 점에 $Q_A = 4 \times 10^{-6}$[C], $Q_B = 3 \times 10^{-6}$[C], $Q_C = 5 \times 10^{-6}$[C]의 점전하가 일직선상에 놓여있을 때 B점에 작용하는 힘은 몇 [N]인가?

A •―――→ B ←――― • C
      $F_C$    $F_A$
   |―2[m]―|―3[m]―|

① $0.8 \times 10^{-2}$   ② $1.2 \times 10^{-2}$
③ $1.8 \times 10^{-2}$   ④ $2.4 \times 10^{-2}$

쿨롱의 법칙

A와 B 사이에 작용하는 힘 $F_{AB}$, B와 C 사이에 작용하는 힘 $F_{BC}$라 하면 전하 사이의 작용력은 반발력이므로 B구에 작용하는 힘($F_B$)은 두 힘($F_{AB}$와 $F_{BC}$)의 벡터차이다.

$\therefore F_B = F_{AB} - F_{BC}$

$= 9 \times 10^9 \dfrac{Q_A Q_B}{r_{AB}} - 9 \times 10^9 \dfrac{Q_B Q_C}{r_{BC}}$

$= 9 \times 10^9 \left( \dfrac{4 \times 3 \times 10^{-12}}{2^2} - \dfrac{3 \times 5 \times 10^{-12}}{3^2} \right)$

$= 1.2 \times 10^{-2}$ [N]

**14** 다음 (  ) 안에 들어갈 내용으로 옳은 것은?

> 자기 쌍극자에 의해 발생하는 자계의 크기는 자기 쌍극자 중심으로부터 거리의 ( ㉠ )에 반비례하고, 전기 쌍극자에 의해 발생하는 전위의 크기는 전기 쌍극자 중심으로부터 거리의 ( ㉡ )에 반비례한다.

① ㉠ 제곱, ㉡ 제곱
② ㉠ 제곱, ㉡ 세제곱
③ ㉠ 세제곱, ㉡ 제곱
④ ㉠ 세제곱, ㉡ 세제곱

**쌍극자에 의한 자계의 세기($H$)와 전위($V$)**
쌍극자 모멘트 $M$, 거리 $r$, 각도 $\theta$라 하면

$$H = \frac{M\sqrt{1+3\cos^2\theta}}{4\pi\mu_0 r^3}$$

$$= 6.33 \times 10^4 \frac{M\sqrt{1+3\cos^2\theta}}{r^3} \text{ [AT/m]},$$

$$V = \frac{M\cos\theta}{4\pi\epsilon_0 r^2} = 9 \times 10^9 \frac{M\cos\theta}{r^2} \text{ [V]} \text{ 이므로}$$

$$\therefore H \propto \frac{1}{r^3},\ V \propto \frac{1}{r^2} \text{이다.}$$

**15** 전하 $4\pi$[C]이 4[m/s]의 속도로 진공 중을 직선운동하고 있다면, 이 운동 방향에 대하여 각도 $\theta$이고, 거리 2[m] 떨어진 점의 자계의 세기는 몇 [A/m]인가?

① $\cos\theta$
② $\frac{1}{2\sin\theta}$
③ $\sin\theta$
④ $2\sin\theta$

**비오 – 사바르 법칙**

$$H = \oint \frac{Idl \times a_r}{4\pi r^2} = \frac{Il\sin\theta}{4\pi r^2} \text{ [AT/m] 식에서}$$

$Q = 4\pi$ [C], $v = 4$ [m/s], $r = 2$ [m]일 때

$I = \frac{Q}{t}$ [A], $v = \frac{l}{t}$ [m/s] 이므로

$Il = \frac{Q}{t} \cdot vt = Qv$ [A·m]이다.

$$\therefore H = \frac{Il\sin\theta}{4\pi r^2} = \frac{Qv\sin\theta}{4\pi r^2} = \frac{4\pi \times 4 \times \sin\theta}{4\pi \times 2^2}$$

$$= \sin\theta \text{ [AT/m]}$$

**16** 전계 내에서 폐회로를 따라 전하를 일주시킬 때 전계가 행하는 일은 몇 [J]인가?

① $\infty$
② $\pi$
③ 1
④ 0

**도체의 성질**
도체 표면은 등전위면이며 등전위면을 따라 이동한 전하량($Q$)이 하는 일은 항상 0이다.
또한 전계 내에서 폐회로를 따라 전하를 일주시켜도 전하가 하는 일은 항상 0이다.

**17** 유전율 $\epsilon$[F/m]인 유전체 중에서 전하가 $Q$[C], 전위가 $V$[V], 반지름 $a$[m]인 도체구가 갖는 에너지는 몇 [J]인가?

① $\frac{1}{2}\pi\epsilon a V^2$
② $\pi\epsilon a V^2$
③ $2\pi\epsilon a V^2$
④ $4\pi\epsilon a V^2$

**정전에너지($W$)**

$W = \frac{1}{2}CV^2 = \frac{1}{2}QV = \frac{Q^2}{2C}$ [J] 식에서

구도체의 정전용량 $C = 4\pi\epsilon a$ [F]이므로

$\therefore W = \frac{1}{2}CV^2 = \frac{1}{2} \times 4\pi\epsilon a V^2 = 2\pi\epsilon a V^2$ [J]

**정답** 14 ③  15 ③  16 ④  17 ③

**18** 비투자율 800의 환상철심으로 하여 권선 600회 감아서 환상솔레노이드를 만들었다. 이 솔레노이드의 평균반경이 20[cm]이고, 단면적이 10[cm²]이다. 이 권선에 전류 1[A]를 흘리면 내부에 통하는 자속 [Wb]은?

① $2.7 \times 10^{-4}$  ② $4.8 \times 10^{-4}$
③ $6.8 \times 10^{-4}$  ④ $9.6 \times 10^{-4}$

> 자기회로 내의 옴의 법칙
> $\phi = \dfrac{NI}{R_m} = \dfrac{\mu SNI}{l} = \dfrac{\mu_0 \mu_s SNI}{l}$ [Wb] 식에서
> $\mu_s = 800$, $N = 600$, 평균반경 $a = 20$ [cm],
> $S = 10$ [cm²], $I = 1$ [A]일 때
> 평균 자기회로의 길이 $l = 2\pi a$ [m]이므로
> $\therefore \phi = \dfrac{\mu_0 \mu_s SNI}{l}$
> $= \dfrac{4\pi \times 10^{-7} \times 800 \times 10 \times 10^{-4} \times 600 \times 1}{2\pi \times 20 \times 10^{-2}}$
> $= 4.8 \times 10^{-4}$ [Wb]

**19** 코일의 면적을 2배로 하고 자속밀도의 주파수를 2배로 높이면 유기기전력의 최대값은 어떻게 되는가?

① $\dfrac{1}{4}$로 된다.  ② $\dfrac{1}{2}$로 된다.
③ 2배로 된다.  ④ 4배로 된다.

> 유기기전력의 최대값($E_m$)
> $E_m = \omega N \phi_m = 2\pi f N B_m S$ [V] 식에서
> $S' = 2S$ [m²], $f' = 2f$ [Hz], $\omega = 2\pi f$ [rad/sec],
> $\phi_m = B_m S$ [Wb]일 때
> $E_m \propto fS$ 이므로
> $E_m' = \dfrac{f'S'}{fS} E_m = \dfrac{2f \times 2S}{fS} E_m = 4E_m$ [V]
> $\therefore$ 4배

**20** 무한히 넓은 2개의 평행도체판의 간격이 $d$[m]이며 그 전위차는 $V$[V]이다. 도체판의 단위면적에 작용하는 힘은 몇 [N/m²]인가? (단, 유전율은 $\epsilon_0$이다.)

① $\epsilon_0 \left(\dfrac{V}{d}\right)^2$  ② $\dfrac{1}{2}\epsilon_0 \left(\dfrac{V}{d}\right)^2$
③ $\dfrac{1}{2}\epsilon_0 \left(\dfrac{V}{d}\right)$  ④ $\epsilon_0 \left(\dfrac{V}{d}\right)$

> 공기 또는 진공중의 정전에너지($w$) 및 정전력($f$)
> $w = \dfrac{\rho_s^2}{2\epsilon_0} = \dfrac{D^2}{2\epsilon_0} = \dfrac{1}{2}\epsilon_0 E^2 = \dfrac{1}{2} ED$ [J/m³] 식에서
> $f = w$ [N/m²] 이므로 $E = \dfrac{V}{d}$ [V/m]일 때
> $\therefore f = \dfrac{1}{2}\epsilon_0 E^2 = \dfrac{1}{2}\epsilon_0 \left(\dfrac{V}{d}\right)^2$ [N/m²]

정답 18 ② 19 ④ 20 ②

## 2. 전력공학(CBT시험 복원문제)

2022년 3회 전기산업기사

※ 본 기출문제는 수험자의 기억을 바탕으로 하여 복원한 문제이므로 실제 문제와 다를 수 있음을 미리 알려드립니다.

**01** 3상용 차단기의 정격차단용량은?

① 정격전압 × 정격차단전류
② 3 × 정격전압 × 정격전류
③ 3 × 정격전압 × 정격차단전류
④ $\sqrt{3}$ × 정격전압 × 정격차단전류

**3상 차단기의 차단용량(=단락용량)**
(1) $P_s = \sqrt{3}$ ×정격전압×정격차단전류
(2) 공급측 전원용량의 크기
(3) 공급측 전원단락용량의 크기

**02** 수력발전소의 댐(Dam)의 설계 및 저수지 용량 등을 결정하는데 사용되는 것은?

① 유량도          ② 유황곡선
③ 수위-유량곡선   ④ 적산유량곡선

**적산유량곡선**
적산유량곡선은 유량도를 기초로 하여 횡축에 역일순으로 하고 종축에 적산량의 총계를 취하여 만든 곡선으로 댐 설계 및 저수지 용량 결정에 사용된다.

**03** 피뢰기의 정격전압이란?

① 상용주파수의 방전개시전압
② 속류를 차단할 수 있는 최고의 교류전압
③ 방전을 개시할 때 단자전압의 순시값
④ 충격방전전류를 통하고 있을 때 단자전압

**피뢰기의 용어해설**
(1) 상용주파 방전개시전압 : 정상운전 중 상용주파수에서 방전이 개시되는 전압
(2) 정격전압 : 속류가 차단되는 순간 피뢰기 단자전압
(3) 충격파 방전개시전압 : 충격파 방전을 개시할 때 피뢰기 단자의 최대전압
(4) 제한전압 : 충격파전류가 흐르고 있을 때의 피뢰기 단자전압

**04** 수전단을 단락한 경우 송전단에서 본 임피던스는 300[Ω]이고 수전단을 개방한 경우에는 1,200[Ω]일 때 이 선로의 특성 임피던스는 몇 [Ω]인가?

① 300   ② 500
③ 600   ④ 800

**특성 임피던스($Z_0$)**
송전선로의 특성 임피던스는 송전선로의 수전단을 개방하고 송전단에서 바라본 임피던스($Z_{s0}$)와 수전단을 단락하고 송전단에서 바라본 임피던스($Z_{ss}$)를 이용하여 계산할 수도 있다. 이때 식은 $Z_0 = \sqrt{Z_{s0} Z_{ss}}$ [Ω]이다.
$Z_{ss} = 300[\Omega]$, $Z_{s0} = 1,200[\Omega]$ 이므로
$Z_{s0} = \sqrt{Z_{s0} Z_{ss}} = \sqrt{1,200 \times 300} = 600[\Omega]$

**05** 역률 개선을 통해 얻을 수 있는 효과로 옳지 않은 것은?

① 전력 손실의 경감
② 설비 용량의 여유분 증가
③ 전압 강하의 경감
④ 고조파 제거

**역률개선 효과**
부하의 역률을 개선하기 위해서 전력용 콘덴서(병렬콘덴서)를 설치하며 역률이 개선될 경우 다음과 같은 효과가 있다.
(1) 전력손실 경감
(2) 전압강하 경감
(3) 전력요금 감소
(4) 설비용량의 여유 증가

정답  01 ④  02 ④  03 ②  04 ③  05 ④

## 06 전력선과 통신선과의 상호 인덕턴스에 의하여 발생되는 유도장해는?

① 전력유도장해
② 고조파 유도장해
③ 전자유도장해
④ 정전유도장해

**전자유도장해**
지락사고시 지락전류와 영상전류에 의해서 자기장이 형성되고 전력선과 통신선 사이에 상호 인덕턴스(M)에 의하여 통신선에 전압이 유기되는 현상
(1) 전자유도전압($E_m$)
$$E_m = j\omega Ml(I_a + I_b + I_c) = j\omega Ml \times 3I_0$$
여기서, $3I_0$를 기유도 전류라 한다.
(2) 상호 인덕턴스 계산
전류의 귀로인 대지의 도전율이 균일한 경우에 상호 인덕턴스는 칼슨 - 폴라체크식에 의해서 계산한다.

## 07 우리나라 22.9[kVA] 배전선로에 적용하는 피뢰기의 공칭방전전류[A]는?

① 1,500
② 2,500
③ 5,000
④ 10,000

**피뢰기의 공칭방전전류**

| 공칭전압[kV] | 정격전압[kV] | 공칭방전전류[A] |
|---|---|---|
| 3.3 | 7.5 | |
| 6.6 | 7.5 | |
| 22.9 | 18(배전선로) | 2,500 |
| | 21(변전소) | |
| 22 | 24 | |
| 66 | 75 | 5,000 |
| 154 | 144 | 10,000 |
| 345 | 288 | |

## 08 다음 중 지락전류의 크기가 최소인 중성점 접지방식은?

① 비접지방식
② 소호 리액터접지방식
③ 직접접지방식
④ 고저항접지방식

**중성점 접지방식의 각 항목에 대한 비교표**

| 종류 및 특징<br>항목 | 비접지 | 직접접지 | 저항접지 | 소호 리액터 접지 |
|---|---|---|---|---|
| 지락사고시 건전상의 전위 상승 | 크다 | 최저 | 약간 크다 | 최대 |
| 절연레벨 | 최고 | 최저(단절연) | 크다 | 크다 |
| 지락전류 | 적다 | 최대 | 적다 | 최소 |
| 보호계전기 동작 | 곤란 | 가장 확실 | 확실 | 불가능 |
| 유도장해 | 작다 | 최대 | 작다 | 최소 |
| 안정도 | 크다 | 최소 | 크다 | 최대 |

## 09 저항 10[Ω], 리액턴스 15[Ω]인 3상 송전선이 있다. 수전단 전압 60[kV], 부하역률 0.8(늦음), 전류 100[A]라 한다. 이때 송전단전압은 약 몇 [kV]인가?

① 36[kV]
② 63[kV]
③ 109[kV]
④ 120[kV]

**전압강하($V_d$)**
$$V_d = E_s - E_R = \sqrt{3}\,I(R\cos\theta + X\sin\theta)$$
$$= \frac{P}{E}(R + X\tan\theta)\,[V]\ \text{식에서}$$
$R = 10\,[\Omega]$, $X = 15\,[\Omega]$, $E_R = 60\,[kV]$,
$\cos\theta = 0.8$, $\sin\theta = 0.6$, $I = 100\,[A]$ 일 때
$$\therefore E_s = E_R + \sqrt{3}\,I(R\cos\theta + X\sin\theta)$$
$$= 60,000 + \sqrt{3} \times 100 \times (10 \times 0.8 + 15 \times 0.6)$$
$$= 62,940\,[V] = 63\,[kV]$$

**정답** 06 ③  07 ②  08 ②  09 ②

**10** 피뢰기의 구비조건으로 옳지 않은 것은?

① 충격방전개시전압이 낮을 것
② 상용주파방전개시전압이 높을 것
③ 방전내량이 작으면서 제한전압이 높을 것
④ 속류차단능력이 충분할 것

**피뢰기의 역할**
(1) 충격파 방전개시전압이 낮을 것
(2) 상용주파 방전개시전압이 높을 것
(3) 방전내량이 크며 제한전압은 낮아야 한다.
(4) 속류차단능력이 충분히 커야 한다.
(5) 충격파 전류가 흐르고 있을 때의 피뢰기 단자전압이 제한전압이며 속류가 차단되는 순간 피뢰기 단자전압을 정격전압이라 한다.

**11** 장거리 송전선로의 특성을 정확하게 다루기 위한 회로로 알맞은 것은?

① 분포정수회로
② 분산부하회로
③ 집중정수회로
④ 특성임피던스회로

**분포정수회로**
장거리 송전선로에 선로정수로 표현하고 있는 $R$, $L$, $C$, $G$가 고르게 분포되어 있다 가정하여 전압, 전류에 대한 기본방정식을 세워 송전 계통의 특성을 해석하는 데 필요한 회로를 분포정수회로라 한다.

**12** 단상 2선식의 교류 배전선이 있다. 전선 한 줄의 저항은 0.15[Ω], 리액턴스는 0.25[Ω]이다. 부하는 무유도성으로 100[V], 3[kW]일 때 급전점의 전압은 약 몇 [V]인가?

① 100   ② 110
③ 120   ④ 130

전압강하($V_d$)

$V_d = V_s - V_R = 2I(R\cos\theta + X\sin\theta)$

$= 2 \times \dfrac{P}{V_R}(R + X\tan\theta)$ [V] 식에서

$V_R = 100$ [V], $\cos\theta = 1$ (무유도성), $P = 3$ [kW],
$R = 0.15$ [Ω], $X = 0.25$ [Ω] 일 때

$\therefore V_s = V_R + 2 \times \dfrac{P}{V_R}(R + X\tan\theta)$

$= 100 + 2 \times \dfrac{3 \times 10^3}{100} \times (0.15 + 0.25 \times 0)$

$= 109$ [V] ≒ 110 [V]

참고 $\tan\theta = \dfrac{\sin\theta}{\cos\theta} = \dfrac{1 - \cos^2\theta}{\cos\theta} = \dfrac{1-1}{1} = 0$

**13** 복도체를 사용한 송전선로를 단도체를 사용한 선로와 비교할 때 알맞은 것은? (단, 복도체의 총 단면적과 단도체의 단면적이 같은 경우이다.)

① 작용인덕턴스와 작용정전용량이 모두 감소한다.
② 작용인덕턴스와 작용정전용량이 모두 증가한다.
③ 작용인덕턴스는 감소하고, 작용정전용량은 증가한다.
④ 작용인덕턴스는 증가하고, 작용정전용량은 감소한다.

**복도체의 특징**
(1) 주된 사용 목적 : 코로나 방지
(2) 장점
 ㉠ 등가반지름이 증가되어 $L$이 감소하고 $C$가 증가한다. - 송전용량이 증가하고 안정도가 향상된다.
 ㉡ 코로나 임계전압이 증가하여 코로나 손실이 감소한다. - 송전효율이 증가한다.
 ㉢ 통신선의 유도장해가 억제된다.

**14** 송전계통의 중성점을 직접접지하는 목적과 관계 없는 것은?

① 고장전류 크기의 억제
② 이상전압 발생의 방지
③ 보호계전기의 신속 정확한 동작
④ 전선로 및 기기의 절연레벨을 경감

직접접지방식의 특징

| 구분 | 특징 |
|---|---|
| 장점 | (1) 1선 지락고장시 건전상의 대지전압 상승이 거의 상승하지 않는다.<br>(2) 단선고장시 이상전압이 최저이다.<br>(3) 계통의 절연수준이 낮아지므로 경제적이며 초고압 송전선에 적합하다.<br>(4) 중성점 전위가 낮으므로 변압기의 단절연이 가능하다.<br>(5) 보호계전기가 신속하게 동작하여 신뢰도가 높다. |
| 단점 | (1) 지락전류가 대단히 크다<br>(2) 근접 통신선에 유도장해가 발생한다.<br>(3) 계통의 안정도가 나쁘다. |

**16** 중성점 저항접지방식의 병행 2회선 송전선로의 지락사고 차단에 사용되는 계전기는?

① 선택접지계전기
② 거리계전기
③ 과전류계전기
④ 역상계전기

중성점 저항접지방식
접지저항값이 너무 낮으면 고장발생시 통신선에 유도장해가 커지고 반대로 너무 크면 지락계전기의 동작이 곤란해진다. 동시에 건전상의 대지전압상승을 초래하게 된다. 접지개소의 수는 한 군데에서만 하는 단일 저항접지보다 2개소 이상의 중성점을 동시에 접지하는 복독항접지가 지락전류를 2개소 이상으로 분산시켜서 유도전압을 감소시키고, 선택접지계전기의 병행 2회선 선택을 쉽게 할 수 있다는 이점이 있어 채택되는 경우가 있다.

**15** 송전계통의 안정도 증진방법에 대한 설명이 아닌 것은?

① 전압변동을 작게 한다.
② 직렬리액턴스를 크게 한다.
③ 고장 시 발전기 입·출력의 불평형을 작게 한다.
④ 고장전류를 줄이고 고장구간을 신속하게 차단한다.

안정도 개선책
(1) 리액턴스를 줄인다. : 직렬콘덴서 설치
(2) 단락비를 증가시킨다. : 전압변동률을 줄인다.
(3) 중간조상방식을 채용한다. : 동기조상기 설치
(4) 속응여자방식을 채용한다. : 고속도 AVR 채용
(5) 재폐로 차단방식을 채용한다. : 고속도차단기 사용
(6) 계통을 연계한다.
(7) 소호리액터 접지방식을 채용한다.

**17** 수전 용량에 비해 첨두부하가 커지면 부하율은 그에 따라 어떻게 되는가?

① 높아진다.
② 낮아진다.
③ 변하지 않고 일정하다.
④ 부하의 종류에 따라 달라진다.

부하율
부하율 = $\frac{평균전력}{최대전력} \times 100[\%]$ 식에서

부하율은 최대전력과 반비례 하므로 첨두부하(최대전력)가 커지면 부하율은 낮아진다.

**18** 갈수량이란 어떤 유량을 말하는가?

① 1년 365일 중 95일간은 이보다 낮아지지 않는 유량
② 1년 365일 중 185일간은 이보다 낮아지지 않는 유량
③ 1년 365일 중 275일간은 이보다 낮아지지 않는 유량
④ 1년 365일 중 355일간은 이보다 낮아지지 않는 유량

**하천유량의 크기**
(1) 갈수량(갈수위) : 1년 365일 중 355일은 이것보다 내려가지 않는 유량 또는 수위
(2) 저수량(저수위) : 1년 365일 중 275일은 이것보다 내려가지 않는 유량 또는 수위
(3) 평수량(평수위) : 1년 365일 중 185일은 이것보다 내려가지 않는 유량 또는 수위
(4) 풍수량(풍수위) : 1년 365일 중 중 95일은 이것보다 내려가지 않는 유량 또는 수위

**19** 발전기의 자기여자현상을 방지하기 위한 대책으로 적합하지 않은 것은?

① 단락비를 크게 한다.
② 포화율을 작게 한다.
③ 선로의 충전전압을 높게 한다.
④ 발전기 정격전압을 높게 한다.

**발전기의 자기여자작용 방지대책**
(1) 동기조상기를 설치한다.
(2) 분로리액터를 설치한다.
(3) 발전기 여러 대를 병렬로 운전한다.
(4) 변압기를 병렬로 설치한다.
(5) 단락비가 큰 기계를 설치한다.
(6) 발전기 용량 > 3 × 선로의 충전용량
∴ 발전기의 자기여자작용은 정전용량에 의한 진상전류가 원인이기 때문에 선로의 충전전압을 높게 하면 자기여자작용이 더 심해진다.

**20** 페란티현상이 발생하는 주된 원인은?

① 선로의 저항
② 선로의 인덕턴스
③ 선로의 정전용량
④ 선로의 누설콘덕턴스

**페란티현상**
페란티현상이란 선로의 정전용량(C)으로 인하여 진상전류가 흐르는 경우 수전단전압이 송전단전압보다 더 높아지는 현상을 말한다. 이러한 페란티현상은 분로리액터를 설치함으로써 억제할 수 있다.

정답 18 ④ 19 ③ 20 ③

## 22   3. 전기기기(CBT시험 복원문제)

2022년 3회 전기산업기사

※ 본 기출문제는 수험자의 기억을 바탕으로 하여 복원한 문제이므로 실제 문제와 다를 수 있음을 미리 알려드립니다.

**01** 4극, 7.5[kW], 220[V], 60[Hz]인 3상 유도전동기가 있다. 전부하에서의 2차 입력이 7,950[W]이다. 이 경우의 2차 효율은 약 몇 [%]인가? (단, 여기서 기계손은 130[W]이다.)

① 92      ② 94
③ 96      ④ 98

> 유도전동기의 2차 효율($\eta_2$)
>
> $\eta_2 = \dfrac{P_o + P_\ell}{P_2} = 1 - s = \dfrac{N}{N_s}$ 식에서
>
> 극수 $p = 4$, 기계적 출력 $P_o = 7.5$ [kW],
> $V = 200$ [V], $f = 60$ [Hz], 2차 입력 $P_2 = 7,950$ [W],
> 기계손 $P_\ell = 130$ [W]일 때
>
> $\therefore \eta_2 = \dfrac{P_o + P_\ell}{P_2} = \dfrac{7,500 + 130}{7,950} \times 100 = 96$ [%]

**02** 6극 직류발전기의 정류자 편수가 132, 단자전압이 220[V], 직렬 도체수가 132개이고 중권이다. 정류자 편간 전압은 몇 [V]인가?

① 10      ② 20
③ 30      ④ 40

> 정류자편간 평균전압($e_s$)
>
> $e_s = \dfrac{pE}{k_s}$ [V] 식에서
>
> $p = 6$, $k_s = 132$, $E = 200$ [V], $z = 132$일 때
>
> $\therefore e_s = \dfrac{pE}{k_s} = \dfrac{6 \times 220}{132} = 10$ [V]

**03** 직류 분권전동기의 단자전압과 계자전류를 일정하게 하고 2배의 속도로 2배의 토크를 발생하는데 필요한 전력은 처음 전력의 몇 배인가?

① 불변      ② 2배
③ 4배      ④ 8배

> 직류전동기의 토크($\tau$)
>
> $\tau = 9.55 \dfrac{P}{N}$ [N·m] $= 0.975 \dfrac{P}{N}$ [kg·m] 식에서
>
> $P = \dfrac{1}{0.975} N\tau = 1.026 \, N\tau$ [W] 이므로
>
> $N = 2$배, $\tau = 2$배일 때
>
> $\therefore P \propto N\tau = 4$ 배

**04** 3상 유도전동기의 원선도 작성에 필요한 기본량을 구하기 위한 시험이 아닌 것은?

① 충격전압시험
② 저항측정시험
③ 무부하시험
④ 구속시험

> 원선도를 그리는데 필요한 시험
> (1) 무부하시험
> (2) 구속시험
> (3) 권선저항 측정시험

정답   01 ③   02 ①   03 ③   04 ①

## 05 직류기의 전기자 권선에 있어서 $m$중 중권일 때 내부 병렬 회로수는 어떻게 되는가?
(단, $a$ : 내부 병렬 회로수, $p$ : 극수이다.)

① $a = \dfrac{p}{m}$　　② $a = mp$

③ $a = p - m$　　④ $a = \dfrac{m}{p}$

**중권과 파권의 비교**

| 비교항목 | 중권 | 파권 |
|---|---|---|
| 전기자병렬회로수($a$) | $a = p$ (극수) | $a = 2$ |
| 브러시 수($b$) | $b = p$ | $b = 2$ |
| 용도 | 저전압, 대전류용 | 고전압, 소전류용 |
| 균압접속 | 필요하다. | 불필요하다. |
| 다중도($m$) | $a = pm$ | $a = 2m$ |

## 06 다음에서 게이트에 의한 턴온(turn-on)을 이용하지 않는 소자는?

① DIAC　　② SCR
③ GTO　　④ TRAIC

**DIAC**
정상동작 시에 양방향으로 전류를 흘릴 수 있는 PNPN 4층 구조로 된 2단자 반도체 사이리스터이다. DIAC은 애노드와 캐소드의 2개의 단자로 구성되어 양단의 어느 극성에서도 브레이크 오버전압에 도달하면 도통할 수 있다. 유지전류 이하의 전류에서 OFF 된다.

## 07 3상 유도전동기에서 비례추이를 하지 않는 것은?

① 효율　　② 역률
③ 1차 전류　　④ 동기 와트

**비례추이를 할 수 있는 제량**
(1) 비례추이가 가능한 특성
　토크, 1차 입력, 2차 입력(=동기와트), 1차 전류, 2차 전류, 역률
(2) 비례추이가 되지 않는 특성
　출력, 효율, 2차 동손, 동기속도

## 08 변압기 결선방법 중 3상 전원을 이용하여 2상 전압을 얻고자 할 때 사용하는 결선방법은?

① Fork 결선　　② Scott 결선
③ 환상결선　　④ 2중 3각 결선

**상수변환**
3상 전원을 2상 전원으로 변환하는 결선은 다음과 같다.
(1) 스코트 결선(T결선)
　㉠ T좌 변압기의 탭 위치 : $\dfrac{\sqrt{3}}{2}$ 지점
　㉡ M좌 변압기의 탭 위치 : $\dfrac{1}{2}$ 지점
(2) 메이어 결선
(3) 우드브리지 결선

## 09 IGBT의 특징으로 틀린 것은?

① GTO 사이리스터처럼 역방향 전압저지 특성을 갖는다.
② MOSFET처럼 전압제어소자이다.
③ BJT처럼 온드롭(on-drop)이 전류에 관계없이 낮고 거의 일정하여 MOSFET보다 훨씬 큰 전류를 흘릴 수 있다.
④ 게이트와 에미터간 입력임피던스가 매우 작아 BJT보다 구동하기 쉽다.

**IGBT(Insulated Gate Bipolar Transistor)의 특징**
이 소자는 MOSFET와 같이 전압제어 소자로서 응답속도가 빠르며(고속 스위칭 특성) 게이트 입력 임피던스가 매우 크기 때문에 드라이브 하기가 좋다. 또한 GTO처럼 자기소호능력과 역방향 전압 저지 특성을 지니고 있으며 BJT처럼 전류제어소자이기 때문에 전류에 관계없이 on-drop이 거의 일정하고 큰 전류를 제어할 수 있다.

**정답** 05 ② 06 ① 07 ① 08 ② 09 ④

**10** 출력이 20[kW]인 직류발전기의 효율이 80[%] 이면 손실[kW]은 얼마인가?

① 1　　　　② 2
③ 5　　　　④ 8

> 직류발전기의 규약효율($\eta$)
> $\eta = \dfrac{출력}{출력+손실} \times 100\,[\%]$ 식에서
> 출력 = 20[kW], $\eta$ = 80[%]일 때
> $\therefore$ 손실 = $\dfrac{출력}{\eta} \times 100 - 출력 = \dfrac{20}{80} \times 100 - 20$
> 　　　　 = 5[kW]

**11** 변압기 결선방식에서 $\Delta-\Delta$결선 방식의 특성이 아닌 것은?

① 중성점 접지를 할 수 없다.
② 110[kV] 이상 되는 계통에서 많이 사용되고 있다.
③ 외부에 고조파 전압이 나오지 않으므로 통신장해의 염려가 없다.
④ 단상 변압기 3대 중 1대의 고장이 생겼을 때 2대로 V결선하여 송전할 수 있다.

> $\Delta-\Delta$결선의 특징
> (1) 중성점 접지를 할 수 없다.
> (2) 상전류는 선전류의 $\dfrac{1}{\sqrt{3}}$배이므로 대전류 송전에 유리하다.
> (3) 제3고조파가 $\Delta$결선 내부를 순환하므로 선로에 제3고조파가 나타나지 않기 때문에 기전력의 파형이 정현파가 된다.
> (4) 인접 통신선에 유도장해가 없다.
> (5) 변압기 1대 고장시 V결선으로 송전을 계속할 수 있다.
> (6) 30[kV] 이하의 저전압 단거리 송전계통에서 많이 사용된다.

**12** 동기발전기의 자기여자 방지법이 아닌 것은?

① 발전기 2대 또는 3대를 병렬로 모선에 접속한다.
② 수전단에 동기조상기를 접속한다.
③ 송전선로의 수전단에 변압기를 접속한다.
④ 충전전류를 공급한다.

> 발전기의 자기여자작용 방지대책
> (1) 동기조상기를 설치한다.
> (2) 분포리액터를 설치한다.
> (3) 발전기 여러 대를 병렬로 운전한다.
> (4) 변압기를 병렬로 설치한다.
> (5) 단락비가 큰 기계를 설치한다.
> (6) 발전기 용량 > 3×선로의 충전용량
> $\therefore$ 발전기의 자기여자작용은 정전용량에 의한 진상전류가 원인이기 때문에 선로의 충전전류를 공급하면 자기여자작용이 더 심해진다.

**13** 3상 유도전동기에서 동기와트로 표시되는 것은?

① 토크　　　　② 동기 각속도
③ 1차 입력　　④ 2차 출력

> 동기와트($P_2$)
> $\tau = 0.975 \dfrac{P_0}{N}\,[\text{kg}\cdot\text{m}] = 0.975 \dfrac{P_2}{N_s}\,[\text{kg}\cdot\text{m}]$ 식에서 토크($\tau$)는 2차 입력($P_2$)에 비례하고 동기속도($N_s$)에 반비례한다. 이때 $N_s = \dfrac{120f}{p}$[rpm]이므로 극수($p$), 주파수($f$)가 일정하면 동기속도($N_s$)는 일정하므로 토크($\tau$)는 2차 입력($P_2$)에 비례하게 된다. 따라서 2차 입력($P_2$)을 토크($\tau$)로 표시하고 이것을 동기와트($P_2$)라 한다.

**14** 서보모터에 대한 설명 중 틀린 것은?

① 전기자 직경이 크고 길이가 짧아야 한다.
② 응답속도가 빨라야 하기 때문에 회전자의 관성이 작아야 한다.
③ 기동, 정지 및 역회전 동작을 자주 되풀이 할 경우에는 내열성을 고려하여야 한다.
④ 기동토크가 큰 특성을 가져야 한다.

**서보모터의 특징**
(1) 전기자 직경이 작고 길이가 길어야 한다.
(2) 응답속도가 빨라야 하기 때문에 회전자의 관성이 작아야 한다.
(3) 기동, 정지 및 역회전 동작을 자주 되풀이 할 경우에는 내열성을 고려하여야 한다.
(4) 기동토크가 큰 특성을 가져야 한다.

**15** 1[N·m]의 회전력으로 매분 1,000회전하는 직류 전동기의 출력[kW]은 다음의 어느 것에 가장 가까운가?

① 0.1　　② 1
③ 2　　　④ 5

**직류전동기의 토크($\tau$)**

$\tau = 9.55 \dfrac{P}{N}$ [N·m] 식에서

$\tau = 1$ [N·m], $N = 1,000$ [rpm]일 때

$\therefore P = \dfrac{\tau \cdot N}{9.55} = \dfrac{1 \times 1,000}{9.55} = 100$ [W] $= 0.1$ [kW]

**16** 일정 전압으로 운전하고 있는 직류발전기의 손실이 $\alpha + \beta I^2$ 으로 표시될 때, 효율이 최대가 되는 전류는? (단, $\alpha$, $\beta$는 상수이다.)

① $\dfrac{\alpha}{\beta}$　　② $\dfrac{\beta}{\alpha}$
③ $\sqrt{\dfrac{\alpha}{\beta}}$　　④ $\sqrt{\dfrac{\beta}{\alpha}}$

**직류기의 최대효율조건**

손실 $= \alpha + \beta I^2$인 경우 상수 $\alpha$는 무부하손실이며 상수 $\beta$는 부하손실을 의미한다.
$I^2$ 부하인 경우 전손실 $= \alpha + \beta I^2$에서 최대효율이 되기 위한 조건은 무부하손실과 부하손실이 서로 같은 조건을 만족해야 한다.
따라서 $\alpha = \beta I^2$이므로

$\therefore I = \sqrt{\dfrac{\alpha}{\beta}}$

**17** 20극, 360[rpm]인 3상 동기발전기가 있다. 전 슬롯 수 180, 2층권 각 코일의 권수 2, 전기자 권선은 성형으로 단자 전압 6,600[V]인 경우, 1극의 자속[Wb]은 얼마인가? (단, 권선 계수는 0.9라 한다.)

① 0.132　　② 0.066
③ 1.32　　　④ 0.66

**유기기전력($E$)**

극수 $p = 20$, $N_s = 360$ [rpm], 슬롯 수 $= 180$,
각 코일의 권수 $= 2$, $V = 6,600$ [V], $k_w = 0.9$ 이므로

$N_s = \dfrac{120f}{p}$ [rpm] 식에서 주파수 $f$는

$f = \dfrac{N_s p}{120} = \dfrac{360 \times 20}{120} = 60$ [Hz]이다.

한상의 코일 권수 $N = \dfrac{\text{슬롯 수} \times \text{슬롯 내부 코일 권수}}{\text{상수}}$

$= \dfrac{180 \times 2}{3} = 120$일 때

$V = \sqrt{3}\, E = \sqrt{3} \times 4.44 f \phi N k_w$ [V] 식에 의해서

$\therefore \phi = \dfrac{V}{\sqrt{3} \times 4.44 f N k_w}$

$= \dfrac{6,600}{\sqrt{3} \times 4.44 \times 60 \times 120 \times 0.9}$

$= 0.132$ [Wb]

정답　14 ①　15 ①　16 ③　17 ①

**18** 정격이 같은 2대의 단상 변압기 1,500[kVA]가 임피던스 전압은 각각 6[%]와 4[%]이다. 이것을 병렬로 하면 몇 [kVA]의 부하를 걸 수가 있는가?

① 3,000　　　　② 2,500
③ 2,000　　　　④ 1,500

**변압기 병렬운전시 부하분담**

각 변압기 용량을 $P_A$, $P_B$라 놓고 %임피던스 강하를 $\%Z_a$, $\%Z_b$라 놓으면 부하분담은 용량에 비례하며 %임피던스에 반비례하므로 $P_A$, $P_B$ 중 큰 용량을 기준으로 잡는다. (또는 %임피던스가 작은 값이 기준이 된다.)
$P_A$변압기가 부담해야 할 용량을 $P_a$라 가정하여 계산하면 $P_a = \dfrac{\%Z_b}{\%Z_a} P_A$이므로 합성용량은 $P_a + P_b$가 된다.
$P_A = P_B = 1,500 \,[\text{kVA}]$, $\%Z_a = 6\,[\%]$,
$\%Z_b = 4\,[\%]$일 때
$P_b = P_B = 1,500\,[\text{kVA}]$
$P_a = \dfrac{\%Z_b}{\%Z_a} P_A = \dfrac{4}{6} \times 1,500 = 1,000\,[\text{kVA}]$
$\therefore P_a + P_b = 1,000 + 1,500 = 2,500\,[\text{kVA}]$

**19** 6,600/210[V], 10[kVA] 단상 변압기의 퍼센트 저항 강하는 1.2[%], 리액턴스 강하는 0.9[%]이다. 임피던스 전압[V]은?

① 99　　　　② 81
③ 65　　　　④ 37

**임피던스 전압($V_s$)**

$z = \dfrac{I_2 Z_2}{V_2} \times 100 = \dfrac{I_1 Z_{12}}{V_1} \times 100$
$\phantom{z} = \dfrac{V_s}{V_1} \times 100 = \sqrt{p^2 + q^2}\,[\%]$ 식에서
$a = \dfrac{V_1}{V_2} = \dfrac{6,600}{210}$, $P_n = 10\,[\text{kVA}]$, $p = 1.2\,[\%]$,
$q = 0.9\,[\%]$일 때
$\therefore V_s = \dfrac{zV_1}{100} = \dfrac{\sqrt{p^2+q^2} \cdot V_1}{100}$
$\phantom{\therefore V_s} = \dfrac{\sqrt{1.2^2 + 0.9^2} \times 6,600}{100} = 99\,[\text{V}]$

**20** 변압기 운전에 있어 효율이 최대가 되는 부하는 전부하의 75[%]였다고 하면, 전부하에서의 철손과 동손의 비는 어떻게 되는가?

① 4 : 3　　　　② 9 : 16
③ 10 : 15　　　④ 18 : 30

**최대효율조건**

$P_i = \left(\dfrac{1}{m}\right)^2 P_c$ 식에서
$\dfrac{1}{m} = 0.75 = \dfrac{3}{4}$일 때
$\dfrac{P_i}{P_c} = \left(\dfrac{1}{m}\right)^2 = \left(\dfrac{3}{4}\right)^2 = \dfrac{9}{16}$이다.
$\therefore P_i : P_c = 9 : 16$

**정답** 18 ②　19 ①　20 ②

## 22  4. 회로이론(CBT시험 복원문제)

2022년 3회 전기산업기사

※ 본 기출문제는 수험자의 기억을 바탕으로 하여 복원한 문제이므로 실제 문제와 다를 수 있음을 미리 알려드립니다.

**01** 다음과 같은 회로에서 L=10[mH], R=10[Ω]인 경우 회로의 시정수는?

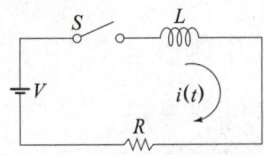

① $10^3$ [s]  ② $10^{-3}$ [s]
③ $10^2$ [s]  ④ $10^{-2}$ [s]

**R-L 과도현상**

$\tau = \dfrac{L}{R}$ [sec] 식에서

$\therefore \tau = \dfrac{L}{R} = \dfrac{10 \times 10^{-3}}{10} = 10^{-3}$ [sec]

**02** 다음과 같은 브리지 회로가 평형이 되기 위한 $Z_4$의 값은?

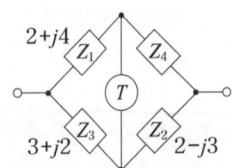

① $2+j4$
② $-2+j4$
③ $4+j2$
④ $4-j2$

**휘스톤브리지 평형조건**

휘스톤브리지 회로가 평형되기 위해서는 $Z_1 Z_2 = Z_3 Z_4$ 식을 만족해야 하므로

$\therefore Z_4 = \dfrac{Z_1 Z_2}{Z_3} = \dfrac{(2+j4)(2-j3)}{3+j2} = 4-j2$ [Ω]

**03** 다음과 같은 전기회로의 입력을 $e_i$, 출력을 $e_o$라고 할 때 전달함수는? (단, $T = \dfrac{L}{R}$ 이다.)

① $Ts+1$
② $Ts^2+1$
③ $\dfrac{1}{Ts+1}$
④ $\dfrac{Ts}{Ts+1}$

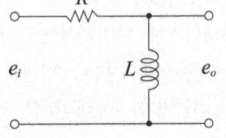

**전달함수 $G(s)$**

$E_i(s) = (R+Ls)I(s)$
$E_0(s) = LsI(s)$

$\therefore G(s) = \dfrac{E_0(s)}{E_i(s)} = \dfrac{Ls}{R+Ls} = \dfrac{\dfrac{L}{R}s}{1+\dfrac{L}{R}s}$

$= \dfrac{Ts}{1+Ts}$

**04** 저항 3[Ω], 유도 리액턴스 4[Ω]의 직렬 회로에 $v = 141.4\sin\omega t + 42.4\sin 3\omega t$[V]를 인가할 때 전류의 실효값은 몇 [A]인가?

① 20.15  ② 18.25
③ 16.25  ④ 14.25

**비정현파 전류의 실효값**

$V_{m1} = 141.4$ [V], $V_{m3} = 42.4$ [V] 이므로
$Z_1 = R+jX_L = 3+j4$ [Ω]일 때

$I_1 = \dfrac{V_{m1}}{\sqrt{2}\,Z_1} = \dfrac{141.4}{\sqrt{2} \times \sqrt{3^2+4^2}} = 20$ [A]

$I_3 = \dfrac{V_{m3}}{\sqrt{2}\,Z_3} = \dfrac{V_{m3}}{\sqrt{2} \times \sqrt{R^2+(3X_L)^2}}$

$= \dfrac{42.4}{\sqrt{2} \times \sqrt{3^2+12^2}} = 2.42$ [A]

$\therefore I = \sqrt{I_1^2 + I_3^2} = \sqrt{20^2 + 2.42^2}$
$= 20.15$ [A]

정답  01 ②  02 ④  03 ④  04 ①

**05** 다음 회로에서 $I$를 구하면 몇 [A]인가?

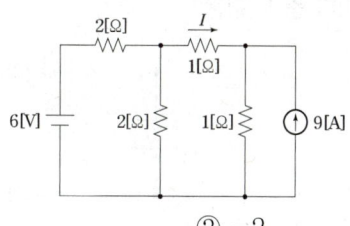

① 2
② -2
③ -4
④ 4

**중첩의 원리**
(1) 전압원 단락
 6[V]의 전압원을 단락하면 2[Ω] 두 저항은 병렬이 되어 1[Ω] 저항과 직렬접속을 이루며 이때 전류 $I_1$는
$$I_1 = \frac{1}{2+1} \times (-9) = -3 [A]$$
(2) 전류원 개방
 9[A]의 전류원을 개방하면 1[Ω] 두 저항은 직렬이 되어 2[Ω] 저항과 병렬접속을 이루며 이때 전류 $I_2$는
$$I_2 = \frac{2}{2+2} \times \frac{6}{2+\frac{2\times 2}{2+2}} = 1 [A]$$
∴ $I = I_1 + I_2 = -3 + 1 = -2 [A]$

**06** 각 상 전압이
$V_a = 60\sin\omega t$[V], $V_b = 60\sin(\omega t - 90°)$[V],
$V_c = 60\sin(\omega t + 90°)$[V]일 때 영상 대칭분의 전압은?

① $\frac{60}{3}\sin\left(\frac{\omega t}{3}\right)$
② $\frac{60}{\sqrt{3}}\sin(\omega t + 45°)$
③ $20\sin\omega t$
④ $60\sin\omega t$

**영상분의 순시치 계산($v_0$)**
각 상전압의 위상이 $a$상은 0°, $b$상은 -90°, $c$상은 90°이므로 $b$상과 $c$상의 위상차가 180°임을 알 수 있다.
$v_b = 60\sin(\omega t - 90°)$ [V],
$v_c = 60\sin(\omega t + 90°)$ [V]에서
최대치가 모두 200이므로 $v_b + v_c = 0$이 된다.
$v_0 = \frac{1}{3}(v_a + v_b + v_c) = \frac{1}{3}v_a$ 일 때
∴ $v_0 = \frac{1}{3} \times 60\sin\omega t = 20\sin\omega t$ [V]

**07** 교류의 파형률이란?

① $\frac{최대값}{실효값}$
② $\frac{실효값}{최대값}$
③ $\frac{평균값}{실효값}$
④ $\frac{실효값}{평균값}$

**파고율과 파형율**
(1) 파고율 = $\frac{최대값}{실효값}$
(2) 파형률 = $\frac{실효값}{평균값}$

**08** 한 상의 직렬 임피던스가 $R = 6[\Omega]$, $X_L = 8[\Omega]$인 Δ결선 평형 부하가 있다. 여기에 선간전압 100[V]인 대칭 3상 교류전압을 가하면 선전류는 몇 [A]인가?

① $\frac{10\sqrt{3}}{3}$
② $3\sqrt{3}$
③ 10
④ $10\sqrt{3}$

**Δ결선의 선전류 계산**
$I_\Delta = \frac{\sqrt{3}\,V_L}{Z}$ [A], $Z = \sqrt{R^2 + X_L^2}$ [Ω] 식에서
$V_L = 100$ [V] 일 때
∴ $I_\Delta = \frac{\sqrt{3}\,V_L}{\sqrt{R^2 + X_L^2}} = \frac{\sqrt{3}\times 100}{\sqrt{6^2 + 8^2}} = 10\sqrt{3}$ [A]

정답 05 ② 06 ③ 07 ④ 08 ④

**09** 푸리에 급수에서 직류항은?

① 우함수이다.
② 기함수이다.
③ 우함수+기함수이다.
④ 우함수×기함수이다.

> **푸리에 급수**
> $$f(t) = a_0 + \sum_{n=1}^{\infty} a_n \cos n\omega t + \sum_{n=1}^{\infty} b_n \sin n\omega t$$
> 식에서
> (1) 반파대칭인 경우
>   $a_0 = 0$ (직류분)
>   $a_n, b_n = $ 기수차항만 존재
> (2) 정현대칭인 경우
>   $a_0 = a_n = 0$
>   $b_n = $ 모든 항이 존재
> (3) 여현대칭인 경우
>   $a_0 = $ 평균값
>   $a_n = $ 모든 항이 존재
>   $b_n = 0$
> ∴ $a_0$는 여현대칭인 경우에 존재하므로 우함수이다.

**10** 그림에서 전류 $i_5$의 크기는?

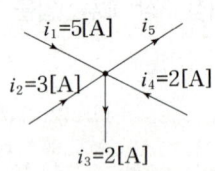

① 3[A]   ② 5[A]
③ 8[A]   ④ 12[A]

> **키르히호프의 전류법칙**
> 중심 절점으로 유입하는 전류는 $i_1, i_2, i_4$이고 유출하는 전류는 $i_3, i_5$이므로 $i_1 + i_2 + i_4 = i_3 + i_5$이다.
> ∴ $i_5 = i_1 + i_2 + i_4 - i_3 = 5 + 3 + 2 - 2 = 8$[A]

**11** 그림과 같이 T형 4단자 회로망의 A, B, C, D 파라미터 중 D 값은?

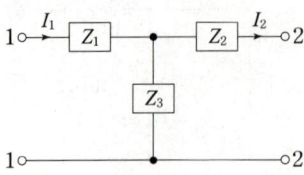

① $\dfrac{1}{Z_3}$

② $1 + \dfrac{Z_1}{Z_3}$

③ $1 + \dfrac{Z_2}{Z_3}$

④ $\dfrac{Z_1 Z_2 + Z_2 Z_3 + Z_3 Z_1}{Z_3}$

> **4단자 정수의 회로망 특성**
> $$\begin{bmatrix} A & B \\ C & D \end{bmatrix} = \begin{bmatrix} 1+\dfrac{Z_1}{Z_3} & Z_1+Z_2+\dfrac{Z_1 Z_2}{Z_3} \\ \dfrac{1}{Z_3} & 1+\dfrac{Z_2}{Z_3} \end{bmatrix}$$
> ∴ $D = 1 + \dfrac{Z_2}{Z_3}$

**12** 인덕턴스가 L[H]인 인덕터에 전류 $i(t) = \sqrt{2}\,I\sin\omega t$[A]가 흐르고 있다. 이 인덕터에 축적되는 에너지[J]?

① $\dfrac{1}{2}LI^2\cos 2\omega t$   ② $\dfrac{1}{2}LI^2\sin 2\omega t$

③ $\dfrac{1}{2}LI^2(1-\cos 2\omega t)$   ④ $\dfrac{1}{2}LI^2(1-\sin 2\omega t)$

> **인덕턴스에 축적되는 자기에너지($W$)**
> $W = \dfrac{1}{2}Li(t)^2$ [J] 식에서
> $i(t) = \sqrt{2}\,I\sin\omega t$ [A]일 때
> $W = \dfrac{1}{2}Li(t)^2 = \dfrac{1}{2}L(\sqrt{2}\,I\sin\omega t)^2$
> $= LI^2\sin^2\omega t$ [J]이다.
> $\sin^2\omega t = \dfrac{1}{2}(1-\cos 2\omega t)$ 이므로
> ∴ $W = \dfrac{1}{2}LI^2(1-\cos 2\omega t)$ [J]

정답  09 ①  10 ③  11 ③  12 ③

**13** 3상 회로의 선간전압이 각각 $V_a = 80$[V], $V_b = -40 - j30$[V], $V_c = -40 + j30$[V]일 때의 역상분 전압은 몇 [V]인가?

① 14.1
② 68.1
③ 22.7
④ 57.3

역상분 전압($V_2$)
$V_2 = \frac{1}{3}(V_a + \angle -120° V_b + \angle 120° V_c)$ 식에서
$\therefore V_2 = \frac{1}{3}\{80 + 1\angle -120° \times (-40 - j30)$
$\qquad\qquad + 1\angle 120° \times (-40 + j30)\}$
$= 22.7$ [V]

**14** 어떤 제어계의 출력이 $C(s) = \dfrac{5}{s(s^2 + s + 2)}$로 주어질 때 출력의 시간함수 $c(t)$의 정상값은?

① 5
② 2
③ $\dfrac{2}{5}$
④ $\dfrac{5}{2}$

정상값(=최종값 정리)
$C(\infty) = \lim_{t \to 0} C(t) = \lim_{s \to 0} sC(s)$ 식에서
$\therefore C(\infty) = \lim_{s \to 0} \dfrac{5s}{s(s^2 + s + 2)}$
$= \lim_{s \to 0} \dfrac{5}{s^2 + s + 2} = \dfrac{5}{2}$

**15** R-L-C 직렬 회로에서 저항값이 다음 중 어느 값이어야 이 회로가 임계적으로 제동되는가?

① $\sqrt{\dfrac{L}{C}}$
② $2\sqrt{\dfrac{L}{C}}$
③ $\dfrac{1}{\sqrt{LC}}$
④ $2\sqrt{\dfrac{C}{L}}$

R-L-C 과도현상
임계진동조건(임계제동인 경우)
$\left(\dfrac{R}{2L}\right)^2 - \dfrac{1}{LC} = 0$ 식에서
$\therefore R^2 = \dfrac{4L}{C}$ 또는 $R = 2\sqrt{\dfrac{L}{C}}$

**16** 100[kVA] 단상 변압기 3대로 △결선하여 3상 전원을 공급하던 중 1대의 고장으로 V결선하였다면 출력은 약 몇 [kVA] 인가?

① 100
② 173
③ 245
④ 300

V결선의 출력
$P_V = \sqrt{3} \times$ 변압기 1대 용량[kVA] 식에서
변압기 1대의 용량이 100[kVA]일 때
$\therefore P_V = 100\sqrt{3} = 173$ [kVA]

**17** 정전용량 $C$[F]의 회로에 기전력 $e = E_m \sin \omega t$ [V]를 인가할 때 흐르는 전류 $i$[A]는?

① $\dfrac{E_m}{\omega C} \sin(\omega t + 90°)$
② $\dfrac{E_m}{\omega C} \sin(\omega t - 90°)$
③ $\omega C E_m \sin(\omega t + 90°)$
④ $\omega C E_m \cos(\omega t + 90°)$

전류의 순시값
정전용량에 흐르는 순시값 전류 $i(t)$는
$i(t) = C\dfrac{de(t)}{dt} = \dfrac{e(t)}{-jX_C}$
$= \omega C E_m \sin(\omega t + 90°)$ [A]

---

정답 13 ③  14 ④  15 ②  16 ②  17 ③

**18** 그림과 같이 평형 3상 전원에서 운전되고 있는 유도전동기의 회로에서 각 계기의 지시가 아래 표와 같을 때, 유도전동기의 역률은 몇 [%]인가?

| 계시 | 측정값 | 계기 | 측정값 |
|---|---|---|---|
| $W_1$ | 2.36[W] | $W_2$ | 5.95[W] |
| $V$ | 200[V] | $A$ | 30[A] |

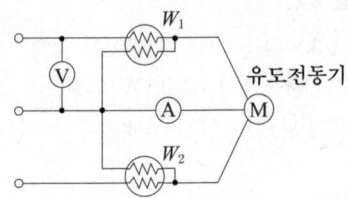

① 80
② 76
③ 70
④ 66

**2전력계법에서 역률**

$\cos\theta = \dfrac{W_1 + W_2}{\sqrt{3}\,VI} \times 100\,[\%]$ 식에서

$\therefore \cos\theta = \dfrac{W_1 + W_2}{\sqrt{3}\,VI} \times 100\,[\%]$

$= \dfrac{(2.36 + 5.95) \times 10^3}{\sqrt{3} \times 200 \times 30} \times 100$

$= 80\,[\%]$

**별해**

$\cos\theta = \dfrac{W_1 + W_2}{2\sqrt{W_1^2 + W_2^2 - W_1 W_2}} \times 100$

$= \dfrac{2.36 + 5.95}{2\sqrt{2.36^2 + 5.95^2 - 2.36 \times 5.59}} \times 100$

$= 80\,[\%]$

**19** 그림과 같은 회로에서 S를 열었을 때 전류계는 10[A]를 지시하였다. S를 닫을 때 전류계의 지시는 몇 [A]인가?

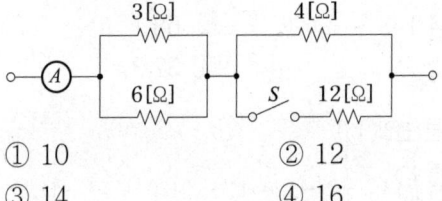

① 10
② 12
③ 14
④ 16

**옴의 법칙**

S를 열었을 때 전류계는 10[A]를 지시하므로 이때 단자에 가해진 전압을 먼저 계산해본다.
S를 열면 저항 12[Ω]은 접속되어 있지 않기 때문에
$V = IR = 10 \times \left(\dfrac{3 \times 6}{3 + 6} + 4\right) = 60\,[V]$이다.

S를 닫게 되면 저항 12[Ω]이 4[Ω]과 병렬접속되면서 저항이 변하게 되고 이때 전류계의 지시값은 다른 값으로 변하게 되는데 이를 계산하면 다음과 같다.

$\therefore I' = \dfrac{V}{R'} = \dfrac{60}{\dfrac{3 \times 6}{3 + 6} + \dfrac{4 \times 12}{4 + 12}} = 12\,[A]$

**20** 어떤 제어계의 임펄스 응답이 $\sin t$일 때, 이 계의 전달함수를 구하면?

① $\dfrac{1}{s+1}$
② $\dfrac{1}{s^2+1}$
③ $\dfrac{s}{s+1}$
④ $\dfrac{s}{s^2+1}$

**임펄스응답**

임펄스응답이란 입력을 임펄스함수로 주었을 때 나타나는 출력의 특성값으로 임펄스응답의 라플라스 변환이 곧 전달함수와 같다.
$c(t) = \sin t$
$\therefore G(s) = C(s) = \mathcal{L}[\sin t] = \dfrac{1}{s^2+1}$

# 22. 5. 전기설비기술기준(CBT시험 복원문제)

※ 2021.1.1. 한국전기설비규정 개정에 따라 기출문제를 개정된 내용으로 반영하여 일부 삭제 및 변형하였습니다.
※ 본 기출문제는 수험자의 기억을 바탕으로 하여 복원한 문제이므로 실제 문제와 다를 수 있음을 미리 알려드립니다.

**01** 다음 그림에서 $L_1$은 어떤 크기로 동작하는 기기의 명칭인가?

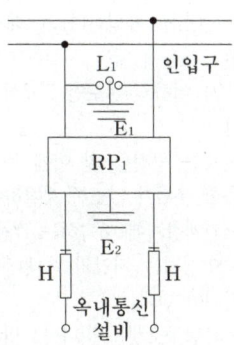

① 교류 1,000[V] 이하에서 동작하는 단로기
② 교류 1,000[V] 이하에서 동작하는 피뢰기
③ 교류 1,500[V] 이하에서 동작하는 단로기
④ 교류 1,500[V] 이하에서 동작하는 피뢰기

> **저압 가공전선로 첨가통신선의 보안장치**
> (1) $L_1$ : 교류 1[kV] 이하에서 동작하는 피뢰기
> (2) $RP_1$ : 교류 300[V] 이하에서 동작하고, 최소감도 전류가 3[A] 이하로서 최소감도전류 때의 응답시간이 1사이클 이하이고 또는 전류 용량이 50[A], 20초 이상인 자복성(自復性)이 있는 릴레이 보안기
> (3) $H$ : 250[mA] 이하에서 동작하는 열 코일
> (4) $E_1$, $E_2$ : 접지

**02** 특고압용 타냉식 변압기의 냉각장치에 고장이 생긴 경우를 대비하여 어떤 보호장치를 하여야 하는가?

① 경보장치  ② 속도조정장치
③ 온도시험장치  ④ 냉매흐름장치

특고압용 변압기의 보호장치

| 뱅크용량의 구분 | 동작조건 | 장치의 종류 |
|---|---|---|
| 5,000[kVA] 이상 10,000[kVA] 미만 | 변압기 내부고장 | 자동차단장치 또는 경보장치 |
| 10,000[kVA] 이상 | 변압기 내부고장 | 자동차단장치 |
| 타냉식변압기(변압기의 권선 및 철심을 직접 냉각시키기 위하여 봉입한 냉매를 강제 순환시키는 냉각방식을 말한다) | 냉각장치에 고장이 생긴 경우 또는 변압기의 온도가 현저히 상승한 경우 | 경보장치 |

정답 01 ② 02 ①

## 03 금속덕트공사에 적당하지 않은 것은?

① 전선은 절연전선을 사용한다.
② 덕트의 끝부분은 항시 개방시킨다.
③ 덕트 안에는 전선의 접속점이 없도록 한다.
④ 덕트의 안쪽 면 및 바깥 면에는 산화방지를 위하여 아연도금을 한다.

**금속덕트공사**

| 구분 | 내용 |
|---|---|
| 전선 | (1) 전선은 절연전선(옥외용 비닐절연전선을 제외한다)일 것. <br> (2) 금속덕트 안에는 전선에 접속점이 없도록 할 것. 다만, 전선을 분기하는 경우에는 그 접속점을 쉽게 점검할 수 있는 때에는 그러하지 아니하다. |
| 기타 | (1) 안쪽 면 및 바깥 면에는 산화 방지를 위하여 아연도금 또는 이와 동등 이상의 효과를 가지는 도장을 한 것일 것. <br> (2) 덕트의 끝부분은 막을 것. 또한, 덕트 안에 먼지가 침입하지 아니하도록 할 것. |

## 04 고압 옥측전선로에 사용할 수 있는 전선은?

① 케이블          ② 나경동선
③ 절연전선        ④ 다심형 전선

**고압 옥측전선로(전개된 장소에 시설하는 경우)**
(1) 전선은 케이블일 것.
(2) 케이블은 견고한 관 또는 트라프에 넣거나 사람이 접촉할 우려가 없도록 시설할 것.
(3) 케이블을 조영재의 옆면 또는 아랫면에 따라 붙일 경우에는 케이블의 지지점간의 거리를 2[m](수직으로 붙일 경우에는 6[m]) 이하로 하고 또한 피복을 손상하지 아니하도록 붙일 것.

## 05 방전등에 전기를 공급하는 옥내전로의 대지전압은 몇 [V] 이하를 원칙으로 하는가?

① 300[V]          ② 380[V]
③ 440[V]          ④ 600[V]

**옥내전로의 대지전압의 제한**
백열전등 또는 방전등에 전기를 공급하는 옥내의 전로(주택의 옥내전로를 제외한다)의 대지전압은 300[V] 이하여야 하며 다음에 따라 시설하여야 한다. 다만, 대지전압 150[V] 이하의 전로인 경우에는 다음에 따르지 않을 수 있다.
(1) 백열전등 또는 방전등 및 이에 부속하는 전선은 사람이 접촉할 우려가 없도록 시설하여야 한다.
(2) 백열전등(기계장치에 부속하는 것을 제외한다) 또는 방전등용 안정기는 저압의 옥내배선과 직접 접속하여 시설하여야 한다.
(3) 백열전등의 전구소켓은 키나 그 밖의 점멸기구가 없는 것이어야 한다.

## 06 다음 ( )에 들어갈 내용으로 옳은 것은?

지중전선로는 기설 지중약전류전선로에 대하여 ( ⓐ ) 또는 ( ⓑ )에 의하여 통신상의 장해를 주지 않도록 기설 약전류전선로로부터 충분히 이격시키거나 기타 적당한 방법으로 시설하여야 한다.

① ⓐ 누설전류, ⓑ 유도작용
② ⓐ 단락전류, ⓑ 유도작용
③ ⓐ 단락전류, ⓑ 정전작용
④ ⓐ 누설전류, ⓑ 정전작용

**지중 약전류전선의 유도장해 방지**
지중전선로는 기설 지중약전류전선로에 대하여 누설전류 또는 유도작용에 의하여 통신상의 장해를 주지 않도록 기설 지중약전류전선로로부터 충분히 이격시키거나 기타 적당한 방법으로 시설하여야 한다.

정답 03 ② 04 ① 05 ① 06 ①

**07** 사용전압이 22.9[kV]인 가공전선로를 시가지에 시설하는 경우 전선의 지표상 높이는 몇 [m] 이상인가? (단, 전선은 특고압 절연전선을 사용한다.)

① 6
② 7
③ 8
④ 10

**특고압 가공전선의 높이**

| 구분 | 시설장소 | 전선의 높이 | |
|---|---|---|---|
| 특고압 | 시가지 | 35[kV] 이하 | ① 지표상 10[m] / ② 특별고압 절연전선 사용시 8[m] |
| | | 35[kV] 초과 170[kV] 이하 | ①,②항+(사용전압[kV]/10-3.5)×0.12 소수점 절상 |

**08** 최대사용전압이 7,200[V]인 중성점 비접지식 변압기 권선의 절연내력시험전압은[V]은?

① 20,500
② 9,000
③ 10,500
④ 12,500

**절연내력시험전압**

| 전로의 최대사용전압 | 시험전압 | 최저시험전압 |
|---|---|---|
| 7[kV] 초과 60[kV] 이하 | 1.25배 | 10.5[kV] |

시험전압 = 7,200×1.25 =9,000[V]
∴ 최저시험전압은 10,500[V] 이므로 10,500[V]로 시험하여야 한다.

**09** 발전소의 개폐기 또는 차단기에 사용하는 압축공기장치의 주 공기탱크에 시설하는 압력계의 최고 눈금의 범위로 옳은 것은?

① 사용압력의 1배 이상, 2배 이하
② 사용압력의 1.15배 이상, 2배 이하
③ 사용압력의 1.5배 이상, 3배 이하
④ 사용압력의 2배 이상, 3배 이하

**개폐기 또는 차단기에 사용하는 압축공기장치의 시설**
(1) 공기압축기는 최고 사용압력의 1.5배의 수압(1.25배의 기압)을 연속하여 10분간 가하여 시험을 하였을 때에 이에 견디고 또한 새지 아니할 것.
(2) 공기탱크는 사용 압력에서 공기의 보급이 없는 상태로 개폐기 또는 차단기의 투입 및 차단을 연속하여 1회 이상 할 수 있는 용량을 가지는 것일 것.
(3) 주 공기탱크 또는 이에 근접한 곳에는 사용압력의 1.5배 이상, 3배 이하의 최고 눈금이 있는 압력계를 시설할 것.

**10** 공칭전압이 25,000[V]인 단상 교류시스템의 전차선로의 충전부와 차량간의 동적 최소 절연이격거리는 몇 [mm] 이상을 확보하여야 하는가?

① 270
② 150
③ 170
④ 100

**전차선로의 충전부와 차량 간의 절연이격**

| 시스템 종류 | 공칭전압 [V] | 동적 [mm] | 정적 [mm] |
|---|---|---|---|
| 직류 | 750 | 25 | 25 |
| | 1,500 | 100 | 150 |
| 단상교류 | 25,000 | 170 | 270 |

**11** 지중전선로를 중량물의 압력을 받을 우려가 있는 장소에 관로식으로 시설하는 경우 매설깊이를 몇 [m] 이상으로 하여야 하는가?

① 1.5
② 1.2
③ 1
④ 0.6

**관로식과 직접매설식에서 지중전선의 매설깊이**

| 구분 | 매설깊이 |
|---|---|
| 차량 기타 중량물의 압력을 받을 우려가 있는 장소 | 1.0[m] 이상 |
| 기타 장소 | 0.6[m] 이상 |

**12** 이차전지를 이용한 전기저장장치의 시설기준으로 틀린 것은?

① 침수의 우려가 없도록 시설하여야 한다.
② 점검을 용이하게 하기 위해 충전부분이 노출되도록 시설하여야 한다.
③ 전기저장장치를 시설하는 장소는 폭발성 가스의 축적을 방지하기 위한 환기시설을 갖추어야 한다.
④ 전기저장장치의 이차전지, 제어반, 배전반의 시설은 기기 등을 조작 또는 보수 점검할 수 있는 충분한 공간을 확보하고 조명설비를 설치하여야 한다.

**전기저장장치의 요구사항**

| 구분 | 내용 |
|---|---|
| 시설장소 | (1) 전기저장장치의 2차전지, 제어반, 배전반의 시설은 기기 등을 조작 또는 보수·점검할 수 있는 충분한 공간을 확보하고 조명설비를 설치하여야 한다.<br>(2) 전기저장장치를 시설하는 장소는 폭발성 가스의 축적을 방지하기 위한 환기시설을 갖추고 제조사가 권장하는 온도·습도·수분·분진 등 적정 운영환경을 상시 유지하여야 한다.<br>(3) 침수의 우려가 없도록 시설하여야 한다. |
| 설비의 안전 | 충전부분은 노출되지 않도록 시설하여야 한다. |

**13** 수상전선로의 시설기준으로 옳은 것은?

① 고압 수상전선로에 지락이 생길 때를 대비하여 전로를 수동으로 차단하는 장치를 시설한다.
② 사용전압이 고압인 경우에는 클로로프렌 캡타이어케이블을 사용한다.
③ 수상전선로의 전선은 부대의 아래에 지지하여 시설하고 또한 그 절연피복을 손상하지 아니하도록 시설한다.
④ 수상전선로에 사용하는 부대(浮臺)는 쇠사슬 등으로 견고하게 연결한다.

**수상전선로의 시설기준**
① 고압 수상전선로에 지장이 생길 때를 대비하여 전로를 자동으로 차단하는 장치를 시설한다.
② 수상전선로의 사용전선

| 구분 | 전선의 종류 |
|---|---|
| 저압 | 클로로프렌 캡타이어케이블 |
| 고압 | 캡타이어케이블 |

③ 수상전선로의 전선은 부대의 위에 지지하여 시설하고 또한 그 절연피복을 손상하지 아니하도록 시설한다.
④ 수상전선로에 사용하는 부대는 쇠사슬 등으로 견고하게 연결한다.

**14** 특고압 가공전선로 중 지지물로서 직선형의 철탑을 연속하여 10기 이상 사용하는 부분에는 몇 기 이하마다 내장 애자장치가 되어 있는 철탑 또는 이와 동등 이상의 강도를 가지는 철탑 1기를 시설하여야 하는가?

① 5   ② 10
③ 3   ④ 7

**특고압 가공전선로의 내장형 등의 지지물 시설**
특고압 가공전선로 중 지지물로서 직선형의 철탑을 연속하여 10기 이상 사용하는 부분에는 10기 이하마다 장력에 견디는 애자장치가 되어 있는 철탑 또는 이와 동등 이상의 강도를 가지는 철탑 1기를 시설하여야 한다.

정답 12 ② 13 ④ 14 ②

**15** 사용전압이 220[V]인 가공전선을 절연전선으로 사용하는 경우 절연전선의 지름은 몇 [mm] 이상의 경동선인가?

① 2.6
② 4
③ 3.2
④ 2

**가공전선의 굵기**

| 구분 | | 인장강도 및 굵기 |
|---|---|---|
| 저압 400[V] 이하 | | 3.43[kN] 이상의 것 또는 3.2[mm] 이상의 경동선 |
| | | 절연전선인 경우 2.3[kN] 이상의 것 또는 2.6[mm] 이상 경동선 |
| 저압 400[V] 초과 및 고압 | 시가지 외 | 5.26[kN] 이상의 것 또는 4[mm] 이상의 경동선 |
| | 시가지 | 8.01[kN] 이상의 것 또는 5[mm] 이상의 경동선 |

**16** 옥내에 시설하는 저압전선으로 나전선을 사용할 수 없는 경우는?

① 애자공사에 의하여 전개된 곳에 시설하는 전기로용 전선
② 이동기중기용에 전기를 공급하기 위하여 사용하는 접촉전선
③ 합성수지몰드공사에 의하여 시설하는 경우
④ 버스덕트공사에 의하여 시설하는 경우

**나전선의 사용 제한**

옥내에 시설하는 저압전선에는 나전선을 사용하여서는 아니 된다. 다만, 다음 중 어느 하나에 해당하는 경우에는 그러하지 아니하다.
(1) 애자공사에 의하여 전개된 곳에 다음의 전선을 시설하는 경우
  ㉠ 전기로용 전선
  ㉡ 전선의 피복 절연물이 부식하는 장소에 시설하는 전선
  ㉢ 취급자 이외의 자가 출입할 수 없도록 설비한 장소에 시설하는 전선
(2) 버스덕트공사에 의하여 시설하는 경우
(3) 라이팅덕트공사에 의하여 시설하는 경우
(4) 옥내에 시설하는 저압 접촉전선을 시설하는 경우
(5) 유희용 전차의 전원장치에 있어서 2차측 회로의 배선을 제3레일 방식에 의한 접촉전선을 시설하는 경우

**17** 교류 전기철도 급전시스템에서 접촉전압을 감소시키는 방법에 해당되지 않는 것은?

① 등전위본딩
② 접지극 추가
③ 보행 표면의 절연
④ 레일본드의 양호한 시공

**레일 전위의 접촉전압 감소 방법**
(1) 교류 전기철도 급전시스템
  ㉠ 접지극 추가 사용
  ㉡ 등전위 본딩
  ㉢ 전자기적 커플링을 고려한 귀선로의 강화
  ㉣ 전압제한소자 적용
  ㉤ 보행 표면의 절연
  ㉥ 단락전류를 중단시키는데 필요한 트래핑 시간의 감소
(2) 직류 전기철도 급전시스템
  ㉠ 고장조건에서 레일 전위를 감소시키기 위해 전도성 구조물 접지의 보강
  ㉡ 전압제한소자 적용
  ㉢ 귀선 도체의 보강
  ㉣ 보행 표면의 절연
  ㉤ 단락전류를 중단시키는데 필요한 트래핑 시간의 감소

**18** 발열선을 도로, 주차장 또는 조영물의 조영재에 고정시켜 시설하는 경우 발열선에 전기를 공급하는 전로의 대지전압은 몇 [V] 이하이어야 하는가?

① 100
② 200
③ 300
④ 150

**전기온상 등 및 도로 등의 전열장치**

도로 등의 전열장치는 발열선을 도로, 주차장 또는 조영물의 조영재에 고정시켜 시설하는 경우를 말한다.

| 구분 | 내용 |
|---|---|
| 대지전압 | 발열선에 전기를 공급하는 전로의 대지전압은 300[V] 이하일 것. |
| 발열선의 온도 | 80[℃] 이하 |
| | 도로 또는 옥외 주차장에 금속피복을 한 발열선을 시설할 경우에는 발열선의 온도를 120[℃] 이하 |

정답 15 ① 16 ③ 17 ④ 18 ③

**19** 전선의 접속법으로 틀린 것은?

① 절연전선 상호간을 접속하는 경우에는 접속부분을 절연효력이 있는 것으로 충분히 피복하여야 한다.
② 나전선 상호간의 접속인 경우에는 전선의 세기를 20[%] 이상 감소시키지 않아야 한다.
③ 두 개 이상의 전선을 병렬로 사용할 때 각 전선의 굵기를 35[mm$^2$] 이상의 동선을 사용하여야 한다.
④ 알루미늄과 동을 사용하는 전선을 접속하는 경우에는 접속 부분에 전기적 부식이 생기지 않아야 한다.

> **전선의 접속**
> 전선을 접속할 때 다음 사항에 따라야 한다.
> (1) 나전선 상호 또는 나전선과 절연전선 또는 캡타이어 케이블과 접속하는 경우에는 전선의 세기를 20[%] 이상 감소시키지 아니할 것. (또는 80[%] 이상 유지할 것.)
> (2) 절연전선 상호, 절연전선과 코드, 캡타이어케이블과 접속하는 경우에는 절연물과 동등 이상의 절연효력이 있는 것으로 충분히 피복할 것.
> (3) 도체에 전기 화학적 성질이 다른 도체를 접속하는 경우에는 접속부분에 전기적 부식이 생기지 않도록 할 것.
> (4) 두 개 이상의 전선을 병렬로 사용할 때 각 전선의 굵기는 동선 50[mm$^2$] 이상 또는 알루미늄 70[mm$^2$] 이상으로 하고, 전선은 같은 도체, 같은 재료, 같은 길이 및 같은 굵기의 것을 사용할 것.

**20** 전기욕기에 전기를 공급하는 전원장치는 전기욕기용으로 내장되어 있는 전원 변압기의 2차측 전로의 사용전압을 몇 [V] 이하로 한정하고 있는가?

① 6[V]  ② 10[V]
③ 12[V]  ④ 15[V]

> **전기욕기의 사용전압**
> 전기욕기에 전기를 공급하기 위한 전기욕기용 전원장치는 내장되는 전원 변압기의 2차측 전로의 사용전압이 10[V] 이하의 것에 한한다.

정답 19 ③ 20 ②

# 23  1. 전기자기학 (CBT시험복원문제)

**2023년 1회 전기산업기사**

※ 본 기출문제는 수험자의 기억을 바탕으로 하여 복원한 문제이므로 실제 문제와 다를 수 있음을 미리 알려드립니다.

**01** 무한히 넓은 두 장의 도체판을 $d$[m]의 간격으로 평행하게 놓은 후, 두 판 사이에 $V$[V]의 전압을 가한 경우 도체판의 단위 면적당 작용하는 힘은 몇 [N/m²]인가?

① $f = \epsilon_0 \dfrac{V^2}{d}$  ② $f = \dfrac{1}{2} \epsilon_0 \dfrac{V^2}{d}$

③ $f = \dfrac{1}{2} \epsilon_0 \left(\dfrac{V}{d}\right)^2$  ④ $f = \dfrac{1}{2} \dfrac{1}{\epsilon_0} \left(\dfrac{V}{d}\right)^2$

---
**유전체 내의 정전에너지($w$) 및 정전력($f$)**

유전체 내의 단위체적당 정전에너지($w$)와 단위면적당 정전력($f$)은 서로 같으며 공기 유전율 $\epsilon_0$, 면전하밀도 $\rho_s$, 전속밀도 $D$, 전계의 세기 $E$, 전위 $V$, 간격 $d$라 하면

$w = \dfrac{\rho_s^2}{2\epsilon_0} = \dfrac{D^2}{2\epsilon_0} = \dfrac{1}{2}\epsilon_0 E^2 = \dfrac{1}{2} ED$ [J/m³] 식에서

$f = w$ [N/m²] 이므로

$E = \dfrac{V}{d}$ [V/m]일 때

∴ $f = \dfrac{1}{2}\epsilon_0 E^2 = \dfrac{1}{2}\epsilon_0 \left(\dfrac{V}{d}\right)^2$ [N/m²]

---

**02** 전류가 흐르는 도선을 자계 안에 놓으면 이 도선에 힘이 작용한다. 평등자계의 진공 중에 놓여있는 직선전류 도선이 받는 힘에 대하여 옳은 것은?

① 전류의 세기에 반비례한다.
② 도선의 길이에 비례한다.
③ 자계의 세기에 반비례한다.
④ 전류와 자계의 방향이 이루는 각 $\tan\theta$에 비례한다.

---
**자계 내에 흐르는 전류에 의한 작용력(플레밍의 왼손법칙)**

$F = Idl \times B = IBl\sin\theta$ [N] 식에서

∴ 힘($F$)은 전류($I$)에 비례하며 자속밀도($B$) 또는 자장($H$)에 비례하고 도선 길이($l$)에 비례한다. 또한 $\sin\theta$(정현값)에 비례한다.

---

**03** 그림과 같이 내외 도체의 반지름이 $a$, $b$인 동축선(케이블)의 도체 사이에 유전율이 $\epsilon$인 유전체가 채워져 있는 경우 동축선의 단위 길이당 정전용량은?

① $\epsilon \ln \dfrac{b}{a}$ 에 비례한다.

② $\dfrac{1}{\epsilon} \log_{10} \dfrac{b}{a}$ 에 비례한다.

③ $\dfrac{\epsilon}{\ln \dfrac{b}{a}}$ 에 비례한다.

④ $\dfrac{\epsilon b}{a}$ 에 비례한다.

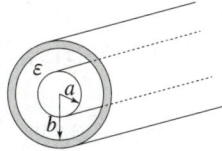

---
**유전체 내의 동심원통도체의 정전용량($C$)**

동심원통도체의 전위를 $V$라 하면

$V = \dfrac{\lambda}{2\pi\epsilon} \ln \dfrac{b}{a} = \dfrac{Q}{2\pi\epsilon l} \ln \dfrac{b}{a}$ [V] 이므로

$C = \dfrac{Q}{V} = \dfrac{2\pi\epsilon l}{\ln \dfrac{b}{a}}$ [F] $= \dfrac{2\pi\epsilon}{\ln \dfrac{b}{a}}$ [F/m] 식에서

∴ 단위 길이당 정전용량은 $\dfrac{\epsilon}{\ln \dfrac{b}{a}}$ 에 비례한다.

---

**04** 자기회로의 자기저항에 대한 설명으로 옳지 않은 것은?

① 자기회로의 단면적에 반비례한다.
② 자기회로의 길이에 반비례한다.
③ 자성체의 비투자율에 반비례한다.
④ 단위는 [AT/Wb]이다.

---
**자기회로 내의 자기저항**

자기회로의 투자율을 $\mu$, 단면적을 $S$, 길이를 $l$이라 하면 자기저항 $R_m$은

$R_m = \dfrac{l}{\mu S} = \dfrac{l}{\mu_0 \mu_s S}$ [AT/Wb] 식에서

∴ 자기저항은 길이에 비례하며 투자율에 반비례하고 단면적에도 반비례한다.

---

**정답** 01 ③  02 ②  03 ③  04 ②

**05** 전계와 자계의 기본법칙에 대한 내용으로 틀린 것은?

① 암페어의 주회적분법칙 :
$\oint_c H \cdot dl = I + \int_s \frac{\partial D}{\partial t} \cdot ds$

② 가우스의 정리 : $\oint_s B \cdot ds = 0$

③ 가우스 정리 : $\oint_s D \cdot ds = \int_v \rho dv = Q$

④ 패러데이의 법칙 : $\oint_c D \cdot dl = -\int_s \frac{dH}{dt} ds$

---
**적분형 맥스웰방정식**
(1) 암페어의 주회적분 법칙
$\oint_c H \cdot dl = I + \int_s \frac{\partial D}{\partial t} \cdot ds$
(2) 패러데이의 법칙
$\oint_c E \cdot dL = -\int_s \frac{\partial B}{\partial t} \cdot ds$
(3) 가우스의 법칙
$\int_s D \cdot ds = \int_v \rho dv = Q$
$\int_s B \cdot ds = 0$

---

**06** 그림과 같이 평행한 두 개의 무한 직선 도선에 전류가 각각 $I$, $2I$인 전류가 흐른다. 두 도선 사이의 점 $P$에서 자계의 세기가 0이다. 이때 $\frac{a}{b}$는?

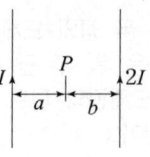

① 4　　　　② 2
③ 0.5　　　④ 0.25

---
**직선도체에 의한 자계의 세기**
오른쪽 그림에서와 같이 $I$[A]가 흐르는 도선에서 $a$[m] 떨어진 P점의 자계의 세기($H_1$)와 $2I$[A]가 흐르는 도선에서 $b$[m] 떨어진 P점의 자계의 세기($H_2$)가 서로 반대방향으로 작용하므로 P점의 자계의 세기가 0이 되기 위해서는 $H_1 = H_2$ 조건을 만족하여야 한다.

$H_1 = \frac{I}{2\pi a}$ [AT/m], $H_2 = \frac{2I}{2\pi b}$ [AT/m] 이므로

$\frac{I}{2\pi a} = \frac{2I}{2\pi b}$ 일 때

$\therefore \frac{a}{b} = \frac{1}{2} = 0.5$

---

**07** 강자성체의 자속밀도 $B$의 크기와 자화의 세기 $J$의 크기를 비교할 때 옳은 것은?

① $J$는 $B$보다 약간 크다.
② $J$는 $B$보다 약간 작다.
③ $J$는 $B$보다 대단히 크다.
④ $J$는 $B$보다 대단히 작다.

---
**자화의 세기($J$)**
자속밀도 $B$, 자계의 세기 $H$, 투자율 $\mu$, 자화율 $\chi_m$라 하면
$J = B - \mu_0 H = \mu H - \mu_0 H = \mu_0(\mu_s - 1)H$
$= \chi_m H = \left(1 - \frac{1}{\mu_s}\right) B$ [Wb/m²]이다.
여기서 $\mu_0 = 4\pi \times 10^{-7} = 12.57 \times 10^{-7}$ [H/m] 이므로 $J$와 $B$를 서로 비교하면 $J$는 $B$보다 약간 작음을 알 수 있다.

---

정답　05 ④　06 ③　07 ②

**08** 자장 중에서 도선에 발생되는 유기기전력의 방향은 어떤 법칙에 의하여 설명되는가?

① 패러데이(Faraday)의 법칙
② 앙페르(Ampere)의 오른나사 법칙
③ 렌츠(Lenz)의 법칙
④ 가우스(Gauss)의 법칙

> **전자유도법칙**
> (1) 패러데이법칙
>   회로에 발생하는 유기기전력은 자속쇄교수의 시간에 대한 감쇠율에 비례한다.
>   $e = -N\dfrac{d\phi}{dt}$ [V]
> (2) 렌쯔의 법칙
>   유기기전력의 방향은 자속의 변화를 방해하는 방향으로 유도된다.

**09** 권수가 200회이고, 자기 인덕턴스가 20[mH]인 코일에 2[A]의 전류를 흘릴 때 자속은 몇 [Wb]인가? (단, 누설자속은 없는 것으로 한다.)

① $2 \times 10^{-2}$   ② $4 \times 10^{-2}$
③ $2 \times 10^{-4}$   ④ $4 \times 10^{-4}$

> **자기 인덕턴스($L$)**
> $LI = N\phi$ [Wb] 식에서
> $N = 200$, $L = 20$ [mH], $I = 2$ [A] 이므로
> ∴ $\phi = \dfrac{LI}{N} = \dfrac{20 \times 10^{-3} \times 2}{200} = 2 \times 10^{-4}$ [Wb]

**10** 전압 $V$로 충전된 용량 $C$[F]의 콘덴서에 용량 $4C$[F]의 콘덴서를 병렬 연결한 후의 단자 전압[V]은?

① $5V$   ② $4V$
③ $\dfrac{V}{4}$   ④ $\dfrac{V}{5}$

> **콘덴서의 병렬접속**
> 전압 $V$로 충전된 정전용량 $C$는 전하량 $Q$가 일정하므로 $C = \dfrac{Q}{V}$ [F] 식에서 정전용량 $C$와 전압 $V$는 반비례하게 된다. 콘덴서 $C$에 $4C$가 병렬로 접속되면 합성 정전용량 $C_0$는 $C_0 = C + 4C = 5C$ [F] 이므로 정전용량은 5배 증가하게 된다.
> ∴ 전압은 5배 감소되어 $\dfrac{V}{5}$가 된다.

**11** 그림과 같은 유전체 경계면에서 성립하지 않는 관계식은?

① $E_1 \sin\theta_1 = E_2 \sin\theta_2$
② $\epsilon_1 E_1 \cos\theta_1 = \epsilon_2 E_2 \cos\theta_2$
③ $\epsilon_1 D_1 = \epsilon_2 D_2$
④ $\dfrac{\epsilon_1}{\epsilon_2} = \dfrac{\tan\theta_1}{\tan\theta_2}$

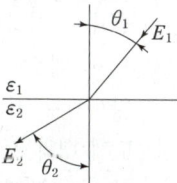

> **유전체 내에서의 경계면의 조건**
> (1) 전계의 세기는 경계면의 접선성분이 서로 같다.
>   $E_1 \sin\theta_1 = E_2 \sin\theta_2$
> (2) 전속밀도는 경계면의 법선성분이 서로 같다.
>   $D_1 \cos\theta_1 = D_2 \cos\theta_2$ 또는
>   $\epsilon_1 E_1 \cos\theta_1 = \epsilon_2 E_2 \cos\theta_2$
> (3) 굴절각 조건
>   $\dfrac{\epsilon_1}{\epsilon_2} = \dfrac{\tan\theta_1}{\tan\theta_2}$ 또는 $\epsilon_1 \tan\theta_2 = \epsilon_2 \tan\theta_1$
> (4) $\epsilon_1 < \epsilon_2$이면 $E_1 > E_2$, $D_1 < D_2$, $\theta_1 < \theta_2$이다.

**12** 다음 물질 중에서 비유전율이 가장 큰 것은?

① 변압기 기름(절연유)
② 유리
③ 증류수
④ 고무

유전체의 비유전율

| 유전체 종류 | 비유전율 |
|---|---|
| 산화티탄자기 | 100 |
| 증류수 | 80 |
| 운모 | 5.4 |
| 유리 | 3.8 |
| 고무 | 2.5 |
| 변압기기름 | 2.2 |

**13** 표피효과에 관한 설명으로 옳지 않은 것은?

① 도체에 교류가 흐르면 표면으로부터 중심으로 들어갈수록 전류밀도가 작아진다.
② 고주파일수록 도체의 전도도 및 투자율이 클수록 심하다.
③ 도체 내부는 전류의 전도에 거의 관여하지 않으므로 전기저항이 증가하는 요인이 된다.
④ 도체 내의 전류 또는 자속의 분포는 표면에서의 깊이에 대하여 지수함수적으로 증가한다.

표피효과($m$)
표피효과란 도체에 교류전원이 인가된 경우 도체 내의 전류밀도의 분포는 중심부에서 작아지고 표면에서 증가하는 현상을 말한다.
$m = 2\pi\sqrt{\dfrac{2f\mu}{\rho}} = 2\pi\sqrt{2\pi\mu k}$ 식에서
따라서 표피효과는 주파수($f$), 투자율($\mu$), 도전율($k$), 전선의 굵기에 비례하며 고유저항($\rho$)에 반비례한다.
∴ 도체 내의 표면에서의 깊이에 대하여 전류는 감소하고 자속쇄교수는 증가한다.

**14** 지름 10[cm]인 원형코일 중심에서 자계가 1,000 [A/m]이다. 원형코일이 100회 감겨있을 때, 전류는 몇 [A]인가?

① 1[A]   ② 2[A]
③ 3[A]   ④ 5[A]

원형코일에 의한 자계의 세기
(1) 원형코일 중심축상 $x$[m] 떨어진 점의 자계의 세기
$H = \dfrac{NI}{2a}\sin^3\theta = \dfrac{NIa^2}{2(a^2+x^2)^{\frac{3}{2}}}$ [AT/m]
(2) 원형코일 중심의 자계의 세기
$H_0 = \dfrac{NI}{2a}$ [AT/m]
반지름 $a = \dfrac{10}{2} = 5$ [cm], $H_0 = 1,000$ [A/m], $N = 100$ 이므로
∴ $I = \dfrac{2aH_0}{N} = \dfrac{2\times 5\times 10^{-2}\times 1,000}{100} = 1$ [A]

**15** 두 개의 똑같은 작은 도체구를 접촉하여 대전시킨 후 1[m] 거리에 떼어 놓았더니 작은 도체구는 서로 $9\times 10^{-3}$[N]의 힘으로 반발했다. 각 전하는 몇 [C]인가?

① $10^{-8}$   ② $10^{-6}$
③ $10^{-4}$   ④ $10^{-2}$

쿨롱의 법칙
$F = \dfrac{Q_1 Q_2}{4\pi\epsilon_0 r^2} = \dfrac{Q^2}{4\pi\epsilon_0 r^2} = 9\times 10^9\times\dfrac{Q^2}{r^2}$ [N] 식에서
$F = 9\times 10^{-3}$[N], $r = 1$[m],
$Q_1 = Q_2 = Q$[C] 이므로
∴ $Q = \sqrt{\dfrac{Fr^2}{9\times 10^9}} = \sqrt{\dfrac{9\times 10^{-3}\times 1^2}{9\times 10^9}}$
  $= 10^{-6}$ [C]

**16** 무한 평면도체에서 $h$[m]의 높이에 반지름 $a$[m]($a \ll h$)의 도선을 도체에 평행하게 가설하였을 때 도체에 대한 도선의 정전용량은 몇 [F/m]인가?

① $\dfrac{\pi\epsilon_o}{\ln\dfrac{h}{a}}$   ② $\dfrac{2\pi\epsilon_o}{\ln\dfrac{2h}{a}}$

③ $\dfrac{\pi\epsilon_o}{\ln\dfrac{2h}{a}}$   ④ $\dfrac{2\pi\epsilon_o}{\ln\dfrac{h}{a}}$

**접지무한평면과 선전하**
(1) 무한평면과 선전하 사이의 작용력($F$)
$$F = -\dfrac{Q^2}{4\pi\epsilon_0 h} \text{[N/m]}$$
(2) 전계의 세기($E$)
$$E = -\dfrac{\lambda}{4\pi\epsilon_0 h}$$
(3) 대지정전용량($C'$)
$$C' = \dfrac{2\pi\epsilon_0}{\ln\dfrac{2h}{a}} \text{[F/m]}$$

**18** 두 종류의 도체로 접합된 폐회로에 온도차를 주면 접합점에서 기전력차가 생겨 전류가 흐르게 되는 효과는?

① 톰슨 효과   ② 핀치 효과
③ 펠티에 효과   ④ 제벡 효과

**전기효과**
(1) 톰슨(Thomson) 효과 : 같은 도선에 온도차가 있을 때 전류를 흘리면 열의 흡수 또는 발생이 일어나는 현상
(2) 핀치(Pinch) 효과 : 유동적인 도체에 대전류가 흐르면 이 전류에 의한 자계와 전류와의 사이에 작용하는 힘이 중심을 향해 발생하여 도전체가 수축하고 저항이 증가되어 결국 전류가 흐르지 못하게 되는 현상
(3) 펠티에(Peltier) 효과 : 두 종류의 도체로 접합된 폐회로에 전류를 흘리면 접합점에서 열의 흡수 또는 발생이 일어나는 현상. 전자냉동의 원리
(4) 제벡(Seebeck) 효과 : 두 종류의 도체로 접합된 폐회로에 온도차를 주면 접합점에서 기전력차가 생겨 전류가 흐르게 되는 현상. 열전온도계나 태양열발전 등이 이에 속한다.

**17** 철도 레일의 간격이 1.5[m]이며 레일은 서로 절연되어 있다고 한다. 열차가 매시 60[km]의 속도로 달리며 차축이 지구 자계의 수직 분력 $B = 0.15 \times 10^{-4}$[Wb/m²]를 끊을 때 철길에 발생하는 기전력[V]은?

① $3.75 \times 10^{-5}$   ② $3.75 \times 10^{-4}$
③ $3.75 \times 10^{-3}$   ④ $3.75 \times 10^{-2}$

**유기기전력($e$) : 플레밍의 오른손법칙**
$e = vBl\sin\theta$ [V] 식에서
$l = 1.5$ [m], $v = 60$ [km/h], $\theta = 90°$,
$B = 0.15 \times 10^{-4}$ [Wb/m²] 이므로
$$\therefore e = vBl\sin\theta$$
$$= 60 \times \dfrac{10^3}{3,600} \times 0.15 \times 10^{-4} \times 1.5 \times \sin 90°$$
$$= 3.75 \times 10^{-4} \text{ [V]}$$

**19** 고유저항이 $\rho$[Ω·m], 한 변의 길이가 $r$[m]인 정육면체의 저항[Ω]은?

① $\dfrac{\rho}{\pi r}$   ② $\dfrac{r}{\rho}$
③ $\dfrac{\pi r}{\rho}$   ④ $\dfrac{\rho}{r}$

**도체의 저항($R$)**
도체의 저항($R$)은 고유저항 $\rho$, 도체 단면적 $S$, 도체의 길이 $l$에 의한다. $R = \rho\dfrac{l}{S}$ 식에서 정육면체는 변의 길이가 모두 동일한 정사각형 6개로 만들어진 형태로서 한 변의 길이 $r$인 경우 $S = r^2$[m²], $l = r$[m]이므로
$$\therefore R = \rho\dfrac{l}{S} = \rho \times \dfrac{r}{r^2} = \dfrac{\rho}{r} \text{ [Ω]}$$

정답  16 ②  17 ②  18 ④  19 ④

**20** 한 변의 길이가 3[m]인 정삼각형의 회로에 2[A]의 전류가 흐를 때 정삼각형 중심에서의 자계의 크기는 몇 [AT/m]인가?

① $\dfrac{1}{\pi}$  ② $\dfrac{2}{\pi}$

③ $\dfrac{3}{\pi}$  ④ $\dfrac{4}{\pi}$

정 $n$변형 도형 중심의 자계의 세기

$H_0 = \dfrac{nI}{\pi l} \sin \dfrac{\pi}{n} \tan \dfrac{\pi}{n}$ [AT/m] 식에서

$n=3$, $l=3$[m], $I=2$[A] 이므로

$\therefore H_0 = \dfrac{3 \times 2}{\pi \times 3} \sin \dfrac{\pi}{3} \tan \dfrac{\pi}{3}$

$= \dfrac{3 \times 2}{\pi \times 3} \times \dfrac{\sqrt{3}}{2} \times \sqrt{3}$

$= \dfrac{3}{\pi}$ [AT/m]

# 2. 전력공학 (CBT시험복원문제)

2023년 1회 전기산업기사

※ 본 기출문제는 수험자의 기억을 바탕으로 하여 복원한 문제이므로 실제 문제와 다를 수 있음을 미리 알려드립니다.

**01** 송전선용 표준철탑 설계의 경우 일반적으로 가장 큰 하중은?

① 빙설　　② 애자, 전선의 중량
③ 풍압　　④ 전선의 인장강도

**수평횡하중**
수평횡하중은 전선로에 가해지는 풍압에 의해 전선로 방향의 90° 방향으로 가해지는 하중으로 철탑의 벤딩모멘트가 가장 크게 작용하는 하중을 말한다. 또한 수평횡하중은 풍압하중으로 철탑에 가해지는 가장 큰 하중이며 전선로의 지지물에 가해지는 상시하중으로서 가장 중요시되고 있다.

**02** 장거리 대전력 송전에서 교류송전방식에 비교한 직류송전방식의 장점이 아닌 것은?

① 송전 효율이 높다.
② 안정도의 문제가 없다.
③ 선로 절연이 더 수월하다.
④ 변압이 쉬워 고압송전이 유리하다.

**직류송전방식의 장·단점**
(1) 장점
　㉠ 교류송전에 비해 기기나 전로의 절연이 용이하다. (교류의 $2\sqrt{2}$ 배, 교류최대치의 $\sqrt{2}$ 배)
　㉡ 표피효과가 없고 코로나손 및 전력손실이 적어서 송전효율이 높다.
　㉢ 선로의 리액턴스 성분이 나타나지 않아 유전체손 및 충전전류 영향이 없다.
　㉣ 전압강하가 작고 전압변동률이 낮아 안정도가 좋다.
　㉤ 역률이 항상 1이다.
　㉥ 송전전력이 크다. (교류의 2배)
(2) 단점
　㉠ 변압이 어려워 고압송전에 불리하다.
　㉡ 회전자계를 얻기 어렵다.
　㉢ 직류는 차단이 어려워 사고시 고장차단이 어렵다.

**03** 소도체의 반지름이 $r$[m], 소도체간의 선간거리가 $d$[m]인 소도체를 사용한 345[kV] 송전선로가 있다. 복도체의 등가 반지름은 어떻게 표현되는가?

① $\sqrt{rd}$　　② $\sqrt{rd^2}$
③ $\sqrt{r^2d}$　　④ $rd$

**다도체 및 복도체의 등가반지름**
(1) 다도체인 경우(소도체 수가 $n$일 때)
　∴ 등가반지름 = $\sqrt[n]{rd^{n-1}}$ [m]
(2) 복도체인 경우(소도체수가 2일 때)
　∴ 등가반지름 = $\sqrt[2]{rd^{2-1}} = \sqrt{rd}$ [m]

**04** 어떤 발전소의 발전기가 13.2[kV], 용량 9.3[MVA], 동기 임피던스 94[%]일 때, 임피던스는 몇 [Ω]인가?

① 9.8[Ω]　　② 12.8[Ω]
③ 17.6[Ω]　　④ 22.4[Ω]

**%$Z$ (%임피던스)**

$$\%Z = \frac{ZI_n}{E} \times 100 = \frac{\sqrt{3}\,ZI_n}{V} \times 100\,[\%]$$ 또는

$$\%Z = \frac{P[\text{kVA}]Z}{10\{V[\text{kV}]\}^2}\,[\%]$$ 식에서

$V = 13.2$ [kV], $P = 9.3$ [MVA], $\%Z = 94$ [%] 이므로

$$\therefore Z = \frac{\%Z \cdot 10\{V[\text{kV}]\}^2}{P[\text{kVA}]} = \frac{94 \times 10 \times 13.2^2}{9.3 \times 10^3}$$
$$= 17.6\,[\Omega]$$

정답　01 ③　02 ④　03 ①　04 ③

**05** 지중 케이블에서 고장점을 찾는 방법이 아닌 것은?

① 머리 루프(Murray loop)시험기에 의한 방법
② 메거(Megger)에 의한 측정 방법
③ 수색 코일(Search coil)에 의한 방법
④ 펄스에 의한 측정법

> 지중케이블의 고장점을 찾는 방법
> (1) 휘스톤 브리지를 이용한 머레이 루프법
> (2) 수색코일에 의한 방법
> (3) 펄스레이더에 의한 방법
> ∴ 메거는 절연저항을 측정하는 방법이다.

**06** 송전계통의 안정도 증진방법에 대한 설명이 아닌 것은?

① 전압변동을 작게 한다.
② 직렬리액턴스를 크게 한다.
③ 고장 시 발전기 입·출력의 불평형을 작게 한다.
④ 고장전류를 줄이고 고장구간을 신속하게 차단한다.

> 안정도 개선책
> (1) 리액턴스를 줄인다. : 직렬콘덴서 설치
> (2) 단락비를 증가시킨다. : 전압변동률을 줄인다.
> (3) 중간조상방식을 채용한다. : 동기조상기 설치
> (4) 속응여자방식을 채용한다. : 고속도 AVR 채용
> (5) 재폐로 차단방식을 채용한다. : 고속도차단기 사용
> (6) 계통을 연계한다.
> (7) 소호리액터 접지방식을 채용한다.
> (8) 고장 시 발전기 입·출력의 불평형을 작게 한다.

**07** 가공전선을 단도체식으로 하는 것보다 같은 단면적의 복도체식으로 하였을 경우에 대한 내용으로 틀린 것은?

① 전선의 인덕턴스가 감소된다.
② 전선의 정전용량이 감소된다.
③ 코로나 발생률이 적어진다.
④ 송전용량이 증가한다.

> 복도체의 특징
> (1) 주된 사용 목적 : 코로나 방지
> (2) 장점
> ㉠ 등가반지름이 등가되어 $L$이 감소하고 $C$가 증가한다. - 송전용량이 증가하고 안정도가 향상된다.
> ㉡ 코로나 임계전압이 증가하여 코로나 손실이 감소한다. - 송전효율이 증가한다.
> ㉢ 통신선의 유도장해가 억제된다.

**08** 비접지 계통의 지락사고시 영상전류를 공급하기 위하여 설치하는 기기는?

① CT          ② GPT
③ ZCT         ④ PT

> ZCT(영상변류기)와 GR(지락계전기)
> (1) ZCT(영상변류기) : 지락사고시 영상전류를 지락계전기에 공급한다.
> (2) GR(지락계전기) : 지락전류를 검출하여 차단기를 트립(차단)시킨다.

**09** 배전선의 전압조정 방법이 아닌 것은?

① 승압기 사용
② 유도전압조정기 사용
③ 조속기 사용
④ 주상변압기 탭 전환

---
**배전선의 전압조정**
(1) 유도전압조정기에 의한 방법
(2) 직렬콘덴서에 의한 방법
(3) 승압기에 의한 방법
(4) 주상변압기의 탭 절환에 의한 방법
∴ 조속기는 발전기의 회전수를 조절하는 장치이다.

---

**10** 다음 중 뇌해방지와 관계가 없는 것은?

① 댐퍼   ② 소호각
③ 가공지선   ④ 매설지선

---
**뇌해방지**
(1) 피뢰기 : 직격뢰로부터 선로와 기기를 보호
(2) 가공지선 : 지지물의 최상부에 설치하여 직격뢰를 차폐한다.
(3) 매설지선 : 탑각의 접지저항을 경감시켜 역섬락을 방지한다.
(4) 소호각 : 애자련 주위에서 발생하는 섬락으로부터 애자련을 보호한다.
∴ 댐퍼는 전선의 진동을 억제하는 장치이다.

---

**11** 다음 중 전력선에 의한 통신선의 전자유도장해의 주된 원인은?

① 전력선과 통신선사이의 상호 정전용량
② 전력선의 불충분한 연가
③ 전력선의 1선 지락 사고 등에 의한 영상전류
④ 통신선 전압보다 높은 전력선의 전압

---
**유도장해의 종류**
(1) 정전유도장해
전력선과 통신선 사이의 선간정전용량(=상호정전용량)과 통신선과 대지 사이의 대지정전용량에 의해서 통신선에 영상전압이 유기되는 현상
(2) 전자유도장해
지락사고시 지락전류와 영상전류에 의해서 자기장이 형성되고 전력선과 통신선 사이에 상호인덕턴스에 의하여 통신선에 전압이 유기되는 현상

---

**12** 변압기의 내부고장 검출로 주로 사용되는 계전기는?

① 역상계전기   ② 과전압계전기
③ 과전류계전기   ④ 비율차동계전기

---
**변압기 내부고장에 대한 보호계전기**
(1) 비율차동계전기(차동계전기) : 변압기 상간 단락에 의해 1, 2차간 전류 위상각 변위가 발생하면 동작하는 계전기
(2) 부흐홀츠 계전기
(3) 가스검출 계전기
(4) 압력 계전기

---

**13** 초고압용 차단기에서 개폐저항기를 사용하는 이유는?

① 차단전류 감소
② 이상전압 감쇄
③ 차단속도 증진
④ 차단전류의 역률개선

---
**개폐저항기**
개폐기나 차단기를 개폐하는 순간 단자에서 발생하는 서지를 억제하여 이상전압을 감쇄시키는 설비이다.

**14** 3상 1회선 전선로에서 대지정전용량은 $C_1$이고 선간정전용량을 $C_2$이라 할 때, 작용정전용량은?

① $C_2 + C_1$
② $2C_2 + C_1$
③ $3C_2 + C_1$
④ $C_2 + 2C_1$

> **작용정전용량($C_0$)**
> (1) 단상 2선식인 경우
> $C_0 = C_1 + 2C_2$ [F/m]
> (2) 3상 3선식인 경우
> $C_0 = C_1 + 3C_2$ [F/m]
> 여기서, $C_1$는 대지정전용량, $C_2$은 선간정전용량

**15** 소호 원리에 따른 차단기의 종류 중에서 소호실에서 아크에 의한 절연유 분해가스의 흡부력(吸付力)을 이용하여 차단하는 것은?

① 유입차단기
② 기중차단기
③ 자기차단기
④ 가스차단기

> **소호원리에 따른 차단기의 종류**
>
> | 종류 | 약어 | 소호원리 |
> |---|---|---|
> | 유입 차단기 | OCB | 소호실에서 아크에 의한 절연유 분해가스의 흡부력(吸府力)을 이용해서 차단한다. |
> | 기중 차단기 | ACB | 대기 중에서 아크를 길게 하여 소호실에서 냉각 차단한다. |
> | 자기 차단기 | MBB | 대기 중에서 전자력을 이용하여 아크를 소호실 내로 유도해서 냉각 차단한다. |
> | 공기 차단기 | ABB | 압축된 공기를 아크에 불어넣어서 차단한다. |
> | 진공 차단기 | VCB | 고진공 중에서 전자의 고속도 확산에 의해 차단한다. |
> | 가스 차단기 | GCB | 고성능 절연특성을 가진 특수가스($SF_6$)를 충전해서 차단한다. |

**16** 차단기의 정격차단시간은?

① 고장발생부터 아크 소호까지의 시간
② 가동접촉자 시동부터 아크 소호까지의 시간
③ 트립 코일 여자부터 가동접촉자 시동까지의 시간
④ 트립 코일 여자부터 아크 소호까지의 시간

> **차단기의 차단시간**
> 차단기의 정격차단시간이란 트립코일 여자로부터 차단기 접점의 아크소호까지의 시간을 말하며 3~8사이클 정도이다.

**17** 3상 3선식 수직배치인 선로에서 오프셋(off-set)을 주는 주된 이유는?

① 단락방지
② 전선진동 억제
③ 전선의 풍압감소
④ 철탑 중량감소

> **오프셋(off-set)**
> 전선의 도약은 상하 전선의 접촉에 의한 단락사고를 일으킬 수 있으므로 상부와 하부의 전선의 배치를 일직선 상으로 설치하지 않고 오프셋을 충분히 취하여 방지하고 있다.

**18** 송전선로의 전압을 2배로 승압할 경우 동일조건에서 공급전력을 동일하게 취하면 선로 손실은 승압전의 ( ㉠ ) 배로 되고 선로손실률을 동일하게 취하면 공급전력은 승압전의 ( ㉡ ) 배로 된다.

① ㉠ 1/4 ㉡ 4
② ㉠ 4 ㉡ 1/4
③ ㉠ 1/4 ㉡ 2
④ ㉠ 4 ㉡ 1/2

> **전압에 따른 특성값의 변화들**
> $V_d \propto \dfrac{1}{V}$, $\epsilon \propto \dfrac{1}{V^2}$, $P_l = \dfrac{1}{V^2}$, $A \propto \dfrac{1}{V^2}$이고
> 전력손실률($k$)이 일정한 경우 $P \propto V^2$ 이다.
> 선로손실 : $P_l' = \left(\dfrac{V}{V'}\right)^2 P_l = \left(\dfrac{1}{2}\right)^2 P_l = \dfrac{1}{4} P_l$
> 공급전력 : $P' = \left(\dfrac{V'}{V}\right)^2 P = \left(\dfrac{2}{1}\right)^2 P = 4P$
> ∴ 선로손실 $= \dfrac{1}{4}$ 배, 공급전력 $= 4$ 배

정답  14 ③  15 ①  16 ④  17 ①  18 ①

**19** 소호각(arcing horn)의 사용 목적은?

① 클램프의 보호
② 전선의 진동 방지
③ 애자의 보호
④ 이상전압 발생 방지

> **아킹혼(소호각)**
> 전선 주위에서 발생하는 코로나 방전이나 직격뢰 또는 역섬락으로부터 애자련에 이상전압이 가해져서 아크로 인한 애자의 자기부 또는 유리부에 손상을 주는 경우가 있다. 이 경우 애자련 상하부에 아크유도장비를 설치하여 아크의 진행 또는 발생을 애자련에 직접 향하지 않도록 하는 설비를 아킹혼이라 한다. 아킹혼은 애자련을 보호하여 애자의 파손을 방지한다.

**20** 1선의 저항이 10[Ω], 리액턴스 15[Ω]인 3상 송전선이 있다. 수전단전압 60[kV], 부하역률 0.9[lag], 전류 100[A]라고 한다. 이때의 송전단전압 [V]은?

① 62,690
② 63,690
③ 64,690
④ 65,690

> **전압강하($V_d$)**
> $V_d = E_s - E_r = \sqrt{3}\,I(R\cos\theta + X\sin\theta)$
> $\quad = \dfrac{P}{E}(R + X\tan\theta)\,[\text{V}]$ 식에서
> $R = 10\,[\Omega],\ X = 15\,[\Omega],\ E_r = 60\,[\text{kV}],$
> $\cos\theta = 0.9,\ \sin\theta = \sqrt{1 - 0.9^2},\ I = 100\,[\text{A}]$ 이므로
> $\therefore E_s = E_r + \sqrt{3}\,I(R\cos\theta + X\sin\theta)$
> $\quad = 60{,}000 + \sqrt{3} \times 100 \times$
> $\quad\quad (10 \times 0.9 + 15 \times \sqrt{1 - 0.9^2})$
> $\quad = 62{,}690\,[\text{V}]$

## 2023년 1회 전기산업기사

## 3. 전기기기(CBT시험 복원문제)

※ 본 기출문제는 수험자의 기억을 바탕으로 하여 복원한 문제이므로 실제 문제와 다를 수 있음을 미리 알려드립니다.

**01** 정현파형의 회전자계 중에 정류자가 있는 회전자를 놓으면 각 정류자편 사이에 연결되어 있는 회전자 권선에는 크기가 같고 위상이 다른 전압이 유기된다. 정류자편수를 $K$라 하면 정류자편 사이의 위상차는?

① $\dfrac{\pi}{K}$  
② $\dfrac{2\pi}{K}$  
③ $\dfrac{K}{\pi}$  
④ $\dfrac{K}{2\pi}$

**정류자편간 위상차($\theta_s$)**

정류자편수를 $K$라 하면

$\therefore \theta_s = \dfrac{2\pi}{K}$

**02** 동기발전기의 병렬운전에 필요한 조건이 아닌 것은?

① 기전력의 크기가 같을 것
② 위상이 같을 것
③ 주파수가 같을 것
④ 용량이 같을 것

**동기발전기의 병렬운전조건**
(1) 기전력의 크기가 같을 것
(2) 기전력의 위상이 같을 것
(3) 기전력의 주파수가 같을 것
(4) 기전력의 파형이 같을 것
(5) 상회전이 일치할 것

**03** 3상 동기발전기의 전기자 반작용은 부하의 성질에 따라 다르다. 잘못 설명한 것은?

① 전압, 전류가 동상일 때 교차자화작용을 한다.
② 전류가 전압보다 90° 뒤질 때는 감자작용을 한다.
③ 전류가 전압보다 90° 앞설 때 증자작용을 한다.
④ 전류가 전압보다 $\phi$만큼 뒤질 때 교차자화작용에 의한 증자작용을 한다.

**동기발전기 전기자반작용**
(1) 교차자화작용
  ㉠ 기전력과 같은 위상의 전류가 흐른다.
    <동상전류: $R$부하 특성>
  ㉡ 감자효과로 기전력이 감소한다.
(2) 감자작용
  ㉠ 기전력보다 90° 늦은 전류가 흐른다.
    <지상전류: $L$부하 특성>
  ㉡ 감자작용으로 기전력이 감소한다.
(3) 증자작용
  ㉠ 기전력보다 90° 앞선 전류가 흐른다.
    <진상전류: $C$부하 특성>
  ㉡ 증자작용으로 기전력이 증가한다.

**04** 1[N·m]의 회전력으로 매분 1,000회전하는 직류 전동기의 출력[kW]은 다음의 어느 것에 가장 가까운가?

① 0.1  
② 1  
③ 2  
④ 5

**직류전동기의 토크($\tau$)**

$\tau = 9.55 \dfrac{P}{N}$ [N·m] 식에서

$\tau = 1$ [N·m], $N = 1,000$ [rpm] 이므로

$\therefore P = \dfrac{\tau \cdot N}{9.55} = \dfrac{1 \times 1,000}{9.55} = 100$ [W] $= 0.1$ [kW]

**정답** 01 ② 02 ④ 03 ④ 04 ①

## 05
출력이 20[kW]인 직류발전기의 효율이 80[%]이면 손실[kW]은 얼마인가?

① 1　　② 2
③ 5　　④ 8

**직류발전기의 규약효율($\eta$)**

$\eta = \dfrac{\text{출력}}{\text{출력}+\text{손실}} \times 100\,[\%]$ 식에서

출력 = 20[kW], $\eta$ = 80[%] 이므로

∴ 손실 = $\dfrac{\text{출력}}{\eta} \times 100 - \text{출력} = \dfrac{20}{80} \times 100 - 20$
　　　　= 5[kW]

## 06
변압기 결선방법 중 3상 전원을 이용하여 2상 전압을 얻고자 할 때 사용하는 결선방법은?

① Fork 결선　　② Scott 결선
③ 환상결선　　④ 2중 3각 결선

**상수변환**
3상 전원을 2상 전원으로 변환하는 결선은 다음과 같다.
(1) 스코트 결선(T결선)
　㉠ T좌 변압기의 탭 위치 : $\dfrac{\sqrt{3}}{2}$ 지점
　㉡ M좌 변압기의 탭 위치 : $\dfrac{1}{2}$ 지점
(2) 메이어 결선
(3) 우드브리지 결선

## 07
계전기 중 변압기의 보호에 사용하지 않는 계전기는?

① 임피던스 계전기
② 충격압력 계전기
③ 부흐홀츠 계전기
④ 비율차동 계전기

**변압기 보호계전기**
(1) 비율차동계전기(차동계전기)
(2) 부흐홀츠계전기
(3) 가스검출계전기
(4) 충격압력계전기

## 08
부하변동이 심한 부하에 직권전동기를 사용할 때 전기자 반작용을 감소시키기 위해서 설치하는 것은?

① 계자권선　　② 보상권선
③ 브러시　　　④ 균압선

**전기자 반작용의 방지 대책**
(1) 보상권선을 설치하여 전기자 전류와 반대방향으로 흘리면 교차기자력이 줄어들어 전기자 반작용을 억제한다.(주 대책임)
(2) 보극을 설치하여 평균리액턴스전압을 없애고 정류작용을 양호하게 한다.
(3) 브러시를 새로운 중성축으로 이동시킨다.
　㉠ 발전기는 회전방향
　㉡ 전동기는 회전반대방향

## 09
비돌극형 동기 발전기의 단자전압(1상)을 $V$, 유도 기전력(1상)을 $E$, 동기 리액턴스(1상)를 $x_s$, 부하각을 $\delta$ 라 하면 1상의 출력[W]은 약 얼마인가?

① $\dfrac{EV}{x_s}\cos\delta$　　② $\dfrac{EV}{x_s}\sin\delta$

③ $\dfrac{E^2 V}{x_s}\sin\delta$　　④ $\dfrac{EV^2}{x_s}\cos\delta$

**동기발전기의 출력($P$)**
(1) 1상의 출력
$P = \dfrac{VE}{x_s}\sin\delta\,[\text{W}]$
(2) 3상의 출력
$P = \dfrac{3VE}{x_s}\sin\delta\,[\text{W}]$

정답　05 ③　06 ②　07 ①　08 ②　09 ②

**10** 정격 전압 6,000[V], 용량 5,000[kVA]의 Y결선 3상 동기 발전기가 있다. 여자전류 200[A]에서의 무부하 단자전압 6,000[V], 단락전류 600[A]일 때, 이 발전기의 단락비는 약 얼마인가?

① 0.25　　② 1
③ 1.25　　④ 1.5

**단락비($k_s$)**
문제 조건에 단락전류($I_s$)가 주어진 경우에 단락비($k_s$) 계산은 정격전류($I_n$)와의 비로 계산하여야 한다.

$I_n = \dfrac{P}{\sqrt{3}\,V}$[A], $k_s = \dfrac{I_s}{I_n}$ 식에서

$V = 6,000$ [V], 용량 $P = 5,000$ [kVA], $I_s = 600$ [A] 이므로

$I_n = \dfrac{P}{\sqrt{3}\,V} = \dfrac{5,000 \times 10^3}{\sqrt{3} \times 6,000} = 481$ [A]

$\therefore k_s = \dfrac{I_s}{I_n} = \dfrac{600}{481} = 1.25$

**12** 3상 유도전동기의 출력 10[HP], 선간전압 200[V], 효율 90[%], 역률 85[%]일 때 이 전동기에 유입되는 선전류는 약 몇 [A]인가?

① 16　　② 20
③ 28　　④ 48

**선전류 절대값 계산**
$P = 10$ [HP] $= 10 \times 746$ [W], $V = 200$ [V], $\eta = 0.9$, $\cos\theta = 0.85$ 이므로

$I = \dfrac{P}{\sqrt{3}\,V\cos\theta \cdot \eta} = \dfrac{10 \times 746}{\sqrt{3} \times 200 \times 0.85 \times 0.9}$
$= 28$ [A]

**11** 직류발전기의 전기자에 대한 설명 중 잘못된 것은?

① 전기자 권선은 대전류인 경우 평각동선을 사용한다.
② 전기자 권선은 소전류인 경우 연동환선을 사용한다.
③ 소형기에는 반폐 슬롯을 사용한다.
④ 중형 및 대형기에는 가지형 슬롯을 사용한다.

직류발전기의 전기자 권선은 대전류인 경우 평각동선을 사용하고 소전류인 경우에는 연동환선을 사용한다. 그리고 각 권선은 전기자에 홈(슬롯)을 파서 그 안에 두게 되는데 고속기(=소형기)에서는 주로 반폐슬롯을 채용한다.

**13** 단상 유도전동기 중 기동토크가 가장 큰 것은?

① 반발 유도형
② 반발 기동형
③ 분상 기동형
④ 콘덴서 기동형

**단상 유도전동기의 기동법(기동토크 순서)**
반발기동형 > 반발유도형 > 콘덴서 기동형 > 분상기동형 > 셰이딩 코일형

**14** 동기발전기에 회전계자형을 사용하는 이유로 틀린 것은?

① 기전력의 파형을 개선한다.
② 계자가 회전자이지만 저전압 소용량의 직류이므로 구조가 간단하다.
③ 전기자가 고정자이므로 고전압 대전류용에 좋고 절연이 쉽다.
④ 전기자보다 계자극을 회전자로 하는 것이 기계적으로 튼튼하다.

> **회전계자형을 채용하는 이유**
> (1) 계자는 전기자보다 철의 분포가 많기 때문에 기계적으로 튼튼하다.
> (2) 계자는 전기자보다 결선이 쉽고 구조가 간단하다.
> (3) 고압이 걸리는 전기자보다 저압인 계자가 조작하는데 더 안전하다.
> (4) 고압이 걸리는 전기자를 절연하는 데는 고정자로 두어야 용이해진다.

**15** 전압이나 전류의 제어가 불가능한 소자는?

① SCR   ② GTO
③ IGBT  ④ Diode

> **다이오드(Diode)**
> 다이오드는 일반적으로 교류를 직류로 변환하는 정류작용이나 역방향 전류를 저지하여 회로를 차단하는 스위칭 소자로 이용된다.

**16** 출력 10[HP], 600[rpm]인 전동기의 토크는 약 몇 [kg·m]인가? (단, 1[HP]=746[W]임)

① 11.8   ② 118
③ 12.1   ④ 121

> **직류전동기의 토크($\tau$)**
> 출력 $P = 10$ [HP] $= 10 \times 746$ [W],
> $N = 600$ [rpm] 이므로
> $\therefore \tau = 0.975 \dfrac{P}{N} = 0.975 \times \dfrac{10 \times 746}{600} = 12.1$ [kg·m]

**17** 부하에 관계없이 변압기에 흐르는 전류로서 자속만을 만드는 것은?

① 1차전류   ② 철손전류
③ 여자전류   ④ 자화전류

> **여자전류($I_0$), 자화전류($I_\phi$), 철손전류($I_i$)**
> (1) 여자전류(무부하전류)
>   변압기 2차측을 개방하였을 때 2차측에 흐르는 전류로서 자화전류와 철손전류를 포함하고 있다.
> (2) 자화전류
>   누설리액턴스에 흐르면서 자속을 만드는 전류이다.
> (3) 철손전류
>   철손저항에 흐르면서 철손을 발생시키는 전류이다.

**18** 정격전압 100[V], 전기자 전류 50[A]일 때 1,500[rpm]인 직류 분권 전동기의 무부하 속도는 약 몇 [rpm]인가? (단, 전기자 저항은 0.1[Ω]이고 전기자 반작용은 무시한다.)

① 1,382   ② 1,421
③ 1,579   ④ 1,623

> **직류 분권전동기의 무부하 속도($N'$)**
> $V = 100$ [V], $I_a = 50$ [A], $R_a = 0.1$ [Ω],
> $N = 1,500$ [rpm]일 때
> 역기전력 $E = V - R_a I_a$ [V] 이므로
> $E = V - R_a I_a = 100 - 0.1 \times 50 = 95$ [V]이다.
> 무부하시 $I_a = 0$ [A] 이므로 역기전력
> $E' = V = 100$ [V]이며 $E = K\phi N$ [V] 식에서
> $E \propto N$이 성립하므로 무부하 속도 $N'$는
> $\therefore N' = \dfrac{E'}{E} N = \dfrac{100}{95} \times 1,500 = 1,579$ [rpm]

정답  14 ①  15 ④  16 ③  17 ④  18 ③

**19** 다음 중 역률이 가장 좋은 전동기는?

① 단상유도전동기　② 3상유도전동기
③ 동기전동기　　　④ 반발전동기

> **동기전동기의 장·단점**
>
> | 장점 | 단점 |
> |---|---|
> | (1) 속도가 일정하다. | (1) 기동토크가 작다. |
> | (2) 역률 조정이 가능하다. | (2) 속도 조정이 곤란하다. |
> | (3) 효율이 좋다. | (3) 직류여자기가 필요하다. |
> | (4) 공극이 크고 튼튼하다. | (4) 난조 발생이 빈번하다. |
>
> ∴ 동기전동기는 역률을 1로 운전할 수 있는 전동기로서 역률이 가장 좋은 전동기이다.

**20** 변압기 철심으로 갖추어야 할 성질로 맞지 않는 것은?

① 투자율이 클 것
② 전기저항이 작을 것
③ 히스테리시스 계수가 작을 것
④ 성층 철심으로 할 것

> **변압기의 철심 재료의 성질**
> (1) 투자율이 클 것
> (2) 전기적 저항이 클 것
> (3) 히스테리시스 계수가 작을 것
> (4) 성층 철심을 사용할 것

정답　19 ③　20 ②

# 4. 회로이론(CBT시험 복원문제)

2023년 1회 전기산업기사

※ 본 기출문제는 수험자의 기억을 바탕으로 하여 복원한 문제이므로 실제 문제와 다를 수 있음을 미리 알려드립니다.

**01** 다음의 회로에서 저항 20[Ω]에 흐르는 전류는?

① 0.4[A]
② 1.8[A]
③ 3.6[A]
④ 5.4[A]

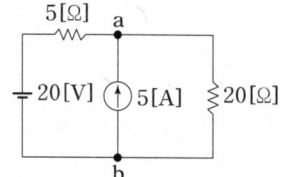

**밀만의 정리**
20[Ω] 양 단자를 $a$, $b$라 하면
$$V_{ab} = \frac{\frac{V_1}{R_1}+I}{\frac{1}{R_1}+\frac{1}{R_2}} [\text{V}] \text{ 식에서}$$
$V_1 = 20[\text{V}]$, $R_1 = 5[\Omega]$, $I = 5[\text{A}]$,
$R_2 = 20[\Omega]$일 때
$$V_{ab} = \frac{\frac{V_1}{R_1}+I}{\frac{1}{R_1}+\frac{1}{R_2}} = \frac{\frac{20}{5}+5}{\frac{1}{5}+\frac{1}{20}} = 36 [\text{V}] \text{이다.}$$
따라서 20[Ω]에 흐르는 전류 $I$는
$$\therefore I = \frac{V_{ab}}{20} = \frac{36}{20} = 1.8 [\text{A}]$$

**02** 출력이 $F(s) = \dfrac{3s+2}{s(s^2+2s+6)}$로 표시되는 제어계가 있다. 이 계의 시간함수 $f(t)$의 정상값은?

① 3
② 2
③ $\dfrac{1}{3}$
④ $\dfrac{1}{6}$

**정상값(최종값 정리)**
$$f(\infty) = \lim_{t \to 0} f(t) = \lim_{s \to 0} sF(s)$$
$$= \lim_{s \to 0} \frac{s(3s+2)}{s(s^2+2s+6)} = \lim_{s \to 0} \frac{3s+2}{s^2+2s+6}$$
$$= \frac{1}{3}$$

**03** $e_1 = 30\sin\omega t [\text{V}]$, $e_2 = 40\cos\omega t [\text{V}]$일 때 $e_1 + e_2$의 실효값은 몇 [V]인가?

① 35.35
② 50
③ 65.36
④ 70

**교류의 실효값**
$e_1 = 30\sin\omega t [\text{V}]$,
$e_2 = 40\cos\omega t = 40\sin\left(\omega t + \dfrac{\pi}{2}\right) [\text{V}]$일 때
$E_1 = \dfrac{30}{\sqrt{2}} [\text{V}]$, $E_2 = \dfrac{40}{\sqrt{2}} [\text{V}]$,
위상차 $\theta = 90°$ 이므로
$$\therefore E_1 + E_2 = \sqrt{E_1^2 + E_2^2}$$
$$= \sqrt{\left(\frac{30}{\sqrt{2}}\right)^2 + \left(\frac{40}{\sqrt{2}}\right)^2}$$
$$= 35.35 [\text{V}]$$

**04** $V_1(s)$을 입력, $V_2(s)$를 출력이라 할 때, 다음 회로의 전달함수는?(단, $C_1 = 1[\text{F}]$, $L_1 = 1[\text{H}]$)

① $\dfrac{s}{s+1}$
② $\dfrac{s^2}{s^2+1}$
③ $\dfrac{1}{s+1}$
④ $1 + \dfrac{1}{s}$

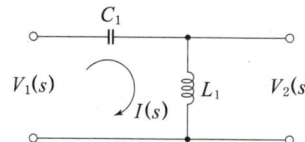

**전달함수 $G(s)$**
$$V_1(s) = \left(\frac{1}{C_1 s} + L_1 s\right) I(s)$$
$$V_2(s) = L_1 s I(s)$$
$$\therefore G(s) = \frac{V_2(s)}{V_1(s)} = \frac{L_1 s I(s)}{\left(\dfrac{1}{C_1 s} + L_1 s\right) I(s)}$$
$$= \frac{C_1 L_1 s^2}{C_1 L_1 s^2 + 1} = \frac{s^2}{s^2 + 1}$$

정답 01 ② 02 ③ 03 ① 04 ②

**05** RL 직렬회로에서 시정수의 값이 클수록 과도현상은 어떻게 되는가?

① 없어진다. ② 짧아진다.
③ 길어진다. ④ 변화가 없다.

> **시정수**
> 시정수가 크면 클수록 과도시간은 길어져서 정상상태에 도달하는데 오래 걸리게 되며 반대로 시정수가 작으면 작을수록 과도시간은 짧게 되어 일찍 소멸하게 된다.

**06** $\frac{2}{s}+\frac{2}{s+2}+\frac{3}{s+3}$ 의 역라플라스 변환 값은?

① $2+2e^{-2t}+3e^{-3t}$
② $2-2e^{-2t}-3e^{-3t}$
③ $2+2e^{2t}+3e^{3t}$
④ $2-2e^{2t}-3e^{3t}$

> **역라플라스 변환**
>
> | $f(t)$ | $A$ | $Be^{-bt}$ |
> |---|---|---|
> | $F(s)$ | $\frac{A}{s}$ | $\frac{B}{s+b}$ |
>
> 위의 표에 적용하여 역라플라스 변환하면
> ∴ $f(t) = \mathcal{L}^{-1}[F(s)] = 2+2e^{-2t}+3e^{-3t}$

**07** 기본파의 60[%]인 제3고조파와 80[%]인 제5고조파를 포함하는 전압의 왜형률은?

① 0.3 ② 1
③ 5 ④ 10

> **고조파의 왜형률**
> 3고조파의 왜형률 $\epsilon_3 = 0.6$,
> 5고조파의 왜형률 $\epsilon_5 = 0.8$ 이므로
> ∴ $\epsilon = \sqrt{\epsilon_3^2 + \epsilon_5^2} = \sqrt{0.6^2+0.8^2} = 1$

**08** 정현파 교류전압의 파고율은?

① 0.91 ② 1.11
③ 1.41 ④ 1.73

> **파형의 파고율**
>
> | 파형 | 정현파 | 반파 정류파 | 구형파 | 반파 구형파 | 톱니파 | 삼각파 |
> |---|---|---|---|---|---|---|
> | 파고율 | $\sqrt{2}$ | 2 | 1 | $\sqrt{2}$ | $\sqrt{3}$ | $\sqrt{3}$ |
>
> ∴ 정현파의 파고율 = $\sqrt{2}$ = 1.41

**09** 전원이 Y결선, 부하가 △결선된 3상 대칭회로가 있다. 전원의 상전압이 220[V]이고 전원의 상전류가 10[A]일 경우, 부하 한 상의 임피던스[Ω]는?

① $22\sqrt{3}$ ② 22
③ $\frac{22}{3}$ ④ 66

> **Y결선 및 △결선의 특성**
> 부하 △결선의 상전압은 전원 Y결선 선간전압과 같으므로 $V_L = \sqrt{3}\,V_P = \sqrt{3} \times 220 = 220\sqrt{3}$ [V]이다.
> 부하 △결선의 상전류는 전원 Y결선 선전류의 $\frac{1}{\sqrt{3}}$ 배이므로 $I_P = \frac{I_L}{\sqrt{3}} = \frac{10}{\sqrt{3}}$ [A]이다.
> ∴ $Z_P = \frac{V_L}{I_P} = \frac{220\sqrt{3}}{\frac{10}{\sqrt{3}}} = 66$ [Ω]

정답 05 ③ 06 ① 07 ② 08 ③ 09 ④

**10** 그림과 같은 고역 여파기에서 공칭 임피던스 $K$ [Ω] 및 차단 주파수 $f_c$ [kHz]는 얼마인가?

① 500, 약 25.9
② 460, 약 20.9
③ 480, 약 18.9
④ 500, 약 15.9

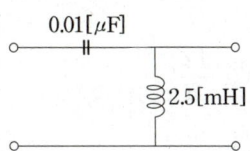

고역필터

$K = \sqrt{\dfrac{L}{C}}$, $C = \dfrac{1}{4\pi f_c K}$, $L = \dfrac{K}{4\pi f_c}$ 식에서

$C = 0.01\,[\mu F]$, $L = 2.5\,[mH]$ 이므로

$K = \sqrt{\dfrac{L}{C}} = \sqrt{\dfrac{2.5 \times 10^{-3}}{0.01 \times 10^{-6}}} = 500\,[\Omega]$

$f_c = \dfrac{1}{4\pi f_c C} = \dfrac{1}{4\pi \times 500 \times 0.01 \times 10^{-6}}$

$= 15.9 \times 10^3\,[Hz] = 15.9\,[kHz]$

∴ $K = 500\,[\Omega]$, $f_c = 15.9\,[kHz]$

**11** 실효값이 100[V], 주파수가 50[Hz]인 교류 전압을 저항 100[Ω], 용량 10[μF]인 RC 직렬회로에 가했을 때 역률은 약 얼마인가?

① 0.3   ② 0.5
③ 0.6   ④ 0.8

R-C 직렬회로의 역률($\cos\theta$)

$\cos\theta = \dfrac{R}{Z} = \dfrac{R}{\sqrt{R^2 + X_C^2}}$ 식에서

$R = 100\,[\Omega]$, $C = 10\,[\mu F]$ 이므로

$X_C = \dfrac{1}{\omega C} = \dfrac{1}{2\pi f C}\,[\Omega]$일 때

∴ $\cos\theta = \dfrac{R}{Z} = \dfrac{R}{\sqrt{R^2 + X_C^2}}$

$= \dfrac{100}{\sqrt{100^2 + \left(\dfrac{1}{2\pi \times 50 \times 10 \times 10^{-6}}\right)^2}}$

$= 0.3$

**12** 다음과 같은 회로가 정저항 회로가 되기 위한 R[Ω]의 값은 얼마인가?

① 200[Ω]
② 2[Ω]
③ $2 \times 10^{-2}\,[\Omega]$
④ $2 \times 10^{-4}\,[\Omega]$

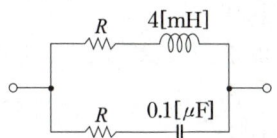

정저항 조건식

$R = \sqrt{\dfrac{L}{C}}\,[\Omega]$ 식에서

$L = 4\,[mH]$, $C = 0.1\,[\mu F]$ 이므로

∴ $R = \sqrt{\dfrac{L}{C}} = \sqrt{\dfrac{4 \times 10^{-3}}{0.1 \times 10^{-6}}} = 200\,[\Omega]$

**13** 시정수 $\tau$를 갖는 RL 직렬회로에 직류전압을 가할 때 $t = 2\tau$가 되는 시간에 회로에 흐르는 전류는 최종값의 약 몇 [%]인가?

① 98   ② 95
③ 86   ④ 63

$R-L$ 과도현상

$R-L$ 직렬회로에 직류전압 $V[V]$를 인가하면 과도전류 $i(t)$는

$i(t) = \dfrac{V}{R}(1 - e^{-\frac{R}{L}t})\,[A]$이다.

R-L회로의 시정수는 $\tau = \dfrac{L}{R}\,[sec]$ 이므로

$t = 2\tau = \dfrac{2L}{R}\,[sec]$일 때 과도전류를 구하면

$i(2\tau) = \dfrac{V}{R}(1 - e^{-\frac{R}{L} \times \frac{2L}{R}})$

$= \dfrac{V}{R}(1 - e^{-2}) = 0.86\dfrac{V}{R}\,[A]$가 된다.

전류의 최종값은 $\dfrac{V}{R}\,[A]$ 이므로

∴ $t = 2\tau$일 때 전류는 최종값의 86[%]에 도달한다.

**14** 9[Ω]과 3[Ω]인 저항 6개를 그림과 같이 연결하였을 때, $a$와 $b$ 사이의 합성저항[Ω]은?

① 9
② 4
③ 3
④ 2

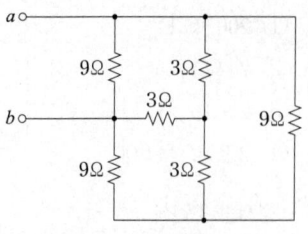

9[Ω] Δ결선을 Y결선으로 변경하면 $\frac{1}{3}$배 감소되어 3[Ω]으로 바뀌고 등가회로 그림은 다음과 같다.

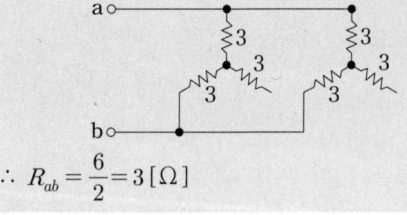

$$\therefore R_{ab} = \frac{6}{2} = 3\,[\Omega]$$

**15** 그림과 같은 회로에서 $e_o$[V]의 위상은 $e_i$[V] 보다 어떻게 되는가?

① 앞선다.
② 뒤진다.
③ 동상이다.
④ 90° 앞선다.

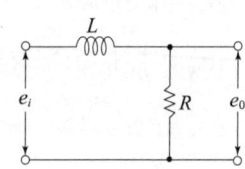

**벡터해석**

$$e_i = (j\omega L + R)i = j\omega L i + Ri$$
$$= \sqrt{(\omega L)^2}\, i \angle \tan^{-1}\left(\frac{\omega L}{R}\right)\,[V]$$
$$e_0 = Ri = Ri \angle 0°\,[V]$$

∴ $e_0$의 위상은 $e_i$보다 $\theta = \tan^{-1}\frac{\omega L}{R}$ 만큼 뒤진다.

**16** 그림과 같은 회로에서 공진시의 어드미턴스(℧)는?

① $\dfrac{CR}{L}$
② $\dfrac{LC}{R}$
③ $\dfrac{C}{RL}$
④ $\dfrac{R}{LC}$

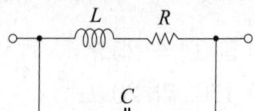

**반공진회로**

R, L 직렬회로의 임피던스를 $Z_1$, C의 임피던스를 $Z_2$라 하면

$$Z_1 = R + j\omega L\,[\Omega],\ Z_2 = -j\frac{1}{\omega C}\,[\Omega]$$이다.

회로는 병렬접속되어 있으므로 어드미턴스를 구하여 허수부를 영(0)으로 취하면 병렬공진이 이루어진다.

$$Y = \frac{1}{Z_1} + \frac{1}{Z_2} = \frac{1}{R + j\omega L} + j\omega C$$
$$= \frac{R - j\omega L}{R^2 + (\omega L)^2} + j\omega C$$
$$= \frac{R}{R^2 + (\omega L)^2} + j\left(\omega C - \frac{\omega L}{R^2 + (\omega L)^2}\right)\,[℧]$$

$\omega C = \dfrac{\omega L}{R^2 + (\omega L)^2}$ 식에서

$R^2 + (\omega L)^2 = \dfrac{L}{C}$ 이므로

공진시 어드미턴스 $Y_r$은

$$\therefore Y_r = \frac{R}{R^2 + (\omega L)^2} = \frac{R}{\dfrac{L}{C}} = \frac{CR}{L}\,[℧]$$

정답 14 ③ 15 ② 16 ①

**17** 저항 $R=5,000[\Omega]$, 정전용량 $C=20[\mu F]$가 직렬로 접속된 회로에 일정전압 $E=100[V]$를 가하고 $t=0$에서 스위치를 넣을 때 콘덴서 단자전압 $V[V]$을 구하면? (단, $t=0$에서의 콘덴서 전압은 0[V]이다.)

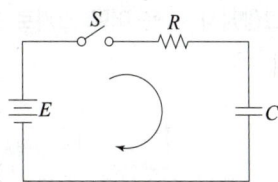

① $100(1-e^{10t})$  ② $100e^{10t}$
③ $100(1-e^{-10t})$  ④ $100e^{-10t}$

**R-C 과도현상**
$R-C$ 직렬회로에서 스위치를 닫을 때 콘덴서 단자 전압 $v_c(t)$는

$v_c(t) = E(1-e^{\frac{-1}{RC}t})$ [V] 식에서

$\therefore V = v_c(t) = E(1-e^{-\frac{1}{RC}t})$
$= 100(1-e^{-\frac{1}{5,000 \times 20 \times 10^{-6}}t})$
$= 100(1-e^{-10t})$ [V]

**19** 그림과 같은 $R-C$ 병렬회로에서 전원전압이 $e(t)=3e^{-5t}$인 경우 이 회로의 임피던스는?

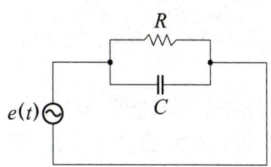

① $\dfrac{j\omega RC}{1+j\omega RC}$  ② $\dfrac{R}{1-5RC}$
③ $\dfrac{R}{1+Cs}$  ④ $\dfrac{1+j\omega RC}{R}$

**해설** R-C 병렬의 임피던스
$e(t) = 3e^{-5t} = 3e^{j\omega t}$ [V]일 때
$j\omega = -5$임을 알 수 있다.
$\therefore Z = \dfrac{1}{\dfrac{1}{R}+j\omega C} = \dfrac{R}{1+j\omega CR} = \dfrac{R}{1-5RC}$ [$\Omega$]

**18** 다음 회로에서 4단자 정수 A, B, C, D의 값은?

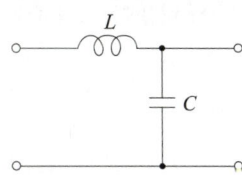

① $\begin{bmatrix} 1 & j\omega L \\ 0 & 1 \end{bmatrix} \begin{bmatrix} 1 & 0 \\ j\omega C & 1 \end{bmatrix}$
② $\begin{bmatrix} 1 & j\omega L \\ 0 & 0 \end{bmatrix} \begin{bmatrix} 1 & 0 \\ j\omega C & 0 \end{bmatrix}$
③ $\begin{bmatrix} 1 & j\omega L \\ 1 & 1 \end{bmatrix} \begin{bmatrix} 1 & 1 \\ j\omega C & 1 \end{bmatrix}$
④ $\begin{bmatrix} 1 & j\omega L \\ 0 & 1 \end{bmatrix} \begin{bmatrix} 1 & j\omega C \\ 0 & 1 \end{bmatrix}$

**4단자 정수의 종속접속**
$\therefore \begin{bmatrix} A & B \\ C & D \end{bmatrix} = \begin{bmatrix} 1 & j\omega L \\ 0 & 1 \end{bmatrix} \begin{bmatrix} 1 & 0 \\ j\omega C & 1 \end{bmatrix}$

**20** 어떤 회로에 흐르는 전류가 $i=7+14.1\sin\omega t$ [A]인 경우 실효값은 약 몇 [A]인가?

① 11.2  ② 12.2
③ 13.2  ④ 14.2

**비정현파의 실효값**
$I_0 = 7$ [A], $I_{m1} = 14.1$ [A]
$\therefore I = \sqrt{I_0^2 + \left(\dfrac{I_{m1}}{\sqrt{2}}\right)^2} = \sqrt{7^2 + \left(\dfrac{14.1}{\sqrt{2}}\right)^2}$
$= 12.2$ [A]

## 2023년 1회 전기산업기사

# 5. 전기설비기술기준(CBT시험 복원문제)

※ 2021.1.1. 한국전기설비규정 개정에 따라 기출문제를 개정된 내용으로 반영하여 일부 삭제 및 변형하였습니다.
※ 본 기출문제는 수험자의 기억을 바탕으로 하여 복원한 문제이므로 실제 문제와 다를 수 있음을 미리 알려드립니다.

**01** 가공전선로의 지지물에 시설하는 지선으로 연선을 사용할 경우에는 소선이 최소 몇 가닥 이상이어야 하는가?

① 3
② 4
③ 5
④ 6

**지선의 시설**
(1) 가공전선로의 지지물 중 철탑은 지선을 사용하여 그 강도를 분담시켜서는 안된다.
(2) 지선의 안전율은 2.5 이상, 허용인장하중은 4.31[kN] 이상으로 한다.
(3) 지선에 연선을 사용할 경우에는 다음에 의할 것.
 ㉠ 소선(素線) 3가닥 이상의 연선일 것.
 ㉡ 소선의 지름이 2.6[mm] 이상의 금속선을 사용한 것일 것.
 ㉢ 지중부분 및 지표상 30[cm]까지의 부분에는 내식성이 있는 것 또는 아연도금을 한 철봉을 사용하고 쉽게 부식하지 아니하는 근가에 견고하게 붙일 것.
 ㉣ 지선근가는 지선의 인장하중에 충분히 견디도록 시설할 것.

**02** 다음 그림에서 $L_1$은 어떤 크기로 동작하는 기기의 명칭인가?

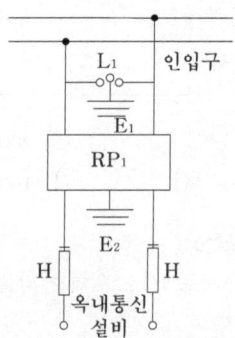

① 교류 1,000[V] 이하에서 동작하는 단로기
② 교류 1,000[V] 이하에서 동작하는 피뢰기
③ 교류 1,500[V] 이하에서 동작하는 단로기
④ 교류 1,500[V] 이하에서 동작하는 피뢰기

**저압 가공전선로 첨가통신선의 보안장치**
(1) $L_1$ : 교류 1[kV] 이하에서 동작하는 피뢰기
(2) $RP$ : 교류 300[V] 이하에서 동작하고, 최소감도전류가 3[A] 이하로서 최소감도전류 때의 응답시간이 1사이클 이하이고 또는 전류 용량이 50[A], 20초 이상인 자복성(自復性)이 있는 릴레이 보안기
(3) $H$ : 250[mA] 이하에서 동작하는 열 코일
(4) $E_1$, $E_2$ : 접지

정답 01 ① 02 ②

**03** 최대사용전압 7[kV]를 초과하고 25[kV] 이하인 특고압 중성점 다중접지식 전로의 절연내력시험전압은 최대사용전압의 몇 배의 전압으로 10분간 가하여 시험하는가?

① 1.25
② 0.92
③ 1.5
④ 0.72

전로의 절연내력시험전압

| 전로의 최대사용전압 | | 시험전압 |
|---|---|---|
| 7[kV] 이하 | | 1.5배 |
| 7[kV] 초과 60[kV] 이하 | | 1.25배 |
| 7[kV] 초과 25[kV] 이하 중성점 다중접지 | | 0.92배 |
| 60[kV] 초과 | 비접지 | 1.25배 |
| 60[kV] 초과 170[kV] 이하 | 접지 | 1.1배 |
| | 직접접지 | 0.72배 |
| 170[kV] 초과 | 직접접지 | 0.64배 |

**04** 사용전압 66[kV] 가공전선과 6[kV] 가공전선을 동일 지지물에 시설하는 경우, 특고압 가공전선은 케이블인 경우를 제외하고는 단면적이 몇 [mm²]인 경동연선 또는 이와 동등 이상의 세기 및 굵기의 연선이어야 하는가?

① 25
② 35
③ 50
④ 95

35[kV]를 초과하고 100[kV] 이하의 특고압 가공전선과 저·고압 가공전선의 병행설치

| 구분 | 이격거리 |
|---|---|
| 이격 거리 | 2[m] 이상<br>단, 특고압 가공전선이 케이블이고 저압 가공전선이 절연전선이거나 케이블인 때 또는 고압 가공전선이 고압 절연전선, 특고압 절연전선 또는 케이블인 때는 1[m]까지 감할 수 있다. |
| 전선의 굵기 | 인장강도 21.67[kN] 이상의 연선 또는 단면적이 50[mm²] 이상의 경동연선 |
| 지지물의 종류 | 철주·철근 콘크리트주 또는 철탑일 것. |

**05** 고압 가공전선과 통신선이 절연전선과 동등 이상의 절연효력이 있을 때 통신선과 고압 가공전선과의 이격거리는 몇 [cm] 이상인가?

① 30
② 60
③ 75
④ 90

가공전선과 첨가 통신선과의 이격거리

| 구분 | 이격거리 |
|---|---|
| 저·고압 가공전선 | 60[cm] 이상<br>단, 저압 가공전선이 절연전선이나 케이블인 경우 또는 고압 가공전선이 케이블인 경우에는 30[cm] 이상 |
| 특고압 가공전선 | 1.2[m] 이상<br>단, 특고압 가공전선이 케이블인 경우에는 30[cm] 이상 |
| 25[kV] 이하 특고압 다중접지식 | 전력선과 첨가 통신선 : 75[cm] 이상 |
| | 중성선과 첨가 통신선 : 60[cm] 이상 |

## 06 사용전압이 400[V] 초과인 저압 가공전선에 사용하는 전선으로 알맞지 않은 것은?

① 나전선(중성선 또는 다중접지된 접지측 전선으로 사용하는 전선에 한한다.)
② 경동선
③ 인입용 비닐절연전선
④ 케이블

**저압 가공전선에 사용하는 전선의 종류**
(1) 저압 가공전선은 나전선(중성선 또는 다중접지된 접지측 전선으로 사용하는 전선에 한한다.), 절연전선, 다심형 전선, 케이블을 사용하여야 한다.
(2) 400[V] 이하인 저압 가공전선은 케이블인 경우를 제외하고 인장강도 3.43[kN] 이상의 것 또는 지름 3.2[mm](절연전선인 경우는 인장강도 2.3[kN] 이상의 것 또는 지름 2.6[mm] 이상의 경동선)이상의 것이어야 한다.
(3) 400[V] 초과인 저압 가공전선은 케이블인 경우 이외에는 시가지에 시설하는 것은 인장강도 8.01[kN] 이상의 것 또는 지름 5[mm] 이상의 경동선, 시가지 외에 시설하는 것은 인장강도 5.26[kN] 이상의 것 또는 지름 4[mm] 이상의 경동선이어야 한다.
(4) 사용전압이 400[V] 초과인 저압 가공전선에는 인입용 절연전선과 다심형 전선을 사용하여서는 안된다.

## 07 특고압 절연전선을 사용한 22,900[V] 가공전선과 안테나의 이격(수평이격) 거리는 몇 [m] 이상이어야 하는가? (단, 중성선 다중접지식의 것으로 전로에 지락이 생겼을 때에 2초 이내에 자동적으로 이를 전로로부터 차단하는 장치가 되어 있음)

① 1.0     ② 1.2
③ 1.5     ④ 2.0

**가공전선과 다른 가공전선·약전류전선·안테나 등과의 이격거리**

| 대상 | 구분 | | 이격거리 |
|---|---|---|---|
| 가공전선, 약전류전선, 안테나 등 | 25[kV] 이하 다중접지 | 나전선 | 2[m] |
| | | 절연전선 | 1.5[m] |
| | | 케이블 | 0.5[m] |

## 08 용량 몇 [kVA] 이상의 조상기에는 그 내부에 고장이 생긴 경우에 자동적으로 이를 전로로부터 차단하는 장치를 하여야 하는가?

① 5,000     ② 10,000
③ 15,000    ④ 20,000

**조상설비의 보호장치**
조상설비는 뱅크용량의 구분에 따른 아래와 같은 고장이 생긴 경우 자동적으로 전로로부터 차단하는 장치를 시설하여야 한다.

| 설비종별 | 뱅크용량의 구분 | 자동적으로 전로로부터 차단하는 장치 |
|---|---|---|
| 전력용 커패시터 및 분로리액터 | 500[kVA] 초과 15,000[kVA] 미만 | 내부고장 과전류 |
| | 15,000[kVA] 이상 | 내부고장 과전류 과전압 |
| 조상기(調相機) | 15,000[kVA] 이상 | 내부고장 |

## 09 저압 연접인입선은 인입선에서 분기하는 점으로부터 몇 [m]를 초과하는 지역에 미치지 아니하도록 시설하여야 하는가?

① 100[m]    ② 150[m]
③ 200[m]    ④ 250[m]

**저압 연접인입선**
저압 가공인입선의 규정에 준하여 시설하는 이외에 다음에 따라 시설하여야 한다.
(1) 인입선에서 분기하는 점으로부터 100[m]를 초과하는 지역에 미치지 아니할 것.
(2) 폭 5[m]를 초과하는 도로를 횡단하지 아니할 것.
(3) 옥내를 통과하지 아니할 것.
[주] 고압 연접인입선과 특고압 연접인입선은 시설하여서는 아니 된다.

**10** 일반적으로 저압 가공전선로와 기설 가공약전류전선로가 병행하는 경우에는 유도작용에 의한 통신상의 장해가 생기지 않도록 전선과 기설 약전류 전선간의 이격거리는 몇 [m] 이상으로 하여야 하는가? (단, 저압 가공전선은 케이블이 아니다.)

① 2[m]  ② 3[m]
③ 4[m]  ④ 5[m]

> **유도장해 방지**
> 저압 가공전선로 또는 고압 가공전선로와 기설 가공약전류전선로가 병행하는 경우에는 유도작용에 의하여 통신상의 장해가 생기지 않도록 전선과 기설 약류전선간의 이격거리는 2[m] 이상이어야 한다.(단, 전기철도용 급전선로는 제외한다.)

**11** 목주, A종 철주 및 A종 철근 콘크리트주를 사용할 수 없는 보안공사는?

① 고압 보안공사
② 제1종 특고압 보안공사
③ 제2종 특고압 보안공사
④ 제3종 특고압 보안공사

> **제1종 특고압 보안공사의 지지물의 종류**
> ∴ B종 철주·B종 철근 콘크리트주, 철탑

**12** 지중전선이 지중약전류 전선 등과 접근하거나 교차하는 경우에 상호 간의 이격거리가 저압 또는 고압의 지중전선이 몇 [cm] 이하일 때, 지중전선과 지중약전류 전선 사이에 견고한 내화성의 격벽(隔壁)을 설치하여야 하는가?

① 10  ② 20
③ 30  ④ 60

> **지중전선과 지중약전류전선 등 또는 관과의 접근 또는 교차**
>
> | 구분 | | 이격거리 |
> |---|---|---|
> | 지중전선과 지중약전류전선 | 저압 또는 고압 | 0.3[m] 이하 |
> | | 특고압 | 0.6[m] 이하 |
> | 특고압 지중전선이 가연성이나 유독성의 유체를 내포하는 관과 접근 또는 교차하는 경우 | | 1[m] 이하 |
>
> [주] 표의 이격거리는 지중전선과 지중약전류전선 사이 또는 관 사이에 견고한 내화성의 격벽을 설치하는 경우 이외에는 지중전선을 견고한 불연성 또는 난연성의 관에 넣어 그 관이 지중약전류전선 또는 가연성이나 유독성의 유체를 내포하는 관과 직접 접촉하지 아니하도록 하여야 한다.

**13** 사용전압 154[kV]의 가공전선을 시가지에 시설하는 경우 전선의 지표상의 높이는 최소 몇 [m] 이상이어야 하는가? (단, 발전소·변전소 또는 이에 준하는 곳의 구내와 구외를 연결하는 1경간 가공전선은 제외한다.)

① 7.44
② 9.44
③ 11.44
④ 13.44

특고압 가공전선의 높이

| 구분 | 시설장소 | | 전선의 높이 |
|---|---|---|---|
| 특고압 | 시가지 | 35[kV] 이하 | (1) 지표상 10[m] 이상 (2) 특별고압 절연전선 사용시 8[m] 이상 |
| | | 35[kV] 초과 170[kV] 이하 | 10[kV]마다 12[cm] 가산하여 (1), (2)항+ (사용전압[kV]/10−3.5)×0.12 소수점 절상 |

∴ 10+(15.4−3.5)×0.12=10+12×0.12
　　　　　　　　　　=11.44[m] 이상

**14** 횡단보도교 위에 시설하는 경우 그 노면상 전력보안 가공통신선의 높이는 몇 [m] 이상인가?

① 3
② 4
③ 5
④ 6

전력보안 가공통신선의 높이

| 시설장소 | 전선의 높이 |
|---|---|
| 도로 횡단시 | 지표상 6[m] 이상 다만, 교통에 지장을 줄 우려가 없는 경우 지표상 4.5[m]까지 감할 수 있다. |
| 철도 또는 궤도 횡단시 | 레일면상 6.5[m] 이상 |
| 횡단보도교 위 | 노면상 3[m] 이상 |
| 기타 | 지표상 3.5[m] 이상 |

**15** 케이블트레이공사에 사용되는 케이블트레이가 수용된 모든 전선을 지지할 수 있는 적합한 강도의 것일 경우 케이블트레이의 안전율은 얼마 이상으로 하여야 하는가?

① 1.1
② 1.2
③ 1.3
④ 1.5

각종 안전율에 대한 총정리

| 구분 | 안전율 |
|---|---|
| 지지물 | 기초 안전율 2 이상 (이상시 상정하중에 대한 철탑의 기초에 대하여는 1.33 이상) |
| | 무선용 안테나를 지지하는 지지물 1.5 이상 |
| 전선 | 2.5 이상 (경동선 또는 내열 동합금선 2.2 이상) |
| 지선 | 2.5 이상 |
| 케이블트레이배선 | 1.5 이상 |

정답 13 ③　14 ①　15 ④

**16** 특고압용 변압기로서 변압기 내부고장이 생겼을 경우 반드시 자동차단 되어야 하는 변압기의 뱅크용량은 몇 [kVA] 이상인가?

① 5,000[kVA]   ② 7,500[kVA]
③ 10,000[kVA]  ④ 15,000[kVA]

**특고압용 변압기의 보호장치**
특고압용의 변압기에는 그 내부에 고장이 생겼을 경우에 보호하는 장치를 아래 표와 같이 시설하여야 한다.

| 뱅크용량의 구분 | 동작조건 | 장치의 종류 |
| --- | --- | --- |
| 5,000[kVA] 이상 10,000[kVA] 미만 | 변압기 내부고장 | 자동차단장치 또는 경보장치 |
| 10,000[kVA] 이상 | 변압기 내부고장 | 자동차단장치 |
| 타냉식변압기 (변압기의 권선 및 철심을 직접 냉각시키기 위하여 봉입한 냉매를 강제 순환시키는 냉각방식을 말한다) | 냉각장치에 고장이 생긴 경우 또는 변압기의 온도가 현저히 상승한 경우 | 경보장치 |

**17** 저압 가공전선로를 도로를 횡단하는 경우 지표상의 최저 높이는 몇 [m] 이상이어야 하는가?

① 4.5[m]   ② 5.0[m]
③ 5.5[m]   ④ 6.0[m]

**저·고압 가공전선의 높이**

| 구분 | 시설장소 | | 전선의 높이 |
| --- | --- | --- | --- |
| 저·고압 | 도로 횡단시 | | 지표상 6[m] 이상 |
| | 철도 또는 궤도 횡단시 | | 레일면상 6.5[m] 이상 |
| | 횡단 보도교 위 | 저압 | 노면상 3.5[m] 이상 / 절연전선, 다심형 전선, 케이블 사용시 노면상 3[m] 이상 |
| | | 고압 | 노면상 3.5[m] 이상 |
| | 위의 장소 이외의 곳 | | 지표상 5[m] 이상 / 다리의 하부 기타 이와 유사한 장소에 시설하는 저압의 전기철도용 급전선은 지표상 3.5[m] 까지 감할 수 있다. |

**18** 60,000[V] 송전선로이 송전선과 수목과의 최소 이격거리는?

① 1.5[m]   ② 2.0[m]
③ 2.5[m]   ④ 3.0[m]

**가공전선과 식물과의 이격거리**

| 구분 | | 이격거리 |
| --- | --- | --- |
| 특고압 가공 전선 | 60[kV] 이하 | 2[m] |
| | 60[kV] 초과 | 2+(사용전압[kV]/10-6)×0.12 소수점 절상 |

정답  16 ③  17 ④  18 ②

**19** 지중전선로를 직접 매설식에 의하여 시설할 때, 중량물의 압력을 받을 우려가 있는 장소에 지중전선을 견고한 트라프 기타 방호물에 넣지 않고도 부설할 수 있는 케이블은?

① 염화비닐 절연케이블
② 폴리에틸렌 외장케이블
③ 콤바인 덕트 케이블
④ 알루미늄피 케이블

관로식과 직접매설식에서 지중전선의 매설깊이

| 구분 | 매설깊이 |
|---|---|
| 차량 기타 중량물의 압력을 받을 우려가 있는 장소 | 1.0[m] 이상 |
| 기타 장소 | 0.6[m] 이상 |

[주] 직접매설식은 지중전선을 견고한 트라프 기타 방호물에 넣어 시설하여야 한다. 다만, 저압 또는 고압의 지중전선에 콤바인덕트 케이블을 사용하여 시설하는 경우에는 지중전선을 견고한 트라프 기타 방호물에 넣지 아니하여도 된다.

**20** 사용전압 220[V]인 경우에 애자공사에 의한 저압 옥측전선로를 시설할 때 전선과 조영재와의 이격거리는 몇 [m] 이상이어야 하는가?

① 0.025
② 0.045
③ 0.06
④ 0.08

저압 옥측전선로의 이격거리
전선 상호간의 간격 및 전선과 조영재 사이의 이격거리

| 시설장소 | 전선 상호간 | | 전선과 조영재간 | |
|---|---|---|---|---|
| | 400[V] 이하 | 400[V] 초과 | 400[V] 이하 | 400[V] 초과 |
| 비나 이슬에 젖지 않는 장소 | 6[cm] | 6[cm] | 2.5[cm] | 2.5[cm] |
| 비나 이슬에 젖는 장소 | 6[cm] | 12[cm] | 2.5[cm] | 4.5[cm] |

정답 19 ③ 20 ①

# 23 | 1. 전기자기학(CBT시험 복원문제)

2023년 2회 전기산업기사

※ 본 기출문제는 수험자의 기억을 바탕으로 하여 복원한 문제이므로 실제 문제와 다를 수 있음을 미리 알려드립니다.

**01** 물질의 자화현상을 물성적으로 해석하면?

① 전자의 이동  ② 전자의 공전
③ 분자의 운동  ④ 전자의 자전

> 자성체란 물질의 자화현상에 의해서 자장(자계) 내에서 자기적 성질을 띠는 물체(물질)로서 원인은 물질 내의 전자의 자전현상(전자스핀) 때문이다.

**02** 다음 물질 중에서 비유전율이 가장 큰 것은?

① 운모  ② 유리
③ 증류수  ④ 고무

> 유전체의 비유전율
> 
> | 유전체 종류 | 비유전율 |
> |---|---|
> | 산화티탄자기 | 100 |
> | 증류수 | 80 |
> | 운모 | 5.4 |
> | 유리 | 3.8 |
> | 고무 | 2.5 |
> | 변압기기름 | 2.2 |

**03** 다음 중 맥스웰의 전자방정식으로 옳지 않은 것은?

① $\text{rot } H = i + \dfrac{\partial D}{\partial t}$  ② $\text{rot } E = -\dfrac{\partial B}{\partial t}$
③ $\text{div } B = \phi$  ④ $\text{div } D = \rho$

> **맥스웰 방정식**
> (1) 패러데이-노이만의 전자유도법칙에서 유도된 전자방정식
> $$\text{rot } E = \nabla \times E = -\frac{\partial B}{\partial t} = -\mu \frac{\partial H}{\partial t}$$
> (2) 암페어의 주회적분법칙에서 유도된 전자방정식
> $$\text{rot } H = \nabla \times H = J + i_d = J + \frac{\partial D}{\partial t} = J + \epsilon \frac{\partial E}{\partial t}$$
> (3) 가우스의 발산정리에 의해서 유도된 전자방정식
> $\text{div } D = \rho_v$, $\text{div } B = 0$

**04** 공기 중에서 1[V/m]의 전계를 1[A/m²]의 변위전류로 흐르게 하려면 주파수는 몇 [MHz]가 되어야 하는가?

① 1,500[MHz]  ② 1,800[MHz]
③ 15,000[MHz]  ④ 18,000[MHz]

> 변위전류밀도($i_d$)
> $$i_d = \frac{\partial D}{\partial t} = \epsilon_0 \frac{\partial E}{\partial t} = \epsilon_0 \frac{\partial}{\partial t} E_m \sin \omega t$$
> $= \omega \epsilon_0 E_m \cos \omega t \, [\text{A/m}^2]$ 식에서
> 변위전류밀도와 전계의 세기를 실효값으로 표현하면
> $I_d = \omega \epsilon_0 E = 2\pi f \epsilon_0 E [\text{A/m}^2]$이다.
> $I_d = 1 [\text{A/m}^2]$, $E = 1 [\text{V/m}]$ 이므로
> $$\therefore f = \frac{I_d}{2\pi \epsilon_0 E} = \frac{1}{2\pi \times 8.855 \times 10^{-12} \times 1}$$
> $= 18,000 \times 10^6 [\text{Hz}] = 18,000 [\text{MHz}]$

정답 01 ④  02 ③  03 ③  04 ④

**05** 진공 중에 있는 반지름 $a$[m]인 도체구의 표면 전하밀도가 $\sigma$[C/m²]일 때 도체구 표면의 전계의 세기는 몇 [V/m²]인가?

① $\dfrac{\sigma}{\epsilon_0}$      ② $\dfrac{\sigma}{2\epsilon_0}$

③ $\dfrac{\sigma^2}{2\epsilon_0}$      ④ $\dfrac{\epsilon_0 \sigma^2}{2}$

> 면전하에 의한 전계의 세기($E$)
> (1) 구도체 표면전하밀도가 $\sigma$[C/m²]인 경우
> $$E = \frac{\sigma}{\epsilon_0} \text{ [V/m]}$$
> (2) 평면(평판)도체 표면전하밀도가 $\sigma$[C/m²]인 경우
> $$E = \frac{\sigma}{2\epsilon_0} \text{ [V/m]}$$

**06** 자기회로의 자기저항에 대한 설명으로 옳지 않은 것은?

① 자기회로의 단면적에 반비례한다.
② 자기회로의 길이에 반비례한다.
③ 자성체의 비투자율에 반비례한다.
④ 단위는 [AT/Wb]이다.

> 자기회로 내의 자기저항
> 자기회로의 투자율을 $\mu$, 단면적을 $S$, 길이를 $l$이라 하면 자기저항 $R_m$은
> $$R_m = \frac{l}{\mu S} = \frac{l}{\mu_0 \mu_s S} \text{ [AT/Wb] 식에서}$$
> ∴ 자기저항은 길이에 비례하며 투자율에 반비례하고 단면적에도 반비례한다.

**07** 어떤 자성체 내에서의 자계의 세기가 800 [AT/m]이고 자속밀도가 0.05[Wb/m²]일 때 이 자성체의 투자율은 몇 [H/m]인가?

① $3.25 \times 10^{-5}$      ② $4.25 \times 10^{-5}$
③ $5.25 \times 10^{-5}$      ④ $6.25 \times 10^{-5}$

> 자기회로 내의 자속밀도($B$)
> 투자율 $\mu$, 자계의 세기 $H$, 자속 $\phi$, 단면적 $s$라 하면
> $$B = \mu H = \mu_0 \mu_s H = \frac{\phi}{s} \text{ [Wb/m²] 식에서}$$
> $H = 800$ [AT/m], $B = 0.05$ [Wb/m²]일 때
> $$\therefore \mu = \frac{B}{H} = \frac{0.05}{800} = 6.25 \times 10^{-5} \text{ [H/m]}$$

**08** $\dfrac{1}{\sqrt{\epsilon_o \mu_o}}$ [m/sec]의 값은?

① $1 \times 10^8$      ② $2 \times 10^8$
③ $3 \times 10^8$      ④ $4 \times 10^8$

> 전파속도($v$)
> 파장 $\lambda$, 주파수 $f$, 각속도 $\omega$, 위상정수 $\beta$, 인덕턴스 $L$, 정전용량 $C$라 하면
> $$v = \lambda f = \frac{\omega}{\beta} = \frac{1}{\sqrt{LC}} = \frac{1}{\sqrt{\epsilon \mu}}$$
> $$= \frac{1}{\sqrt{\epsilon_0 \mu_0}} \cdot \frac{1}{\sqrt{\epsilon_s \mu_s}} = \frac{3 \times 10^8}{\sqrt{\epsilon_s \mu_s}} \text{ [m/sec] 식에서}$$
> $\epsilon_s = 1$, $\mu_s = 1$ 이므로
> $$\therefore v = \frac{1}{\sqrt{\epsilon_0 \mu_0}} = 3 \times 10^8 \text{ [m/sec]}$$

정답   05 ①   06 ②   07 ④   08 ③

**09** 정전용량이 1[$\mu$F], 2[$\mu$F]인 콘덴서에 각각 $2\times10^{-4}$[C] 및 $3\times10^{-4}$[C]의 전하를 주고 극성을 같게 하여 병렬로 접속할 때 콘덴서에 축적된 에너지는 약 몇 [J]인가?

① 0.042
② 0.063
③ 0.084
④ 0.126

**정전에너지($W$)**

$W=\dfrac{Q^2}{2C}$ [J] 식에서

$C_1=1[\mu F]$, $Q_1=2\times10^{-4}$[C], $C_2=2[\mu F]$,
$Q_2=3\times10^{-4}$[C]인 경우
콘덴서가 병렬접속 되었다면
합성정전용량 $C$와 합성전하량 $Q$는
$C=C_1+C_2=1+2=3[\mu F]$
$Q=Q_1+Q_2=2\times10^{-4}+3\times10^{-4}$
$\quad=5\times10^{-4}$[C] 이므로
$\therefore W=\dfrac{Q^2}{2C}=\dfrac{(5\times10^{-4})^2}{2\times3\times10^{-6}}=0.042$ [J]

**11** 내부 도체의 반지름 $a$[m], 외부 도체의 안쪽 반지름 $b$[m]인 동축케이블이 있다. 이 동축케이블 내부의 내부 인덕턴스는 몇 [H]인가? (단, 내부 도체의 비투자율은 $\mu_r$이고 케이블의 길이는 $l$[m]이다.)

① $\dfrac{2\pi}{\mu_0 l}\left(\dfrac{\mu_r}{4}+\ln\dfrac{b}{a}\right)$
② $\dfrac{\mu_0 l}{2\pi}\left(\dfrac{\mu_r}{4}+\ln\dfrac{b}{a}\right)$
③ $\dfrac{2\pi}{\mu_0 l}\left(\dfrac{\mu_r}{4}-\ln\dfrac{b}{a}\right)$
④ $\dfrac{\mu_0 l}{2\pi}\left(\dfrac{\mu_r}{4}-\ln\dfrac{b}{a}\right)$

**동심원통도체 내부의 자기 인덕턴스**

내부 도체의 자기 인덕턴스를 $L_1$, 동심원통도체 사이의 자기 인덕턴스를 $L_2$라 하면
$L_1=\dfrac{\mu l}{8\pi}=\dfrac{\mu_r\mu_0 l}{8\pi}$ [H],
$L_2=\dfrac{\mu_0 l}{2\pi}\ln\left(\dfrac{b}{a}\right)$ [H] 식에서
동심원통도체 내부의 합성 인덕턴스는
$L_0=L_1+L_2$ [H] 이므로
$\therefore L_0=L_1+L_2$
$\quad=\dfrac{\mu_r\mu_0 l}{8\pi}+\dfrac{\mu_0 l}{2\pi}\ln\left(\dfrac{b}{a}\right)$
$\quad=\dfrac{\mu_0 l}{2\pi}\left(\dfrac{\mu_r}{4}+\ln\dfrac{b}{a}\right)$ [H]

**10** 진공 중에서 $4\times10^{-5}$[C]과 $2\times10^{-6}$[C]의 두 개의 점전하가 50[cm]의 거리에 있을 때 작용하는 힘은 몇 [N]인가?

① 2.88
② 1.68
③ 3.21
④ 0.88

**쿨롱의 법칙**

$F=\dfrac{Q_1Q_2}{4\pi\epsilon_0 r^2}=9\times10^9\times\dfrac{Q_1Q_2}{r^2}$ [N] 식에서
$Q_1=4\times10^{-5}$[C], $Q_2=2\times10^{-6}$[C],
$r=50$[cm] 이므로
$\therefore F=9\times10^9\times\dfrac{Q_1Q_2}{r^2}$
$\quad=9\times10^9\times\dfrac{4\times10^{-5}\times2\times10^{-6}}{(50\times10^{-2})^2}$
$\quad=2.88$ [N]

**12** 대지 중의 두 전극사이에 있는 어떤 점의 전계의 세기가 3[V/cm], 지면의 도전율이 $10^{-4}$[℧/cm]일 때 이점의 전류밀도는 몇 [A/cm²]인가?

① $3\times10^{-4}$
② $3\times10^{-3}$
③ $3\times10^{-2}$
④ $3\times10^{-1}$

**도체의 옴의 법칙**

전계의 세기 $E$, 도전율 $k$, 고유저항 $\rho$라 할 때
전류밀도 $i$는 $i=kE=\dfrac{E}{\rho}$ [A/m²] 식에서
$E=3$[V/cm], $k=10^{-4}$[℧/cm] 이므로
$\therefore i=kE=10^{-4}\times3=3\times10^{-4}$ [A/cm²]

**13** 점전하 $+Q$[C]의 무한 평면도체에 대한 영상전하는?

① $Q$[C]와 같다.　② $-Q$[C]와 같다.
③ $Q$[C]보다 작다.　④ $Q$[C]보다 크다.

**접지무한평면과 점전하**
접지무한평면으로부터 $d$[m]만큼 떨어진 곳에 점전하 $Q$[C]이 있을 때 영상전하($Q'$)와 그 위치는 다음과 같다.
(1) 영상전하 $Q' = -Q$[C]
(2) 영상전하의 위치 $= (-d,\ 0)$[m]

**14** 비유전율 $\epsilon_s$에 대한 설명으로 옳은 것은?

① $\epsilon_s$의 단위는 [C/m]이다.
② $\epsilon_s$는 항상 1보다 작은 값이다.
③ $\epsilon_s$는 유전체의 종류에 따라 다르다.
④ 진공의 비율전율은 0이고, 공기의 비유전율은 1이다.

**비유전율의 성질**
(1) 진공이나 공기의 비유전율은 항상 1이다.
(2) 비유전율은 항상 1보다 크다.
(3) 비유전율은 절연물의 종류에 따라 다르다.
(4) 비유전율의 단위는 사용하지 않는다.

**15** 여러 가지 도체의 전하 분포에 있어서 각 도체의 전하를 $n$배할 경우, 중첩의 원리가 성립하기 위해서 그 전위는 어떻게 되는가?

① $\frac{1}{2}n$이 된다.　② $n$배가 된다.
③ $2n$배가 된다.　④ $n^2$배가 된다.

**중첩의 원리**
$Q = CV$[C]식에서 중첩의 원리가 성립하기 위해서는 전하(Q)와 전위(V)는 비례관계가 성립해야 한다.
∴ 전하를 n배하면 전위도 n배가 된다.

**16** 유전율이 각각 다른 두 종류의 유전체 경계면에 전속이 입사될 때 이 전속은 어떻게 되는가? (단, 경계면에 수직으로 입사하지 않는 경우이다.)

① 굴절　② 반사
③ 회절　④ 직진

**유전체 내에서의 경계조건**
유전율이 서로 다른 두 종류의 경계면에 전속과 전기력선이 입사하면
(1) 전속과 전기력선은 굴절한다.
(2) 전계의 세기는 경계면의 접선성분이 서로 같다.
　$E_1 \sin\theta_1 = E_2 \sin\theta_2$
(3) 전속밀도는 경계면의 법선성분이 서로 같다.
　$D_1 \cos\theta_1 = D_2 \cos\theta_2$ 또는
　$\epsilon_1 E_1 \cos\theta_1 = \epsilon_2 E_2 \cos\theta_2$
(4) 굴절각 조건
　$\dfrac{\epsilon_1}{\epsilon_2} = \dfrac{\tan\theta_1}{\tan\theta_2}$ 또는 $\epsilon_1 \tan\theta_2 = \epsilon_2 \tan\theta_1$

**정답** 13 ② 14 ③ 15 ② 16 ①

**17** $2[\mu F]$, $3[\mu F]$, $4[\mu F]$의 커패시터를 직렬로 연결하고 양단에 가한 전압을 서서히 상승시킬 때의 현상으로 옳은 것은?(단, 유전체의 재질 및 두께는 같다고 한다.)

① $2[\mu F]$의 커패시터가 제일 먼저 파괴된다.
② $3[\mu F]$의 커패시터가 제일 먼저 파괴된다.
③ $4[\mu F]$의 커패시터가 제일 먼저 파괴된다.
④ 3개의 커패시터가 동시에 파괴된다.

> **콘덴서의 내압 계산**
> 각 콘덴서의 최대 전하량을 각각 $Q_1$, $Q_2$, $Q_3$라 하면
> $Q_1 = C_1 V = 2V[\mu C]$, $Q_2 = C_2 V = 3V[\mu C]$
> $Q_3 = C_3 V = 4V[\mu C]$일 때 전하량이 제일 작은 콘덴서가 최초로 파괴되므로
> ∴ $2[\mu F]$의 커패시터가 제일 먼저 파괴된다.

**18** 대전 도체 표면의 전하밀도는 도체 표면의 모양에 따라 어떻게 되는가?

① 곡률이 크면 작아진다.
② 곡률 반지름이 크면 커진다.
③ 뾰족할수록 많이 모인다.
④ 도체 표면 모양에 관계없이 일정하다.

> **도체의 성질**
> (1) 대전도체 내부에는 전하가 존재하지 않는다. 또한 전하는 대전도체 외부 표면에만 분포된다.
> (2) 도체 표면에서 수직으로 전기력선과 만난다. 또한 도체 표면에서 전계는 수직이다.
> (3) 도체 내부와 표면의 전위는 항상 같다. 또한 도체 내부의 전계는 0이다.
> (4) 도체 표면의 곡률이 클수록 곡률 반지름은 작아지므로 전하밀도가 높아져서 전하가 많이 모이려는 성질이 생긴다. 또한 곡률이 작을수록 곡률 반지름이 커지므로 전하밀도가 작다.
> (5) 도체 표면의 전하밀도를 $\rho_s [C/m^2]$라 하면 도체 표면의 전계의 세기는 $E = \dfrac{\rho_s}{\epsilon_0}$ [V/m]이다.
> (6) 도체 표면은 등전위면이며 등전위면을 따라 이동한 전하량(Q)이 하는 일은 항상 0이다.

**19** 극판의 면적이 $50[cm^2]$, 극판의 간격이 $1[mm]$인 유전체가 채워진 평행판 콘덴서에 $200[V]$의 전압을 인가하였더니 축적된 정전에너지가 $5[\mu J]$이었다. 유전체의 비유전율은 얼마인가?

① 5.6
② 4.9
③ 3.5
④ 2.5

> **정전에너지**
> $W = \dfrac{1}{2}CV^2[J]$, $C = \dfrac{\epsilon_0 \epsilon_s S}{d}$ [F] 식에서
> $W = \dfrac{1}{2}CV^2 = \dfrac{\epsilon_0 \epsilon_s SV^2}{2d}$ [J] 이므로
> $S = 50[cm^2]$, $d = 1[mm]$, $V = 200[V]$, $W = 5[\mu J]$일 때
> ∴ $\epsilon_s = \dfrac{2dW}{\epsilon_0 SV^2}$
> $= \dfrac{2 \times 10^{-3} \times 5 \times 10^{-6}}{8.855 \times 10^{-12} \times 50 \times 10^{-4} \times 200^2}$
> $= 5.6$

**20** 진공 중에서 어떤 대전체의 전속이 $Q$였다. 이 대전체를 비유전율 2.2인 유전체 속에 넣었을 경우의 전속은?

① $Q$
② $\epsilon Q$
③ $2.2Q$
④ $0$

> **유전체 내의 전기력선 수($N$)와 전속선 수($\Psi$)**
> (1) 전기력선의 수 : $N = \dfrac{Q}{\epsilon} = \dfrac{Q}{\epsilon_0 \epsilon_s}$
> (2) 전속선의 수 : $\Psi = Q$

## 2. 전력공학(CBT시험 복원문제)

2023년 2회 전기산업기사

※ 본 기출문제는 수험자의 기억을 바탕으로 하여 복원한 문제이므로 실제 문제와 다를 수 있음을 미리 알려드립니다.

**01** 충전전류는 일반적으로 어떤 전류를 말하는가?

① 앞선전류  ② 뒤진전류
③ 유효전류  ④ 누설전류

충전전류($I_c$)
$I_c = j\omega C_\omega l E = j\omega C_\omega l \dfrac{V}{\sqrt{3}}$ [A] 식에서
∴ 전압보다 90° 앞선 진상전류로 흐르게 된다.

**02** 지중 케이블에서 고장점을 찾는 방법이 아닌 것은?

① 머리 루프(Murray loop)시험기에 의한 방법
② 메거(Megger)에 의한 측정 방법
③ 수색 코일(Search coil)에 의한 방법
④ 펄스에 의한 측정법

지중케이블의 고장점을 찾는 방법
(1) 휘스톤 브리지를 이용한 머레이 루프법
(2) 수색코일에 의한 방법
(3) 펄스레이더에 의한 방법
∴ 메거는 절연저항을 측정하는 방법이다.

**03** 송전 계통의 안정도를 증진시키는 방법은?

① 중간조상설비를 설치한다.
② 조속기의 동작을 느리게 한다.
③ 계통의 연계는 하지 않도록 한다.
④ 발전기나 변압기의 직렬 리액턴스를 가능한 크게 한다.

안정도 개선책
(1) 리액턴스를 줄인다. : 직렬콘덴서 설치
(2) 단락비를 증가시킨다. : 전압변동률을 줄인다.
(3) 중간조상방식을 채용한다. : 동기조상기 설치
(4) 속응여자방식을 채용한다. : 고속 AVR 채용
(5) 재폐로 차단방식을 채용한다. : 고속도차단기 사용
(6) 계통을 연계한다.
(7) 소호리액터 접지방식을 채용한다.

**04** 송전선로에 근접한 통신선에 유도장해가 발생하였다. 전자유도의 원인은?

① 역상전압  ② 정상전압
③ 정상전류  ④ 영상전류

전자유도장해
지락사고시 지락전류와 영상전류에 의해서 자기장이 형성되고 전력선과 통신선 사이에 상호인덕턴스(M)에 의하여 통신선에 전압이 유기되는 현상

정답 01 ① 02 ② 03 ① 04 ④

**05** 전원으로부터의 합성 임피던스가 0.5[%] (15,000[kVA] 기준)인 곳에 설치하는 차단기 용량은 몇 [MVA] 이상이어야 하는가?

① 2,000
② 2,500
③ 3,000
④ 3,500

> **차단기 용량(=단락용량 : $P_s$)**
> %임피던스 %$Z$, 기준용량 $P_n$ [kVA]라 하면
> $P_s = \dfrac{100}{\%Z} P_n$ [kVA] 식에서
> %$Z$ = 0.5 [%], $P_n$ = 15,000 [kVA] 이므로
> ∴ $P_s = \dfrac{100}{\%Z} P_n = \dfrac{100}{0.5} \times 15,000$
> $= 3000 \times 10^3$ [kVA] = 3000 [MVA]

**06** 원자력발전소의 원자로는 화력발전소의 어떤 부분과 같은 역할을 하는가?

① 터빈
② 보일러
③ 재열기
④ 복수기

> **원자력발전의 특징**
> 원자력발전소는 화력발전소의 보일러 대신 원자로와 열교환기를 사용한다.

**07** 한류리액터의 사용 목적은?

① 충전전류의 제한
② 단락전류의 제한
③ 누설전류의 제한
④ 접지전류의 제한

> **한류리액터**
> 한류리액터는 선로의 단락사고 시 단락전류를 제한하여 차단기의 차단용량을 경감함과 동시에 직렬기기의 손상을 방지하기 위한 것으로서 차단기의 전원측에 직렬 연결한다.

**08** 송전선로의 매설지선의 가장 중요한 설치목적은?

① 뇌해방지
② 코로나 전압감소
③ 구조물 보호
④ 절연강도 증가

> **매설지선**
> 직격뢰가 가공지선에 가해지는 경우 탑각을 통해 대지로 안전하게 방전되어야 하나 탑각접지저항이 너무 크면 역섬락이 발생할 우려가 있다. 때문에 매설지선을 매설하여 탑각접지저항을 저감시켜 역섬락을 방지한다.

**09** 소호리액터 접지방식에 대한 설명 중 옳지 못한 것은?

① 전자유도장해가 경감된다.
② 지락 중에도 계속 송전이 가능하다.
③ 지락전류가 적다.
④ 선택지락계전기의 동작이 용이하다.

> **소호리액터 접지방식**
> 이 방식은 중성점에 리액터를 접속하여 1선 지락고장시 L-C 병렬공진을 시켜 지락전류를 최소로 줄일 수 있는 것이 특징이다.
> (1) 장점
>  ㉠ 1선 지락고장시 지락전류가 최소가 되어 송전을 계속할 수 있다.
>  ㉡ 통신선에 유도장해가 적고, 과도안정도가 좋다.
> (2) 단점
>  ㉠ 지락전류가 적기 때문에 보호계전기의 동작이 불확실하다.
>  ㉡ 직렬공진으로 이상전압이 발생할 우려가 있다.

정답 05 ③  06 ②  07 ②  08 ①  09 ④

**10** 뒤진역률 80[%], 1,000[kW]의 3상 부하가 있다. 여기에 콘덴서를 설치하여 역률을 95[%]로 개선하려면 콘덴서의 용량[kVA]은?

① 328 [kVA]  ② 421 [kVA]
③ 765 [kVA]  ④ 951 [kVA]

> 전력용콘덴서($Q_c$)
> $Q_c = P(\tan\theta_1 - \tan\theta_2)$
> $= P\left(\dfrac{\sqrt{1-\cos^2\theta_1}}{\cos\theta_1} - \dfrac{\sqrt{1-\cos^2\theta_2}}{\cos\theta_2}\right)$ [kVA]
> 식에서
> $\cos\theta_1 = 0.8$, $P = 1,000$ [kW], $\cos\theta_2 = 0.95$ 이므로
> $\therefore Q_c = 1,000 \times \left(\dfrac{\sqrt{1-0.8^2}}{0.8} - \dfrac{\sqrt{1-0.95^2}}{0.95}\right)$
> $= 421$ [kVA]

**11** 100[kVA] 단상변압기 3대로 3상 전력을 공급하던 중 변압기 1대가 고장 났을 때 공급가능 전력은 몇 [kVA]인가?

① 200  ② 100
③ 173  ④ 150

> V결선
> V결선은 변압기 2대를 이용하여 3상 운전하기 위한 변압기 결선으로서 변압기 1대의 용량을 $P_T$라 하면 V결선의 출력 $P_v$는
> $P_v = \sqrt{3}\,P_T$ [kVA] 식에서
> $P_T = 100$ [kVA] 이므로
> $\therefore P_v = \sqrt{3}\,P_T = \sqrt{3} \times 100 = 173$ [kVA]

**12** 다음 보호계전기 회로에서 박스 (A) 부분의 명칭은?

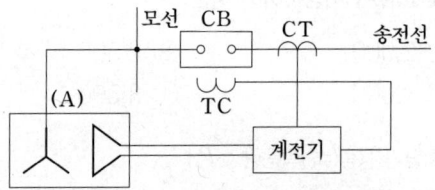

① 차단코일  ② 영상변류기
③ 계기용변류기  ④ 계기용변압기

> 보호계전기 회로
> 보호계전기 회로는 차단기와 변성기, 그리고 계전기의 조합회로를 의미하며 위 문제에 제시된 기기류는 다음과 같다.
> (1) CT : 계기용변류기 또는 변류기
> (2) CB : 차단기
> (3) TC : 트립코일 또는 차단코일
> (4) (A) : GPT로서 접지형 계기용변압기
> (5) 계전기 : GPT와 조합되는 지락 과전압계전기

**13** 충전된 콘덴서의 에너지에 의해 트립되는 방식으로 정류기, 콘덴서 등으로 구성되어 있는 차단기의 트립방식은?

① 과전류 트립방식  ② 직류전압 트립방식
③ 콘덴서 트립방식  ④ 부족전압 트립방식

> 차단기의 트립방식
> (1) 변류기 2차전류를 이용하는 방식
> (2) 부족전압 트립방식
> (3) 전압 트립방식(DC 방식)
> (4) 콘덴서 트립방식(CTD 방식)

정답 10 ② 11 ③ 12 ④ 13 ③

**14** 전력 사용의 변동 상태를 알아보기 위한 것으로 가장 적당한 것은?

① 수용률　　　② 부등률
③ 부하율　　　④ 역률

> **부하율**
> 부하율 = $\dfrac{평균전력}{최대전력} \times 100[\%]$ 식에서
> 부하율은 보통 1일, 1월, 1년을 주기로 하여 시간대에 따른 사용전력량의 평균값이 최대전력에 대하여 어느 정도인지의 비율을 나타내는 값이다.
> ∴ 전력 사용의 변동 상태를 알아보기 위한 계수는 부하율이다.

**15** 3상 1회선과 대지간의 충전전류가 0.35[A/km]일 때 길이가 35[km]인 선로의 충전전류는 몇 [A]인가?

① 10.5　　　② 13.5
③ 12.25　　　④ 35.5

> **충전전류($I_c$)**
> 1[km] 당의 충전전류가 $I_c' = 0.35$ [A/km]이면 선로길이 $l = 35$ [km]일 때의 충전전류 $I_c$는
> ∴ $I_c = I_c' l = 0.35 \times 35 = 12.25$ [A]

**16** 부하전류 및 단락전류를 모두 개폐할 수 있는 스위치는?

① 단로기　　　② 차단기
③ 선로개폐기　　　④ 전력퓨즈

> **차단기(CB)와 단로기(DS)의 기능**
> (1) 차단기 - 고장전류를 차단하고 부하전류는 개폐한다.
> (2) 단로기 - 소호장치가 없어 고장전류나 부하전류를 개폐하거나 차단할 수 없으며 오직 무부하시에만 무부하전류(충전전류와 여자전류)를 개폐할 수 있는 설비이다.

**17** 송전선로에서 역섬락을 방지하는 가장 유효한 방법은?

① 피뢰기를 설치한다.
② 가공지선을 설치한다.
③ 소호각을 설치한다.
④ 탑각 접지저항을 작게 한다.

> **매설지선**
> 탑각의 접지저항이 충분히 적어야 직격뢰를 대지로 안전하게 방전시킬 수 있으나 탑각의 접지저항이 너무 크면 대지로 흐르던 직격뢰가 다시 선로로 역류하여 철탑재나 애자련에 섬락이 일어나게 된다. 이를 역섬락이라 한다. 역섬락이 일어나면 뇌전류가 애자련을 통하여 전선로로 유입될 우려가 있으므로 이때 탑각에 방사형 매설지선을 포설하여 탑각의 접지저항을 낮춰주면 역섬락을 방지할 수 있게 된다.

**18** 수압관의 지름이 4[m]인 곳에서의 유속이 4[m/sec]이었다. 지름 3.5[m]인 곳에서의 유속 [m/sec]은?

① 4.2　　　② 5.2
③ 6.2　　　④ 8.2

> **연속의 정리**
> $Q = A_1 v_1 = A_2 v_2$ [m³/s] 식에서
> $Q = A_1 v_1 = \dfrac{\pi}{4} D_1^2 v_1$ 이므로
> $Q = \dfrac{\pi}{4} \times 4^2 \times 4 = 16\pi$ [m³/s]가 된다.
> 또한 $Q = A_2 v_2 = \dfrac{\pi}{4} D_2^2 v_2$ 식에서
> $v_2 = \dfrac{4Q}{\pi D_2^2}$ [m/s] 이므로
> ∴ $v_2 = \dfrac{4 \times 16\pi}{\pi \times 3.5^2} = 5.2$ [m/s]

**19** 송전계통에서 절연협조의 기본이 되는 것은?

① 애자의 섬락전압
② 권선의 절연내력
③ 피뢰기의 제한전압
④ 변압기 부싱의 섬락전압

**절연협조**
송전계통에는 변압기, 차단기, 기기부싱, 애자, 결합콘덴서 등 많은 기기가 있다. 이들 사이에는 서로 균형있는 절연강도를 유지하여야 하며 절연협조가 이루어져야 한다. 이는 외부의 뇌격에 의한 충격전압만을 고려하며 따라서 피뢰기의 제한전압을 절연협조의 기본으로 두고 있다.

**20** 그림과 같이 정수 $A_1$, $B_1$, $C_1$, $D_1$를 가진 송전선로의 양단에 $Z_{ts}$, $Z_{tr}$의 임피던스를 가진 변압기가 직렬로 이어져 있을 때 방정식은 $E_s = AE_r + BI_r$, $I_s = CE_r + DI_r$ 이다. 이 때 $C$에 해당되는 것은?

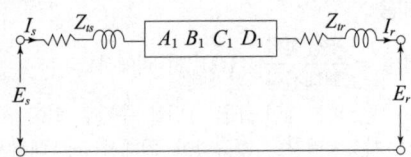

① $C_1 Z_{ts}$
② $C_1 Z_{ts} Z_{tr}$
③ $C_1$
④ $C_1 Z_{tr}$

**4단자 회로망의 종속접속**

$\begin{bmatrix} A & B \\ C & D \end{bmatrix}$

$= \begin{bmatrix} 1 & Z_{ts} \\ 0 & 1 \end{bmatrix} \begin{bmatrix} A_1 & B_1 \\ C_1 & D_1 \end{bmatrix} \begin{bmatrix} 1 & Z_{tr} \\ 0 & 1 \end{bmatrix}$

$= \begin{bmatrix} A_1 + Z_{ts}C_1 & B_1 + Z_{ts}D_1 \\ C_1 & D_1 \end{bmatrix} \begin{bmatrix} 1 & Z_{tr} \\ 0 & 1 \end{bmatrix}$

$= \begin{bmatrix} A_1 + Z_{ts}C_1 & (A_1 + Z_{ts}C_1)Z_{tr} + B_1 + Z_{ts}D_1 \\ C_1 & C_1 Z_{tr} + D_1 \end{bmatrix}$

∴ $C = C_1$

정답 19 ③ 20 ③

## 3. 전기기기 (CBT시험 복원문제)

2023년 2회 전기산업기사

※ 본 기출문제는 수험자의 기억을 바탕으로 하여 복원한 문제이므로 실제 문제와 다를 수 있음을 미리 알려드립니다.

**01** 다음 중 2방향성 3단자 사이리스터는 어느 것인가?

① TRIAC   ② SCR
③ SCS     ④ SSS

**사이리스터의 분류**

| 단자 수 | 저지 | 스위칭 |
|---|---|---|
| 2 | 역저지 2단자 사이리스터 (pnpn스위치) | 쌍방향 2단자 사이리스터 (SSS, DIAC) |
| 3 | 역저지 3단자 사이리스터 (SCR, GTO, LASCR) | 쌍방향 3단자 사이리스터 (TRIAC) |
| 4 | 역저지 4단자 사이리스터 (SCS) | |

**03** 2,000/100[V], 10[kVA] 변압기의 1차 환산 등가임피던스가 $6.2+j7[\Omega]$이라면 % 임피던스 강하는 약 몇 [%] 인가?

① 2.35   ② 3.25
③ 4.15   ④ 5.25

%임피던스 강하($z$)

$$z = \frac{I_2 Z_2}{V_2} \times 100 = \frac{I_1 Z_{12}}{V_1} \times 100$$
$$= \frac{V_s}{V_1} \times 100 [\%] \text{ 식에서}$$

권수비 $a = \frac{V_1}{V_2} = \frac{2,000}{100}$, 용량 $P_n = 10[kVA]$,

$Z_{12} = 6.2 + j7[\Omega]$ 이므로

$I_1 = \frac{P_n}{V_1} = \frac{10 \times 10^3}{2,000} = 5[A]$ 일 때

$\therefore z = \frac{I_1 Z_{12}}{V_1} \times 100 = \frac{5 \times \sqrt{6.2^2 + 7^2}}{2,000} \times 100$
$= 2.35 [\%]$

**02** 3상 유도전동기에 불평형 3상 전압을 가한 경우 다음 전동기 특성 중 옳은 것은?

① 영상분전압은 존재하지 않는다.
② 영상전압을 고려하여야 한다.
③ 정상전압과 역상전압에 의한 회전자계 방향은 같다.
④ 정상운전상태에서 역상분은 제동작용을 하지 않는다.

**대칭분**
3상 부하에 3상 불평형 전압을 인가할 경우 정상분과 상회전이 반대인 역상분이 나타나게 되어 불평형 전압, 전류가 나타나게 된다. 그러나 영상분은 반드시 지락사고 시에만 존재할 수 있는 성분이기 때문에 영상분은 나타나지 않는다.

**04** 브러시를 이동하여 회전 속도를 제어하는 전동기는?

① 반발 전동기
② 직류직권 전동기
③ 단상직권 전동기
④ 반발기동형 단상유도 전동기

**반발전동기의 특징**
(1) 회전자 권선을 브러시로 단락하고 고정자 권선을 전원에 접속하여 회전자에 유도 전류를 공급하는 직권형 교류정류자 전동기이다.
(2) 기동 토크가 매우 크다.
(3) 브러시를 이동하여 연속적인 속도 제어가 가능하다.

**정답** 01 ① 02 ① 03 ① 04 ①

**05** 3상 유도전동기의 원선도 작성에 필요한 기본량을 구하기 위한 시험이 아닌 것은?

① 충격전압시험  ② 저항측정시험
③ 무부하시험   ④ 구속시험

원선도를 그리는데 필요한 시험
(1) 무부하시험
(2) 구속시험
(3) 권선저항 측정시험

**06** 다음 유도전동기 기동법 중 권선형 유도전동기에 가장 적합한 기동법은?

① Y-Δ기동법   ② 기동보상기법
③ 전전압기동법  ④ 2차저항법

유도전동기의 기동법
(1) 농형 유도전동기
  ㉠ 전전압 기동법 : 4[kW] 이하에 적용
  ㉡ Y-Δ 기동법 : 5[kW]~15[kW] 범위에 적용
  ㉢ 리액터 기동법 : 15[kW] 넘는 경우에 적용
  ㉣ 기동보상기법 : 단권변압기를 이용하는 방법으로 15[kW] 넘는 경우에 적용
(2) 권선형 유도전동기
  ㉠ 2차 저항 기동법(기동저항법) : 비례추이원리 적용
  ㉡ 게르게스법

**07** 변압기에서 권수가 4배가 되면 유기기전력은 몇 배가 되는가?

① $\frac{1}{2}$   ② 1
③ 2    ④ 4

변압기의 유기기전력($E$)
$E = 4.44 f \phi N$ [V] 식에서
$E \propto N$ 이므로
∴ 변압기 권수를 4배 늘리면 변압기 유기기전력도 4배 증가한다.

**08** 특수 동기기에 대한 설명 중 잘못 연결된 것은?

① 반작용 전동기 : 역률이 좋다.
② 유도 동기 전동기 : 기동 토크와 인입 토크가 크다.
③ 동기 주파수 변환기 : 조작이 간편하고 효율이 좋다.
④ 정현파 발전기 : 부하에 관계없이 정현파 기전력을 발생한다.

반작용전동기
반작용전동기란 계자권선이 없이 동기속도로 회전하는 동기전동기로서 릴럭턴스 모터라고도 한다. 이 전동기는 토크가 작고 역률과 효율이 낮지만 구조가 간단하고 직류여자기를 필요치 않는 특징을 지니고 있다.

정답  05 ①  06 ④  07 ④  08 ①

**09** 동기전동기를 부족여자로 운전하면 어떠한 작용을 하는가?

① 충전전류가 흐른다.
② 콘덴서 작용을 한다.
③ 뒤진 전류가 흐른다.
④ 뒤진 전류를 보상한다.

**동기조상기의 특성**
(1) 계자전류가 증가하면 동기전동기가 과여자 상태로 운전되는 경우로서 역률이 진역률이 되어 콘덴서 작용으로 진상전류가 흐르게 된다.
(2) 계자전류가 감소되면 동기전동기가 부족여자 상태로 운전되는 경우로서 역률이 지역률이 되어 리액터 작용으로 지상전류가 흐르게 된다.
(3) 발전기의 자기여자작용을 방지하기 위해서 동기조상기를 부족여자 상태로 운전한다.

**10** 용량 1[kV], 3,000/200[V]의 단상변압기를 단권변압기로 결선하여 3,000/3,200[V]의 승압기로 사용할 때 그 부하 용량[kVA]은?

① 16   ② 15
③ 1.5  ④ 0.6

**단권변압기 용량(자기용량)**

$\dfrac{\text{자기용량}}{\text{부하용량}} = \dfrac{V_h - V_l}{V_h}$ 식에서

$V_h = 3,200\,[\text{V}]$, $V_l = 3,000\,[\text{V}]$,
자기용량 $= 1\,[\text{kVA}]$ 이므로

$\therefore$ 부하용량 $= \dfrac{V_h}{V_h - V_l} \times$ 자기용량

$= \dfrac{3,200}{3,200 - 3,000} \times 1 = 16\,[\text{kVA}]$

**11** 직류발전기 중 전압변동률의 값이 (-) 값인 발전기는?

① 타여자발전기   ② 분권발전기
③ 과복권발전기   ④ 평복권발전기

**직류발전기의 전압변동률 : $\epsilon$[%]**

| 구분 | 발전기의 종류 |
|---|---|
| $\epsilon > 0$인 발전기 | 타여자발전기, 분권발전기, 부족복권발전기 |
| $\epsilon = 0$인 발전기 | 평복권발전기 |
| $\epsilon < 0$인 발전기 | 과복권발전기 |

**12** 직류기에서 전기자 반작용이란 전기자 권선에 흐르는 전류로 인하여 생긴 자속이 무엇에 영향을 주는 현상인가?

① 감자 작용만을 하는 현상
② 편자 작용만을 하는 현상
③ 계자극에 영향을 주는 현상
④ 모든 부문에 영향을 주는 현상

**직류기의 전기자 반작용**
전기자권선에 흐르는 전기자전류가 계자극에서 발생한 주자속에 영향을 주어 주자속의 분포와 크기가 달라지게 되는데 이러한 현상을 전기자 반작용이라 한다.

**13** 변압기의 정격을 정의한 것 중 옳은 것은?

① 전부하의 경우 1차 단자전압을 정격 1차 전압이라 한다.
② 정격 2차 전압은 명판에 기재되어 있는 2차 권선의 단자전압이다.
③ 정격 2차 전압을 2차 권선의 저항으로 나눈 것이 정격 2차 전류이다.
④ 2차 단자간에서 얻을 수 있는 유효전력을 [kW]로 표시한 것이 정격출력이다.

**변압기의 정격**
(1) 정격용량이란 명판에 지정된 조건(정격전압, 정격전류, 정격주파수, 정격역률을 말한다.) 하에서 사용할 수 있는 최대값의 피상전력이다.
(2) 정격 1차 전압이란 명판에 기록되어 있는 1차 전압으로 정격 2차 전압과 권수비를 곱한 값이다.
(3) 정격 2차 전압이란 명판에 기록되어 있는 2차 권선의 단자전압으로 정격출력을 얻을 수 있는 전압이다.
(4) 정격 1차 전류란 정격용량을 정격 1차 전압으로 나눈 값이다.
(5) 정격 2차 전류란 정격용량을 정격 2차 전압으로 나눈 값이다.

**14** 단상 반파정류회로에서 평균출력전압은 전원전압의 약 몇 [%]인가?

① 45.0   ② 66.7
③ 81.0   ④ 86.7

**단상 반파정류회로**
(1) 위상제어가 되는 경우의 직류전압($E_d$)
$$E_d = \frac{\sqrt{2}E}{\pi}\left(\frac{1+\cos\alpha}{2}\right) [V]$$
(2) 위상제어가 되지 않는 경우의 직류전압($E_d$)
$$E_d = \frac{\sqrt{2}E}{\pi} = 0.45E [V]$$
∴ 평균출력전압(=직류전압)은 전원전압(교류전압)의 45[%]이다.

**15** 스테핑전동기의 스텝각이 3°이고, 스테핑주파수(pulse rate)가 1,200[pps]이다. 이 스테핑전동기의 회전속도[rps]는?

① 10   ② 12
③ 14   ④ 16

**스테핑전동기의 총 회전각도($\theta$)와 회전속도($n$)**
스텝각 $\beta$, 스테핑주파수 $f_p$[pps]일 때
$\theta = \beta \times$ 스텝수[deg], $n = \frac{\beta \times f_p}{360}$ [rps] 식에서
$\beta = 3°$, $f_p = 1,200$ [pps] 이므로
∴ $n = \frac{\beta \times f_p}{360} = \frac{3 \times 1,200}{360} = 10$ [rps]

**16** 동기발전기의 권선을 분포권으로 하면?

① 난조를 방지한다.
② 파형이 좋아진다.
③ 권선의 리액턴스가 커진다.
④ 집중권에 비하여 합성 유도 기전력이 높아진다.

**분포권의 특징**
(1) 매극 매상당 슬롯 수가 증가하여 코일에서의 열발산을 고르게 분산시킬 수 있다.
(2) 누설 리액턴스가 작다.
(3) 고조파가 제거되어 기전력의 파형이 개선된다.
(4) 집중권에 비해 기전력의 크기가 저하한다.

정답 13 ②  14 ①  15 ①  16 ②

**17** 그림은 복권발전기의 외부특성곡선이다. 이 중 과복권을 나타내는 곡선은?

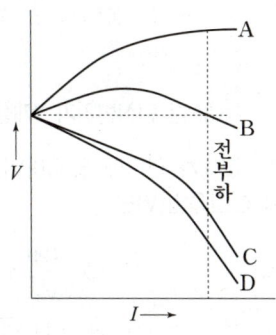

① A
② B
③ C
④ D

직류발전기의 외부특성곡선
(1) A : 가동복권발전기의 과복권발전기로서 단자전압이 무부하 단자전압보다 더 높게 나타난다.
(2) B : 가동복권발전기의 평복권발전기로서 단자전압과 무부하 단자전압이 같게 나타난다.
(3) C 또는 D : 가동복권발전기의 부족복권발전기나 차동복권발전기로서 단자전압이 무부하 단자전압보다 낮게 나타난다.

**18** 동기발전기 종류 중 회전계자형의 특징으로 옳은 것은?

① 고주파 발전기에 사용
② 극소용량, 특수용으로 사용
③ 소요전력이 크고 기구적으로 복잡
④ 절연이 용이하다.

회전계자형을 채용하는 이유
(1) 계자는 전기자보다 철의 분포가 크기 때문에 기계적으로 튼튼하다.
(2) 계자는 전기자보다 결선이 쉽고 구조가 간단하다.
(3) 고압이 걸리는 전기자보다 저압인 계자가 조작하는 데 더 안전하다.
(4) 고압이 걸리는 전기자를 절연하는 데는 고정자로 두어야 용이해진다.

**19** 직류발전기의 계자극에서 발생한 자속을 끊어 기전력을 유기하는 부분을 무엇이라 하는가?

① 전기자
② 정류자
③ 계자
④ 브러시

직류기의 구성 및 기능
(1) 전기자 : 기전력을 유기한다.
(2) 정류자 : 교류를 직류로 변환한다.
(3) 계자 : 주자속을 발생한다.
(4) 브러시 : 내부회로와 외부회로를 연결한다.

**20** 6극, 60[Hz], 200[V], 7.5[kW]의 3상 유도전동기가 840[rpm]으로 회전하고 있을 때 회전자 전류의 주파수는 몇 [Hz]인가?

① 18
② 10
③ 12
④ 14

유도전동기의 운전시 회전자 주파수($f_{2s}$)

$f_{2s} = sf$ [Hz], $N_s = \dfrac{120f}{p}$ [rpm] 식에서
$p=6$, $f=60$ [Hz], $V=200$ [V], $P=7.5$ [kW], $N=840$ [rpm]일 때
$N_s = \dfrac{120f}{p} = \dfrac{120 \times 60}{6} = 1,200$ [rpm],
$s = \dfrac{N_s - N}{N_s} = \dfrac{1,200 - 840}{1,200} = 0.3$ 이므로
$\therefore f_{2s} = sf = 0.3 \times 60 = 18$ [Hz]

## 4. 회로이론(CBT시험 복원문제)

2023년 2회 전기산업기사

※ 본 기출문제는 수험자의 기억을 바탕으로 하여 복원한 문제이므로 실제 문제와 다를 수 있음을 미리 알려드립니다.

**01** 3상 불평형 전압에서 역상전압이 50[V]이고 정상전압이 200[V], 영상전압이 10[V]라고 할 때 전압의 불평형률은?

① 0.01　② 0.05
③ 0.25　④ 0.5

불평형률 = $\dfrac{역상분}{정상분} \times 100[\%]$ 식에서

∴ 불평형률 = $\dfrac{50}{200} = 0.25[\%]$

**02** 다음 회로에서 10[Ω]의 저항에 흐르는 전류는?

① 20[A]
② 15[A]
③ 10[A]
④ 8[A]

**중첩의 원리**
(전압원 단락) 10[V]의 전압원이 단락되면 10[Ω]에 흐르는 전류는 전류원 3개의 전류 합이므로
$I_1 = 10 + 2 + 3 = 15[A]$이다.
(전류원 개방) 10[A], 2[A], 3[A] 전류원을 모두 개방하면 10[V] (−) 극성의 회로가 단선되어 전류 $I_2 = 0$ [A]이 된다.
∴ $I = I_1 + I_2 = 15 + 0 = 15[A]$

**03** 변압비 $\dfrac{n_1}{n_2} = 30$인 단상변압기 3개를 1차 △결선, 2차 Y결선하고 1차 선간에 3,000[V]를 가했을 때 무부하 2차 선간전압[V]은?

① $\dfrac{100}{\sqrt{3}}[V]$　② $\dfrac{190}{\sqrt{3}}[V]$
③ 100[V]　④ $100\sqrt{3}[V]$

**변압기 △-Y 결선**
변압기 권수비(=변압비)
$a = \dfrac{n_1}{n_2} = \dfrac{V_1}{V_2} = \dfrac{I_2}{I_1}$ 식에서
$V_1 = 3,000[V]$일 때
$V_2 = \dfrac{V_1}{a} = \dfrac{3,000}{30} = 100[V]$이다.
변압기 2차측이 Y결선이기 때문에 선간전압은
$\sqrt{3} V_2[V]$ 이므로
∴ $\sqrt{3} V_2 = \sqrt{3} \times 100 = 100\sqrt{3}[V]$

**04** 다음 중 그림에서 단자 a, b에 나타나는 전압 $V_{ab}$는 약 몇 [V]인가?

① 2
② 4
③ 6
④ 8

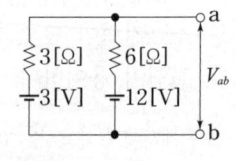

**밀만의 정리**

$V_{ab} = \dfrac{\dfrac{V_1}{R_1} + \dfrac{V_2}{R_2}}{\dfrac{1}{R_1} + \dfrac{1}{R_2}} = \dfrac{\dfrac{3}{3} + \dfrac{12}{6}}{\dfrac{1}{3} + \dfrac{1}{6}} = 6[V]$

정답　01 ③　02 ②　03 ④　04 ③

## 05  $R-L-C$ 직렬 회로에서 진동 조건은 어느 것인가?

① $R < 2\sqrt{\dfrac{L}{C}}$  
② $R < 2\sqrt{\dfrac{C}{L}}$  
③ $R < 2\sqrt{LC}$  
④ $R < \dfrac{1}{2\sqrt{LC}}$

**R-L-C 과도현상**
진동조건(부족제동인 경우)
(1) 조건
$$\left(\dfrac{R}{2L}\right)^2 - \dfrac{1}{LC} < 0 \Rightarrow R < 2\sqrt{\dfrac{L}{C}}$$
(2) 전류
$$i(t) = \dfrac{E}{\sqrt{\dfrac{L}{C} - \left(\dfrac{R}{2}\right)^2}} e^{-\alpha t} \sin\gamma t\,[\text{A}]$$

## 06  100[Ω]의 저항에 흐르는 전류가 $i = 5 + 14.14\sin t + 7.07\sin 2t$[A]일 때 저항에서 소비하는 평균전력은 몇 [W]인가?

① 20,000  ② 15,000  
③ 10,000  ④ 7,500

**비정현파의 평균전력($P$)**
비정현파 전류의 실효값을 먼저 계산하면
$I_0 = 5\,[\text{A}]$, $I_1 = \dfrac{14.14}{\sqrt{2}}\,[\text{A}]$, $I_2 = \dfrac{7.07}{\sqrt{2}}\,[\text{A}]$ 이므로
$I = \sqrt{I_0^2 + I_1^2 + I_2^2} = \sqrt{5^2 + \left(\dfrac{14.14}{\sqrt{2}}\right)^2 + \left(\dfrac{7.07}{\sqrt{2}}\right)^2}$
$= 12.246\,[\text{A}]$일 때
$\therefore P = I^2 R = 12.246^2 \times 100 = 15,000\,[\text{W}]$

## 07  파형의 파형률 값이 잘못된 것은?

① 정현파의 파형률은 1.414이다.  
② 구형파의 파형률은 1.0이다.  
③ 전파 정류파의 파형률은 1.11이다.  
④ 반파 정류파의 파형률은 1.571이다.

**파형의 파형율**

| 파형 | 정현파 | 반파 정류파 | 구형파 | 반파 구형파 | 톱니파 | 삼각파 |
|---|---|---|---|---|---|---|
| 파형율 | $\dfrac{\pi}{2\sqrt{2}}$ | $\dfrac{\pi}{2}$ | 1 | $\sqrt{2}$ | $\dfrac{2}{\sqrt{3}}$ | $\dfrac{2}{\sqrt{3}}$ |

$\therefore$ 정현파의 파형율 $= \dfrac{\pi}{2\sqrt{2}} = 1.11$이다.

## 08  Y결선의 전원에서 각 상전압이 220[V]일 때 선간전압은?

① 127[V]  ② 220[V]  
③ 311[V]  ④ 381[V]

**Y결선의 선간전압**
3상 Y결선에서 선간전압($V_L$)과 상전압($V_P$)과의 관계는
$V_L = \sqrt{3}\,V_P \angle +30°\,[\text{V}]$ 식에서
$\therefore V_L = \sqrt{3}\,V_P = \sqrt{3} \times 220 = 381\,[\text{V}]$

정답  05 ①  06 ②  07 ①  08 ④

**09** 2단자 회로 소자 중에서 인가한 전류파형과 동위상의 전압파형을 얻을 수 있는 것은?

① 저항  ② 콘덴서
③ 인덕턴스  ④ 저항 + 콘덴서

> $R, L, C$ 회로의 전압과 전류의 위상관계
> 전압의 순시값을 $e(t) = E_m \sin\omega t$ [V]라 놓으면
> (1) 저항($R$) 소자
> $$i(t) = \frac{E_m}{R}\sin\omega t \text{ [A]이므로}$$
> 전류는 전압과 동위상이다.
> (2) 인덕턴스($L$) 소자
> $$i(t) = \frac{E_m}{\omega L}\sin(\omega t - 90°) \text{ [A]이므로}$$
> 전류는 전압보다 90° 늦은 지상전류이다.
> (3) 콘덴서($C$) 소자
> $$i(t) = \omega C E_m \sin(\omega t + 90°) \text{ [A]이므로}$$
> 전류는 전압보다 90° 앞서는 진상전류이다.

**10** $i = 100 + 50\sqrt{2}\sin\omega t + 20\sqrt{2}\sin\left(3\omega t + \frac{\pi}{6}\right)$
[A]로 표시되는 비정현파 전류의 실효값[A]는 약 얼마인가?

① 20  ② 50
③ 114  ④ 150

> 비정현파의 실효값
> $i = 100 + 50\sqrt{2}\sin\omega t + 20\sqrt{2}\sin\left(3\omega t + \frac{\pi}{6}\right)$ [A]
> 에서 $I_0 = 100$ [A], $I_{m1} = 50\sqrt{2}$ [A],
> $I_{m3} = 20\sqrt{2}$ [A] 이므로 실효값 $I$는
> $$\therefore I = \sqrt{I_0^2 + \left(\frac{I_{m1}}{\sqrt{2}}\right)^2 + \left(\frac{I_{m3}}{\sqrt{2}}\right)^2}$$
> $$= \sqrt{100^2 + 50^2 + 20^2} = 114 \text{ [A]}$$

**11** $\mathcal{L}^{-1}\left[\dfrac{\omega}{s(s^2+\omega^2)}\right]$은?

① $\dfrac{1}{\omega}(1-\sin\omega t)$  ② $\dfrac{1}{\omega}(1-\cos\omega t)$
③ $\dfrac{1}{s}(1-\sin\omega t)$  ④ $\dfrac{1}{s}(1-\cos\omega t)$

> 라플라스 역변환
> $$\frac{\omega}{s(s^2+\omega^2)} = \frac{1}{\omega}\left(\frac{1}{s} - \frac{s}{s^2+\omega^2}\right) \text{ 이므로}$$
> $$\therefore \mathcal{L}^{-1}\left[\frac{\omega}{s(s^2+\omega^2)}\right] = \mathcal{L}^{-1}\left[\frac{1}{\omega}\left(\frac{1}{s} - \frac{s}{s^2+\omega^2}\right)\right]$$
> $$= \frac{1}{\omega}(1-\cos\omega t)$$

**12** 그림과 같은 회로의 영상 임피던스 $Z_{01}$, $Z_{02}$ [Ω]는 각각 얼마인가?

① $\sqrt{12}$, $\sqrt{\dfrac{16}{3}}$
② $\sqrt{12}$, $\sqrt{\dfrac{10}{3}}$
③ $\sqrt{10}$, $\sqrt{\dfrac{16}{3}}$
④ $\sqrt{10}$, $\sqrt{\dfrac{10}{3}}$

> 영상임피던스($Z_{01}$, $Z_{02}$)
> 4단자 정수 $A, B, C, D$를 구하면
> $$\begin{bmatrix} A & B \\ C & D \end{bmatrix} = \begin{bmatrix} 1+\frac{2}{4} & 2 \\ \frac{1}{4} & 1 \end{bmatrix} = \begin{bmatrix} \frac{6}{4} & 2 \\ \frac{1}{4} & 1 \end{bmatrix}$$
> $$Z_{01} = \sqrt{\frac{AB}{CD}} = \sqrt{\frac{\frac{6}{4}\times 2}{\frac{1}{4}\times 1}} = \sqrt{12} \text{ [Ω]}$$
> $$Z_{02} = \sqrt{\frac{DB}{CA}} = \sqrt{\frac{1\times 2}{\frac{1}{4}\times \frac{6}{4}}} = \sqrt{\frac{16}{3}} \text{ [Ω]}$$
> $$\therefore Z_{01} = \sqrt{12} \text{ [Ω]}, Z_{02} = \sqrt{\frac{16}{3}} \text{ [Ω]}$$

**13** 그림과 같은 순저항으로 된 회로에 대칭 3상 전압을 가했을 때 각 선에 흐르는 전류가 같으려면 $R[\Omega]$의 값은?

① 2
② 2.5
③ 3
④ 3.5

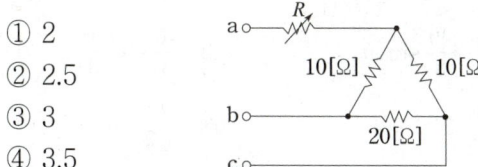

△결선된 상 부하가 불평형이므로 각 선에 흐르는 전류는 크기가 다른 불평형 전류가 흐를 수밖에 없다. 이 경우 각 선에 흐르는 전류를 같게 하기 위해서는 각 상의 부하를 평형으로 유지해주어야 한다. △결선된 저항을 Y결선으로 변형하면

$R_a = \dfrac{10 \times 10}{10+10+20} = 2.5\,[\Omega]$,

$R_b = \dfrac{10 \times 20}{10+10+20} = 5\,[\Omega]$,

$R_c = \dfrac{10 \times 20}{10+10+20} = 5\,[\Omega]$ 이므로

각 상이 평형을 유지하기 위해서는
$R_a + R = R_b = R_c$ 이어야 하므로
$R_a + R = 5\,[\Omega]$이다.
$\therefore R = 5 - R_a = 5 - 2.5 = 2.5\,[\Omega]$

**14** RC 회로에 비정현파 전압을 가하여 흐른 전류가 다음과 같을 때 이 회로의 역률은 약 [%]인가?

$$v = 20 + 220\sqrt{2}\sin 120\pi t + 40\sqrt{2}\sin 360\pi t\,[V]$$
$$i = 2.2\sqrt{2}\sin(120\pi t + 36.87°)$$
$$+ 0.49\sqrt{2}\sin(360\pi t + 14.04°)\,[A]$$

① 75.8
② 80.4
③ 86.3
④ 89.7

비정현파의 역률($\cos\theta$)
전압의 실효값 $V$, 전류의 실효값 $I$, 소비전력 $P$, 피상전력 $S$라 하면

$V = \sqrt{V_d^2 + \left(\dfrac{V_{m1}}{\sqrt{2}}\right)^2 + \left(\dfrac{V_{m3}}{\sqrt{2}}\right)^2}\,[V]$

$I = \sqrt{\left(\dfrac{I_{m1}}{\sqrt{2}}\right)^2 + \left(\dfrac{I_{m3}}{\sqrt{2}}\right)^2}\,[A]$ 이므로

$V_d = 20\,[V]$, $V_{m1} = 220\sqrt{2}\,[V]$, $V_{m3} = 40\sqrt{2}\,[V]$
$I_{m1} = 2.2\sqrt{2}\,[A]$, $I_{m3} = 0.49\sqrt{2}\,[A]$일 때

$V = \sqrt{20^2 + \left(\dfrac{220\sqrt{2}}{\sqrt{2}}\right)^2 + \left(\dfrac{40\sqrt{2}}{\sqrt{2}}\right)^2} = 224.5\,[V]$

$I = \sqrt{\left(\dfrac{2.2\sqrt{2}}{\sqrt{2}}\right)^2 + \left(\dfrac{0.49\sqrt{2}}{\sqrt{2}}\right)^2} = 2.25\,[A]$

기본파 전압, 전류의 위상차 $\theta_1$, 3고조파 전압, 전류의 위상차 $\theta_3$라 하면
$\theta_1 = 36.87° - 0° = 36.87°$
$\theta_3 = 14.04° - 0° = 14.04°$

$P = \dfrac{1}{2}\{V_{m1}I_{m1}\cos\theta_1 + V_{m3}I_{m3}\cos\theta_2\}$

$= \dfrac{1}{2}\{220\sqrt{2} \times 2.2\sqrt{2} \times \cos 36.87°$
$+ 40\sqrt{2} \times 0.49\sqrt{2} \times \cos 14.04°\} = 406.21\,[W]$

$\therefore \cos\theta = \dfrac{P}{S} = \dfrac{P}{VI} = \dfrac{406.21}{224.5 \times 2.25} = 0.804\,[p.u]$
$= 80.4\,[\%]$

**15** $R=1[\text{k}\Omega]$, $C=1[\mu\text{F}]$가 직렬접속된 회로에 스텝(구형파)전압 10[V]를 인가하는 순간에 커패시터 $C$에 걸리는 최대전압[V]은?

① 0
② 3.72
③ 6.32
④ 10

**R-C 과도현상**
스위치를 닫을 때의 회로에 흐르는 전류 $i(t)$와 콘덴서의 단자전압 $e_c(t)$는
$$i(t) = \frac{E}{R}e^{-\frac{1}{RC}t}[\text{A}],$$
$$e_c(t) = E(1-e^{-\frac{t}{RC}})[\text{V}] \text{이다.}$$
따라서 스위치를 닫는 순간은 $t=0$일 때 이므로
$\therefore e_c(0) = E(1-e^0) = 0[\text{V}]$

**17** 각 상의 전류가 $i_a = 40\sin\omega t[\text{A}]$, $i_b = 40\sin(\omega t - 90°)[\text{A}]$, $i_c = 40\sin(\omega t + 90°)[\text{A}]$일 때 영상분 전류[A]의 순시치는?

① $\frac{40}{3}\sin\omega t$
② $\frac{40}{3}\sin\frac{\omega t}{3}$
③ $40\sin\omega t$
④ $\frac{40}{\sqrt{3}}\sin(\omega t + 45°)$

**영상분의 순시치 계산($i_o$)**
각 상전류의 위상이 $a$상은 0°, $b$상은 +90°, $C$상은 -90°이므로 $b$상과 $c$상의 위상차가 180°임을 알 수 있다.
$i_b = 40\sin(\omega t - 90°)$, $i_c = 40\sin(\omega t + 90°)$에서 $v_b + v_c = 0$이 된다.
$i_o = \frac{1}{3}(i_a + i_b + i_c) = \frac{1}{3}i_a$이므로
$\therefore i_o = \frac{1}{3} \times 40\sin\omega t = \frac{40}{3}\sin\omega t[\text{A}]$

**16** $V_1(s)$을 입력, $V_2(s)$를 출력이라 할 때, 다음 회로의 전달함수는?(단, $C_1=1[\text{F}]$, $L_1=1[\text{H}]$)

① $\frac{s}{s+1}$
② $\frac{s^2}{s^2+1}$
③ $\frac{1}{s+1}$
④ $1 + \frac{1}{s}$

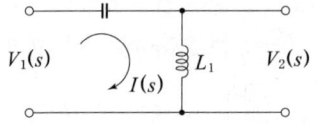

**전달함수 $G(s)$**
$V_1(s) = \left(\frac{1}{C_1 s} + L_1 s\right)I(s)$
$V_2(s) = L_1 s I(s)$
$\therefore G(s) = \frac{V_2(s)}{V_1(s)} = \frac{L_1 s I(s)}{\left(\frac{1}{C_1 s} + L_1 s\right)I(s)}$
$= \frac{C_1 L_1 s^2}{C_1 L_1 s^2 + 1} = \frac{s^2}{s^2+1}$

**18** 그림과 같은 $L$형 회로의 4단자 ABCD 정수 중 A는?

① $1 + \frac{1}{\omega LC}$
② $1 - \frac{1}{\omega^2 LC}$
③ $1 + \frac{1}{j\omega L}$
④ $\frac{1}{2\sqrt{LC}}$

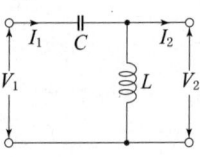

**4단자 정수의 회로망 특성**
$$\begin{bmatrix} A & B \\ C & D \end{bmatrix} = \begin{bmatrix} 1 + \frac{-j\frac{1}{\omega C}}{j\omega L} & -j\frac{1}{\omega C} \\ \frac{1}{j\omega L} & 1 \end{bmatrix}$$
$$= \begin{bmatrix} 1 - \frac{1}{\omega^2 LC} & -j\frac{1}{\omega C} \\ \frac{1}{j\omega L} & 1 \end{bmatrix}$$
$\therefore A = 1 - \frac{1}{\omega^2 LC}$

정답 15 ① 16 ② 17 ① 18 ②

**19** $R-L-C$ 직렬공진회로에서 각주파수 $\omega = 1,000$[rad/s], 저항 $R = 3[\Omega]$, 인덕턴스 $L = 5$[mH]일 때 전압확대율 $Q$는?

① 25.25  ② 21.66
③ 16.67  ④ 13.56

$R-L-C$ 직렬공진시 첨예도($Q$)
$$\therefore Q = \frac{\omega L}{R} = \frac{1,000 \times 50 \times 10^{-3}}{3} = 16.67$$

**20** 그림과 같은 회로망에서 전류를 계산하는데 옳게 표시된 식은?

① $I_1 + I_2 + I_3 + I_4 = 0$
② $I_1 + I_2 - I_3 + I_4 = 0$
③ $I_1 + I_4 = I_2 + I_3$
④ $I_1 + I_2 - I_4 = I_3$

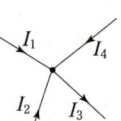

키르히호프 제1법칙(KCL)
그림에서 유입하는 전류는 $I_1$, $I_2$, $I_4$이고 유출하는 전류는 $I_3$이므로 $I_1 + I_2 + I_4 = I_3$가 된다.
$\therefore I_1 + I_2 - I_3 + I_4 = 0$

# 23. 5. 전기설비기술기준(CBT시험 복원문제)

2023년 2회 전기산업기사

※ 2021.1.1. 한국전기설비규정 개정에 따라 기출문제를 개정된 내용으로 반영하여 일부 삭제 및 변형하였습니다.
※ 본 기출문제는 수험자의 기억을 바탕으로 하여 복원한 문제이므로 실제 문제와 다를 수 있음을 미리 알려드립니다.

## 01
가공전선로의 지지물에 시설하는 지선으로 연선을 사용할 경우에는 소선이 최소 몇 가닥 이상이어야 하는가?

① 3  ② 4
③ 5  ④ 6

**지선의 시설**
(1) 가공전선로의 지지물 중 철탑은 지선을 사용하여 그 강도를 분담시켜서는 안된다.
(2) 지선의 안전율은 2.5 이상, 허용인장하중은 4.31[kN] 이상으로 한다.
(3) 지선에 연선을 사용할 경우에는 다음에 의할 것.
  ㉠ 소선(素線) 3가닥 이상의 연선일 것.
  ㉡ 소선의 지름이 2.6[mm] 이상의 금속선을 사용한 것일 것.
  ㉢ 지중부분 및 지표상 30[cm]까지의 부분에는 내식성이 있는 것 또는 아연도금을 한 철봉을 사용하고 쉽게 부식하지 아니하는 근가에 견고하게 붙일 것.
  ㉣ 지선근가는 지선의 인장하중에 충분히 견디도록 시설할 것.

## 02
저압 가공전선이 가공약전류 전선과 접근하여 시설될 때 가공전선과 가공약전류 전선 사이의 이격거리는 몇 [cm] 이상이어야 하는가?

① 30[cm]  ② 40[cm]
③ 60[cm]  ④ 80[cm]

가공전선과 다른 가공전선·약전류전선·안테나 등과의 이격거리

| 대상 | 구분 | | 이격거리 |
|---|---|---|---|
| 가공전선, 약전류 전선, 안테나 등 | 저압 가공전선 | 나전선 | 0.6[m] |
| | | 케이블 | 0.3[m] |
| | 고압 가공전선 | 나전선 | 0.8[m] |
| | | 케이블 | 0.4[m] |

정답 01 ① 02 ③

**03** 다음은 금속제 가요전선관 공사에 있어서 저압 옥내배선 시설방법이다. 알맞지 않는 것은?

① 가요전선관에는 접지공사를 하지 않는다.
② 가요전선관 안에는 전선에 접속점이 없을 것
③ 옥외용 비닐전선을 제외한 절연전선을 사용한다.
④ 중량물의 압력 또는 기계적으로 충격을 받을 우려가 없도록 시설한다.

금속제 가요전선관공사

| 구분 | 내용 |
|---|---|
| 전선 | (1) 전선은 절연전선(옥외용 비닐절연전선을 제외한다)일 것.<br>(2) 전선은 연선일 것. 다만, 단면적 10[mm²] (알루미늄선은 단면적 16[mm²]) 이하의 것은 적용하지 않는다.<br>(3) 전선은 금속제 가요전선관 안에서 접속점이 없도록 할 것. |
| 관재료 | (1) 2종 금속제 가요전선관(습기 많은 장소 또는 물기가 있는 장소에 시설하는 때에는 비닐 피복 2종 가요전선관)일 것. 다만, 전개된 장소 또는 점검할 수 있는 은폐된 장소에는 1종 가요전선관(습기가 많은 장소 또는 물기가 있는 장소에는 비닐 피복 1종 가요전선관)을 사용할 수 있다.<br>(2) 가요전선관에는 접지규정에 준하는 접지공사를 할 것.<br>(3) 중량물의 압력 또는 기계적으로 충격을 받을 우려가 없도록 시설한다. |

**04** 저압 또는 고압의 가공 전선로와 기설 가공 약전류 전선로가 병행할 때 유도작용에 의한 통신상의 장해가 생기지 않도록 전선과 기설 약전류 전선 간의 이격거리는 몇 [m] 이상이어야 하는가? (단, 전기철도용 급전선과 단선식 전화선로는 제외한다)

① 2    ② 3
③ 4    ④ 6

유도장해 방지
저압 가공전선로 또는 고압 가공전선로와 기설 가공약전류전선로가 병행하는 경우에는 유도작용에 의하여 통신상의 장해가 생기지 않도록 전선과 기설 약전류전선 간의 이격거리는 2[m] 이상이어야 한다.(단, 전기철도용 급전선로는 제외한다.)

**05** 특고압 가공전선이 저·고압 가공전선과 제1차 접근상태로 시설하는 경우, 22.9[kV] 특고압 가공전선과 저·고압 가공전선 사이의 이격거리는 몇 [m] 이상이어야 하는가?

① 2.0[m]    ② 2.12[m]
③ 2.2[m]    ④ 2.5[m]

가공전선과 다른 가공전선·약전류전선·안테나 등과의 이격거리

| 구분 | | 이격거리 |
|---|---|---|
| 특고압 가공선선 | 60[kV] 이하 | 2[m] |
| | 60[kV] 초과 | 2+(사용전압[kV]/10-3.5)×0.12<br>소수점 절상 |

**06** 지중전선로를 직접매설식에 의하여 시설할 때, 중량물의 압력을 받을 우려가 있는 장소에 지중전선을 견고한 트라프 기타 방호물에 넣지 않고도 부설할 수 있는 케이블은?

① 염화비닐 절연케이블
② 폴리에틸렌 외장케이블
③ 콤바인덕트 케이블
④ 알루미늄피 케이블

관로식과 직접매설식에서 지중전선의 매설깊이

| 구분 | 매설깊이 |
| --- | --- |
| 차량 기타 중량물의 압력을 받을 우려가 있는 장소 | 1.0[m] 이상 |
| 기타 장소 | 0.6[m] 이상 |

[주] 직접매설식은 지중전선을 견고한 트라프 기타 방호물에 넣어 시설하여야 한다. 다만, 저압 또는 고압의 지중전선에 콤바인덕트 케이블을 사용하여 시설하는 경우에는 지중전선을 견고한 트라프 기타 방호물에 넣지 아니하여도 된다.

**07** 사용전압이 170[kV]을 초과하는 특고압 가공전선로를 시가지에 시설하는 경우 전선의 단면적은 몇 [mm²] 이상의 강심알루미늄 또는 이와 동등 이상의 인장강도 및 내 아크 성능을 가지는 연선을 사용하여야 하는가?

① 22  ② 55
③ 150  ④ 240

가공전선의 굵기

| 구분 | | 인장강도 및 굵기 |
| --- | --- | --- |
| 시가지 외 | | 8.71[kN] 이상의 연선 또는 22[mm²] 이상의 경동연선 또는 동등 이상의 인장강도를 갖는 알루미늄 전선이나 절연전선 |
| 특고압 | 시가지 | 100[kV] 미만 | 21.67[kN] 이상의 연선 또는 55[mm²] 이상의 경동연선 |
| | | 100[kV] 이상 170[kV] 이하 | 58.84[kN] 이상의 연선 또는 150[mm²] 이상의 경동연선 |
| | | 170[kV] 초과 | 240[mm²] 이상의 강심알루미늄선 또는 이와 동등 이상의 인장강도 및 내(耐)아크 성능을 가지는 연선 |

정답 06 ③ 07 ④

**08** 사용전압 154[kV]의 가공전선을 시가지에 시설하는 경우 전선의 지표상의 높이는 최소 몇 [m] 이상이어야 하는가? (단, 발전소·변전소 또는 이에 준하는 곳의 구내와 구외를 연결하는 1경간 가공전선은 제외한다.)

① 7.44
② 9.44
③ 11.44
④ 13.44

**특고압 가공전선의 높이**

| 구분 | 시설장소 | 전선의 높이 | |
|---|---|---|---|
| 특고압 | 시가지 | 35[kV] 이하 | (1) 지표상 10[m] 이상 | (2) 특별고압 절연전선 사용시 8[m] 이상 |
| | | 35[kV] 초과 170[kV] 이하 | 10[kV]마다 12[cm] 가산하여 (1), (2)항 + (사용전압[kV]/10-3.5)×0.12 소수점 절상 | |

$10 + (15.4 - 3.5) \times 0.12 = 10 + 11.9 \times 0.12$
$\therefore 10 + 12 \times 0.12 = 11.44 \, [m]$

참고 ( ) 안의 수치는 소수점 절상하여 계산하여야 하기 때문에 11.9를 12로 적용하여 계산하여야 함.

**09** 발전소에서 사용하는 차단기의 압축공기장치의 공기압축기는 최고 사용압력 몇 배의 수압을 연속하여 10분간 가하였을 때 견디고 새지 않아야 하는가?

① 1.2배
② 1.25배
③ 1.5배
④ 1.55배

**개폐기 또는 차단기에 사용하는 압축공기장치의 시설**
(1) 공기압축기는 최고 사용압력의 1.5배의 수압(1.25배의 기압)을 연속하여 10분간 가하여 시험을 하였을 때에 이에 견디고 또한 새지 아니할 것.
(2) 공기탱크는 사용 압력에서 공기의 보급이 없는 상태로 개폐기 또는 차단기의 투입 및 차단을 연속하여 1회 이상 할 수 있는 용량을 가지는 것일 것.
(3) 내식성을 가지지 아니하는 재료를 사용하는 경우에는 외면에 산화방지를 위한 도장을 할 것.
(4) 주 공기탱크 또는 이에 근접한 곳에는 사용압력의 1.5배 이상, 3배 이하의 최고 눈금이 있는 압력계를 시설할 것.

**10** 사용전압 220[V]인 경우에 애자공사에 의한 옥측전선로를 비나 이슬에 젖지 않는 장소에 시설할 때 전선과 조영재와의 이격거리는 몇 [cm] 이상이어야 하는가?

① 0.06
② 0.025
③ 0.045
④ 0.12

**저압 옥측전선로의 이격거리**
전선 상호간의 간격 및 전선과 조영재 사이의 이격거리

| 시설장소 | 선선 상호간 | | 전선과 조영재간 | |
|---|---|---|---|---|
| | 400[V] 이하 | 400[V] 초과 | 400[V] 이하 | 400[V] 초과 |
| 비나 이슬에 젖지 않는 장소 | 6[cm] | 6[cm] | 2.5[cm] | 2.5[cm] |
| 비나 이슬에 젖는 장소 | 6[cm] | 12[cm] | 2.5[cm] | 4.5[cm] |

정답 08 ③ 09 ③ 10 ②

**11** 고압가공전선이 경동선인 경우 안전율은 얼마 이상이어야 하는가?

① 2.0　　　② 2.2
③ 2.5　　　④ 3.0

각종 안전율에 대한 총정리

| 구분 | 안전율 |
|---|---|
| 지지물 | 기초 안전율 2 이상 (이상시 상정하중에 대한 철탑의 기초에 대하여는 1.33 이상) |
| | 무선용 안테나를 지지하는 지지물 1.5 이상 |
| 전선 | 2.5 이상 (경동선 또는 내열 동합금선 2.2 이상) |
| 지선 | 2.5 이상 |
| 케이블 트레이배선 | 1.5 이상 |

**12** 네온방전등에 접속하는 관등회로의 배선을 애자공사로 하여 시설할 때 전선 지지점간의 거리는 몇 [m] 이하로 하여야 하는가? (단, 전선은 자기 또는 유리제 등의 애자로 견고하게 지지하여 조영재의 아랫면 또는 옆면에 부착하였다)

① 0.5　　　② 1
③ 1.5　　　④ 2

네온방전등에 시설하는 관등회로의 배선

관등회로의 배선은 애자공사로 다음에 따라서 시설하여야 한다.
(1) 전선은 네온관용 전선을 사용할 것.
(2) 배선은 외상을 받을 우려가 없고 사람이 접촉될 우려가 없는 노출장소에 시설할 것.
(3) 전선은 자기 또는 유리제 등의 애자로 견고하게 지지하여 조영재의 아랫면 또는 옆면에 부착하고 또한 다음과 같이 시설할 것.
㉠ 전선 상호간의 이격거리는 60[mm] 이상일 것.
㉡ 전선과 조영재 이격거리는 노출장소에서 아래 표에 따를 것.

| 전압 구분 | 이격 거리 |
|---|---|
| 6[kV] 이하 | 20[mm] 이상 |
| 6[kV] 초과 9[kV] 이하 | 30[mm] 이상 |
| 9[kV] 초과 | 40[mm] 이상 |

㉢ 전선 지지점간의 거리는 1[m] 이하로 할 것.
㉣ 애자는 절연성·난연성 및 내수성이 있는 것일 것.

**13** 전기철도 변전소 설비에 대한 설명 중 틀린 것은?

① 급전용 변압기는 직류 전기철도의 경우 3상 스코트결선 변압기를 적용하여야 한다.
② 차단기는 계통의 장래계획을 감안하여 용량을 결정하고, 회로의 특성에 따라 기종과 동작책무 및 차단시간을 선정하여야 한다.
③ 제어용 교류전원은 사용과 예비의 2계통으로 구성하여야 한다.
④ 제어반의 경우 디지털계전방식을 원칙으로 하여야 한다.

**변전소의 급전용변압기**
(1) 직류 전기철도 : 3상 정류기용 변압기
(2) 교류 전기철도 : 3상 스코트결선 변압기

**14** 전력용 커패시터의 내부에 고장이 생긴 경우 및 과전류 또는 과전압이 생긴 경우에 자동적으로 전로로부터 차단하는 장치가 필요한 뱅크용량은 몇 [kVA] 이상인가?

① 5,000
② 7,500
③ 10,000
④ 15,000

**조상설비의 보호장치**
조상설비는 뱅크용량의 구분에 따른 아래와 같은 고장이 생긴 경우 자동적으로 전로로부터 차단하는 장치를 시설하여야 한다.

| 설비종별 | 뱅크용량의 구분 | 자동적으로 전로로부터 차단하는 장치 |
|---|---|---|
| 전력용 커패시터 및 분로리액터 | 500[kVA] 초과 15,000[kVA] 미만 | 내부고장 과전류 |
| | 15,000[kVA] 이상 | 내부고장 과전류 과전압 |
| 조상기(調相機) | 15,000[kVA] 이상 | 내부고장 |

**15** 전기부식방지 시설은 지표 또는 수중에서 1[m] 간격의 임의의 2점간의 전위차가 몇 [V]를 넘으면 안되는가?

① 5
② 10
③ 25
④ 30

**전기부식방지 시설**

| 구분 | 내용 |
|---|---|
| 전기부식방지용 전원장치 | 절연변압기 |
| 전기부식방지 회로의 사용전압 | 직류 60[V] 이하 |
| 지중에 매설하는 양극의 매설깊이 | 0.75[m] 이상 |
| 전위차 | 10[V] 이하 : 수중에 시설하는 양극과 그 주위 1[m] 이내의 거리에 있는 임의 점과의 사이 |
| | 5[V] 이하 : 지표 또는 수중에서 1[m] 간격의 임의의 2점간 |

**16** 발전기 내부에 고장이 생긴 경우 자동적으로 전로로부터 차단하는 장치가 반드시 필요한 발전기 용량이 몇 [kVA] 이상인가?

① 5,000
② 7,500
③ 10,000
④ 15,000

> **발전기에 시설하는 보호장치**
> 발전기에는 다음의 경우에 자동적으로 이를 전로로부터 차단하는 장치를 시설하여야 한다.
> (1) 발전기에 과전류나 과전압이 생긴 경우
> (2) 용량이 500[kVA] 이상의 발전기를 구동하는 수차의 압유 장치의 유압 또는 전동식 가이드밴 제어장치, 전동식 니들 제어장치 또는 전동식 디플렉터 제어장치의 전원전압이 현저히 저하한 경우
> (3) 용량이 100[kVA] 이상의 발전기를 구동하는 풍차(風車)의 압유 장치의 유압, 압축 공기장치의 공기압 또는 전동식 브레이드 제어장치의 전원전압이 현저히 저하한 경우
> (4) 용량이 2,000[kVA] 이상인 수차 발전기의 스러스트 베어링의 온도가 현저히 상승한 경우
> (5) 용량이 10,000[kVA] 이상인 발전기의 내부에 고장이 생긴 경우
> (6) 정격출력이 10,000[kW] 초과하는 증기터빈은 그 스러스트 베어링이 현저하게 마모되거나 그의 온도가 현저히 상승한 경우

**17** 사용전압이 400[V] 초과인 저압 가공전선에 사용할 수 없는 전선 종류는 어떤 것인가?

① 나전선(중성선 또는 다중접지된 접지측 전선으로 사용하는 전선에 한한다)
② 절연전선
③ 인입용 비닐절연전선
④ 케이블

> **저압 가공전선에 사용하는 전선의 종류**
> (1) 저압 가공전선은 나전선(중성선 또는 다중접지된 접지측 전선으로 사용하는 전선에 한한다.), 절연전선, 다심형 전선, 케이블을 사용하여야 한다.
> (2) 400[V] 이하인 저압 가공전선은 케이블인 경우를 제외하고 인장강도 3.43[kN] 이상의 것 또는 지름 3.2[mm] (절연전선인 경우는 인장강도 2.3[kN] 이상의 것 또는 지름 2.6[mm] 이상의 경동선) 이상의 것이어야 한다.
> (3) 400[V] 초과인 저압 가공전선은 케이블인 경우 이외에는 시가지에 시설하는 것은 인장강도 8.01[kN] 이상의 것 또는 지름 5[mm] 이상의 경동선, 시가지 외에 시설하는 것은 인장강도 5.26[kN] 이상의 것 또는 지름 4[mm] 이상의 경동선이어야 한다.
> (4) 사용전압이 400[V] 초과인 저압 가공전선에는 인입용 절연전선과 다심형 전선을 사용하여서는 안된다.

**정답** 16 ③ 17 ③

**18** 연료전지설비의 내압시험은 연료전지 설비의 내압 부분 중 최고사용압력이 0.1[MPa] 이상의 부분은 최고사용압력의 몇 배의 수압까지 가압하여 이에 견디어야 하는가?

① 1.5  ② 1.25
③ 1.1  ④ 1.0

연료전지설비의 구조
(1) 내압시험은 연료전지 설비의 내압 부분 중 최고 사용압력이 0.1[MPa] 이상의 부분은 최고 사용압력의 1.5배의 수압(수압으로 시험을 실시하는 것이 곤란한 경우는 최고 사용압력의 1.25배의 기압)까지 가압하여 압력이 안정된 후 최소 10분간 유지하는 시험을 실시하였을 때 이것에 견디고 누설이 없어야 한다.
(2) 기밀시험은 연료전지 설비의 내압 부분 중 최고 사용압력이 0.1[MPa] 이상의 부분(액체 연료 또는 연료가스 혹은 이것을 포함한 가스를 통하는 부분에 한정한다.)의 기밀시험은 최고 사용압력의 1.1배의 내압으로 시험을 실시하였을 때 누설이 없어야 한다.

**19** 태양전지 모듈에 사용하는 연동선은 단면적이 몇 [mm$^2$] 이상이어야 하는가?

① 4.0  ② 2.5
③ 1.5  ④ 6.0

태양광 발전설비의 시설규정

| 구분 | 내용 |
| --- | --- |
| 안전 요구 사항 | 태양전지 모듈, 전선, 개폐기 및 기타 기구는 충전부분이 노출되지 않도록 시설하여야 한다. |
| 전기 배선 | (1) 모듈의 출력배선은 극성별로 확인할 수 있도록 표시할 것.<br>(2) 전선은 공칭단면적 2.5[mm$^2$] 이상의 연동선<br>(3) 옥내 및 옥측 또는 옥외에 시설할 경우에는 합성수지관공사, 금속관공사, 금속제 가요전선관공사, 케이블공사 규정에 준하여 시설하여야 한다. |
| 개폐기 | 태양전지 모듈에 접속하는 부하측의 태양전지 어레이에서 전력변환장치에 이르는 전로에는 그 접속점에 근접하여 개폐기를 시설할 것. |
| 과전류 차단기 | 모듈을 병렬로 접속하는 전로에는 그 전로에 단락전류가 발생할 경우에 전로를 보호하는 과전류차단기를 시설하여야 한다. |

정답 18 ① 19 ②

**20** 다음 그림에서 $L_1$은 어떤 크기로 동작하는 기기의 명칭인가?

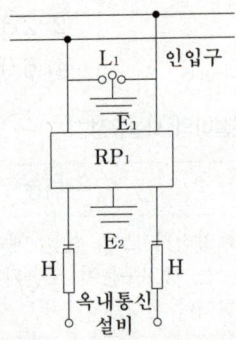

① 교류 1,000[V] 이하에서 동작하는 단로기
② 교류 1,000[V] 이하에서 동작하는 피뢰기
③ 교류 1,500[V] 이하에서 동작하는 단로기
④ 교류 1,500[V] 이하에서 동작하는 피뢰기

저압 가공전선로 첨가통신선의 보안장치
(1) $L_1$ : 교류 1[kV] 이하에서 동작하는 피뢰기
(2) $RP$ : 교류 300[V] 이하에서 동작하고, 최소감도전류가 3[A] 이하로서 최소감도전류 때의 응답시간이 1사이클 이하이고 또는 전류 용량이 50[A], 20초 이상인 자복성(自復性)이 있는 릴레이 보안기
(3) $H$ : 250[mA] 이하에서 동작하는 열 코일
(4) $E_1$, $E_2$ : 접지

# 1. 전기자기학 (CBT시험 복원문제)

2023년 3회 전기산업기사

※ 본 기출문제는 수험자의 기억을 바탕으로 하여 복원한 문제이므로 실제 문제와 다를 수 있음을 미리 알려드립니다.

**01** 한 변의 길이가 $a$[m]인 정육각형 A, B, C, D, E, F의 각 정점에 각각 $Q$[C]의 전하를 놓을 때 정육각형의 중심 O에 있어서의 전계는 몇 [V/m]인가?

① 0
② $\dfrac{3Q}{2\pi\epsilon_o a}$
③ $\dfrac{3Q}{2\pi\epsilon_o a^2}$
④ $\dfrac{Q}{4\pi\epsilon_o a^2}$

> **점전하에 의한 전계의 세기($E$)**
> 전계의 세기는 벡터량으로서 오른쪽 그림에서와 같이 정육각형 각 정점에 같은 전하를 놓았을 때 중심에서의 전계의 세기 $E_A$, $E_B$, $E_C$, $E_D$, $E_E$, $E_F$는 다음과 같은 관계가 성립한다.
>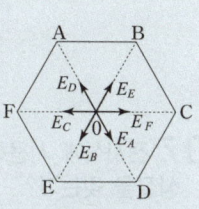
> $E_A = -E_D$, $E_B = -E_E$, $E_C = -E_F$
> 따라서, 중심에서의 전계의 세기를 $E$라 하면
> ∴ $E = E_A + E_B + E_C + E_D + E_E + E_F = 0$ [V/m]
> ※ 정 $n$각형 각 정점에 같은 크기의 전하가 놓여있는 경우 도형 중심에서의 전계의 세기는 항상 0[V/m]이다.

**03** 대전된 구 도체를 반지름이 2배가 되는 대전이 되지 않은 구 도체에 가는 도선으로 연결할 때 원래의 에너지에 대해 손실된 에너지는 얼마가 되는가?

① $\dfrac{1}{2}$
② $\dfrac{1}{3}$
③ $\dfrac{2}{3}$
④ $\dfrac{2}{5}$

> **정전에너지**
> 대전된 구도체의 반지름을 $a$라 하면 구도체의 정전용량 $C$는 $C = 4\pi\epsilon a$ [F]이므로 정전에너지 $W$는
> $W = \dfrac{Q^2}{2C} = \dfrac{Q^2}{8\pi\epsilon a}$ [J]이 된다.
> 반지름이 2배인 대전되지 않은 구도체를 가는 도선으로 연결했을 때 두 개의 구도체는 병렬접속이 되어 이때 합성정전용량 $C'$는
> $C' = 4\pi\epsilon a + 4\pi\epsilon(2a) = 12\pi\epsilon a$ [F]이므로
> 정전에너지 $W'$는 $W' = \dfrac{Q^2}{2C'} = \dfrac{Q^2}{24\pi\epsilon a}$ [J]이 된다.
> 손실에너지는 $W - W'$이므로
> ∴ $\dfrac{W-W'}{W} = 1 - \dfrac{W'}{W} = 1 - \dfrac{\dfrac{Q^2}{24\pi\epsilon a}}{\dfrac{Q^2}{8\pi\epsilon a}}$
> $= 1 - \dfrac{1}{3} = \dfrac{2}{3}$

**02** 권수가 500회이고, 자기인덕턴스가 0.05[H]인 코일에 5[A]의 전류를 흘리면 쇄교 자속은 몇 [WbT]인가?

① 0.15
② 0.25
③ 0.35
④ 0.45

> **자기 인덕턴스($L$)**
> $LI = N\phi$ [WbT] 식에서
> $N = 500$, $L = 0.05$ [H], $I = 5$ [A] 이므로
> ∴ $N\phi = LI = 0.05 \times 5 = 0.25$ [WbT]

정답  01 ①  02 ②  03 ③

**04** 자극의 세기가 $8 \times 10^{-6}$[Wb]이고, 길이가 30[cm]인 막대자석을 120[AT/m] 평등자계 내에 자력선과 30°의 각도로 놓았다면 자석이 받는 회전력은 몇 [N·m]인가?

① $1.44 \times 10^{-4}$  ② $1.44 \times 10^{-5}$
③ $2.88 \times 10^{-4}$  ④ $2.88 \times 10^{-5}$

> 막대자석의 회전력(=토크: $T$)
> $T = mlH\sin\theta$ [N·m] 식에서
> $m = 8 \times 10^{-6}$ [Wb], $l = 30$ [cm], $H = 120$ [AT/m], $\theta = 30°$ 이므로
> $\therefore T = mlH\sin\theta$
> $\quad = 8 \times 10^{-6} \times 30 \times 10^{-2} \times 120 \times \sin 30°$
> $\quad = 1.44 \times 10^{-4}$ [N·m]

**05** 맥스웰 전자방정식에 대한 설명으로 틀린 것은?

① 폐곡면을 통해 나오는 전속은 폐곡면 내의 전하량과 같다.
② 폐곡면을 통해 나오는 자속은 폐곡면 내의 자극의 세기와 같다.
③ 폐곡선에 따른 전계의 선적분은 폐곡선 내를 통하는 자속의 시간 변화율과 같다.
④ 폐곡선에 따른 자계의 선적분은 폐곡선 내를 통하는 전류와 전속의 시간적 변화율을 더한 것과 같다.

> 적분형 맥스웰방정식
> (1) 암페어의 주회적분 법칙
> $\oint_c H \cdot dl = I + \int_s \frac{\partial D}{\partial t} \cdot ds$
> (2) 패러데이의 법칙
> $\oint_c E \cdot dL = -\int_s \frac{\partial B}{\partial t} \cdot ds$
> (3) 가우스의 법칙
> $\int_s D \cdot ds = \int_v \rho dv = Q$
> $\int_s B \cdot ds = 0$
> $\therefore$ 폐곡면을 통해 나오는 자속은 0(영)이다.

**06** 대전 도체의 표면전하밀도가 $\sigma$[C/m²]일 때 도체 내부의 전속밀도는 몇 [C/m²]인가?

① $\sigma$  ② $\frac{\sigma}{2}$
③ 0  ④ $4\pi\sigma$

> 대전 도체의 성질
> $D = \sigma$ [C/m²] 식에서
> 도체에 주어진 전하는 도체 내부에 존재하지 않고 도체 표면에만 분포하기 때문에 대전 도체의 표면전밀도가 $\sigma$ [C/m²]일 때 도체 표면의 전속밀도($D$)는 $\sigma$ [C/m²]이다.
> $\therefore$ 도체 내부의 전속밀도는 0이다.

**07** 전자석에 사용하는 연철(soft iron)은 다음 어느 성질을 갖는가?

① 잔류자기, 보자력이 모두 크다.
② 보자력이 크고 잔류자기가 작다.
③ 보자력이 크고 히스테리시스 곡선의 면적이 작다.
④ 보자력과 히스테리시스 곡선의 면적이 모두 작다.

> 영구자석과 전자석
> (1) 영구자석의 성질 : 잔류자기와 보자력, 히스테리시스 곡선의 면적이 모두 크다.
> (2) 전자석의 성질 : 잔류자기는 커야 하며 보자력과 히스테리시스 곡선의 면적은 작다.

**08** 접지 도체구와 점전하간에 작용하는 힘은?

① 항상 반발력이다.
② 조건적 반발력이다.
③ 항상 흡인력이다.
④ 조건적 흡인력이다.

> **접지구도체와 점전하**
> 접지구도체와 점전하간의 작용력 $F$ 는
> $F = \dfrac{QQ'}{4\pi\epsilon_0 \left(d - \dfrac{a^2}{d}\right)^2}$ [N]이므로
> $+Q$[C]과 $Q' = -\dfrac{a}{d}Q$[C] 사이에 작용하는 힘($F$)은 $(-)$ 부호를 갖는다.
> 여기서 $(-)$ 부호는 항상 흡인력을 의미한다.

**09** 동심구에서 내부도체의 반지름이 $a$, 절연체의 반지름이 $b$, 외부도체의 반지름이 $c$이다. 내부도체에만 전하 $Q$를 주었을 때 내부도체의 전위는? (단, 절연체의 유전율은 $\epsilon_0$이다.)

① $\dfrac{Q}{4\pi\epsilon_0 a}\left(\dfrac{1}{a} + \dfrac{1}{b}\right)$
② $\dfrac{Q}{4\pi\epsilon_0 a}\left(\dfrac{1}{a} - \dfrac{1}{b}\right)$
③ $\dfrac{Q}{4\pi\epsilon_0}\left(\dfrac{1}{a} - \dfrac{1}{b} - \dfrac{1}{c}\right)$
④ $\dfrac{Q}{4\pi\epsilon_0}\left(\dfrac{1}{a} - \dfrac{1}{b} + \dfrac{1}{c}\right)$

> **동심구도체의 전위**
> (1) A도체에만 $+Q$[C]으로 대전된 경우
> $V_A = \dfrac{Q}{4\pi\epsilon_0}\left(\dfrac{1}{a} - \dfrac{1}{b} + \dfrac{1}{c}\right)$ [V]
> (2) A도체에 $+Q$[C], B도체에 $-Q$[C]이 대전된 경우
> $V_{AB} = \dfrac{Q}{4\pi\epsilon_0}\left(\dfrac{1}{a} - \dfrac{1}{b}\right)$ [V]
> (3) B도체에만 $+Q$[C]으로 대전된 경우
> $V_B = \dfrac{Q}{4\pi\epsilon_0 c}$ [V]

**10** 그림과 같이 1[μF], 2[μF], 3[μF] 세 개의 콘덴서는 병렬로 접속하고 4[μF]인 콘덴서는 직렬로 접속한 회로가 있다. 이 때 2[μF] 콘덴서에 10[μC]의 전하량을 충전하였다고 하면 3[μF] 콘덴서에 나타나는 전압은 몇 [V]인가?

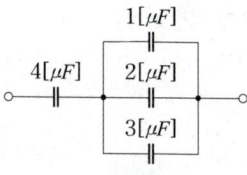

① 5[V]
② 10[V]
③ 15[V]
④ 20[V]

> **콘덴서의 직·병렬 접속**
> 콘덴서의 병렬접속에서는 각 콘덴서의 전압이 같기 때문에 1[μF], 2[μF], 3[μF] 세 개의 콘덴서에 나타나는 전압은 모두 같다.
> $V = \dfrac{Q}{C}$ [V] 식에서
> 2[μF] 콘덴서에 10[μC]의 전하량이 충전되었다면 2[μF] 콘덴서의 단자전압은
> $V = \dfrac{Q}{C} = \dfrac{10}{2} = 5$ [V] 이므로
> ∴ 3[μF] 콘덴서에 나타나는 전압도 5[V]이다.

**11** 무한히 넓은 평행판 콘덴서에서 두 평행판 사이의 간격이 $d$[m]일 때 단위 면적당 두 평행판 사이의 정전용량[F/m²]은? (단, 매질은 공기이다)

① $\dfrac{1}{4\pi\epsilon_o d}$ [F/m²]
② $\dfrac{4\pi\epsilon_o}{d}$ [F/m²]
③ $\dfrac{\epsilon_o}{d}$ [F/m²]
④ $\dfrac{\epsilon_o}{d^2}$ [F/m²]

> **평행판 사이의 정전용량($C$)**
> 면전하밀도 $\rho_s$[C/m²], 면적 $S$[m²], 간격 $d$[m]인 평행판 사이의 전위차($V$)는
> $V = E \cdot d = \dfrac{\rho_s}{\epsilon_0} \cdot d = \dfrac{Q}{S\epsilon_0} \cdot d$ [V]이므로
> ∴ $C = \dfrac{Q}{V} = \dfrac{\epsilon_0 S}{d}$ [F] $= \dfrac{\epsilon_0}{d}$ [F/m²]

**12** 점전하 $+Q$의 무한 평면도체에 대한 영상전하는?

① $+Q$
② $-Q$
③ $+2Q$
④ $-2Q$

---
**접지무한평면과 점전하**

접지무한평면으로부터 $d$[m]만큼 떨어진 곳에 점전하 $Q$[C]이 있을 때 영상전하($Q'$)와 그 위치는 다음과 같다.
(1) 영상전하 $Q' = -Q$[C]
(2) 영상전하의 위치 $= (-d, 0)$ [m]

---

**13** 평면 전자파의 전계 $E$와 자계 $H$와의 관계식으로 알맞은 것은?

① $H = \sqrt{\dfrac{\epsilon}{\mu}} E$
② $H = \sqrt{\dfrac{\mu}{\epsilon}} E$
③ $H = \dfrac{\epsilon}{\mu} E$
④ $H = \dfrac{\mu}{\epsilon} E$

---
**고유임피던스($\eta$)**

$\eta = \dfrac{E}{H} = \sqrt{\dfrac{\mu}{\epsilon}} = \sqrt{\dfrac{\mu_0}{\epsilon_0}} \cdot \sqrt{\dfrac{\mu_s}{\epsilon_s}}$

$= 120\pi \sqrt{\dfrac{\mu_s}{\epsilon_s}} = 377 \sqrt{\dfrac{\mu_s}{\epsilon_s}}$ [Ω] 식에서

∴ $H = \dfrac{E}{\eta} = \sqrt{\dfrac{\epsilon}{\mu}} \cdot E$ [AT/m]

---

**14** 공간도체 중의 정상전류밀도를 $i$, 공간전하밀도를 $\rho$라고 할 때 키르히호프의 전류법칙에 의한 전류의 연속성을 나타내는 것은?

① $i = 0$
② $\text{div} i = 0$
③ $i = \dfrac{\partial \rho}{\partial t}$
④ $\text{div} i = \infty$

---
**도체 내의 키르히호프 법칙**

도체 단면을 통하는 전류밀도는 임의의 단면을 흘러들어가는 경우와 흘러나오는 경우가 같아지며 그 이유는 도체 내를 흐르는 전류는 발산하지 않기 때문이다. 이는 도체 내에 흐르는 전류에 의한 키르히호프의 법칙으로 전류의 연속성을 의미한다.
∴ $\text{div} i = 0$

---

**15** 철심이 들어있는 환상코일이 있다. 1차 코일의 권수 $N_1 = 100$회일 때 자기인덕턴스는 0.01[H]였다. 이 철심에 2차 코일 $N_2 = 200$회를 감았을 때 1, 2차 코일의 상호인덕턴스는 몇 [H]인가? (단, 이 경우 결합계수 $k = 1$로 한다.)

① 0.01
② 0.02
③ 0.03
④ 0.04

---
**상호인덕턴스($M$)**

$M = \dfrac{N_1 N_2}{R_m} = \dfrac{\mu S N_1 N_2}{l} = \dfrac{L_1 N_2}{N_1} = \dfrac{L_2 N_1}{N_2}$

$= k\sqrt{L_1 L_2}$ [H]이므로

$N_1 = 100$, $L_1 = 0.01$ [mH], $N_2 = 200$, $k = 1$일 때

∴ $M = \dfrac{L_1 N_2}{N_1} = \dfrac{0.01 \times 200}{100} = 0.02$ [mH]

---

**16** 자유공간내의 전자파의 진행에서 전계와 자계의 시간적인 위상관계는?

① 위상이 서로 같다.
② 전계가 자계보다 90° 빠르다.
③ 전계가 자계보다 90° 늦다.
④ 전계가 자계보다 45° 빠르다.

---
자유공간에서 전계($E$)와 자계($H$)가 같은 위상으로 동시에 존재하게 되며 모두 진행방향에 대하여 수직으로 나타나게 되는데 이때 전계와 자계가 만드는 파를 전자파라 한다.

**17** 대전도체 표면의 전하밀도를 $\sigma[C/m^2]$이라 할 때, 대전도체 표면의 단위면적이 받는 정전응력은 전하밀도 $\sigma$와 어떤 관계에 있는가?

① $\sigma^{\frac{1}{2}}$에 비례
② $\sigma^{\frac{3}{2}}$에 비례
③ $\sigma$에 비례
④ $\sigma^2$에 비례

**정전응력($f$)**
단위면적당 정전응력($f$)과 단위체적당 정전에너지($w$)는 서로 같으며
$$f = \frac{\sigma^2}{2\epsilon_0} = \frac{D^2}{2\epsilon_0} = \frac{1}{2}\epsilon_0 E^2 = \frac{1}{2}ED\,[N/m^2]$$이다.
여기서 $\sigma$ : 면전하밀도, $D$ : 전속밀도, $E$ : 전계의 세기
∴ 정전응력($f$)은 $\sigma^2$에 비례한다.

**19** 감자율(Demagnetization factor)이 "0"인 자성체로 가장 알맞은 것은?

① 환상 솔레노이드
② 굵고 짧은 막대 자성체
③ 가늘고 긴 막대 자성체
④ 가늘고 짧은 막대 자성체

**감자율($N$)과 감자력($H'$)**
감자율 $N$, 진공 중의 투자율 $\mu_0$, 자화의 세기 $J$라 하면
$$H' = \frac{N}{\mu_0}J\,[AT/m]$$ 이므로
∴ 환상 솔레노이드에서의 감자율 $N=0$ 이므로 감자력($H'$)이 영(0)이 된다.

**18** 유전체의 초전효과(pyroelectric effect)에 대한 설명이 아닌 것은?

① 온도변화에 관계없이 일어난다.
② 자발 분극을 가진 유전체에서 생긴다.
③ 초전효과가 있는 유전체를 공기 중에 놓으면 중화된다.
④ 열에너지를 전기에너지로 변화시키는 데 이용된다.

**유전체에서의 초전효과(pyroelectric effect)**
결정체에 열을 가하면 결정 표면에 전하가 나타나는 현상으로, 온도변화에 의해서 생기는 자발분극을 초전효과라 한다. 초전효과의 성질은 다음과 같다.
(1) 온도변화가 있을 때에만 전하를 발생하고 일정 온도에서는 발생하지 않는다.
(2) 자발분극을 가진 유전체에서 생긴다.
(3) 초전효과가 있는 유전체를 공기 중에 놓으면 이온부착이나 전자전도에 의해 중화된다.
(4) 열에너지를 전기에너지로 변화시키는데 이용된다.
(5) 황산리튬, 리튬나이오베이트, TGS 등은 초전효과가 큰 물질이다.

**20** 평행판 콘덴서의 판 사이에 비유전율 $\epsilon_s$의 유전체를 삽입하였을 때의 정전용량은 진공일 때 보다 어떻게 되는가?

① $\epsilon_s$배로 증가
② $\pi\epsilon_s$배로 증가
③ $\frac{1}{\epsilon_s}$배로 감소
④ $(\epsilon_s+1)$배로 증가

**유전체 내의 정전용량($C$)**
공기중일 때 정전용량을 $C_0$, 유전체 내의 정전용량을 $C$라 하면
$$C_0 = \frac{\epsilon_0 S}{d}\,[F],\ C = \frac{\epsilon S}{d} = \frac{\epsilon_0\epsilon_s S}{d} = \epsilon_s C_0\,[F]$$ 이므로
∴ $\epsilon_s$배로 증가한다.

## 2. 전력공학(CBT시험 복원문제)

※ 본 기출문제는 수험자의 기억을 바탕으로 하여 복원한 문제이므로 실제 문제와 다를 수 있음을 미리 알려드립니다.

**01** 연가를 하는 주된 목적으로 옳은 것은?

① 선로정수의 평형
② 유도뢰의 방지
③ 계전기의 확실한 동작의 확보
④ 전선의 절약

---
연가의 목적
(1) 선로정수평형
(2) 소호리액터 접지시 직렬공진에 의한 이상전압 억제
(3) 유도장해 억제

---

**02** 개개의 최대전력이 각각 50[kW], 75[kW], 80[kW], 105[kW]인 4개의 수용가에서 합성최대수용전력이 250[kw], 수용률 0.8일 때 합성최대전력이 250[kW]인 경우 이 부하의 부등률은 약 얼마인가?

① 1.14    ② 1.24
③ 1.35    ④ 1.45

---
부등률

부등률 = $\dfrac{\text{개개의 최대수용전력의 합}}{\text{합성최대수용전력}}$ 식에서

∴ 부등률 = $\dfrac{50+75+80+105}{250} = 1.24$

---

**03** 그림과 같은 3상 발전기가 있다. $a$상이 지락한 경우 지락전류는 어떻게 표현되는가? (단, $Z_0$: 영상임피던스, $Z_1$: 정상임피던스, $Z_2$: 역상임피던스이다.)

① $\dfrac{E_a}{Z_0+Z_1+Z_2}$

② $\dfrac{3E_a}{Z_0+Z_1+Z_2}$

③ $\dfrac{-Z_0 E_a}{Z_0+Z_1+Z_2}$

④ $\dfrac{2Z_2 E_a}{Z_1+Z_2}$

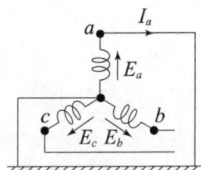

---
1선지락사고 및 지락전류($I_g$)

$a$상이 지락한 경우 $I_a = I_g$, $I_b = I_c = 0$,
$V_a = 0$ 이므로

$I_0 = I_1 = I_2 = \dfrac{1}{3}I_a = \dfrac{1}{3}I_g = \dfrac{E_a}{Z_0+Z_1+Z_2}$ [A]

$I_0 = I_1 = I_2 \neq 0$ 이다.

∴ $I_g = I_a = 3I_0 = \dfrac{3E_a}{Z_0+Z_1+Z_2}$ [A]

---

정답 01 ① 02 ② 03 ②

**04** 송전선에 복도체를 사용할 때의 설명으로 틀린 것은?

① 코로나 임계전압이 증가한다.
② 안정도가 상승하고 송전용량이 증가한다.
③ 전선 표면의 전위경도가 감소한다.
④ 전선의 인덕턴스는 증가하고, 정전용량이 감소한다.

**복도체의 특징**
(1) 사용 목적 : 복도체는 송전선로에서 발생하는 코로나를 억제하기 위해서 사용된다.
(2) 장점
  ㉠ 전선 표면의 전위경도가 감소하고 코로나 임계전압(개시전압)이 증가하여 코로나 현상이 억제되고 코로나 손실이 감소한다. 따라서 송전효율이 증가한다.
  ㉡ 등가 반지름이 증가되어 $L$이 감소하고 $C$가 증가한다. 따라서 송전용량이 증가하고 안정도가 향상된다.
  ㉢ 통신선의 유도장해가 억제된다.
  ㉣ 전선의 표면적 증가로 전선의 허용전류(안전전류)가 증가한다.

**05** 전력계통의 안정도 향상대책으로 볼 수 없는 것은?

① 직렬콘덴서 설치
② 병렬콘덴서 설치
③ 속응여자방식을 채용한다.
④ 고속도 차단기를 채용한다.

**안정도 개선책**
(1) 리액턴스를 줄인다. : 직렬콘덴서 설치
(2) 단락비를 증가시킨다. : 전압변동률을 줄인다.
(3) 중간조상방식을 채용한다. : 동기조상기 설치
(4) 속응여자방식을 채용한다. : 고속도 AVR 채용
(5) 재폐로 차단방식을 채용한다. : 고속도차단기 사용
(6) 계통을 연계한다.
(7) 소호리액터 접지방식을 채용한다.
∴ 병렬콘덴서는 역률개선을 목적으로 설치하는 것으로서 안정도 향상대책과는 무관하다.

**06** 터빈 입구의 엔탈피 815[kcal/kg], 복수기의 엔탈피 270[kcal/kg], 유입증기량 300[t/h]일 때, 발전기 출력은 75,000[kW]로 된다. 발전기 효율을 0.98로 한다면 터빈의 열효율은 약 몇 [%]인가?

① 30.3[%]   ② 40.3[%]
③ 50.3[%]   ④ 60.3[%]

**증기터빈의 열효율($\eta_t$)**
터빈출력 $P_T$[kW], 발전기 출력 $P_g$[kW], 터빈의 열효율 $\eta_t$, 발전기 효율 $\eta_g$, 터빈입구의 엔탈피 $i_1$, 복수기의 엔탈피 $i_2$, 사용증기량 $W$[kg/h]라 하면

$$\eta_t = \frac{860 P_T}{W(i_1 - i_2)} \times 100 \, [\%]$$

$$\eta_g = \frac{P_g}{P_T} \times 100 \, [\%] \text{ 식에서}$$

$i_1 = 815$, $i_2 = 270$, $W = 300$ [t/h], $P_g = 75,000$ [kW] 이므로

$$\therefore \eta_t = \frac{860 P_T}{W(i_1 - i_2)} \times 100 = \frac{860 P_g}{W(i_1 - i_2)\eta_g} \times 100$$
$$= \frac{860 \times 75,000}{300 \times 10^3 \times (815 - 270) \times 0.98} \times 100$$
$$= 40.3 \, [\%]$$

**07** 역률(늦음) 80[%], 10[kVA]의 부하를 가지는 주상변압기의 2차측에 2[kVA]의 전력용 콘덴서를 병렬로 접속하면 주상변압기에 걸리는 부하는 약 몇 [kVA]가 되겠는가?

① 8[kVA]    ② 8.5[kVA]
③ 9[kVA]    ④ 9.5[kVA]

**역률 개선 후 변압기에 걸리는 부하($S'$)**
$\cos\theta_1 = 0.8$, $S = 10$[kVA], $Q_c = 2$[kVA]일 때 역률 개선전 변압기 부하의 유효분($P$)과 무효분($Q$)을 구하면

$P = S\cos\theta_1 = 10 \times 0.8 = 8$ [kW]

$Q = S\sin\theta_1 = S \cdot \dfrac{\sqrt{1-\cos^2\theta_1}}{\cos\theta_1}$

$\quad = 10 \times \dfrac{\sqrt{1-0.8^2}}{0.8} = 6$ [kVar] 이므로

$\therefore S' = \sqrt{P^2 + (Q-Q_c)^2} = \sqrt{8^2 + (6-2)^2}$
$\quad = 9$ [kVA]

정답 04 ④  05 ②  06 ②  07 ③

**08** 3상 3선식 3각형 배치의 송전선로에 있어서 각 선의 대지정전용량이 0.003[$\mu$F]이고, 선간정전용량이 0.009[$\mu$F]일 때 1선의 작용정전용량은 몇 [$\mu$F]인가?

① 0.03
② 0.04
③ 0.05
④ 0.06

**작용정전용량($C_w$)**
$C_w = C_s + 3C_m$ [F] 식에서
$C_s = 0.003\,[\mu F]$, $C_m = 0.009\,[\mu F]$ 이므로
∴ $C_w = C_s + 3C_m = 0.003 + 3 \times 0.009$
$= 0.03\,[\mu F]$

**09** 그림과 같이 임피던스 $Z_1$, $Z_2$ 및 $Z_3$인 송전선이 접속된 선로의 A쪽에서 전압파 $E$가 진행해 왔을 때 접속점 B에서 무반사로 되기 위한 조건은?

① $Z_1 = Z_2 \times Z_3$
② $Z_1 = Z_2 + Z_3$
③ $\dfrac{1}{Z_1} = \dfrac{1}{Z_2} \times \dfrac{1}{Z_3}$
④ $\dfrac{1}{Z_1} = \dfrac{1}{Z_2} + \dfrac{1}{Z_3}$

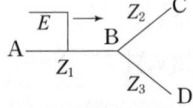

**진행파의 반사와 투과**
파동임피던스 $Z_1$을 통해서 진행파가 들어왔을 때 파동임피던스 $Z_2$와 $Z_3$을 통해서 일부는 반사되고 나머지는 투과되어 나타나게 된다. 이때 무반사 조건은 진행파와 투과파를 같게 해주어야 하며 진행파와 투과파의 파동임피던스를 같게 해주어야 한다.
∴ $Z_1 = \dfrac{1}{\dfrac{1}{Z_2} + \dfrac{1}{Z_3}}$ 또는 $\dfrac{1}{Z_1} = \dfrac{1}{Z_2} + \dfrac{1}{Z_3}$

**10** 전력용 퓨즈는 주로 어떤 전류의 차단을 목적으로 사용하는가?

① 충전전류
② 부하전류
③ 단락전류
④ 지락전류

**한류형 전력퓨즈**
한류형 전력퓨즈는 자기 또는 무기질 절연물의 원통 내에 석영입자, 대리석 입자 또는 이와 동등한 분말 물질을 봉입하고, 이중에 필요한 길이만큼의 퓨즈선을 관통시켜 통의 양단을 밀폐시킨 구조의 것으로 외부에 광, 음, 가스 등을 발생시키고 큰 단락전류를 차단하는 방식의 것이다.

**11** 다음 조상설비에 대한 설명 중 틀린 것은

① 분로리액터는 지상전류만을 공급한다.
② 전력용콘덴서는 진상전류만을 공급한다.
③ 동기조상기는 지상전류만을 공급하고 연속적인 조정을 한다.
④ 분로리액턴와 전력용콘덴서는 계단적으로 전압을 조정한다.

**조상설비**
(1) 동기조상기 : 진상 및 지상전류를 모두 공급하고 조정이 연속적이다.
(2) 전력용 콘덴서 : 진상전류만 공급하고 조정이 계단적이다.
(3) 분로리액터 : 지상전류만 공급하고 조정이 계단적이다.

**12** 그림과 같은 수전단 전력원선도가 있다. 부하직선을 참고하여 다음 중 전압조정을 위한 조상설비가 없어도 정전압운전이 가능한 부하전력은 대략 어느 정도일 때인가?

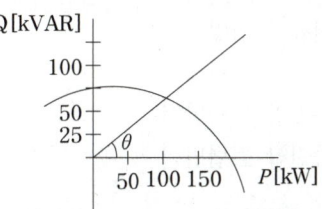

① 무부하일 때  ② 50[kW]일 때
③ 100[kW]일 때  ④ 150[kW]일 때

**전력원선도**
전력원선도에 송·수전단 전압을 일정하게 유지하기 위해서는 전력원선도와 부하역률직선이 서로 만나는 점일 때만 가능하다. 하지만 그렇지 못할 경우 조상설비를 이용하여 무효전력을 조정해주어야만 전압을 일정하게 유지할 수 있다. 본 문제에서 조상설비 없이 정전압을 유지할 수 있는 경우는 전력원선도와 부하역률직선이 만나는 부하전력 100[kW]로 운전하는 경우이며 100[kW]를 초과하는 경우에는 진상무효전력을 공급하고 100[kW]를 넘지 않을 경우에는 지상무효전력을 공급하여야 전압을 일정하게 유지할 수 있다.

**13** 3상 Y결선된 발전기가 무부하 상태로 운전 중 3상 단락고장이 발생하였을 때 나타나는 현상으로 적절하지 않은 것은?

① 영상분 전류는 흐르지 않는다.
② 역상분 전류는 흐르지 않는다.
③ 정상분 전류는 영상분 및 역상분 임피던스에 무관하고 정상분 임피던스에 반비례한다.
④ 3상 단락전류는 정상분 전류의 3배가 흐른다.

**3상 단락사고 및 단락전류**
$I_a + I_b + I_c = 0$, $V_a = V_b = V_c = 0$ 이므로
$I_s = I_1 = \dfrac{E_a}{Z_1}$ [A]이다.
∴ 3상 단락사고시 단락전류는 정상분 전류이며 영상임피던스 및 역상임피던스에 무관하고 정상분 임피던스에 반비례한다.

**14** 100[kVA] 단상변압기 3대를 △-△ 결선으로 사용하다가 1대의 고장으로 V-V결선으로 사용하면 약 몇 [kVA] 부하까지 사용할 수 있는가?

① 150  ② 173
③ 225  ④ 300

**V결선의 출력**
변압기 3대로 △결선운전 중 1대 고장으로 V결선한 경우 V결선의 출력($P_v$)은 변압기 1대의 용량을 $P_T$라 할 때 $P_v = \sqrt{3}\,P_T$ [kVA] 식에서
∴ $P_v = \sqrt{3}\,P_T = \sqrt{3} \times 100 = 173$ [kVA]

**15** 송배전선로의 도중에 직렬로 삽입하는 직렬콘덴서의 특징에 대한 설명으로 옳은 것은?

① 부하의 역률을 개선한다.
② 선로의 코로나를 방지한다.
③ 선로의 페란티현상을 방지한다.
④ 선로의 유도 리액턴스를 보상하여 전압강하를 감소시킨다.

**직렬콘덴서**
선로의 유도리액턴스를 보상(또는 감소)하기 위하여 직렬콘덴서를 설치하면 직렬공진에 의해서 선로의 전압강하가 감소되어 계통의 안정도를 개선할 수 있게 된다. 직렬콘덴서는 역률개선, 코로나 방지, 페란티현상 방지와는 무관하다.

**16** 정격전압 25.8[kV]인 3상 교류 차단기의 정격차단전류는 약 몇 [kA]인가? (단, 차단기의 정격차단용량은 1000[MVA]이다.)

① 22.4[kA]  ② 25.8[kA]
③ 28.4[kA]  ④ 32.5[kA]

**정격차단전류($I_s$)**
$P_s = \sqrt{3}\,V I_s$ [MVA] 식에서
$V_s = 25.8$ [kV], $P_s = 1000$ [MVA] 이므로
∴ $I_s = \dfrac{P_s}{\sqrt{3}\,V_s} = \dfrac{1000}{\sqrt{3} \times 25.8} = 22.4$ [kA]

**17** 역률개선에 의한 배전계통의 효과가 아닌 것은?

① 전력손실 감소
② 전압강하 감소
③ 변압기 용량 감소
④ 전선의 표피효과 감소

**역률개선 효과**
부하의 역률을 개선하기 위해서 병렬콘덴서를 설치하며 역률이 개선될 경우 다음과 같은 효과가 있다.
(1) 전력손실 경감
(2) 전력요금 감소
(3) 전압강하 경감
(4) 설비용량의 여유 증가 또는 변압기 용량의 감소

**18** 전력계통의 전압안정도를 나타내는 P-V 곡선에 대한 설명 중 적합하지 않은 것은?

① 가로축은 수전단 전압을 세로축은 무효전력을 나타낸다.
② 진상무효전력이 부족하면 전압은 안정되고 진상무효전력이 과잉되면 전압은 불안정하게 된다.
③ 전압 불안정 현상이 일어나지 않도록 전압을 일정하게 유지하려면 무효전력을 적절하게 공급하여야 한다.
④ P-V 곡선에서 주어진 역률에서 전압을 증가시키더라도 송전할 수 있는 최대 전력이 존재하는 임계점이 있다.

**P-V 곡선**
전력계통의 전압안정도를 나타내는데 적용하는 P-V 곡선은 가로축을 유효전력 또는 무효전력으로 두고 세로축을 수전단 전압으로 잡는다.

$\dfrac{dvr}{dpr} < 0$ 인 경우 부하의 미소한 감소가 있으면 전압을 상승하여 부하가 증가한 경우 원재 위치의 전압으로 조정이 가능하고 안정하게 된다.

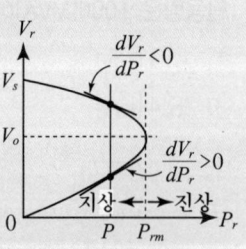

이는 진상무효전력이 부족한때 전압이 안정됨을 의미한다. 따라서 전압이 불안정된 상태에서 안정시키려면 무효전력을 적절히 공급해 주어야 한다.

**19** 차단기의 트립방식 중 상시여자식과 순시여자식에 의한 방법을 모두 적용할 수 있는 방식으로 주로 출력이 작은 배전선로의 수용가에서 사용되고 있는 차단기의 트립방식은?

① 과전류 트립방식
② 콘덴서 트립방식
③ 직류전압 트립방식
④ 부족전압 트립방식

**차단기의 트립방식**
(1) 변류기 2차 전류를 이용하는 방식(과전류 트립방식)
(2) 부족전압 트립방식
(3) 전압 트립방식(DC 방식)
(4) 콘덴서 트립방식(CTD 방식)
∴ 이 중에서 과전류계전기의 접속 유무에 따라 상시여자식과 순시여자식으로 구분되는 차단기의 트립방식은 과전류 트립방식이다.

**20** 3상 배전선로에서 수용가의 정격전압이 22.9[kV]이고 차단기의 정격차단전류가 5[kA]인 경우 차단기의 정격차단용량은 약 몇 [MVA]인가? (정격차단용량은 주어진 표준용량으로 정한다.)

| 3상 차단기의 정격차단용량[MVA] |
|---|
| 20, 30, 40, 50, 75, 100, 150, 200, 250, 300, 400 |

① 250
② 200
③ 150
④ 100

**차단기의 정격차단용량**
$P_s = \sqrt{3}\,VI_s$ [MVA] 식에서
$V_s = 25.8$ [kV], $I_s = 5$ [MVA] 이므로
$P_s = \sqrt{3}\,VI_s = \sqrt{3} \times 25.8 \times 5$
$= 223.4$ [MVA]이다.
∴ 표에서 250[MVA]가 적당하다.

**참고** 차단기의 정격전압($V_s$)
선로의 정격전압(또는 공칭전압)이 22.9[kV]인 계통의 최고전압은 25.8[kV] 이므로 차단기의 정격전압은 계통 최고전압인 25.8[kV]로 정한다.
또는 공칭전압 $\times \dfrac{1.2}{1.1} = 22.9 \times \dfrac{1.2}{1.1} = 24.98$ [kV]로 계산하여 적용할 수도 있다.

정답 17 ④ 18 ① 19 ① 20 ①

# 23. 3. 전기기기 (CBT시험 복원문제)

2023년 3회 전기산업기사

※ 본 기출문제는 수험자의 기억을 바탕으로 하여 복원한 문제이므로 실제 문제와 다를 수 있음을 미리 알려드립니다.

**01** 직류기에서 전기자 반작용을 방지하기 위한 보상권선의 전류방향은?

① 전기자 전류의 방향과 같다.
② 전기자 전류의 방향과 반대이다.
③ 계자 전류의 방향과 같다.
④ 계자 전류의 방향과 반대이다.

> **전기자 반작용의 방지 대책**
> (1) 보상권선을 설치하여 전기자 전류와 반대방향으로 흘리면 교차기자력이 줄어들어 전기자 반작용을 억제한다.(주대책임)
> (2) 보극을 설치하여 평균리액턴스전압을 없애고 정류작용을 양호하게 한다.
> (3) 브러시를 새로운 중성축으로 이동시킨다.
>   ㉠ 발전기는 회전방향
>   ㉡ 전동기는 회전반대방향

**02** 그림은 3상 동기 발전기의 무부하 포화곡선이다. 이 발전기의 포화율은 얼마인가?

① 0.5
② 0.67
③ 0.8
④ 0.9

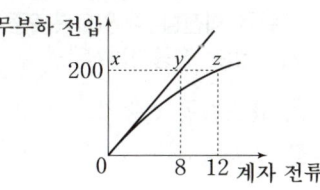

> **포화율($\sigma$)**
> 동기발전기의 공극부에서는 포화가 일어나지 않기 때문에 직선적으로 나타나며 이 선을 공극선이라 한다. 무부하 상태에서 여자를 증가시키면 철심 내에서는 자속이 포화되어 무부하 포화곡선을 그리게 된다.
> $\therefore \sigma = \dfrac{\overline{yz}}{\overline{xy}} = \dfrac{12-8}{8} = 0.5$

**03** 유도전동기의 제동법이 아닌 것은?

① 회생 제동  ② 발전 제동
③ 역전 제동  ④ 3상 제동

> **유도전동기의 제동법**
> (1) 역전제동(플러깅)
>   유도전동기의 전원 극성을 반대로 하여 역회전토크를 발생시켜 전동기를 급제동하는 방식
> (2) 발전제동
>   유도전동기의 공회전 운전을 이용하여 유도발전기를 사용하여 회전자에 발생하는 역기전력을 외부저항에서 열에너지로 소비하여 제동하는 방식
> (3) 회생제동
>   발전제동과 비슷하나 회전자에서 발생하는 역기전력을 전원전압보다 크게 하여 전원에 반환시켜 제동하는 방식

**04** 변압기의 개방시험으로 측정할 수 없는 것은?

① 무부하전류  ② 철손
③ 여자 어드미턴스  ④ 임피던스 전압

> **변압기의 시험**
> (1) 무부하 시험으로부터 구할 수 있는 것 : 여자전류(무부하전류), 철손(히스테리시스손 및 와류손), 여자어드미턴스 등
> (2) 단락시험으로부터 구할 수 있는 것 : 임피던스 전압, 임피던스 와트(동손), 누설리액턴스, %임피던스(%저항강하 및 %리액턴스 강하), 전압변동률 등

**정답** 01 ② 02 ① 03 ④ 04 ④

**05** 직류기의 전기자에 일반적으로 사용되는 전기자 권선법은?

① 2층권　　　② 개로권
③ 환상권　　　④ 단층권

> **전기자 권선법**
> 직류기의 여러 가지의 권선법 중에서 전기자 권선법은 고상권, 폐로권, 2층권을 사용하고 있다.

**06** 교류전동기에서 브러시 이동으로 속도변화가 편리한 전동기는?

① 시라게 전동기　　　② 농형 전동기
③ 동기 전동기　　　　④ 2중 농형 전동기

> **시라게 전동기**
> 시라게 전동기는 3상 분권정류자 전동기의 여러 종류 중에서 특성이 좋아 가장 많이 사용되고 있는 전동기로서 1차 권선을 회전자에 둔 권선형 유도전동기이다. 시라게 전동기는 직류분권전동기와 같이 정속도 및 가변속도 전동기이며 브러시의 이동에 의하여 속도제어와 역률개선을 할 수 있다.

**07** 동기전동기의 특징으로 틀린 것은?

① 속도가 일정하다.
② 역률을 조정할 수 없다.
③ 직류전원을 필요로 한다.
④ 난조를 일으킬 염려가 있다.

> **동기전동기의 장·단점**
> 
> | 장점 | 단점 |
> |---|---|
> | (1) 속도가 일정하다. | (1) 기동토크가 작다. |
> | (2) 역률 조정이 가능하다. | (2) 속도 조정이 곤란하다. |
> | (3) 효율이 좋다. | (3) 직류여자기가 필요하다. |
> | (4) 공극이 크고 튼튼하다. | (4) 난조 발생이 빈번하다. |

**08** 여자전류 및 단자전압이 일정한 비철극형 동기발전기의 출력과 부하각 $\delta$와의 관계를 나타낸 것은? (단, 전기자 저항은 무시한다.)

① $\delta$에 비례　　　② $\delta$에 반비례
③ $\cos\delta$에 비례　④ $\sin\delta$에 비례

> **동기발전기의 출력($P$)**
> (1) 비돌극형인 경우
> $$P = \frac{VE}{x_s}\sin\delta \,[\text{W}]$$ 이므로 $P \propto \sin\delta$이다.
> (2) 돌극형인 경우
> $$P = \frac{VE}{x_s}\sin\delta + \frac{V^2(x_d - x_q)}{2x_d x_q}\sin2\delta \,[\text{W}]$$
> ∴ 비돌극형 동기발전기의 출력과 부하각은 $P \propto \sin\delta$이다.

**09** 중부하에서도 기동되도록 하고 회전계자형의 동기전동기에 고정자인 전기자 부분이 회전자의 주위를 회전할 수 있도록 2중 베어링의 구조를 가지고 있는 전동기는?

① 유도자형 전동기　　② 유도동기 전동기
③ 초동기 전동기　　　④ 반작용 전동기

> **초동기 전동기**
> 동기전동기의 종류 중 하나로 원래 회전계자형은 고정자인 전기자는 회전하지 않고 계자만 회전하는 구조인데 초동기 전동기는 고정자인 전기자도 회전할 수 있도록 2중 베어링 구조로 되어 있는 전동기이다. 이 전동기는 동기전동기의 기동토크보다 더 큰 탈출토크를 갖기 때문에 중부하에서도 기동이 가능한 것이 특징이다.

**정답** 05 ① 06 ① 07 ② 08 ④ 09 ③

**10** 유도발전기에 대한 설명으로 틀린 것은?

① 공극이 크고 역률이 동기기에 비해 좋다.
② 병렬로 접속된 동기기에서 여자전류를 공급 받아야 한다.
③ 농형 회전자를 사용할 수 있으므로 구조가 간단하고 가격이 싸다.
④ 선로에 단락이 생기면 여자가 없어지므로 동기기에 비해 단락전류가 작다.

유도발전기의 특징
(1) 병렬로 접속되는 동기기에서 여자전류를 공급받아야 한다.
(2) 공극의 치수가 작기 때문에 운전시 주의해야 한다.
(3) 농형회전자를 사용할 수 있어서 구조가 간단하고 가격이 저렴하다.
(4) 선로에 단락이 생기면 여자가 없어지므로 단락전류가 작아진다.
(5) 효율은 나쁘지만 역률은 좋다.

**11** 동기발전기에 회전계자형을 사용하는 이유로 틀린 것은?

① 기전력의 파형을 개선한다.
② 계자가 회전자이지만 저전압 소용량의 직류이므로 구조가 간단하다.
③ 전기자가 고정자이므로 고전압 대전류용에 좋고 절연이 쉽다.
④ 전기자보다 계자극을 회전자로 하는 것이 기계적으로 튼튼하다.

회전계자형을 채용하는 이유
(1) 계자는 전기자보다 철의 분포가 크기 때문에 기계적으로 튼튼하다.
(2) 계자는 전기자보다 결선이 쉽고 구조가 간단하다.
(3) 고압이 걸리는 전기자보다 저압인 계자가 조작하는 데 더 안전하다.
(4) 고압이 걸리는 전기자를 절연하는 데는 고정자로 두어야 용이해진다.

**12** 단상 다이오드 반파정류회로인 경우 정류 효율은 약 몇 [%]인가? (단, 저항부하인 경우이다.)

① 12.6  ② 40.6
③ 60.6  ④ 81.2

단상 반파정류회로의 정류효율($\eta$)
교류의 입력전력 $P_a$, 직류의 출력전력 $P_d$라 하면
$\eta = \dfrac{P_d}{P_a} \times 100\,[\%]$ 식에서
$P_a = I^2 R = \left(\dfrac{I_m}{2}\right)^2 R = \dfrac{I_m^2}{4} R$
$P_d = I_d^2 R = \left(\dfrac{I_m}{\pi}\right)^2 R = \dfrac{I_m^2}{\pi^2} R$ 이므로
$\therefore \eta = \dfrac{P_d}{P_a} \times 100 = \dfrac{\dfrac{I_m^2}{\pi^2} R}{\dfrac{I_m^2}{4} R} \times 100 = \dfrac{4}{\pi^2} \times 100$
$= 40.6\,[\%]$

**13** 출력 3[kW], 1,500[rpm]인 전동기의 토크[kg·m]는?

① 1.95  ② 2.12
③ 2.90  ④ 3.82

직류전동기의 토크($\tau$)
출력 $P$[kW], 회전수 $N$[rpm]이라 하면
$\therefore \tau = 975 \dfrac{P}{N} = 975 \times \dfrac{3}{1,500} = 1.95\,[\text{kg}\cdot\text{m}]$

**14** 직류전동기의 회전수는 자속이 감소하면 어떻게 되는가?

① 불변이다.  ② 정지한다.
③ 저하한다.  ④ 상승한다.

직류전동기의 속도 특성
$N = k \dfrac{V - R_a I_a}{\phi}$ [rpm] 식에서
$N \propto \dfrac{1}{\phi}$ 이므로
∴ 자속($\phi$)이 감소하면 회전수($N$)는 상승한다.

**15** 60[Hz], 4극, 3상 유도전동기의 2차 효율이 0.95일 때, 회전 속도[rpm]는? (단, 기계손은 무시한다.)

① 1,780　　② 1,710
③ 1,620　　④ 1,500

유도전동기의 2차 효율($\eta_2$)

$\eta_2 = \dfrac{P_0}{P_2} = \dfrac{N}{N_s} = 1-s$ 식에서

$f = 60$ [Hz], 극수 $p = 4$, $\eta_2 = 0.95$ 이므로

$N_s = \dfrac{120f}{p} = \dfrac{120 \times 60}{4} = 1800$ [rpm]일 때

∴ $N = \eta_2 N_s = 0.95 \times 1,800 = 1,710$ [rpm]

**17** 직류발전기의 병렬운전 조건 중 잘못된 것은?

① 극성이 같을 것
② 단자전압이 같을 것
③ 외부특성이 수하특성일 것
④ 유도기전력이 같을 것

직류발전기의 병렬운전 조건
(1) 극성이 일치할 것
(2) 단자전압이 일치할 것
(3) 외부특성이 수하특성일 것
(4) 용량과는 무관하며 부하 분담을 $R_f$로 조정할 것
(5) 직권 발전기와 과복권 발전기에서는 균압모선을 설치하여 전압을 평형시킬 것

**16** 6000[V]의 단상 배전선 전압을 6600[V]로 승압하는 단권변압기의 자기용량이 10[kVA]일 때 선로에 접속된 부하용량은 몇 [kW]인가? (부하의 역률은 80[%]이다.)

① 88　　② 95
③ 100　　④ 105

단권변압기

부하용량 $= \dfrac{V_h}{V_h - V_l} \times$ 자기용량 $\times \cos\theta$ [W] 식에서

$V_l = 6000$ [V], $V_h = 6600$ [V], 자기용량 $= 10$ [kVA], $\cos\theta = 0.8$ 이므로

∴ 부하용량 $= \dfrac{V_h}{V_h - V_l} \times$ 자기용량 $\times \cos\theta$

$= \dfrac{6600}{6600 - 6000} \times 10 \times 0.8 = 88$ [W]

**18** 게이트 조작에 의해 부하전류 이상으로 유지 전류를 높일 수 있어 게이트의 턴 온, 턴 오프가 가능한 사이리스터는?

① SCR　　② GTO
③ LASCR　　④ TRIAC

GTO(Gate Turn Off) 사이리스터
GTO사이리스터는 게이트 바이어스만을 반전시킴으로써 온상태에서 오프상태로 할 수 있는 능력(=자기소호능력)을 가지고 있는 사이리스터이다.

정답　15 ②　16 ①　17 ④　18 ②

**19** 어떤 공장에 뒤진 역률 0.8인 부하가 있다. 이 선로에 동기조상기를 병렬로 결선해서 선로의 역률을 0.95로 개선하였다. 개선 후 전력의 변화에 대한 설명으로 틀린 것은?

① 피상전력과 유효전력은 감소한다.
② 피상전력과 무효전력은 감소한다.
③ 피상전력은 감소하고 유효전력은 변화가 없다.
④ 무효전력은 감소하고 유효전력은 변화가 없다.

전력용 콘덴서($Q_c$)

$$Q_c = Q_1 - Q_2 = P(\tan\theta_1 - \tan\theta_2)$$
$$= P\left(\frac{\sqrt{1-\cos^2\theta_1}}{\cos\theta_1} - \frac{\sqrt{1-\cos^2\theta_2}}{\cos\theta_2}\right)[\text{kVA}]$$

식에서 역률이 $\cos\theta_1$에서 $\cos\theta_2$로 개선될 경우 무효전력은 $Q_1 - Q_2$ 만큼 감소된다. 하지만 유효전력($P$) 값은 변함이 없다. 또한 피상전력($S$)은 $S = P\cos\theta$ 식에 의해서 역률이 개선되면 피상전력은 감소됨을 알 수 있다.
∴ 역률이 개선되면 피상전력과 무효전력은 감소되고 유효전력은 변화가 없다.

**20** 유도전동기의 입력을 22[kVA]로 주어질 때 출력이 10[HP]이었다면 전동기 내부의 전손실은 몇 [kW]인가? (단, 전동기의 역률은 0.80이다.)

① 9.14
② 10.14
③ 11.14
④ 12.14

전동기의 전손실($P_l$)

$P_l = P_{in} - P_{out}$ [kW] 식에서
$P_{in} = 22 \times 0.8 = 17.6$ [kW],
$P_{out} = 10 \times 0.746 = 7.46$ [kW] 이므로
∴ $P_l = P_{in} - P_{out} = 17.6 - 7.46$
   $= 10.14$ [kW]

## 4. 회로이론(CBT시험 복원문제)

2023년 3회 전기산업기사

※ 본 기출문제는 수험자의 기억을 바탕으로 하여 복원한 문제이므로 실제 문제와 다를 수 있음을 미리 알려드립니다.

**01** 그림에서 저항 20[Ω]에 흐르는 전류는 몇 [A]인가?

① 0.4
② 1
③ 2.2
④ 3.4

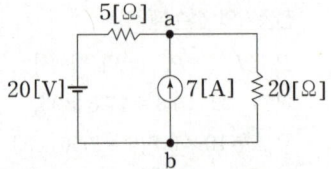

**밀만의 정리**

$$V_{ab} = \frac{\frac{V_1}{R_1} + I_2}{\frac{1}{R_1} + \frac{1}{R_2}} = \frac{\frac{20}{5} + 7}{\frac{1}{5} + \frac{1}{20}} = 44\,[V]$$

20[Ω]에 걸리는 전압은 $V_{ab}$[V]이므로 20[Ω]에 흐르는 전류 $I$는

$$\therefore I = \frac{V_{ab}}{20} = \frac{44}{20} = 2.2\,[A]$$

**02** 출력이 $F(s) = \dfrac{3s+2}{s(s^2+2s+6)}$ 로 표시되는 제어계가 있다. 이 계의 시간함수 $f(t)$의 정상값은?

① 3
② 2
③ $\dfrac{1}{3}$
④ $\dfrac{1}{6}$

**최종값 정리(=정상값 정리)**

$$f(\infty) = \lim_{t \to \infty} f(t) = \lim_{s \to 0} sF(s)$$

$$= \lim_{s \to 0} \frac{s(3s+2)}{s(s^2+2s+6)}$$

$$= \lim_{s \to 0} = \frac{3s+2}{s^2+2s+6} = \frac{1}{3}$$

**03** 다음 회로에서 4단자 정수 A, B, C, D의 값은?

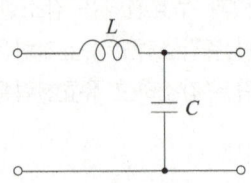

① $\begin{bmatrix} 1 & j\omega L \\ 0 & 1 \end{bmatrix}\begin{bmatrix} 1 & 0 \\ \frac{1}{j\omega C} & 1 \end{bmatrix}$

② $\begin{bmatrix} 1 & \frac{1}{j\omega L} \\ 0 & 1 \end{bmatrix}\begin{bmatrix} 1 & 0 \\ j\omega C & 1 \end{bmatrix}$

③ $\begin{bmatrix} 1 & j\omega L \\ 0 & 1 \end{bmatrix}\begin{bmatrix} 1 & 0 \\ j\omega C & 1 \end{bmatrix}$

④ $\begin{bmatrix} 1 & \frac{1}{j\omega L} \\ 0 & 1 \end{bmatrix}\begin{bmatrix} 1 & 0 \\ \frac{1}{j\omega L} & 1 \end{bmatrix}$

**4단자 정수의 종속접속**

$$\boxed{Z} \rightarrow \begin{bmatrix} A & B \\ C & D \end{bmatrix}\begin{bmatrix} 1 & Z \\ 0 & 1 \end{bmatrix}$$

$$\boxed{Y} \rightarrow \begin{bmatrix} A & B \\ C & D \end{bmatrix}\begin{bmatrix} 1 & 0 \\ Y & 1 \end{bmatrix}$$

$Z = j\omega L\,[\Omega]$, $Y = j\omega C\,[\mho]$ 이므로

$$\therefore \begin{bmatrix} A & B \\ C & D \end{bmatrix} = \begin{bmatrix} 1 & j\omega L \\ 0 & 1 \end{bmatrix}\begin{bmatrix} 1 & 0 \\ j\omega C & 1 \end{bmatrix}$$

**04** $R-L$ 직렬회로에서 시정수의 값이 클수록 과도현상의 소멸되는 시간에 대한 설명으로 옳은 것은?

① 짧아진다.
② 과도기가 없어진다.
③ 길어진다.
④ 변화가 없다.

**시정수**

시정수가 크면 클수록 과도시간은 길어져서 정상상태에 도달하는데 오래 걸리게 되며 반대로 시정수가 작으면 작을수록 과도시간은 짧게 되어 일찍 소멸하게 된다.

**정답** 01 ③ 02 ③ 03 ① 04 ③

**05** 그림과 같은 고역 여파기에서 공칭 임피던스 $K$ [Ω] 및 차단 주파수 $f_c$ [kHz]는 얼마인가?

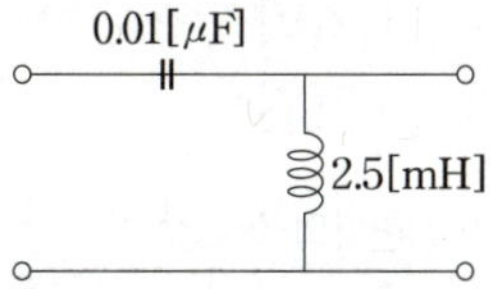

① 500, 약 25.9
② 460, 약 20.9
③ 480, 약 18.9
④ 500, 약 15.9

0.01[μF]
2.5[mH]

고역필터
$K = \sqrt{\dfrac{L}{C}}$, $C = \dfrac{1}{4\pi f_c K}$, $L = \dfrac{K}{4\pi f_c}$ 식에서
$C = 0.01\,[\mu F]$, $L = 2.5\,[mH]$ 이므로
$K = \sqrt{\dfrac{L}{C}} = \sqrt{\dfrac{2.5 \times 10^{-3}}{0.01 \times 10^{-6}}} = 500\,[\Omega]$
$f_c = \dfrac{1}{4\pi f_c C} = \dfrac{1}{4\pi \times 500 \times 0.01 \times 10^{-6}}$
$= 15.9 \times 10^3\,[Hz] = 15.9\,[kHz]$
∴ $K = 500\,[\Omega]$, $f_c = 15.9\,[kHz]$

**07** 3상 유도전동기의 출력 10[HP], 선간전압 200[V], 효율 90[%], 역률 85[%]일 때 이 전동기에 유입되는 선전류는 약 몇 [A]인가?
(단, 1[HP]는 746[W]이다.)

① 16         ② 20
③ 28         ④ 48

선전류 절대값 계산
$P = 10\,[HP] = 10 \times 746\,[W]$, $V = 200\,[V]$, $\eta = 0.9$, $\cos\theta = 0.85$ 이므로
$I = \dfrac{P}{\sqrt{3}\,V\cos\theta \cdot \eta} = \dfrac{10 \times 746}{\sqrt{3} \times 200 \times 0.85 \times 0.9}$
$= 28\,[A]$

**06** 정현파 교류전압의 파고율은?

① 0.91       ② 1.11
③ 1.41       ④ 1.73

파형의 파고율

| 파형 | 정현파 | 반파 정류파 | 구형파 | 반파 구형파 | 톱니파 | 삼각파 |
|---|---|---|---|---|---|---|
| 파고율 | $\sqrt{2}$ | 2 | 1 | $\sqrt{2}$ | $\sqrt{3}$ | $\sqrt{3}$ |

∴ 정현파의 파고율 $= \sqrt{2} = 1.41$

**08** 기본파의 80[%]인 제3고조파와 기본파의 60[%]인 제5고조파를 포함하는 전압파의 왜형률은 약 얼마인가?

① 0.6         ② 0.8
③ 0.9         ④ 1

비정현파의 왜형률
$\epsilon = \sqrt{\epsilon_3^2 + \epsilon_5^2}$ 식에서
3고조파의 왜형률 $\epsilon_3 = 0.8$,
5고조파의 왜형률 $\epsilon_5 = 0.6$ 이므로
∴ $\epsilon = \sqrt{\epsilon_3^2 + \epsilon_5^2} = \sqrt{0.8^2 + 0.6^2} = 1$

정답  05 ④  06 ③  07 ③  08 ④

**09** 실효값이 100[V], 주파수가 50[Hz]인 교류 전압을 저항 100[Ω], 용량 10[μF]인 RC 직렬회로에 가했을 때 역률은 약 얼마인가?

① 0.3
② 0.5
③ 0.6
④ 0.8

R-C 직렬회로의 역률($\cos\theta$)

$\cos\theta = \dfrac{R}{Z} = \dfrac{R}{\sqrt{R^2 + X_C^2}}$ 식에서

$V = 100$ [V], $f = 50$ [Hz], $R = 100$ [Ω], $C = 10$ [μF]일 때

$X_C = \dfrac{1}{\omega C} = \dfrac{1}{2\pi f C} = \dfrac{1}{2\pi \times 50 \times 10 \times 10^{-6}}$
$= 318.31$ [Ω] 이므로

$\therefore \cos\theta = \dfrac{R}{Z} = \dfrac{R}{\sqrt{R^2 + X_C^2}}$
$= \dfrac{100}{\sqrt{100^2 + 318.31^2}} = 0.3$

**11** 비정현파의 전압이 $5 + 10\sqrt{2}\sin\omega t + 5\sqrt{2}\sin(3\omega t)$ [V]일 때 실효치[V]는?

① 11.2[V]
② 12.2[V]
③ 13.2[V]
④ 14.2[V]

비정현파의 실효값

$V_0 = 5$ [V], $V_{m1} = 10\sqrt{2}$ [V],
$V_{m3} = 5\sqrt{2}$ [V] 이므로

$\therefore V = \sqrt{V_0^2 + \left(\dfrac{V_{m1}}{\sqrt{2}}\right)^2 + \left(\dfrac{V_{m3}}{\sqrt{2}}\right)^2}$
$= \sqrt{5^2 + \left(\dfrac{10\sqrt{2}}{\sqrt{2}}\right)^2 + \left(\dfrac{5\sqrt{2}}{\sqrt{2}}\right)^2} = 12.2$ [V]

**10** 다음과 같은 회로가 정저항 회로가 되기 위한 $R$[Ω]의 값은 얼마인가?

① 200[Ω]
② 2[Ω]
③ $2 \times 10^{-2}$ [Ω]
④ $2 \times 10^{-4}$ [Ω]

정저항 조건식

$R = \sqrt{\dfrac{L}{C}}$ [Ω] 식에서

$L = 4$ [mH], $C = 0.1$ [μF] 이므로

$\therefore R = \sqrt{\dfrac{L}{C}} = \sqrt{\dfrac{4 \times 10^{-3}}{0.1 \times 10^{-6}}} = 200$ [Ω]

**12** 그림과 같은 회로에서 $e_o$[V]의 위상은 $e_i$[V] 보다 어떻게 되는가?

① 앞선다.
② 뒤진다.
③ 동상이다.
④ 90° 앞선다.

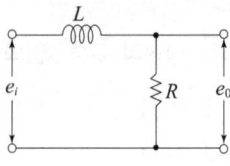

벡터해석

$e_i = (j\omega L + R)i = j\omega L i + Ri$
$= \sqrt{(\omega L)^2} \, i \angle \tan^{-1}\left(\dfrac{\omega L}{R}\right)$ [V]

$e_0 = Ri = Ri \angle 0°$ [V]

$\therefore e_0$의 위상은 $e_i$보다 $\theta = \tan^{-1}\dfrac{\omega L}{R}$ 만큼 뒤진다.

**13** 그림과 같은 커패시터 $C$에 흐르는 전류식은 어떻게 표현하는가?

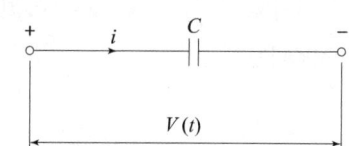

① $i = \dfrac{1}{C}\dfrac{v(t)}{dt}$  ② $i = \dfrac{1}{C}\dfrac{q(t)}{dt}$

③ $i = C\dfrac{v(t)}{dt}$  ④ $i = C\dfrac{q(t)}{dt}$

콘덴서의 전압, 전류 공식

| 구분 | 공식 |
| --- | --- |
| 전압 | $v(t) = \dfrac{1}{C}\displaystyle\int i(t)\,dt\,[V]$ |
| 전류 | $i(t) = C\dfrac{v(t)}{dt}\,[A]$ |

**14** 그림과 같은 회로에서 공진시의 어드미턴스[℧]는?

① $\dfrac{CR}{L}$

② $\dfrac{LC}{R}$

③ $\dfrac{C}{RL}$

④ $\dfrac{R}{LC}$

반공진회로

R, L 직렬회로의 임피던스를 $Z_1$, $C$의 임피던스를 $Z_2$라 하여 구하면

$Z_1 = R + j\omega L\,[\Omega]$, $Z_2 = -j\dfrac{1}{\omega C}\,[\Omega]$이다.

회로는 병렬접속되어 있으므로 어드미턴스를 구하여 허수부를 영(0)으로 취하면 병렬공진이 이루어진다.

$Y = \dfrac{1}{Z_1} + \dfrac{1}{Z_2} = \dfrac{1}{R+j\omega L} + j\omega C$

$= \dfrac{R - j\omega L}{R^2 + (\omega L)^2} + j\omega C$

$= \dfrac{R}{R^2 + (\omega L)^2} + j\left(\omega C - \dfrac{\omega L}{R^2 + (\omega L)^2}\right)\,[℧]$

$\omega C = \dfrac{\omega L}{R^2 + (\omega L)^2}$ 이므로 $R^2 + (\omega L)^2 = \dfrac{L}{C}$

공진시 어드미턴스 $Y_r$은

$\therefore Y_r = \dfrac{R}{R^2 + (\omega L)^2} = \dfrac{R}{\dfrac{L}{C}} = \dfrac{CR}{L}\,[℧]$

**15** 저항 $R=5,000[\Omega]$, 정전용량 $C=20[\mu F]$가 직렬로 접속된 회로에 일정전압 $E=100[V]$를 가하고 $t=0$에서 스위치를 넣을 때 콘덴서 단자전압 $V[V]$을 구하면? (단, $t=0$에서의 콘덴서 전압은 0[V]이다.)

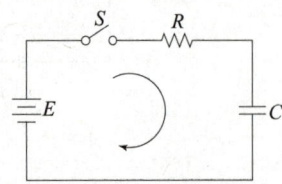

① $100(1-e^{10t})$
② $100e^{10t}$
③ $100(1-e^{-10t})$
④ $100e^{-10t}$

**$R-C$ 과도현상**
$R-C$ 직렬회로에서 스위치를 닫을 때 과도전류 $i(t)$와 콘덴서 단자전압 $v_c(t)$는
$i(t) = \frac{E}{R}e^{-\frac{1}{RC}t}$ [A]
$v_c(t) = E(1-e^{\frac{-1}{RC}t})$ [V]이므로
$\therefore V = v_c(t) = E(1-e^{-\frac{1}{RC}t})$
$= 100(1-e^{-\frac{1}{5,000 \times 20 \times 10^{-6}}t})$
$= 100(1-e^{-10t})$ [V]

**16** $v = 100\sqrt{2}\sin\omega t + 50\sqrt{2}\sin\left(3\omega t + \frac{\pi}{6}\right)$[V], $i = 40\sqrt{2}\sin\left(3\omega t - \frac{\pi}{6}\right) + 100\sqrt{2}\sin 5\omega t$[A]일 때 소비 전력[kW]은?

① 2
② 1
③ 4.9
④ 5.2

**비정현의 소비전력**
전압의 주파수 성분은 기본파와 제3고조파로 구성되어 있으며 전류의 주파수 성분은 제3고조파와 제5고조파로 구성되어 있으므로 주파수 성분이 일치하는 제3고조파에 해당되는 소비전력만 계산된다.
$V_{m1} = 100\sqrt{2} \angle 0°$ [V], $V_{m3} = 50\sqrt{2} \angle 30°$ [V],
$I_{m3} = 40\sqrt{2} \angle -30°$ [A], $I_{m5} = 100\sqrt{2} \angle 0°$ [A]
$\theta_3 = 30° - (-30°) = 60°$이므로
$\therefore P = \frac{1}{2}V_{m3}I_{m3}\cos\theta_3$
$= \frac{1}{2} \times 50\sqrt{2} \times 40\sqrt{2} \times \cos 60° \times 10^{-3}$
$= 1$ [kW]

**17** 3상 불평형 전압에서 역상전압이 50[V], 정상전압이 200[V], 영상전압이 10[V]라고 할 때 전압의 불평형률[%]은?

① 1
② 5
③ 25
④ 50

**불평형률**
불평형률 $= \frac{역상분}{정상분} \times 100 = \frac{50}{200} \times 100 = 25$ [%]

**18** 비정현파 전압
$v = 100\sqrt{2}\sin\omega t + 50\sqrt{2}\sin 2\omega t + 30\sqrt{2}\sin 3\omega t$
[V]의 왜형률은 약 얼마인가?

① 0.36  ② 0.58
③ 0.87  ④ 1.41

> 비정현파의 왜형률
> 파형에서 기본파, 2고조파, 3고조파의 최대치를 각각 $V_{m1}$, $V_{m2}$, $V_{m3}$라 하면
> $V_{m1} = 100\sqrt{2}$, $V_{m2} = 50\sqrt{2}$, $V_{m3} = 30\sqrt{2}$이며 2고조파 왜형률과 3고조파 왜형률을 각각 $\epsilon_2$, $\epsilon_3$라 하면
> $\epsilon_2 = \dfrac{V_{m2}}{V_{m1}} = \dfrac{50\sqrt{2}}{100\sqrt{2}} = 0.5$
> $\epsilon_3 = \dfrac{V_{m3}}{V_{m1}} = \dfrac{30\sqrt{2}}{100\sqrt{2}} = 0.3$ 이므로
> $\therefore \epsilon = \sqrt{\epsilon_2^2 + \epsilon_3^2} = \sqrt{0.5^2 + 0.3^2} \fallingdotseq 0.58$

**19** 어떤 코일에 $v(t) = 100\sqrt{2}\sin\left(377t + \dfrac{\pi}{6}\right)$[V]의 교류전압을 인가시 코일에 나타나는 유도 리액턴스는 몇 [Ω]인가? (단, 코일의 인덕턴스는 0.1[H]이다.)

① 42.5  ② 27.3
③ 31.4  ④ 37.7

> 유도 리액턴스($X_L$)
> $X_L = \omega L = 2\pi f L$ [Ω] 식에서
> $v(t) = V_m\sin(\omega t + \theta)$
> $\quad = 100\sqrt{2}\sin\left(377t + \dfrac{\pi}{6}\right)$ [V]일 때
> $\omega = 377$ [rad/s]임을 알 수 있다.
> $L = 0.1$ [H] 이므로
> $\therefore X_L = \omega L = 377 \times 0.1 = 37.7$ [Ω]

**20** 정현파 교류 $i = 10\sqrt{2}\sin\left(\omega t + \dfrac{\pi}{3}\right)$를 복소수의 극좌표 형식인 페이저(phasor)로 나타내면?

① $10\sqrt{2} \angle \dfrac{\pi}{3}$  ② $10\sqrt{2} \angle -\dfrac{\pi}{3}$
③ $10 \angle \dfrac{\pi}{3}$  ④ $10\sqrt{2} \angle -\dfrac{\pi}{3}$

> 복소수의 극형식
> $i(t) = I_m\sin(\omega t + \theta) = 10\sqrt{2}\sin\left(\omega t + \dfrac{\pi}{3}\right)$ [A]에서
> 전류의 최대값 $I_m = 10\sqrt{2}$, 위상각 $\theta = \dfrac{\pi}{3}$이므로
> 전류의 복소수 극형식은 $\dot{I} = I\angle\theta = \dfrac{I_m}{\sqrt{2}}\angle\theta$ 에 대입하여 풀면
> $\therefore \dot{I} = \dfrac{10\sqrt{2}}{\sqrt{2}} \angle \dfrac{\pi}{3} = 10 \angle \dfrac{\pi}{3}$

# 23  5. 전기설비기술기준(CBT시험 복원문제)

2023년 3회 전기산업기사

※ 2021.1.1. 한국전기설비규정 개정에 따라 기출문제를 개정된 내용으로 반영하여 일부 삭제 및 변형하였습니다.
※ 본 기출문제는 수험자의 기억을 바탕으로 하여 복원한 문제이므로 실제 문제와 다를 수 있음을 미리 알려드립니다.

**01** 가공전선로의 지지물에 시설하는 지선으로 연선을 사용할 경우에는 소선이 최소 몇 가닥 이상이어야 하는가?

① 3   ② 4
③ 5   ④ 6

**지선의 시설**
(1) 가공전선로의 지지물 중 철탑은 지선을 사용하여 그 강도를 분담시켜서는 안된다.
(2) 지선의 안전율은 2.5 이상, 허용인장하중은 4.31[kN] 이상으로 한다.
(3) 지선에 연선을 사용할 경우에는 다음에 의할 것.
 ㉠ 소선(素線) 3가닥 이상의 연선일 것.
 ㉡ 소선의 지름이 2.6[mm] 이상의 금속선을 사용한 것일 것.
 ㉢ 지중부분 및 지표상 30[cm]까지의 부분에는 내식성이 있는 것 또는 아연도금을 한 철봉을 사용하고 쉽게 부식하지 아니하는 근가에 견고하게 붙일 것.
 ㉣ 지선근가는 지선의 인장하중에 충분히 견디도록 시설할 것

**03** 전력용 커패시터의 보호장치로서 내부 고장 또는 과전류 및 과전압이 생긴 경우에 자동적으로 동작하여 전로로부터 차단하는 장치를 하여야 하는 전력용 커패시터의 용량은 몇 [kVA] 이상인가?

① 5,000   ② 7,500
③ 10,000  ④ 15,000

**조상설비의 보호장치**
조상설비는 뱅크용량의 구분에 따른 아래와 같은 고장이 생긴 경우 자동적으로 전로로부터 차단하는 장치를 시설하여야 한다.

| 설비종별 | 뱅크용량의 구분 | 자동적으로 전로로부터 차단하는 장치 |
|---|---|---|
| 전력용 커패시터 및 분로리액터 | 500[kVA] 초과 15,000[kVA] 미만 | 내부고장 과전류 |
| | 15,000[kVA] 이상 | 내부고장 과전류 과전압 |

**02** 전로의 중성점에 접지공사를 하는 이유로 타당하지 않은 것은?

① 전로의 보호장치의 확실한 동작의 확보
② 송전용량의 증가
③ 이상전압의 억제
④ 대지전압의 저하

**전로의 중성점 접지의 목적**
(1) 전로의 보호 장치의 확실한 동작의 확보
(2) 이상전압의 억제
(3) 대지전압의 저하

정답  01 ①  02 ②  03 ④

**04** 저압 가공전선 또는 고압 가공전선이 도로를 횡단할 때 지표상의 높이는 몇 [m] 이상으로 하여야 하는가? (단, 농로 기타 교통이 번잡하지 않은 도로 및 횡단보도교는 제외한다.)

① 4  
② 5  
③ 6  
④ 7

저·고압 가공전선의 높이

| 구분 | 시설장소 | | 전선의 높이 |
|---|---|---|---|
| 저·고압 | 도로 횡단시 | | 지표상 6[m] 이상 |
| | 철도 또는 궤도 횡단시 | | 레일면상 6.5[m] 이상 |
| | 횡단보도교 위 | 저압 | 노면상 3.5[m] 이상, 절연전선, 다심형 전선, 케이블 사용시 노면상 3[m] 이상 |
| | | 고압 | 노면상 3.5[m] 이상 |
| | 위의 장소 이외의 곳 | | 지표상 5[m] 이상, 다리의 하부 기타 이와 유사한 장소에 시설하는 저압의 전기철도용 급전선은 지표상 3.5[m]까지 감할 수 있다. |

**05** 시가지에 시설하는 154[kV] 가공전선로를 도로와 제1차 접근상태로 시설하는 경우, 전선과 도로와의 이격거리는 몇 [m] 이상이어야 하는가?

① 4.4[m]  
② 4.8[m]  
③ 5.2[m]  
④ 5.6[m]

가공전선과 도로 등과 접근상태로 시설되는 경우

| 구분 | | 이격거리 |
|---|---|---|
| 도로 등 | 저·고압 및 35[kV] 이하 | 3[m] 이상 |
| | 35[kV] 초과 | 3+(사용전압[kV]/10−3.5)×0.15 소수점 절상 |

$3+(15.4-3.5)\times 0.15 = 3+11.9\times 0.15$
$\therefore 3+12\times 0.15 = 4.8[m]$

참고 ( ) 안의 수치는 소수점 절상하여 계산하여야 하기 때문에 11.9를 12로 적용하여 계산하여야 함.

**06** 3상 4선식 22.9[kV] 중성점 다중접지 전로의 절연내력시험전압은 최대사용전압의 몇 배의 전압인가?

① 0.64배  
② 0.72배  
③ 0.92배  
④ 1.25배

절연내력시험전압

| 전로의 최대사용전압 | 시험전압 | 최저시험전압 |
|---|---|---|
| 7[kV] 초과 25[kV] 이하 중성점 다중접지 | 0.92배 | − |

**07** 일반적으로 저압 가공전선로와 기설 가공약전류 전선로가 병행하는 경우에는 유도작용에 의한 통신상의 장해가 생기지 않도록 전선과 기설 약전류 전선간의 이격거리는 몇 [m] 이상으로 하여야 하는가? (단, 저압 가공전선은 케이블이 아니다.)

① 2[m]  ② 3[m]
③ 4[m]  ④ 5[m]

**유도장해 방지**
저압 가공전선로 또는 고압 가공전선로와 기설 가공약전류전선로가 병행하는 경우에는 유도작용에 의하여 통신상의 장해가 생기지 않도록 전선과 기설 약전류전선 간의 이격거리는 2[m] 이상이어야 한다.(단, 전기철도용 급전선로는 제외한다.)

**08** 154[kV]의 옥외 변전소에 있어서 울타리의 높이와 울타리에서 충전부분까지 거리의 합계는 몇 [m] 이상이어야 하는가?

① 5[m]  ② 6[m]
③ 7[m]  ④ 8[m]

**울타리·담 등의 높이와 울타리·담 등으로부터 충전부분까지 거리의 합계**

| 사용전압 | 울타리·담 등의 높이와 울타리·담 등으로부터 충전부분까지 거리의 합계 |
|---|---|
| 35[kV] 이하 | 5[m] |
| 35[kV] 초과 160[kV] 이하 | 6[m] |
| 160[kV] 초과 | 10 [kV] 초과마다 12 [cm] 가산하여 $x+y=6+$ (사용전압[kV]/10−16)×0.12 소수점 절상 |

**09** 수소냉각식 발전기 안의 수소 순도가 몇 [%] 이하로 저하한 경우에 이를 경보하는 장치를 시설해야 하는가?

① 65  ② 75
③ 85  ④ 95

**수소냉각식 발전기의 계측장치 및 경보장치 등의 시설**
(1) 발전기 내부 또는 조상기 내부의 수소의 순도가 85[%] 이하로 저하한 경우에 이를 경보하는 장치를 시설할 것.
(2) 발전기 내부 또는 조상기 내부의 수소의 압력을 계측하는 장치 및 그 압력이 현저히 변동한 경우에 이를 경보하는 장치를 시설할 것.
(3) 발전기 내부 또는 조상기 내부의 수소의 온도를 계측하는 장치를 시설할 것.
(4) 발전기축의 밀봉부에는 질소 가스를 봉입할 수 있는 장치 또는 발전기 축의 밀봉부로부터 누설된 수소 가스를 안전하게 외부에 방출할 수 있는 장치를 시설할 것.

**10** 특고압 가공전선이 저고압 가공전선과 제1차 접근상태로 시설하는 경우, 66[kV] 특고압 가공전선과 저고압 가공전선 사이의 이격거리는 몇 [m] 이상이어야 하는가?

① 2.0[m]  ② 2.12[m]
③ 2.2[m]  ④ 2.5[m]

**가공전선과 다른 가공전선·약전류전선·안테나 등과의 이격거리**

| 구분 | | 이격거리 |
|---|---|---|
| 특고압 가공 전선 | 60[kV] 이하 | 2[m] |
| | 60[kV] 초과 | 2+(사용전압[kV]/10−3.5)×0.12 소수점 절상 |

$2+(6.6-6)\times 0.12 = 2+0.6\times 0.12$
∴ $2+1\times 0.12 = 2.12$ [m]

참고 ( ) 안의 수치는 소수점 절상하여 계산하여야 하기 때문에 0.6을 1로 적용하여 계산하여야 함.

정답 07 ① 08 ② 09 ③ 10 ②

**11** 지중전선로를 직접 매설식에 의하여 시설할 때, 중량물의 압력을 받을 우려가 있는 장소에 지중전선을 견고한 트라프 기타 방호물에 넣지 않고도 부설할 수 있는 케이블은?

① 염화비닐 절연케이블
② 폴리에틸렌 외장케이블
③ 콤바인덕트 케이블
④ 알루미늄피 케이블

> **지중전선로의 시설**
> 직접매설식은 지중전선을 견고한 트라프 기타 방호물에 넣어 시설하여야 한다. 다만, 저압 또는 고압의 지중전선에 콤바인덕트 케이블을 사용하여 시설하는 경우에는 지중전선을 견고한 트라프 기타 방호물에 넣지 아니하여도 된다.

**12** 네온방전등을 옥외에 시설할 경우 관등회로의 배선을 애자공사로 시설할 때 전선의 지지점간의 거리는 몇 [m] 이하로 시설하여야 하는가?

① 1　　　　　② 1.2
③ 1.5　　　　④ 2

> **네온방전등에 시설하는 관등회로의 배선**
> 관등회로의 배선은 애자공사로 다음에 따라서 시설하여야 한다.
> (1) 전선은 네온관용 전선을 사용할 것.
> (2) 배선은 외상을 받을 우려가 없고 사람이 접촉될 우려가 없는 노출장소에 시설할 것.
> (3) 전선은 자기 또는 유리제 등의 애자로 견고하게 지지하여 조영재의 아랫면 또는 옆면에 부착하고 또한 다음과 같이 시설할 것.
> ㉠ 전선 상호간의 이격거리는 60[mm] 이상일 것.
> ㉡ 전선과 조영재 이격거리는 노출장소에서 아래 표에 따를 것.
>
> | 전압 구분 | 이격 거리 |
> |---|---|
> | 6[kV] 이하 | 20[mm] 이상 |
> | 6[kV] 초과 9[kV] 이하 | 30[mm] 이상 |
> | 9[kV] 초과 | 40[mm] 이상 |
>
> ㉢ 전선 지지점간의 거리는 1[m] 이하로 할 것.
> ㉣ 애자는 절연성·난연성 및 내수성이 있는 것일 것.

**13** 특고압 지중전선이 가연성이나 유독성의 유체(流體)를 내포하는 관과 접근하기 때문에 상호간에 견고한 내화성의 격벽을 시설하였다. 상호 간의 이격거리가 몇 [m] 이하인 경우인가?

① 0.4　　　　② 0.6
③ 0.8　　　　④ 1.0

> **지중전선과 지중약전류전선 등 또는 관과의 접근 또는 교차**
>
> | 구분 | | 이격거리 |
> |---|---|---|
> | 지중전선과 지중약전류전선 | 저압 또는 고압 | 0.3[m] 이하 |
> | | 특고압 | 0.6[m] 이하 |
> | 특고압 지중전선이 가연성이나 유독성의 유체를 내포하는 관과 접근 또는 교차하는 경우 | | 1[m] 이하 |
>
> [주] 표의 이격거리는 지중전선과 지중약전류전선 사이 또는 관 사이에 견고한 내화성의 격벽을 설치하는 경우 이외에는 지중전선을 견고한 불연성 또는 난연성의 관에 넣어 그 관이 지중약전류전선 또는 가연성이나 유독성의 유체를 내포하는 관과 직접 접촉하지 아니하도록 하여야 한다.

**14** 중성선 다중 접지한 22.9[kV] 3상 4선식 가공 전선로를 건조물의 옆쪽 또는 아래쪽에서 접근 상태로 시설하는 경우 가공 나전선과 건조물의 최소 이격거리[m]는?

① 1.2      ② 1.5
③ 2.0      ④ 2.5

### 가공전선과 건조물과의 접근
가공전선이 건조물의 조영재 옆쪽에서 접근하는 경우

| 사용전압 | 나전선 | 절연전선 | 미접촉 | 케이블 |
|---|---|---|---|---|
| 저압 및 고압 | 1.2 | – | 0.8 | 0.4 |
| 25[kV] 이하 다중접지 | 1.5 | 1 | – | 0.5 |
| 35[kV] 이하 특고압 | 3 | 1.5 | 1 | 0.5 |
| 35[kV] 초과 | 35[kV] 이하 규정 + (사용전압[kV]/10−3.5)×0.15[m] 이상 소수점 절상 | | | |

**15** 케이블 공사로 저압 옥내배선을 시설하려고 한다. 캡타이어 케이블을 사용하여 조영재의 아랫면에 따라 붙이고자 할 때 전선의 지지점간의 거리는 몇 [m] 이하로 하여야 하는가?

① 1      ② 2
③ 3      ④ 5

### 케이블공사의 시설
케이블공사에 의한 저압 옥내배선은 다음에 따라 시설하여야 한다.
(1) 전선은 케이블 및 캡타이어케이블일 것.
(2) 중량물의 압력 또는 현저한 기계적 충격을 받을 우려가 있는 곳에 포설하는 케이블에는 적당한 방호장치를 할 것.
(3) 전선을 조영재의 아랫면 또는 옆면에 따라 붙이는 경우에는 전선의 지지점 간의 거리를 케이블은 2[m] (사람이 접촉할 우려가 없는 곳에서 수직으로 붙이는 경우에는 6[m]) 이하, 캡타이어케이블은 1[m] 이하로 하고 또한 그 피복을 손상하지 아니하도록 붙일 것.

**16** 고압가공전선이 경동선인 경우 안전율은 얼마 이상이어야 하는가?

① 2.0      ② 2.2
③ 2.5      ④ 3.0

### 각종 안전율

| 구분 | 안전율 |
|---|---|
| 지지물 | 기초 안전율 2 이상 (이상시 상정하중에 대한 철탑의 기초에 대하여는 1.33 이상) |
| | 무선용 안테나를 지지하는 지지물 1.5 이상 |
| 전선 | 2.5 이상 (경동선 또는 내열 동합금선 2.2 이상) |
| 지선 | 2.5 이상 |

**정답** 14 ②   15 ①   16 ②

**17** 건조한 장소로서 전개된 장소에 한하여 시설할 수 있는 고압 옥내배선의 방법은?

① 금속관공사
② 애자공사
③ 가요전선관공사
④ 합성수지관공사

| 고압 옥내배선 | |
|---|---|
| 구분 | 내용 |
| 고압 옥내배선 | (1) 애자공사<br>　(건조한 장소로서 전개된 장소에 한한다)<br>(2) 케이블공사<br>(3) 케이블트레이공사 |

**18** 연료전지 설비의 내압시험은 설비의 내압 부분 중 최고 사용압력이 0.1[MPa] 이상의 부분은 최고 사용압력의 몇 배의 수압으로 10분간 가압하여 이에 견디어야 하는가?

① 1배　　② 1.25
③ 1.5　　④ 2배

연료전지 설비의 구조
(1) 내압시험은 연료전지 설비의 내압 부분 중 최고 사용압력이 0.1[MPa] 이상의 부분은 최고 사용압력의 1.5배의 수압(수압으로 시험을 실시하는 것이 곤란한 경우는 최고 사용압력의 1.25배의 기압)까지 가압하여 압력이 안정된 후 최소 10분간 유지하는 시험을 실시하였을 때 이것에 견디고 누설이 없어야 한다.
(2) 기밀시험은 연료전지 설비의 내압 부분 중 최고 사용압력이 0.1[MPa] 이상의 부분(액체 연료 또는 연료가스 혹은 이것을 포함한 가스를 통하는 부분에 한정한다)의 기밀시험은 최고 사용압력의 1.1배의 기압으로 시험을 실시하였을 때 누설이 없어야 한다.

**19** 다음 그림에서 $L_1$은 어떤 크기로 동작하는 기기의 명칭인가?

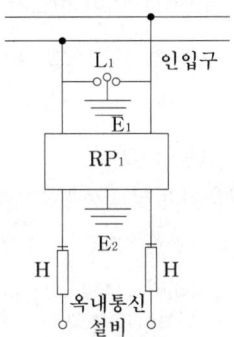

① 교류 1,000[V] 이하에서 동작하는 단로기
② 교류 1,000[V] 이하에서 동작하는 피뢰기
③ 교류 1,500[V] 이하에서 동작하는 단로기
④ 교류 1,500[V] 이하에서 동작하는 피뢰기

특고압 가공전선의 지지물에 첨가하는 통신선 보안장치

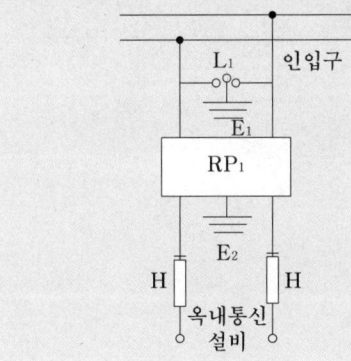

| 기호 | 명칭 |
|---|---|
| $L_1$ | 교류 1[kV] 이하에서 동작하는 피뢰기 |
| RP | 교류 300[V] 이하에서 동작하고, 최소 감도전류가 3[A] 이하로서 최소감도전류 때의 응답시간이 1사이클 이하이고 또는 전류 용량이 50[A], 20초 이상인 자복성(自復性)이 있는 릴레이 보안기 |
| H | 250[mA] 이하에서 동작하는 열 코일 |

정답 17 ② 18 ③ 19 ②

**20** 사용전압 220[V]인 경우에 애자공사에 의한 옥측전선로를 시설할 때 전선과 조영재와의 이격거리는 몇 [cm] 이상이어야 하는가?

① 2.5
② 4.5
③ 6
④ 8

저압 옥측전선로의 이격거리
전선 상호간의 간격 및 전선과 조영재 사이의 이격거리

| 시설장소 | 전선 상호간 | | 전선과 조영재간 | |
|---|---|---|---|---|
| | 400[V] 이하 | 400[V] 초과 | 400[V] 이하 | 400[V] 초과 |
| 비나 이슬에 젖지 않는 장소 | 6[cm] | 6[cm] | 2.5[cm] | 2.5[cm] |
| 비나 이슬에 젖는 장소 | 6[cm] | 12[cm] | 2.5[cm] | 4.5[cm] |

# 1. 전기자기학(CBT시험 복원문제)

**2024년 1회 전기산업기사**

※ 본 기출문제는 수험자의 기억을 바탕으로 하여 복원한 문제이므로 실제 문제와 다를 수 있음을 미리 알려드립니다.

## 01
평행판 콘덴서의 양극판 면적을 3배로 하고 간격을 $\frac{1}{3}$로 줄이면 정전용량은 처음의 몇 배가 되는가?

① 1
② 3
③ 6
④ 9

**평행판 전극 사이의 정전용량($C$)**

극판면적 $S$, 극판간격 $d$라 하면 $C = \frac{\epsilon_0 S}{d}$ [F]이므로 정전용량은 면적 $S$에 비례하고 간격 $d$에 반비례한다.

$$C' = \frac{\epsilon_0 S'}{d'} = \frac{\epsilon_0 (3S)}{\frac{1}{3}d} = 9 \cdot \frac{\epsilon_0 S}{d} = 9C \text{[F]}$$

∴ 정전용량은 처음의 9배이다.

## 02
도전성을 가진 매질내의 평면파에서 전송계수 $\gamma$를 표현한 것으로 알맞은 것은? (단, $\alpha$는 감쇠정수, $\beta$는 위상정수 이다.)

① $\gamma = \alpha + j\beta$
② $\gamma = \alpha - j\beta$
③ $\gamma = j\alpha + \beta$
④ $\gamma = j\alpha - \beta$

**전송선로의 특성임피던스($Z_0$)와 전파정수($\gamma$)**

(1) 특성임피던스($Z_0$)

$$Z_0 = \sqrt{\frac{Z}{Y}} = \sqrt{\frac{R+j\omega L}{G+j\omega C}} \text{ [}\Omega\text{]}$$

(2) 전파정수($\gamma$)

$$\gamma = \sqrt{ZY} = \sqrt{(R+j\omega L)(G+j\omega C)} = \alpha + j\beta$$

여기서 $\alpha$는 감쇠정수, $\beta$는 위상정수이다.

## 03
제벡(Seebeck) 효과를 이용한 것은?

① 광전지
② 열전대
③ 전자냉동
④ 수정 발진기

**제벡(Seebeck) 효과**

두 종류의 도체로 접합된 폐회로에 온도차를 주면 접합점에서 기전력차가 생겨 전류가 흐르게 되는 현상. 열전온도계나 열전대 및 태양열발전 등이 이에 속한다.

## 04
각각 $\pm Q$[C]로 대전된 두 개의 도체 간의 전위차를 전위계수로 표시하면? (단, $P_{12} = P_{21}$이다.)

① $(P_{11} + P_{12} + P_{22})Q$
② $(P_{11} + P_{12} - P_{22})Q$
③ $(P_{11} - P_{12} + P_{22})Q$
④ $(P_{11} - 2P_{12} + P_{22})Q$

**전위계수**

각각 $\pm Q$[C]으로 대전된 두 개의 도체 간의 전위차를 구해보면

$V_1 = P_{11}Q_1 + P_{12}Q_2 = P_{11}Q - P_{12}Q$
$V_2 = P_{21}Q_1 + P_{22}Q_2 = P_{21}Q - P_{22}Q$

∴ $V_1 - V_2 = (P_{11} - P_{12} - P_{21} + P_{22})Q$
$= (P_{11} - 2P_{12} + P_{22})Q$

**정답** 01 ④  02 ①  03 ②  04 ④

## 05 강자성체가 아닌 것은?

① 철(Fe)  ② 니켈(Ni)
③ 백금(Pt)  ④ 코발트(Co)

> **자성체의 성질**
> 비투자율 $\mu_s$, 자화율 $\chi_m$라 하면
> (1) 역자성체 : $\mu_s < 1$, $\chi_m < 0$
>   (수소, 헬륨, 구리, 탄소, 은, 납, 안티몬, 비스무트 등)
> (2) 상자성체 : $\mu_s > 1$, $\chi_m > 0$
>   (칼륨, 텅스텐, 산소, 백금, 알루미늄 등)
> (3) 강자성체 : $\mu_s \gg 1$, $\chi_m \gg 0$
>   (철, 니켈, 코발트 등)

## 06 모든 전기장치를 접지시키는 근본적 이유는?

① 영상전하를 이용하기 때문에
② 지구는 전류가 잘 통하기 때문에
③ 편의상 지면의 전위를 무한대로 보기 때문에
④ 지구의 용량이 커서 전위가 거의 일정하기 때문에

> **접지**
> 전기장치의 충전부를 대지와 전기적으로 접속하는 것을 접지라 하며 이는 지구의 용량이 대단히 커서 전위가 거의 변함없이 일정하기 때문이다. 또한 대지면은 실용상 영전위(0[V])로 취급하며 보통 기준으로 삼는다.

## 07 자기 회로의 자기저항에 대한 설명으로 틀린 것은?

① 단위는 [AT/Wb]이다.
② 자기회로의 길이에 반비례한다.
③ 자기회로의 단면적에 반비례한다.
④ 자성체의 비투자율에 반비례한다.

> **자기회로 내의 자기저항**
> 자기회로의 투자율을 $\mu$, 단면적을 $S$, 길이를 $l$이라 하면 자기저항 $R_m$은
> $$R_m = \frac{l}{\mu S} = \frac{l}{\mu_0 \mu_s S} \text{ [AT/Wb]}$$이므로
> ∴ 자기저항은 길이에 비례하며 투자율에 반비례하고 단면적에도 반비례한다.

## 08 투자율이 각각 $\mu_1$, $\mu_2$인 두 자성체의 경계면에서 자기력선의 굴절의 법칙을 나타낸 식은?

① $\dfrac{\mu_1}{\mu_2} = \dfrac{\sin\theta_1}{\sin\theta_2}$  ② $\dfrac{\mu_1}{\mu_2} = \dfrac{\sin\theta_2}{\sin\theta_1}$

③ $\dfrac{\mu_1}{\mu_2} = \dfrac{\tan\theta_1}{\tan\theta_2}$  ④ $\dfrac{\mu_1}{\mu_2} = \dfrac{\tan\theta_2}{\tan\theta_1}$

> **자성체 내에서의 경계면의 조건**
> (1) 자계의 세기는 경계면의 접선성분에서 연속이다.
>   $H_1 \sin\theta_1 = H_2 \sin\theta_2$
> (2) 자속밀도는 경계면의 법선성분에서 연속이다.
>   $B_1 \cos\theta_1 = B_2 \cos\theta_2$ 또는
>   $\mu_1 H_1 \cos\theta_1 = \mu_2 H_2 \cos\theta_2$
> (3) 투자율이 큰 쪽의 굴절각이 크다.
>   $\dfrac{\tan\theta_1}{\tan\theta_2} = \dfrac{\mu_1}{\mu_2}$ 또는 $\mu_1 \tan\theta_2 = \mu_2 \tan\theta_1$

**09** 전계 내에서 폐회로를 따라 단위 전하가 일주할 때 전계가 한 일은 몇 [J]인가?

① ∞
② π
③ 1
④ 0

> **전하에 의한 일**
> (1) 도체 표면은 등전위면이며 등전위면을 따라 이동한 전하량($Q$)이 하는 일은 항상 0이다.
> (2) 전계 내에서 폐회로를 따라 전하를 일주시키면 전하가 하는 일은 항상 0이다.

**10** 액체 유전체를 넣은 콘덴서의 용량이 30[$\mu$F]이다. 여기에 500[V]의 전압을 가했을 때 누설전류는 약 얼마인가? (단, 고유저항 $\rho$는 $10^{11}$[Ω·m], 비유전율 $\epsilon_s$는 2.2이다)

① 5.1[mA]
② 7.7[mA]
③ 10.2[mA]
④ 15.4[mA]

> **전기저항($R$)과 정전용량($C$)의 관계**
> $RC = \rho\epsilon = \dfrac{\epsilon}{k}$ 또는 $\dfrac{C}{G} = \rho\epsilon = \dfrac{\epsilon}{k}$ 이므로
> 누설전류 $I$는 $I = \dfrac{V}{R} = \dfrac{CV}{\rho\epsilon}$ [A]이다.
> $C = 30$[$\mu$F], $V = 500$[V], $\rho = 10^{11}$[Ω·m], $\epsilon_s = 2.2$일 때
> $\therefore I = \dfrac{CV}{\rho\epsilon} = \dfrac{CV}{\rho\epsilon_0\epsilon_s} = \dfrac{30 \times 10^{-6} \times 500}{10^{11} \times 8.855 \times 10^{-12} \times 2.2}$
> $= 7.7 \times 10^{-3}$ [A] $= 7.7$ [mA]

**11** 그림과 같이 진공내의 A, B, C 각 점에 $Q_A = 4 \times 10^{-6}$[C], $Q_B = 3 \times 10^{-6}$[C], $Q_C = 5 \times 10^{-6}$[C]의 점전하가 일직선상에 놓여있을 때 B점에 작용하는 힘은 몇 [N]인가?

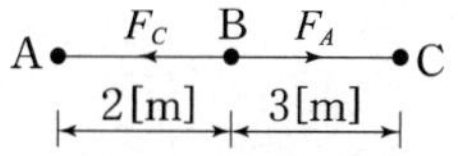

① $0.8 \times 10^{-2}$
② $1.2 \times 10^{-2}$
③ $1.8 \times 10^{-2}$
④ $2.4 \times 10^{-2}$

A •——$F_C$— B —$F_A$—• C
　　　2[m]　　3[m]

> **쿨롱의 법칙**
> A와 B 사이에 작용하는 힘 $F_{AB}$, B와 C 사이에 작용하는 힘 $F_{BC}$라 하면 전하 사이의 작용력은 반발력이므로 B구에 작용하는 힘($F_B$)은 두 힘($F_{AB}$와 $F_{BC}$)의 벡터 차이다.
> $\therefore F_B = F_{AB} - F_{BC}$
> $= 9 \times 10^9 \dfrac{Q_A Q_B}{r_{AB}} - 9 \times 10^9 \dfrac{Q_B Q_C}{r_{BC}}$
> $= 9 \times 10^9 \left( \dfrac{4 \times 3 \times 10^{-12}}{2^2} - \dfrac{3 \times 5 \times 10^{-12}}{3^2} \right)$
> $= 1.2 \times 10^{-2}$ [N]

**12** 다음 중 정전계의 설명으로 옳은 것은?

① 전계 에너지가 최소로 되는 전하분포의 전계이다.
② 전계 에너지가 최대로 되는 전하분포의 전계이다.
③ 전계 에너지가 항상 0인 전기장을 말한다.
④ 전계 에너지가 항상 ∞인 전기장을 말한다.

> **정전계의 정의**
> 정전계란 단위 전하가 받는 힘이 최소로 작용하는 자유공간으로서 전계에너지가 최소로 되는 전하분포의 전계이다.

정답　09 ④　10 ②　11 ②　12 ①

**13** 다음 ( ) 안에 들어갈 내용으로 옳은 것은?

> 자기 쌍극자에 의해 발생하는 자계의 크기는 자기 쌍극자 중심으로부터 거리의 ( ㉠ )에 반비례하고, 전기 쌍극자에 의해 발생하는 전위의 크기는 전기 쌍극자 중심으로부터 거리의 ( ㉡ )에 반비례한다.

① ㉠ 제곱, ㉡ 제곱
② ㉠ 제곱, ㉡ 세제곱
③ ㉠ 세제곱, ㉡ 제곱
④ ㉠ 세제곱, ㉡ 세제곱

**쌍극자에 의한 자계와 전위**

$H = \dfrac{M}{4\pi\mu_0 r^3}\sqrt{1+3\cos^2\theta}$ [AT/m],

$V = \dfrac{M\cos\theta}{4\pi\epsilon_0 r^2}$ [V] 식에서

∴ 자계의 세기는 거리의 세제곱에 반비례하고 전위는 거리의 제곱에 반비례한다.

**14** 전하 $\pi$[C]이 2[m/s]의 속도로 진공 중을 직선 운동하고 있다면, 이 운동 방향에 대하여 각도 $\theta$이고, 거리 2[m] 떨어진 점의 자계의 세기는 몇 [A/m]인가?

① $\cos\theta$
② $\dfrac{1}{2}\sin\theta$
③ $\sin\theta$
④ $\dfrac{1}{8}\sin\theta$

**비오-사바르의 법칙**

$dH = \dfrac{IdL\sin\theta}{4\pi r^2}$ [A/m],

$I = \dfrac{q}{t}$ [A], $v = \dfrac{L}{t}$ [m/s] 식에서

$IL = \dfrac{q}{t}\times vt = qv$ [A·m]이므로

$H = \dfrac{IL\sin\theta}{4\pi r^2} = \dfrac{qv\sin\theta}{4\pi r^2}$ [AT/m]이다.

$q = \pi$ [C], $v = 2$ [m/s], $r = 2$ [m]

∴ $H = \dfrac{qv\sin\theta}{4\pi r^2} = \dfrac{\pi\times 2\times\sin\theta}{4\pi\times 2^2}$

$= \dfrac{1}{8}\sin\theta$ [AT/m]

**15** 유전율 $\epsilon$[F/m]인 유전체 중에서 전하가 $Q$[C], 전위가 $V$[V], 반지름 $a$[m]인 도체구가 갖는 에너지는 몇 [J]인가?

① $\dfrac{1}{2}\pi\epsilon a V^2$
② $\pi\epsilon a V^2$
③ $2\pi\epsilon a V^2$
④ $4\pi\epsilon a V^2$

**정전에너지($W$)**

$W = \dfrac{1}{2}CV^2 = \dfrac{1}{2}QV = \dfrac{Q^2}{2C}$ [J] 식에서

구도체의 정전용량 $C = 4\pi\epsilon a$ [F]이므로

∴ $W = \dfrac{1}{2}CV^2 = \dfrac{1}{2}\times 4\pi\epsilon a V^2 = 2\pi\epsilon a V^2$ [J]

**16** 그림 (a)의 인덕턴스에 전류가 그림 (b)와 같이 흐를 때 2초에서 6초 사이의 인덕턴스 전압 $V_L$은?

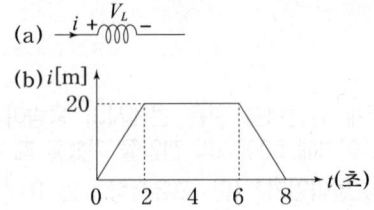

① 0[V]
② 5[V]
③ 10[V]
④ 20[V]

**자기유도기전력($e$)**

$e = -L\dfrac{di}{dt}$ [V] 식에서

$L = 1$[H], 2초에서 6초 사이의 $dt = 4$ [sec], 전류가 일정하므로 $di = 0$ [A]일 때

∴ $e = -L\dfrac{di}{dt} = -1\times\dfrac{0}{4} = 0$ [V]

정답  13 ③  14 ④  15 ③  16 ①

**17** 그림과 같이 $Ox, Oy, Oz$를 직각 좌표축이라 하고, 무한장 직선 도선 $l$이 $z$의 +방향으로 전류 $i_1$이 흐르고 있다. 그리고 $y-z$ 면상에 직사각형 도선 $ABCD$가 있고 이것에 $ABCD$ 방향으로 전류 $i_2$가 흐르고 있을때 $z$의 + 방향으로 힘이 발생하는 변은?

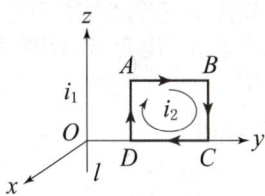

① $AB$  ② $BC$
③ $CD$  ④ $DA$

**플레밍의 왼손의 법칙**

전류 $i_1$에 의한 자계의 방향은 암페어의 오른나사의 법칙에 의해 y-z 평면 지면을 뚫고 들어가는 방향으로 향한다. 이 자계의 방향은 y-z 평면 상에서 일정한 자속밀도로 작용하기 때문에 플레밍의 왼손의 법칙을 이용하여 ABCD 도선에 각각 작용하는 힘을 구할 수 있다.
플레밍의 왼손 중 검지(두번째) 손가락을 자속밀도 방향으로 두고 엄지 손가락을 +z 방향으로 향하게 할 때 전류 방향은 중지(가운데) 손가락으로 향한다.
∴ 중지 손가락 방향은 AB 도선에 흐르는 전류를 의미한다.

**18** 간격이 3[cm]이고 면적이 30[cm²]인 평판의 공기 콘덴서에 220[V]의 전압을 가하면 두 판 사이에 작용하는 힘은 약 몇 [N]인가?

① $6.3 \times 10^{-6}$  ② $7.14 \times 10^{-7}$
③ $8 \times 10^{-5}$  ④ $5.75 \times 10^{-4}$

**정전력**

$f = \frac{1}{2}\epsilon_0 E^2$ [N/m²], $E = \frac{V}{d}$ [V/m] 식에서

$F = fS = \frac{1}{2}\epsilon_0 \left(\frac{V}{d}\right)^2 S$ [N]임을 알 수 있다.

$d = 3$ [cm], $S = 30$ [cm²], $V = 220$ [V]일 때

∴ $F = \frac{1}{2}\epsilon_0 \left(\frac{V}{d}\right)^2 S$

$= \frac{1}{2} \times 8.855 \times 10^{-12} \times \left(\frac{220}{3 \times 10^{-2}}\right)^2 \times 30 \times 10^{-4}$

$= 7.14 \times 10^{-7}$ [N]

**19** 반지름 $a$[m]인 접지 구도체의 중심으로부터 $d$[m] (>a)인 곳에 점전하 $Q$[C]가 있다면 구도체에 유기되는 전하량은 몇 [C]인가?

① $-\frac{a}{d}Q$[C]  ② $+\frac{a}{d^2}Q$[C]
③ $-\frac{d}{a}Q$[C]  ④ $+\frac{d^2}{a}Q$[C]

**접지구도체와 점전하**

영상전하($Q'$)의 크기와 위치

(1) 영상전하의 크기 : $Q' = -\frac{a}{d}Q$ [C]

(2) 영상전하의 위치 : $(+\frac{a^2}{d}, 0, 0)$ [m]

**20** 자속밀도 0.5[Wb/m²]인 균일한 자장 내에 반지름 10[cm], 권수 1,000회인 원형코일이 매분 1,800 회전할 때 이 코일의 저항이 100[Ω]일 경우 이 코일에 흐르는 전류의 최대값은 약 몇 [A]인가?

① 14.4  ② 23.5
③ 29.6  ④ 43.2

**원형코일의 유기기전력 : $e$[V]**

$B = 0.5$ [Wb/m²],
$a = 10$ [cm], $\omega = 1,000$,
$N = 1,800$ [rpm],
$R = 10$ [Ω]이므로
원형코일의 주변속도 $v$는

$v = \pi D \cdot \frac{N}{60} = 2\pi a \cdot \frac{N}{60}$

$= 2\pi \times 10 \times 10^{-2} \times \frac{1,800}{60} = 18.85$ [m/sec]

$l = \pi a$ [m]일 때 유기기전력은 $e = \omega vBl$ [V]이고,

전류는 $I = \frac{e}{R}$ [A] 식에서

∴ $I = \frac{e}{R} = \frac{\omega vBl}{R} = \frac{\omega vB\pi a}{R}$

$= \frac{1,000 \times 18.85 \times 0.5 \times \pi \times 10 \times 10^{-2}}{100}$

$= 29.6$ [V]

## 2. 전력공학 (CBT시험 복원문제)

2024년 1회 전기산업기사

※ 본 기출문제는 수험자의 기억을 바탕으로 하여 복원한 문제이므로 실제 문제와 다를 수 있음을 미리 알려드립니다.

**01** 3상 전원에 접속된 Δ결선의 콘덴서를 Y결선으로 바꾸면 진상용량은 어떻게 되는가?

① $\sqrt{3}$ 배로 된다.
② $\frac{1}{3}$ 로 된다.
③ 3배로 된다.
④ $\frac{1}{\sqrt{3}}$ 로 된다.

**전력용콘덴서(=진상용량)**
Δ결선의 진상용량 $Q_\Delta$, Y결선의 진상용량 $Q_Y$ 라 하면
$Q_\Delta = 3\omega CE^2 = 3\omega CV^2 = 6\pi fCV^2$ [VA]
$Q_Y = 3\omega CE^2 = 3\omega C\left(\frac{V}{\sqrt{3}}\right)^2$
$= \omega CV^2 = 2\pi fCV^2$ [VA]
여기서 $E$는 상전압, $V$는 선간전압이다.
따라서 $Q_\Delta$가 $Q_Y$보다 3배 큰 용량을 가지므로
∴ Δ결선을 Y결선으로 바꾸면 진상용량은 $\frac{1}{3}$ 배로 감소한다.

**03** 그림과 같은 수전단 전력원선도가 있다. 부하직선을 참고하여 다음 중 전압조정을 위한 조상설비가 없어도 정전압운전이 가능한 부하전력은 대략 어느 정도일 때인가?

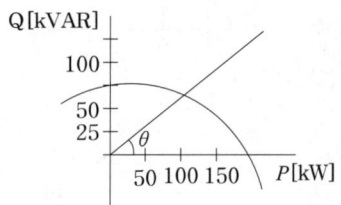

① 무부하일 때
② 50[kW]일 때
③ 100[kW]일 때
④ 150[kW]일 때

**전력원선도**
전력원선도에 송·수전단 전압을 일정하게 유지하기 위해서는 전력원선도와 부하역률직선이 서로 만나는 점일 때만 가능하다. 하지만 그렇지 못할 경우 조상설비를 이용하여 무효전력을 조정해주어야만 전압을 일정하게 유지할 수 있다. 본 문제에서 조상설비 없이 정전압을 유지할 수 있는 경우는 전력원선도와 부하역률직선이 만나는 부하전력 100[kW]로 운전하는 경우이며 100[kW]를 초과하는 경우에는 진상무효전력을 공급하고 100[kW]를 넘지 않을 경우에는 지상무효전력을 공급하여 전압을 일정하게 유지할 수 있어야 한다.

**02** 배전선로에서 사용하는 전압 조정방법이 아닌 것은?

① 승압기 사용
② 병렬콘덴서 사용
③ 차단기
④ 주상변압기 탭전환

**전압조정**
전력계통의 전압조정방법은 주상변압기의 탭조정, 승압기, 유도전압조정기, 병렬 및 직렬콘덴서, 분로리액터, 동기조상기 등으로 매우 다양하다.

**04** 다음 중 뇌해방지와 관계가 없는 것은?

① 댐퍼
② 소호환
③ 가공지선
④ 탑각접지

**뇌해방지**
(1) 가공지선
(2) 소호환
(3) 매설지선(탑각접지)
∴ 댐퍼는 전선의 진동을 억제하기 위한 설비이다.

정답 01 ② 02 ③ 03 ③ 04 ①

## 05 과전류계전기의 반한시 특성이란?

① 동작전류가 커질수록 동작시간이 짧아진다.
② 동작전류가 적을수록 동작시간이 짧아진다.
③ 동작전류에 관계없이 동작시간은 일정하다.
④ 동작전류가 커질수록 동작시간이 길어진다.

**반한시계전기**
정정된 값 이상의 전류가 흘렀을 때 동작하는 시간과 전류값이 서로 반비례하여 동작하는 계전기이다.

## 06 1선 지락시 건전상의 전압상승이 가장 적은 중성점 접지 방식은?

① 직접 접지방식
② 비접지방식
③ 저항 접지방식
④ 소호리액터 접지방식

**중성점 접지방식의 각 항목에 대한 비교표**

| 종류 및 특징 항목 | 비접지 | 직접 접지 | 저항 접지 | 소호 리액터 접지 |
|---|---|---|---|---|
| 지락사고시 건전상의 전위 상승 | 크다 | 최저 | 약간 크다 | 최대 |
| 절연레벨 | 최고 | 최저 (단절연) | 크다 | 크다 |
| 지락전류 | 적다 | 최대 | 적다 | 최소 |
| 보호계전기 동작 | 곤란 | 가장 확실 | 확실 | 불가능 |
| 유도장해 | 작다 | 최대 | 작다 | 최소 |
| 안정도 | 크다 | 최소 | 크다 | 최대 |

## 07 가스터빈의 장점으로 맞는 것은?

① 화력발전소보다 열효율이 높다
② 냉각수를 다량으로 필요로 한다.
③ 구조가 복잡하고 운전에 대한 신뢰도가 높다.
④ 기동, 정지가 용이하다.

**가스터빈의 장·단점**
(1) 장점
  ㉠ 운전조작이 간단하다.
  ㉡ 구조가 간단해서 운전에 대한 신뢰도가 높다.
  ㉢ 기동, 정지가 용이하다.
  ㉣ 물처리가 필요없으며 또한 냉각수의 소요량도 적다.
  ㉤ 설치장소를 비교적 자유롭게 선정할 수 있다.
  ㉥ 건설기간이 짧고 이설도 쉽게 할 수 있다.
  ㉦ 기동시간이 짧아 첨두부하용으로 사용된다.
(2) 단점
  ㉠ 가스온도가 높기 때문에 값 비싼 내열재료를 사용해야 한다.
  ㉡ 열효율은 내연력 발전소나 대용량의 기력발전소보다 떨어진다.
  ㉢ 사이클 공기량이 많기 때문에 이것을 압축하는데 많은 에너지가 필요하다.
  ㉣ 가스터빈의 종류에 따라서는 성능이 외기온도와 대기압의 영향을 받는다.

## 08 다음 중 그 값이 1 이상인 것은?

① 부등률     ② 부하율
③ 수용률     ④ 전압강하율

**부하율, 수용률, 부등률**

$$부하율 = \frac{평균전력}{최대전력} \leq 1$$

$$수용률 = \frac{최대수용전력}{수용설비용량} \leq 1$$

$$부등률 = \frac{개개의\ 최대수용전력의\ 합}{합성최대수용전력} \geq 1$$

정답 05 ① 06 ① 07 ④ 08 ①

**09** 3상 3선식에서 전선 한 가닥에 흐르는 전류는 단상 2선식인 경우의 몇 배가 되는가? (단, 송전전력, 부하역률, 송전거리, 전력손실 및 선간전압이 같다.)

① $\dfrac{1}{\sqrt{3}}$  ② $\dfrac{2}{3}$
③ $\dfrac{3}{4}$  ④ $\dfrac{4}{9}$

**배전방식의 전기적 특성 비교**

| 구분 | 단상2선식 | 단상3선식 | 3상3선식 |
|---|---|---|---|
| 공급전력 | 100[%] | 133[%] | 115[%] |
| 선로전류 | 100[%] | 50[%] | 58[%] |
| 전력손실 | 100[%] | 25[%] | 75[%] |
| 전선량 | 100[%] | 37.5[%] | 75[%] |

∴ $58[\%] = \dfrac{1}{\sqrt{3}}$ 배

**10** 다음 직류 선로에서 B, C 및 D 각점의 전압[V]은?

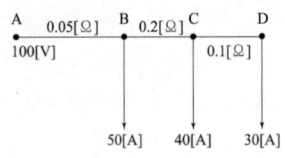

① B : 99, C : 85, D : 82
② B : 95, C : 80, D : 77
③ B : 94, C : 80, D : 77
④ B : 92, C : 85, D : 73

**전압강하**

A, B점 사이의 전류 $I_{AB}$, B, C점 사이의 전류 $I_{BC}$, C, D점 사이의 전류 $I_{CD}$라 하면
$I_{AB} = 50 + 40 + 30 = 120\,[\text{A}]$,
$I_{BC} = 40 + 30 = 70\,[\text{A}]$,
$I_{CD} = 30\,[\text{A}]$이므로
전압강하를 이용한 각 점의 전압은
∴ $V_B = V_A - V_{AB} = 100 - 0.05 \times 120 = 94\,[\text{V}]$
∴ $V_C = V_B - V_{BC} = 94 - 0.2 \times 70 = 80\,[\text{V}]$
∴ $V_D = V_C - V_{CD} = 80 - 0.1 \times 30 = 77\,[\text{V}]$

**11** 어떤 수력발전소의 수압관에서 분출되는 물의 속도가 33.1[m/s]이다. 유효 낙차는?

① 45.9  ② 50.9
③ 55.9  ④ 60.9

**물의 분출속도($v$)**

이론적 물의 분출속도 $v = \sqrt{2gh}$ [m/s] 식에서
중력가속도 $g = 9.8\,[\text{m/sec}^2]$,
물의 속도 $v = 33.1\,[\text{m/s}]$이므로
∴ $h = \dfrac{v^2}{2g} = \dfrac{33.1^2}{2 \times 9.8} = 55.9\,[\text{m}]$

**12** 정삼각형 배치의 선간거리가 5[m]이고, 전선의 지름이 1[cm]인 3상 가공 송전선의 1선의 정전용량은 약 몇 [μF/km]인가?

① 0.008  ② 0.016
③ 0.024  ④ 0.032

**작용정전용량($C$)**

선간거리 $D$, 반지름 $r$, 지름 $d$라 하면
$C = \dfrac{0.02413}{\log_{10}\dfrac{D}{r}} = \dfrac{0.02413}{\log_{10}\dfrac{2D}{d}}\,[\mu\text{F/km}]$ 식에서
$D = 5\,[\text{m}]$, $d = 1\,[\text{cm}]$이므로
∴ $C = \dfrac{0.02413}{\log_{10}\dfrac{2D}{d}} = \dfrac{0.02413}{\log_{10}\left(\dfrac{2 \times 5}{1 \times 10^{-2}}\right)}$
$= 0.008\,[\mu\text{F/km}]$

**13** 전선의 자체 중량과 빙설의 종합하중을 $W_1$, 풍압하중을 $W_2$라 할 때 합성하중은?

① $W_1 + W_2$
② $W_2 - W_1$
③ $\sqrt{W_1 - W_2}$
④ $\sqrt{W_1^2 + W_2^2}$

**철탑의 하중설계**

$W_1$ = 전선의 자중 + 빙설하중
$W_2 = \sqrt{수평종하중^2 + 수평횡하중^2}$
∴ $W = \sqrt{W_1^2 + W_2^2}$

**15** 우리나라에서 현재 가장 많이 사용되는 배전방식은?

① 단상 3선식 220[V]
② 3상 3선식 154[KV]
③ 단상 2선식 110[V]
④ 3상 4선식 22.9KV]

**송전방식과 배전방식**

각종 전기방식에서 선간전압($V$), 선전류($I$), 역률($\cos\theta$)을 일정하다고 할 때 전선 한 가닥 당의 송전전력($P$)이 가장 큰 전기방식은 3상 3선식이므로 송전방식에서는 3상 3선식을 가장 많이 채용하고 있다.
또한 배전방식에서는 중성점 다중접지계통을 사용하기 위해서 3상 4선식을 가장 많이 채용하고 있다.
∴ 3상 4선식 Y결선으로서 배전전압은 22.9[kV]를 공칭전압으로 사용하고 있다.

**14** 보호계전기의 구비 조건으로 틀린 것은?

① 고장 상태를 신속하게 선택할 것
② 조정 범위가 넓고 조정이 쉬울 것
③ 보호동작이 정확하고 감도가 예민할 것
④ 접점의 소모가 크고, 열적 기계적 강도가 클 것

**보호계전기의 구비조건**

(1) 고장 상태를 신속하게 선택할 것
(2) 조정범위가 넓고 조정이 쉬울 것
(3) 보호동작이 정확하고 확실하며 감도가 예민할 것
(4) 접점소모가 적고 열적 기계적강도가 클 것
(5) 외부충격에도 잘 견디며 주위온도의 영향을 받지 않을 것
(6) 오차가 적으며 오동작이 없을 것
(7) 가격이 저렴하고 계전기의 소비전력이 작을 것
(8) 오래 사용하여도 특성의 변화가 없을 것

**16** 석탄연소 화력발전소에서 사용되는 집진장치의 효율이 가장 큰 것은?

① 전기식집진기
② 수세식집진기
③ 원심력식 집진장치
④ 직렬 결합식 집진장치

**집진장치**

석탄 연소 화력발전소에서는 연도를 통하여 배출되는 비산회, 분진 등에 의해 공해문제를 야기하게 된다. 이러한 비산회, 분진 등을 회수하기 위한 포집장치를 집진장치라 하며 여러 가지 종류 중 현재 가장 많이 사용되고 있는 집진장치가 전기식 집진장치인 코트렐식 집진장치이다. 전기식 집진장치는 집진효율이 거의 100[%]에 가까울 정도로 높다.

정답 13 ④  14 ④  15 ④  16 ①

**17** 장거리 송전선로는 일반적으로 어떤 회로로 취급하여 회로를 해석하는가?

① 분산부하회로  ② 집중정수회로
③ 분포정수회로  ④ 특성임피던스회로

**분포정수회로**
장거리 송전선로에 선로정수로 표현하고 있는 $R$, $L$, $C$, $G$가 고르게 분포되어 있다 가정하여 전압, 전류에 대한 기본방정식을 세워 송전 계통의 특성을 해석하는데 필요한 회로를 분포정수회로라 한다.

**18** 동일 송전선로에 있어서 1선 지락의 경우, 지락전류가 가장 적은 중성점 접지방식은?

① 비접지방식
② 직접접지방식
③ 저항접지방식
④ 소호리액터 접지방식

중성점 접지방식의 각 항목에 대한 비교표

| 종류 및 특징 항목 | 비접지 | 직접 접지 | 저항 접지 | 소호리액터 접지 |
|---|---|---|---|---|
| 지락사고시 건전상의 전위 상승 | 크다 | 최저 | 약간 크다 | 최대 |
| 절연레벨 | 최고 | 최저 (단절연) | 크다 | 크다 |
| 지락전류 | 적다 | 최대 | 적다 | 최소 |
| 보호계전기 동작 | 곤란 | 가장 확실 | 확실 | 불가능 |
| 유도장해 | 작다 | 최대 | 작다 | 최소 |
| 안정도 | 크다 | 최소 | 크다 | 최대 |

**19** 조상설비가 아닌 것은?

① 정지형 무효전력 보상장치
② 자동고장 구분개폐기
③ 전력용 콘덴서
④ 분로리액터

**조상설비**
조상설비는 무효전력을 조절하여 송·수전단 전압이 일정하게 유지되도록 하는 조정 역할과 역률개선에 의한 송전손실의 경감, 전력시스템의 안정도 향상을 목적으로 하는 설비이다. 동기조상기, 병렬콘덴서(=전력용 콘덴서), 분로리액터, 정지형 무효전력보상기가 이에 속한다.
∴ 자동고장 구분개폐기(ASS)는 22.9[kV] 계통의 수전설비 인입구에 설치하는 개폐장치이다.

**20** 그림과 같은 회로의 합성 4단자정수에서 $B_0$의 값은? (단, $Z_{tr}$은 수전단에 접속된 변압기의 임피던스이다.)

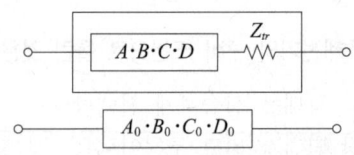

① $B + Z_{tr}$  ② $C + D \cdot Z_{tr}$
③ $B + A \cdot Z_{tr}$  ④ $A + B \cdot Z_{tr}$

**4단자 회로망의 종속접속**
$$\begin{bmatrix} A_0 & B_0 \\ C_0 & D_0 \end{bmatrix} = \begin{bmatrix} A & B \\ C & D \end{bmatrix} \begin{bmatrix} 1 & Z_{tr} \\ 0 & 1 \end{bmatrix}$$
$$= \begin{bmatrix} A & AZ_{tr} + B \\ C & CZ_{tr} + D \end{bmatrix}$$
∴ $B_0 = AZ_{tr} + B$

## 3. 전기기기 (CBT시험 복원문제)

2024년 1회 전기산업기사

※ 본 기출문제는 수험자의 기억을 바탕으로 하여 복원한 문제이므로 실제 문제와 다를 수 있음을 미리 알려드립니다.

**01** 3상 유도전동기의 원선도 작성에 필요한 기본량이 아닌 것은?

① 저항 측정
② 슬립 측정
③ 구속 시험
④ 무부하 시험

원선도를 그리는데 필요한 시험
(1) 무부하 시험
(2) 구속 시험
(3) 권선저항 측정시험

**02** 다음 중 2방향성 3단자 사이리스터는 어느 것인가?

① TRIAC
② SCR
③ SCS
④ SSS

사이리스터의 분류

| 단자 수 | 저지 | 스위칭 |
|---|---|---|
| 2 | 역저지 2단자 사이리스터 (pnpn스위치) | 쌍방향 2단자 사이리스터 (SSS, DIAC) |
| 3 | 역저지 3단자 사이리스터 (SCR, GTO, LASCR) | 쌍방향 3단자 사이리스터 (TRIAC) |
| 4 | 역저지 4단자 사이리스터(SCS) | |

**03** 용량 1[kV], 3,000/200[V]의 단상변압기를 단권변압기로 결선하여 3,000/3,200[V]의 승압기로 사용할 때 그 부하 용량[kVA]은?

① 16
② 15
③ 1.5
④ 0.6

단권변압기 용량(자기용량)
$V_h = 3,200\,[V]$, $V_l = 3,000\,[V]$, 자기용량 $= 1\,[kVA]$ 이므로

$$\frac{\text{자기용량}}{\text{부하용량}} = \frac{V_h - V_l}{V_h} \text{ 식에서}$$

$$\therefore \text{부하용량} = \frac{V_h}{V_h - V_l} \times \text{자기용량}$$

$$= \frac{3,200}{3,200 - 3,000} \times 1 = 16\,[kVA]$$

**04** 직류 분권전동기의 공급 전압의 극성을 반대로 하면 회전방향은 어떻게 되는가?

① 변하지 않는다.
② 반대로 된다.
③ 발전기로 된다.
④ 회전하지 않는다.

직류분권전동기의 특성
직류분권전동기의 공급전압의 극성이 반대가 되면 계자전류와 전기자전류의 방향이 동시에 반대로 바뀌게 되므로 회전방향에 변함이 없게 된다.

정답 01 ② 02 ① 03 ① 04 ①

**05** 동기기의 전기자 권선법 중 단절권, 분포권으로 하는 이유 중 가장 중요한 목적은?

① 높은 전압을 얻기 위해서
② 일정한 주파수를 얻기 위해서
③ 좋은 파형을 얻기 위해서
④ 효율을 좋게 하기 위해서

동기기의 전기자 권선법
동기발전기의 전기자는 기전력의 좋은 파형을 얻기 위해 단절권과 분포권을 채용하고 있으며 또한 2층권 및 중권, 파권을 이용하고 있다. 반대로 전절권과 집중권은 고조파가 포함된 기전력이 발생하여 파형이 매우 나쁘므로 현재 채용하지 않고 있다.

**06** 동기발전기의 병렬운전에 필요한 조건이 아닌 것은?

① 기전력의 주파수가 같을 것
② 기전력의 위상이 같을 것
③ 임피던스 및 상회전 방향과 각 변위가 같을 것
④ 기전력의 크기가 같을 것

동기발전기의 병렬운전조건
(1) 기전력의 크기가 같을 것
(2) 기전력의 위상이 같을 것
(3) 기전력의 주파수가 같을 것
(4) 기전력의 파형이 같을 것
(5) 상회전 방향이 일치할 것

**07** 변류기의 점검을 위해 변류기 2차측 회로를 분리할 경우 과전압으로 인한 절연파괴를 방지하기 위한 변류기 2차측의 조치 방법은?

① 2차측 단자를 개방시킨다.
② 2차측 단자를 단락시킨다.
③ 2차측 단자 사이에 저항을 접속한다.
④ 2차측 절연을 보강한다.

변류기(CT) 점검
변류기는 운전 중 2차 회로가 개방되면 1차 여자전류에 의하여 2차 개방단자에 고전압이 발생하기 된다. 이 고전압으로부터 2차측 권선의 절연이 파괴될 우려가 있으므로 변류기는 2차측 회로를 분리할 경우 절연을 보호하기 위해 2차 회로를 항상 단락상태로 두어야 한다.

**08** 60[Hz], 4극 유도전동기의 슬립이 4[%]인 때의 회전수[rpm]는?

① 1,728
② 1,738
③ 1,748
④ 1,758

회전자 속도 : $N$[rpm]
$N = (1-s)N_s = (1-s)\dfrac{120f}{p}$ [rpm] 식에서
$f = 60$ [Hz], 극수 $p = 4$, $s = 4$ [%]이므로
$\therefore N = (1-0.04) \times \dfrac{120 \times 60}{4} = 1,728$ [rpm]

정답 05 ③ 06 ③ 07 ② 08 ①

**09** 220[V], 6극, 60[Hz], 10[kW]인 3상 유도전동기의 회전자 1상의 저항은 0.1[Ω], 리액턴스는 0.5[Ω]이다. 정격 전압을 가했을 때, 슬립이 4[%]이었다. 회전자 전류[A]는 얼마인가? (단, 고정자의 회전자는 3각 결선으로 각각 권수는 300회와 150회이며 각 권선 계수는 같다.)

① 27
② 36
③ 43
④ 52

유도전동기의 운전시 2차 전류($I_2'$)

$$I_2' = \frac{E_2}{\sqrt{\left(\frac{r_2}{s}\right)^2 + x_2^2}} \text{ [A] 식에서}$$

$V_1 = 220$ [V], 극수 $p = 6$, $f_1 = 60$ [Hz],
출력 $P_0 = 10$ [kW], $r_2 = 0.1$ [Ω], $x_2 = 0.5$ [Ω],
$s = 4$ [%], $N_1 = 300$, $N_2 = 150$, Δ결선이므로

권수비 $a = \dfrac{V_1}{V_2} = \dfrac{E_1}{E_2} = \dfrac{N_1}{N_2} = \dfrac{300}{150} = 2$

$E_2 = \dfrac{E_1}{a} = \dfrac{V_1}{a} = \dfrac{220}{2} = 110$ [V]일 때

$\therefore I_2' = \dfrac{E_2}{\sqrt{\left(\dfrac{r_2}{s}\right)^2 + x_2^2}} = \dfrac{110}{\sqrt{\left(\dfrac{0.1}{0.04}\right)^2 + 0.5^2}}$

$= 43$ [A]

**10** 변압기유의 요구특성이 아닌 것은?

① 인화점이 높을 것
② 응고점이 낮을 것
③ 점도가 클 것
④ 절연내력이 클 것

변압기 절연유의 특징
(1) 절연내력이 큰 것
(2) 절연재료 및 금속에 화학작용을 일으키지 않을 것
(3) 인화점이 높고 응고점이 낮을 것
(4) 점도가 낮고(유동성이 풍부) 비열이 커서 냉각효과가 클 것
(5) 고온에 있어서 석출물이 생기거나 산화하지 않을 것
(6) 증발량이 적을 것

**11** 변압기 철심으로 주철을 사용하지 않고 규소강판이 사용되는 주된 이유는?

① 와류손을 적게 하기 위하여
② 큐리온도를 높이기 위하여
③ 히스테리시스손을 적게 하기 위하여
④ 부하손(동손)을 적게 하기 위하여

변압기 철심 재료
전기자 철심에는 규소강판을 사용하여 히스테리시스손실을 줄이고 성층철심을 사용하여 와류손실을 줄인다.

**12** 3,300/200[V], 50[kVA]인 단상 변압기의 %저항, %리액턴스를 각각 2.4[%], 1.6[%]라 하면 이때의 임피던스 전압은 약 몇 [V]인가?

① 95
② 100
③ 105
④ 110

임피던스 전압($V_s$)

$z = \dfrac{I_2 Z_2}{V_2} \times 100 = \dfrac{I_1 Z_{12}}{V_1} \times 100$

$= \dfrac{V_s}{V_1} \times 100$ [%] 식에서

권수비 $a = \dfrac{V_1}{V_2} = \dfrac{3,300}{200}$, 용량 $P_n = 50$ [kVA],

$p = 2.4$ [%], $q = 1.6$ [%]일 때

$\therefore V_s = \dfrac{zV_1}{100} = \dfrac{\sqrt{p^2 + q^2} \cdot V_1}{100}$

$= \dfrac{\sqrt{2.4^2 + 1.6^2} \times 3,300}{100} = 95$ [V]

**13** 직류발전기의 무부하 특성곡선은 다음 중 어느 관계를 표시한 것인가?

① 계자전류 – 부하전류
② 유기기전력 – 계자전류
③ 단자전압 – 계자전류
④ 부하전류 – 단자전압

> **직류발전기의 특성곡선**
> (1) 무부하포화곡선 : 횡축에 계자전류, 종축에 유기기전력(단자전압)을 취해서 그리는 특성곡선
> (2) 외부특성곡선 : 횡축에 부하전류, 종축에 단자전압을 취해서 그리는 특성곡선
> (3) 부하특성곡선 : 횡축에 계자전류, 종축에 단자전압을 취해서 그리는 특성곡선
> (4) 계자조정곡선 : 횡축에 부하전류, 종축에 계자전류를 취해서 그리는 특성곡선

**14** 3상 동기기의 제동권선을 사용하는 주 목적은?

① 출력이 증가한다.
② 효율이 증가한다.
③ 역률을 개선한다.
④ 난조를 방지한다.

> **동기기의 제동권선의 효과**
> (1) 난조 방지
> (2) 불평형 부하시 전류와 전압의 파형개선
> (3) 송전선의 불평형 부하시 이상전압 방지
> (4) 동기전동기의 기동토크 발생

**15** 직류 분권발전기가 있다. 극당 자속 0.01[Wb], 도체수 400, 회전수 600[rpm]인 6극 직류기의 유기기전력은 몇 [V]인가?(단, 병렬 회로수는 2이다.)

① 100
② 120
③ 140
④ 160

> 유기기전력($E$)
> $\phi = 0.01$ [Wb], $Z = 400$, $N = 600$ [rpm], $p = 6$극,
> 직렬권(=파권 : $a = 2$)이므로
> $\therefore E = \dfrac{pZ\phi N}{60a} = \dfrac{6 \times 400 \times 0.01 \times 600}{60 \times 2} = 120$ [V]

**16** 스테핑전동기의 스텝각이 3°이고, 스테핑주파수(pulse rate)가 1,200[pps]이다. 이 스테핑전동기의 회전속도[rps]는?

① 10
② 12
③ 14
④ 16

> 스테핑전동기의 총 회전각도($\theta$)와 회전속도($n$)
> 스텝각 $\beta$, 스테핑주파수 $f_p$[pps]일 때
> $\theta = \beta \times$ 스텝수[deg], $n = \dfrac{\beta \times f_p}{360}$ [rps] 식에서
> $\beta = 3°$, $f_p = 1,200$ [pps]이므로
> $\therefore n = \dfrac{\beta \times f_p}{360} = \dfrac{3 \times 1,200}{360} = 10$ [rps]

정답 13 ② 14 ④ 15 ② 16 ①

**17** 단상 다이오드 반파정류회로인 경우 정류 효율은 약 몇 [%]인가? (단, 저항부하인 경우이다.)

① 12.6
② 40.6
③ 60.6
④ 81.2

**단상 반파정류회로의 정류효율($\eta$)**
교류의 입력전력 $P_a$, 직류의 출력전력 $P_d$라 하면

$\eta = \dfrac{P_d}{P_a} \times 100\,[\%]$ 식에서

$P_a = I^2 R = \left(\dfrac{I_m}{2}\right)^2 R = \dfrac{I_m^2}{4} R$

$P_d = I_d^2 R = \left(\dfrac{I_m}{\pi}\right)^2 R = \dfrac{I_m^2}{\pi^2} R$ 이므로

$\therefore \eta = \dfrac{P_d}{P_a} \times 100 = \dfrac{\dfrac{I_m^2}{\pi^2}R}{\dfrac{I_m^2}{4}R} \times 100 = \dfrac{4}{\pi^2} \times 100$

$\quad = 40.6\,[\%]$

**19** 출력 3[kW], 1,500[rpm]인 전동기의 토크 [kg·m]는?

① 1.95
② 2.12
③ 2.90
④ 3.82

**직류전동기의 토크($\tau$)**
출력 $P$[kW], 회전수 $N$[rpm]이라 하면

$\therefore \tau = 975\dfrac{P}{N} = 975 \times \dfrac{3}{1,500} = 1.95\,[\text{kg}\cdot\text{m}]$

**18** 명판(name plate)에 정격전압 220[V], 정격전류 14.4[A], 출력 3.7[kW]로 기재되어 있는 3상 유도전동기가 있다. 이 전동기의 역률을 84[%]라 할 때 이 전동기의 효율[%]은?

① 78.25
② 78.84
③ 79.15
④ 80.27

**유도전동기의 효율($\eta$)**

$\eta = \dfrac{\text{출력}[W]}{\text{입력}[W]} \times 100\,[\%]$ 이므로 3상 유도전동기의 입력

$P_{in} = \sqrt{3}\,VI\cos\theta\,[W]$ 식에서
$V = 220\,[V]$, $I = 14.4\,[A]$, $\cos\theta = 84\,[\%]$,
출력 $P_{out} = 3.7\,[kW]$일 때

$\therefore \eta = \dfrac{P_{out}}{P_{in}} \times 100 = \dfrac{P_{out}}{\sqrt{3}\,VI\cos\theta} \times 100$

$\quad = \dfrac{3.7 \times 10^3}{\sqrt{3} \times 220 \times 14.4 \times 0.84} \times 100 = 80.27\,[\%]$

**20** 변압기의 표유부하손이란?

① 동손, 철손
② 부하전류 중 누전에 의한 손실
③ 권선 이외 부분의 누설 자속에 의한 손실
④ 무부하시 여자전류에 의한 동손

**변압기의 손실**
(1) 고정손(무부하손)
 ㉠ 철손 : 히스테리시스손과 유전류손
 ㉡ 절연물에 의한 유전체손
(2) 가변손(부하손)
 ㉠ 부하전류에 의한 저항손(동손)
 ㉡ 부하전류에 의한 누설 자속에 관계되는 표유부하손

정답 17 ② 18 ④ 19 ① 20 ③

## 4. 회로이론(CBT시험 복원문제)

2024년 1회 전기산업기사

※ 본 기출문제는 수험자의 기억을 바탕으로 하여 복원한 문제이므로 실제 문제와 다를 수 있음을 미리 알려드립니다.

**01** 대칭 6상 기전력의 선간 전압과 상기전력의 위상차는?

① 120°  ② 60°
③ 30°   ④ 15°

**다상교류의 위상차**
대칭 $n$상에서 선간전압과 상전압의 위상차는
$\frac{\pi}{2}\left(1-\frac{2}{n}\right)$ 식에서
대칭 6상은 $n=6$일 때 이므로
∴ $\frac{\pi}{2}\left(1-\frac{2}{n}\right)=\frac{\pi}{2}\left(1-\frac{2}{6}\right)=60°$

**02** L-R 직렬회로에서 $e = 10 + 100\sqrt{2}\sin\omega t + 50\sqrt{2}\sin(3\omega t + 60°) + 60\sqrt{2}\sin(5\omega t + 30°)$ [ V ]인 전압을 가할 때 제3고조파 전류의 실효값은 몇 [A]인가? (단, $R = 8[\Omega]$, $\omega L = 2[\Omega]$이다.)

① 1  ② 3
③ 5  ④ 7

**제3고조파 전류**
$I_3 = \frac{V_{m3}}{\sqrt{2} \times \sqrt{R^2 + (3\omega L)^2}}$ [A] 식에서
$V_{m3} = 50\sqrt{2}$ [V]이므로
∴ $I_3 = \frac{V_{m3}}{\sqrt{2} \times \sqrt{R^2 + (3\omega L)^2}} = \frac{100\sqrt{2}}{\sqrt{2} \times \sqrt{8^2 + 6^2}}$
$= 5$ [A]

**03** 회로의 전압비 전달함수 $G(s) = \frac{V_2(s)}{V_1(s)}$ 는?

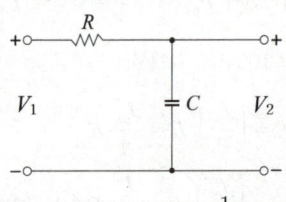

① $RC$  ② $\frac{1}{RC}$
③ $RCs + 1$  ④ $\frac{1}{RCs + 1}$

**전달함수 $G(s)$**
$V_1(s) = \left(R + \frac{1}{Cs}\right)I(s)$
$V_2(s) = \frac{1}{Cs}I(s)$
∴ $G(s) = \frac{V_2(s)}{V_1(s)} = \frac{\frac{1}{Cs}I(s)}{\left(R + \frac{1}{Cs}\right)I(s)}$
$= \frac{1}{RCs + 1}$

**04** 불평형 3상 전류 $I_a = 15 + j2$[A], $I_b = -20 - j14$[A], $I_c = -3 + j10$[A]일 때 영상전류 $I_0$는 약 몇 [A]인가?

① $2.67 + j0.36$  ② $15.7 - j3.25$
③ $-1.91 + j6.24$  ④ $-2.67 - j0.67$

**영상분 전류($I_0$)**
$I_0 = \frac{1}{3}(I_a + I_b + I_c)$
$= \frac{1}{3}(15 + j2 - 20 - j14 - 3 + j10)$
$= -2.67 - j0.67$ [A]

정답  01 ②  02 ③  03 ④  04 ④

**05** 그림과 같은 회로에서 $L_2$에 흐르는 전류 $I_2$[A]가 단자전압 $V$[V]보다 위상이 90° 뒤지기 위한 조건은? (단, $\omega$는 회로의 각주파수[rad/s]이다.)

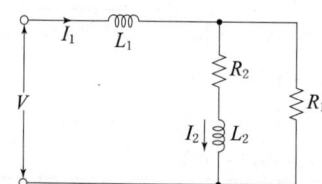

① $\dfrac{R_2}{R_1} = \dfrac{L_2}{L_1}$  ② $R_1 R_2 = L_1 L_2$

③ $R_1 R_2 = \omega L_1 L_2$  ④ $R_1 R_2 = \omega^2 L_1 L_2$

---

**R-L-C 기본교류회로**

$I_2 = \dfrac{R_1}{R_1 + R_2 + j\omega L_2} \times I_1$

$= \dfrac{R_1}{R_1 + R_2 + j\omega L_2} \times \dfrac{V}{j\omega L_1 + \dfrac{R_1(R_2 + j\omega L_2)}{R_1 + R_2 + j\omega L_2}}$

$= \dfrac{R_1 V}{(R_1 + R_2) j\omega L_1 - \omega^2 L_1 L_2 + R_1 R_2 + j\omega L_2 R_1}$

$= \dfrac{R_1 V}{(R_1 R_2 - \omega^2 L_1 L_2) + j\{\omega L_2 R_1 + \omega L_1 (R_1 + R_2)\}}$ [A]

위 식에서 전류 $I_2$가 전압 $V$보다 90° 뒤지기 위해서는 분모의 실수부가 0이 되어야 한다.

$R_1 R_2 - \omega^2 L_1 L_2 = 0$인 조건이므로

∴ $R_1 R_2 = \omega^2 L_1 L_2$

---

**06** 어떤 회로에 흐르는 전류가

$i = 7 + 14.1 \sin\left(\omega t - \dfrac{\pi}{6}\right)$ [A]인 경우 실효값은 약 몇 [A]인가?

① 11.2  ② 12.2
③ 13.2  ④ 14.2

**비정현파의 실효값**

$I_0 = 7$ [A], $I_{m1} = 14.1$ [A]일 때

∴ $I = \sqrt{I_0^2 + \left(\dfrac{I_{m1}}{\sqrt{2}}\right)^2} = \sqrt{7^2 + \left(\dfrac{14.1}{\sqrt{2}}\right)^2}$

$= 12.2$ [A]

---

**07** $RC$ 직렬회로의 과도현상에 대한 설명으로 옳은 것은?

① $(R \times C)$의 값이 클수록 과도 전류는 빨리 사라진다.
② $(R \times C)$의 값이 클수록 과도 전류는 천천히 사라진다.
③ 과도 전류는 $(R \times C)$의 값에 관계가 없다.
④ $\dfrac{1}{R \times C}$의 값이 클수록 과도 전류는 천천히 사라진다.

**시정수**
시정수가 크면 클수록 과도시간은 길어져서 정상상태에 도달하는데 오래 걸리게 되며 반대로 시정수가 작으면 작을수록 과도시간은 짧게 되어 일찍 소멸하게 된다. R-C 회로에서 시정수는 $\tau = RC$ [sec]이므로 RC값이 클수록 과도전류는 천천히 사라진다.

---

**08** 그림에서 $e(t) = E_m \cos \omega t$의 전원 전압을 인가했을 때 인덕턴스 L에 축적되는 에너지[J]는?

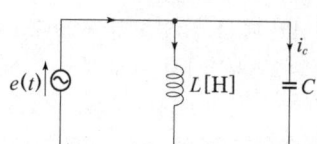

① $\dfrac{1}{2} \dfrac{E_m^2}{\omega^2 L^2}(1 + \cos \omega t)$  ② $\dfrac{1}{4} \dfrac{E_m^2}{\omega^2 L}(1 - \cos \omega t)$

③ $\dfrac{1}{2} \dfrac{E_m^2}{\omega^2 L^2}(1 + \cos 2\omega t)$  ④ $\dfrac{1}{4} \dfrac{E_m^2}{\omega^2 L}(1 - \cos 2\omega t)$

**인덕턴스에 축적되는 자기에너지($W$)**

$i(t) = \dfrac{1}{L}\int e(t)dt = \dfrac{1}{L}\int E_m \cos \omega t \, dt$

$= \dfrac{E_m}{\omega L} \sin \omega t$ [A]

$W = \dfrac{1}{2} L i(t)^2 = \dfrac{1}{2} L \left(\dfrac{E_m}{\omega L} \sin \omega t\right)^2$

$= \dfrac{E_m^2}{2\omega^2 L} \sin^2 \omega t$ [J]

$\sin^2 \omega t = \dfrac{1}{2}(1 - \cos 2\omega t)$이므로

∴ $W = \dfrac{E_m^2}{4\omega^2 L}(1 - \cos 2\omega t)$ [J]

**09** 그림과 같은 회로에서 처음에 스위치 S가 닫힌 상태에서 회로에 정상전류가 흐르고 있었다. $t=0$ 에서 스위치 S를 연다면 회로의 전류는?

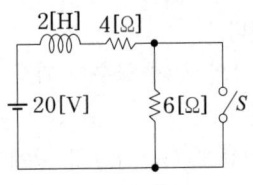

① $2+3e^{-5t}$  ② $2+3e^{-2t}$
③ $4+2e^{-2t}$  ④ $4+2e^{-5t}$

**R-L 과도현상**
스위치가 ON 된 상태에서 과도전류 $i(t)$는
$i(t) = \frac{E}{R}(1-e^{-\frac{R}{L}t})$ [A]이므로
$i(t) = \frac{20}{4}(1-e^{-\frac{4}{2}t}) = 5(1-e^{-2t})$ [A]가 된다.
이 때 정상전류는 5[A]임을 알 수 있다.
$t=0$인 순간 스위치가 OFF 되면 과도전류 $i(t)'$는
$i(t)' = \frac{20}{4+6} + Ae^{-\frac{4+6}{2}t} = 2+Ae^{-5t}$ [A]이다.
$t=0$인 순간의 초기전류와 스위치가 ON 된 회로의 정상전류가 일치하여야 하므로
$5 = 2+A$일 때 $A = 3$임을 알 수 있다.
$\therefore i(t)' = 2+3e^{-5t}$ [A]

**참고**
스위치가 ON 된 상태일 때에는 저항 6[Ω]은 개방상태가 되어 전류가 흐르지 않는다.

**10** 1[km]당의 인덕턴스 30[mH], 정전용량 0.007[μF]의 선로가 있을 때 무손실 선로라고 가정한 경우의 위상속도 [km/sec]는?

① 약 $6.9 \times 10^3$  ② 약 $6.9 \times 10^4$
③ 약 $6.9 \times 10^2$  ④ 약 $6.9 \times 10^5$

**위상속도**($v$)
$v = \frac{1}{\sqrt{LC}}$ [km/sec] 식에서
$L = 30$ [mH/km], $C = 0.007$ [μF/km]이므로
$\therefore v = \frac{1}{\sqrt{LC}} = \frac{1}{\sqrt{30 \times 10^{-3} \times 0.007 \times 10^{-6}}}$
$= 6.9 \times 10^4$ [km/sec]

**11** 다음 왜형파 전압과 전류에 의한 전력은 몇 [W]인가? (단, 전압의 단위는 [V], 전류의 단위는 [A] 이다.)

$$v = 100\sin(\omega t + 30°) - 50\sin(3\omega t + 60°)$$
$$+ 25\sin 5\omega t$$
$$i = 20\sin(\omega t - 30°) + 15\sin(3\omega t + 30°)$$
$$+ 10\cos(5\omega t - 60°)$$

① 933.0  ② 566.9
③ 420.0  ④ 283.5

**비정현파의 소비전력**($P$)
전압의 주파수 성분은 기본파, 제3고조파, 제5고조파로 구성되어 있으며 전류의 주파수 성분도 기본파, 제3고조파, 제5고조파로 이루어져 있으므로 전류의 cos 파형만 sin 파형으로 일치시키면 된다.
$V_{m1} = 100 \angle 30°$ [V], $V_{m3} = -50 \angle 60°$ [V],
$V_{m5} = 25 \angle 0°$ [V],
$I_{m1} = 20 \angle -30°$ [A], $I_{m3} = 15 \angle 30°$ [A],
$I_{m5} = 10 \angle -60° + 90° = 10 \angle 30°$ [A]
$\theta_1 = 30° - (-30°) = 60°$, $\theta_3 = 60° - 30° = 30°$,
$\theta_5 = 30° - 0° = 30°$
$\therefore P = \frac{1}{2}(V_{m1}I_{m1}\cos\theta + V_{m3}I_{m3}\cos\theta_3$
$+ V_{m5}I_{m5}\cos\theta_5)$
$= \frac{1}{2}(100 \times 20 \times \cos 60° - 50 \times 15 \times \cos 30°$
$+ 25 \times 10 \times \cos 30°)$
$= 283.5$ [W]

**12** 상순이 $a, b, c$인 3상 회로에 있어서 대칭분 전압이 $V_0 = -8+j3$[V], $V_1 = 6-j8$[V], $V_2 = 8+j12$[V] 일 때 $a$상의 전압 $V_a$는?

① $6+j7$  ② $8+j12$
③ $6+j14$  ④ $16+j4$

**불평형 $a$상 전압**($V_a$)
$V_a = V_0 + V_1 + V_2$
$= -8+j3+6-j8+8+j12$
$= 6+j7$ [V]

정답 09 ① 10 ② 11 ④ 12 ①

**13** 그림에서 단자 ab에 나타나는 전압 $V_{ab}$는 몇 [V]인가?

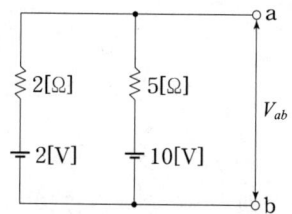

① 약 2[V]
② 약 4.3[V]
③ 약 5.6[V]
④ 약 8[V]

밀만의 정리

$$V_{ab} = \frac{\frac{V_1}{R_1} + \frac{V_2}{R_2}}{\frac{1}{R_1} + \frac{1}{R_2}} = \frac{\frac{2}{2} + \frac{10}{5}}{\frac{1}{2} + \frac{1}{5}} = 4.3\,[V]$$

**14** 평형 3상 3선식 회로에서 부하는 Y결선이고, 선간전압이 $173.2\angle 0°$[V]일 때 선전류는 $20\angle -120°$[A]이었다면, Y결선된 부하 한상의 임피던스는 약 몇 [Ω]인가?

① $5\angle 60°$
② $5\angle 90°$
③ $5\sqrt{3}\angle 60°$
④ $5\sqrt{3}\angle 90°$

Y결선의 특징

3상 Y결선에서 선간전압($V_L$)과 상전압($V_P$)과의 관계는 $V_L = \sqrt{3}\,V_P \angle +30°$[V]이므로

$V_a = \frac{V_{ab}}{\sqrt{3}} \angle -30°$[V]일 때

$V_a = \frac{173.2}{\sqrt{3}} \angle -30° = 100\angle -30°$[V]이다.

$Z_a = \frac{V_a}{I_a}$[Ω] 식에서

$\therefore Z_a = \frac{V_a}{I_a} = \frac{100\angle -30°}{20\angle -120°} = 5\angle 90°\,[\Omega]$

**15** 다음 결합회로의 4단자 정수 $A$, $B$, $C$, $D$ 파라미터 행렬은?

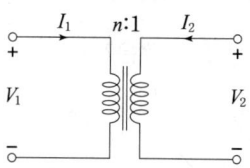

① $\begin{bmatrix} A & B \\ C & D \end{bmatrix} = \begin{bmatrix} n & 0 \\ 0 & \frac{1}{n} \end{bmatrix}$
② $\begin{bmatrix} A & B \\ C & D \end{bmatrix} = \begin{bmatrix} 1 & n \\ \frac{1}{n} & 0 \end{bmatrix}$
③ $\begin{bmatrix} A & B \\ C & D \end{bmatrix} = \begin{bmatrix} 0 & n \\ \frac{1}{n} & 1 \end{bmatrix}$
④ $\begin{bmatrix} A & B \\ C & D \end{bmatrix} = \begin{bmatrix} \frac{1}{n} & 0 \\ 0 & n \end{bmatrix}$

4단자 정수의 기계적 특성

변압기 권수비 $N = \frac{n_1}{n_2} = \frac{n}{1} = n$ 이므로

$\begin{bmatrix} A & B \\ C & D \end{bmatrix} = \begin{bmatrix} N & 0 \\ 0 & \frac{1}{N} \end{bmatrix} = \begin{bmatrix} \frac{n_1}{n_2} & 0 \\ 0 & \frac{n_2}{n_1} \end{bmatrix} = \begin{bmatrix} n & 0 \\ 0 & \frac{1}{n} \end{bmatrix}$

**16** $f(t) = \delta(t) - ae^{-at}$ 의 라플라스 변환은? (단, $\delta(t)$는 임펄스 함수이다.)

① $\frac{a}{s+a}$
② $\frac{s(1-a)+5}{s(s+a)}$
③ $\frac{1}{s(s+a)}$
④ $\frac{s}{s+a}$

라플라스 변환

$f(t) = \delta(t) - ae^{-at}$일 때

$\therefore \mathcal{L}[f(t)] = 1 - \frac{a}{s+a} = \frac{s+a-a}{s+a} = \frac{s}{s+a}$

정답  13 ②  14 ②  15 ①  16 ④

**17** 4단자 정수 A, B, C, D로 출력측을 개방시켰을 때 입력측에서 본 구동점 임피던스 $Z_{11} = \left.\dfrac{V_1}{I_1}\right|_{I_2=0}$ 를 표시한 것 중 옳은 것은?

① $Z_{11} = \dfrac{A}{C}$  ② $Z_{11} = \dfrac{B}{D}$

③ $Z_{11} = \dfrac{A}{B}$  ④ $Z_{11} = \dfrac{B}{C}$

> 4단자 정수와 Z파라미터의 관계
> 임피던스 파라미터 $Z_{11}, Z_{12}, Z_{21}, Z_{22}$와 4단자 정수 A, B, C, D와의 관계는
> $\therefore Z_{11} = \dfrac{A}{C}$, $Z_{12} = Z_{21} = \dfrac{1}{C}$, $Z_{22} = \dfrac{D}{C}$

**19** 다음과 같은 회로에서 $i_1 = I_m \sin\omega t$ [A]일 때, 개방된 2차 단자에 나타나는 유기기전력 $e_2$는 몇 [V]인가?

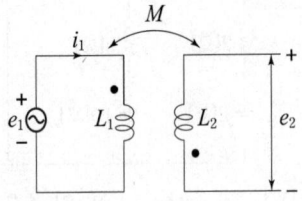

① $\omega M I_m \sin(\omega t - 90°)$  ② $\omega M I_m \cos(\omega t - 90°)$

③ $-\omega M \sin\omega t$  ④ $\omega M \cos\omega t$

> 상호유도결합회로
> 코일을 감은 방향이 서로 반대이므로 차동결합이 된다.
> 이때 2차 유기기전력 $e_2$는
> $e_2 = -M\dfrac{di}{dt} = -M\dfrac{d}{dt}I_m\sin\omega t$
> $= -\omega M I_m \cos\omega t = -\omega M I_m \sin(\omega t + 90°)$ [V]
> $\therefore e_2 = \omega M I_m \sin(\omega t - 90°)$ [V]

**18** 다음 4단자 정수의 정의에서 틀린 것은?

① $A = \left.\dfrac{V_1}{V_2}\right|_{I_2=0}$  ② $B = \left.\dfrac{V_1}{I_2}\right|_{V_1=0}$

③ $C = \left.\dfrac{I_1}{V_2}\right|_{I_2=0}$  ④ $D = \left.\dfrac{I_1}{I_2}\right|_{V_2=0}$

> 4단자 정수
> $A = \left.\dfrac{V_1}{V_2}\right|_{I_2=0}$ , $B = \left.\dfrac{V_1}{I_2}\right|_{V_2=0}$
> $C = \left.\dfrac{I_1}{V_2}\right|_{I_2=0}$ , $D = \left.\dfrac{I_1}{I_2}\right|_{V_2=0}$

**20** 주파수 1000[Hz]에서 코일 5[mH]의 리액턴스와 동일한 리액턴스를 갖게 되는 콘덴서의 정전용량은 몇 [μF]이 되는가?

① 5  ② 12
③ 20  ④ 24

> R-L-C 공진조건
> $f = 1000$ [Hz], $L = 5$ [mH]일 때 $X_L = X_C$인 조건은 공진조건으로 $\omega^2 LC = 1$을 만족한다.
> $\therefore C = \dfrac{1}{\omega^2 L} = \dfrac{1}{(2\pi f)^2 L}$
> $= \dfrac{1}{(2\pi \times 1000)^2 \times 5 \times 10^{-3}} \times 10^6$
> $= 5$ [μF]

정답  17 ①  18 ②  19 ①  20 ①

## 5. 전기설비기술기준 (CBT시험 복원문제)

2024년 1회 전기산업기사

※ 본 기출문제는 수험자의 기억을 바탕으로 하여 복원한 문제이므로 실제 문제와 다를 수 있음을 미리 알려드립니다.

**01** 전력계통의 일부가 전력계통의 전원과 전기적으로 분리된 상태에서 분산형 전원에 의해서만 가압되는 상태를 무엇이라 하는가?

① 계통연계  ② 접속설비
③ 단독운전  ④ 단순병렬운전

**용어의 정의**
① 계통연계 : 둘 이상의 전력계통 사이를 전력이 상호 융통될 수 있도록 선로를 통하여 연결하는 것으로 전력계통 상호간을 송전선, 변압기 또는 직류-교류 변환설비 등에 연결하는 것을 말한다.
② 접속설비 : 공용 전력계통으로부터 특정 분산형전원 전기설비에 이르기까지의 전선로와 이에 부속하는 개폐장치, 모선 및 기타 관련 설비를 말한다.
③ 단독운전 : 전력계통의 일부가 전력계통의 전원과 전기적으로 분리된 상태에서 분산형전원에 의해서만 운전되는 상태를 말한다.
④ 단순병렬운전 : 자가용 발전설비 또는 저압 소용량 일반용 발전설비를 배전계통에 연계하여 운전하되, 생산한 전력의 전부를 자체적으로 소비하기 위한 것으로서 생산한 전력이 연계계통으로 송전되지 않는 병렬 형태를 말한다.

**02** 관등회로란 무엇인가?

① 분기점으로부터 안정기까지의 전로
② 스위치로부터 방전등까지의 전로
③ 스위치로부터 안정기까지의 전로
④ 방전등용 안정기로부터 방전관까지의 전로

**용어의 정의**
관등회로란 방전등용 안정기 또는 방전등용 변압기로부터 방전관까지의 전로를 말한다.

**03** 금속관공사에서 절연부싱을 사용하는 가장 주된 목적은?

① 관의 끝이 터지는 것을 방지
② 관의 단구에서 조영재의 접촉 방지
③ 관내 해충 및 이물질 출입 방지
④ 관의 단구에서 전선 피복의 손상 방지

**금속관공사**
관의 끝 부분에는 전선 피복의 손상을 방지하기 위한 적당한 구조의 부싱(절연부싱 포함)을 사용할 것.

**04** 태양광 발전설비용 인버터, 절연변압기 및 계통연계 보호장치 등 전력변환장치의 시설에 대한 설명 중 옳지 않은 것은?

① 직렬 연결된 태양전지 모듈의 배선은 과도과전압의 유도에 의한 영향을 줄이기 위하여 스트링 양극간의 배선간격이 최대가 되도록 배치하여야 한다.
② 각 직렬군의 태양전지 개방전압은 인버터 입력전압 범위 이내여야 한다.
③ 옥외에 시설하는 경우 방수등급은 IPX4 이상이어야 한다.
④ 인버터는 실내용과 실외용을 구분해야 한다.

**태양광설비의 전력변환장치의 시설**
인버터, 절연변압기 및 계통 연계 보호장치 등 전력변환장치의 시설은 다음에 따라 시설하여야 한다.
(1) 인버터는 실내·실외용을 구분할 것
(2) 각 직렬군의 태양전지 개방전압은 인버터 입력전압 범위 이내일 것
(3) 옥외에 시설하는 경우 방수등급은 IPX4 이상일 것
∴ 직렬 연결된 태양전지 모듈의 배선은 과도과전압의 유도에 의한 영향을 줄이기 위하여 스트링 양극간의 배선간격이 최소가 되도록 배치하여야 한다.

**정답** 01 ③  02 ④  03 ④  04 ①

## 05 저·고압 가공전선이 도로를 횡단하는 경우 지표상 높이와 철도를 횡단하는 경우 레일면상 높이는 몇 [m] 이상이어야 하는가?

① 도로횡단 : 5[m], 철도횡단 : 6[m]
② 도로횡단 : 4[m], 철도횡단 : 6[m]
③ 도로횡단 : 6[m], 철도횡단 : 6.5[m]
④ 도로횡단 : 3.5[m], 철도횡단 : 6[m]

저·고압 가공전선의 높이

| 구분 | 시설장소 | | 전선의 높이 |
|---|---|---|---|
| 저·고압 | 도로 횡단시 | | 지표상 6[m] 이상 |
| | 철도 또는 궤도 횡단시 | | 레일면상 6.5[m] 이상 |
| | 횡단보도교 위 | 저압 | 노면상 3.5[m] 이상 절연전선, 다심형 전선, 케이블 사용시 노면상 3[m] 이상 |
| | | 고압 | 노면상 3.5[m] 이상 |
| | 위의 장소 이외의 곳 | | 지표상 5[m] 이상 다리의 하부 기타 이와 유사한 장소에 시설하는 저압의 전기철도용 급전선은 지표상 3.5[m] 까지 감할 수 있다. |

## 06 전력보안 통신용 전화 설비를 하여야 하는 곳의 기준으로 틀린 것은?

① 2 이상의 급전소(분소) 상호 간과 이들을 통합 운용하는 급전소(분소) 간
② 원격감시제어가 되는 발전소·원격 감시제어가 되지 아니하는 변전소·개폐소, 전선로 및 이를 운용하는 급전소 및 급전분소 간
③ 동일 수계에 속하고 안전상 긴급 연락의 필요가 있는 수력발전소 상호 간
④ 동일 전력계통에 속하고 또한 안전상 긴급 연락의 필요가 있는 발전소·변전소(이에 준하는 곳으로서 특고압의 전기를 변성하기 위한 곳을 포함한다) 및 개폐소 상호 간

전력보안통신설비의 시설장소
(1) 원격감시제어가 되지 아니하는 발전소·변전소·개폐소, 전선로 및 이를 운용하는 급전소 및 급전분소 간
(2) 2 이상의 급전소(분소) 상호 간과 이들을 총합 운용하는 급전소(분소) 간
(3) 수력설비 중 필요한 곳, 수력설비의 안전상 필요한 양수소 및 강수량 관측소와 수력발전소 간
(4) 동일 수계에 속하고 안전상 긴급 연락의 필요가 있는 수력발전소 상호 간
(5) 동일 전력계통에 속하고 또한 안전상 긴급연락의 필요가 있는 발전소·변전소(이에 준하는 곳으로서 특고압의 전기를 변성하기 위한 곳을 포함한다) 및 개폐소 상호 간

**07** 가공전선로의 지지물의 강도 계산에 적용하는 풍압하중은 빙설이 많은 지방 이외의 지방에서 저온 계절에는 어떤 풍압하중을 적용하는가? (단, 인가가 연접되어 있지 않다고 한다.)

① 갑종 풍압하중
② 을종 풍압하중
③ 병종 풍압하중
④ 을종과 병종 풍압하중을 혼용

**빙설의 정도에 따른 풍압하중의 적용**

| 구분 | | 풍압하중의 적용 |
|---|---|---|
| 빙설이 많은 지방 이외의 지방 | 고온계 | 갑종풍압하중 |
| | 저온계 | 병종풍압하중 |
| 빙설이 많은 지방 | 고온계 | 갑종풍압하중 |
| | 저온계 | 을종풍압하중 |

**08** 사용전압이 22.9[kV]인 특고압 가공전선이 철도를 횡단하는 경우 레일면상 높이는 몇 [m] 이상이어야 하는가?

① 4.5  ② 5
③ 5.5  ④ 6.5

**특고압 가공선선의 높이**

| 구분 | 시설장소 | 전선의 높이 |
|---|---|---|
| 특고압 | 도로횡단시 | 지표상 6[m] 이상 |
| | 철도, 궤도 횡단시 | 레일면상 6.5[m] 이상 |
| 35[kV] 이하 | 횡단보도교 위 | 특고압 절연전선, 케이블인 경우 4[m] 이상 |
| | 기타 | 지표상 5[m] 이상 |

**09** 변압기에 의하여 특고압 전로에 결합되는 고압 전로에는 사용전압의 3배 이하의 전압이 가하여진 경우에 방전하는 피뢰기를 어느 곳에 시설할 때, 방전장치를 생략할 수 있는가?

① 변압기의 단자
② 변압기 단자의 1극
③ 고압전로의 모선의 각상
④ 특고압 전로의 1극

**특고압과 고압의 혼촉 등에 의한 위험방지시설**

| 구분 | 내용 |
|---|---|
| 방전장치의 시설 | 변압기에 의하여 특고압 전로에 결합되는 고압전로에는 사용전압의 3배 이하인 전압이 가하여진 경우에 방전하는 장치를 그 변압기의 단자에 가까운 1극에 설치하여야 한다. |
| 방전장치의 생략 | 사용전압의 3배 이하인 전압이 가하여진 경우에 방전하는 피뢰기를 고압전로의 모선의 각상에 시설한 경우 |
| | 혼촉방지판을 시설하여 접지저항 값이 10[Ω] 이하인 접지공사를 한 경우 |

**10** 전기 온상용 발열선의 온도는 몇 [℃]를 넘지 아니하도록 시설하여야 하는가?

① 70  ② 80
③ 90  ④ 100

**전기온상 등 및 도로 등의 전열장치**

전기온상 등은 식물의 재배 또는 양잠·부화·육추 등의 용도로 사용하는 전열장치를 말한다.

| 구분 | 내용 |
|---|---|
| 대지전압 | 전기온상에 전기를 공급하는 전로의 대지전압은 300[V] 이하일 것. |
| 발열선의 온도 | 80[℃] 이하 |

**11** 그림은 전력선 반송 통신용 결합장치의 보안장치이다. 옳지 않은 내용은?

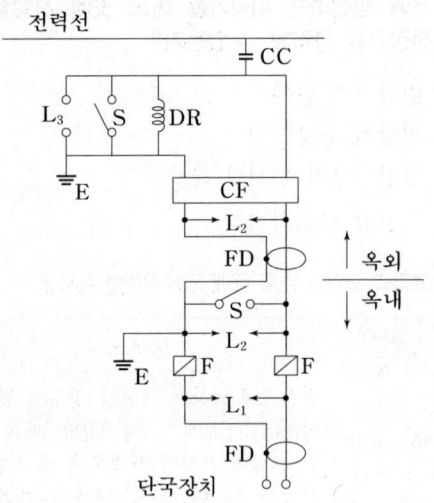

① $L_2$ : 동작전압이 교류 1.3[kV]를 초과하고 1.6[kV] 이하로 조정된 방전갭
② F : 정격전류 10[A] 이하의 포장 퓨즈
③ $L_1$ : 교류 300[V] 이하에서 동작하는 피뢰기
④ DR : 전류용량 5[A] 이상의 배류 선륜

전력선 반송 통신용 결합장치의 보안장치
(1) CC : 결합 커패스터(결합 안테나를 포함한다.)
(2) DR : 전류 용량 2[A] 이상의 배류 선륜
(3) S : 접지용 개폐기
(4) $L_3$ : 동작 전압이 교류 2[kV]를 초과하고 3[kV] 이하로 조정된 구상 방전갭
(5) $L_2$ : 동작 전압이 교류 1.3[kV]를 초과하고 1.6[kV] 이하로 조정된 방전갭
(6) $L_1$ : 교류 300[V] 이하에서 동작하는 피뢰기
(7) CF : 결합필터
(8) F : 정격전류 10[A] 이하의 포장 퓨즈
(9) FD : 동축케이블

**12** 고압가공 전선로의 가공지선으로 나경동선을 사용할 때 최소 굵기는 지름 몇 [mm] 이상인가?
① 3.2  ② 3.5
③ 4.0  ④ 5.0

가공전선로의 지지물에 시설하는 가공지선

| 사용전압 | 가공지선의 규격 |
| --- | --- |
| 고압 | 인장강도 5.26[kN] 이상의 것 또는 지름 4[mm] 이상의 나경동선 |
| 특고압 | 인장강도 8.01[kN] 이상의 것 또는 지름 5[mm] 이상의 나경동선 |

**13** 교통신호등 회로의 사용전압은 몇 [V] 이하여야 하는가?
① 100  ② 200
③ 300  ④ 400

교통신호등의 시설

| 구분 | 내용 |
| --- | --- |
| 최대사용전압 | 제어장치의 2차측 배선의 최대사용전압은 300[V] 이하이어야 한다. |

정답 11 ④ 12 ③ 13 ③

**14** 주택용 B형 배선용차단기의 순시 트립의 범위는?

① $3I_n$ 초과 ~ $5I_n$ 이하
② $5I_n$ 초과 ~ $10I_n$ 이하
③ $10I_n$ 초과 ~ $20I_n$ 이하
④ $20I_n$ 초과 ~ $30I_n$ 이하

보호장치의 특성
순시트립에 따른 구분 (주택용 배선용 차단기)

| 형<br>(순시 트립에 따른<br>차단기 분류) | 순시 트립 범위 |
|---|---|
| B | $3I_n$ 초과 - $5I_n$ 이하 |
| C | $5I_n$ 초과 - $10I_n$ 이하 |
| D | $10I_n$ 초과 - $20I_n$ 이하 |

**15** 아래 표는 전차선과 건조물 간의 최소이격거리이다. 표의 ( ) 안에 들어갈 알맞은 값은?

| 시스템 종류 | 공칭전압<br>[V] | 동적[mm] | |
|---|---|---|---|
| | | 비오염 | 오염 |
| 단상교류 | 25,000 | ( ) | 220 |

① 150  ② 170
③ 270  ④ 320

전차선로의 충전부와 건조물 간의 절연이격

| 시스템<br>종류 | 공칭<br>전압 [V] | 동적 [mm] | | 정적 [mm] | |
|---|---|---|---|---|---|
| | | 비오염 | 오염 | 비오염 | 오염 |
| 직류 | 750 | 25 | 25 | 25 | 25 |
| | 1,500 | 100 | 110 | 150 | 160 |
| 단상<br>교류 | 25,000 | 170 | 220 | 270 | 320 |

**16** 무선용 안테나 등을 지지하는 철탑의 기초 안전율은 얼마 이상이어야 하는가?

① 1.0  ② 1.5
③ 2.0  ④ 2.5

각종 안전율에 대한 총정리

| 구분 | 안전율 |
|---|---|
| 지지물 | 기초 안전율 2 이상<br>(이상시 상정하중에 대한 철탑의<br>기초에 대하여는 1.33 이상) |
| | 무선용 안테나를 지지하는 지지물<br>1.5 이상 |

**17** 가공전선로의 지지물에는 취급자가 오르고 내리는데 사용하는 발판 볼트 등은 특별한 경우를 제외하고 지표상 몇 [m] 미만에는 시설하지 않아야 하는가?

① 1.5  ② 1.8
③ 2.0  ④ 2.2

가공전선로 지지물의 철탑오름 및 전주오름 방지
가공전선로의 지지물에 취급자가 오르고 내리는데 사용하는 발판 볼트 등을 지표상 1.8[m] 미만에 시설하여서는 아니 된다.

**18** 저압 가공전선이 가공약전류 전선과 접근하여 시설될 때 가공전선과 가공약전류 전선 사이의 이격거리는 몇 [cm] 이상이어야 하는가?

① 30[cm]  ② 40[cm]
③ 60[cm]  ④ 80[cm]

가공전선과 다른 가공전선·약전류전선·안테나 등과의 이격거리

| 대상 | 구분 | | 이격거리 |
|---|---|---|---|
| 가공전선, 약전류전선, 안테나 등 | 저압 가공전선 | 나전선 | 0.6[m] |
| | | 케이블 | 0.3[m] |
| | 고압 가공전선 | 나전선 | 0.8[m] |
| | | 케이블 | 0.4[m] |

**19** 어떤 구간의 열차 설계속도가 $250 < V \leq 300$[km/h]일 때, 300킬로급에서 해당 구간에서의 전차선의 기울기는?

① 0  ② 1
③ 2  ④ 3

열차 통과 속도에 따른 전차선의 기울기

| 설계속도 V [km/시간] | 속도등급 | 기울기 (천분율) |
|---|---|---|
| $300 < V \leq 350$ | 350 킬로급 | 0 |
| $250 < V \leq 300$ | 300 킬로급 | 0 |
| $200 < V \leq 250$ | 250 킬로급 | 1 |
| $150 < V \leq 200$ | 200 킬로급 | 2 |
| $120 < V \leq 150$ | 150 킬로급 | 3 |
| $70 < V \leq 120$ | 120 킬로급 | 4 |
| $V \leq 70$ | 70 킬로급 | 10 |

[주] 구분장치 또는 분기구간에서는 전차선에 기울기를 주지 않아야 한다.

**20** 다음 중 옥내에 시설하는 저압전선으로 나전선을 사용할 수 있는 배선공사는?

① 합성수지관 공사  ② 금속관 공사
③ 버스덕트 공사    ④ 케이블 공사

나전선의 사용 제한

다음 중 어느 하나에 해당하는 경우에는 나전선을 사용할 수 있다.
(1) 애자공사에 의하여 전개된 곳에 다음의 전선을 시설하는 경우
 ㉠ 전기로용 전선
 ㉡ 전선의 피복 절연물이 부식하는 장소에 시설하는 전선
 ㉢ 취급자 이외의 자가 출입할 수 없도록 설비한 장소에 시설하는 전선
(2) 버스덕트공사에 의하여 시설하는 경우
(3) 라이팅덕트공사에 의하여 시설하는 경우
(4) 옥내에 시설하는 저압 접촉전선을 시설하는 경우
(5) 유희용 전차의 전원장치에 있어서 2차측 회로의 배선을 제3레일 방식에 의한 접촉전선을 시설하는 경우

# 24 1. 전기자기학 (CBT시험 복원문제)

**2024년 2회 전기산업기사**

※ 본 기출문제는 수험자의 기억을 바탕으로 하여 복원한 문제이므로 실제 문제와 다를 수 있음을 미리 알려드립니다.

**01** 전계 $E$와 전위 $V$ 사이의 관계 즉, $E=-grad\,V$에 관한 설명으로 잘못된 것은?

① 전계는 전위가 일정한 면에 수직이다.
② 전계의 방향은 전위가 감소하는 방향으로 향한다.
③ 전계의 전기력선은 연속적이다.
④ 전계의 전기력선은 폐곡면을 이루지 않는다.

**전기력선의 성질**
전기력선은 정(+)전하에서 시작하여 무한 원점에서 끝나거나 도중에 부(-)전하를 만나면 부(-)전하에서 끝나기 때문에 불연속적이다.

**02** 전기쌍극자 모멘트 $M[C \cdot m]$인 전기쌍극자에 의한 임의의 점의 전위는 몇 [V]인가? (단, 전기쌍극자간의 중심점에서 임의 점까지의 거리는 R[m], 이들간에 이루어진 각은 $\theta$이다.)

① $9 \times 10^9 \dfrac{M\cos\theta}{R}$
② $9 \times 10^9 \dfrac{M\cos\theta}{R^2}$
③ $9 \times 10^9 \dfrac{M\sin\theta}{R}$
④ $9 \times 10^9 \dfrac{M\sin\theta}{R^2}$

**전기쌍극자에 의한 전위**
$\therefore V = \dfrac{M\cos\theta}{4\pi\epsilon_0 R^2} = 9 \times 10^9 \times \dfrac{M\cos\theta}{R^2}$ [V]

**03** 진공 중에 있는 반지름 $a$[m]인 도체구의 표면전하밀도가 $\sigma$[C/m²]일 때 도체구 표면의 전계의 세기는 몇 [V/m]인가?

① $\dfrac{\sigma}{\epsilon_0}$
② $\dfrac{\sigma}{2\epsilon_0}$
③ $\dfrac{\sigma^2}{2\epsilon_0}$
④ $\dfrac{\epsilon_0 \sigma^2}{2}$

**면 그룹에 대한 전계의 세기**

| 종류 | 평행판 사이의 전계의 세기 $E_{in}$, 이 외의 전계의 세기 $E_{out}$ |
|---|---|
| 구도체 또는 임의의 도체면 | $E = \dfrac{\sigma}{\epsilon_0}$ [V/m] |
| 무한 평면(평판) 도체 | $E = \dfrac{\sigma}{2\epsilon_0}$ [V/m] |
| 평행판도체 | (1) 평행판에 각각 $+\sigma$[C/m²], $-\sigma$[C/m²]가 대전된 경우<br>$E_{in} = \dfrac{\sigma}{\epsilon_0}$ [V/m], $E_{out} = 0$ [V/m]<br>(2) 평행판에 모두 $+\sigma$[C/m²]로 대전된 경우<br>$E_{in} = 0$ [V/m], $E_{out} = \dfrac{\sigma}{2\epsilon_0}$ [V/m] |

**04** 전위경도 $V$와 전계 $E$의 관계식은?

① $E = grad\,V$
② $E = div\,V$
③ $E = -grad\,V$
④ $E = -div\,V$

**전계의 세기**
$\therefore E = -\nabla V = -grad\,V$ [V/m]

**정답** 01 ③  02 ②  03 ①  04 ③

**05** 평행판 콘덴서에서 전극 간에 $V$ [V]의 전위차를 가할 때, 전계의 세기가 $E$ [V/m](공기의 절연내력)를 넘지 않도록 하기 위한 콘덴서 단위 면적당의 최대용량은 몇 [F/m²]인가?

① $\dfrac{\epsilon_0 V}{E}$  ② $\dfrac{\epsilon_0 E}{V}$

③ $\dfrac{\epsilon_0 V^2}{E}$  ④ $\dfrac{\epsilon_0 E^2}{V}$

> 평행판 콘덴서의 정전용량($C$)
> $E = \dfrac{V}{d}$ [V/m], $C = \dfrac{\epsilon_0 S}{d}$ [F] 식에서
> $d = \dfrac{V}{E}$ [m]이므로
> $C = \dfrac{\epsilon_0 S}{d} = \dfrac{\epsilon_0 S E}{V}$ [F]이다.
> 단위 면적은 $S = 1$ [m²]이므로
> $\therefore C = \dfrac{\epsilon_0 E}{V}$ [F/m²]

**07** 반지름 $a$ [m] 되는 접지 도체구의 중심에서 $r$ [m] 되는 거리에 점전하 $Q$ [C]을 놓았을 때 도체구에 유도된 총 전하는 몇 [C]인가?

① 0  ② $-Q$

③ $-\dfrac{a}{r}Q$  ④ $-\dfrac{r}{a}Q$

> 접지구도체와 점전하
> 접지구도체로부터 영상전하($Q'$)와 그 위치는
> (1) 영상전하 $Q' = -\dfrac{a}{r}Q$ [C]
> (2) 위치 $= +\dfrac{a^2}{r}$ [m]

**06** 그림과 같이 도체 1을 도체 2로 포위하여 도체 2를 일정 전위로 유지하고 도체 1과 도체 2의 외측에 도체 3이 있을 때 용량계수 및 유도 계수의 성질로 옳은 것은?

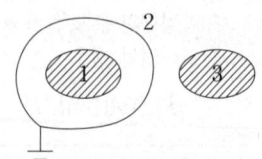

① $q_{23} = q_{11}$  ② $q_{13} = -q_{11}$

③ $q_{31} = q_{11}$  ④ $q_{21} = -q_{11}$

> 용량계수($q_{rr}$, $q_{ss}$)와 유도계수($q_{rs}$, $q_{sr}$)의 성질
> (1) $q_{rr} > 0$, $q_{rs} \leq 0$
> (2) $q_{rs} = q_{sr}$
> (3) $q_{rr} = -q_{rs}$인 경우 도체 $s$가 도체 $r$을 포위하고 있다.
> 도체 2가 도체 1을 포위하고 있으므로
> $\therefore q_{12} = -q_{11}$ 또는 $q_{21} = -q_{11}$

**08** 지면에 평행하게 높이 $h$ [m]에 가설된 반지름 $a$ [m]인 직선 도체가 있다. 대지정전용량은 몇 [F/m]인가? (단, $h \gg a$이다.)

① $\dfrac{\pi \epsilon_0}{\ln \dfrac{2h}{a}}$  ② $\dfrac{2\pi \epsilon_0}{\ln \dfrac{2h}{a}}$

③ $\dfrac{4\pi \epsilon_0}{\ln \dfrac{a}{2h}}$  ④ $\dfrac{2\pi \epsilon_0}{\ln \dfrac{a}{2h}}$

> 접지무한평면과 선전하
> (1) 무한평면과 선전하 사이의 작용력($F$)
> $F = -\dfrac{Q^2}{4\pi \epsilon_0 h}$ [N/m]
> (2) 전계의 세기($E$)
> $E = -\dfrac{\lambda}{4\pi \epsilon_0 h}$
> (3) 대지정전용량($C'$)
> $C' = \dfrac{2\pi \epsilon_0}{\ln \dfrac{2h}{a}}$ [F/m]

정답 05 ② 06 ④ 07 ③ 08 ②

**09** 액체 유전체를 넣은 콘덴서의 용량이 $30[\mu F]$이다. 여기에 $500[V]$의 전압을 가했을 때 누설전류는 약 얼마인가? (단, 고유저항 $\rho$는 $10^{11}[\Omega \cdot m]$, 비유전율 $\epsilon_s$는 2.2이다)

① 5.1[mA]  ② 7.7[mA]
③ 10.2[mA]  ④ 15.4[mA]

> 전기저항($R$)과 정전용량($C$)의 관계
> $RC = \rho\epsilon = \dfrac{\epsilon}{k}$ 또는 $\dfrac{C}{G} = \rho\epsilon = \dfrac{\epsilon}{k}$ 이므로
> 누설전류 $I$는 $I = \dfrac{V}{R} = \dfrac{CV}{\rho\epsilon}$ [A]이다.
> $C = 30[\mu F]$, $V = 500[V]$, $\rho = 10^{11}[\Omega \cdot m]$,
> $\epsilon_s = 2.2$일 때
> $\therefore I = \dfrac{CV}{\rho\epsilon} = \dfrac{CV}{\rho\epsilon_0\epsilon_s} = \dfrac{30 \times 10^{-6} \times 500}{10^{11} \times 8.855 \times 10^{-12} \times 2.2}$
> $= 7.7 \times 10^{-3}$ [A] $= 7.7$ [mA]

**10** 두 종류의 금속으로 된 폐회로에 전류를 흘리면 양 접속점에서 한 쪽은 온도가 올라가고 다른 쪽은 온도가 내려가는 현상은?

① 볼타(Volta) 효과
② 펠티에(Peltier) 효과
③ 톰슨(Thomson) 효과
④ 제벡(Seebeck) 효과

> 전기효과
> ① 볼타(Volta)효과 : 서로 다른 두 종류의 금속을 접촉시킨 다음 얼마 후에 떼어서 보면 정(+) 및 부(-) 전하로 대전되는 현상
> ② 펠티에(Peltier) 효과 : 두 종류의 도체로 접합된 폐회로에 전류를 흘리면 접합점에서 열의 흡수 또는 발생이 일어나는 현상. 전자냉동의 원리
> ③ 톰슨(Thomson) 효과 : 같은 도선에 온도차가 있을 때 전류를 흘리면 열의 흡수 또는 발생이 일어나는 현상
> ④ 제벡(Seebeck) 효과 : 두 종류의 도체로 접합된 폐회로에 온도차를 주면 접합점에서 기전력차가 생겨 전류가 흐르게 되는 현상. 열전온도계나 태양열발전 등이 이에 속한다.

**11** 그림과 같이 균일한 자계의 세기 $H$[AT/m]내에 자극의 세기가 $\pm m$[Wb], 길이 $l$[m]인 막대자석을 그 중심 주위에 회전할 수 있도록 놓는다. 이 때 자석과 자계의 방향이 이룬 각을 $\theta$라고 하면 자석이 받는 회전력[N·m]은?

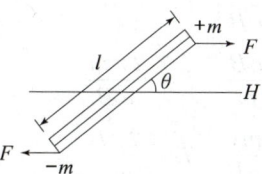

① $mHl\cos\theta$  ② $mHl\sin\theta$
③ $2mHl\sin\theta$  ④ $2mHl\tan\theta$

> 막대자석의 회전력과 에너지
> (1) 회전력
> $T = M \times H = MH\sin\theta = mHl\sin\theta$ [N·m]
> (2) 에너지
> $W = MH(1 - \cos\theta) = MHl(1 - \cos\theta)$ [J]

**12** 두 자성체의 경계면에서 경계조건을 설명한 것 중 옳은 것은?

① 자계의 법선성분은 서로 같다.
② 자계와 자속밀도의 대수합은 항상 0이다.
③ 자속밀도의 법선성분은 서로 같다.
④ 자계와 자속밀도의 대수합은 ∞이다.

> 자성체 내에서의 경계조건
> (1) 자계의 세기는 경계면의 접선성분에서 연속이다.
> $H_1\sin\theta_1 = H_2\sin\theta_2$
> (2) 자속밀도는 경계면의 법선성분에서 연속이다.
> $B_1\cos\theta_1 = B_2\cos\theta_2$ 또는
> $\mu_1 H_1\cos\theta_1 = \mu_2 H_2\cos\theta_2$
> (3) 투자율이 큰 쪽의 굴절각이 크다.
> $\dfrac{\mu_1}{\mu_2} = \dfrac{\tan\theta_1}{\tan\theta_2}$ 또는 $\mu_1\tan\theta_2 = \mu_2\tan\theta_1$

**13** $v$[m/s]의 속도로 전자가 $B$ [Wb/m²]의 평등 자계에 직각으로 들어가면 원운동을 한다. 이 때의 각속도 $\omega$ [rad/s]와 주기 $T$ [sec]에 해당되는 것은? (단, 전자의 질량은 $m$, 전자의 전하는 $e$이다.)

① $\omega = \dfrac{m}{eB}$, $T = \dfrac{eB}{2\pi m}$

② $\omega = \dfrac{eB}{m}$, $T = \dfrac{2\pi m}{eB}$

③ $\omega = \dfrac{mv}{eB}$, $T = \dfrac{2\pi B}{mv}$

④ $\omega = \dfrac{em}{B}$, $T = \dfrac{2\pi m}{Bv}$

> **전자의 원운동**
> 플레밍의 왼손법칙에서 유도된 로렌쯔의 힘이 자계 중에 놓인 전자가 받는 힘이며 전자는 원운동을 하여 갖는 원심력과 평형을 이룬다.
> 전류 $I$, 자속밀도 $B$, 전자 $e$, 속도 $v$, 전자의 질량 $m$, 원운동 반경 $r$이라 하면 $F = BIl$ [N], $v = \dfrac{l}{t}$ [m/sec]
> 이므로 $F = BIl = \dfrac{e}{t} Bl = evB = \dfrac{mv^2}{r}$ [N]
> (1) 회전반경 : $r = \dfrac{mv}{Be}$ [m]
> (2) 각속도 : $\omega = \dfrac{Be}{m} = 2\pi f$ [rad/sec]
> (3) 주기 : $T = \dfrac{1}{f} = \dfrac{2\pi m}{Be}$ [sec]

**14** 히스테리시스손과 와류손은 주파수 및 최대자속 밀도와 관계가 있다. 히스테리시스손과 와류손은 최대자속 밀도의 몇 승에 비례하는가?

① 1.6, 2  ② 2, 1.6
③ 1.2, 1.6  ④ 2, 2

> **히스테리시스손과 와류손**
> 철손($P_i$)은 주로 히스테리시스손($P_h$)과 와류손($P_e$)의 합으로 표현하고 있으며 다음과 같이 표현한다.
> $P_h = K_h f B_m^{1.6}$ [W/kg], $P_e = K_e f^2 t^2 B_m^2$ [W/kg]
> ∴ 히스테리시스손은 최대자속밀도의 1.6승, 와류손은 최대자속밀도의 2승에 비례한다.

**15** 유전율 $\epsilon$[F/m]인 유전체 중에서 전하가 $Q$ [C], 전위가 $V$ [V], 반지름 $a$[m]인 도체구가 갖는 에너지는 몇 [J]인가?

① $\dfrac{1}{2}\pi\epsilon a V^2$  ② $\pi\epsilon a V^2$

③ $2\pi\epsilon a V^2$  ④ $4\pi\epsilon a V^2$

> **정전에너지($W$)**
> $W = \dfrac{1}{2} CV^2 = \dfrac{1}{2} QV = \dfrac{Q^2}{2C}$ [J] 식에서
> 구도체의 정전용량 $C = 4\pi\epsilon a$ [F]이므로
> ∴ $W = \dfrac{1}{2} CV^2 = \dfrac{1}{2} \times 4\pi\epsilon a V^2 = 2\pi\epsilon a V^2$ [J]

**16** 10[V]의 기전력을 유기시키려면 5초간에 몇 [Wb] 의 자속을 끊어야 하는가?

① 2  ② 10
③ 25  ④ 50

> **유기기전력($e$)**
> $e = \dfrac{d\phi}{dt}$ [V] 식에서
> $e = 10$ [V], $dt = 5$ [sec]이므로
> ∴ $d\phi = e \cdot dt = 10 \times 5 = 50$ [Wb]

정답 13 ② 14 ① 15 ③ 16 ④

**17** 다음 중 전자계에 대한 맥스웰의 기본 이론이 아닌 것은?

① 전자계의 시간적 변화에 따라 전계의 회전이 생긴다.
② 전도전류와 변위전류는 자계를 발생시킨다.
③ 고립된 자극이 존재한다.
④ 전하에서 전속선이 발산한다.

> **맥스웰 방정식**
> (1) 자계의 시간적 변화에 따라 전계의 회전이 생긴다.
> $$\text{rot } E = \nabla \times E = -\frac{\partial B}{\partial t} = -\mu \frac{\partial H}{\partial t}$$
> (2) 전도전류($i$)와 변위전류($i_d$)는 자계를 발생시킨다.
> $$\text{rot } H = \nabla \times H = i \times i_d = i + \frac{\partial D}{\partial t} = i + \epsilon \frac{\partial E}{\partial t}$$
> (3) 독립된 자극은 존재할 수 없다.
> $$\text{div } B = 0$$
> (4) 전하에서 전속선이 발산된다.
> $$\text{div } D = \rho_v$$

**18** 도전율 $\sigma$, 투자율 $\mu$인 도체에 교류 전류가 흐를 때 표피 효과에 의한 침투 깊이 $\delta$는 $\sigma$와 $\mu$ 그리고 주파수 $f$에 어떤 관계가 있는가?

① 주파수 $f$와 무관하다.
② $\sigma$가 클수록 작다.
③ $\sigma$와 $\mu$에 비례한다.
④ $\mu$가 클수록 크다.

> **표피효과($m$)와 침투 깊이($\delta$)**
> (1) 표피효과($m$)
> $$m = 2\pi\sqrt{\frac{2f\mu}{\rho}} = 2\pi\sqrt{2\pi\mu k}$$
> 따라서 표피효과는 주파수($f$), 투자율($\mu$), 도전율($k$), 전선의 굵기에 비례하며 고유저항($\rho$)에 반비례한다.
> (2) 침투깊이($\delta$)
> $$\delta = \sqrt{\frac{2}{\omega k \mu}} = \sqrt{\frac{1}{\pi f k \mu}} = \sqrt{\frac{\rho}{\pi f \mu}} \text{ [m]}$$
> 침투깊이는 표피효과와 반대인 성질을 띤다.
> ∴ 침투깊이의 특징은 표피효과와 반대의 성질을 갖기 때문에 주파수가 높을수록, 투자율이 클수록, 도전율이 클수록 침투깊이는 작아지고 고유저항이 클수록 침투깊이는 커진다.

**19** 다음 중 전기력선의 성질로 옳지 않은 것은?

① 전기력선은 정전하에서 시작하여 부전하에서 그친다.
② 전기력선은 도체 내부에만 존재한다.
③ 전기력선은 전위가 높은 점에서 낮은 점으로 향한다.
④ 단위전하에서는 $\frac{1}{\epsilon_o}$개의 전기력선이 출입한다.

> **전기력선의 성질**
> (1) 전기력선은 정(+)전하에서 시작하여 부(-)전하에서 끝난다.
> (2) 전기력선은 전위가 높은 곳에서 낮은 곳으로 향한다.
> (3) 전기력선의 밀도는 전계의 세기와 같고, 전기력선의 방향은 전계의 방향과 같다.
> (4) 전기력선은 자기만으로 폐곡선을 그리지 않는다.
> (5) 전기력선은 도체 표면(등전위면)과 수직을 이룬다.
> (6) 전기력선은 서로 반발하여 교차하지 않는다.
> (7) 전기력선은 도체 내부에 존재하지 않는다.
> (8) 전하가 없는 곳에서는 전기력선의 발생, 소멸이 없다.
> (9) 단위 전하에서의 전기력선의 수는 $\frac{1}{\epsilon_0}$개다.

**20** 평행판 공기콘덴서의 정전용량이 $C_1$[F]이고, 콘덴서의 양극판 면적을 $\frac{1}{3}$배, 간격을 $\frac{1}{2}$로 하였을 때 정전용량이 $C_2$[F]일 때 $C_2$[F]와 $C_1$[F]의 관계는?

① $C_2 = \frac{3}{2} C_1$   ② $C_2 = 2 C_1$
③ $C_2 = 3 C_1$   ④ $C_2 = \frac{2}{3} C_1$

> **평행판 콘덴서의 정전용량($C$)**
> $$C_1 = \frac{\epsilon_0 S}{d} \text{ [F]},$$
> $$C_2 = \frac{\epsilon_0 \left(\frac{1}{3}S\right)}{\left(\frac{1}{2}d\right)} = \frac{2}{3}\frac{\epsilon_0 S}{d} \text{ [F]이므로}$$
> ∴ $C_2 = \frac{2}{3} C_1$

## 2. 전력공학(CBT시험 복원문제)

2024년 2회 전기산업기사

※ 본 기출문제는 수험자의 기억을 바탕으로 하여 복원한 문제이므로 실제 문제와 다를 수 있음을 미리 알려드립니다.

**01** 오프셋을 하는 주된 이유는?

① 불평형 전압의 유도방지
② 지락사고 방지
③ 전선의 진동방지
④ 상하선의 혼선방지

> **오프셋(off-set)**
> 전선의 도약은 상하 전선의 접촉에 의한 단락사고를 일으킬 수 있으므로 상부와 하부의 전선의 배치를 일직선상으로 설치하지 않고 오프셋을 충분히 취하여 방지하고 있다.

**02** 송전선로에서 역섬락을 방지하는 가장 유효한 방법은?

① 피뢰기를 설치한다.
② 가공지선을 설치한다.
③ 소호각을 설치한다.
④ 탑각 접지저항을 작게 한다.

> **역섬락**
> 탑각의 접지저항이 충분히 적어야 뇌전류를 대지로 안전하게 방전시킬 수 있으나 탑각의 접지저항이 너무 크면 대지로 흐르던 뇌전류가 다시 선로로 역류하여 철탑재나 애자련에 섬락이 일어나게 된다. 이를 역섬락이라 한다. 따라서 이러한 역섬락을 방지하기 위해서는 탑각 접지저항을 작게 해주어야 한다.

**03** 그림과 같이 송전선이 4도체인 경우 소선 상호 간의 등가 평균거리는?

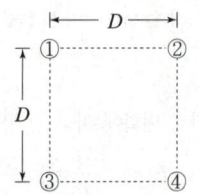

① $\sqrt[3]{2}\,D$
② $\sqrt[4]{2}\,D$
③ $\sqrt[6]{2}\,D$
④ $\sqrt[8]{2}\,D$

> **등가선간거리=기하평균거리($D_e$)**
> 4개의 도체가 정사각형 배치인 경우 도체간 거리는
> $D_1 = D$, $D_2 = D$, $D_3 = D$, $D_4 = D$, $D_5 = \sqrt{2}\,D$, $D_6 = \sqrt{2}\,D$ 이므로
> $\therefore D_e = \sqrt[6]{D_1 \cdot D_2 \cdot D_3 \cdot D_4 \cdot D_5 \cdot D_6}$
> $= \sqrt[6]{D \cdot D \cdot D \cdot D \cdot \sqrt{2}\,D \cdot \sqrt{2}\,D}$
> $= \sqrt[6]{2}\,D\,[\text{m}]$

**04** 연가에 의한 효과가 아닌 것은?

① 직렬공진의 방지
② 대지정전용량의 감소
③ 통신선의 유도장해 감소
④ 선로정수의 평형

> **연가의 목적**
> (1) 선로정수평형
> (2) 직렬공진의 방지
> (3) 유도장해 억제

**정답** 01 ④  02 ④  03 ③  04 ②

## 05 송전선로에서 4단자정수 A, B, C, D 사이의 관계는?

① BC-AD=1
② AC-BD=1
③ AB-CD=1
④ AD-BC=1

**4단자 정수의 성질**
4단자 정수 $A, B, C, D$는 $AD-BC=1$의 관계가 있다.

## 07 수전단에 관련된 다음 사항 중 틀린 것은?

① 경부하시 수전단에 설치된 동기조상기는 부족여자로 운전
② 중부하시 수전단에 설치된 동기조상기는 부족여자로 운전
③ 중부하시 수전단에 전력 콘덴서를 투입
④ 시충전시 수전단 전압이 송전단보다 높게 됨

**동기조상기**
동기전동기를 계통 중간에 접속하여 무부하로 운전
(1) 과여자 운전
  중부하시 부하량 증가로 계통에 지상전류가 흐르게 되어 역률이 떨어질 때 동기조상기를 과여자로 운전하면 계통에 진상전류를 공급하여 역률을 개선한다.
(2) 부족여자 운전
  경부하시 부하량 감소로 계통에 진상전류가 흐르게 되어 역률이 과보상되는 경우 동기조상기를 부족여자로 운전하면 계통에 지상전류를 공급하여 역률을 개선한다.

## 06 3상 1회선 송전선로의 소호 리액터의 용량[kVA]은?

① 선로 충전용량과 같다.
② 선간 충전용량의 1/2이다.
③ 3선 일괄의 대지충전용량과 같다.
④ 1선과 중성점 사이의 충전용량과 같다.

**소호리액터의 용량 : $Q_L$[VA]**
대지전압 $E$[V], 공칭전압(=선간전압) $V$[V], 1선의 대지정전용량 $C_s$[F], 각주파수 $\omega$[rad/sec], 주파수 $f$[Hz]일 때
$Q_L = 3\omega C_s E^2 = \omega C_s V^2$ [VA]
여기서 $3C_s$는 3선 일괄의 대지정전용량을 의미하므로
∴ 소호리액터의 용량은 3선 일괄의 대지충전용량과 같다.

## 08 외뢰(外雷)에 대한 주 보호장치로서 송전계통의 절연협조의 기본이 되는 것은?

① 애자
② 변압기
③ 차단기
④ 피뢰기

**피뢰기의 기능**
뇌전류 방전에 견디며 이상전압을 대지로 방전시키고 속류를 충분히 차단할 수 있는 기능을 갖추어야 한다. 따라서 일반적으로 내습하는 이상전압의 파고값을 저감시켜서 기기를 보호하기 위하여 피뢰기를 설치하며 송전계통에서 절연협조의 기본으로 선택하고 있다.

정답 05 ④  06 ③  07 ②  08 ④

**09** 송전선로의 개폐조작 시 발생하는 이상전압은 상규 대지전압의 약 몇 배 정도로 나타나는가?

① 2.5
② 4
③ 6
④ 7

> **개폐서지**
> 개폐서지의 크기는 선로의 길이, 차단기, 중성점 접지방식에 따라 약간 차이가 있으나 최대의 이상전압이 발생하는 무부하 충전전류의 차단시에도 대부분의 경우 상규대지전압의 3.5배 이하로서 4배를 넘는 경우는 거의 없다. 단 지속시간은 아무리 길더라도 상용주파의 반사이클, 즉 $\frac{1}{120}$ 초 정도에 지나지 않고 보통은 수$[\mu s]$로 아주 짧다.

**10** 다음 중 페란티 현상의 방지대책으로 적합하지 않은 것은?

① 선로 전류를 지상이 되도록 한다.
② 수전단에 분로리액터를 설치한다.
③ 동기조상기를 부족여자로 운전한다.
④ 부하를 차단하여 무부하가 되도록 한다.

> **페란티 현상 방지대책**
> 페란티 현상이란 무부하 상태에서 선로의 정전용량(C)으로 인하여 진상전류가 흐르는 경우 수전단전압이 송전단전압보다 더 높아지는 현상으로서 계통에 지상전류를 공급함으로써 방지할 수 있다. 따라서 페란티 현상을 방지할 수 있는 대책은 다음과 같다.
> (1) 계통에 지상전류를 공급한다.
> (2) 분로리액터 설치한다.
> (3) 동기조상기를 부족여자로 운전한다.

**11** 우리나라 발전전압으로 옳은 것은?

① 220[V]
② 440[V]
③ 6.6[KV]
④ 154[KV]

> **발전기 정격전압**
> 우리나라 발전소는 3상 동기발전기를 사용하여 Y결선으로 운전되고 있으며 주로 회전계자형을 채용하고 있다. 발전기의 정격전압은 6.6[kV]~22[kV] 범위의 전압으로 생산하고 있다.

**12** 변전소에서 사용되는 조상설비 중 지상용으로만 사용되는 조상설비는?

① 분로 리액터
② 동기 조상기
③ 전력용 콘덴서
④ 정지형 무효전력 보상장치

**조상설비의 비교**

| 비교항목 | 전력용 콘덴서 | 분로리액터 | 동기조상기 |
|---|---|---|---|
| 전류위상 | 진상 | 지상 | 진상, 지상 |
| 전력손실 | 적다. (출력의 0.3[%] 이하) | 약간 적다. (출력의 0.6[%] 이하) | 크다. (출력의 2~3[%] 정도) |
| 가격 | 저렴 | 저렴 | 고가 |
| 보수유지 | 간단 | 간단 | 복잡 |

정답 09 ② 10 ④ 11 ③ 12 ①

**13** 수전용 변전설비의 1차측에 설치하는 차단기의 용량은 어느 것에 의하여 정하는가?

① 수전전력과 부하율
② 수전계약용량
③ 공급측 전원의 단락용량
④ 부하설비용량

> **차단기의 차단용량(=단락용량)**
> 차단용량은 그 차단기가 적용되는 계통의 3상 단락용량 ($P_s$)의 한도를 표시하고
> $P_s$[MVA] = $\sqrt{3}$ ×정격전압[kV]×정격차단전류[kA]
> 식으로 표현한다.
> 이때 정격전압은 계통의 최고전압을 표시하며 정격차단전류는 단락전류를 기준으로 한다. 또한 차단용량의 크기를 정하는 기준이기도 하다. 단락전류는 단락지점을 기준으로 한 경우 공급측 계통에 흐르게 되며 그 전류로 공급측 전원용량의 크기나 공급측 전원 단락용량을 결정하게 된다.

**14** 순저항 부하의 부하전력 $P$[kW], 전압 $E$[V], 선로의 길이 $l$[m], 고유저항 $\rho$[$\Omega \cdot$mm$^2$/m]인 단상 2선식 선로에서 선로 손실을 $q$[W]라 하면, 전선의 단면적 [mm$^2$]은 어떻게 표현되는가?

① $\dfrac{\rho l P^2}{qE^2} \times 10^6$  ② $\dfrac{2\rho l P^2}{qE^2} \times 10^6$

③ $\dfrac{\rho l P^2}{2qE^2} \times 10^6$  ④ $\dfrac{2\rho l P^2}{q^2 E} \times 10^6$

> **전력손실($P_l$)**
> $q = 2I^2 R = 2 \times \left(\dfrac{P \times 10^3}{E}\right)^2 \times \dfrac{\rho l}{A}$
> $= \dfrac{2P^2 \rho l}{E^2 A} \times 10^6$ [W] 식에서
> $\therefore A = \dfrac{2\rho l P^2}{qE^2} \times 10^6$ [mm$^2$]

**15** 변류기 개방시 2차측을 단락하는 이유는?

① 2차측 절연 보호
② 2차측 과전류 보호
③ 측정오차 방지
④ 1차측 과전류 방지

> **변류기 사용시 주의사항**
> 변류기는 운전 중 2차 회로가 개방되면 1차 여자전류에 의하여 2차 개방단자에 고전압이 발생하여 2차측 권선의 절연이 파괴된다. 변류기는 2차측 절연을 보호하기 위해 2차 회로를 항상 단락상태로 두어야 한다.

**16** 초호각(Arcing Horn)의 설치 목적은?

① 풍압을 조정한다.
② 차단기의 단락강도를 높인다.
③ 송전효율을 높인다.
④ 애자의 파손을 방지한다.

> **초호각(Arcing Horn)**
> 전선 주위에서 발생하는 코로나 방전이나 직격뇌 또는 역섬락으로부터 애자련에 이상전압이 가해져서 아크로 인한 애자의 자기부 또는 유리부에 손상을 주는 경우가 있다. 이 경우 애자련 상하부에 아크유도장비를 설치하여 아크의 진행 또는 발생을 애자련에 직접 향하지 않도록 하는 설비를 아킹혼이라 한다. 아킹혼은 애자련을 보호하여 애자의 파손을 방지한다.

정답 13 ③  14 ②  15 ①  16 ④

**17** 동작 시간에 따른 보호 계전기의 분류와 이에 대한 설명으로 틀린 것은?

① 순한시 계전기는 설정된 최소동작전류 이상의 전류가 흐르면 즉시 동작한다.
② 반한시 계전기는 동작시간이 전류값의 크기에 따라 변하는 것으로 전류값이 클수록 느리게 동작하고 반대로 전류값이 작아질수록 빠르게 동작하는 계전기이다.
③ 정한시 계전기는 설정된 값 이상의 전류가 흘렀을 때 동작 전류의 크기와는 관계없이 항상 일정한 시간 후에 동작하는 계전기이다.
④ 반한시·정한시 계전기는 어느 전류값까지는 반한시성이지만 그 이상이 되면 정한시로 동작하는 계전기이다.

**계전기의 한시특성**
(1) 순한시계전기 : 정정된 최소동작전류 이상의 전류가 흐르면 즉시 동작하는 계전기
(2) 정한시계전기 : 정정된 값 이상의 전류가 흘렀을 때 동작 전류의 크기에는 관계없이 정해진 시간이 경과한 후에 동작하는 계전기
(3) 반한시계전기 : 정정된 값 이상의 전류가 흘렀을 때 동작하는 시간과 전류값이 서로 반비례하여 동작하는 계전기
(4) 정한시·반한시 계전기 : 어느 전류값까지는 반한시계전기의 성질을 띠지만 그 이상의 전류가 흐르는 경우 정한시계전기의 성질을 띠는 계전기

**18** 흡출관이 필요 없는 수차는?

① 프로펠러수차    ② 카플란수차
③ 프란시스수차    ④ 펠턴수차

**흡출관**
흡출관이란 러너 출구로부터 방수면까지의 사이를 관으로 연결하고 여기에 물을 충만시켜서 흘려줌으로써 낙차를 유효하게 이용하는 것을 의미하며 저낙차에 이용하는 프로펠라수차, 카플란수차, 프란시스수차에 필요하다.
∴ 펠턴 수차는 고낙차에 이용되는 수차로서 백워터 브레이크와 디플렉터가 필요한 수차이다.

**19** 송전단 전압이 3,300[V], 수전단전압은 3,000[V]이다. 수전단의 부하를 차단한 경우 수전단전압이 3,200[V]라면 이 회로의 전압변동률은 약 몇 [%]인가?

① 3.25    ② 4.28
③ 5.67    ④ 6.67

**전압변동률($\delta$)**
$\delta = \dfrac{V_{R0} - V_R}{V_R} \times 100\,[\%]$ 식에서
$V_S = 3,300\,[V]$, $V_R = 3,000\,[V]$,
$V_{R0} = 3,200\,[V]$이므로
$\therefore \delta = \dfrac{V_{R0} - V_R}{V_R} \times 100 = \dfrac{3,200 - 3,000}{3,000} \times 100$
$= 6.67\,[\%]$

**20** 지상부하를 가진 3상 3선식 배전선로 또는 단거리 송전선로에서 선간 전압강하를 나타낸 식은?
(단, $I$, $R$, $X$, $\theta$는 각각 수전단 전류, 선로저항, 리액턴스 및 수전단 전류의 위상각이다.)

① $I(R\cos\theta + X\sin\theta)$
② $2I(R\cos\theta + X\sin\theta)$
③ $\sqrt{3}\,I(R\cos\theta + X\sin\theta)$
④ $3I(R\cos\theta + X\sin\theta)$

**전압강하($V_d$)**
$V_d = V_s - V_r = \sqrt{3}\,I(R\cos\theta + X\sin\theta)\,[V]$

정답  17 ②  18 ④  19 ④  20 ③

## 24  3. 전기기기 (CBT시험 복원문제)

**2024년 2회 전기산업기사**

※ 본 기출문제는 수험자의 기억을 바탕으로 하여 복원한 문제이므로 실제 문제와 다를 수 있음을 미리 알려드립니다.

**01** 동기기의 과도 안정도를 증가시키는 방법이 아닌 것은?

① 속응여자방식을 채용한다.
② 회전자의 플라이휠 효과를 크게 한다.
③ 동기 리액턴스를 크게 한다.
④ 조속기의 동작을 신속히 한다.

> 동기기의 안정도 개선책
> (1) 단락비를 크게 한다.
> (2) 속응여자방식을 채용한다.
> (3) 플라이 휠을 설치하여 관성 모멘트를 크게 한다.
> (4) 동기 임피던스(또는 동기 리액턴스)나 정상 임피던스(또는 정상 리액턴스)를 작게 한다.
> (5) 조속기 동작을 신속하게 한다.
> (6) 영상 임피던스 및 역상 임피던스를 크게 한다.

**02** 직류전동기의 회전수를 1/2로 줄이려면, 계자 자속을 몇 배로 하여야 하는가? (단, 전압과 전류 등은 일정하다.)

① 1  ② 2
③ 3  ④ 4

> 직류전동의 속도 특성
> $N = k\dfrac{V - R_a I_a}{\phi}$ [rpm] 식에서 $N \propto \dfrac{1}{\phi}$ 이므로
> ∴ 회전수($N$)를 $\dfrac{1}{2}$로 하려면 자속($\phi$)을 2배 증가시키면 된다.

**03** 변압기의 내부 고장 보호에 쓰이는 계전기는?

① 비율차동계전기  ② O.C.R
③ 역상계전기  ④ 접지계전기

> 변압기 내부고장 검출 계전기의 종류
> (1) 비율차동계전기
> (2) 부흐홀츠계전기
> (3) 충격압력계전기
> (4) 가스검출계전기
> (5) 온도계전기

**04** 다음은 SCR에 관한 설명이다. 적당하지 않은 것은?

① 3단자 소자이다.
② 전류는 애노드에서 캐소드로 흐른다.
③ 소형의 전력을 다루고 고주파 스위칭을 요구하는 응용분야에 사용된다.
④ 도통 상태에서 순방향 애노드 전류가 유지 전류 이하로 되면 SCR은 차단상태로 된다.

> 실리콘 제어 정류기(SCR)의 특징
> (1) P-N-P-N의 4층 구조로 되어 있다.
> (2) 3단자 단방향성인 역방향 저지 특성을 지니고 있다.
> (3) 전류는 애노드에서 캐소드로 흐른다.
> (4) 정류기능 및 고속도 스위칭 작용을 한다.
> (5) 교류, 직류 전압을 모두 제어할 수 있다.
> (6) 게이트에 (+) 펄스를 인가하여 제어한다. 단, (−) 펄스로는 제어되지 않는다.
> (7) 적은 게이트 신호로 대전력을 제어한다.
> (8) 도통 상태에서 전원전압의 극성을 반대로 하거나 순방향 애노드 전류가 유지전류 이하로 되면 SCR은 차단상태로 된다.

**정답** 01 ③  02 ②  03 ①  04 ③

**05** 동기발전기의 단락비를 계산하는 데 필요한 시험의 종류는?

① 동기화 시험, 3상 단락 시험
② 부하 포화 시험, 동기화 시험
③ 무부하 포화 시험, 3상 단락 시험
④ 전기자 반작용 시험, 3상 단락 시험

> **단락비 산출에 필요한 시험**
> ∴ 단락비 산출에 필요한 시험은 무부하 포화시험과 3상 단락시험이다.

**06** 3상 동기기의 제동권선을 사용하는 주목적은?

① 출력이 증가한다.  ② 효율이 증가한다.
③ 역률을 개선한다.  ④ 난조를 방지한다.

> **동기기에 설치하는 제동권선의 효과**
> (1) 난조방지
> (2) 송전선의 불평형시 이상전압 방지
> (3) 불평형 부하에 의한 전류, 전압의 파형 개선
> (4) 동기전동기의 기동토크 발

**07** 타여자 직류전동기의 속도제어에 사용되는 워드 레오나드(Ward Leonard) 방식은 다음 중 어느 제어법을 이용한 것인가?

① 저항제어법    ② 전압제어법
③ 주파수제어법  ④ 직병렬제어법

> **직류전동기의 속도제어법**
> (1) 전압 제어법(정토크 제어)
>  ㉠ 워드 레오나드 방식(MGM 방식)
>  ㉡ 일그너 방식
>  ㉢ 직·병렬 제어법
> (2) 계자 제어법(정출력 제어)
> 출력을 일정하게 유지하면서 계자회로의 계자저항과 계자전류를 조정하여 자속($\phi$)을 가감함으로서 속도를 제어하는 방식이다.
> (3) 저항 제어법
> 전기자 권선에 직렬로 저항을 접속하여 저항의 크기를 가감함으로서 속도를 제어하는 방식이다.

**08** 3상 직권 전동기에 있어서 중간변압기를 사용하는 주된 목적은?

① 역회전의 방지를 위하여
② 역회전을 하기 위하여
③ 권수비를 바꾸어서 전동기의 특성을 조정하기 위하여
④ 분권특성을 얻기 위하여

> **3상 직권정류자 전동기의 특징**
> 중간변압기(직렬변압기)의 사용 목적은 다음과 같다.
> (1) 전원전압의 크기에 관계없이 회전자 전압을 정류작용에 알맞은 값으로 선정할 수 있다.(정류자 전압 조정)
> (2) 중간변압기의 권수비를 바꾸어 전동기의 특성을 조정한다.(실효 권수비 선정 조정)
> (3) 중간변압기의 철심을 포화하면 경부하시 속도상승을 억제할 수 있다.(속도 이상 상승 방지)

정답 05 ③  06 ④  07 ②  08 ③

**09** 코일피치와 자극피치의 비를 $\beta$라 하면 기본파 기전력에 대한 단절권 계수는?

① $\sin\beta\pi$
② $\cos\beta\pi$
③ $\sin\dfrac{\beta\pi}{2}$
④ $\cos\dfrac{\beta\pi}{2}$

**단절권 계수($k_p$)**

$\beta = \dfrac{\text{코일간격}}{\text{극간격}} = \dfrac{\text{코일변의 슬롯 간격}}{\text{슬롯수}\div\text{극수}}$ 일 때

$\therefore k_p = \sin\dfrac{\beta\pi}{2}$

**10** 단상 정류자전동기에 보상권선을 사용하는 이유는?

① 정류개선
② 기동토크조절
③ 속도제어
④ 역률개선

**단상 직권정류자 전동기의 특징**

∴ 보상권선을 설치하면 전기자 기자력을 상쇄시켜 전기자 반작용을 억제할 뿐만 아니라 누설리액턴스를 줄임으로써 변압기 기전력이 감소하고 역률을 개선시킨다.

**11** 동기발전기의 전기자권선법 중 집중권인 경우 매극 매상의 홈(slot) 수는?

① 1개
② 2개
③ 3개
④ 4개

**동기기의 전기자권선법의 의미**

| 구분 | 의미 |
| --- | --- |
| 전절권 | 권선 간격과 자극 간격이 같은 권선법 |
| 단절권 | 권선 간격이 자극 간격보다 작은 권선법 |
| 집중권 | 매극 매상의 슬롯 수가 1개인 권선법 |
| 분포권 | 매극 매상의 코일을 2개 이상의 슬롯으로 분산시키는 권선법 |

**12** 3상 유도전동기의 슬립을 $m$배로 하면 $m$배로 되는 것은?

① 역률
② 전류
③ 2차 저항
④ 토크

**비례추이원리의 정의**

$s_t \propto r_2$ 조건에서 2차 저항을 $m$배 증가시키면 최대토크는 변하지 않고 최대토크가 발생하는 슬립($s_t$)이 $m$배 증가하여 기동토크가 증가한다. 이 원리는 큰 기동토크를 필요로 하는 3상 권선형 유도전동기에 적용된다.

**13** 단상 3권선 변압기가 있다. 1차 전압은 100[kV], 2차 전압은 20[kV], 3차 전압은 10[kV]이다. 2차에 10,000[kVA]인 지상 역률 80[%]의 부하가 접속되어 있고, 3차 권선에는 6,000[kVA]의 동기조상기를 진상 무효전력으로 운전하고 있다. 변압기 1차 전류[A]는? (단, 변압기 손실 및 여자전류는 무시한다.)

① 60
② 80
③ 100
④ 120

**단상 3권선 변압기의 특성**

1차측과 2차측 사이의 권수비 $a_{12}$, 1차측과 3차측 권수비 $a_{13}$라 하면

$a_{12} = \dfrac{n_1}{n_2} = \dfrac{V_1}{V_2} = \dfrac{I_2}{I_{12}} = \dfrac{100}{20}$,

$a_{13} = \dfrac{n_1}{n_3} = \dfrac{V_1}{V_3} = \dfrac{I_3}{I_{13}} = \dfrac{100}{10}$ 라 할 때

$V_1 = 100\,[\text{kV}],\ V_2 = 20\,[\text{kV}],\ V_3 = 10\,[\text{kV}],$
$S_2 = 10000\,[\text{kVA}],\ \cos\theta_2 = 0.8,$
$Q_3 = 6000\,[\text{kVA}]$이므로

$I_2 = \dfrac{S_2}{V_2}(\cos\theta_2 - j\sin\theta_2) = \dfrac{10000}{20}\times(0.8 - j0.6)$
$\quad = 400 - j300\,[\text{A}]$

$I_3 = j\dfrac{Q_3}{V_3} = j\dfrac{6000}{10} = j600\,[\text{A}]$

$I_{12} = \dfrac{I_2}{a_{12}} = (400 - j300)\times\dfrac{20}{100} = 80 - j60\,[\text{A}]$

$I_{13} = \dfrac{I_3}{a_{13}} = j600\times\dfrac{10}{100} = j60\,[\text{A}]$이다.

$\therefore I_1 = I_{12} + I_{13} = 80 - j60 + j60 = 80\,[\text{A}]$

**14** 선간전압을 $E$ [V], 정격전류를 $I$ [A], 한상의 임피던스를 $Z$ [Ω]이라 할 때, 동기기의 %$Z$ [%]는?

① $\dfrac{E}{Z} \times 100$   ② $\dfrac{IZ}{E} \times 100$

③ $\dfrac{\sqrt{3}\,IZ}{E} \times 100$   ④ $\dfrac{IZ}{\sqrt{3}\,E} \times 100$

> **동기기의 %임피던스(%$Z$)**
> 동기발전기는 3상 Y결선 회전계자형을 주로 채용하기 때문에 %$Z$는 다음과 같이 표현할 수 있다.
> $\%Z = \dfrac{ZI}{\text{상전압}} \times 100 = \dfrac{\sqrt{3}\,ZI}{\text{선간전압}} \times 100 \ [\%]$
> ∴ $\%Z = \dfrac{\sqrt{3}\,IZ}{E} \times 100\ [\%]$

**15** 3상 전원의 수전단에서 전압 3,300[V], 전류 800[A], 뒤진 역률 0.8의 전력을 받고 있을 때 동기조상기로 역률을 개선하여 1로 하고자 한다. 필요한 동기조상기의 용량은 약 몇 [kVA]인가?

① 1450   ② 1680
③ 2740   ④ 3420

> **동기조상기의 용량($Q_c$)**
> $V_r = 3,300$ [V], $I_r = 800$ [A], $\cos\theta_1 = 0.8$일 때
> 3상 부하전력($P$)은 $P = \sqrt{3}\,V_r I_r \cos\theta$ [W] 식에서
> $P = \sqrt{3} \times 3,300 \times 800 \times 0.8$
> $\quad = 3658.09 \times 10^3$ [W] $= 4,572.61$ [kW]이다.
> 역률을 1로 개선하면 $\cos\theta_2 = 1$이 되므로
> ∴ $Q_c = P(\tan\theta_1 - \tan\theta_2)$
> $\quad = P\left(\dfrac{\sqrt{1-\cos^2\theta_1}}{\cos\theta_1} - \dfrac{\sqrt{1-\cos^2\theta_2}}{\cos\theta_2}\right)$
> $\quad = 3658.09 \times \left(\dfrac{\sqrt{1-0.8^2}}{0.8} - \dfrac{0}{1}\right)$
> $\quad = 2740$ [kVA]

**16** 극수 6, 회전수 1,200[rpm]의 교류발전기와 병렬운전하는 극수 8의 교류발전기의 회전수는 몇 [rpm]이어야 하는가?

① 800   ② 900
③ 1,050   ④ 1,100

> **동기속도($N_s$)**
> $N_s = \dfrac{120f}{p}$ [rpm] 식에서
> 극수 $p = 6$, 회전수 $N_s = 1,200$ [rpm], 극수 $p' = 8$일 때 회전수 $N_s'$는
> $N_s \propto \dfrac{1}{p}$이므로 $N_s' = \dfrac{p}{p'}N_s$ [rpm]이다.
> ∴ $N_s' = \dfrac{p}{p'}N_s = \dfrac{6}{8} \times 1,200 = 900$ [rpm]

**17** 다음의 정류회로 중 가장 큰 출력의 직류전압을 얻을 수 있는 정류회로는?

① 단상 반파정류회로   ② 3상 반파정류회로
③ 단상 전파정류회로   ④ 3상 전파정류회로

> **정류회로의 직류전압(순저항 부하 조건)**
>
> | 구 분 | |
> |---|---|
> | 단상 반파 정류회로 | $E_{d\alpha} = 0.45E\left(\dfrac{1+\cos\alpha}{2}\right)$ [V] |
> | 단상 전파 정류회로 | $E_{d\alpha} = 0.9E\left(\dfrac{1+\cos\alpha}{2}\right)$ [V] |
> | 3상 반파 정류회로 | $E_{d\alpha} = 1.17E\cos\alpha$ [V] |
> | 3상 전파 정류회로 | $E_{d\alpha} = 2.34E\cos\alpha$ [V] |
> | 6상 반파 정류회로 | $E_{d\alpha} = 1.35E\cos\alpha$ [V] |
> | 6상 전파 정류회로 | $E_{d\alpha} = 2.7E\cos\alpha$ [V] |
>
> **참고** 식에서 $E$는 상전압이다.

정답 14 ③  15 ③  16 ②  17 ④

**18** 정격 150[kVA], 철손 1[kW], 전부하 동손이 4[kW]인 단상 변압기의 최대 효율[%]과 최대 효율시의 부하[kVA]는?

① 96.8[%], 125[kVA]
② 97.4[%], 75[kVA]
③ 97[%], 50[kVA]
④ 97.2[%], 100[kVA]

최대효율조건

$\frac{1}{m}$ 부하시

$P_i = \left(\frac{1}{m}\right)^2 P_c$ 이므로 (여기서, $P_i$는 철손, $P_c$는 동손이다.)

$\frac{1}{m} = \sqrt{\frac{P_i}{P_c}} = \sqrt{\frac{1 \times 10^3}{4 \times 10^3}} = \frac{1}{2}$ 이다.

$P_n = 150$ [kVA], $P_i = 1$ [kW], $P_c = 4$ [kW],
$\cos\theta = 1$ 일 때

$\therefore \eta_{\frac{1}{m}} = \dfrac{\frac{1}{m}P_n\cos\theta}{\frac{1}{m}P_n\cos\theta + P_i + \left(\frac{1}{m}\right)^2 P_c} \times 100$

$= \dfrac{\frac{1}{2} \times 150 \times 10^3}{\frac{1}{2} \times 150 \times 10^3 + 1 \times 10^3 + \left(\frac{1}{2}\right)^2 \times 4 \times 10^3} \times 100$

$= 97.4$ [%]

$\therefore P_{\frac{1}{m}} = \frac{1}{m}P_n = \frac{1}{2} \times 150 = 75$ [kVA]

**19** 총 도체수 100, 단중 파권으로 자극수는 4, 자속수 3.14[Wb], 무하를 가하여 전기자에 5[A]가 흐르고 있는 직류 분권전동기의 토크[N·m]는?

① 400  ② 450
③ 500  ④ 550

직류전동기의 토크($\tau$)

$\tau = \dfrac{pZ\phi I_a}{2\pi a}$ [N·m] 식에서

$Z = 100$, 파권($a = 2$), 극수 $p = 4$, $\phi = 3.14$ [Wb], $I_a = 5$ [A]이므로(여기서, $a$는 병렬회로수이다.)

$\therefore \tau = \dfrac{pZ\phi I_a}{2\pi a} = \dfrac{4 \times 100 \times 3.14 \times 5}{2\pi \times 2} = 500$ [N·m]

**20** 75[kVA], 6,000/200[V]의 단상변압기의 %임피던스 강하가 4[%]이다. 1차 단락전류[A]는?

① 512.5  ② 412.5
③ 312.5  ④ 212.5

변압기의 1차 단락전류($I_{s1}$)

정격용량 $P$, 권수비 $a$, 정격전류 $I_n$, %임피던스 %$Z$ 라 하면

$P = 75$ [kVA], $a = \dfrac{V_1}{V_2} = \dfrac{6{,}000}{200}$, %$Z = 4$ [%]이므로

$I_{s1} = \dfrac{100}{\%Z} I_{n1}$ [A] 식에서

$I_{n1} = \dfrac{P}{V_1} = \dfrac{75 \times 10^3}{6{,}000} = 12.5$ [A]

$\therefore I_{s1} = \dfrac{100}{\%Z} I_{n1} = \dfrac{100}{4} \times 12.5 = 312.5$ [A]

정답 18 ② 19 ③ 20 ③

# 24  4. 회로이론(CBT시험 복원문제)

2024년 2회 전기산업기사

※ 본 기출문제는 수험자의 기억을 바탕으로 하여 복원한 문제이므로 실제 문제와 다를 수 있음을 미리 알려드립니다.

**01** 저항 $R$인 검류계 $G$에 그림과 같이 $r_1$인 저항을 병렬로, $r_2$인 저항을 직렬로 접속하고, a, b 단자 사이의 저항을 $R$과 같게 하고, 또한 $G$에 흐르는 전류를 전전류의 $\dfrac{1}{n}$로 하기 위한 $r_1$의 값은?

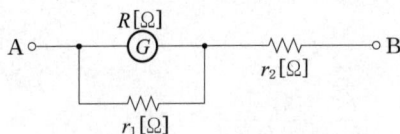

① $R\left(1-\dfrac{1}{n}\right)$  ② $\dfrac{n-1}{R}$

③ $\dfrac{R}{n-1}$  ④ $R\left(1+\dfrac{1}{n}\right)$

검류계의 내부저항 $R$, 검류계에 흐르는 전류 $I_G$, 전전류 $I$, A, B 사이의 합성저항을 $R_{AB}$라 하면
$R_{AB} = R[\Omega]$, $I_G = \dfrac{1}{n}I[A]$ 조건에서
$R_{AB} = \dfrac{R \cdot r_1}{R+r_1} + r_2 = R[\Omega]$
$I_G = \dfrac{r_1}{R+r_1}I = \dfrac{1}{n}I[A]$이므로 $\dfrac{r_1}{R+r_1} = \dfrac{1}{n}$ 임을 알 수 있다.
$(n-1)r_1 = R[\Omega]$에서
$\therefore r_1 = \dfrac{R}{n-1}[\Omega]$

**02** L-R 직렬회로에서 $e = 10 + 50\sqrt{2}\sin\omega t + 100\sqrt{2}\sin(3\omega t + 60°) + 60\sqrt{2}\sin(5\omega t + 30°)$ [V] 인 전압을 가할 때 제3고조파 전류의 실효값은 몇 [A]인가? (단, $R = 8[\Omega]$, $\omega L = 4[\Omega]$이다.)

① 1.12  ② 3.27
③ 6.93  ④ 4.3

3고조파 전류
제3고조파 전류의 실효값 $I_3$는
$E_{m3} = 100\sqrt{2}$ [V]이므로
$\therefore I_3 = \dfrac{V_{m3}}{\sqrt{2} \times \sqrt{R^2+(3\omega L)^2}} = \dfrac{100\sqrt{2}}{\sqrt{2} \times \sqrt{8^2+6^2}}$
$= 10$ [A]

**03** 그림과 같은 회로에서 $R$의 값은?

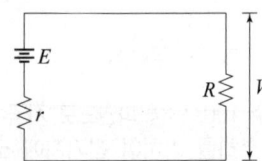

① $\dfrac{E}{E-V} \cdot r$  ② $\dfrac{V}{E-V} \cdot r$

③ $\dfrac{E-V}{E} \cdot r$  ④ $\dfrac{E-V}{V} \cdot r$

옴의 법칙
$E = I(r+R)$ [V], $I = \dfrac{V}{R}$ [A] 식에서
$E = I(r+R) = \dfrac{V}{R}(r+R) = \dfrac{Vr}{R} + V$ [V]
$\therefore R = \dfrac{V}{E-V} \cdot r[\Omega]$

정답  01 ③  02 ③  03 ②

**04** 그림과 같은 회로에서 $R_2$ 양단의 전압 $E_2$는?

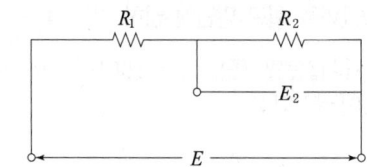

① $\dfrac{R_1}{R_1+R_2}E$   ② $\dfrac{R_2}{R_1+R_2}E$

③ $\dfrac{R_1 R_2}{R_1+R_2}E$   ④ $\dfrac{R_1+R_2}{R_1 R_2}E$

전압분배법칙
$E_1 = \dfrac{R_1}{R_1+R_2}E$ [V], $E_2 = \dfrac{R_2}{R_1+R_2}E$ [V]

**05** 그림과 같이 최대값 $V_m$인 정현파 교류를 다이오드 1개로 반파 정류하여 순저항 부하에 가하고, 직류 전압계로 전압을 측정할 때, 전압계의 지시값은 몇 [V]인가?

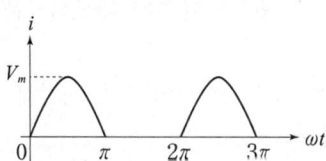

① $\pi V_m$   ② $\dfrac{V_m}{\pi}$

③ $\dfrac{\sqrt{2}}{\pi}V_m$   ④ $\dfrac{2}{\pi}V_m$

반파 정류파의 특성값

| 실효값 | 평균값 | 파고율 | 파형율 |
|---|---|---|---|
| $\dfrac{V_m}{2}$ | $\dfrac{V_m}{\pi}$ | 2 | $\dfrac{\pi}{2}$ |

∴ 직류 전압계의 지시값은 평균값이므로 $\dfrac{V_m}{\pi}$ [V]이다.

**06** 그림과 같은 $L$형 회로의 4단자 ABCD 정수 중 A는?

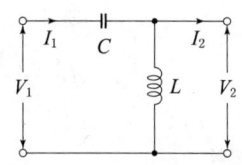

① $1+\dfrac{1}{\omega LC}$   ② $1-\dfrac{1}{\omega^2 LC}$

③ $1+\dfrac{1}{j\omega L}$   ④ $\dfrac{1}{2\sqrt{LC}}$

4단자 정수의 회로망 특성

$\begin{bmatrix} A & B \\ C & D \end{bmatrix} = \begin{bmatrix} 1+\dfrac{-j\dfrac{1}{\omega C}}{j\omega L} & -j\dfrac{1}{\omega C} \\ \dfrac{1}{j\omega L} & 1 \end{bmatrix}$

$= \begin{bmatrix} 1-\dfrac{1}{\omega^2 LC} & -j\dfrac{1}{\omega C} \\ \dfrac{1}{j\omega L} & 1 \end{bmatrix}$

∴ $A = 1 - \dfrac{1}{\omega^2 LC}$

**07** 임피던스 함수가 $Z(s) = \dfrac{4s+2}{s}$ 로 표시되는 리액턴스 2단자 망은 다음 중 어느 것인가?

① $4[\Omega]\ \dfrac{1}{2}[H]$   ② $4[\Omega]\ \dfrac{1}{2}[F]$

③ $\dfrac{1}{2}[\Omega]\ 4[H]$   ④ $\dfrac{1}{2}[\Omega]\ 4[F]$

구동점 임피던스
$Z(s) = \dfrac{4s+2}{s} = 4 + \dfrac{2}{s} = 4 + \dfrac{1}{\dfrac{1}{2}s}$ [$\Omega$]

$Z(s) = R + \dfrac{1}{Cs}$ [$\Omega$]이므로

$R = 4[\Omega]$, $C = \dfrac{1}{2}$[F]이다.

∴ $4[\Omega]\ \dfrac{1}{2}[F]$

**08** $f(t) = \mathcal{L}^{-1}\dfrac{1}{s(s+1)}$ 은?

① $1+e^{-t}$  
② $1-e^{-t}$  
③ $\dfrac{1}{1-e^{-t}}$  
④ $\dfrac{1}{1+e^{-t}}$  

**라플라스 역변환**

$F(s) = \dfrac{1}{s(s+1)} = \dfrac{A}{s} + \dfrac{B}{s+1}$ 일 때 헤비사이드 전개를 이용하여 $A, B$를 구하면

$A = sF(s)|_{s=0} = \dfrac{1}{s+1}\Big|_{s=0} = 1$

$B = (s+1)F(s)|_{s=-1} = \dfrac{1}{s}\Big|_{s=-1} = -1$

$F(s) = \dfrac{1}{s} - \dfrac{1}{s+1}$ 이므로

$\therefore f(t) = \mathcal{L}^{-1}[F(s)] = 1 - e^{-t}$

**09** $\dfrac{V_0(s)}{V_i(s)} = \dfrac{1}{s^2+3s+1}$ 의 전달함수를 미분방정식으로 표시하면?

① $\dfrac{d^2}{dt^2}v_o(t) + 3\dfrac{d}{dt}v_o(t) + v_o(t) = v_i(t)$

② $\dfrac{d^2}{dt^2}v_i(t) + 3\dfrac{d}{dt}v_i(t) + v_i(t) = v_o(t)$

③ $\dfrac{d^2}{dt^2}v_i(t) + 3\dfrac{d}{dt}v_i(t) + \int v_i(t)dt = v_o(t)$

④ $\dfrac{d^2}{dt^2}v_o(t) + 3\dfrac{d}{dt}v_o(t) + \int v_o(t)dt = v_i(t)$

**미분방정식**

$\dfrac{V_0(s)}{V_i(s)} = \dfrac{1}{s^2+3s+1}$ 이므로

$s^2V_0(s) + 3sV_0(s) + V_0(s) = V_i(s)$ 식에서 양 변 역라플라스 변환하여 전개하면

$\therefore \dfrac{d^2}{dt^2}v_0(t) + 3\dfrac{d}{dt}v_0(t) + v_0(t) = v_i(t)$

**10** $R-L$ 직렬 회로에서 스위치 $S$를 닫아 직류 전압 $E$[V]을 회로 양단에 급히 가한 후 $\dfrac{L}{R}$[s]후의 전류 $I$[A]값은? (단, $E = 100$[V], $R = 10[\Omega]$, $L = 10$[H]이다.)

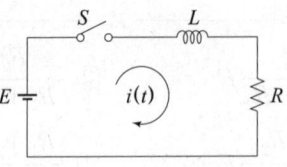

① 6.32  
② 7.25  
③ 2.21  
④ 6.8  

**시정수에서의 전류**

R-L 직렬연결에서 스위치를 닫고 시정수에서의 전류 $i\left(\dfrac{L}{R}\right)$는

$i\left(\dfrac{L}{R}\right) = 0.632\dfrac{E}{R}$[A]이므로

$\therefore i\left(\dfrac{L}{R}\right) = 0.632\dfrac{E}{R} = 0.632 \times \dfrac{100}{10} = 6.32$[A]

**11** R-C 직렬 과도회로에서 일어나는 과도현상은 그 회로의 시정주와 관계가 있다. 이 사이의 관계를 옳게 표현한 것은?

① 회로의 RC가 클수록 과도현상은 오랫동안 지속된다.  
② 시정수는 과도현상의 지속 시간에는 상관되지 않는다.  
③ $\dfrac{1}{RC}$ 이 클수록 과도현상은 천천히 사라진다.  
④ 회로의 RC가 클수록 과도현상은 빨리 사라진다.  

**시정수($\tau$)**

시정수가 크면 클수록 과도시간은 길어져서 정상상태에 도달하는데 오래 걸리게 되며 반대로 시정수가 작으면 작을수록 과도시간은 짧게 되어 일찍 소멸하게 된다. R-C 회로에서 시정수는 $\tau = RC$[sec]이므로 RC값이 클수록 과도전류는 천천히 사라진다.

정답 08 ② 09 ① 10 ① 11 ①

**12** 그림과 같은 파형을 푸리에 급수로 전개하면?

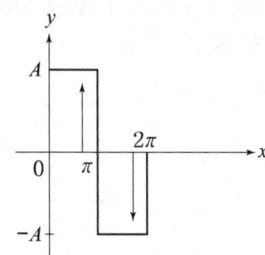

① $\dfrac{A}{\pi} + \dfrac{\sin 2x}{2} + \dfrac{\sin 4x}{4} + \cdots$

② $\dfrac{4A}{\pi}\left(\sin a \sin x + \dfrac{1}{9}\sin 3a \sin 3x + \cdots\right)$

③ $\dfrac{4A}{\pi}\left(\sin x + \dfrac{1}{3}\sin 3x + \dfrac{1}{5}\sin 5x + \cdots\right)$

④ $\dfrac{4}{\pi}\left(\dfrac{\cos 2x}{1\times 3} + \dfrac{\cos 4x}{3\times 5} + \dfrac{\cos 6x}{5\times 7} + \cdots\right)$

구형파의 푸리에 급수
$$f(t) = \dfrac{4A}{\pi}\left(\sin x + \dfrac{1}{3}\sin 3x + \dfrac{1}{5}\sin 5x + \cdots\right)$$
∴ 기수(홀수)차로 구성된 무수히 많은 주파수 성분의 합성

**14** 평형 3상 저항 부하가 3상 4선식 회로에 접속되어 있을 때 단상 전력계를 그림과 같이 접속하였더니 그 지시 값이 $W$[W]이었다. 이 부하의 3상 전력 [W]은?

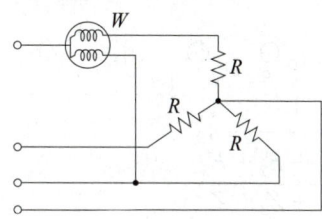

① $\sqrt{2}\,W$  ② $2W$
③ $\sqrt{3}\,W$  ④ $3W$

1전력계법
(1) 전전력 : $P = 2W = \sqrt{3}\,VI$ [W]
(2) 선전류 : $I = \dfrac{2W}{\sqrt{3}\,V}$ [A]

**13** 불평형 3상 전류가 $I_a = 15 + j2$[A], $I_b = -20 - j14$[A], $I_c = -3 + j10$[A] 일 때, 정상분 전류 $I_1$[A]는?

① $1.91 + j6.24$  ② $15.74 - j3.57$
③ $-2.67 - j0.67$  ④ $-8 - j2$

정상분 전류($I_1$)
$I_1 = \dfrac{1}{3}(I_a + aI_b + a^2 I_c)$
$= \dfrac{1}{3}(I_a + \angle 120° I_b + \angle -120° I_c)$
$= \dfrac{1}{3}\{(15+j2) + 1\angle 120° \times (-20-j14)$
$\quad + 1\angle -120° \times (-3+j10)\}$
$= 15.74 - j3.57$ [A]

**15** 3[μF]인 커패시턴스를 50[Ω]의 용량 리액턴스로 사용하면 주파수는 약 몇 [Hz]인가?

① $1.06\times 10^3$  ② $2.06\times 10^3$
③ $3.06\times 10^3$  ④ $4.06\times 10^3$

용량성 리액턴스($X_C$)
$C = 3$[μF], $X_C = 50$[Ω]이므로
$X_C = \dfrac{1}{\omega C} = \dfrac{1}{2\pi f C}$ [Ω] 식에서
∴ $f = \dfrac{1}{2\pi \times 3 \times 10^{-6} \times 50}$
$= 1.06 \times 10^3$ [Hz]

**16** 그림과 같은 불평형 $Y$ 형 회로에 평형 3상 전압을 가할 경우 중성점 전위는?

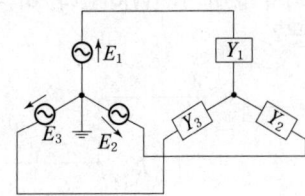

① $\dfrac{E_1 + E_2 + E_3}{Z_1 + Z_2 + Z_3}$

② $\dfrac{Z_1 E_1 + Z_2 E_2 + Z_3 E_3}{Z_1 + Z_2 + Z_3}$

③ $\dfrac{E_1 + E_2 + E_3}{Y_1 + Y_2 + Y_3}$

④ $\dfrac{Y_1 E_1 + Y_2 E_2 + Y_3 E_3}{Y_1 + Y_2 + Y_3}$

**중성점 전위**
3상 성형 결선의 중성점 전위는

$$V_n = \dfrac{\dfrac{E_1}{Z_1} + \dfrac{E_2}{Z_2} + \dfrac{E_3}{Z_3}}{\dfrac{1}{Z_1} + \dfrac{1}{Z_2} + \dfrac{1}{Z_3}}$$

$$= \dfrac{Y_1 E_1 + Y_2 E_2 + Y_3 E_3}{Y_1 + Y_2 + Y_3} [V]$$

**17** 같은 저항 $r[\Omega]$ 6개를 사용하여 그림과 같이 결선하고 대칭 3상 전압 $V[V]$를 가하였을 때 흐르는 전류 $I$는 몇 [A]인가?

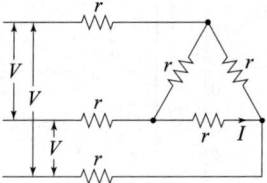

① $\dfrac{V}{2r}$    ② $\dfrac{V}{3r}$

③ $\dfrac{V}{4r}$    ④ $\dfrac{V}{5r}$

(1) $\Delta$결선으로 이루어진 저항 $r$을 Y결선으로 변환하면 저항은 $\dfrac{1}{3}$배로 감소되므로 각 상의 합성저항($R$)은 다음과 같이 계산된다.

$R = r + \dfrac{r}{3} = \dfrac{4}{3} r [\Omega]$

(2) Y결선의 선전류를 유도하면 $I_L$을 계산할 수 있다.

$I_L = \dfrac{E}{\sqrt{3} R} = \dfrac{E}{\sqrt{3} \times \dfrac{4}{3} r} = \dfrac{\sqrt{3} E}{4r} [A]$

(3) 상전류를 유도하면 $I_P$를 계산할 수 있다.

$I_P = \dfrac{I_1}{\sqrt{3}} = \dfrac{E}{4r} [A]$

문제에서 주어진 전류 $I$는 상전류 이므로

$\therefore I = \dfrac{E}{4r} [A]$

**18** 8[Ω]인 저항과 6[Ω]의 용량 리액턴스 직렬회로에 $\dot{E} = 28 - j4$ [V]인 전압을 가했을 때 흐르는 전류는 몇 [A]인가?

① $3.5 - j0.5$ [A]  ② $2.48 + j1.36$ [A]
③ $2.8 - j0.4$ [A]  ④ $5.3 + j2.21$ [A]

**옴의 법칙**
$R = 8[\Omega]$, $X_C = 6[\Omega]$인 R-C 직렬회로의 임피던스 $Z$는 $Z = R - jX_C = 8 - j6[\Omega]$이므로
$E = 28 - j4$[V]일 때 전류 $I$는
$$\therefore I = \frac{E}{Z} = \frac{28 - j4}{8 - j6} = 2.48 + j1.36 \text{ [A]}$$

**19** 두 개의 코일 a, b가 있다. 두 개를 직렬로 접속하였더니 합성 인덕턴스가 119[mH]이었고, 극성을 반대로 접속하였더니 합성 인덕턴스가 11[mH]이었다. 코일 a의 자기 인덕턴스가 20[mH]라면 결합계수 $k$는 얼마인가?

① 0.6  ② 0.7
③ 0.8  ④ 0.9

**합성인덕턴스($L_0$)와 결합계수($K$)**
두 개의 코일을 같은 방향으로 감으면 가동결합이 되고 이때의 합성인덕턴스를 $L_{01}$이라 한다. 또한 반대로 연결하였을 때는 차동결합이 되며 이때의 합성인덕턴스를 $L_{02}$라 하면
$L_{01} = L_1 + L_2 + 2M = 110$
$L_{02} = L_1 + L_2 - 2M = 24$ 식에서
$L_{01} - L_{02} = 4M = 86$이므로 $M = 21.5$ [mH]이다.
$L_1 = 10$ [mH]이므로
$L_2 = L_{01} - L_1 - 2M = 110 - 10 - 2 \times 21.5$
$= 57$ [mH]
$$\therefore K = \frac{M}{\sqrt{L_1 L_2}} = \frac{21.5}{\sqrt{10 \times 57}} = 0.9$$

**20** 대칭 3상 Y결선 부하에서 각 상의 임피던스가 $Z = 12 + j16[\Omega]$이고 부하전류가 10[A]일 때 이 부하의 선간전압은 약 몇 [V]인가?

① 235.7  ② 346.4
③ 456.4  ④ 524.7

**Y결선 선간전압**
부하전류는 선전류($I_L$)이며 Y결선인 경우 상전류($I_P$)는 선전류($I_L$)와 같으므로 $I_P = I_L = 10$ [A]
상전압을 $V_P$, 선간전압을 $V_L$이라 하면
$V_P = ZI_P = \sqrt{12^2 + 16^2} \times 10 = 200$ [V]
$$\therefore V_L = \sqrt{3}\, V_P = \sqrt{3} \times 200 = 346.4 \text{ [V]}$$

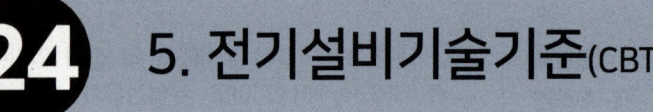

## 5. 전기설비기술기준(CBT시험 복원문제)

※ 본 기출문제는 수험자의 기억을 바탕으로 하여 복원한 문제이므로 실제 문제와 다를 수 있음을 미리 알려드립니다.

**01** 22.9[kV-Y]와 직류 전기철도 1500[V] 고압선을 병행설치 할 경우 상호의 최소 이격거리는 몇 [m]인가?

① 1
② 1.2
③ 1.5
④ 2

가공전선의 병행설치

| 사용전압 | 이격거리 |
|---|---|
| 저압 및 고압 | 0.5[m] 이상<br>고압 가공전선에 케이블 사용시 0.3[m] 이상 |
| 35[kV] 이하<br>특고압과<br>저·고압 | 1.2[m] 이상<br>특고압 가공전선이 케이블이고 저압 가공전선이 절연전선이거나 케이블인 때 또는 고압 가공전선이 고압 절연전선, 특고압 절연전선 또는 케이블인 때는 0.5[m]까지로 감할 수 있다. |
| 25[kV] 이하<br>특고압<br>(다중접지)과<br>저·고압 | 1[m] 이상<br>특고압 가공전선이 케이블이고 저압 가공전선이 절연전선이거나 케이블인 때 또는 고압 가공전선이 고압 절연전선이거나 케이블인 때는 0.5[m]까지로 감할 수 있다. |

**02** 직류 전차선의 시설방법이 아닌 것은?

① 가공방식
② 강체 복선식
③ 제3레일방식
④ 지중 조가선 방식

전차선 가선방식
전차선의 가선방식은 열차의 속도 및 노반의 형태, 부하전류 특성에 따라 적합한 방식을 채택하여야 하며, 가공방식, 강체방식, 제3레일방식을 표준으로 한다.

**03** 최대사용전압 3300[V]인 3상 유도전동기의 권선과 대지 사이의 절연내력 시험전압은 몇 [V]인가?

① 4950
② 5920
③ 6250
④ 9900

절연내력시험전압

| 종류 \ 구분 | 최대사용전압 | 시험전압 |
|---|---|---|
| 발전기<br>전동기<br>조상기 | 7[kV] 이하 | 1.5배<br>(최저 500[V]) |
| | 7[kV] 초과 | 1.25배<br>(최저 10.5[kV]) |

∴ 3300×1.5 = 4950[V]

**04** 특고압의 기계기구·모선 등을 옥외에 시설하는 변전소의 구내에 취급자 이외의 자가 들어가지 못하도록 시설하는 울타리·담 등의 최소 높이는 몇 [m] 이상으로 하여야 하는가?

① 1.8
② 2
③ 2.2
④ 2.4

울타리·담 등의 높이와 하단 사이의 간격

| 구분 | 높이 및 간격 |
|---|---|
| 울타리·담 등의 높이 | 2[m] 이상 |
| 울타리·담 등의 하단 사이의 간격 | 15[cm] 이하 |

정답 01 ① 02 ④ 03 ① 04 ②

**05** 중앙급전 전원과 구분되는 것으로서 전력소비지역 부근에 분산하여 배치 가능한 전원을 무엇이라 하는가?

① 단독운전  ② 계통연계
③ 분산형전원  ④ 리플프리

**용어의 정의**
① 단독운전 : 전력계통의 일부가 전력계통의 전원과 전기적으로 분리된 상태에서 분산형전원에 의해서만 운전되는 상태를 말한다.
② 계통연계 : 둘 이상의 전력계통 사이를 전력이 상호 융통될 수 있도록 선로를 통하여 연결하는 것으로 전력계통 상호간을 송전선, 변압기 또는 직류-교류 변환설비 등에 연결하는 것을 말한다.
③ 분산형전원 : 중앙급전 전원과 구분되는 것으로서 전력소비지역 부근에 분산하여 배치 가능한 전원을 말한다. 상용전원의 정전시에만 사용하는 비상용 예비전원은 제외하며, 신·재생에너지 발전설비, 전기저장장치 등을 포함한다.
④ 리플프리 : 교류를 직류로 변환할 때 리플성분의 실효값이 10[%] 이하로 포함된 직류를 말한다.

**06** 소세력 회로의 전압이 15[V] 이하일 경우 2차 단락전류는 몇 [A] 이하이어야 하는가?

① 1.5  ② 3
③ 5  ④ 8

**소세력 회로**
절연변압기의 2차 단락전류는 소세력 회로의 최대사용전압에 따라 아래 표에서 정한 값 이하의 것이어야 한다. 다만, 그 변압기의 2차측 전로에 아래 표에서 정한 값 이하의 과전류차단기를 시설하는 경우에는 그러하지 아니하다.

| 소세력 회로의 최대사용전압의 구분 | 2차 단락전류 | 최대사용전류 및 과전류차단기의 정격전류 |
|---|---|---|
| 15[V] 이하 | 8[A] | 5[A] |
| 15[V] 초과 30[V] 이하 | 5[A] | 3[A] |
| 30[V] 초과 60[V] 이하 | 3[A] | 1.5[A] |

**07** 두 개 이상의 전선을 병렬로 사용하는 경우에 관한 사항이다. 틀린 것은?

① 병렬로 사용하는 각 전선의 굵기는 동선 50[mm$^2$] 이상 또는 알루미늄 70[mm$^2$] 이상으로 한다.
② 전선은 같은 도체, 같은 재료, 같은 길이 및 같은 굵기의 것을 사용할 것.
③ 같은 극의 각 전선은 동일한 터미널러그에 완전히 접속할 것.
④ 같은 극인 각 전선의 터미널러그는 동일한 도체에 1개 이상의 리벳 또는 2개 이상의 나사로 접속할 것.

**전선의 병렬접속**
두 개 이상의 전선을 병렬로 사용하는 경우에는 다음에 의하여 시설할 것.
(1) 병렬로 사용하는 각 전선의 굵기는 동선 50[mm$^2$] 이상 또는 알루미늄 70[mm$^2$] 이상으로 하고, 전선은 같은 도체, 같은 재료, 같은 길이 및 같은 굵기의 것을 사용할 것.
(2) 같은 극의 각 전선은 동일한 터미널러그에 완전히 접속할 것.
(3) 같은 극인 각 전선의 터미널러그는 동일한 도체에 2개 이상의 리벳 또는 2개 이상의 나사로 접속할 것.
(4) 병렬로 사용하는 전선에는 각각에 퓨즈를 설치하지 말 것.
(5) 교류회로에서 병렬로 사용하는 전선은 금속관 안에 전자적 불평형이 생기지 않도록 시설할 것.

**08** 전기욕기에 전기를 공급하기 위한 전원장치에 내장되어 있는 전원변압기의 2차측 전로의 사용전압은 몇 [V] 이하인 것을 사용하여야 하는가?

① 5  ② 10
③ 25  ④ 35

**전기욕기의 사용전압**
전기욕기에 전기를 공급하기 위한 전기욕기용 전원장치는 내장되는 전원 변압기의 2차측 전로의 사용전압이 10[V] 이하의 것에 한한다.

정답  05 ③  06 ④  07 ④  08 ②

**09** 저압 옥상전선로의 시설에 대한 설명으로 틀린 것은?

① 전선은 절연전선을 사용한다.
② 전선은 지름 2.6[mm] 이상의 경동선을 사용한다.
③ 전선은 상시 부는 바람 등에 의하여 식물에 접촉하지 않도록 시설한다.
④ 전선과 옥상 전선로를 시설하는 조영재와의 이격거리를 0.5[m]로 한다.

**저압 옥상전선로**

| 구분 | 내용 |
|---|---|
| 전선 | 인장강도 2.30[kN] 이상, 지름 2.6[mm] 이상의 경동선 |
| | 절연전선(옥외용 비닐절연전선을 포함) 또는 이와 동등 이상의 절연효력이 있는 것 |
| 지지점 간의 거리 | 15[m] 이하 |
| 전선과 조영재와의 이격거리 | 2[m] 이상 (전선이 고압절연전선, 특고압 절연전선 또는 케이블인 경우에는 1[m] 이상) |
| 식물과의 거리 | 상시 부는 바람에 의하여 식물에 접촉하지 아니하도록 시설 |

**10** 주택 등 저압수용장소에서 고정 전기설비에 TN-C-S 접지방식으로 접지공사 시 중성선 겸용 보호도체(PEN)는 고정 전기설비에만 사용할 수 있다. 그 보호도체의 단면적이 구리는 몇 [mm²] 이상이어야 하는가?

① 4
② 6
③ 16
④ 10

**주택 등 저압수용장소 접지**

저압수용장소에서 계통접지가 TN-C-S 방식인 경우에 중성선 겸용 보호도체(PEN)는 고정 전기설비에만 사용할 수 있고, 그 도체의 단면적이 구리는 10[mm²] 이상, 알루미늄은 16[mm²] 이상이어야 한다.

**11** 애자공사에 의한 고압 옥내배선 등의 시설에서 사용되는 연동선의 공칭단면적은 몇 [mm²] 이상인가?

① 2.5
② 8
③ 4
④ 6

**애자공사에 의한 옥내배선 공사의 사용 전선**

| 구분 | 전선의 종류 |
|---|---|
| 저압 | 절연전선(옥외용 비닐절연전선 및 인입용 비닐절연전선을 제외한다)일 것. |
| 고압 | 6[mm²] 이상의 연동선 또는 동등 이상의 세기 및 굵기의 고압 절연전선이나 특고압 절연전선 또는 6/10[kV] 인하용 고압 절연전선 |

**12** 6[kV] 고압 옥내배선을 애자공사로 하는 경우 전선의 지지점간의 거리는 전선을 조영재의 면을 따라 붙이는 경우에는 몇 [m] 이하로 하여야 하는가?

① 1.5
② 2
③ 3
④ 5

**애자공사**

| 전압종별 구분 | 저압 | 고압 |
|---|---|---|
| 전선 상호간의 간격 | 6[cm] 이상 | 8[cm] 이상 |
| 전선과 조영재 이격거리 | 400[V] 이하 : 2.5[cm] 이상 400[V] 초과 : 4.5[cm] 이상 단, 건조한 장소 : 2.5[cm] 이상 | 5[cm] 이상 |
| 전선의 지지점간의 거리 | 400[V] 초과인 것은 6[m] 이하 단, 전선을 조영재의 윗면 또는 옆면에 따라 붙일 경우에는 2[m] 이하 | 6[m] 이하 단, 전선을 조영재의 면을 따라 붙이는 경우에는 2[m] 이하 |

정답 09 ④ 10 ④ 11 ④ 12 ②

**13** 66[kV] 특고압 가공전선로를 경동연선으로 시가지에 시설하려고 한다. 애자장치는 50[%] 충격섬락전압의 값이 다른 부분의 몇 [%] 이상으로 되어야 하는가?

① 100[%]  ② 115[%]
③ 110[%]  ④ 105[%]

| 시가지 등에서 특고압 가공전선로의 시설 |
|---|
| 특고압 가공전선로는 전선이 케이블인 경우 또는 전선로를 다음과 같이 시설하는 경우에는 시가지 그 밖에 인가가 밀집한 지역에 시설할 수 있다.(단, 사용전압이 170[kV] 이하인 전선로이다.) |
| (1) 특고압 가공전선을 지지하는 애자장치는 50[%] 충격섬락전압 값이 그 전선의 근접한 다른 부분을 지지하는 애자장치 값의 110[%](사용전압이 130[kV]를 초과하는 경우는 105[%]) 이상인 것. |
| (2) 지지물에는 철주·철근 콘크리트주 또는 철탑을 사용할 것. |
| (3) 사용전압이 100[kV]를 초과하는 특고압 가공전선에 지락 또는 단락이 생겼을 때에는 1초 이내에 자동적으로 이를 전로로부터 차단하는 장치를 시설할 것. |

**14** 가공전선로의 지지물에 시설되는 전선 기타 가섭선의 강도계산에 적용하는 갑종풍압하중은 수직투영면적 1[m²]당 몇 [Pa]로 계산하는가? (단, 다도체를 구성하는 전선이 아니라고 한다.)

① 588  ② 666
③ 745  ④ 882

| 갑종풍압하중 | | |
|---|---|---|
| 풍압을 받는 구분 | | 구성재의 수직투영면적 1[m²]에 대한 풍압[Pa] |
| 전선 기타 가섭선 | 다도체(구성하는 전선이 2가닥마다 수평으로 배열되고 또한 그 전선 상호 간의 거리가 전선의 바깥지름의 20배 이하인 것)를 구성하는 전선 | 666 |
| | 기타의 것(단도체) | 745 |

**15** 사람이 상시 통행하는 터널 내 저압전선로의 애자공사 시 노면상 최소 높이는?

① 2.0[m]  ② 2.2[m]
③ 2.5[m]  ④ 3.0[m]

| 사람이 상시 통행하는 터널 안의 배선의 시설 | |
|---|---|
| 구분 | 내용 |
| 적용 | 사용전압이 저압의 것에 한한다. |
| 공사 방법 | 케이블공사, 금속관공사, 합성수지관공사, 가요전선관공사, 애자공사 |
| 전선의 굵기 | 공칭단면적 2.5[mm²]의 연동선과 동등 이상의 세기 및 굵기의 절연전선(옥외용 비닐 절연전선 및 인입용 비닐 절연전선을 제외한다)을 사용하여 애자공사에 의하여 시설 |
| 높이 | 애자공사시 노면상 2.5[m] 이상 |
| 기타 | 전로에는 터널의 입구에 가까운 곳에 전용 개폐기를 시설할 것. |

**16** 전력보안통신설비의 무선용 안테나 등을 지지하는 철주, 철근콘크리트주 또는 철탑의 기초 안전율은 얼마 이상이어야 하는가?

① 1.2  ② 1.5
③ 1.8  ④ 2

| 각종 안전율에 대한 총정리 | |
|---|---|
| 구분 | 안전율 |
| 지지물 | 기초 안전율 2 이상 (이상시 상정하중에 대한 철탑의 기초에 대하여는 1.33 이상) |
| | 무선용 안테나를 지지하는 지지물 1.5 이상 |

정답 13 ③  14 ③  15 ③  16 ②

**17** 고압 가공인입선은 그 아래에 위험표시를 하였을 경우에는 전선의 지표상 높이를 몇 [m] 까지로 감할 수 있는가?

① 2.5　　② 3.0
③ 3.5　　④ 4.0

**가공인입선의 높이**

| 구분 | | 전선의 높이 |
|---|---|---|
| 도로를 횡단 | 저압 | 노면상 5[m] 이상 (교통에 지장 없을 때 3[m] 이상) |
| | 고압 | 지표상 6[m] 이상 |
| 철도 또는 궤도를 횡단 | 저압 고압 | 레일면상 6.5[m] 이상 |
| 횡단보도교 위에 시설 | 저압 | 노면상 3[m] 이상 |
| | 고압 | 노면상 3.5[m] 이상 |
| 기타 | 저압 | 지표상 4[m] 이상 (교통에 지장 없을 때 2.5[m] 이상) |
| | 고압 | 지표상 5[m] 이상 (전선 아래쪽에 위험표시를 한 경우 지표상 3.5[m]까지 감할 수 있다.) |

**18** 관광숙박업 또는 숙박업을 하는 객실의 입구 등에 조명용 전등을 설치할 때 몇 분 이내에 소등되는 타임스위치를 시설하여야 하는가?

① 1　　② 3
③ 5　　④ 10

**센서등(타임스위치)의 시설**

| 구분 | | 내용 |
|---|---|---|
| 타임 스위치 | 관광숙박업 또는 숙박업 | 객실의 입구등 1분 이내에 소등 |
| | 일반주택 및 아파트 | 각 호실 현관등 3분 이내에 소등 |

**19** 계통 연계하는 분산형 전원설비를 설치하는 경우 다음에 해당하는 이상 또는 고장 발생 시 자동적으로 분산형 전원설비를 전력계통으로부터 분리하기 위한 장치 시설 및 해당 계통과의 보호협조를 실시하여야 한다. 다음 중 관계 없는 것은?

① 분산형전원설비의 이상 또는 고장
② 연계한 전력계통의 이상 또는 고장
③ 단독운전 상태
④ 단순 병렬운전 분산형전원설비의 경우

**분산형 전원 계통 연계용 보호장치의 시설**
계통 연계하는 분산형 전원설비를 설치하는 경우 다음에 해당하는 이상 또는 고장 발생 시 자동적으로 분산형 전원설비를 전력계통으로부터 분리하기 위한 장치 시설 하여야 한다.
(1) 분산형 전원설비의 이상 또는 고장
(2) 연계한 전력계통의 이상 또는 고장
(3) 단독운전 상태

**20** 지중전선로를 직접매설식에 의하여 시설하는 경우에 차량 및 기타 중량물의 압력을 받을 우려가 있는 장소의 매설 깊이는 몇 [m] 이상인가?

① 1.0　　② 1.2
③ 1.5　　④ 1.8

**관로식과 직접매설식에서 지중전선의 매설깊이**

| 구분 | 매설깊이 |
|---|---|
| 차량 기타 중량물의 압력을 받을 우려가 있는 장소 | 1.0[m] 이상 |
| 기타 장소 | 0.6[m] 이상 |

[주] 직접매설식은 지중전선을 견고한 트라프 기타 방호물에 넣어 시설하여야 한다. 다만, 저압 또는 고압의 지중전선에 콤바인덕트 케이블을 사용하여 시설하는 경우에는 지중전선을 견고한 트라프 기타 방호물에 넣지 아니하여도 된다.

정답 17 ③　18 ①　19 ④　20 ①

# 24 1. 전기자기학(CBT시험 복원문제)

**2024년 3회 전기산업기사**

※ 본 기출문제는 수험자의 기억을 바탕으로 하여 복원한 문제이므로 실제 문제와 다를 수 있음을 미리 알려드립니다.

**01** 다음 중 정전계에 대한 설명으로 가장 알맞은 것은?

① 전계에너지와 무관한 전하분포의 전계이다.
② 전계에너지가 최소로 되는 전하분포의 전계이다.
③ 전계에너지가 최대로 되는 전하분포의 전계이다.
④ 전계에너지를 일정하게 유지하는 전하분포의 전계이다.

> **정전계의 정의**
> 정전계란 정지되어 있는 전하 주위의 공간에 전계에너지가 최소로 되는 전하 분포의 전계를 의미한다.

**02** 진공 중에 놓인 1[μC]의 점전하에서 3[m] 되는 점의 전계는 몇 [V/m]인가?

① 100
② 1,000
③ 300
④ 3,000

> 점전하에 의한 전계의 세기 : $E$[V/m]
> $Q=1\,[\mu C],\ r=3\,[m]$이므로
> $E=\dfrac{Q}{4\pi\epsilon_0 r^2}=9\times10^9\times\dfrac{Q}{r^2}$ [V/m] 식에서
> ∴ $E=9\times10^9\times\dfrac{1\times10^{-6}}{3^2}=1{,}000$ [V/m]

**03** 전기력선의 기본성질을 설명한 것 중 옳지 않은 것은?

① 전기력선의 방향은 그 점의 전계의 방향과 일치한다.
② 전기력선은 전위가 높은 곳에서 낮은 곳으로 향한다.
③ 전기력선은 그 자신만으로도 폐곡선이 된다.
④ 전기력선은 전계의 세기가 0인 곳을 제외하고는 등전위면과 직교한다.

> **전기력선의 성질**
> (1) 전기력선은 정(+)전하에서 시작하여 부(−)전하에서 끝난다.
> (2) 전기력선은 전위가 높은 곳에서 낮은 곳으로 향한다.
> (3) 전기력선의 밀도는 전계의 세기와 같고, 전기력선의 방향은 전계의 방향과 같다.
> (4) 전기력선은 자신만으로 폐곡선을 그리지 않는다.
> (5) 전기력선은 도체 표면(등전위면)과 수직을 이룬다.
> (6) 전기력선은 서로 반발하여 교차하지 않는다.
> (7) 전기력선은 도체 내부에 존재하지 않는다.
> (8) 전하가 없는 곳에서는 전기력선의 발생, 소멸이 없다.
> (9) 단위 전하에서의 전기력선의 수는 $\dfrac{1}{\epsilon_0}$개다.

**04** 맥스웰 전자계의 기초 방정식으로 틀린 것은?

① $\operatorname{rot} H=i_c+\dfrac{\partial D}{\partial t}$
② $\operatorname{rot} E=-\dfrac{\partial B}{\partial t}$
③ $\operatorname{div} D=\rho$
④ $\operatorname{div} B=-\dfrac{\partial D}{\partial t}$

> **맥스웰 방정식의 미분형**
> (1) 암페어의 주회적분법칙을 이용한 맥스웰의 방정식
> ∴ $\operatorname{rot} H=\nabla\times H=i+i_d=i+\dfrac{\partial D}{\partial t}=i+\epsilon\dfrac{\partial E}{\partial t}$
> (2) 패러데이의 법칙을 이용한 맥스웰의 방정식
> ∴ $\operatorname{rot} E=\nabla\times E=-\dfrac{\partial B}{\partial t}=-\mu\dfrac{\partial H}{\partial t}$
> (3) 가우스의 법칙을 이용한 맥스웰의 방정식
> ∴ $\operatorname{div} D=\rho_v,\ \operatorname{div} B=0$

**정답** 01 ② 02 ② 03 ③ 04 ④

**05** 동심구에서 내부도체의 반지름이 $a$, 절연체의 반지름이 $b$, 외부도체의 반지름이 $c$이다. 내부도체에만 전하 $Q$를 주었을 때 내부도체의 전위는? (단, 절연체의 유전율은 $\epsilon_0$이다.)

① $\dfrac{Q}{4\pi\epsilon_o a}\left(\dfrac{1}{a}+\dfrac{1}{b}\right)$   ② $\dfrac{Q}{4\pi\epsilon_o a}\left(\dfrac{1}{a}-\dfrac{1}{b}\right)$

③ $\dfrac{Q}{4\pi\epsilon_o}\left(\dfrac{1}{a}-\dfrac{1}{b}-\dfrac{1}{c}\right)$   ④ $\dfrac{Q}{4\pi\epsilon_o}\left(\dfrac{1}{a}-\dfrac{1}{b}+\dfrac{1}{c}\right)$

> **동심구도체에 의한 전위**
> (1) A도체에만 +Q[C]으로 대전된 경우 A도체 전위
> $V_A = \dfrac{Q}{4\pi\epsilon_0}\left(\dfrac{1}{a}-\dfrac{1}{b}+\dfrac{1}{c}\right)$ [V]
> (2) A도체에 +Q[C], B도체에 -Q[C]이 대전된 경우 A, B도체 사이의 전위차
> $V_{AB} = \dfrac{Q}{4\pi\epsilon_0}\left(\dfrac{1}{a}-\dfrac{1}{b}\right)$ [V]
> (3) B도체에만 +Q[C]으로 대전된 경우 B도체 전위
> $V_B = \dfrac{Q}{4\pi\epsilon_0 c}$ [V]
> ∴ $V_A = \dfrac{Q}{4\pi\epsilon_0}\left(\dfrac{1}{a}-\dfrac{1}{b}+\dfrac{1}{c}\right)$ [V]

**06** 유전체에 가한 전계 $E$[V/m]와 분극의 세기 $P$[C/m²] 간의 관계식으로 옳은 것은?

① $P=\epsilon_0(\epsilon_s-1)E$   ② $P=\epsilon_0(\epsilon_s+1)E$
③ $D=\epsilon_0 E-P$   ④ $D=\epsilon_0\epsilon_s E+P$

> **분극의 세기 ($P$)**
> 전속밀도 $D$, 전계의 세기 $E$, 유전율 $\epsilon$, 비유전율 $\epsilon_s$, 분극률 $\chi$라 하면
> $P = D-\epsilon_0 E = \epsilon E-\epsilon_0 E = \epsilon_0(\epsilon_s-1)E = \chi E$
> $= \left(1-\dfrac{1}{\epsilon_s}\right)D$ [C/m²]

**07** 그림과 같은 유전속 분포에서 $\epsilon_1$과 $\epsilon_2$ 사이의 관계는?

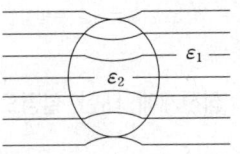

① $\epsilon_1=\epsilon_2$   ② $\epsilon_1>\epsilon_2$
③ $\epsilon_1<\epsilon_2$   ④ $\epsilon_1=\epsilon_2=0$

> **유전체 내의 경계조건**
> 유전율이 서로 다른 유전체가 경계면을 이루고 있을 때 유전체 내의 전속선은 유전율이 큰 쪽으로 모이려는 성질이 있으며 전기력선은 유전율이 작은 쪽으로 모이려는 성질이 있다. 따라서 유전속의 분포가 $\epsilon_1$에서 $\epsilon_2$로 향하고 있으며 $\epsilon_2$ 쪽으로 모이려 하기 때문에 유전율은 $\epsilon_2$가 $\epsilon_1$보다 큰 값임을 알 수 있다.
> ∴ $\epsilon_1 < \epsilon_2$

**08** 무한평면도체로부터 $a$[m]의 거리에 점전하 $Q$[C]가 있을 때 이 점전하와 평면 도체간의 작용력은 몇 [N]인가?

① $\dfrac{Q^2}{4\pi\epsilon a^2}$   ② $\dfrac{Q^2}{8\pi\epsilon a^2}$

③ $\dfrac{Q^2}{16\pi\epsilon a^2}$   ④ $\dfrac{Q^2}{32\pi\epsilon a^2}$

> **접지무한평면과 점전하**
> 점전하 $Q$[C]와 영상전하 $-Q$[C]간의 거리가 $2a$[m] 떨어져 있으므로 작용하는 힘 $F$는
> $F = \dfrac{Q_1 Q_2}{4\pi\epsilon r^2} = \dfrac{Q\cdot(-Q)}{4\pi\epsilon(2a)^2} = -\dfrac{Q^2}{16\pi\epsilon a^2}$ [N]
> ∴ $F = \dfrac{Q^2}{16\pi\epsilon a^2}$ [N]

**09** 자유전자 $e$가 전계 $E$ 중을 열에너지에 의해 진동하고 있는 원자와 충돌하면서 운동하는 경우 평균 자유시간을 $\tau$라 하면 도전율 $\sigma$는 얼마인가? (단, 자유전자의 밀도는 $n$, 질량은 $m$이라 한다.)

① $\dfrac{ne\tau}{2m}$  ② $\dfrac{ne^2\tau}{2m}$

③ $\dfrac{ne\tau}{m}$  ④ $\dfrac{ne^2\tau}{m}$

> 전류밀도($i$)
> $ma = m\dfrac{v}{t} = \rho E[\text{N}]$ 식에서
> $v = \dfrac{\rho E t}{m}$ [m/sec]이다.
> $i = nev = \sigma E[\text{A/m}^2]$이므로
> $\therefore \sigma = \dfrac{nev}{E} = \dfrac{ne}{E} \times \dfrac{\rho E \tau}{m} = \dfrac{ne^2\tau}{m}$ [v/m]

**10** 자속 $\phi$[Wb]가 주파수 $f$[Hz]로 $\phi = \phi_m \sin 2\pi ft$ [Wb]일 때, 이 자속과 쇄교하는 권수 $N$회인 코일에 발생하는 기전력은 몇 [V]인가?

① $-2\pi f N \phi_m \cos 2\pi ft$
② $-2\pi f N \phi_m \sin 2\pi ft$
③ $2\pi f N \phi_m \tan 2\pi ft$
④ $2\pi f N \phi_m \sin 2\pi ft$

> 유기기전력
> $e = -N\dfrac{d\phi}{dt} = -N\dfrac{d}{dt}\phi_m \sin 2\pi ft$
> $= -2\pi f N \phi_m \cos 2\pi ft$ [V]

**11** 각종 전기기기에 접지하는 이유로 가장 옳은 것은?

① 편의상 대지는 전위가 영상 전위이기 때문이다.
② 대지는 습기가 있기 때문에 전류가 잘 흐르기 때문이다.
③ 영상전하로 생각하여 땅속은 음(-) 전하이기 때문이다.
④ 지구의 정전용량이 커서 전위가 거의 일정하기 때문이다.

> 접지
> 모든 전기기계기구는 대지로부터 반드시 절연을 해야 하며 단 충전부는 대지와 전기적으로 연결하여 인체의 접촉에 의한 감전이나 화재에 대한 방지대책이 필요하다. 이때 전기장치의 충전부를 대지와 전기적으로 접속하는 것을 접지라 하며 이는 지구의 용량이 대단히 커서 전위가 거의 변함없이 일정하기 때문이다. 또한 대지면은 실용상 영전위(0[V])로 취급하며 보통 기준으로 삼는다.

**12** 다음 설명 중 틀린 것은?

① 저항의 역수는 컨덕턴스이다.
② 저항률의 역수는 도전율이다.
③ 도체의 저항은 온도가 올라가면 그 값이 증가한다.
④ 저항률의 단위는 [$\Omega/\text{m}^2$]이다.

> 도체의 저항률(고유저항 : $\rho$)
> 도체의 전기저항 $R$, 도전율 $k$, 단면적 $A$, 길이 $l$이라 하면 $R = \rho\dfrac{l}{A} = \dfrac{l}{kA}$ [$\Omega$]이므로
> $\rho = \dfrac{RA}{l} = \dfrac{1}{k}$ [$\Omega$m]이다.
> $\therefore$ 고유저항(=저항율)은 저항과 단면적에 비례하고 길이에 반비례하며 도전율의 역수이다. 또한 단위는 [$\Omega$m]이다.

**13** 한 변의 길이가 2[m]인 정사각형 도체 회로에 전류 $\pi$[A]를 흘릴 때 회로의 중심점에서 자계의 세기는 몇 [AT/m]인가?

① $\sqrt{2}$
② $\dfrac{1}{\sqrt{2}}$
③ 2
④ $\sqrt{3}$

> 정$n$변형 회로의 중심 자계의 세기($H$)
> 한 변의 길이가 $l$[m]인 정$n$변형 중심자계의 세기를 $H_0$라 하면
> $H_0 = \dfrac{nI}{\pi l}\sin\dfrac{\pi}{n}\tan\dfrac{\pi}{n}$ [AT/m] 식에서
> 정사각형으로 $n=4$일 때
> $H_0 = \dfrac{2\sqrt{2}\,I}{\pi l}$ [AT/m]이므로
> $l=2$[m], $I=\pi$[A]인 경우
> ∴ $H_0 = \dfrac{2\sqrt{2}\times\pi}{\pi\times 2} = \sqrt{2}$ [AT/m]

**14** 공기 중에서 $E$[V/m]의 전계를 $i_d$[A/m²]의 변위전류로 흐르게 하고자 한다. 이때 주파수 $f$[Hz]는?

① $f = \dfrac{i_d}{2\pi\epsilon E}$
② $f = \dfrac{i_d}{4\pi\epsilon E}$
③ $f = \dfrac{\epsilon i_d}{2\pi^2 E}$
④ $f = \dfrac{i_d E}{4\pi^2 \epsilon}$

> 변위전류밀도($i_d$)
> 전계의 세기를 $E$, 전속밀도 $D$라 하면
> $E = E_m \sin\omega t$ [V/m]인 경우
> $i_d = \dfrac{\partial D}{\partial t} = \epsilon\dfrac{\partial E}{\partial t} = \omega\epsilon E_m\cos\omega t$
> $\quad = \omega\epsilon E_m\sin(\omega t + 90°)$ [A/m²]
> $i_d = \omega\epsilon E = 2\pi f \epsilon E$ [A/m²]이므로
> ∴ $f = \dfrac{i_d}{2\pi\epsilon E}$ [Hz]

**15** 반지름 $a$[m] 되는 도선의 1[m]당 내부 자기인덕턴스는 몇 [H/m]인가?

① $\dfrac{\mu}{8\pi}$
② $\dfrac{\mu}{4\pi}$
③ $\dfrac{\mu a}{8\pi}$
④ $\dfrac{\mu a}{4\pi}$

> 원통도체(원주형 도선)의 자기인덕턴스($L$)
> $L = \dfrac{\mu l}{8\pi}$ [H] $= \dfrac{\mu}{8\pi}$ [H/m]

**16** 접지된 무한히 넓은 평면도체로부터 $a$[m] 떨어져 있는 공간에 $Q$[C]의 점전하가 놓여있을 때 그림 P점의 전위는 몇 [V]인가?

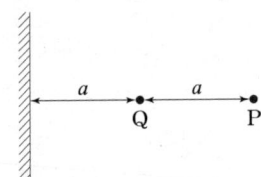

① $\dfrac{Q}{8\pi\epsilon_0 a}$
② $\dfrac{Q}{6\pi\epsilon_0 a}$
③ $\dfrac{3Q}{4\pi\epsilon_0 a}$
④ $\dfrac{Q}{2\pi\epsilon_0 a}$

> 접지무한평면과 점전하
> 접지무한평면으로부터 $a$[m] 떨어진 곳에 점전하 $Q$[C]이 있을 때 점전하로부터 $2a$[m] 떨어진 무한평면 이면에 영상전하 $-Q$[C]이 존재한다. 따라서 P점의 전위는 $Q$[C]에 의한 전위 $V_1$과 $-Q$[C]에 의한 전위 $V_2$의 합으로 계산된다.
>
>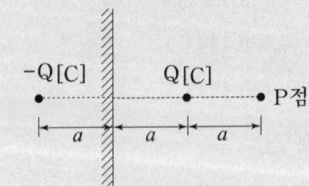
>
> $V_1 = \dfrac{Q}{4\pi\epsilon_0 a}$ [V], $V_2 = \dfrac{-Q}{4\pi\epsilon_0 (3a)}$ [V]
> ∴ $V = V_1 + V_2 = \dfrac{Q}{4\pi\epsilon_0 a} - \dfrac{Q}{12\pi\epsilon_0 a} = \dfrac{3Q - Q}{12\pi\epsilon_0 a}$
> $\quad = \dfrac{Q}{6\pi\epsilon_0 a}$ [V]

**17** 막대자석 위쪽에 동축도체 원판을 놓고 회로의 한 끝은 원판의 주변에 접촉시켜 회전하도록 해 놓은 그림과 같은 패러데이 원판 실험을 할 때 검류계에 전류가 흐르지 않는 경우는?

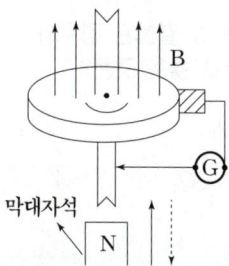

① 자석만을 일정한 방향으로 회전시킬 때
② 원판만을 일정한 방향으로 회전시킬 때
③ 자석을 축 방향으로 전진시킨 후 후퇴시킬 때
④ 원판과 자석을 동시에 같은 방향, 같은 속도로 회전시킬 때

> **패러데이의 전자유도법칙**
> 시간에 따라 변하는 자계는 자계 내에 있는 적절한 폐회로에 전류를 흐르게 하는 기전력을 일으킨다. 이 때 폐회로에 유도되는 기전력의 크기는 폐회로에 쇄교되는 자속의 감쇠율에 비례한다는 법칙이 패러데이 법칙이다.
> $e = -N \dfrac{d\phi}{dt}$ [V] 식에서
> 원판과 자석을 동시에 같은 방향, 같은 속도로 회전시키면 자속이 시간적으로 변화하지 못하기 때문에 기전력이 발생하지 않는다. 따라서 검류계에는 전류가 흐를 수 없다.

**18** 자유 공간상에서 변위전류가 만드는 것은?

① 전속밀도  ② 자계
③ 전계     ④ 기전력

> **맥스웰 방정식**
> 암페어의 주회적분법칙에서 유도된 전자방정식은
> rot $H = \nabla \times H = i + i_d = i + \dfrac{\partial D}{\partial t} = i + \epsilon \dfrac{\partial E}{\partial t}$ 이며
> 여기서 $i_d$를 변위전류밀도라 하여 전속밀도의 시간적 변화량으로 정의한다. 이로써 유전체 내를 흐르는 전류를 변위전류라 하며 이 또한 주위에 자계를 발생시키는 것을 알 수 있다.

**19** 6.28[A]가 흐르는 무한장 직선 도선상에서 1[m] 떨어진 점의 자계의 세기[A/m]는?

① 0.5[A/m]  ② 1[A/m]
③ 2[A/m]    ④ 3[A/m]

> **직선도체에 의한 자계의 세기**
> $I = 6.28$[A], $r = 1$[m], $N = 1$일 때
> $\therefore H = \dfrac{NI}{l} = \dfrac{NI}{2\pi r} = \dfrac{6.28}{2\pi \times 1} = 1$[AT/m]

**20** 도체계에서 임의의 도체를 일정전위(영전위)의 도체로 완전 포위하면 내외공간의 전계를 완전히 차단할 수 있다. 이것을 무엇이라 하는가?

① 표피효과  ② 핀치효과
③ 전자차폐  ④ 정전차폐

> **정전차폐**
> 임의의 도체를 일정전위의 도체로 완전히 감싸면 내외 공간의 전계를 완전히 차단할 수 있는 현상으로 도전율이 매우 큰 양도체를 이용한다. 양도체의 경우 절연체에 비해 도전율이 $10^{20}$배 정도 된다.

## 2. 전력공학(CBT시험 복원문제)

2024년 3회 전기산업기사

※ 본 기출문제는 수험자의 기억을 바탕으로 하여 복원한 문제이므로 실제 문제와 다를 수 있음을 미리 알려드립니다.

**01** 물의 분출 속도가 31.3[m/s]의 수력발전소가 있다. 유효 낙차는?

① 44.2  ② 49.98
③ 60.6  ④ 62.1

**노즐의 물의 분출속도($v$)**
이론적 물의 분출속도 $v = \sqrt{2gh}$ [m/s] 식에서
$v = 31.3$ [m/s], 중력가속도 $g = 9.8$ [m/sec²]이므로
$\therefore h = \dfrac{v^2}{2g} = \dfrac{31.3^2}{2 \times 9.8} = 49.98$ [m]

**02** 전선의 자중과 빙설 하중을 $W_1$, 풍압 하중을 $W_2$라 할 때 그 합성 하중은?

① $\sqrt{W_1^2 + W_2^2}$  ② $W_1 + W_2$
③ $W_1 - W_2$  ④ $W_2 - W_1$

**철탑의 하중설계**

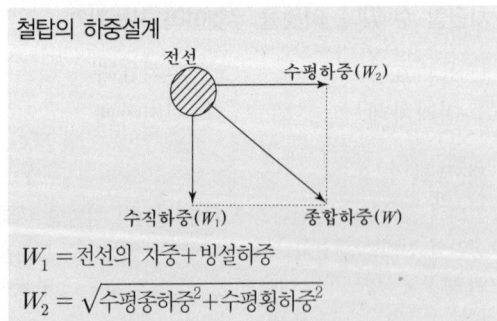

$W_1 =$ 전선의 자중+빙설하중
$W_2 = \sqrt{수평종하중^2 + 수평횡하중^2}$
$\therefore W = \sqrt{W_1^2 + W_2^2}$

**03** 콘덴서를 △ 결선된 경우와 Y 결선된 콘덴서를 비교한 것으로 옳은 것은?

① $3Q_\Delta = Q_Y$  ② $Q_\Delta = 3Q_Y$
③ $Q_\Delta = \dfrac{1}{\sqrt{3}} Q_Y$  ④ $\dfrac{1}{\sqrt{3}} Q_\Delta = Q_Y$

**전력용콘덴서**
역률을 개선하기 위한 전력용 콘덴서는 △결선으로 채용한다. 그 이유는 △결선으로 접속할 때 Y결선으로 접속하는 경우에 비해서 충전용량은 3배 증가시킬 수 있으며 정전용량은 $\dfrac{1}{3}$ 배로 줄일 수 있기 때문이다.
$Q_\Delta = 3\omega CV^2 \times 10^{-3}$ [kVA],
$Q_Y = \omega CV^2 \times 10^{-3}$ [kVA]이므로
$\therefore Q_\Delta = 3Q_Y$

**04** 정삼각형 배치의 선간거리가 5[m]이고, 전선의 지름이 1[cm]인 3상 가공 송전선의 1선의 정전용량은 약 몇 [μF/km]인가?

① 0.008  ② 0.016
③ 0.024  ④ 0.032

**작용정전용량($C$)**
선간거리 $D$, 반지름 $r$, 지름 $d$라 하면
$C = \dfrac{0.02413}{\log_{10} \dfrac{D}{r}} = \dfrac{0.02413}{\log_{10} \dfrac{2D}{d}}$ [μF/km]이므로
$D = 5$ [m], $d = 1$ [cm]일 때
$\therefore C = \dfrac{0.02413}{\log_{10} \dfrac{2D}{d}} = \dfrac{0.02413}{\log_{10} \left(\dfrac{2 \times 5}{1 \times 10^{-2}}\right)}$
$= 0.008$ [μF/km]

정답 01 ② 02 ① 03 ② 04 ①

**05** 변압기 결선에 있어서 1차에 제3고조파가 있을 때 2차 전압에 제3고조파가 나타나는 결선은?

① △ - △
② △ - Y
③ Y - Y
④ Y - △

**변압기 Y-Y결선의 특징**
변압기의 1, 2차 결선이 Y-Y결선일 경우 철심의 비선형 특성으로 인하여 제3고조파 전압, 전류가 발생하고 이 고조파에 의해 근접 통신선에 전자유도장해를 일으키게 된다. 뿐만 아니라 2차측 Y결선 중성점을 접지할 경우 직렬공진에 의한 이상전압 및 제3고조파의 영상전압에 따른 중성점의 전위가 상승하게 된다. 그러므로 송전계통에서 Y-Y결선은 거의 사용되지 않는다.

**06** 발전소 원동기로 이용되는 가스터빈의 특징을 증기터빈 내연기관에 비교하면?

① 열효율이 높다.
② 기동시간이 짧고 조작이 간단하므로 첨두부하 발전에 적당하다.
③ 냉각수가 비교적 많이 든다.
④ 설비가 복잡하며, 건설비 및 유지비가 많고 보수가 어렵다.

**가스터빈의 장·단점**
(1) 장점
  ㉠ 운전조작이 간단하다.
  ㉡ 구조가 간단해서 운전에 대한 신뢰도가 높다.
  ㉢ 기동, 정지가 용이하다.
  ㉣ 물처리가 필요없으며 또한 냉각수의 소요량도 적다.
  ㉤ 설치장소를 비교적 자유롭게 선정할 수 있다.
  ㉥ 건설기간이 짧고 이설도 쉽게 할 수 있다.
  ㉦ 기동시간이 짧아 첨두부하용으로 사용된다.
(2) 단점
  ㉠ 가스온도가 높기 때문에 값 비싼 내열재료를 사용해야 한다.
  ㉡ 열효율은 내연력 발전소나 대용량의 기력발전소보다 떨어진다.
  ㉢ 사이클 공기량이 많기 때문에 이것을 압축하는데 많은 에너지가 필요하다.
  ㉣ 가스터빈의 종류에 따라서는 성능이 외기온도와 대기압의 영향을 받는다.

**07** 그림과 같은 154[kV] 송전계통의 F점에서 무부하시 3상 단락 고장이 발생하였을 경우 고장전력은 약 몇 [MVA]인가?(단, 발전기 $G_1$ 용량 20[MVA], $G_2$ 용량 30[MVA]의 %임피던스는 자기용량기준으로 각각 10[%], 10[%],이고 변압기 Tr 용량 45[MVA]의 %임피던스 5[%]이다.)

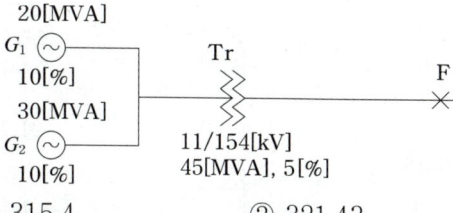

① 315.4
② 321.43
③ 342.0
④ 350

**단락용량**
$P_s = \dfrac{100}{\%Z} P_n$ [MVA] 식에서

기준용량을 $P_n = 45$ [MVA]로 정하면 각 발전기의 %Z는 다음과 같이 환산된다.

$\%Z_{G1} = 10 \times \dfrac{45}{20} = 22.5$ [%],

$\%Z_{G2} = 10 \times \dfrac{45}{30} = 15$ [%]이므로

합성 %$Z_0$는

$\%Z_0 = 5 + \dfrac{22.5 \times 15}{22.5 + 15} = 14$ [%]이다.

∴ $P_s = \dfrac{100}{\%Z} P_n = \dfrac{100}{14} \times 45 = 321.43$ [MVA]

**08** 보호계전기의 필요한 특성으로 옳지 않은 것은?

① 동작을 느리게 하여 다른 건전부의 송전을 막을 것
② 고장 상태를 식별하여 정도를 판단할 수 있을 것
③ 고장개소를 정확히 선택할 수 있을 것
④ 동작이 예민하고 오동작이 없을 것

**보호계전기의 필요한 특성**
(1) 동작이 예민하고 오동작이 없을 것.
(2) 고장 상태를 식별하여 정도를 판단할 수 있을 것.
(3) 고장개소를 정확히 선택할 수 있을 것.
(4) 동작을 빠르게 하여 다른 건전부의 송전을 지속할 것.

정답 05 ③ 06 ② 07 ② 08 ①

**09** 송전계통에서 지락 보호계전기의 동작이 가장 확실한 접지방식은?

① 직접접지방식　② 저저항 접지방식
③ 고저항 접지방식　④ 비접지방식

중성점 접지방식의 각 항목에 대한 비교표

| 종류 및 특징<br>항목 | 비접지 | 직접접지 | 저항접지 | 소호리액터접지 |
|---|---|---|---|---|
| 지락사고시 건전상의 전위 상승 | 크다 | 최저 | 약간 크다 | 최대 |
| 절연레벨 | 최고 | 최저<br>(단절연) | 크다 | 크다 |
| 지락전류 | 적다 | 최대 | 적다 | 최소 |
| 보호계전기 동작 | 곤란 | 가장 확실 | 확실 | 불가능 |
| 유도장해 | 작다 | 최대 | 작다 | 최소 |
| 안정도 | 크다 | 최소 | 크다 | 최대 |

**10** 보호계전기의 반한시 특성은?

① 최소 동작전류 이상의 전류가 흐르면 즉시 동작하는 특성
② 동작전류가 커질수록 동작시간이 짧게 되는 특성
③ 동작전류가 크기에 관계없이 일정한 시간에 동작하는 특성
④ 동작전류가 적은 동안에는 동작전류가 커질수록 동작 시간이 짧게 되고 어떤 전류 이상이면 동작전류의 크기에 관계없이 일정한 시간에서 동작하는 특성

계전기의 한시특성
(1) 순한시계전기 : 정정된 최소동작전류 이상의 전류가 흐르면 즉시 동작하는 계전기
(2) 정한시계전기 : 정정된 값 이상의 전류가 흘렀을 때 동작 전류의 크기에는 관계없이 정해진 시간이 경과한 후에 동작하는 계전기
(3) 반한시계전기 : 정정된 값 이상의 전류가 흘렀을 때 동작하는 시간과 전류값이 서로 반비례하여 동작하는 계전기
(4) 정한시-반한시 계전기 : 어느 전류값까지는 반한시 계전기의 성질을 띠지만 그 이상의 전류가 흐르는 경우 정한시계전기의 성질을 띠는 계전기

**11** 직접접지를 다른 접지방식에 비교할 때 틀린 것은?

① 통신선에 미치는 유도장해가 최소이다.
② 기기의 절연수준 저감이 가능하다.
③ 계전기 동작이 확실하여 신뢰도가 높다.
④ 접지고장시 이상전압이 최저다.

중성점 접지방식의 각 항목에 대한 비교표

| 종류 및 특징<br>항목 | 비접지 | 직접접지 | 저항접지 | 소호리액터접지 |
|---|---|---|---|---|
| 지락사고시 건전상의 전위 상승 | 크다 | 최저 | 약간 크다 | 최대 |
| 절연레벨 | 최고 | 최저<br>(단절연) | 크다 | 크다 |
| 지락전류 | 적다 | 최대 | 적다 | 최소 |
| 보호계전기 동작 | 곤란 | 가장 확실 | 확실 | 불가능 |
| 유도장해 | 작다 | 최대 | 작다 | 최소 |
| 안정도 | 크다 | 최소 | 크다 | 최대 |

**12** 수전단 전력원선도의 전력방정식이 $P_r^2+(Q_r+400)^2=250000$으로 표현되는 전력계통에서 가능한 최대로 공급할 수 있는 부하전력($P_r$)과 이때 전압을 일정하게 유지하는데 필요한 무효전력($Q_r$)은 각각 얼마인가?

① $P_r=500, \ Q_r=-400$
② $P_r=400, \ Q_r=500$
③ $P_r=300, \ Q_r=100$
④ $P_r=200, \ Q_r=-300$

전력원선도
$P_r^2+(Q_r+400)^2=250,000$ 식에서
유효전력 $P_r$를 최대로 송전하기 위해서는 무효전력 $(Q_r-300)$을 최소로 하여야 한다.
따라서 $Q_r=-400$이며 이 때 최대전력은
$P_r=\sqrt{250,000}=500$ [W] 이므로
∴ $P_r=500, \ Q_r=-400$

정답 09 ① 10 ② 11 ① 12 ①

**13** 다음 중 그 값이 1 이상인 것은?

① 수용률  ② 전압 강하율
③ 부하율  ④ 부등률

> **부하율, 수용률, 부등률**
> 부하율 = $\dfrac{평균전력}{최대전력} \leq 1$
> 수용률 = $\dfrac{최대수용전력}{수용설비용량} \leq 1$
> 부등률 = $\dfrac{개개의\ 최대수용전력의\ 합}{합성최대수용전력} \geq 1$

**14** 우리나라의 특고압 배전방식으로 가장 많이 사용되고 있는 것은?

① 단상 2선식  ② 3상 3선식
③ 3상 4선식  ④ 2상 4선식

> **송전방식과 배전방식**
> 각종 전기방식에서 선간전압($V$), 선전류($I$), 역률($\cos\theta$)을 일정하다고 할 때 전선 한 가닥 당의 송전전력($P$)이 가장 큰 전기방식은 3상 3선식이므로 송전방식에서는 3상 3선식을 가장 많이 채용하고 있다.
> 또한 배전방식에서는 중성점 다중접지계통을 사용하기 위해서 3상 4선식을 가장 많이 채용하고 있다.

**15** 3상 3선식에서 일정한 거리에 일정한 전력을 송전할 경우 전로에서의 저항손은?

① 선간전압에 비례한다.
② 선간전압에 반비례한다.
③ 선간전압의 2승에 비례한다.
④ 선간전압의 2승에 반비례한다.

> **저항손(전력손실 : $P_l$)**
> $P_l = 3I^2 R = \dfrac{P^2 R}{V^2 \cos^2\theta} = \dfrac{P^2 \rho l}{V^2 \cos^2\theta\, A}$ [W] 식에서
> $P_l \propto \dfrac{1}{V^2}$ 이므로
> ∴ 전선로의 저항손(전력손실)은 선간전압의 제곱에 반비례한다.

**16** 그림과 같은 회로에 있어서의 합성 4단자 정수에서 $D_0$의 값은?

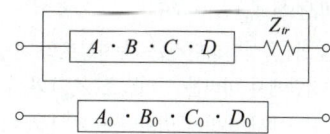

① $D_0 = B + Z_{tr}$  ② $D_0 = A + BZ_{tr}$
③ $D_0 = D + CZ_{tr}$  ④ $D_0 = B + AZ_{tr}$

> **종속접속을 이용한 4단자 정수**
> $\begin{bmatrix} A_0 & B_0 \\ C_0 & D_0 \end{bmatrix} = \begin{bmatrix} A & B \\ C & D \end{bmatrix} \begin{bmatrix} 1 & Z_{tr} \\ 0 & 1 \end{bmatrix}$
> $= \begin{bmatrix} A & AZ_{tr} + B \\ C & CZ_{tr} + D \end{bmatrix}$
> ∴ $D_0 = D + CZ_{tr}$

**17** 선로의 단위 길이당 분포 인덕턴스를 $L$, 저항을 $r$, 정전용량은 $C$, 누설 콘덕턴스를 $g$라 할 때 전파정수는 어떻게 표현되는가?

① $\sqrt{ZY}$　　② $\sqrt{\dfrac{Z}{Y}}$

③ $\sqrt{\dfrac{Y}{Z}}$　　④ $\dfrac{1}{\sqrt{ZY}}$

> **특성임피던스($Z_0$)와 전파정수($\gamma$)**
> 직렬임피던스 $Z=R+j\omega L\,[\Omega]$,
> 병렬어드미턴스 $Y=G+j\omega C\,[\text{S}]$일 때
> $Z_0=\sqrt{\dfrac{Z}{Y}}=\sqrt{\dfrac{R+j\omega L}{G+j\omega C}}\,[\Omega]$,
> $\gamma=\sqrt{ZY}=\sqrt{(R+j\omega L)(G+j\omega C)}$

**18** 수전단을 단락한 경우 송전단에서 본 임피던스가 300[Ω]이고, 수전단을 개방한 경우 송전단에서 본 어드미턴스가 $1.875\times10^{-3}$[℧]일 때, 이 송전선의 특성임피던스는 몇 [Ω]인가?

① 200　　② 300
③ 400　　④ 500

> **특성임피던스($Z_0$)**
> 송전선로의 특성임피던스는 송전선로의 수전단을 개방하고 송전단에서 바라본 임피던스($Z_{so}$)와 수전단을 단락하고 송전단에서 바라본 임피던스($Z_{ss}$)를 이용하여 계산할 수도 있다.
> 이때 식은 $Z_0=\sqrt{Z_{so}Z_{ss}}\,[\Omega]$이다.
> $Z_{ss}=300\,[\Omega]$,
> $Z_{so}=\dfrac{1}{Y_{so}}=\dfrac{1}{1.875\times10^{-3}}=533.33\,[\Omega]$이므로
> $Z_0=\sqrt{Z_{so}Z_{ss}}=\sqrt{533.33\times300}=400\,[\Omega]$

**19** 전력계통의 과도안정도 향상 대책과 관련 없는 것은?

① 변압기의 리액턴스를 크게 한다.
② 고속도 재폐로 차단기를 채용한다.
③ 속응여자방식을 채용한다.
④ 단락비를 크게 한다.

> **안정도 개선책**
> (1) 리액턴스를 줄인다. : 직렬콘덴서 설치
> (2) 단락비를 증가시킨다. : 전압변동률을 줄인다.
> (3) 중간조상방식을 채용한다. : 동기조상기 설치
> (4) 속응여자방식을 채용한다. : 고속도 AVR 채용
> (5) 재폐로 차단방식을 채용한다. : 고속도차단기 사용
> (6) 계통을 연계한다.
> (7) 소호리액터 접지방식을 채용한다.

**20** 동기조상기에 대한 설명으로 틀린 것은?

① 시충전이 불가능하다.
② 전압 조정이 연속적이다.
③ 중부하시에는 과여자로 운전하여 앞선 전류를 취한다.
④ 경부하시에는 부족여자로 운전하여 뒤진 전류를 취한다.

> **동기조상기와 전력용콘덴서(=병렬콘덴서)**
> (1) 동기조상기
> 　㉠ 계통에 진상전류와 지상전류를 모두 공급할 수 있다.
> 　㉡ 연속적 조정이 가능하다.
> 　㉢ 시송전(시충전)이 가능하다.
> (2) 병렬콘덴서
> 　부하와 콘덴서를 병렬로 접속한다.
> 　㉠ 단락고장이 생겼을 때 고장전류가 흐르지 않는다.
> 　㉡ 진상전류만을 공급한다.
> 　㉢ 단계적으로 연속조정이 불가능하다.
> 　㉣ 시송전(=시충전)이 불가능하다.
> 　㉤ 단락전류가 거의 흐르지 않는다.

## 24 3. 전기기기 (CBT시험 복원문제)

**2024년 3회 전기산업기사**

※ 본 기출문제는 수험자의 기억을 바탕으로 하여 복원한 문제이므로 실제 문제와 다를 수 있음을 미리 알려드립니다.

**01** 전기자 총 도체수 500, 6극, 중권의 직류전동기가 있다. 전기자 전 전류가 100[A]일 때의 발생 토크[kg·m]는 약 얼마인가? (단, 1극당 자속수는 0.01[Wb]이다.)

① 8.12
② 9.54
③ 10.25
④ 11.58

직류전동기의 토크($\tau$)
$Z=500$, 극수 $P=6$, 중권($a=P$), $I_a = 100$ [A], $\phi = 0.01$ [Wb]이므로
$\therefore \tau = \dfrac{PZ\phi I_a}{2\pi a}$ [N·m] $= \dfrac{1}{9.8} \cdot \dfrac{PZ\phi I_a}{2\pi a}$ [kg·m]
$= \dfrac{1}{9.8} \times \dfrac{6 \times 500 \times 0.01 \times 100}{2\pi \times 6} = 8.12$ [kg·m]

**02** 유도 전동기에서 인가전압이 일정하고 주파수가 정격 값에서 수 [%] 감소할 때 나타나는 현상 중 틀린 것은?

① 철손이 증가한다.
② 효율이 나빠진다.
③ 동기 속도가 감소한다.
④ 누설 리액턴스가 증가한다.

부하시 주파수에 따른 변화
부하전류 및 전압이 일정한 경우 주파수에 따른 여러 가지 특징은 다음과 같다.
$f \propto \dfrac{1}{B_m} \propto \dfrac{1}{P_h} \propto \dfrac{1}{P_i} \propto \dfrac{1}{I_0} \propto Z_t \propto x_t$
∴ 주파수가 낮아지면 자속밀도($B_m$), 히스테리시스손($P_h$), 철손($P_i$), 여자전류($I_0$)는 증가하고 누설임피던스, 누설리액턴스는 감소한다. 또한 효율은 떨어지고 동기속도는 감소하게 된다.

**03** 동기 조상기를 부족여자로 사용하면?

① 리액터로 작용
② 저항손의 작용
③ 일반 부하의 뒤진 전류를 보상
④ 콘덴서로 사용

동기조상기의 특성
(1) 계자전류가 증가하면 동기전동기가 과여자 상태로 운전되는 경우로서 역률이 진역률이 되어 콘덴서 작용으로 진상전류가 흐르게 된다.
(2) 계자전류가 감소되면 동기전동기가 부족여자 상태로 운전되는 경우로서 역률이 진역률이 되어 리액터 작용으로 지상전류가 흐르게 된다.

**04** 3상 동기기의 제동권선을 사용하는 주목적은?

① 출력이 증가한다.
② 효율이 증가한다.
③ 역률을 개선한다.
④ 난조를 방지한다.

동기기의 제동권선의 효과
(1) 난조 방지
(2) 불평형 부하시 전류와 전압의 파형 개선
(3) 송전선의 불평형 부하시 이상전압 방지
(4) 동기전동기의 기동토크 발생

정답 01 ① 02 ④ 03 ① 04 ④

**05** 6,600/210[V], 10[kVA] 단상 변압기의 퍼센트 저항 강하는 1.2[%], 리액턴스 강하는 0.9[%]이다. 임피던스 전압[V]은?

① 99  ② 81
③ 65  ④ 37

임피던스 전압($V_s$)

$$z = \frac{I_2 Z_2}{V_2} \times 100 = \frac{I_1 Z_{12}}{V_1} \times 100$$

$$= \frac{V_s}{V_1} \times 100 = \sqrt{p^2 + q^2} \, [\%] \text{ 식에서}$$

$a = \dfrac{V_1}{V_2} = \dfrac{6{,}600}{210}$, 용량 $P_n = 10 \,[\text{kVA}]$, $p = 1.2\,[\%]$, $q = 0.9\,[\%]$이므로

$$\therefore V_s = \frac{zV_1}{100} = \frac{\sqrt{p^2+q^2} \cdot V_1}{100}$$

$$= \frac{\sqrt{1.2^2 + 0.9^2} \times 6{,}600}{100} = 99\,[\text{V}]$$

**07** 전부하에 있어 철손과 동손의 비율이 1 : 2인 변압기에서 효율이 최고인 부하는 전부하의 대략 몇 [%]인가?

① 50  ② 60
③ 70  ④ 80

최대효율조건
(1) 전부하시 : $P_i = P_c$
(2) $\dfrac{1}{m}$ 부하시 : $P_i = \left(\dfrac{1}{m}\right)^2 P_c$ 이므로
(여기서, $P_i$는 철손, $P_c$는 동손이다.)

$$\therefore \frac{1}{m} = \sqrt{\frac{P_i}{P_c}} \times 100 = \sqrt{\frac{1}{2}} \times 100 = 70\,[\%]$$

**06** 직류전동기의 속도제어 방법에서 광범위한 속도 제어가 가능하며, 운전효율이 가장 좋은 방법은?

① 계자제어  ② 전압제어
③ 직렬 저항제어  ④ 병렬 저항제어

직류전동기의 속도제어
(1) 전압제어(정토크제어)
  단자전압을 가감함으로서 속도를 제어하는 방식으로 속도의 조정범위가 광범위하고 운전 효율이 좋다.
(2) 계자제어(정출력제어)
  계자회로의 계자전류를 조정하여 자속을 가감하여 속도를 제어하는 방식
(3) 저항제어
  전기자권선과 직렬로 접속한 직렬저항을 가감하여 속도를 제어하는 방식

**08** 단상 유도전동기에서 기동토크가 가장 큰 것은?

① 반발 기동형  ② 분상 기동형
③ 콘덴서 전동기  ④ 셰이딩 코일형

단상 유도전동기의 기동법(기동토크 순서)
반발기동형 > 반발유도형 > 콘덴서 기동형 > 분상기동형 > 셰이딩 코일형

정답  05 ①  06 ②  07 ③  08 ①

**09** 입력전압이 220[V]일 때 3상 전파제어정류회로에서 얻을 수 있는 직류전압은 몇 [V]인가? (단, 최대전압은 점호각 $\alpha = 0$일 때이고, 3상에서 선간전압으로 본다.)

① 152
② 198
③ 297
④ 317

**3상 전파제어정류회로**
직류전압 $E_d$, 교류전압 $E$(상전압), $V$(선간전압)이라 하면
$E_d = 2.34 E \cos\alpha = 2.34 \times \left(\dfrac{V}{\sqrt{3}}\right) \cos\alpha$ [V] 식에서
$V = 220$ [V] 이므로
$\therefore E_d = 2.34 \times \left(\dfrac{V}{\sqrt{3}}\right) \cos\alpha$
$= 2.34 \times \left(\dfrac{220}{\sqrt{3}}\right) \cos 0° = 297$ [V]

**11** 임피던스 강하가 4[%]인 변압기가 운전 중 단락되었을 때 그 단락전류는 정격전류의 몇 배인가?

① 15
② 20
③ 25
④ 30

**단락전류($I_s$)**
단락비 $k_s$, 단락전류 $I_s$, 정격전류 $I_n$, %임피던스 $\%Z$ 관계는
$k_s = \dfrac{100}{\%Z} = \dfrac{I_s}{I_n}$ 식에서 $\%Z = 4$ [%]이므로
$\therefore I_s = \dfrac{100}{\%Z} I_n = \dfrac{100}{4} I_n = 25 I_n$

**10** 직류기의 전기자 반작용의 영향이 아닌 것은?

① 주자속이 증가한다.
② 전기적 중성축이 이동한다.
③ 정류 작용에 악영향을 준다.
④ 정류자편간 전압이 상승한다.

**직류기의 전기자반작용**
직류기의 전기자반작용이란 전기자 전류에 의한 자속이 계자극에 의한 주자속에 영향을 주어 자속 분포가 흐트러지는 현상으로 그 영향은 다음과 같다.
(1) 주자속이 감소한다. – 발전기 유기기전력 감소, 전동기 토크 감소
(2) 중성축이 이동한다. – 정류불량
(3) 정류자 편간 전압 상승으로 브러시 부근에서 불꽃섬락 발생 – 정류불량

**12** 60[Hz], 4극 유도전동기의 슬립이 4[%]인 때의 회전수[rpm]는?

① 1,728
② 1,738
③ 1,748
④ 1,758

회전자 속도 : $N$[rpm]
$N = (1-s) N_s = (1-s) \dfrac{120 f}{p}$ [rpm] 식에서
$f = 60$ [Hz], 극수 $p = 4$, $s = 4$ [%]이므로
$\therefore N = (1-0.04) \times \dfrac{120 \times 60}{4} = 1,728$ [rpm]

**13** 3상 직권 정류자 전동기의 중간변압기의 사용 목적은?

① 역회전의 방지
② 역회전을 위하여
③ 전동기의 특성을 조정
④ 직권 특성을 얻기 위하여

> **3상 직권정류자전동기**
> (1) 고정자 권선에 직렬 변압기(중간 변압기)를 접속시켜 실효 권수비를 조정하여 전동기의 특성을 조정하고, 정류전압 조정 및 전부하 때 속도의 이상 상승을 방지한다.
> (2) 브러시의 이동으로 속도 제어를 할 수 있다.
> (3) 변속도 전동기로 기동 토크가 매우 크지만 저속에서는 효율과 역률이 좋지 않다.

**14** 200[kW], 200[V]의 직류 분권발전기가 있다. 전기자권선의 저항이 0.025[Ω]일 때 전압변동률은 몇 [%]인가?

① 6.0　　② 12.5
③ 20.5　　④ 25.0

> **분권발전기의 전압변동률($\epsilon$)**
> $\epsilon = \dfrac{V_o - V_n}{V_n} \times 100\,[\%],\ I_a = \dfrac{P}{V_n}\,[\text{A}]$ 식에서
> 분권발전기의 무부하 단자전압($V_o$)은 유기기전력($E$)과 같으므로
> 출력 $P = 200\,[\text{kW}]$, 정격전압 $V_n = 200\,[\text{V}]$, 전기자저항 $R_a = 0.025\,[\Omega]$일 때
> $E = V_n + R_a I_a = V_n + R_a \dfrac{P}{V_n}$
> $= 200 + 0.025 \times \dfrac{200 \times 10^3}{200} = 225\,[\text{V}]$
> $\therefore \epsilon = \dfrac{V_o - V_n}{V_n} \times 100 = \dfrac{225 - 200}{200} \times 100$
> $\phantom{\therefore \epsilon} = 12.5\,[\%]$

**15** 유기기전력 210[V], 단자전압 200[V], 10[kW]인 분권발전기의 계자 저항이 50[Ω]이면 전기자저항[Ω]은?

① 0.1　　② 0.19
③ 0.29　　④ 0.4

> **분권발전기의 부하 특성**
> $E = 210\,[\text{V}],\ V = 200\,[\text{V}]$, 출력 $P = 10\,[\text{kW}]$, $R_f = 50\,[\Omega]$이므로
> 분권발전기의 부하특성에서 부하전류($I$), 전기자전류($I_a$), 계자전류($I_f$) 관계식은
> $I_f = \dfrac{V}{R_f}\,[\text{A}],\ I = \dfrac{P}{V}\,[\text{A}],\ I_a = I + I_f\,[\text{A}]$이다.
> $I_a = I + I_f = \dfrac{P}{V} + \dfrac{V}{R_f}$
> $\phantom{I_a} = \dfrac{10 \times 10^3}{200} + \dfrac{200}{50} = 54\,[\text{A}]$
> $E = V + R_a I_a\,[\text{V}]$ 식에서 전기자저항($R_a$)을 정리하여 풀면
> $\therefore R_a = \dfrac{E - V}{I_a} = \dfrac{210 - 200}{54} = 0.19\,[\Omega]$

**16** 단상 50[Hz], 전파정류회로에서 변압기의 2차 상전압 100[V], 수은정류기의 전압강하 20[V]에서 회로 중의 인덕턴스는 무시한다. 외부 부하로서 기전력 50[V], 내부 저항 0.3[Ω]의 축전지를 연결할 때 평균 출력은 약 몇 [W]인가?

① 4,556　　② 4,667
③ 4,778　　④ 4,889

> **전파전류회로**
>
>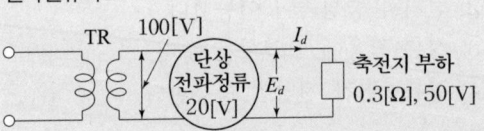
>
> $E_a = 100\,[\text{V}],\ e = 20\,[\text{V}],\ E_L = 50\,[\text{V}],\ r = 0.3\,[\Omega]$, 직류전압 $E_d$, 직류전류 $I_d$, 평균출력 $P$일 때
> $E_d + e = \dfrac{2\sqrt{2}}{\pi} E_a = 0.9 E_a$ 식에서
> $E_d = 0.9 E_a - e = 0.9 \times 100 - 20 = 70\,[\text{V}]$
> $I_d = \dfrac{E_d - E_L}{r} = \dfrac{70 - 50}{0.3} = 66.67\,[\text{A}]$
> $\therefore P = E_d I_d = 70 \times 66.67 = 4,667\,[\text{W}]$

**17** 변압기의 내부 고장 보호에 쓰이는 계전기는?

① 차동계전기  ② O.C.R
③ 역상계전기  ④ 접지계전기

**변압기 내부고장에 대한 보호계전기**
(1) 비율차동계전기(차동계전기)
(2) 부흐홀쯔 계전기
(3) 가스검출 계전기
(4) 압력 계전기

**18** 3상 유도전동기에 직결된 펌프가 있다. 펌프 출력은 80[kW], 효율 74.6[%], 전동기의 효율과 역률은 94[%]와 90[%]라고 하면 전동기의 입력은 약 몇 [kVA]인가?

① 95.74  ② 104.4
③ 121.1  ④ 126.7

**펌프 - 모터의 전동기 입력($P_{M1}$)**

펌프 출력 $P_{P2}$, 펌프 입력 $P_{P1}$, 전동기 출력 $P_{M2}$, 전동기 입력 $P_{M1}$, 펌프효율 $\eta_P$, 전동기 효율 $\eta_M$, 역률 $\cos\theta$라 하면

$$P_{M2} = P_{P1} = \frac{P_{P2}}{\eta_P} \text{[kW]},$$

$$P_{M1} = \frac{P_{M2}}{\eta_M \cos\theta} = \frac{P_{P2}}{\eta_M \eta_P \cos\theta} \text{[kVA]} \text{ 식에서}$$

$P_{P2} = 80$ [kW], $\eta_P = 74.6$ [%], $\eta_M = 94$ [%], $\cos\theta = 90$ [%] 이므로

$$\therefore P_{M1} = \frac{P_{P2}}{\eta_M \eta_P \cos\theta} = \frac{80}{0.94 \times 0.746 \times 0.9}$$
$$= 126.7 \text{ [kVA]}$$

**19** 50[kVA], 3,300/110[V]인 변압기가 있다. 무부하일 때 1차 전류 0.5[A], 입력 600[W]이다. 이때, 자화전류[A]는 약 얼마인가?

① 0.17  ② 0.27
③ 0.37  ④ 0.47

**여자전류(무부하전류)**

$P_n = 50$ [kVA], $a = \dfrac{V_1}{V_2} = \dfrac{3,300}{110}$, $I_0 = 0.5$ [A],

$P_i = 600$ [W]일 때

철손전류 $I_i = \dfrac{P_i}{V_1}$ [A], 자화전류 $I_\phi = \sqrt{I_0^2 - I_i^2}$ [A]

식에서

$$I_i = \frac{P_i}{V_1} = \frac{600}{3,300} = 0.18 \text{ [A] 이므로}$$

$$\therefore I_\phi = \sqrt{I_0^2 - I_i^2} = \sqrt{0.5^2 - 0.18^2} = 0.47 \text{ [A]}$$

**20** 동기발전기의 병렬운전에 필요한 조건이 아닌 것은?

① 기전력의 크기가 같을 것
② 위상이 같을 것
③ 주파수가 같을 것
④ 용량이 같을 것

**동기발전기의 병렬운전조건**
(1) 기전력의 크기가 같을 것
(2) 기전력의 위상이 같을 것
(3) 기전력의 주파수가 같을 것
(4) 기전력의 파형이 같을 것
(5) 상회전이 일치할 것

# 24. 4. 회로이론(CBT시험 복원문제)

2024년 3회 전기산업기사

※ 본 기출문제는 수험자의 기억을 바탕으로 하여 복원한 문제이므로 실제 문제와 다를 수 있음을 미리 알려드립니다.

**01** 8[Ω]인 저항과 6[Ω]의 용량 리액턴스 직렬회로에 $\dot{E}=28-j4$ [V]인 전압을 가했을 때 흐르는 전류는 몇 [A]인가?

① $3.5-j0.5$ [A]
② $2.48+j1.36$ [A]
③ $2.8-j0.4$ [A]
④ $5.3+j2.21$ [A]

> **옴의 법칙**
> $R=8[\Omega]$, $X_C=6[\Omega]$인 R-C 직렬회로의 임피던스 $Z$는 $Z=R-jX_C=8-j6[\Omega]$이므로
> $E=28-j4$ [V]일 때 전류 $I$는
> $\therefore I = \dfrac{E}{Z} = \dfrac{28-j4}{8-j6} = 2.48+j1.36$ [A]

**02** 그림과 같은 회로에서 저항 $r_1$, $r_2$에 흐르는 전류의 크기가 1:2의 비율이라면 $r_1$, $r_2$는 각각 몇 [Ω]인가?

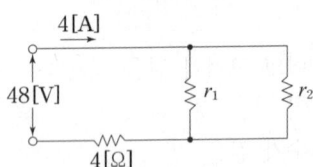

① $r_1=6$, $r_2=3$
② $r_1=8$, $r_2=4$
③ $r_1=16$, $r_2=8$
④ $r_1=24$, $r_2=12$

> 저항 $r_1$, $r_2$가 병렬접속이므로 옴의 법칙에 의하여 저항은 전류와 반비례 관계가 성립한다.
> 따라서, 저항 $r_1$, $r_2$에 흐르는 전류의 비가 1:2이면 저항의 비는 반대로 2:1이 됨을 알 수 있다.
> $r_1 = 2r_2$
> $48 = 4 \times \left(4+\dfrac{r_1 \times r_2}{r_1+r_2}\right) = 4 \times \left(4+\dfrac{2r_2 \times r_2}{2r_2+r_2}\right)$
> 위의 식을 정리하면
> $12 = 4+\dfrac{2}{3}r_2$이며 $r_2=12[\Omega]$이 됨을 알 수 있다.
> $r_1=2r_2$이므로
> $\therefore r_1=24[\Omega]$, $r_2=12[\Omega]$

**03** 인덕턴스가 L[H]인 인덕터에 전류 $i(t)=\sqrt{2}I\sin\omega t$ [A]가 흐르고 있다. 이 인덕터에 축적되는 에너지 [J]는?

① $\dfrac{1}{2}LI^2\cos 2\omega t$
② $\dfrac{1}{2}LI^2\sin 2\omega t$
③ $\dfrac{1}{2}LI^2(1-\cos 2\omega t)$
④ $\dfrac{1}{2}LI^2(1-\sin 2\omega t)$

> **인덕터에 축적되는 자기에너지($W$)**
> $W=\dfrac{1}{2}Li(t)^2$ [J] 식에서
> $W=\dfrac{1}{2}Li(t)^2=\dfrac{1}{2}L\{\sqrt{2}I\sin\omega t\}^2$
> $=\dfrac{1}{2}L\times 2I^2\sin^2\omega t=LI^2\sin^2\omega t$ [J]이므로
> $\therefore W=\dfrac{1}{2}LI^2(1-\cos 2\omega t)$ [J]
>
> **참고**
> · $\sin^2\omega t=\dfrac{1}{2}(1-\cos 2\omega t)$
> · $\cos^2\omega t=\dfrac{1}{2}(1+\cos 2\omega t)$

**04** $i=3t^2+2t$ 로 표시되는 전류가 도선을 1분간 흘렀을 때 통과한 전체 전기량[Ah]은 얼마인가?

① 32
② 61
③ 45
④ 57

> **전기량($Q$)**
> $Q=\displaystyle\int_0^t i\,dt = \int_0^{60}(3t^2+2t)\,dt$
> $=[t^3+t^2]_0^{60}=219{,}600$ [A·sec]
> $=\dfrac{219{,}600}{3{,}600}$ [Ah] $=61$ [Ah]

**정답** 01 ② 02 ④ 03 ③ 04 ②

**05** 그림과 같은 회로의 역률은 대략 얼마 인가?

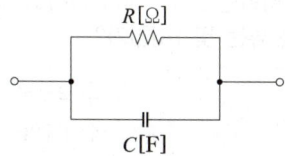

① $1+(\omega RC)^2$
② $\sqrt{1+(\omega RC)^2}$
③ $\dfrac{1}{\sqrt{1+(\omega RC)^2}}$
④ $\dfrac{1}{1+(\omega RC)^2}$

R-X 병렬회로의 역률($\cos\theta$)

$\cos\theta = \dfrac{X}{\sqrt{R^2+X^2}}$ 식에서

$X = X_C = \dfrac{1}{\omega C}[\Omega]$이므로

$\cos\theta = \dfrac{X}{\sqrt{R^2+X^2}} = \dfrac{\left(\dfrac{1}{\omega C}\right)}{\sqrt{R^2+\left(\dfrac{1}{\omega C}\right)^2}}$ 이다.

이 식의 분모와 분자에 ($\omega C$)를 곱하면

$\therefore \cos\theta = \dfrac{1}{\sqrt{1+(\omega RC)^2}}$

**06** 전송선로에서 무손실일 때 L=96[mH], C=0.6[$\mu$F]이면 특성임피던스는?

① 10[$\Omega$]
② 40[$\Omega$]
③ 100[$\Omega$]
④ 400[$\Omega$]

특성 임피던스($Z_0$)

$Z_0 = \sqrt{\dfrac{L}{C}} = \sqrt{\dfrac{96 \times 10^{-3}}{0.6 \times 10^{-6}}} = 400[\Omega]$

**07** $f(t) = \sin t \cos t$ 를 라플라스 변환하면?

① $\dfrac{1}{s^2+4}$
② $\dfrac{1}{s^2+2}$
③ $\dfrac{1}{(s+2)^2}$
④ $\dfrac{1}{(s+4)^2}$

라플라스 변환
$f(t) = \sin t \cos t$일 때

| $f(t)$ | $F(s)$ |
|---|---|
| $\sin t \cos t$ | $\dfrac{1}{s^2+4}$ |
| $\sin t + 2\cos t$ | $\dfrac{2s+1}{s^2+4}$ |
| $t\sin\omega t$ | $\dfrac{2\omega s}{(s^2+\omega^2)^2}$ |
| $\sin(\omega t+\theta)$ | $\dfrac{\omega\cos\theta + s\sin\theta}{s^2+\omega^2}$ |

$\therefore \mathcal{L}[f(t)] = \mathcal{L}[\sin t \cos t] = \dfrac{1}{s^2+4}$

**08** T형 4단자 회로망에서 영상 임피던스 및 전달 정수가 각각 $Z_{01}=3[\Omega]$, $Z_{02}=75[\Omega]$, $\theta=0$ 일 때 4단자 회로망의 정수 $A$를 구하면?

① 0.2
② 0.3
③ 0.4
④ 0.5

영상임피던스($Z_{01}$, $Z_{02}$)와 전달정수($\theta$)

$Z_{01} = \sqrt{\dfrac{AB}{CD}}$, $Z_{02} = \sqrt{\dfrac{BD}{AC}}$

$\theta = \ln(\sqrt{AD}+\sqrt{BC}) = \cosh\sqrt{AD}$
$= \sinh\sqrt{BC}$ 식에서

$\dfrac{Z_{01}}{Z_{02}} = \dfrac{A}{D} = \dfrac{3}{75} = \dfrac{1}{25}$ 일 때 $D = 25A$ 이다.

$\theta = \cosh\sqrt{AD} = 0$일 때 $AD = 1$이 된다.

$A \times 25A = 1$ 이므로

$\therefore A = \sqrt{\dfrac{1}{25}} = 0.2$

정답 05 ③  06 ④  07 ①  08 ①

**09** 기본파의 40[%]인 제 3고조파와 30[%]인 제 5 고조파를 포함하는 전압파의 왜형률은 다음 중 어느 것인가?

① 0.3  ② 0.5
③ 0.7  ④ 0.9

**비정현파의 왜형률**
3고조파의 왜형률 $\epsilon_3 = 0.4$,
5고조파의 왜형률 $\epsilon_5 = 0.3$ 이므로
$\therefore \epsilon = \sqrt{\epsilon_3^2 + \epsilon_5^2} = \sqrt{0.4^2 + 0.3^2} = 0.5$

**10** 기본파의 40[%]인 제 3고조파와 30[%]인 제 5고조파를 포함하는 전압파의 왜형률은 다음 중 어느 것인가?

① 0.3  ② 0.5
③ 0.7  ④ 0.9

**비정현파의 왜형률**
3고조파의 왜형률 $\epsilon_3 = 0.4$,
5고조파의 왜형률 $\epsilon_5 = 0.3$ 이므로
$\therefore \epsilon = \sqrt{\epsilon_3^2 + \epsilon_5^2} = \sqrt{0.4^2 + 0.3^2} = 0.5$

**11** 다음 중 그림에서 단자 a, b에 나타나는 전압 $V_{ab}$는 약 몇 [V]인가?

① 약 3.4
② 약 4.3
③ 약 5.7
④ 약 6.5

**밀만의 정리**
$$V_{ab} = \frac{\frac{V_1}{R_1} + \frac{V_2}{R_2}}{\frac{1}{R_1} + \frac{1}{R_2}} = \frac{\frac{2}{2} + \frac{10}{5}}{\frac{1}{2} + \frac{1}{5}} = 4.3 [V]$$

**12** 대칭 3상 Y결선에서 선간전압이 $100\sqrt{3}$ [V]이고 각 상의 임피던스 $Z = 30 + j40 [\Omega]$의 평형 부하일 때 선전류는 몇 [A]인가?

① 2  ② $2\sqrt{3}$
③ 5  ④ $5\sqrt{3}$

**Y결선의 선전류($I_Y$)**
$I_Y = \frac{V_L}{\sqrt{3} Z}$ [A] 식에서
$V_L = 100\sqrt{3}$ [V]이므로
$\therefore I_Y = \frac{V_L}{\sqrt{3} Z} = \frac{100\sqrt{3}}{\sqrt{3} \times \sqrt{30^2 + 40^2}} = 2$ [A]

**13** R-L 직렬 회로에서 임피던스가 $Z = 8 + j6 [\Omega]$에서 전압 $V = 220\sqrt{2} \sin 377t$ [V]일 때 복소전력은?

① $1732 + j2720$  ② $3870 + j2900$
③ $1850 + j2500$  ④ $1900 + j2150$

**복소전력**
$S = VI^*$ [VA], $I = \frac{V}{Z}$ [A] 식에서
$I = \frac{V}{Z} = \frac{220 \angle 0°}{8 + j6} = 17.6 - j13.2$ [A]이므로
$\therefore S = VI^* = (220) \times (17.6 + j13.2)$
$= 3870 + j2900$ [VA]

**참고**
$I^*$는 전류의 공액복소수(또는 켤레복소수)로서 허수부의 부호를 바꾼 복소수를 의미한다.

정답  09 ②  10 ②  11 ②  12 ①  13 ②

**14** 전류의 대칭분이 $I_0 = -2+j4$[A], $I_1 = 6-j5$[A], $I_2 = 8+j10$[A]일 때 3상 전류 중 $a$상 전류 $|I_a|$의 크기는 몇 [A]인가? (단, 3상 전류의 상순은 $a$-$b$-$c$이고, $I_0$는 영상분, $I_1$은 정상분, $I_2$는 역상분이다.)

① 12
② 15
③ 19
④ 9

불평형 $a$상 전류($I_a$)
$I_a = I_0 + I_1 + I_2$
$= -2+j4+6-j5+8+j10$
$= 12+j9$ [A]이므로
∴ $|I_a| = \sqrt{12^2+9^2} = 15$ [A]

**16** 단위계단함수 $u(t)$의 라플라스 변환은?

① 1
② $\dfrac{1}{s}$
③ $\dfrac{1}{s^2}$
④ $\dfrac{1}{s^2}e^{-1}$

$f(t) = u(t) = 1$일 때
∴ $\mathcal{L}[f(t)] = \mathcal{L}[u(t)] = \int_0^\infty u(t)e^{-st}dt$
$= \left[-\dfrac{1}{s}e^{-st}\right]_0^\infty = \dfrac{1}{s}$

**15** 다음과 같은 회로에서 $t=0$에서 스위치 s를 닫으면서 전압 $E$[V]를 가할 때 L 양단에 걸리는 전압 $e_L$[V]는?

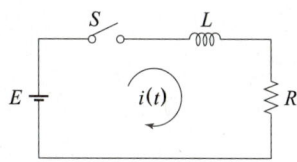

① $E(1-e^{-\frac{R}{L}t})$
② $Ee^{-\frac{R}{L}t}$
③ $E(1+e^{\frac{R}{L}t})$
④ $-Ee^{-\frac{R}{L}t}$

$R-L$ 과도현상의 특성
(1) 과도전류 $i(t) = \dfrac{E}{R}(1-e^{-\frac{R}{L}t})$ [A]
(2) 초기전류 $i(0) = 0$ [A]
(3) 정상전류 $i(\infty) = \dfrac{E}{R}$ [A]
(4) 시정수 $\tau = \dfrac{L}{R}$ [sec]
(5) R의 단자전압 $E_R = E(1-e^{-\frac{R}{L}t})$ [V]
(6) L의 단자전압 $E_L = Ee^{-\frac{R}{L}t}$ [V]

**17** 어떤 회로의 단자 전압과 전류가 다음과 같을 때, 회로에 공급되는 평균전력은 약 몇 [W]인가?

$v(t) = 100\sin\omega t + 70\sin\omega t + 50\sin(3\omega t - 30°)$ [V]
$i(t) = 20\sin(\omega t - 60°) + 10\sin(3\omega t + 45°)$ [A]

① 565
② 525
③ 495
④ 465

비정현파 소비전력
전압의 주파수 성분은 기본파, 제2고조파, 제3고조파로 구성되어 있으며 전류의 주파수 성분은 기본파, 제3고조파로 이루어져 있으므로 평균전력은 기본파와 제3고조파 성분만 계산된다.
$V_{m1} = 100\angle 0°$ [V], $V_{m2} = 70\angle 0°$ [V],
$V_{m3} = 50\angle -30°$ [V], $I_{m1} = 20\angle -60°$ [A],
$I_{m3} = 10\angle 45°$ [A]이므로
∴ $P = \dfrac{1}{2}(100\times 20\times \cos 60° + 50\times 10\times \cos 75°)$
$= 565$ [W]

**18** 3상 회로에 Δ결선된 평형 순저항 부하를 사용하는 경우 선간전압 220[V], 상전류가 7.33[A]라면 1상의 부하저항은 약 몇 [Ω]인가?

① 80[Ω]  ② 60[Ω]
③ 45[Ω]  ④ 30[Ω]

> **Δ결선의 상저항($R_P$)**
> Δ결선의 선간전압($V_L$)은 상전압($V_P$)과 같기 때문에 한 상에서 옴의 법칙을 적용하면 상전류
> $I_P = \dfrac{V_P}{R_P} = \dfrac{V_L}{R_P}$ [A]이므로
> $V_L = 220$ [V], $I_P = 7.33$ [A]일 때
> $R_P = \dfrac{V_P}{I_P} = \dfrac{V_L}{I_P} = \dfrac{220}{7.33} = 30$ [Ω]

**19** $RLC$ 직렬회로에서 제$n$고조파의 공진주파수 $f$[Hz]는?

① $\dfrac{1}{2\pi\sqrt{LC}}$  ② $\dfrac{1}{2\pi\sqrt{nLC}}$
③ $\dfrac{1}{2\pi n\sqrt{LC}}$  ④ $\dfrac{1}{2\pi n^2\sqrt{LC}}$

> R-L-C 직렬회로에서 제$n$고조파의 공진주파수는
> $Z_n = R + jn\omega L - j\dfrac{1}{n\omega C} = R + j\left(n\omega L - \dfrac{1}{n\omega C}\right)$
> $= R$ [Ω]
> 이므로 $n\omega L = \dfrac{1}{n\omega C}$ 이어야 한다.
> $\therefore f_n = \dfrac{1}{2\pi n\sqrt{LC}}$ [Hz]

**20** 그림에서 전기회로의 전달함수는?

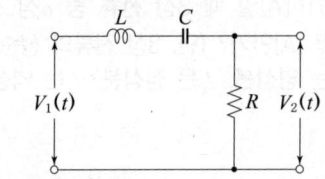

① $\dfrac{LRs}{LCs^2 + RCs + 1}$  ② $\dfrac{Cs}{LCs^2 + RCs + 1}$
③ $\dfrac{RCs}{LCs^2 + RCs + 1}$  ④ $\dfrac{LRCs}{LCs^2 + RCs + 1}$

> **전달함수**
> $V_1(s) = \left(Ls + \dfrac{1}{Cs} + R\right)I(s)$
> $V_2(s) = RI(s)$
> $\therefore G(s) = \dfrac{V_2(s)}{V_1(s)} = \dfrac{RI(s)}{\left(Ls + \dfrac{1}{Cs} + R\right)I(s)}$
> $= \dfrac{RCs}{LCs^2 + RCs + 1}$

정답  18 ④  19 ③  20 ③

# 24. 5. 전기설비기술기준(CBT시험 복원문제)

2024년 3회 전기산업기사

※ 본 기출문제는 수험자의 기억을 바탕으로 하여 복원한 문제이므로 실제 문제와 다를 수 있음을 미리 알려드립니다.

**01** 보안공사 중에서 목주, A종 철주 및 A종 철근 콘크리트주를 사용할 수 없는 것은?

① 고압 보안공사
② 제1종 특별고압 보안공사
③ 제2종 특별고압 보안공사
④ 제3종 특별고압 보안공사

제1종 특고압 보안공사의 지지물의 종류

| 구분 | 내용 |
|---|---|
| 전선로의 지지물 | B종 철주, B종 철근 콘크리트주, 철탑 |

**02** 라이팅덕트공사에 의한 저압 옥내배선은 덕트의 지지점간의 거리는 몇 [m] 이하로 하여야 하는가?

① 2  ② 3
③ 4  ④ 5

라이팅덕트공사

| 구분 | 내용 |
|---|---|
| 지지점 간거리 | 2[m] 이하 |
| 기타 | (1) 덕트 상호간 및 전선 상호간은 견고하고 또한 전기적으로 완전하게 접속할 것. (2) 덕트는 조영재에 견고하게 붙일 것. (3) 덕트의 끝부분은 막을 것. (4) 덕트는 조영재를 관통하여 시설하지 아니할 것. (5) 덕트의 개구부는 아래로 향하여 시설할 것. 다만, 사람이 쉽게 접촉할 우려가 없는 장소에서 덕트의 내부에 먼지가 들어가지 아니하도록 시설하는 경우에 한하여 옆으로 향하여 시설할 수 있다. |

**03** 전로의 사용전압이 500[V]를 초과하는 경우 절연 저항값은 최소 몇 [MΩ] 이상이어야 하는가?

① 1.0  ② 0.2
③ 0.3  ④ 0.5

저압전로의 절연 성능

| 전로의 사용전압[V] | DC 시험전압[V] | 절연저항 [MΩ] |
|---|---|---|
| SELV 및 PELV | 250 | 0.5 |
| FELV, 500[V] 이하 | 500 | 1.0 |
| 500[V] 초과 | 1,000 | 1.0 |

**04** 저압 옥내전로의 인입구에 가까운 곳으로서 쉽게 개폐할 수 있는 곳에 개폐기를 시설하여야 한다. 그러나 사용전압이 400[V] 이하인 옥내전로로서 다른 옥내전로에 접속하는 길이가 몇 [m] 이하인 경우는 개폐기를 생략할 수 있는가?(단, 정격전류가 16[A] 이하인 과전류 차단기 또는 정격전류가 16[A]를 초과하고 20[A] 이하인 배선용차단기로 보호되고 있는 것에 한한다.)

① 15  ② 20
③ 25  ④ 30

저압 옥내전로 인입구에서의 개폐기의 시설

사용전압이 400[V] 이하인 옥내전로로서 다른 옥내전로(정격전류 16[A] 이하인 과전류차단기 또는 정격전류 20[A] 이하인 배선용차단기로 보호되고 있는 것에 한한다.)에 접속하는 길이 15[m] 이하의 전로에서 전기의 공급을 받는 경우에는 개폐기를 생략할 수 있다.

정답 01 ② 02 ① 03 ① 04 ①

## 05 저압 연접인입선이 도로 횡단시 최대 도로의 폭은?

① 3.5
② 4.0
③ 5.0
④ 6.0

**저압 연접인입선의 시설**
저압 가공인입선의 규정에 준하여 시설하는 이외에 다음에 따라 시설하여야 한다.
(1) 인입선에서 분기하는 점으로부터 100[m]를 초과하는 지역에 미치지 아니할 것.
(2) 폭 5[m]를 초과하는 도로를 횡단하지 아니할 것.
(3) 옥내를 통과하지 아니할 것.
[주] 고압 연접인입선과 특고압 연접인입선은 시설하여서는 아니 된다.

## 06 교통신호등 회로의 사용전압은 몇 [V] 이하여야 하는가?

① 60
② 110
③ 220
④ 300

**교통신호등의 시설**

| 구분 | 내용 |
|---|---|
| 최대사용 전압 | 제어장치의 2차측 배선의 최대사용전압은 300[V] 이하이어야 한다. |
| 전선의 굵기 | 2차측 배선(인하선을 제외한다)은 전선에 케이블인 경우 이외에는 공칭 단면적 2.5[mm²] 연동선일 것. |
| 인하선의 높이 | 지표상의 높이를 2.5[m] 이상으로 할 것. |
| 기타 | (1) 제어장치 전원측에는 전용개폐기 및 과전류차단기를 각 극에 시설하여야 한다.<br>(2) 사용전압이 150[V]를 넘는 경우는 전로에 지락이 생겼을 경우 자동적으로 전로를 차단하는 누전차단기를 시설할 것. |

## 07 저압 옥내배선을 가요전선관공사에 의하여 실시하는 경우 사용할 수 있는 단선(동선)의 최대 굵기는 몇 [mm²]인가?

① 2.5
② 6
③ 10
④ 16

**금속제 가요전선관공사**

| 구분 | 내용 |
|---|---|
| 전선 | (1) 전선은 절연전선(옥외용 비닐절연전선을 제외한다)일 것.<br>(2) 전선은 연선일 것. 다만, 단면적 10[mm²] (알루미늄선은 단면적 16[mm²]) 이하의 것은 적용하지 않는다.<br>(3) 전선은 금속제 가요전선관 안에서 접속점이 없도록 할 것. |
| 관재료 | 2종 금속제 가요전선관(습기 많은 장소 또는 물기가 있는 장소에 시설하는 때에는 비닐 피복 2종 가요전선관)일 것. 다만, 전개된 장소 또는 점검할 수 있는 은폐된 장소에는 1종 가요전선관(습기가 많은 장소 또는 물기가 있는 장소에는 비닐 피복 1종 가요전선관)을 사용할 수 있다. |

## 08 관등회로에 대한 설명으로 옳은 것은?

① 분기점으로부터 안정기까지의 전로
② 스위치로 부터 안정기까지의 전로
③ 방전등용 안정기로 부터 방전관까지의 전로
④ 분기점으로부터 방전등 까지의 전로

**용어의 정의**
"관등회로"란 방전등용 안정기 또는 방전등용 변압기로부터 방전관까지의 전로를 말한다.

**09** 옥내 저압전선으로 나전선의 사용이 기본적으로 허용되지 않는 것은?

① 애자공사의 전기로용 전선
② 유희용 전차에 전기 공급을 위한 접촉 전선
③ 제분공장의 전선
④ 애자공사의 전선 피복 절연물이 부식하는 장소에 시설하는 전선

> **나전선의 사용 제한**
> 다음 중 어느 하나에 해당하는 경우에는 나전선을 사용할 수 있다.
> (1) 애자공사에 의하여 전개된 곳에 다음의 전선을 시설하는 경우
>   ㉠ 전기로용 전선
>   ㉡ 전선의 피복 절연물이 부식하는 장소에 시설하는 전선
>   ㉢ 취급자 이외의 자가 출입할 수 없도록 설비한 장소에 시설하는 전선
> (2) 버스덕트공사에 의하여 시설하는 경우
> (3) 라이팅덕트공사에 의하여 시설하는 경우
> (4) 옥내에 시설하는 저압 접촉전선을 시설하는 경우
> (5) 유희용 전차의 전원장치에 있어서 2차측 회로의 배선을 제3레일 방식에 의한 접촉전선을 시설하는 경우

**10** 직류 전기철도 시스템이 매설 배관 또는 케이블과 인접할 경우 누설전류를 피하기 위해 최대한 이격시켜야 하며 주행레일과 최소 몇 [m] 이상의 거리를 유지하여야 하는가?

① 0.3
② 0.5
③ 1.0
④ 1.5

> **누설전류 간섭에 대한 방지**
> 직류 전기철도 시스템이 매설 배관 또는 케이블과 인접할 경우 누설전류를 피하기 위해 최대한 이격시켜야 하며 주행레일과 최소 1[m] 이상의 거리를 유지하여야 한다.

**11** 발전기의 용량에 관계없이 자동적으로 이를 전로로부터 차단하는 장치를 시설하여야 하는 경우는?

① 베어링 과열
② 과전류 및 과전압이 발생한 경우
③ 유압의 과팽창
④ 발전기의 내부고장

> **발전기에 시설하는 보호장치**
> 발전기에는 다음의 경우에 자동적으로 이를 전로로부터 차단하는 장치를 시설하여야 한다.
> (1) 발전기에 과전류나 과전압이 생긴 경우
> (2) 용량이 500[kVA] 이상의 발전기를 구동하는 수차의 압유 장치의 유압 또는 전동식 가이드밴 제어장치, 전동식 니들 제어장치 또는 전동식 디플렉터 제어장치의 전원전압이 현저히 저하한 경우
> (3) 용량이 100[kVA] 이상의 발전기를 구동하는 풍차(風車)의 압유 장치의 유압, 압축 공기장치의 공기압 또는 전동식 브레이드 제어장치의 전원전압이 현저히 저하한 경우
> (4) 용량이 2,000[kVA] 이상인 수차 발전기의 스러스트 베어링의 온도가 현저히 상승한 경우
> (5) 용량이 10,000[kVA] 이상인 발전기의 내부에 고장이 생긴 경우
> (6) 정격출력이 10,000[kW] 초과하는 증기터빈은 그 스러스트 베어링이 현저하게 마모되거나 그의 온도가 현저히 상승한 경우

**12** 고압 가공전선로의 지지물로서 B종 철주 또는 B종 철근 콘크리트주를 시설하는 경우의 최대 경간[m]은?

① 150
② 200
③ 250
④ 300

> **가공전선로의 최대경간**
> 
> | 지지물 종류 | 표준경간 | 170[kV] 이하 특고압 시가지 | 25[kV] 이하 다중접지 |
> |---|---|---|---|
> | A종주, 목주 | 150[m] | 75[m] 목주사용불가 | 100[m] |
> | B종주 | 250[m] | 150[m] | 150[m] |
> | 철탑 | 600[m] | 400[m] | 400[m] |

**13** 저·고압 가공전선이 건조물에 접근할 때 조영물의 상부 조영재와의 상방에 있어서의 이격 거리는 몇 [m]이상인가? (단, 전선은 케이블을 사용하였다.)

① 0.4
② 0.8
③ 1
④ 2.0

**가공전선과 건조물과의 접근**
가공전선이 건조물의 조영재 위쪽에서 접근하는 경우

| 사용전압 | 나전선 | 절연전선 | 케이블 |
|---|---|---|---|
| 저압 및 고압 | 2[m] 이상 | 저압 1[m] 이상 | 1[m] 이상 |
| 35[kV] 이하 특고압 | 3[m] 이상 | 2.5[m] 이상 | 1.2[m] 이상 |
| 35[kV] 초과 | 35[kV] 이하 규정 + (사용전압[kV]/10-3.5)×0.15[m] 이상 소수점 절상 | | |

**14** 22.9[kV] 가공 송전선을 시가지에 시설할 경우의 경동연선의 최소 단면적[mm²]은?

① 22
② 38
③ 55
④ 150

**가공전선의 굵기**

| 구분 | | 인장강도 및 굵기 |
|---|---|---|
| 특고압 | 시가지 외 | 8.71[kN] 이상의 연선 또는 22[mm²] 이상의 경동연선 또는 동등 이상의 인장강도를 갖는 알루미늄 전선이나 절연전선 |
| | 시가지 100[kV] 미만 | 21.67[kN] 이상의 연선 또는 55[mm²] 이상의 경동연선 |
| | 시가지 100[kV] 이상 170[kV] 이하 | 58.84[kN] 이상의 연선 또는 150[mm²] 이상의 경동연선 |

**15** 철도·궤도 또는 자동차도의 전용터널 안의 터널 내 전선로의 시설방법으로 틀린 것은?

① 저압전선으로 지름 2.0[mm]의 경동선을 사용하였다.
② 고압전선은 케이블공사로 하였다.
③ 저압전선을 애자공사에 의하여 시설하고 이를 레일면상 또는 노면상 2.5[m] 이상으로 하였다.
④ 저압전선을 가요전선관공사에 의하여 시설하였다.

**터널 안 전선로의 시설**
철도·궤도 또는 자동차도 전용터널 안의 전선로

| 구분 | 내용 |
|---|---|
| 저압 전선 | (1) 애자공사에 의하여 인장강도 2.3[kN] 이상의 절연전선 또는 지름 2.6[mm] 이상의 경동선의 절연전선을 사용하고 또한 이를 레일면상 또는 노면상 2.5[m] 이상의 높이로 유지할 것. (2) 케이블공사, 금속관공사, 합성수지관공사, 가요전선관공사, 애자공사에 의할 것. |
| 고압 전선 | (1) 애자공사에 의하여 인장강도 5.26[kN] 이상의 것 또는 지름 4[mm] 이상의 경동선의 고압 절연전선 또는 특고압 절연전선을 사용하고 또한 이를 레일면상 또는 노면상 3[m] 이상의 높이로 유지할 것. (2) 전선은 케이블공사, 애자공사에 의할 것. (3) 케이블을 조영재의 옆면 또는 아랫면에 따라 붙일 경우에는 케이블의 지지점간의 거리를 2[m] (수직으로 붙일 경우에는 6[m]) 이하로 할 것. |

**16** 시가지에 시설하는 통신선은 특고압 가공전선로의 지지물에 시설하여서는 아니 된다. 그러나 통신선이 지름 몇 [mm] 이상의 절연전선 또는 이와 동등 이상의 세기 및 절연효력이 있는 것이면 시설이 가능한가?

① 4
② 4.5
③ 5
④ 5.5

**특고압 가공전선로 첨가 설치 통신선의 시가지 인입 제한**
시가지에 시설하는 통신선은 특고압 가공전선로의 지지물에 시설하여서는 아니 된다. 단, 다음에 규정하는 통신선을 사용하는 경우에는 그러하지 아니하다.
(1) 첨가통신용 제1종 케이블 이상의 절연효력이 있는 것 (광섬유 케이블 포함)
(2) 첨가통신용 제1종 케이블
(3) 첨가통신용 제2종 케이블
(4) 통신선이 절연전선과 동등 이상의 절연효력이 있고 인장강도 5.26[kN] 이상의 것 또는 연선의 경우 단면적 16[mm²] (단선의 경우 지름 4[mm]) 이상의 절연전선

**17** 태양광 발전설비에 시설하는 태양전지 모듈, 전선 및 개폐기의 시설에 대한 설명으로 틀린 것은?

① 전선은 공칭단면적 2.5[mm²] 이상의 연동선을 사용할 것
② 태양전지 모듈에 접속하는 부하측 전로에는 개폐기를 시설할 것
③ 태양전지 모듈을 병렬로 접속하는 전로에 과전류차단기를 시설할 것
④ 옥측에 시설하는 경우 금속관공사, 합성수지관공사, 애자공사로 배선할 것

**태양광 발전설비의 시설규정**
옥내 및 옥측 또는 옥외에 시설할 경우에는 합성수지관공사, 금속관공사, 금속제 가요전선관공사, 케이블공사 규정에 준하여 시설하여야 한다.

**18** 합성수지관공사에 의한 저압 옥내배선의 시설기준으로 옳지 않은 것은?

① 습기가 많은 장소에 방습 장치를 하여 사용하였다.
② 전선은 옥외용 비닐절연전선을 사용하였다.
③ 전선은 연선을 사용하였다.
④ 관의 지지점간의 거리는 1.5[m]로 하였다.

**합성수지관공사**

| 구분 | 내용 |
|---|---|
| 전선 | (1) 전선은 절연전선(옥외용 비닐절연전선을 제외한다)일 것. <br>(2) 전선은 연선일 것. 다만, 단면적 10[mm²] (알루미늄선은 단면적 16[mm²]) 이하의 것은 적용하지 않는다. <br>(3) 전선은 합성수지관 안에서 접속점이 없도록 할 것. |
| 지지점 간거리 | 1.5[m] 이하 |
| 관 두께 | 2[mm] 이상(합성수지제 휨(가요)전선관을 제외한다) |
| 기타 | (1) 중량물의 압력 또는 현저한 기계적 충격을 받을 우려가 없도록 시설할 것. <br>(2) 습기가 많은 장소 또는 물기가 있는 장소에 시설하는 경우에는 방습 장치를 할 것. <br>(3) 합성수지제 휨(가요) 전선관 상호 간은 직접 접속하지 말 것. <br>(4) 이중천장(반자 속 포함) 내에는 시설할 수 없다. |

**19** 전기저장장치를 시설하는 곳에 시설해야 하는 계측장치에 해당되지 않는 것은?

① 축전지 출력단자의 전압, 전류, 전력
② 축전지 충방전 상태
③ 주요 변압기의 주파수
④ 주요 변압기의 전압, 전류 및 전력

**전기저장장치의 계측장치**
(1) 축전지 출력 단자의 전압, 전류, 전력 및 충방전 상태
(2) 주요변압기의 전압, 전류 및 전력

## 20 금속덕트공사에 적당하지 않은 것은?

① 전선은 절연전선을 사용한다.
② 덕트의 끝부분은 항시 개방시킨다.
③ 덕트 안에는 전선의 접속점이 없도록 한다.
④ 덕트의 안쪽 면 및 바깥 면에는 산화방지를 위하여 아연도금을 한다.

**금속덕트공사**

| 구분 | 내용 |
| --- | --- |
| 전선 | (1) 전선은 절연전선(옥외용 비닐절연전선을 제외한다)일 것.<br>(2) 금속덕트에 넣은 전선의 단면적(절연피복의 단면적을 포함한다)의 합계는 덕트의 내부 단면적의 20[%](전광표시장치 기타 이와 유사한 장치 또는 제어회로 등의 배선만을 넣는 경우에는 50[%]) 이하일 것. |
| 지지점 간 거리 | 3[m](취급자 이외의 자가 출입할 수 없도록 설비한 곳에서 수직으로 붙이는 경우에는 6[m]) 이하로 하고 또한 견고하게 붙일 것. |
| 기타 | (1) 안쪽 면 및 바깥 면에는 산화 방지를 위하여 아연도금 또는 이와 동등 이상의 효과를 가지는 도장을 한 것일 것.<br>(2) 덕트의 본체와 구분하여 뚜껑을 설치하는 경우에는 쉽게 열리지 아니하도록 시설할 것.<br>(3) 덕트의 끝부분은 막을 것. 또한, 덕트 안에 먼지가 침입하지 아니하도록 할 것.<br>(4) 덕트 상호간의 견고하고 또한 전기적으로 완전하게 접속할 것. |

정답 20 ②

# 25  1. 전기자기학(CBT시험 복원문제)

**2025년 1회 전기산업기사**

※ 본 기출문제는 수험자의 기억을 바탕으로 하여 복원한 문제이므로 실제 문제와 다를 수 있음을 미리 알려드립니다.

**01** 진공 중의 MKS 유리화 단위계에서 정전하간의 정전력 $F = \dfrac{Q_1 Q_2}{\alpha_0 R^2}$[N], 자하간의 자기력 $F = \dfrac{m_1 m_2}{\beta_0 R^2}$[N] 및 전류와 자계간의 전자력 $F = \dfrac{mIl\sin\theta}{\gamma_0 R^2}$[N]이다. 상수 $\alpha_0$, $\beta_0$, $r_0$ 상호간의 관계식 $\dfrac{\gamma_0^2}{\alpha_0 \beta_0}$의 값은?

① $3 \times 10^8$
② $3 \times 10^{10}$
③ $9 \times 10^{16}$
④ $9 \times 10^{20}$

**정전력, 자기력, 전자력**
정전계 쿨롱의 법칙 $F_1$, 정자계 쿨롱의 법칙 $F_2$, 자계의 비오사바르의 법칙 $F_3$라 하면
$F_1 = \dfrac{Q_1 Q_2}{4\pi\epsilon_0 R^2}$[N], $F_2 = \dfrac{m_1 m_2}{4\pi\mu_0 R^2}$[N],
$F_3 = \dfrac{mIl\sin\theta}{4\pi R^2}$[N] 식에서
$\alpha_0 = 4\pi\epsilon_0$, $\beta_0 = 4\pi\mu_0$, $\gamma_0 = 4\pi$ 이므로
$\therefore \dfrac{\gamma_0^2}{\alpha_0 \beta_0} = \dfrac{(4\pi)^2}{4\pi\epsilon_0 \times 4\pi\mu_0} = \dfrac{1}{\epsilon_0 \mu_0}$
$= \dfrac{1}{8.855 \times 10^{-12} \times 4\pi \times 10^{-7}}$
$= 9 \times 10^{16}$

**02** 자계의 세기가 800[AT/m]이고, 자속밀도가 0.2[Wb/m²]인 재질의 투자율[H/m]은?

① $2.5 \times 10^{-3}$
② $4 \times 10^{-3}$
③ $2.5 \times 10^{-4}$
④ $4 \times 10^{-4}$

**자속밀도($B$)**
$B = \mu H$[Wb/m²] 식에서
$H = 800$[AT/m], $B = 0.2$[Wb/m²] 이므로
$\therefore \mu = \dfrac{B}{H} = \dfrac{0.2}{800} = 2.5 \times 10^{-4}$[H/m]

**03** 그림과 같이 진공 중에 서로 평행인 무한 길이 두 직선 도선 A, B가 $d$[m] 떨어져 있다. A, B의 선전하 밀도를 각각 $\lambda_1$[C/m], $\lambda_2$[C/m]라 할 때, A로부터 $\dfrac{d}{3}$[m]인 점의 전계의 세기가 0이었다면 $\lambda_1$과 $\lambda_2$의 관계는?

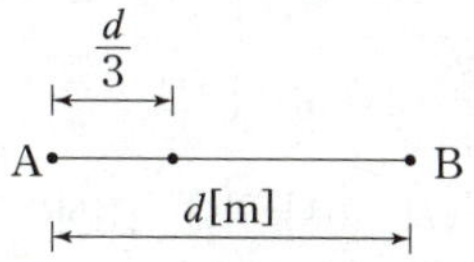

① $\lambda_2 = \dfrac{1}{2}\lambda_1$
② $\lambda_2 = 2\lambda_1$
③ $\lambda_2 = 3\lambda_1$
④ $\lambda_2 = 9\lambda_1$

**선전하에 의한 전계의 세기($E$)**
A도선에 의한 전계의 세기를 $E_A$, B도선에 의한 전계의 세기를 $E_B$라 하면
$E_A = \dfrac{\lambda_1}{2\pi\epsilon_0 r_A}$[V/m], $E_B = \dfrac{\lambda_2}{2\pi\epsilon_0 r_B}$[V/m] 이므로 전계의 세기가 0[V/m]이 된 경우 $E_A = E_B$ 이다.
$r_A = \dfrac{d}{3}$[m], $r_B = \dfrac{2d}{3}$[m] 이므로
$\dfrac{\lambda_1}{2\pi\epsilon_0 \left(\dfrac{d}{3}\right)} = \dfrac{\lambda_2}{2\pi\epsilon_0 \left(\dfrac{2d}{3}\right)}$ 식에서
$\therefore \lambda_2 = 2\lambda_1$

**04** 무한 길이의 직선 도체에 전하가 균일하게 분포되어 있다. 이 직선 도체로부터 $l$ 거리에 있는 점의 전계의 세기는?

① $l$에 비례한다.
② $l$에 반비례한다.
③ $l^2$에 비례한다.
④ $l^2$에 반비례한다.

**선전하에 의한 전계의 세기($E$)**
$E = \dfrac{\lambda}{2\pi\epsilon_0 l}$[V/m] 식에서
$\therefore$ 전계의 세기는 거리 $l$에 반비례한다.

**정답**  01 ③  02 ③  03 ②  04 ②

**05** 무한평면도체로부터 r[m] 떨어진 곳에 점전하 $Q$[C]이 있을 때 이 무한평면도체 표면에 유도되는 면밀도가 최대인 점의 전하밀도는 몇 [C/m²]인가?

① $\dfrac{Q}{2\pi r^2}$  ② $\dfrac{Q}{\pi \epsilon_a r}$
③ $\dfrac{Q}{4\pi r^2}$  ④ $\dfrac{Q}{4\pi r}$

**접지무한평면과 점전하**
접지무한평면으로부터 $r$[m] 떨어진 점에 점전하 $Q$[C]이 있을 때 무한평면상에서 최대 전계의 세기($E_{max}$)는
$E_{max} = \dfrac{Q}{2\pi \epsilon_0 r^2}$ [V/m] 이므로
최대 전속밀도($D_{max}$)나 최대 면전하밀도($\rho_{s\,max}$)는
∴ $D_{max} = \rho_{s\,max} = \epsilon_0 E_{max} = \dfrac{Q}{2\pi r^2}$ [C/m²]

**06** 반지름 $a$[m]의 도체구와 내외 반지름이 각각 $b$[m] 및 $c$[m]인 도체구가 동심으로 되어 있다. 두 도체구 사이에 비유전율 $\epsilon_s$인 유전체를 채웠을 경우의 정전용량[F]은?

① $\dfrac{\pi\epsilon_0\epsilon_s}{\ln(b/a)}$  ② $\dfrac{\ln(b/a)}{\pi\epsilon_0\epsilon_s}$
③ $\dfrac{4\pi\epsilon_0\epsilon_s ab}{b-a}$  ④ $\dfrac{1}{4\pi\epsilon_0\epsilon_s}\dfrac{a-b}{ab}$

**동심구도체 내의 정전용량($C$)**
$C = \dfrac{4\pi\epsilon}{\dfrac{1}{a}-\dfrac{1}{b}}$ [F], $\epsilon = \epsilon_0\epsilon_s$ [F/m] 식에서
∴ $C = \dfrac{4\pi\epsilon}{\dfrac{1}{a}-\dfrac{1}{b}} = \dfrac{4\pi\epsilon_0\epsilon_s ab}{b-a}$ [F]

**07** 전송선로에서 선로길이당 인덕턴스 36[mH], 커패시터 0.1[μF]일 때 특성 임피던스는?

① 600  ② 750
③ 1250  ④ 1500

**특성 임피던스($Z_0$)**
$Z_0 = \sqrt{\dfrac{L}{C}}$ [Ω] 식에서
$L = 36$ [mH], $C = 0.1$ [μF] 이므로
∴ $Z_0 = \sqrt{\dfrac{L}{C}} = \sqrt{\dfrac{36 \times 10^{-3}}{0.1 \times 10^{-6}}} = 600$ [Ω]

**08** 패러데이관의 설명 중 틀린 것은?

① +1[C]의 진전하에 -1[C]의 진전하로 끝나는 1개의 관으로 가정한다.
② 관의 양끝에는 정, 부의 단위 진전하가 있다.
③ 관의 밀도는 전속밀도와 동일하다.
④ 관속에 있는 전속수는 진전하가 있으면 일정하고 연속이다.

**패러데이관의 성질**
(1) 패러데이관 내의 전속선수는 일정하며 전속선수가 패러데이관의 수이기도 하다.
(2) 진전하가 없는 점에서는 패러데이관은 연속적이다.
(3) 패러데이관의 밀도는 전속밀도와 같다.
(4) 패러데이관 양단에 정(+), 부(-)의 단위 진전하가 있다.
(5) 패러데이관의 단위 전위차당 보유에너지는 $\dfrac{1}{2}$ [J]이다.

정답 05 ① 06 ③ 07 ① 08 ④

## 09 환상 솔레노이드로 구성된 자기회로의 자속 $\phi$ [Wb]에 대응하는 전기회로의 요소는?

① 전기저항  ② 전류
③ 도전율    ④ 컨덕턴스

**전기회로와 자기회로의 대응관계**

| 전기회로 | 자기회로 |
|---|---|
| 기전력 $V$ [V] | 기자력 $F$ [AT] |
| 전류 $I$ [A] | 자속 $\phi$ [Wb] |
| 전기저항 $R$ [Ω] | 자기저항 $R_m$ [AT/Wb] |
| 도전율 $K$ [S/m] | 투자율 $\mu$ [H/m] |
| 전류밀도 $i$ [A/m²] | 자속밀도 $B$ [Wb/m²] |
| 전계의 세기 $E$ [V/m] | 자계의 세기 $H$ [AT/m] |
| 콘덕턴스 $G$ [S] | 퍼미언스 $P_m$ [Wb/AT] |

∴ 자기회로에서 자속은 전기회로에서 전류와 같다.

## 10 전자유도법칙에 의한 유도기전력에 관한 법칙 중 옳은 것은?

① 암페어의 오른손 법칙
② 플레밍의 왼손 법칙
③ 패러데이 법칙
④ 가우스 법칙

**전자유도법칙**

(1) 패러데이법칙
 회로에 발생하는 유기기전력은 자속 쇄교수의 시간에 대한 감쇠율에 비례한다.
 $e = -N \dfrac{d\phi}{dt}$ [V]

(2) 렌쯔의 법칙
 유기기전력의 방향은 자속의 변화를 방해하는 방향으로 유도된다.

## 11 변압기 철심으로 주철을 사용하지 않고 규소강판이 사용되는 주된 이유는?

① 와류손을 적게 하기 위하여
② 큐리온도를 높이기 위하여
③ 히스테리시스손을 적게 하기 위하여
④ 부하손(동손)을 적게 하기 위하여

**히스테리시스손과 와류손**
변압기 철심에 규소가 함유된 강판을 사용하면 히스테리시스손을 줄일 수 있고 얇게 성층하여 사용하면 와류손을 줄일 수 있다.

## 12 전기쌍극자로부터 임의의 점의 거리가 $r$이라 할 때, 전계의 세기는 $r$과 어떤 관계에 있는가?

① $\dfrac{1}{r}$에 비례   ② $\dfrac{1}{r^2}$에 비례
③ $\dfrac{1}{r^3}$에 비례  ④ $\dfrac{1}{r^4}$에 비례

**전기쌍극자의 전계**
$E = \dfrac{M}{4\pi\epsilon_o r^3}\sqrt{1+3\cos^2\theta}$ [V/m] 이므로

∴ $\dfrac{1}{r^3}$에 비례한다.

**13** 무한장 솔레노이드에 전류가 흐를 때 발생되는 자장에 관한 설명 중 옳은 것은?

① 내부 자장은 평등 자장이다.
② 외부와 내부 자장의 세기는 같다.
③ 외부 자장은 평등 자장이다.
④ 내부 자장의 세기는 0이다.

> 무한장 솔레노이드에 의한 자계의 세기($H$)
> (1) 내부 자계의 세기
> 무한장 솔레노이드는 단위 길이당 권선수를 동일하게 하면 내부 자계의 세기는 평등자장이며 균등자장이 되며 $H = nI$ [AT/m] 이다.
> 여기서, $n$ 은 단위 길이당 권선수이다.
> (2) 외부자계는 존재하지 않는다.

**14** 그림과 같은 반지름 $a$[m]인 원형 코일에 $I$[A]의 전류가 흐르고 있다. 이 도체 중심축상 $x$[m]인 P점의 자위는 몇 [A]인가?

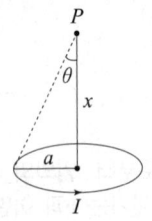

① $\dfrac{I}{2}\left(1-\dfrac{x}{\sqrt{a^2+x^2}}\right)$
② $\dfrac{I}{2}\left(1-\dfrac{a}{\sqrt{a^2+x^2}}\right)$
③ $\dfrac{I}{2}\left\{1-\dfrac{x^2}{(a^2+x^2)^{\frac{3}{2}}}\right\}$
④ $\dfrac{I}{2}\left\{1-\dfrac{a^2}{(a^2+x^2)^{\frac{3}{2}}}\right\}$

> 자위($U$)
> 원형코일 중심축상의 점 $P$에서는 자위는
> $U = \dfrac{I}{4\pi}\omega$ [A], $\omega = 2\pi(1-\cos\theta)$ [sr] 식에서
> ∴ $U = \dfrac{I}{4\pi} \times 2\pi(1-\cos\theta)$
> $= \dfrac{I}{2}\left(1-\dfrac{x}{\sqrt{a^2+x^2}}\right)$ [A]

**15** 투자율 $\mu$[H/m], 자계의 세기 $H$[AT/m], 자속밀도 $B$[Wb/m²]인 곳의 자계 에너지 밀도[J/m³]는?

① $\dfrac{B^2}{2\mu}$
② $\dfrac{H^2}{2\mu}$
③ $\dfrac{1}{2}\mu H$
④ $BH$

> 자기에너지 밀도($w$)
> 자속밀도를 $B$, 투자율을 $\mu$, 자계의 세기를 $H$라 하면 단위체적당 자기에너지 $w$와 단위면적당 전자력 $f$는
> $w = \dfrac{B^2}{2\mu} = \dfrac{1}{2}\mu H^2 = \dfrac{1}{2}BH$ [J/m³]
> $f = w$ [J/m²] 이다.

**16** 강자성체의 자화곡선에서 바크하우젠(Barkhausen effect) 효과에서 볼 수 있는 자화곡선의 모양은?

① B–H 자화곡선의 타원
② B–H 자화곡선의 직선
③ B–H 자화곡선의 계단
④ B–H 자화곡선의 포물선

> 바크하우젠(Barkhausen effect) 효과
> 자성체 내에서 자구의 자축이 서서히 회전하지 않고 어떤 순간에 급격히 자계($H$)의 방향으로 회전하여 자속밀도($B$)가 계단적으로 증가 또는 감소하는 현상을 말한다.

정답 13 ① 14 ① 15 ① 16 ③

**17** 공기 중에서 $E$[V/m]의 전계를 $i_d$[A/m²]의 변위전류로 흐르게 하고자 한다. 이때 주파수 $f$[Hz]는?

① $f = \dfrac{i_d}{2\pi\epsilon E}$    ② $f = \dfrac{i_d}{4\pi\epsilon E}$

③ $f = \dfrac{\epsilon i_d}{2\pi^2 E}$    ④ $f = \dfrac{i_d E}{4\pi^2 \epsilon}$

**변위전류밀도($i_d$)**
$$i_d = \frac{\partial D}{\partial t} = \epsilon \frac{\partial E}{\partial t} = \epsilon \frac{\partial}{\partial t} E_m \sin\omega t$$
$$= \omega\epsilon E_m \cos\omega t \text{ [A/m}^2\text{] 식에서}$$
$i_d = \omega\epsilon E = 2\pi f \epsilon E$ [A/m²] 이므로
$$\therefore f = \frac{i_d}{2\pi\epsilon E} \text{ [Hz]}$$

**18** 원점 주위의 전류밀도가 $J = \dfrac{2}{r} a_r$ [A/m²]인 분포를 가질 때 반지름 5[cm]의 구면을 지나는 전전류는?

① $0.1\pi$    ② $0.2\pi$
③ $0.3\pi$    ④ $0.4\pi$

**전류밀도($J$)**
반지름 $r$, 구면적 $S$, 전류 $I$라 하면
$S = 4\pi r^2$ [m²]이므로 $J = \dfrac{I}{S} = \dfrac{I}{4\pi r^2}$ [A/m²]이다.
$J = \dfrac{2}{r}$ [A/m²], $r = 5$ [cm]일 때
$\therefore I = 4\pi r^2 J = 4\pi r^2 \times \dfrac{2}{r}$
$\quad = 8\pi r = 8\pi \times 5 \times 10^{-2} = 0.4\pi$ [A]

**19** 철심이 들어 있는 환상코일이 있다. 1차 코일의 권수 $N_1 = 100$ 회 일 때, 자기인덕턴스는 0.01[H]였다. 이 철심에 2차 코일 $N_2 = 200$ 회를 감았을 때 1, 2차 코일의 상호인덕턴스는 몇 [H]인가? (단, 결합계수는 1로 한다.)

① 0.01    ② 0.02
③ 0.03    ④ 0.04

**상호인덕턴스($M$)**
$$M = \frac{N_1 N_2}{R_m} = \frac{\mu S N_1 N_2}{l} = \frac{L_1 N_2}{N_1} = \frac{L_2 N_1}{N_2}$$
$= k\sqrt{L_1 L_2}$ [H] 식에서
$N_1 = 100$, $L_1 = 0.01$ [mH], $N_2 = 200$,
$k = 1$ 이므로
$$\therefore M = \frac{L_1 N_2}{N_1} = \frac{0.01 \times 200}{100} = 0.02 \text{ [mH]}$$

**20** 라디오 방송의 평면파 주파수를 700[Hz]라 할 때, 이 평면파가 콘크리트 벽 $\epsilon_s = 5$ 속을 지날 때 전파속도 [m/s]는? (단, 공기 중에서의 유전율 $\epsilon_0$, 투자율 $\mu$ 및 비투자율 $\mu_s = 1$ 로 한다.)

① $2.54 \times 10^8$    ② $1.54 \times 10^8$
③ $1.34 \times 10^8$    ④ $2.34 \times 10^8$

**전파속도($v$)**
$$v = \lambda f = \frac{\omega}{\beta} = \frac{1}{\sqrt{LC}} = \frac{1}{\sqrt{\epsilon\mu}}$$
$$= \frac{1}{\sqrt{\epsilon_0 \mu_0}} \cdot \frac{1}{\sqrt{\epsilon_s \mu_s}} = \frac{3 \times 10^8}{\sqrt{\epsilon_s \mu_s}} \text{ [m/sec] 식에서}$$
$\epsilon_s = 5$, $\mu_s = 1$ 이므로
$$\therefore v = \frac{3 \times 10^8}{\sqrt{\epsilon_s \mu_s}} = \frac{3 \times 10^8}{\sqrt{5 \times 1}} = 1.34 \times 10^8 \text{ [m/sec]}$$

정답  17 ①  18 ④  19 ②  20 ③

## 25  2. 전력공학(CBT시험 복원문제)

**2025년 1회 전기산업기사**

※ 본 기출문제는 수험자의 기억을 바탕으로 하여 복원한 문제이므로 실제 문제와 다를 수 있음을 미리 알려드립니다.

**01** 동일전력을 동일 선간전압, 동일역률로 동일거리에 보낼 때 사용하는 전선의 총중량이 같으면 3상 3선식인 때와 단상 2선식인 때의 전력손실비는?

① 1  ② $\frac{3}{4}$
③ $\frac{2}{3}$  ④ $\frac{1}{\sqrt{3}}$

배전방식의 전기적 특성 비교

| 구분 | 단상2선식 | 단상3선식 | 3상3선식 |
|---|---|---|---|
| 공급전력 | 100[%] | 133[%] | 115[%] |
| 선로전류 | 100[%] | 50[%] | 58[%] |
| 전력손실 | 100[%] | 25[%] | 75[%] |
| 전선량 | 100[%] | 37.5[%] | 75[%] |

∴ $75[\%] = \frac{3}{4}$ 배

**02** 다음 중 수차의 캐비테이션의 방지책으로 옳지 않은 것은?

① 과부하 운전을 가능한 한 피한다.
② 흡출 수두를 증대시킨다.
③ 수차의 비속도를 너무 크게 잡지 않는다.
④ 침식에 강한 금속재료로 러너를 제작한다.

캐비테이션의 방지대책
(1) 수차의 비속도를 너무 크게 잡지 않을 것
(2) 흡출관의 높이를 너무 높게 취하지 않을 것
(3) 침식에 강한 재료로 러너를 제작하든지 부분적으로 보강할 것
(4) 러너 표면을 미끄럽게 가공 정도를 높일 것
(5) 과도한 부분 부하, 과부하 운전을 가능한 한 피할 것
(6) 토마계수를 크게 할 것
(7) 수차의 회전수를 적게 할 것

**03** 유효낙차 300[m], 사용수량 20[m³/s]인 수력발전소의 발전기 출력은 약 몇 [kW]인가? (단, 수차효율은 80[%]라고 한다.)

① 47040  ② 51860
③ 54170  ④ 54970

수력발전소의 최대출력($P_g$)
$P_g = 9.8 QH\eta$ [kW] 식에서
$H = 300$ [m], $Q = 20$ [m³/s], $\eta = 0.8$ 이므로
∴ $P_g = 9.8 QH\eta = 9.8 \times 20 \times 300 \times 0.8$
$= 47040$ [kW]

**04** 일반 회로정수가 같은 평행 2회선에서 $A$, $B$, $C$, $D$는 각각 1회선의 경우의 몇 배로 되는가?

① $A$ : 2배, $B$ : 2배, $C$ : $\frac{1}{2}$ 배, $D$ : 1배
② $A$ : 1배, $B$ : 2배, $C$ : $\frac{1}{2}$ 배, $D$ : 1배
③ $A$ : 1배, $B$ : $\frac{1}{2}$ 배, $C$ : 2배, $D$ : 1배
④ $A$ : 1배, $B$ : $\frac{1}{2}$ 배, $C$ : 2배, $D$ : 2배

평행 2회선의 4단자 정수
각 회선의 4단자 정수를 $A_1$, $B_1$, $C_1$, $D_1$과 $A_2$, $B_2$, $C_2$, $D_2$라 하면

$\begin{bmatrix} A_0 & B_0 \\ C_0 & D_0 \end{bmatrix}$

$= \begin{bmatrix} \dfrac{A_1 B_2 + B_1 A_2}{B_1 + B_2} & \dfrac{B_1 B_2}{B_1 + B_2} \\ C_1 + C_2 + \dfrac{(A_1 - A_2)+(D_2 - D_1)}{B_1 + B_2} & \dfrac{B_1 D_2 + B_2 D_1}{B_1 + B_2} \end{bmatrix}$

$A_1 = A_2$, $B_1 = B_2$, $C_1 = C_2$, $D_1 = D_2$라 하면

$\begin{bmatrix} A_0 & B_0 \\ C_0 & D_0 \end{bmatrix} = \begin{bmatrix} A_1 & \dfrac{B_1}{2} \\ 2C_1 & D_1 \end{bmatrix}$

∴ $A$ : 1배, $B$ : $\frac{1}{2}$ 배, $C$ : 2배, $D$ : 1배

**정답** 01 ②  02 ②  03 ①  04 ③

**05** 전력용 콘덴서를 변전소에 설치할 때 직렬리액터를 설치하려고 한다. 직렬리액터의 용량을 결정하는 식은?(단, $f_0$는 전원의 기본 주파수, $C$는 역률개선용 콘덴서의 용량, $L$은 직렬리액터의 용량이다.)

① $L = \dfrac{1}{(2\pi f_0)^2 C}$  ② $L = \dfrac{1}{(6\pi f_0)^2 C}$

③ $L = \dfrac{1}{(10\pi f_0)^2 C}$  ④ $L = \dfrac{1}{(14\pi f_0)^2 C}$

> **직렬리액터**
> 부하의 역률을 개선하기 위해 설치하는 전력용콘덴서에 제5고조파 전압이 나타나게 되면 콘덴서 내부고장의 원인이 되므로 제5고조파 성분을 제거하기 위해서 직렬리액터를 설치하는데 5고조파 공진을 이용하기 때문에 직렬리액터의 용량은 이론상 4[%], 실제적 용량 5~6[%]이다.
> $5\omega L = \dfrac{1}{5\omega C}$
> $\therefore L = \dfrac{1}{(5\omega)^2 C} = \dfrac{1}{(5\times 2\pi f_0)^2 C} = \dfrac{1}{(10\pi f_0)^2 C}$

**06** 화력발전소의 위치 선정시 고려하지 않아도 좋은 것은?

① 전력 수요지에 가까울 것
② 값싸고 풍부한 용수와 냉각수가 얻어질 것.
③ 연료의 운반과 저장이 편리하며 지반이 견고할 것.
④ 바람이 불지 않도록 산으로 둘러싸여 있을 것.

> **화력발전소 위치 선정시 고려사항**
> 바닷물을 냉각수로 활용하고 또한 배출 가스의 유해물질을 해풍을 통해 확산시키기 위해서 화력발전소의 위치는 해안가가 적당하다.

**07** 케이블의 전력손실와 관계가 없는 것은?

① 도체의 저항손    ② 유전체손
③ 연피손           ④ 철손

> **전력케이블의 손실**
> 전력케이블은 도체를 유전체로 절연하고 케이블 가장자리를 연피로 피복하여 접지를 하게 되면 외부 유도작용을 차폐하는 기능을 갖게 된다. 이 때 도체에 흐르는 전류에 의해서 도체에 저항손실이 생기며 유전체 내에서 유전체 손실이 발생한다. 또한 도체에 흐르는 전류로 전자유도작용이 생겨 연피에 전압이 나타나게 되고 와류가 흘러 연피손이 발생하게 된다.

**08** 가공 송전선의 코로나 임계전압에 영향을 미치는 여러 가지 인자에 대한 설명 중 틀린 것은?

① 전선 표면이 매끈할수록 임계전압이 낮아진다.
② 날씨가 흐릴수록 임계전압은 낮아진다.
③ 기압이 낮을수록, 온도가 높을수록 임계전압은 낮아진다.
④ 전선의 반지름이 클수록 임계전압은 높아진다.

> **코로나 임계전압($E_0$)**
> $E_0 = 24.3 m_0 m_1 \delta d \log_{10} \dfrac{D}{r}$ [kV]이므로
> (1) 새 전선으로 교체하면 전선의 표면계수($m_0$)가 증가하여 코로나 임계전압이 높아진다.
> (2) 맑은 날씨이면 날씨계수($m_1$)가 증가하여 코로나 임계전압이 높아진다.
> (3) 기압이 높고 온도가 낮으면 상대공기밀도($\delta$)가 증가하여 코로나 임계전압이 높아진다.
> (4) 전선의 직경($d$) 또는 반경이 증가할수록 코로나 임계전압이 높아진다.

**09** SF₆ 가스차단기에 대한 설명으로 옳지 않은 것은?

① 공기에 비하여 소호능력이 약 100배 정도이다.
② 절연 거리를 적게 할 수 있어 차단기 전체를 소형, 경량화 할 수 있다.
③ SF₆ 가스를 이용한 것으로서 독성이 있으므로 취급에 유의하여야 한다.
④ SF₆ 가스 자체는 불활성 기체이다.

가스차단기의 특징
(1) 밀폐구조로 되어있어 소음이 적다.
(2) 근거리 고장 등 가혹한 재기전압에 대해서도 우수하다.
(3) 절연 거리를 적게 할 수 있어 차단기 전체를 소형, 경량화 할 수 있다.
(4) SF₆ 가스는 무색, 무취, 무해, 불활성 기체의 성질을 갖고 있으며 유독가스를 발생하지 않는다.
(5) 절연내력은 공기보다 2배 크다.
(6) 소호능력은 공기보다 100배 크다.

**10** 다음 중 플리커 경감을 위한 전력 공급측의 방안이 아닌 것은?

① 단락용량이 큰 계통에서 공급한다.
② 공급전압을 낮춘다.
③ 전용 변압기로 공급한다.
④ 단독공급계통을 구성한다.

플리커의 경감대책
전원공급측에서 실시하는 방법
(1) 전용계통으로 공급한다.
(2) 단락용량이 큰 계통에서 공급한다.
(3) 전용변압기로 공급한다.
(4) 공급전압을 승압한다.

**11** 각 수용가의 수용설비용량이 100[kW], 150[kW], 200[kW]이며, 각각의 수용률은 0.8 이고 부등률이 1.3일 때 변압기 용량은 몇 [kVA]가 필요한가? (단, 평균부하역률은 80[%]라고 한다.)

① 142
② 165
③ 246
④ 346

변압기용량(합성최대전력)

$$\text{변압기 용량} = \frac{\text{설비용량} \times \text{수용률}}{\text{역률} \times \text{부등률}}$$

$$= \frac{(100+150+200) \times 0.8}{1.3 \times 0.8}$$

$$= 346 \text{[kVA]}$$

**12** 계통의 안정도 증진대책이 아닌 것은?

① 발전기나 변압기의 리액턴스를 작게 한다.
② 선로의 회선수를 감소시킨다.
③ 중간 조상방식을 채용한다.
④ 고속도 재폐로 방식을 채용한다.

안정도 개선책
(1) 리액턴스를 줄인다. : 직렬콘덴서 설치
(2) 단락비를 증가시킨다. : 전압변동률 감소
(3) 중간조상방식을 채용한다. : 동기조상기 설치
(4) 속응여자방식을 채용한다. : 고속도 AVR 채용
(5) 재폐로 차단방식을 채용한다. : 고속도차단기 사용
(6) 계통을 연계한다. : 회선수를 증가
(7) 소호리액터 접지방식을 채용한다.

정답 09 ③ 10 ② 11 ④ 12 ②

**13** 송전선의 중성점을 접지하는 이유가 아닌 것은?

① 송전용량의 증가
② 기기의 절연강도를 낮출 수 있다.
③ 이상전압을 방지한다.
④ 보호계전기 동작이 확실한 동작

**중성점 접지의 목적**
(1) 1선 지락이나 기타 원인으로 생기는 이상전압의 발생을 방지하고 건전상의 대지전위상승을 억제함으로써 전선로 및 기기의 절연을 경감시킬 수 있다.
(2) 보호계전기의 동작을 확실히 하여 신속히 차단한다.
(3) 소호리액터 접지를 이용하여 지락전류를 빨리 소멸시켜 송전을 계속할 수 있도록 한다.

**14** 직접접지방식에서 변압기에 단절연이 가능한 이유는?

① 고장전류가 크므로
② 지락전류가 저역률이므로
③ 중성점 전위가 낮으므로
④ 보호계전기의 동작이 확실하므로

**직접접지방식**
(1) 장점
  ㉠ 1선 지락고장시 건전상의 대지전압 상승이 거의 없고(=이상전압이 낮다.) 중성점의 전위도 거의 영전위를 유지하므로 기기의 절연레벨을 저감시켜 단절연할 수 있다.
  ㉡ 아크지락이나 개폐서지에 의한 이상전압이 낮아 피뢰기의 책무 경감이나 피뢰기의 뇌전류 방전 효과를 증가시킬 수 있다.
  ㉢ 1선 지락고장시 지락전류가 매우 크기 때문에 지락계전기(보호계전기)의 동작을 용이하게 해 고장의 선택차단이 신속하며 확실하다.
(2) 단점
  ㉠ 1선 지락고장시 지락전류가 매우 크기 때문에 근접 통신선에 유도장해가 발생하며 계통의 안정도가 매우 나쁘다.
  ㉡ 차단기의 동작이 빈번하며 대용량 차단기를 필요로 한다.

**15** 다음 중 송전선로의 역섬락을 방지하기 위한 대책으로 가장 알맞은 방법은?

① 가공지선을 설치함
② 피뢰기를 설치함
③ 탑각저항을 낮게 함
④ 소호각을 설치함

**매설지선**
역섬락이 일어나면 뇌전류가 애자련을 통하여 전선로로 유입될 우려가 있으므로 이 때 탑각에 방사형 매설지선을 포설하여 탑각의 접지저항을 낮춰주면 역섬락을 방지할 수 있게 된다.

**16** 수전용 변전설비의 1차측 차단기의 용량은 주로 어느 것에 의하여 정해지는가?

① 수전 계약 용량
② 부하설비의 용량
③ 공급측 전원의 단락용량
④ 수전전력의 역률과 부하율

**차단기의 차단용량(=단락용량)**
차단용량은 그 차단기가 적용되는 계통의 3상 단락용량($P_s$)의 한도를 표시하고
$P_s$ [MVA] = $\sqrt{3}$ ×정격전압[kV]×정격차단전류[kA]
식으로 표현한다. 이 때 정격전압은 계통의 최고전압을 표시하며 정격차단전류는 단락전류를 기준으로 한다. 단락전류는 단락지점을 기준으로 한 경우 공급측 계통에 흐르게 되며 그 전류로 공급측 전원용량의 크기나 공급측 전원단락용량을 결정하게 된다.

**17** 유효접지 계통에서 피뢰기의 정격전압을 결정하는데 가장 중요한 요소는?

① 선로 애자련의 충격 섬락전압
② 내부 이상전압 중 과도 이상전압의 크기
③ 유도뢰의 전압의 크기
④ 1선 지락 고장의 건전상의 대지전위, 즉 지속성 이상전압

**피뢰기의 정격전압**
피뢰기의 정격전압이란 속류가 차단되는 최고의 교류전압으로서 유효접지계통은 공칭전압의 0.8~1.0배, 소호리액터접지계통은 1.4~1.6배로 선정한다. 이는 1선 지락 사고 시 건전상의 대지전위 상승을 고려한 값으로서 지속성 이상전압에 해당하는 값이다.

**19** 공통중성선 다중접지 3상 4선식 배전선로에서 고압측(1차측) 중성선과 저압측(2차측) 중성선을 전기적으로 연결하는 주목적은?

① 저압측의 단락사고를 검출하기 위함
② 저압측의 접지사고를 검출하기 위함
③ 주상변압기의 중성선측 부싱(bushing)을 생략하기 위함
④ 고저압 혼촉시 수용가에 침입하는 상승전압을 억제하기 위함

**고압측 중성선과 저압측 중성선을 연결하는 목적**
다중접지 3상4선식 배전선로에서 고압측 중성선과 저압측 중성선을 전기적으로 연결하고 있는데 이것은 고·저압 혼촉시 저압측의 전위상승을 억제하기 위함이다.

**18** 송전전력, 송전거리, 전선의 비중 및 전력손실률이 일정하다고 하면 전선의 단면적 $A[\text{mm}^2]$와 송전전압 $V[\text{kV}]$와의 관계로 옳은 것은?

① $A \propto V$
② $A \propto V^2$
③ $A \propto \dfrac{1}{V^2}$
④ $A \propto \dfrac{1}{\sqrt{V}}$

**전력손실률 ($k$)**
$$k = \frac{P_l}{P} \times 100 = \frac{PR}{V^2 \cos^2\theta} \times 100$$
$$= \frac{P\rho l}{V^2 \cos^2\theta A} \times 100 [\%] \text{ 식에서}$$
$$\therefore A \propto \frac{1}{V^2}$$

**20** 전력계통을 연계시켜서 얻는 이득이 아닌 것은?

① 배후 전력이 커져서 단락용량이 작아진다.
② 부하 증가 시 종합첨두부하가 저감된다.
③ 공급 예비력이 절감된다.
④ 공급 신뢰도가 향상된다.

**계통 연계의 특징**
(1) 배후전력이 커지고 사고범위가 넓다.
(2) 유도장해 발생률이 높다.
(3) 단락용량이 증가한다.
(4) 첨두부하가 저감되며 공급예비력이 절감된다.
(5) 안정도가 높고 공급신뢰도가 향상된다.

**정답** 17 ④ 18 ③ 19 ④ 20 ①

## 25  3. 전기기기(CBT시험 복원문제)

**2025년 1회 전기산업기사**

※ 본 기출문제는 수험자의 기억을 바탕으로 하여 복원한 문제이므로 실제 문제와 다를 수 있음을 미리 알려드립니다.

**01** 동기발전기 종류 중 회전계자형의 특징으로 옳은 것은?

① 고주파 발전기에 사용
② 극소용량, 특수용으로 사용
③ 소요전력이 크고 기구적으로 복잡
④ 기계적으로 튼튼하여 가장 많이 사용

회전계자형을 채용하는 이유
(1) 계자는 전기자보다 철의 분포가 크기 때문에 기계적으로 튼튼하다.
(2) 계자는 전기자보다 결선이 쉽고 구조가 간단하다.
(3) 고압이 걸리는 전기자보다 저압인 계자가 조작하는 데 더 안전하다.
(4) 고압이 걸리는 전기자를 절연하는 데는 고정자로 두어야 용이해진다.

**02** 포화하고 있지 않은 직류발전기의 회전수가 1/2로 감소되었을 때 기전력을 속도 변화 전과 같은 값으로 하려면 여자를 어떻게 해야 하는가?

① 1/2로 감소시킨다.
② 1배로 증가시킨다.
③ 2배로 증가시킨다.
④ 4배로 증가시킨다.

직류발전기의 유기기전력($E$)
$E = K\phi N$ [V] 식에서
기전력이 일정한 경우 $\phi$(자속 : 여자)와 $N$(회전수)은 반비례 관계가 성립된다.
∴ 회전수가 $\frac{1}{2}$로 감소할 경우 여자는 2배 증가시킨다.

**03** 다음 정류 방식 중 맥동률이 가장 작은 방식은?

① 단상 반파 정류
② 단상 전파 정류
③ 3상 반파 정류
④ 3상 전파 정류

맥동률(리플률)과 맥동주파수

| 정류상수 | 맥동률[p.u] | 맥동주파수 |
|---|---|---|
| 단상 반파정류회로 | 1.21 | $f$ |
| 단상 전파정류회로 | 0.48 | $2f$ |
| 3상 반파정류회로 | 0.17 | $3f$ |
| 3상 전파정류회로 | 0.04 | $6f$ |

**04** 3상 권선형 유도전동기의 2차 회로에 저항을 삽입하는 목적이 아닌 것은?

① 속도는 줄지만 최대토크를 크게 하기 위하여
② 속도제어를 하기 위하여
③ 기동토크를 크게 하기 위하여
④ 기동전류를 줄이기 위하여

비례추이의 원리의 특징
(1) 2차 저항을 증가시키면 최대토크는 변하지 않으나 최대토크를 발생하는 슬립이 증가한다.
(2) 2차 저항을 증가시키면 기동토크가 증가하고 기동전류는 감소한다.
(3) 2차 저항을 증가시키면 속도는 감소한다.
(4) 기동역률이 좋아진다.
(5) 전부하 효율이 저하한다.

정답  01 ④  02 ③  03 ④  04 ①

## 05 변압기의 부하가 증가할 때의 현상으로서 틀린 것은?

① 동손이 증가한다.
② 온도가 상승한다.
③ 철손이 증가한다.
④ 여자전류는 변함없다.

변압기의 부하가 증가할 경우 부하전류에 비례해서 크기가 변하는 동손과 온도는 상승하지만 부하와 관계없이 일정한 값으로 나타나는 철손이나 여자전류는 부하가 증가하더라도 변함없이 일정한 값으로 나타난다.

## 06 3상 동기발전기에서 그림과 같이 1상의 권선을 서로 똑같은 2조로 나누어서 그 1조의 권선전압을 $E[V]$, 각 권선의 전류를 $I[A]$라 하고 2중 Y형(double star)으로 결선한 경우 선간전압[V], 선전류[A], 피상전력[W]은?

① $3E$, $I$, $5.19EI$
② $\sqrt{3}E$, $2I$, $6EI$
③ $E$, $2\sqrt{3}I$, $6EI$
④ $\sqrt{3}E$, $\sqrt{3}I$, $5.19EI$

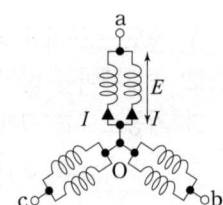

3상 동기발전기의 2중 Y결선
Y결선의 선간전압 $V_L$, 선전류 $I_L$, 상전압 $V_P$, 상전류 $I_P$ 관계는 $V_L = \sqrt{3}\,V_P[V]$, $I_L = I_P[A]$이므로 $V_L$, $I_L$, 피상전력 $S$ 는
$V_L = \sqrt{3}\,V_P = \sqrt{3}\,E$ [V], $I_L = I_P = 2I$ [A],
$S = \sqrt{3}\,V_L I_L = \sqrt{3} \times \sqrt{3}\,E \times 2I = 6EI$ [VA]이다.
∴ $V_L = \sqrt{3}\,E$, $I_L = 2I$, $S = 6EI$

## 07 3상 유도전동기의 원선도 작성에 필요한 기본량을 구하기 위한 시험이 아닌 것은?

① 슬립측정시험  ② 저항측정시험
③ 무부하시험   ④ 구속시험

원선도를 그리는데 필요한 시험
(1) 무부하시험
(2) 구속시험
(3) 권선저항 측정시험

## 08 3상 직권정류자전동기의 중간변압기는 고정자 권선과 회전자 권선 사이에 직렬로 접속되는데, 이 중간변압기를 사용하는 중요한 이유는?

① 경부하시 속도의 급상승 방지를 위하여
② 주파수 변동으로 속도를 조정하기 위하여
③ 회전자 상수를 감소하기 위하여
④ 역회전을 방지하기 위하여

3상 직권정류자 전동기의 특징
중간변압기(직렬변압기)의 사용 목적은 다음과 같다.
(1) 전원전압의 크기에 관계없이 회전자 전압을 정류작용에 알맞은 값으로 선정할 수 있다.(정류자 전압 조정)
(2) 중간변압기의 권수비를 바꾸어 전동기의 특성을 조정한다.(실효 권수비 선정 조정)
(3) 중간변압기의 철심을 포화하면 경부하시 속도상승을 억제할 수 있다.(속도 이상 상승 방지)

**09** 어떤 IGBT의 열용량은 0.02[J/℃], 열저항은 0.625[℃/W]이다. 이 소자에 직류 25[A]가 흐를 때 전압강하는 3[V]이다. 몇 [℃]의 온도상승이 발생하는가?

① 1.5
② 1.7
③ 47
④ 52

**IGBT의 열용량($mC$)**
열용량 $mC$, 열저항 $R$, 전압 $V$, 전류 $I$, 전력 $P$, 온도차 $\theta$일 때
$R = \dfrac{\theta}{P} = \dfrac{\theta}{VI}$ [℃/W] 식에서
∴ $\theta = RVI = 0.625 \times 3 \times 25 ≒ 47$ [℃]

**별해**
시간 $t = mCR = 0.02 \times 0.625 = 0.0125$ [sec]
∴ $\theta = \dfrac{Pt}{mC} = \dfrac{VIt}{mC} = \dfrac{3 \times 25 \times 0.0125}{0.02} ≒ 47$ [℃]

**11** 직류 분권전동기의 공급전압의 극성을 반대로 하면 회전 방향은 어떻게 되는가?

① 반대로 된다.
② 변하지 않는다.
③ 발전기로 된다.
④ 회전하지 않는다.

**직류 분권전동기의 특성**
직류전동기는 계자전류와 전기자전류 중 어느 한쪽의 전류의 방향이 바뀔 때 역회전 할 수 있다. 따라서 직류 분권전동기의 공급전압의 극성이 반대로 되면 계자전류와 전기자전류의 방향이 동시에 바뀌게 되므로 회전방향은 바뀌지 않는다.

**10** 1차측 권수가 1,500인 변압기의 2차측에 접속한 저항 16[Ω]을 1차측으로 환산했을 때 8[kΩ]으로 되어 있다면 2차측 권수는 약 얼마인가?

① 75
② 70
③ 67
④ 64

**변압기 권수비($a$)**
$a = \dfrac{N_1}{N_2} = \dfrac{E_1}{E_2} = \dfrac{I_2}{I_1} = \sqrt{\dfrac{Z_1}{Z_2}}$
$= \sqrt{\dfrac{r_1}{r_2}} = \sqrt{\dfrac{x_1}{x_2}}$ 식에서
$N_1 = 1,500$, $r_2 = 16$[Ω], $r_1 = 8$[kΩ] 이므로
∴ $N_2 = \sqrt{\dfrac{r_2}{r_1}} \cdot N_1 = \sqrt{\dfrac{16}{8 \times 10^3}} \times 1,500 = 67$

**12** 탭전환 변압기 1차측에 몇 개의 탭이 있는 이유는?

① 예비용 단자
② 부하 전류를 조정하기 위하여
③ 수전점의 전압을 조정하기 위하여
④ 변압기의 여자전류를 조정하기 위하여

**탭(Tap)전환 변압기**
(1) 변압기는 1차 권선수와 2차 권선수를 이용하여 전압을 변압하는 기기이기 때문에 변압기 1차측에 몇 개의 탭(Tap)을 설치하여 권선수를 조정하면 변압기 2차측 부하전류에 관계없이 부하측에서 발생하는 전압 변동을 조정할 수 있다.
(2) 탭전환 변압기 1차측에 탭을 설치한 이유는 수전점의 전압을 조정하기 위해서이다.

**정답** 09 ③  10 ③  11 ②  12 ③

**13** 병렬운전 중인 A, B 두 동기발전기 중 A발전기의 여자를 B발전기보다 증가시키면 A발전기는?

① 동기화 전류가 흐른다.
② 부하 전류가 증가한다.
③ 90° 진상 전류가 흐른다.
④ 90° 지상 전류가 흐른다.

**동기발전기의 병렬운전 중 기전력의 크기가 다른 경우**

| 구분 | 내용 |
|---|---|
| 원인 | 각 발전기의 여자전류가 다르기 때문이다. |
| 현상 | (1) 무효순환전류(무효횡류)가 흐른다.<br>(2) 저항손이 증가되어 권선을 과열시킨다.<br>(3) 여자전류가 큰 쪽의 발전기는 지상전류가 흐르고 역률이 저하한다.<br>(4) 여자전류가 작은 쪽의 발전기는 진상전류가 흐르고 역률이 좋아진다. |

**14** 전기자 총 도체수 500, 6극, 중권의 직류전동기가 있다. 전기자 전 전류가 100[A]일 때의 발생토크는 약 몇 [kg·m]인가? (단, 1극당 자속수는 0.01[Wb]이다.)

① 8.12    ② 9.54
③ 10.25   ④ 11.58

**직류전동기의 토크($\tau$)**
$Z=500$, 극수 $P=6$, 중권($a=P$), $I_a=100$[A], $\phi=0.01$[Wb]이므로

$\therefore \tau = \dfrac{PZ\phi I_a}{2\pi a}$ [N·m] $= \dfrac{1}{9.8} \cdot \dfrac{PZ\phi I_a}{2\pi a}$ [kg·m]

$= \dfrac{1}{9.8} \times \dfrac{6 \times 500 \times 0.01 \times 100}{2\pi \times 6} = 8.12$ [kg·m]

**15** 동기기의 전기자 권선법으로 적합하지 않은 것은?

① 중권      ② 2층권
③ 분포권    ④ 환상권

**동기기의 전기자권선법**
동기발전기의 전기자는 기전력의 좋은 파형을 얻기 위해 단절권과 분포권을 채용하고 있으며 또한 고상권, 폐로권, 2층권 및 중권, 파권을 이용하고 있다. 반대로 환상권, 개로권, 전절권과 집중권은 현재 채용하지 않고 있다.

**16** 어떤 변압기의 부하역률이 60[%]일 때 전압변동률이 최대라고 한다. 지금 이 변압기의 부하역률이 100[%]일 때 전압변동률을 측정 했더니 3[%]였다. 이 변압기의 부하역률이 80[%]일 때 전압변동률은 몇 [%]인가?

① 2.4    ② 3.6
③ 4.8    ④ 5.0

**변압기의 전압변동률**
$\cos\theta_1 = 60$[%]일 때 최대전압변동률이다.
$\cos\theta_2 = 100$[%]일 때 $\epsilon_2 = 3$[%]라 하면
$\epsilon_2 = p\cos\theta_2 + q\sin\theta_2 = p \times 1 + q \times 0 = p$이므로
$p = \epsilon_2 = 3$[%]이다.

$\cos\theta_1 = \dfrac{p}{\sqrt{p^2+q^2}}$ 식에 대입하면

$0.6 = \dfrac{0.03}{\sqrt{0.03^2+q^2}}$ 에서 $q=0.04$임을 알 수 있다.

따라서 역률 80[%]일 때 전압변동률은
$\therefore \epsilon = p\cos\theta + q\sin\theta = 3 \times 0.8 + 4 \times 0.6$
$= 4.8$[%]

정답 13 ④   14 ①   15 ④   16 ③

**17** 유도 전동기의 공극이 일정하지 않거나 계자에 고조파가 유기될 때 전동기가 정격 속도에 이르지 못하고 정격속도 이전의 낮은 속도에서 안정되어 버리는 현상은?

① 토크 증가 현상
② 게르게스 현상
③ 크로우링 현상
④ 제동 토크의 증가 현상

**클로우링 현상**
유도전동기 속도가 정격속도 이전의 낮은 속도에서 안정이 되어 더 이상 속도 상승이 되지 않는 현상
(1) 발생원인
 ㉠ 공극의 불균일
 ㉡ 기본파와 상회전이 반대인 고조파가 유입된 경우
(2) 방지대책
 ㉠ 공극을 균일하게 한다.
 ㉡ 스큐 슬롯(사구)을 채용한다.

**19** 변압기 운전에 있어 효율이 최대가 되는 부하는 전부하의 75[%]였다고 하면, 전부하에서의 철손과 동손의 비는 어떻게 되는가?

① 4 : 3
② 9 : 16
③ 10 : 15
④ 18 : 30

**최대효율조건**
$P_i = \left(\dfrac{1}{m}\right)^2 P_c$ 식에서
$\dfrac{1}{m} = 0.75 = \dfrac{3}{4}$ 일 때
$\dfrac{P_i}{P_c} = \left(\dfrac{1}{m}\right)^2 = \left(\dfrac{3}{4}\right)^2 = \dfrac{9}{16}$ 이다.
∴ $P_i : P_c = 9 : 16$

**18** 일정 전압으로 운전하고 있는 직류발전기의 손실이 $\alpha + \beta I^2$ 으로 표시될 때, 효율이 최대가 되는 전류는? (단, $\alpha$, $\beta$는 상수이다.)

① $\dfrac{\alpha}{\beta}$
② $\dfrac{\beta}{\alpha}$
③ $\sqrt{\dfrac{\alpha}{\beta}}$
④ $\sqrt{\dfrac{\beta}{\alpha}}$

**직류기의 최대효율조건**
손실=$\alpha + \beta I^2$인 경우 상수 $\alpha$는 무부하손실이며 상수 $\beta$는 부하손실을 의미한다.
$I^2$ 부하인 경우 전손실=$\alpha + \beta I^2$에서 최대효율이 되기 위한 조건은 무부하손실과 부하손실이 서로 같은 조건을 만족해야 한다.
따라서 $\alpha = \beta I^2$ 이므로
∴ $I = \sqrt{\dfrac{\alpha}{\beta}}$

**20** 다음 중 역률이 가장 좋은 전동기는?

① 단상유도전동기
② 3상유도전동기
③ 동기전동기
④ 반발전동기

**동기전동기의 장·단점**

| 장점 | 단점 |
|---|---|
| (1) 속도가 일정하다. | (1) 기동토크가 작다. |
| (2) 역률 조정이 가능하다. | (2) 속도 조정이 곤란하다. |
| (3) 효율이 좋다. | (3) 직류여자기가 필요하다. |
| (4) 공극이 크고 튼튼하다. | (4) 난조 발생이 빈번하다. |

∴ 동기전동기는 역률을 1로 운전할 수 있는 전동기로서 역률이 가장 좋은 전동기이다.

정답 17 ③ 18 ③ 19 ② 20 ③

## 2025년 1회 전기산업기사

### 4. 회로이론 (CBT시험 복원문제)

※ 본 기출문제는 수험자의 기억을 바탕으로 하여 복원한 문제이므로 실제 문제와 다를 수 있음을 미리 알려드립니다.

**01** 전압 200[V]의 3상 회로에 그림과 같은 평형 부하를 접속했을 때 선전류 I[A]는? (단, $r = 9$ [Ω], $\frac{1}{\omega C} = 4$[Ω]이다.)

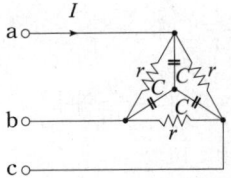

① 48.1
② 38.5
③ 28.9
④ 115

**선전류 계산**

$\Delta$결선된 저항 $r$에 의한 선전류를 $I_\Delta$, Y결선된 정전용량 C에 의한 선전류를 $I_Y$라 하면

$I_\Delta = \frac{\sqrt{3}\,V_L}{Z} = \frac{\sqrt{3}\,V_L}{r} = \frac{\sqrt{3}\times 200}{9} = 38.49$ [A]

$I_Y = \frac{V_L}{\sqrt{3}\,Z} = \frac{V_L}{\sqrt{3}\,X_C} = \frac{200}{\sqrt{3}\times 4} = 28.87$ [A]

저항에 흐르는 전류는 유효분이며 정전용량에 흐르는 전류는 90° 앞선 진상전류이므로

$I_L = I_\Delta + jI_Y = 38.49 + j28.87$ [A]

∴ 선전류 $I_L = \sqrt{38.49^2 + 28.87^2} = 48.1$ [A]

**02** 비정현파 전압 $v = 100\sqrt{2}\sin\omega t + 50\sqrt{2}\sin 2\omega t + 30\sqrt{2}\sin 3\omega t$ [V]의 왜형률은 약 얼마인가?

① 0.36
② 0.58
③ 0.87
④ 1.41

**비정현파의 왜형률**

파형에서 기본파, 2고조파, 3고조파의 최대치를 각각 $V_{m1}$, $V_{m2}$, $V_{m3}$라 하면
$V_{m1} = 100\sqrt{2}$, $V_{m2} = 50\sqrt{2}$, $V_{m3} = 30\sqrt{2}$이며 2고조파 왜형률과 3고조파 왜형률을 각각 $\epsilon_2$, $\epsilon_3$라 하면

$\epsilon_2 = \frac{V_{m2}}{V_{m1}} = \frac{50\sqrt{2}}{100\sqrt{2}} = 0.5$

$\epsilon_3 = \frac{V_{m3}}{V_{m1}} = \frac{30\sqrt{2}}{100\sqrt{2}} = 0.3$ 이므로

∴ $\epsilon = \sqrt{\epsilon_2^2 + \epsilon_3^2} = \sqrt{0.5^2 + 0.3^2} ≒ 0.58$

**03** 구동점 임피던스(driving point impedance) 함수에 있어서 극점(pole)은?

① 단락 회로 상태를 의미한다.
② 개방 회로 상태를 의미한다.
③ 아무런 상태도 아니다.
④ 전류가 많이 흐르는 상태를 의미한다.

**구동점 임피던스의 영점과 극점**

(1) 영점 : 구동점 임피던스의 영점이란 임피던스를 0으로 하는 $s$ 값으로서 구동점 회로가 단락상태가 되는 조건을 의미한다.
(2) 극점 : 구동점 임피던스의 극점이란 임피던스를 ∞로 하는 $s$ 값으로서 구동점 회로가 개방상태가 되는 조건을 의미한다.

정답 01 ① 02 ② 03 ②

**04** 불평형 3상 전류 $I_a = 15 + j2$[A], $I_b = -20 - j14$[A], $I_c = -3 + j10$[A]일 때 영상전류 $I_0$는 약 몇 [A]인가?

① $2.67 + j0.36$
② $15.7 - j3.25$
③ $-1.91 + j6.24$
④ $-2.67 - j0.67$

영상분 전류($I_0$)
$$I_0 = \frac{1}{3}(I_a + I_b + I_c)$$
$$= \frac{1}{3}(15 + j2 - 20 - j14 - 3 + j10)$$
$$= -2.67 - j0.67 \text{[A]}$$

**06** 회로의 양 단자에서 테브난의 정리에 의한 등가 회로로 변환할 경우 $V_{ab}$ 전압과 테브난 등가 저항은?

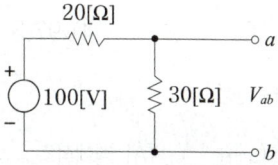

① 60[V], 12[Ω]
② 60[V], 15[Ω]
③ 50[V], 15[Ω]
④ 50[V], 50[Ω]

테브난의 정리
테브난의 등가단자전압 $E_T$, 등가저항 $R_T$라 하면 $E_T$는 개방단자 30[Ω]에 나타나는 전압이고 $R_T$는 개방단자에서 회로망을 바라본 합성저항이므로
$$E_T = \frac{30}{20 + 30} \times 100 = 60 \text{[V]},$$
$$R_T = \frac{20 \times 30}{20 + 30} = 12 \text{[Ω]}$$
∴ $V_{ab} = E_T = 60$[V], $R_T = 12$[Ω]

**05** 다음 미분방정식으로 표시되는 계에 대한 전달함수를 구하면? (단, $x(t)$는 입력, $y(t)$는 출력을 나타낸다.)

$$\frac{d^2 y(t)}{dt^2} + 3\frac{dy(t)}{dt} + 2y(t) = x(t) + \frac{dx(t)}{dt}$$

① $\dfrac{s+1}{s^2 + 3s + 2}$
② $\dfrac{s-1}{s^2 + 3s + 2}$
③ $\dfrac{s+1}{s^2 - 3s + 2}$
④ $\dfrac{s-1}{s^2 - 3s + 2}$

전달함수
문제의 미분방정식을 양 변 모두 라플라스 변환하여 전개하면
$$s^2 Y(s) + 3s Y(s) + 2Y(s) = X(s) + sX(s)$$
$$(s^2 + 3s + 2)Y(s) = (s+1)X(s)$$
∴ $G(s) = \dfrac{Y(s)}{X(s)} = \dfrac{s+1}{s^2 + 3s + 2}$

**07** $RLC$ 회로망에서 입력을 $e_i(t)$, 출력을 $i(t)$로 할 때, 이 회로의 전달함수는?

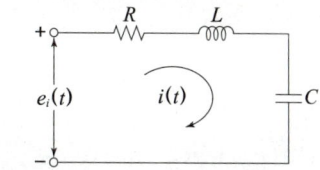

① $\dfrac{Rs}{LCs^2 + RCs + 1}$
② $\dfrac{RLs}{LCs^2 + RCs + 1}$
③ $\dfrac{Ls}{LCs^2 + RCs + 1}$
④ $\dfrac{Cs}{LCs^2 + RCs + 1}$

전달함수 $G(s)$
$E_i(s) = \left(R + Ls + \dfrac{1}{Cs}\right)I(s)$ 식에서
∴ $G(s) = \dfrac{I(s)}{E_i(s)} = \dfrac{1}{R + Ls + \dfrac{1}{Cs}}$
$= \dfrac{Cs}{LCs^2 + RCs + 1}$

정답 04 ④ 05 ① 06 ① 07 ④

**08** R-L 직렬 회로에서 갑자기 직류 전압 E[V]를 가할 때 시정수의 5배 시간에서 얻을 수 있는 전류는 정상전류의 몇 [%] 인가?

① 95.5　　② 98.3
③ 99.3　　④ 97.3

**R−L 과도현상**

$i(t) = \dfrac{V}{R}(1-e^{-\frac{R}{L}t})$ [A] 식에서

R-L회로의 시정수는 $\tau = \dfrac{L}{R}$ [sec] 이므로

$t = 5\tau = \dfrac{5L}{R}$ [sec]일 때 과도전류를 구하면

$i(2\tau) = \dfrac{V}{R}(1-e^{-\frac{R}{L}\times\frac{5L}{R}})$

$= \dfrac{V}{R}(1-e^{-5}) = 0.993\dfrac{V}{R}$ [A]가 된다.

∴ $t = 5\tau$일 때 전류는 최종값의 99.3[%]에 도달한다.

**09** 그림과 같은 회로에서 최대눈금 15[A]의 직류 전류계 2개를 접속하고 전류 20[A]를 흘리면 각 전류계의 지시는 몇 [A]인가? (단, 전류계 최대 눈금의 전압강하는 $A_1$ 이 75[mV], $A_2$ 가 50[mV])

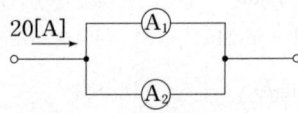

① 4, 8　　② 4, 12
③ 8, 12　　④ 6, 8

**전류계 병렬접속**

전류계의 내부저항을 각각 $R_1$, $R_2$라 하면

$R_1 = \dfrac{e_1}{I_m} = \dfrac{75}{15} = 5$ [mΩ],

$R_2 = \dfrac{e_2}{I_m} = \dfrac{50}{15} = \dfrac{10}{3}$ [mΩ] 이므로

전류계 각각의 지시값 $I_1$, $I_2$는

∴ $I_1 = \dfrac{R_2}{R_1+R_2}I = \dfrac{\frac{10}{3}}{5+\frac{10}{3}}\times 20 = 8$ [A]

∴ $I_2 = \dfrac{R_1}{R_1+R_2}I = \dfrac{5}{5+\frac{10}{3}}\times 20 = 12$ [A]

**10** 그림과 같은 회로의 임피던스 파라미터 $Z_{22}$를 구하면 몇 [Ω]인가?

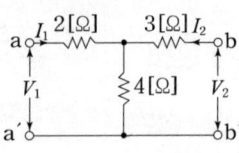

① 4　　② 5
③ 6　　④ 7

**T형 회로망의 Z파라미터**

$\begin{bmatrix} Z_{11} & Z_{12} \\ Z_{21} & Z_{22} \end{bmatrix} = \begin{bmatrix} 2+4 & 4 \\ 4 & 3+4 \end{bmatrix} = \begin{bmatrix} 6 & 4 \\ 4 & 7 \end{bmatrix}$

∴ $Z_{22} = 7$ [Ω]

**11** 그림의 회로에서 단자 a, b에 걸리는 전압 $V_{ab}$는 몇 [V]인가?

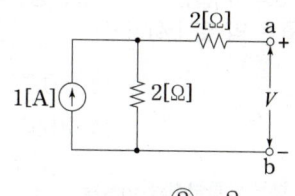

① 2
② -2
③ -8
④ 8

**테브난 정리**
등가전압($E$)은 저항 2[Ω]에 나타나는 전압으로
$E = 1 \times 2 = 2$ [V] 이고
등가저항($R$)은 전류원 1[A]를 개방하고 개방단자 a, b에서 회로망을 바라보면 $R = 2 + 2 = 4$ [Ω] 이다.
∴ $E = 2$ [V]

**12** 어떤 교류 전압의 실효값이 314[V]일 때 평균값 [V]은?

① 약 142
② 약 283
③ 약 365
④ 약 382

**정현파 교류의 파형률**
정현파 교류의 실효값 $V$, 평균값 $V_{av}$라 하면 정현파의
파형률은 파형률 = $\dfrac{실효값}{평균값} = \dfrac{\pi}{2\sqrt{2}} = 1.11$이므로
$V = 314$ [V] 일 때
∴ $V_{av} = \dfrac{V}{1.11} = \dfrac{314}{1.11} = 283$ [V]

**13** 불평형 3상 전류가 $I_a = 15 + j2$[A], $I_b = -20 - j14$[A], $I_c = -3 + j10$[A]일 때 정상분 전류 $I$ [A]는?

① $1.91 + j6.24$
② $-2.67 - j0.67$
③ $15.7 - j3.57$
④ $18.4 + j12.3$

**정상분 전류($I_1$)**
$$I_1 = \dfrac{1}{3}(I_a + aI_b + a^2 I_c)$$
$$= \dfrac{1}{3}(I_a + \angle 120° I_b + \angle -120° I_c)$$
$$= \dfrac{1}{3}\{(15 + j2) + 1\angle 120° \times (-20 - j14)$$
$$+ 1\angle -120° \times (-3 + j10)\}$$
$$= 15.7 - j3.57 \text{ [A]}$$

**14** 비정현파의 성분을 표시한 것이다. 일반적인 표현으로 가장 바르게 나타낸 것은?

① 직류분+고조파
② 교류분+고조파
③ 기본파+고조파+직류분
④ 교류분+고조파+기본파

**비정현파에 포함된 요소**
(1) 직류분 또는 평균치 : $a_0$
(2) 기본파 : $a_1 \cos \omega t + b_1 \sin \omega t$
(3) 고조파 : $\sum\limits_{n=2}^{\infty} a_n \cos n\omega t + \sum\limits_{n=2}^{\infty} b_n \sin n\omega t$
∴ 직류분 + 기본파 + 고조파

정답 11 ① 12 ② 13 ③ 14 ③

**15** 다음과 같은 파형을 푸리에 급수로 전개하면?

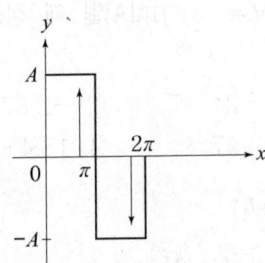

① $y = \dfrac{A}{\pi} + \dfrac{\sin 2x}{2} + \dfrac{\sin 4x}{4} + \cdots$

② $y = \dfrac{4A}{\pi}\left(\sin\alpha\sin x + \dfrac{1}{9}\sin 3\alpha \sin 3x + \cdots\right)$

③ $y = \dfrac{4A}{\pi}\left(\sin x + \dfrac{1}{3}\sin 3x + \dfrac{1}{5}\sin 5x + \cdots\right)$

④ $y = \dfrac{4}{\pi} + \left(\dfrac{\cos 2x}{1.3} + \dfrac{\cos 4x}{3.5} + \dfrac{\cos 6x}{5.7} + \cdots\right)$

구형파의 푸리에 급수
$f(t) = \dfrac{4A}{\pi}\left(\sin x + \dfrac{1}{3}\sin 3x + \dfrac{1}{5}\sin 5x + \cdots\right)$
∴ 기수(홀수)차로 구성된 무수히 많은 주파수 성분의 합성

**17** 동일한 용량 2대의 단상 변압기를 $V$결선하여 3상으로 운전하고 있다. 단상 변압기 2대의 용량에 대한 3상 $V$결선 시 변압기 용량의 비인 변압기 이용률은 약 몇 [%]인가?

① 57.7   ② 70.7
③ 80.1   ④ 86.6

변압기 V결선의 출력비와 이용률
(1) 출력비 $= \dfrac{V결선의\ 출력}{\Delta결선의\ 출력} = \dfrac{\sqrt{3}\,TR}{3TR} = \dfrac{1}{\sqrt{3}}$
$= 0.577 = 57.7[\%]$
(2) 이용률 $= \dfrac{\sqrt{3}\,TR}{2TR} = \dfrac{\sqrt{3}}{2} = 0.866 = 86.6[\%]$

**16** 그림과 같은 구형파의 라플라스 변환은?

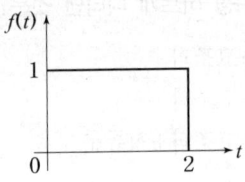

① $\dfrac{1}{s}(1 - e^{-s})$   ② $\dfrac{1}{s}(1 + e^{-s})$

③ $\dfrac{1}{s}(1 - e^{-2s})$   ④ $\dfrac{1}{s}(1 + e^{-2s})$

시간추이정리의 라플라스 변환
$f(t) = u(t) - u(t-2)$ 일 때
∴ $\mathcal{L}[f(t)] = \dfrac{1}{s} - \dfrac{1}{s}e^{-2s} = \dfrac{1}{s}(1 - e^{-2s})$

**18** 전달함수 $G(s) = \dfrac{20}{3+2s}$ 을 갖는 요소가 있다. 이 요소에 $\omega = 2$[rad/sec]인 정현파를 주었을 때 $|G(j\omega)|$를 구하면?

① 8   ② 6
③ 4   ④ 2

전달함수
$s = j\omega$로 대입하여 전달함수를 정리하면
$G(j\omega) = \dfrac{20}{3+j2\omega}\bigg|_{\omega=2} = \dfrac{20}{3+j4}$ 이므로
∴ $|G(j\omega)| = \dfrac{20}{\sqrt{3^2+4^2}} = 4$

**19** 다음과 같은 브릿지 회로에서 평형 조건은?

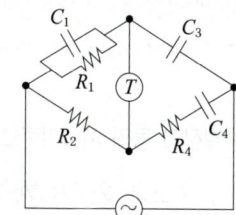

① $R_2 C_4 = R_1 C_3$, $R_2 C_1 = R_4 C_3$
② $R_1 C_1 = R_4 C_4$, $R_2 C_3 = R_1 C_1$
③ $R_2 C_4 = R_4 C_3$, $R_1 C_3 = R_2 C_1$
④ $R_1 C_1 = R_4 C_4$, $R_2 C_3 = R_1 C_4$

> **휘스톤브리지 평형조건**
>
> $Z_1 = \dfrac{-j\dfrac{R_1}{\omega C_1}}{R_1 + \left(-j\dfrac{1}{\omega C_1}\right)}$ [Ω], $Z_2 = -j\dfrac{1}{\omega C_3}$ [Ω]
>
> $Z_3 = R_2$ [Ω], $Z_4 = R_4 - j\dfrac{1}{\omega C_4}$ [Ω]라 하면
>
> 브리지 회로가 평형이 되기 위한 조건은
> $Z_1 Z_4 = Z_2 Z_3$ 식을 만족해야 하므로
>
> $\dfrac{-j\dfrac{R_1}{\omega C_1} \times \left(R_4 - j\dfrac{1}{\omega C_4}\right)}{R_1 + \left(-j\dfrac{1}{\omega C_1}\right)} = -j\dfrac{R_2}{\omega C_3}$ 일 때
>
> $-j\dfrac{R_1 R_4}{\omega C_1} - \dfrac{R_1}{\omega^2 C_1 C_4} = -j\dfrac{R_1 R_2}{\omega C_3} - \dfrac{R_2}{\omega^2 C_1 C_3}$ 이다.
>
> $\dfrac{R_1 R_4}{\omega C_1} = \dfrac{R_1 R_2}{\omega C_3}$ 그리고 $\dfrac{R_1}{\omega^2 C_1 C_4} = \dfrac{R_2}{\omega^2 C_1 C_3}$ 식에서
> ∴ $R_2 C_4 = R_1 C_3$, $R_2 C_1 = R_4 C_3$

**20** R-L 직렬회로에서 저항 $R = 40$ [Ω], 합성 임피던스 $Z = 50$ [Ω]에서 전압 50[V]를 인가시 무효전력[Var] 은 얼마인가?

① 50
② 40
③ 30
④ 20

> **무효전력**
>
> $Q = \dfrac{V^2 X}{R^2 + X^2}$ [Var], $X = \sqrt{Z^2 - R^2}$ [Ω] 식에서
> $X = \sqrt{50^2 - 40^2} = 30$ [Ω] 이므로
> ∴ $Q = \dfrac{V^2 X}{R^2 + X^2} = \dfrac{50^2 \times 30}{40^2 + 30^2} = 30$ [Var]

정답 19 ① 20 ③

# 5. 전기설비기술기준(CBT시험 복원문제)

2025년 1회 전기산업기사

※ 본 기출문제는 수험자의 기억을 바탕으로 하여 복원한 문제이므로 실제 문제와 다를 수 있음을 미리 알려드립니다.

**01** 특고압 가공전선로의 지지물에 전선을 첨가 설치하는 통신선 또는 이에 직접 접속하는 통신선은 시가지에 시설하는 통신선에 접속하여서는 아니된다. 다만, 통신선이 절연전선인 경우 몇 지름[mm] 이상인 경우에는 그러하지 아니하는가?

① 2.0[mm]
② 2.6[mm]
③ 3.2[mm]
④ 4.0[mm]

> **특고압 가공전선로 첨가설치 통신선의 시가지 인입 제한**
> 시가지에 시설하는 통신선은 특고압 가공전선로의 지지물에 시설하여서는 아니 된다. 단, 통신선이 절연전선과 동등 이상의 절연효력이 있고 인장강도 5.26[kN] 이상의 것 또는 연선의 경우 단면적 16[mm²](단선의 경우 지름 4[mm]) 이상의 절연전선

**02** 수소냉각식 발전기 등의 시설기준으로 틀린 것은?

① 발전기 안의 수소의 온도를 계측하는 장치를 시설할 것
② 수소를 통하는 관은 수소가 대기압에서 폭발하는 경우에 생기는 압력에 견디는 강도를 가질 것
③ 발전기 안의 수소의 순도가 95[%] 이하로 저하한 경우에 이를 경보하는 장치를 시설할 것
④ 발전기 안의 수소의 압력을 계측하는 장치 및 그 압력이 현저히 변동한 경우에 이를 경보하는 장치를 시설할 것

> **수소냉각식 발전기 등의 시설**
> (1) 계측장치 및 경보장치 등의 시설
> ㉠ 발전기 내부 또는 조상기 내부의 수소의 순도가 85[%] 이하로 저하한 경우에 이를 경보하는 장치를 시설할 것.
> ㉡ 발전기 내부 또는 조상기 내부의 수소의 압력을 계측하는 장치 및 그 압력이 현저히 변동한 경우에 이를 경보하는 장치를 시설할 것.
> ㉢ 발전기 내부 또는 조상기 내부의 수소의 온도를 계측하는 장치를 시설할 것.
> ㉣ 발전기축의 밀봉부에는 질소 가스를 봉입할 수 있는 장치 또는 발전기 축의 밀봉부로부터 누설된 수소 가스를 안전하게 외부에 방출할 수 있는 장치를 시설할 것.
> (2) 구조 및 특징
> ㉠ 발전기 또는 조상기는 기밀구조의 것이고 또한 수소가 대기압에서 폭발하는 경우에 생기는 압력에 견디는 강도를 가지는 것일 것.
> ㉡ 수소를 통하는 관·밸브 등은 수소가 새지 아니하는 구조로 되어 있을 것.

정답 01 ④ 02 ③

## 03 가공 전선로의 지지물에 시설하는 지선의 시설 기준으로 옳은 것은?

① 지선의 안전율은 1.2 이상일 것
② 소선은 최소 5가닥 이상의 연선일 것
③ 도로를 횡단하여 시설하는 지선의 높이는 일반적으로 지표상 5[m] 이상으로 할 것
④ 지중부분 및 지표상 60[cm]까지의 부분은 아연도금을 한 철봉 등 부식하기 어려운 재료를 사용할 것

**지선의 시설**
(1) 가공전선로의 지지물 중 철탑은 지선을 사용하여 그 강도를 분담시켜서는 안된다.
(2) 지선의 안전율은 2.5 이상, 허용인장하중은 4.31[kN] 이상으로 한다.
(3) 지선에 연선을 사용할 경우에는 다음에 의할 것.
　㉠ 소선(素線) 3가닥 이상의 연선일 것.
　㉡ 소선의 지름이 2.6[mm] 이상의 금속선을 사용한 것일 것.
　㉢ 지중부분 및 지표상 30[cm]까지의 부분에는 내식성이 있는 것 또는 아연도금을 한 철봉을 사용하고 쉽게 부식하지 아니하는 근가에 견고하게 붙일 것.
　㉣ 지선근가는 지선의 인장하중에 충분히 견디도록 시설할 것.
(4) 지선의 높이
　㉠ 도로를 횡단하여 시설하는 경우에는 지표상 5[m] 이상으로 하여야 한다. 다만, 교통에 지장을 초래할 우려가 없는 경우에는 지표상 4.5[m] 이상으로 할 수 있다.
　㉡ 보도의 경우에는 2.5[m] 이상으로 할 수 있다.

## 04 사용전압이 400[V] 이하인 저압 가공전선은 케이블이나 경동선인 경우를 제외하고 인장강도가 2.3[kN]이상인 것 또는 지름이 몇 [mm]이상의 절연전선이어야 하는가?

① 1.2[mm]　　② 2.6[mm]
③ 3.2[mm]　　④ 4.0[mm]

**가공전선의 굵기**

| 구분 | | 인장강도 및 굵기 |
|---|---|---|
| 저압 400[V] 이하 | | 3.43[kN] 이상의 것 또는 3.2[mm] 이상의 경동선 |
| | | 절연전선인 경우 2.3[kN] 이상의 것 또는 2.6[mm] 이상 경동선 |
| 저압 400[V] 초과 및 고압 | 시가지 외 | 5.26[kN] 이상의 것 또는 4[mm] 이상의 경동선 |
| | 시가지 | 8.01[kN] 이상의 것 또는 5[mm] 이상의 경동선 |

## 05 통신선을 지중 공가설비로 사용하는 광섬유 케이블 및 동축케이블은 지름 몇 mm 이하인가?

① 4.0　　② 5.0
③ 10　　④ 22

**지중통신선로설비 시설**
지중 공가설비로 사용하는 통신선이 광섬유 케이블 및 동축케이블일 때 지름 22[mm] 이하일 것

**06** 특고압 지중전선이 유독성의 유체를 내포하는 관과 접근하거나 교차하는 경우에 상호의 이격거리가 몇 [m] 이하인 때에는 상호간에 견고한 내화성의 격벽을 시설하는가?

① 0.3
② 0.6
③ 0.8
④ 1

**지중전선과 지중약전류전선 등 또는 관과의 접근 또는 교차**
지중전선과 지중약전류전선 사이 또는 관 사이에 견고한 내화성의 격벽을 설치하는 경우에는 다음 표에서 정하는 이격거리로 설치하여야 한다.

| 구분 | | 이격거리 |
|---|---|---|
| 지중전선과 지중약전류전선 | 저압 또는 고압 | 0.3[m] 이하 |
| | 특고압 | 0.6[m] 이하 |
| 특고압 지중전선이 가연성이나 유독성의 유체를 내포하는 관과 접근 또는 교차하는 경우 | | 1[m] 이하 |

**07** 사용전압이 400[V] 이하인 저압 보안공사시 경동선의 굵기의 최소값[mm]은 얼마인가?

① 2.6[mm]
② 3.5[mm]
③ 4.0[mm]
④ 5.0[mm]

**저·고압 보안공사**
전선의 굵기는 인장강도 8.01[kN] 이상의 것 또는 지름 5[mm] 이상의 경동선일 것. 단, 400[V] 이하인 경우에는 인장강도 5.26[kN] 이상의 것 또는 지름 4[mm] 이상의 경동선일 것.

**08** 특고압 가공전선이 건조물과 제1차 접근상태로 시설되는 경우에 특고압 가공전선로는 어떤 보안공사를 하여야 하는가?

① 고압 보안공사
② 제1종 특고압 보안공사
③ 제2종 특고압 보안공사
④ 제3종 특고압 보안공사

**가공전선과 건조물과의 접근**
저·고압 가공전선과 건조물이 접근상태로 시설되는 경우 고압 가공전선은 고압 보안공사에 의하며, 35[kV] 이하의 특고압 가공전선이 건조물과 제1차 접근상태로 시설되는 경우에는 제3종 특고압 보안공사에 의하여야 한다.

**09** 발전소에서 계측장치를 시설하지 않아도 되는 것은?

① 발전기의 회전수 및 주파수
② 발전기의 고정자 및 베어링 온도
③ 주요 변압기의 전압 및 전류 또는 전력
④ 특고압용 변압기의 온도

**발전소와 변전소의 계측장치**

| 계측장치 | 대상 |
|---|---|
| 발전기·연료전지 또는 태양전지 모듈의 전압 및 전류 또는 전력 | 발전소 |
| 발전기의 베어링 및 고정자의 온도 | 발전소 |
| 주요 변압기의 전압 및 전류 또는 전력 (단, 전기철도용 변전소 주요 변압기는 전류 또는 전력) | 발전소 변전소 |
| 특고압용 변압기의 온도 | 발전소 변전소 |

정답 06 ④ 07 ③ 08 ④ 09 ①

**10** 사용전압이 15[kV] 미만 특고압 가공전선과 그 지지물·완금류·지주 또는 지선 사이의 이격거리는 몇 [cm] 이상이어야 하는가?

① 15  ② 20
③ 25  ④ 30

특고압 가공전선과 지지물 등과의 이격거리

특고압 가공전선과 그 지지물·완금류·지주 또는 지선 사이의 이격거리는 아래 표에서 정한 값 이상이어야 한다.

| 사용전압 | 이격거리 [m] |
| --- | --- |
| 15[kV] 미만 | 0.15 |
| 15[kV] 이상 25[kV] 미만 | 0.2 |
| 25[kV] 이상 35[kV] 미만 | 0.25 |
| 35[kV] 이상 50[kV] 미만 | 0.3 |
| 50[kV] 이상 60[kV] 미만 | 0.35 |
| 60[kV] 이상 70[kV] 미만 | 0.4 |
| 70[kV] 이상 80[kV] 미만 | 0.45 |
| 80[kV] 이상 130[kV] 미만 | 0.65 |
| 130[kV] 이상 160[kV] 미만 | 0.9 |

**11** 전선의 식별을 위한 상(문자)과 색상의 연결로 틀린 것은?

① $L_3$ - 회색  ② $L_2$ - 흑색
③ $L_1$ - 갈색  ④ N - 녹색

전선의 색상

| 상(문자) | 색상 |
| --- | --- |
| $L_1$ | 갈색 |
| $L_2$ | 흑색 |
| $L_3$ | 회색 |
| N | 청색 |
| 보호도체 | 녹색-노란색 |

**12** 셀룰러 덕트공사에 대한 시설기준에 적합하지 않은 것은?

① 전선을 분기하는 경우, 그 접속점을 쉽게 점검할 수 있을 때에는 셀룰러덕트 안에서 전선에 접속점을 만들 수 있다.
② 덕트 끝과 안쪽 면은 전선의 피복이 손상하지 아니하도록 매끈한 것 이어야 한다.
③ 전선은 절연전선(옥외용 비닐절연전선을 제외)을 사용한다.
④ 덕트의 최대 폭이 150[mm] 이하인 경우 덕트의 판 두께는 1[mm] 이상이어야 한다.

셀룰러덕트의 선정

| 덕트의 최대 폭 | 덕트의 판 두께 |
| --- | --- |
| 150[mm] 이하 | 1.2[mm] |
| 150[mm] 초과 200[mm] 이하 | 1.4[mm] |
| 200[mm] 초과하는 것 | 1.6[mm] |

정답 10 ① 11 ④ 12 ④

**13** 통신설비의 식별표시에 대한 사항으로 알맞지 않은 것은?

① 모든 통신기기에는 식별이 용이하도록 인식용 표찰을 부착하여야 한다.
② 배전주에 시설하는 통신설비의 설비표시명판의 경우 분기주, 인류주는 매 전주에 시설.
③ 통신사업자의 설비표시명판은 플라스틱 및 금속판 등 견고하고 가벼운 재질로 하고 글씨는 각인하거나 지워지지 않도록 제작된 것을 사용하여야 한다.
④ 배전주에 시설하는 통신설비의 설비표시명판의 경우 직선주는 전주 10경간마다 시설할 것.

**통신설비의 식별표시**
(1) 모든 통신기기에는 식별이 용이하도록 인식용 표찰을 부착하여야 한다.
(2) 통신사업자의 설비표시명판은 플라스틱 및 금속판 등 경고하고 가벼운 재질로 하고 글씨는 각인하거나 지워지지 않도록 제작된 것을 사용하여야 한다.
(3) 설비표시명판 시설기준
㉠ 배전주에 시설하는 통신설비의 설비표시명판은 다음에 따른다.
 • 직선주는 전주 5경간마다 시설할 것
 • 분기주, 인류주는 매 전주에 시설할 것
㉡ 지중설비에 시설하는 통신설비의 설비표시명판은 다음에 따른다.
 • 관로는 맨홀마다 시설할 것
 • 전력구내 행거는 50[m] 간격으로 시설할 것

**14** 정격전류가 63[A] 이하인 저압 전로 중에 과전류 보호를 위하여 주택용 배선차단기를 설치할 때 몇 배의 전류에서 동작해야 하는가?

① 1.25  ② 1.3
③ 1.45  ④ 1.5

**주택용 배선용차단기**

| 정격전류의 구분 | 시간 | 정격전류의 배수 (모든 극에 통전) | |
|---|---|---|---|
| | | 부동작 전류 | 동작 전류 |
| 63[A] 이하 | 60분 | 1.13배 | 1.45배 |
| 63[A] 초과 | 120분 | 1.13배 | 1.45배 |

**15** 변압기의 고압측 전로의 1선 지락전류가 4[A]일 때, 일반적인 경우의 중성점 접지저항 값은 몇 [Ω] 이하로 유지되어야 하는가?

① 18.75  ② 22.5
③ 37.5  ④ 52.5

**변압기 중성점 접지**
변압기의 중성점 접지저항 값은 다음에 의한다.

| 구분 | 차단장치 동작시간 | 접지저항값 |
|---|---|---|
| 일반적인 경우 (자동차단장치가 없는 경우) | - | $\frac{150}{I_g}$ |
| 자동차단장치를 시설한 경우 | 2초 이내 | $\frac{300}{I_g}$ |
| | 1초 이내 | $\frac{600}{I_g}$ |

∴ 접지저항 값 $= \frac{150}{I_g} = \frac{150}{4} = 37.5 [\Omega]$

**16** KS IEC 60364에서 충전부 전체를 대지로부터 절연시키거나 한 점에 임피던스를 삽입하여 대지에 접속시키고, 전기기의 노출 도전성 부분 단독 또는 일괄적으로 접지하거나 또는 계통접지로 접속하는 접지계통을 무엇이라 하는가?

① TT 계통  ② IT 계통
③ TN-C 계통  ④ TN-S 계통

**계통접지의 분류**

| 구분 | 범위 |
|---|---|
| IT 계통 | 전원계통의 모든 충전부를 대지와 절연시키거나 높은 임피던스를 통하여 한 점을 대지에 직접 접속하고 노출도전부를 보호도체로 접속하여 전원계통의 접지전극과 전기적으로 독립적인 접지극에 접속하는 방식 |

**17** 관등회로의 사용전압이 1[kV] 이하인 방전등을 옥내에 시설할 경우에 대한 사항으로 잘못된 것은?

① 관등회로의 사용전압이 400[V] 초과인 경우는 방전등용 변압기를 사용할 것
② 관등회로의 사용전압이 400[V] 이하인 배선은 공칭단면적 2.5[mm²] 이상의 연동선을 사용한다.
③ 애자공사의 시설시 전선 상호간의 거리는 50[mm] 이상으로 한다.
④ 관등회로의 사용전압이 400[V] 초과이고, 1[kV] 이하인 배선은 그 시설장소에 따라 합성수지관공사·금속관공사·가요전선관공사나 케이블공사를 사용한다.

**1[kV] 이하 방전등**
(1) 관등회로의 사용전압이 400[V] 초과인 경우는 방전등용 변압기를 사용하여야 하며 방전등용 변압기는 절연변압기를 사용할 것.
(2) 관등회로의 사용전압이 400[V] 이하인 배선은 전선에 형광등 전선 또는 공칭단면적 2.5[mm²] 이상의 연동선과 이와 동등 이상의 세기 및 굵기의 절연전선(OW, DV 제외), 캡타이어케이블 또는 케이블을 사용하여 시설하여야 한다.
(3) 애자공사로 할 경우는 전선에 사람이 쉽게 접촉될 우려가 없도록 시설하고 전선 상호간의 거리는 60[mm] 이상으로 시설하여야 한다.
(4) 관등회로의 사용전압이 400[V] 초과이고, 1[kV] 이하인 배선은 그 시설장소에 따라 합성수지관공사·금속관공사·가요전선관공사나 케이블공사에 의하여야 한다.

**18** 저압 가공전선 또는 고압 가공전선이 도로를 횡단할 때 지표상의 높이는 몇 [m] 이상으로 하여야 하는가? (단, 농로 기타 교통이 번잡하지 않은 도로 및 횡단보도교는 제외한다.)

① 4
② 5
③ 6
④ 7

저·고압 가공전선의 높이

| 구분 | 시설장소 | | 전선의 높이 |
|---|---|---|---|
| 저·고압 | 도로 횡단시 | | 지표상 6[m] 이상 |
| | 철도 또는 궤도 횡단시 | | 레일면상 6.5[m] 이상 |
| | 횡단보도교위 | 저압 | 노면상 3.5[m] 이상 절연전선, 다심형 전선, 케이블 사용시 노면상 3[m] 이상 |
| | | 고압 | 노면상 3.5[m] 이상 |
| | 위의 장소 이외의 곳 | | 지표상 5[m] 이상 다리의 하부 기타 이와 유사한 장소에 시설하는 저압의 전기철도용 급전선은 지표상 3.5[m] 까지 감할 수 있다. |

**19** 중성선 다중접지식의 것으로서 전로에 지락이 생겼을 때 2초 이내에 자동적으로 이를 전로로부터 차단하는 장치가 되어있는 22.9[kV] 가공전선로를 상부 조영재의 위쪽에서 접근상태로 시설하는 경우, 가공전선과 조영재의 위쪽에서 접근상태로 시설하는 경우, 가공전선과 건조물과의 이격거리는 몇[m] 이상이어야 하는가? (단, 전선은 나전선을 사용한다고 한다.)

① 1.2  ② 1.5
③ 2.5  ④ 3.0

**가공전선과 건조물과의 접근**
가공전선이 건조물의 조영재 위쪽에서 접근하는 경우 최소 이격거리

| 사용전압 | 나전선 | 절연전선 | 케이블 |
|---|---|---|---|
| 저압 및 고압 | 2[m] | 1[m] (저압) | 1[m] |
| 35[kV] 이하 특고압 | 3[m] | 2.5[m] | 1.2[m] |
| 25[kV] 이하 다중접지 | 3[m] | 2.5[m] | 1.2[m] |

**20** 다음 고압 가공전선에 대한 사항으로 잘못된 것은?

① 철도 또는 궤도를 횡단하는 경우에는 레일면상 6.5[m] 이상으로 시설한다.
② 고압 가공전선을 수면 상에 시설하는 경우에는 전선의 수면 상의 높이가 선박의 항해 등에 위험을 주지 않도록 유지하여야 한다.
③ 횡단보도교의 위에 시설하는 경우에는 그 노면상 5[m] 이상으로 시설한다.
④ 고압 가공전선로를 빙설이 많은 지방에 시설하는 경우에는 전선의 적설상의 높이를 사람 또는 차량의 통행 등에 위험을 주지 않도록 유지하여야 한다.

**저 · 고압 가공전선의 높이**
1. 고압 가공전선의 높이는 다음에 따른다.

| 구분 | 시설장소 | | 전선의 높이 | |
|---|---|---|---|---|
| 저 · 고 압 | 도로 횡단시 | | 지표상 6[m] 이상 | |
| | 철도 또는 궤도 횡단시 | | 레일면상 6.5[m] 이상 | |
| | 횡단 보도교 위 | 저압 | 노면상 3.5[m] 이상 | 절연전선, 다심형 전선, 케이블 사용시 노면상 3[m] 이상 |
| | | 고압 | 노면상 3.5[m] 이상 | |
| | 위의 장소 이외의 곳 | | 지표상 5[m] 이상 | 다리의 하부 기타 이와 유사한 장소에 시설하는 저압의 전기철도용 급전선은 지표상 3.5[m] 까지 감할 수 있다. |

2. 고압 가공전선을 수면 상에 시설하는 경우에는 전선의 수면 상의 높이를 선박의 항해 등에 위험을 주지 않도록 유지하여야 한다.
3. 고압 가공전선을 빙설이 많은 지방에 시설하는 경우에는 전선의 적절상의 높이를 사람 또는 차량의 통행 등에 위험을 주지 않도록 유지하여야 한다.

정답 19 ④ 20 ③

# 1. 전기자기학(CBT시험 복원문제)

2025년 2회 전기산업기사

※ 본 기출문제는 수험자의 기억을 바탕으로 하여 복원한 문제이므로 실제 문제와 다를 수 있음을 미리 알려드립니다.

## 01 다음 물질 중에서 비유전율이 가장 큰 것은?

① 운모  ② 유리
③ 증류수  ④ 고무

**유전체의 비유전율**

| 유전체 종류 | 비유전율 |
|---|---|
| 산화티탄자기 | 100 |
| 증류수 | 80 |
| 운모 | 5.4 |
| 유리 | 3.8 |
| 고무 | 2.5 |
| 변압기기름 | 2.2 |

## 02 공기 중에서 $Q_1 = 2 \times 10^{-6}$ [C], $Q_2 = 1 \times 10^{-5}$ [C]의 두 개의 점전하가 거리 50[cm] 떨어져 있다. 두 점전하 사이에 작용하는 힘[N]은 얼마인가?

① 0.92  ② 2.02
③ 1.82  ④ 0.72

**쿨롱의 법칙**

$F = \dfrac{Q_1 Q_2}{4\pi\epsilon_0 r^2} = 9 \times 10^9 \times \dfrac{Q_1 Q_2}{r^2}$ [N] 식에서

$Q_1 = 2 \times 10^{-6}$ [C], $Q_2 = 1 \times 10^{-5}$ [C], $r = 50$ [cm] 이므로

$\therefore F = 9 \times 10^9 \times \dfrac{Q_1 Q_2}{r^2}$

$= 9 \times 10^9 \times \dfrac{2 \times 10^{-6} \times 1 \times 10^{-5}}{(50 \times 10^{-2})^2}$

$= 0.72$ [N]

## 03 다음 중 비유전율 $\epsilon_r$에 설명 중 옳은 것은?

① 비유전율 $\epsilon_r = \dfrac{\epsilon}{\epsilon_0}$을 나타낸다.
② 비유전율 $\epsilon_r = \epsilon_0$이다.
③ 모든 절연제의 비유전율 $\epsilon_r = \epsilon$이다.
④ 진공 시 비유전율 $\epsilon_r = 0$이며, 공기 중 $\epsilon_r = 1$이다.

**비유전율($\epsilon_r$)의 성질**
(1) 진공이나 공기의 비유전율은 항상 1이다.
(2) 비유전율은 항상 1보다 크다.
(3) 비유전율은 절연물의 종류에 따라 다르다.
(4) 비유전율의 단위는 사용하지 않는다.
∴ $\epsilon = \epsilon_0 \epsilon_r$ [F/m] 식에서 $\epsilon_r = \dfrac{\epsilon}{\epsilon_0}$이다.

## 04 2[μF], 3[μF], 4[μF]의 커패시터를 직렬로 연결하고 양단에 가한 전압을 서서히 상승시킬 때의 현상으로 옳은 것은? (단, 유전체의 재질 및 두께는 같다고 한다.)

① 2[μF]의 커패시터가 제일 먼저 파괴된다.
② 3[μF]의 커패시터가 제일 먼저 파괴된다.
③ 4[μF]의 커패시터가 제일 먼저 파괴된다.
④ 3개의 커패시터가 동시에 파괴된다.

**콘덴서의 내압 계산**
각 콘덴서의 최대 전하량을 각각 $Q_1, Q_2, Q_3$라 하면
$Q_1 = C_1 V = 2V$ [μC], $Q_2 = C_2 V = 3V$ [μC]
$Q_3 = C_3 V = 4V$ [μC]일 때 전하량이 제일 작은 콘덴서가 최초로 파괴되므로
∴ 2[μF]의 커패시터가 제일 먼저 파괴된다.

**정답** 01 ③  02 ④  03 ①  04 ①

**05** 공기 중에서 1[V/m]의 크기를 가진 정현파 전계에 대한 변위전류 1[A/m²]를 흐르게 하려면 이 전계의 주파수[MHz]는?

① 18000
② 15000
③ 1800
④ 1500

**변위전류밀도($i_d$)**

$$i_d = \frac{\partial D}{\partial t} = \epsilon_0 \frac{\partial E}{\partial t} = \epsilon_0 \frac{\partial}{\partial t} E_m \sin \omega t$$
$$= \omega \epsilon_0 E_m \cos \omega t \, [\text{A/m}^2]$$

변위전류밀도와 전계의 세기를 실효값으로 표현하면
$I_d = \omega \epsilon_0 E = 2\pi f \epsilon_0 E [\text{A/m}^2]$ 이다.
$I_d = 1 [\text{A/m}^2]$, $E = 1 [\text{V/m}]$ 이므로

$$\therefore f = \frac{I_d}{2\pi \epsilon_0 E} = \frac{1}{2\pi \times 8.855 \times 10^{-12} \times 1}$$
$$= 18,000 \times 10^6 \, [\text{Hz}] = 18,000 \, [\text{MHz}]$$

---

**07** 다음 중 맥스웰의 전자방정식이 아닌 것은?

① $\nabla \times H = i + \frac{\partial D}{\partial t}$  ② $\nabla \times E = -\frac{\partial H}{\partial t}$
③ $\nabla \cdot D = \rho$  ④ $\nabla \cdot i = -\frac{\partial \rho}{\partial t}$

**맥스웰 방정식**

(1) 자계의 시간적 변화에 따라 전계의 회전이 생긴다.
$$\text{rot } E = \nabla \times E = -\frac{\partial B}{\partial t} = -\mu \frac{\partial H}{\partial t}$$

(2) 전도전류($i$)와 변위전류($i_d$)는 자계를 발생시킨다.
$$\text{rot } H = \nabla \times H = i \times i_d = i + \frac{\partial D}{\partial t} = i + \epsilon \frac{\partial E}{\partial t}$$

(3) 독립된 자극은 존재할 수 없다.
$$\text{div } B = \nabla \cdot B = 0$$

(4) 전하에서 전속선이 발산된다.
$$\text{div } D = \nabla \cdot D = \rho_v$$

**참고** 연류의 연속성
$\nabla \cdot i = -\frac{\partial \rho}{\partial t}$ 식은 정상자계가 아닌 시간에 따라 변화하는 자계에서 적용하는 전류의 연속방정식이다.

---

**06** 대기 중의 두 전극 사이에 있는 어떤 점의 전계의 세기가 $E = 6[\text{V/cm}]$, 지면의 도전율이 $k = 10^{-4}[\text{℧/cm}]$ 일 때, 이 점의 전류밀도[A/cm²]는?

① $6 \times 10^{-3}$
② $6 \times 10^{-4}$
③ $6 \times 10^{-1}$
④ $6 \times 10^{-2}$

**도체의 옴의 법칙**

전계의 세기 $E$, 도전율 $k$, 고유저항 $\rho$라 할 때
전류밀도 $i$는 $i = kE = \frac{E}{\rho} [\text{A/m}^2]$ 식에서
$E = 6[\text{V/cm}]$, $k = 10^{-4}[\text{℧/cm}]$ 이므로
$\therefore i = kE = 6 \times 10^{-4} [\text{A/cm}^2]$

---

**08** 평행판 콘덴서의 간격 $d = 80[\mu\text{m}]$, 면적 $S = 0.12[\text{m}^2]$에서 유전체를 삽입 후 전압 $V_0 = 12 [\text{V}]$를 가하여 축적에너지가 $1[\mu\text{J}]$이 저장되었다. 유전체의 비유전율 $\epsilon_s$는?

① 4.2
② 1.05
③ 2.1
④ 6.27

**유전체 내의 정전에너지($W$)**

$W = \frac{1}{2} CV^2 [\text{J}]$, $C = \frac{\epsilon S}{d} = \frac{\epsilon_0 \epsilon_s S}{d} [\text{F}]$ 식에서

$W = \frac{1}{2} CV^2 = \frac{1}{2} \frac{\epsilon_0 \epsilon_s S}{d} V^2 [\text{J}]$ 이므로

$$\therefore \epsilon_s = \frac{2dW}{\epsilon_0 S V^2} = \frac{2 \times 80 \times 10^{-6} \times 1 \times 10^{-6}}{8.855 \times 10^{-12} \times 0.12 \times 12^2}$$
$$= 1.05$$

---

정답  05 ①  06 ②  07 ②  08 ②

**09** 전자파 속도인 $\dfrac{1}{\sqrt{\epsilon_0 \mu_0}}$ 인 값[m/s]은?

① $2 \times 10^8$   ② $3 \times 10^8$
③ $4 \times 10^8$   ④ $1 \times 10^8$

전파속도($v$)

$\therefore v = \dfrac{1}{\sqrt{\epsilon_0 \mu_0}} = \dfrac{1}{\sqrt{8.855 \times 10^{-12} \times 4\pi \times 10^{-7}}}$
$= 3 \times 10^8$ [m/s]

**10** 공기 중 도체구의 전위가 60[kV]일 때 도체 표면상의 전계가 4[kV/cm]라면 표면상의 전하량 $Q$ [$\mu$C]은?

① $10^{-5}$   ② $10^{-4}$
③ 1     ④ $10^{-6}$

구도체에 의한 전계($E$)와 전위($V$)

구도체 반지름을 $a$[m]라 할 때 구도체 표면에서의 전계와 전위는 각각

$E = \dfrac{Q}{4\pi\epsilon_0 a^2}$ [V/m], $V = \dfrac{Q}{4\pi\epsilon_0 a}$ [V] 식에서

$V = E \cdot a$ [V] 이므로
$V = 60$ [kV], $E = 4$ [kV/cm]일 때

$a = \dfrac{V}{E} = \dfrac{60 \times 10^3}{4 \times 10^5} = 0.15$ [m]이다.

$\therefore Q = 4\pi\epsilon_0 a \cdot V = \dfrac{a \cdot V}{9 \times 10^9} = \dfrac{0.15 \times 60 \times 10^3}{9 \times 10^9}$
$= 10^{-6}$ [C]

**11** 대전 도체 표면 전하밀도는 도체 표면의 모양에 따라 어떻게 분포하는가?

① 표면 전하밀도는 뾰족할수록 커진다.
② 표면 전하밀도는 평면일 때 가장 크다.
③ 표면 전하밀도는 곡률이 크면 작아진다.
④ 표면 전하밀도는 표면의 모양과 무관하다.

도체의 성질

도체 표면의 곡률이 클수록(뾰족할수록) 곡률 반지름은 작아지므로 전하밀도가 높아져서 전하가 많이 모이려는 성질이 생긴다. 또한 곡률이 작을수록 곡률 반지름이 커지므로 전하밀도가 작다.

**12** 그림과 같이 평행 왕복 도선에 $\pm I$ [A]가 흐르고 있을 때 점 $P(\theta = 90°)$의 자계의 세기는 몇 [AT/m]인가?

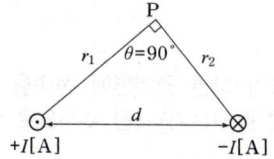

① $\dfrac{I}{2\pi d}$   ② $\dfrac{I}{2\pi r_1 r_2}$

③ $\dfrac{I\sqrt{r_1 + r_2}}{2\pi d}$   ④ $\dfrac{Id}{2\pi r_1 r_2}$

직선도체에 의한 자계의 세기($H$)

위 그림에서와 같이 $+I$ [A]가 흐르는 도선을 A라 하고, $-I$ [A]가 흐르는 도선을 B라 하면 각 도선에 흐르는 전류에 의해서 생기는 자계의 세기 $H_A$, $H_B$는 각각

$H_A = \dfrac{I}{2\pi r_1}$ [AT/m], $H_B = \dfrac{I}{2\pi r_2}$ [AT/m]이다.

그런데 P점에서 $H_A$와 $H_B$가 수직을 이루고 있으므로 전체 자계의 세기($H$)는 피타고라스 정리를 이용하면

$\therefore H = \sqrt{H_A^2 + H_B^2} = \dfrac{I}{2\pi}\sqrt{\left(\dfrac{1}{r_1}\right)^2 + \left(\dfrac{1}{r_2}\right)^2}$

$= \dfrac{I}{2\pi}\sqrt{\dfrac{r_1^2 + r_2^2}{(r_1 r_2)^2}} = \dfrac{I}{2\pi r_1 r_2}\sqrt{r_1^2 + r_2^2}$

$= \dfrac{Id}{2\pi r_1 r_2}$ [AT/m]

**13** 점전하 $Q$[C]와 무한 평면 도체에 대한 영상전하는?

① $Q$[C]와 같다.   ② $-Q$[C]와 같다.
③ $Q$[C]보다 크다.   ④ $Q$[C]보다 작다.

> **접지무한평면과 점전하**
> 접지무한평면으로부터 $d$[m]만큼 떨어진 곳에 점전하 $Q$[C]이 있을 때 영상전하($Q'$)와 그 위치는 다음과 같다.
> (1) 영상전하 $Q' = -Q$[C]
> (2) 영상전하의 위치 $= (-d,\ 0)$[m]

**14** 유전율이 다른 경계면에 전속을 입사할 때 전속은 어떻게 되는가? (단 수직으로 입사하지 않는 경우이다.)

① 회전   ② 굴절
③ 반사   ④ 직진

> **유전체 내에서의 경계조건**
> 유전율이 서로 다른 두 종류의 경계면에 전속과 전기력선이 입사하면
> (1) 전속과 전기력선은 굴절한다.
> (2) 전계의 세기는 경계면의 접선성분이 서로 같다.
> $E_1 \sin\theta_1 = E_2 \sin\theta_2$
> (3) 전속밀도는 경계면의 법선성분이 서로 같다.
> $D_1 \cos\theta_1 = D_2 \cos\theta_2$ 또는
> $\epsilon_1 E_1 \cos\theta_1 = \epsilon_2 E_2 \cos\theta_2$
> (4) 굴절각 조건
> $\dfrac{\epsilon_1}{\epsilon_2} = \dfrac{\tan\theta_1}{\tan\theta_2}$ 또는 $\epsilon_1 \tan\theta_2 = \epsilon_2 \tan\theta_1$

**15** 물질의 자화현상과 관계가 깊은 것은?

① 분자의 공전   ② 전자의 이동
③ 전자의 자전   ④ 전자의 공전

> **물질의 자화현상**
> 자성체란 물질의 자화현상에 의해서 자장(자계) 내에서 자기적 성질을 띠는 물체(물질)로서 원인은 물질 내의 전자의 자전현상(전자스핀) 때문이다.

**16** 단면적이 균일한 환상철심에 권수 $N_A$인 A코일과 권수 $N_B$인 B코일이 있을 때, B코일의 자기 인덕턴스가 $L_A$[H]라면 두 코일의 상호 인덕턴스 [H]는? (단, 누설자속은 0이다.)

① $\dfrac{L_A N_A}{N_B}$   ② $\dfrac{L_A N_B}{N_A}$
③ $\dfrac{N_A}{L_A N_B}$   ④ $\dfrac{N_B}{L_A N_A}$

> **상호인덕턴스($M$)**
> $L_B = \dfrac{N_A^2}{R_m}$[H], $L_A = \dfrac{N_B^2}{R_m}$[H],
> $M = \dfrac{N_A N_B}{R_m}$[H] 식에서
> $\therefore M = \dfrac{N_A N_B}{R_m} = \dfrac{L_B N_B}{N_A} = \dfrac{L_A N_A}{N_B}$

**17** 진공 중에 있는 반지름 $a$[m]인 도체구의 표면전하밀도가 $\sigma$[C/m$^2$]일 때 도체구 표면의 전계의 세기는 몇 [V/m$^2$]인가?

① $\dfrac{\sigma}{\epsilon_0}$   ② $\dfrac{\sigma}{2\epsilon_0}$
③ $\dfrac{\sigma^2}{2\epsilon_0}$   ④ $\dfrac{\epsilon_0 \sigma^2}{2}$

> **면전하에 의한 전계의 세기($E$)**
> (1) 구도체 표면전하밀도가 $\sigma$[C/m$^2$]인 경우
> $E = \dfrac{\sigma}{\epsilon_0}$ [V/m]
> (2) 평면(평판)도체 표면전하밀도가 $\sigma$[C/m$^2$]인 경우
> $E = \dfrac{\sigma}{2\epsilon_0}$ [V/m]

**18** 자기회로의 자기저항에 대한 설명으로 옳은 것은?

① 자기회로의 길이에 반비례한다.
② 자기회로의 단면적에 비례한다.
③ 비투자율에 반비례한다.
④ 길이의 제곱에 비례하고 단면적에 반비례한다.

> **자기회로 내의 자기저항**
> 자기회로의 투자율을 $\mu$, 단면적을 $S$, 길이를 $l$이라 하면 자기저항 $R_m$은
> $$R_m = \frac{l}{\mu S} = \frac{l}{\mu_0 \mu_s S} \; [\text{AT/Wb}]$$ 식에서
> ∴ 자기저항은 길이에 비례하며 투자율에 반비례하고 단면적에도 반비례한다.

**20** 자성체 내의 자계가 800[AT/m]일 때 자속밀도 0.05[Wb/m²]에서 자성체의 투자율은 얼마인가?

① $5.25 \times 10^{-5}$   ② $4.25 \times 10^{-5}$
③ $6.25 \times 10^{-5}$   ④ $1 \times 10^3$

> **자기회로 내의 자속밀도($B$)**
> 투자율 $\mu$, 자계의 세기 $H$, 자속 $\phi$, 단면적 $s$라 하면
> $B = \mu H = \mu_0 \mu_s H = \frac{\phi}{s}$ [Wb/m²] 식에서
> $H = 800$ [AT/m], $B = 0.05$ [Wb/m²]일 때
> ∴ $\mu = \frac{B}{H} = \frac{0.05}{800} = 6.25 \times 10^{-5}$ [H/m]

**19** 어느 강철의 자화곡선을 응용하여 종축을 자속밀도 $B$ 및 투자율 $\mu$, 횡축을 자계의 세기 $H$라 하면 다음 중에 투자율 곡선을 가장 잘 나타내고 있는 것은?

①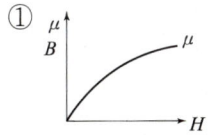
②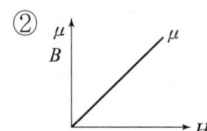
③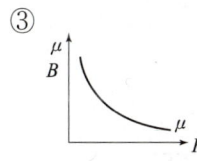
④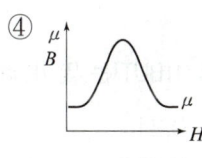

> **자성체 내에서 자속밀도($B$)와 자화력($H$) 및 투자율($\mu$) 관계**
> $B = \mu H$ [Wb/m2] 식에서 $\mu = \frac{B}{H}$ [H/m] 이므로
> 강자성체에서 자화력이 증가하면 자성체 내의 자속밀도는 어느 일정 지점까지 증가하므로 투자율에 비례해서 자속밀도가 증가한다. 하지만 자성체 내부에서 자기포화가 생기면 그 순간부터는 더 이상 자속밀도는 증가하지 않고 일정한 값을 유지하게 된다. 따라서 자속밀도가 일정한 상태를 유지한 순간부터 자화력은 투자율에 반비례한다.
> ∴ 자기포화점까지 투자율은 자속밀도에 비례하여 증가하지만 그 이후부터 투자율은 자화력에 반비례하여 감소하게 된다.

정답 18 ③  19 ④  20 ③

## 2. 전력공학 (CBT시험 복원문제)

2025년 2회 전기산업기사

※ 본 기출문제는 수험자의 기억을 바탕으로 하여 복원한 문제이므로 실제 문제와 다를 수 있음을 미리 알려드립니다.

**01** 전압이 정정치 이하로 되었을 때 동작하는 것으로서 단락 고장검출 등에 사용되는 계전기는?

① 부족전압계전기 ② 비율차동계전기
③ 재폐로계전기 ④ 선택접지계전기

**보호계전기의 성질**
부족전압계전기 : 전압이 일정값 이하로 떨어졌을 때 동작하는 계전기로 계통에 단락사고나 정전사고 발생시 동작한다.

**02** 송전선로의 고장전류 계산에 있어서 영상 임피던스(zero sequence impedance)가 필요한 경우는?

① 3상 단락 ② 선간 단락
③ 1선 접지 ④ 3선 단선

**고장종류와 대칭분 관계**
고장의 종류에 따라 대칭분 임피던스의 필요 유무가 결정된다. 고장 종류에 따른 대칭분 임피던스는 다음과 같다.
(1) 지락사고 : 영상임피던스, 정상임피던스, 역상임피던스가 모두 필요하다.
(2) 선간단락 : 정상임피던스, 역상임피던스가 필요하다.
(3) 3선단락(3상단락) : 정상임피던스만 필요하다.

**03** 어느 발전소의 발전기는 그 정격이 13.2[kV], 93000[kVA], 95[%]라고 명판에 씌어 있다. 이것은 몇 [Ω]인가?

① 1.2 ② 1.8
③ 1200 ④ 1780

**%Z (%임피던스)**

$$\%Z = \frac{ZI_n}{E} \times 100 = \frac{\sqrt{3}\,ZI_n}{V} \times 100\,[\%] \text{ 또는}$$

$$= \frac{P[kVA]Z}{10\{V[kV]\}^2}\,[\%] \text{ 식에서}$$

$V = 13.2\,[kV]$, $P = 93000\,[kVA]$,
$\%Z = 95\,[\%]$일 때

$$\therefore Z = \frac{\%Z \cdot 10\{V[kV]\}^2}{P[kVA]} = \frac{95 \times 10 \times 13.2^2}{93000}$$
$$= 1.8\,[\Omega]$$

**04** 1[BTU]는 몇 [Kcal]인가?

① 0.24 ② 4.2
③ 0.252 ④ 252

**열량의 단위**
1[BTU]는 영국의 열단위(British Thermal Unit)의 기호로 1[lb]의 물을 온도 1[°F] 올리는데 필요한 열량으로서 1[BTU] = 0.252[kcal]와 같다.
∴ 1[BTU] = 0.252[kcal], 1[kcal] = 3.968[BTU]

**정답** 01 ① 02 ③ 03 ② 04 ③

**05** 전력설비의 수용률을 나타낸 것은?

① 수용률 = $\dfrac{\text{평균전력[kW]}}{\text{부하설비용량[kW]}} \times 100\%$

② 수용률 = $\dfrac{\text{부하설비용량[kW]}}{\text{평균전력[kW]}} \times 100\%$

③ 수용률 = $\dfrac{\text{최대수용전력[kW]}}{\text{부하설비용량[kW]}} \times 100\%$

④ 수용률 = $\dfrac{\text{부하설비용량[kW]}}{\text{최대수용전력[kW]}} \times 100\%$

**부하율, 수용률, 부등률**

부하율 = $\dfrac{\text{평균전력}}{\text{최대전력}} \times 100[\%] \leq 1$

수용률 = $\dfrac{\text{최대수용전력}}{\text{수용설비용량}} \times 100[\%] \leq 1$

부등률 = $\dfrac{\text{개개의 최대수용전력의 합}}{\text{합성최대수용전력}} \geq 1$

**06** 피뢰기가 구비하여야 할 조건으로 옳지 않은 것은?

① 속류의 차단능력이 충분할 것
② 충격방전 개시전압이 낮을 것
③ 상용주파방전 개시전압이 높을 것
④ 방전내량이 크면서 제한전압이 높을 것

**피뢰기의 역할**
(1) 충격파 방전개시전압이 낮을 것
(2) 상용주파 방전개시전압이 높을 것
(3) 방전내량이 크며 제한전압은 낮아야 한다.
(4) 속류 차단능력이 충분히 커야 한다.

**07** 불평형 3상 전압을 $V_a$, $V_b$, $V_c$라 하고 $a = \epsilon^{j\frac{2\pi}{3}}$라 할 때, $V_x = \dfrac{1}{3}(V_a + aV_b + a^2V_c)$이다. 여기에서 $V_x$는 어떤 전압을 나타내는가?

① 정상전압  ② 단락전압
③ 영상전압  ④ 지락전압

**대칭분 전압($V_0$, $V_1$, $V_2$)**
(1) 영상전압
$V_0 = \dfrac{1}{3}(V_a + V_b + V_c)$ [V]
(2) 정상전압
$V_1 = \dfrac{1}{3}(V_a + aV_b + a^2V_c)$ [V]
(3) 역상전압
$V_2 = \dfrac{1}{3}(V_a + a^2V_b + aV_c)$ [V]

**08** 전력선 1선의 대지전압을 $E$, 통신선의 대지정전용량을 $C_b$, 전력선과 통신선 사이의 상호정전용량을 $C_{ab}$라고 하면 통신선의 정전유도전압은?

① $\dfrac{C_{ab} + C_b}{C_b} E$  ② $\dfrac{C_{ab} + C_a}{C_{ab}} E$

③ $\dfrac{C_b}{C_{ab} + C_b} E$  ④ $\dfrac{C_{ab}}{C_{ab} + C_b} E$

**단상인 경우 정전유도전압($E_s = E_0$)**
선간정전용량 $C_m = C_{ab}$,
대지정전용량 $C_s = C_b$이므로
$\therefore E_0 = E_s = \dfrac{C_m}{C_m + C_s} E = \dfrac{C_{ab}}{C_{ab} + C_b} E$ [V]

정답 05 ③ 06 ④ 07 ① 08 ④

**09** 다음 중 송전계통에서 안정도 증진과 관계없는 것은?

① 중간조상방식을 채용한다.
② 재폐로 방식의 채용
③ 속응여자방식의 채용
④ 리액턴스가 큰 변압기를 사용

**안정도 개선책**
(1) 리액턴스를 줄인다. : 직렬콘덴서 설치
(2) 단락비를 증가시킨다. : 전압변동률을 줄인다.
(3) 중간조상방식을 채용한다. : 동기조상기 설치
(4) 속응여자방식을 채용한다. : 고속도 AVR 채용
(5) 재폐로 차단방식을 채용한다. : 고속도차단기 사용
(6) 계통을 연계한다.
(7) 소호리액터 접지방식을 채용한다.

**10** 한류 리액터를 사용하는 가장 큰 목적은?

① 충전전류의 제한  ② 접지전류의 제한
③ 누설전류의 제한  ④ 단락전류의 제한

**한류리액터**
선로의 단락사고시 단락전류를 제한하여 차단기의 차단 용량을 경감함과 동시에 직렬기기의 손상을 방지하기 위한 것으로서 차단기의 전원측에 직렬연결한다.

**11** 전선에 코로나가 발생하면 전선이 부식된다. 무엇에 의하여 부식되는가?

① 산소      ② 오존
③ 수소      ④ 질소

**코로나의 영향**
(1) 코로나 손실로 인하여 송전효율이 저하되고 송전용량이 감소된다.
(2) 코로나 방전시 오존($O_3$)이 발생하여 전선 부식을 초래한다.
(3) 근접 통신선에 유도장해가 발생한다.
(4) 소호 리액터의 소호능력이 저하한다.

**12** 송전선의 전압변동률을 나타내는 식 $\frac{V_{R1} - V_{R2}}{V_{R2}} \times 100 [\%]$ 에서 $V_{R1}$은 무엇인가?

① 부하시 수전단전압
② 무부하시 수전단전압
③ 부하시 송전단전압
④ 무부하시 송전단전압

**전압변동률($\delta$)**
$\delta = \frac{V_{R0} - V_R}{V_R} \times 100 [\%]$ 일 때 $V_{R0}$는 무부하시 수전단전압이고, $V_R$은 전부하 수전단전압이다.
$\therefore V_{R1} = V_{R0}$ 이므로 무부하시 수전단전압이다.

**13** 송전전력, 송전거리, 전선의 비중 및 전력 손실률이 일정하다고 하면 전선의 단면적 $A[\text{mm}^2]$와 송전전압 $V[\text{kV}]$와의 관계로 옳은 것은?

① $A \propto V$       ② $A \propto V^2$
③ $A \propto \frac{1}{V^2}$   ④ $A \propto \frac{1}{\sqrt{V}}$

**전력손실률($k$)**
$k = \frac{P_l}{P} \times 100 = \frac{PR}{V^2 \cos^2\theta} \times 100$
$= \frac{P\rho l}{V^2 \cos^2\theta A} \times 100 [\%]$ 식에서
$\therefore A \propto \frac{1}{V^2}$

정답 09 ④  10 ④  11 ②  12 ②  13 ③

**14** 직접접지방식에 대한 설명 중 틀린 것은?

① 애자 및 기기의 절연수준 저감이 가능하다.
② 변압기 및 부속설비의 중량과 가격을 저하시킬 수 있다.
③ 1상 지락사고 시 지락전류가 작으므로 보호계전기 동작이 확실하다.
④ 지락전류가 저역률 대전류이므로 과도 안정도가 나쁘다.

**직접접지방식**
(1) 장점
  ㉠ 1선 지락고장시 건전상의 대지전압 상승이 거의 없고(=이상전압이 낮다.) 중성점의 전위도 거의 영전위를 유지하므로 기기의 절연레벨을 저감시켜 단절연할 수 있다.
  ㉡ 아크지락이나 개폐서지에 의한 이상전압이 낮아 피뢰기의 책무 경감이나 피뢰기의 뇌전류 방전 효과를 증가시킬 수 있다.
  ㉢ 1선 지락고장시 지락전류가 매우 크기 때문에 지락계전기(보호계전기)의 동작을 용이하게 해 고장의 선택차단이 신속하며 확실하다.
(2) 단점
  ㉠ 1선 지락고장시 지락전류가 매우 크기 때문에 근접 통신선에 유도장해가 발생하며 계통의 안정도가 매우 나쁘다.
  ㉡ 차단기의 동작이 빈번하며 대용량 차단기를 필요로 한다.

**15** 다음 중 변성기의 종류가 아닌 것은?

① PT                 ② ZCT
③ GPT                ④ PF

**변성기의 종류**
(1) MOF : 전력수급용 계시용 변성기
(2) PT : 계기용 변압기
(3) CT : 계기용 변류기(또는 변류기)
(4) ZCT : 영상변류기
(5) GPT : 접지형 계기용 변압기
∴ PF는 단락전류를 차단하기 위한 전력퓨즈이다.

**16** 3상 3선식에서 전선 한 가닥에 흐르는 전류는 단상 2선식의 경우의 몇 배가 되는가?(단, 송전전력, 부하역률, 송전거리, 전력손실 및 선간전압이 같다.)

① $\dfrac{1}{\sqrt{3}}$         ② $\dfrac{2}{3}$

③ $\dfrac{3}{4}$               ④ $\dfrac{4}{9}$

배전방식의 전기적 특성 비교

| 구분 | 단상2선식 | 단상3선식 | 3상3선식 |
|---|---|---|---|
| 공급전력 | 100[%] | 133[%] | 115[%] |
| 선로전류 | 100[%] | 50[%] | 58[%] |
| 전력손실 | 100[%] | 25[%] | 75[%] |
| 전선량 | 100[%] | 37.5[%] | 75[%] |

∴ $58[\%] = \dfrac{1}{\sqrt{3}}$ 배

**17** 배전선로의 고장 또는 보수 점검시 정전구간을 축소하기 위하여 사용되는 것은?

① 단로기              ② 컷 아우스위치
③ 계자 저항기         ④ 구분개폐기

**구분개폐기**
구분개폐기는 통상의 부하전류를 개폐할 수 있는 개폐기로서 배전선로의 고장 또는 보수 점검시 정전구간을 축소시키기 위해 사용되는 개폐기로서 유입개폐기가 사용된다.

**18** 주상변압기의 고장보호를 위하여 그 1차측에 설치하는 기기는?

① O.S                ② C.O.S
③ L.S                ④ Catch Holder

**COS(컷아웃스위치)**
컷아웃 스위치(COS)의 주된 용도로는 주상변압기의 고장이 배전선로에 파급되는 것을 방지하고 변압기의 과부하 소손을 예방하고자 변압기 1차측에 설치한다.

**19** 단락 보호용 계전기와 관계없는 것은?

① 과전압계전기　② 단락 방향계전기
③ 과전류 계전기　④ 주파수 계전기

**단락 보호용 계전기**
단락사고가 생겼을 때 동작하여 차단기를 트립시키는 계전기는 과전류계전기, 과전압계전기, 부족전압계전기, 단락방향계전기, 선택단락계전기, 거리계전기, 방향거리 계전기가 있다. 이 계전기들은 모두 단락 보호용 계전기 이다.
∴ 주파수계전기는 계통의 주파수가 허용폭 이상으로 변동하였을 때 동작하는 계전기로서 단락 보호와 관계가 없다.

**20** 1년 365일 중 1-2회 생기는 출수의 유량은?

① 평수량　② 풍수량
③ 고수량　④ 저수량

**하천유량의 크기**
(1) 평수량(평수위) : 1년 365일 중 185일은 이것보다 내려가지 않는 유량 또는 수위
(2) 풍수량(풍수위) : 1년 365일 중 95일은 이것보다 내려가지 않는 유량 또는 수위
(3) 고수량(고수위) : 매년 1~2회 생기는 출수의 유량 또는 수위
(4) 저수량(저수위) : 1년 365일 중 275일은 이것보다 내려가지 않는 유량 또는 수위

정답 19 ④　20 ③

## 25. 3. 전기기기 (CBT시험 복원문제)

2025년 2회 전기산업기사

※ 본 기출문제는 수험자의 기억을 바탕으로 하여 복원한 문제이므로 실제 문제와 다를 수 있음을 미리 알려드립니다.

**01** 3권선 변압기가 있다. 1차 전압은 66[kV], 2차 전압은 11[kV], 3차 전압은 6.6[kV]이다. 2차에 5000[kVA]인 지상 역률 80[%]의 유도부하가 접속되어 있고, 3차 권선에는 1700[kVar]의 동기조상기를 진상 무효전력으로 운전하고 있다. 변압기 1차의 역률은 약 얼마인가? (단, 주어지지 않은 조건은 무시한다.)

① 0.91  ② 0.93
③ 0.95  ④ 0.97

**3권선 변압기의 역률**

$\cos\theta = \dfrac{P}{\sqrt{P^2+Q^2}}$ 식에서

유효전력의 합계를 $P$, 무효전력의 합계를 $Q$라 하면
$P = 5000 \times 0.8 = 4000$ [kW],
$Q = 5000 \times 0.6 - 1700 = 1300$ [kVar] 이므로

$\therefore \cos\theta = \dfrac{P}{\sqrt{P^2+Q^2}} = \dfrac{4000}{\sqrt{4000^2+1300^2}}$
$= 0.95$

**02** 변압기에서 권수가 2배가 되면 유기기전력은 몇 배가 되는가?

① $\dfrac{1}{2}$  ② 1
③ 2  ④ 4

**변압기의 유기기전력($E$)**
$E = 4.44 f \phi N$ [V] 식에서 $E \propto N$이므로 변압기 권수를 2배 늘리면 변압기 유기기전력도 2배 증가한다.

**03** 8극, 유도기전력 100[V], 전기자전류 200[A]인 직류발전기의 전기자 권선을 중권에서 파권으로 변경했을 때 유도기전력과 전기자전류는?

① 100[V], 200[A]  ② 200[V], 100[A]
③ 400[V], 50[A]   ④ 800[V], 25[A]

**직류발전기의 유기기전력과 전기자전류**

$E = \dfrac{pZ\phi N}{60a}$ [V] 식에서

중권일 경우 $a=p$, 파권일 경우 $a=2$ 이므로

중권을 파권으로 변경할 경우 병렬회로수는 $\dfrac{1}{4}$배로 감소하게 된다.

유기기전력과 병렬회로수는 반비례 관계에 있으며, 전기자전류는 병렬회로수와 비례 관계에 있으므로

$\therefore E = 100 \times 4 = 400$ [V], $I_a = \dfrac{200}{4} = 50$ [A]

**04** 동기발전기에 회전계자형을 사용하는 이유로 틀린 것은?

① 기전력의 파형을 개선한다.
② 계자가 회전자이지만 저전압 소용량의 직류이므로 구조가 간단하다.
③ 전기자가 고정자이므로 고전압 대전류용에 좋고 절연이 쉽다.
④ 전기자보다 계자극을 회전자로 하는 것이 기계적으로 튼튼하다.

**회전계자형을 채용하는 이유**
(1) 계자는 전기자보다 철의 분포가 크기 때문에 기계적으로 튼튼하다.
(2) 계자는 전기자보다 결선이 쉽고 구조가 간단하다.
(3) 고압이 걸리는 전기자보다 저압인 계자가 조작하는 데 더 안전하다.
(4) 고압이 걸리는 전기자를 절연하는 데는 고정자로 두어야 용이해진다.

정답  01 ③  02 ③  03 ③  04 ①

## 05 동기기의 과도 안정도를 증가시키는 방법이 아닌 것은?

① 속응 여자방식을 채용한다.
② 동기 탈조계전기를 사용한다.
③ 동기화 리액턴스를 작게 한다.
④ 회전자의 플라이휠 효과를 작게 한다.

**동기기의 안정도 개선책**
(1) 단락비를 크게 한다.
(2) 관성 모멘트(플라이휠 효과)를 크게 한다.
(3) 조속기 성능을 개선한다.
(4) 속응여자방식을 채용한다.
(5) 동기 리액턴스를 작게 한다.

## 06 특수 동기기에 대한 설명 중 잘못 연결된 것은?

① 반작용 전동기 : 역률이 좋다.
② 유도 동기 전동기 : 기동 토크와 인입 토크가 크다.
③ 동기 주파수 변환기 : 조작이 간편하고 효율이 좋다.
④ 정현파 발전기 : 부하에 관계없이 정현파 기전력을 발생한다.

**반작용전동기**
반작용전동기란 계자권선이 없이 동기속도로 회전하는 전동기를 말하며 여자를 약하게 하면 지상전류가 흐르고 전기자 반작용은 계자를 강화시키는 작용을 한다. 3상 교류를 인가하면 전기자전류에 포함되어 있는 무효분이 계자속을 만들며 유효분 사이의 토크를 발생한다. 이 전동기는 역률이 매우 나쁜 특징을 지닌다.

## 07 4극, 60[Hz] 유도전동기의 2차측 1상의 저항 0.15[Ω], 2차측 정지시 1상의 리액턴스 0.5[Ω]일 때, 이 유도전동기에 최대토크를 발생시키기 위한 회전속도[rpm]?

① 1420  ② 1350
③ 1470  ④ 1260

**유도전동기의 최대토크를 발생시키기 위한 회전속도**

$s_t = \dfrac{r_2}{x_2}$, $N_s = \dfrac{120f}{p}$ [rpm],

$N = (1-s_t)N_s$ [rpm] 식에서

$r_2 = 0.15$ [Ω], $x_2 = 0.5$ [Ω] 이므로

$s_t = \dfrac{r_2}{x_2} = \dfrac{0.15}{0.5} = 0.3$,

$N_s = \dfrac{120f}{p} = \dfrac{120 \times 60}{4} = 1800$ [rpm]일 때

$\therefore N = (1-s_t)N_s = (1-0.3) \times 1800$
$= 1260$ [rpm]

## 08 전동기의 분당 회전수가 1200[rpm], 출력이 20[kW]일 때 발생 토크는 약 몇 [N·m]인가?

① 160  ② 145
③ 180  ④ 135

**전동기의 토크($\tau$)**

$\tau = 9.55 \dfrac{P}{N}$ [N·m] 식에서

$N = 1200$ [rpm], $P = 20$ [kW] 이므로

$\therefore \tau = 9.55 \dfrac{P}{N} = 9.55 \times \dfrac{20 \times 10^3}{1200} = 160$ [N·m]

## 09 3상 유도전동기의 원선도 작성에 필요한 기본량을 구하기 위한 시험이 아닌 것은?

① 충격전압시험  ② 저항측정시험
③ 무부하시험  ④ 구속시험

**원선도를 그리는데 필요한 시험**
(1) 무부하시험
(2) 구속시험
(3) 권선저항 측정시험

**10** 3상 유도전동기에 불평형 3상 전압을 가한 경우 다음 전동기 특성 중 옳은 것은?

① 영상분전압은 존재하지 않는다.
② 영상전압을 고려하여야 한다.
③ 정상전압과 역상전압에 의한 회전자계 방향은 같다.
④ 정상운전 상태에서 역상분은 제동작용을 하지 않는다.

**대칭분**
3상 부하에 3상 불평형 전압을 인가할 경우 정상분과 상회전이 반대인 역상분이 나타나게 되어 불평형 전압, 전류가 나타나게 된다. 그러나 영상분은 반드시 지락사고 시에 접지식 계통일 경우에만 존재할 수 있는 성분이기 때문에 불평형이라 하여 무조건 영상분이 존재할 수는 없는 것이다.

**11** 송전선로에서 접속된 동기 조상기의 설명 중 가장 옳은 것은?

① 과여자로 해서 운전하면 앞선전류가 흐르므로 리액터 역할을 한다.
② 과여자로 해서 운전하면 뒤진전류가 흐르므로 콘덴서 역할을 한다.
③ 부족여자로 해서 운전하면 앞선전류가 흐르므로 리액터 역할을 한다.
④ 부족여자로 해서 운전하면 송전선로의 자기여자작용에 의한 전압상승을 방지한다.

**동기조상기의 위상조정**
(1) 과여자로 운전시
   ㉠ 콘덴서($C$)로 작용하여 진상전류를 공급한다.
   ㉡ 앞선 역률로 운전되어 역률이 좋아진다.
   ㉢ 송전선의 전압강하를 감소시킨다.
   ㉣ 역률을 1로 운전할 때 전기자전류가 증가한다.
(2) 부족여자로 운전시
   ㉠ 리액터($L$)로 작용하여 지상전류를 공급한다.
   ㉡ 뒤진 역률로 운전되어 역률이 나빠진다.
   ㉢ 역률을 1로 운전할 때 전기자전류가 증가한다.
   ㉣ 자기여자작용에 의한 전압상승을 방지한다.

**12** 용량 1[kV], 3,000/200[V]의 단상변압기를 단권변압기로 결선하여 3,000/3,200[V]의 승압기로 사용할 때 그 부하 용량[kVA]은?

① 16   ② 15
③ 1.5   ④ 0.6

**단권변압기 용량(자기용량)**
$\dfrac{\text{자기용량}}{\text{부하용량}} = \dfrac{V_h - V_l}{V_h}$ 식에서
$V_h = 3{,}200\,[\text{V}]$, $V_l = 3{,}000\,[\text{V}]$,
자기용량 = 1 [kVA] 이므로
∴ 부하용량 $= \dfrac{V_h}{V_h - V_l} \times$ 자기용량
$= \dfrac{3{,}200}{3{,}200 - 3{,}000} \times 1 = 16\,[\text{kVA}]$

**13** 직류발전기에서 자속을 끊어 기전력을 유기시키는 부분을 무엇이라 하는가?

① 계자   ② 전기자
③ 정류자   ④ 계철

**직류기의 3대 구성요소 및 역할**
(1) 계자 : 주자속을 발생시킨다.
(2) 전기자 : 기전력을 유기시킨다.
(3) 정류자 : 교류를 직류로 변환한다.

**14** 다음의 정류회로 중 가장 큰 출력의 직류전압을 얻을 수 있는 정류회로는?

① 단상 반파정류회로  ② 3상 반파정류회로
③ 단상 전파정류회로  ④ 3상 전파정류회로

정류회로의 직류전압(순저항 부하 조건)

| 구 분 | |
|---|---|
| 단상 반파정류회로 | $E_{d\alpha} = 0.45E\left(\dfrac{1+\cos\alpha}{2}\right)$ [V] |
| 단상 전파정류회로 | $E_{d\alpha} = 0.9E\left(\dfrac{1+\cos\alpha}{2}\right)$ [V] |
| 3상 반파정류회로 | $E_{d\alpha} = 1.17E\cos\alpha$ [V] |
| 3상 전파정류회로 | $E_{d\alpha} = 2.34E\cos\alpha$ [V] |
| 6상 반파정류회로 | $E_{d\alpha} = 1.35E\cos\alpha$ [V] |
| 6상 전파정류회로 | $E_{d\alpha} = 2.7E\cos\alpha$ [V] |

[참고] 식에서 $E$는 상전압이다.

**15** 자여자 발전기의 전압확립 조건으로 틀린 것은?

① 회전방향에 무관할 것
② 무부하 특성곡선은 자기포화를 가질 것
③ 잔류자기가 존재할 것
④ 계자저항이 임계저항 이하일 것

자여자 발전기의 전압확립 조건
(1) 잔류자기가 존재하여야 한다.
(2) 계자저항이 임계저항보다 작아야 한다.
(3) 잔류자기에 의한 자속과 계자전류에 의한 자속의 방향이 일치하여야 한다.
(4) 역회전 운전하면 잔류자기가 소멸되어 발전이 불가능하다.
(5) 히스테리시스 특성이 있어야 한다.

**16** 직류발전기 중 전압변동률의 값이 (-) 값인 발전기는?

① 타여자발전기  ② 분권발전기
③ 과복권발전기  ④ 평복권발전기

직류발전기의 전압변동률 : $\epsilon$ [%]

| 구분 | 발전기의 종류 |
|---|---|
| $\epsilon > 0$인 발전기 | 타여자발전기, 분권발전기, 부족복권발전기 |
| $\epsilon = 0$인 발전기 | 평복권발전기 |
| $\epsilon < 0$인 발전기 | 과복권발전기 |

**17** 단락비가 1.2인 발전기의 퍼센트 동기임피던스[%]는 약 얼마인가?

① 100  ② 83
③ 60   ④ 45

단락비($K_s$)
퍼센트 동기임피던스 %$Z_s$ [%], 퍼센트 동기임피던스 p.u %$Z_s$ [p.u]일 때
$K_s = \dfrac{100}{\%Z_s} = \dfrac{1}{\%Z_s\,[\text{p.u}]}$ 이므로 $K_s = 1.2$인 경우

∴ %$Z_s = \dfrac{100}{K_s} = \dfrac{100}{1.2} = 83$ [%]

**18** 3상 유도전동기의 회전자 입력이 $P_2$이고 슬립이 $s$일 때 2차 동손을 나타내는 식은?

① $(1-s)P_2$  ② $\dfrac{P_2}{s}$

③ $\dfrac{(1-s)P_2}{s}$  ④ $sP_2$

2차 입력($P_2$), 2차 동손($P_{c2}$), 기계적 출력($P_0$) 관계

| 구분 | $\times P_2$ | $\times P_{c2}$ | $\times P_0$ |
|---|---|---|---|
| $P_2 =$ | 1 | $\dfrac{1}{s}$ | $\dfrac{1}{1-s}$ |
| $P_{c2} =$ | $s$ | 1 | $\dfrac{s}{1-s}$ |
| $P_0 =$ | $1-s$ | $\dfrac{1-s}{s}$ | 1 |

$\therefore P_{c2} = sP_2 = \dfrac{s}{1-s}P_0\,[\text{W}]$

**20** SCR의 특징이 아닌 것은?

① 아크가 생기지 않으므로 열의 발생이 적다.
② 열용량이 적어 고온에 약하다.
③ 전류가 흐르고 있을 때 양극의 전압강하가 크다.
④ 도통시간이 매우 빠르다.

반도체 정류기(실리콘 정류기 : SCR)의 특징
(1) 대전류 제어 정류용으로 이용된다.
(2) 정류효율 및 역내전압은 크고 도통시 양극 전압강하는 작다.
(3) 교류, 직류 전압을 모두 제어한다.
(4) 아크가 생기지 않으므로 열의 발생이 적다.
(5) 게이트 전류의 위상각으로 통전 전류의 평균값을 제어할 수 있다.
(6) 게이트에 신호를 인가할 때부터 도통할 때까지의 시간이 짧다.
(7) 과전압에 약하다.
(8) 열용량이 적어 고온에 약하다.

**19** 정격전압 6600[V], 용량 12000[kVA]의 Y결선 3상 동기발전기가 있다. 여자전류 200[A]에서의 무부하 단자전압 6600[V], 단락전류 920[A]일 때, 발전기의 단락비는 약 얼마인가?

① 1.14  ② 0.88
③ 1.45  ④ 0.67

단락비($k_s$)

$k_s = \dfrac{100}{\%Z} = \dfrac{I_s}{I_n},\ I_n = \dfrac{P}{\sqrt{3}\,V}$ [A] 식에서

$V = 6600$ [V], 용량 $P = 12000$ [kVA], $I_s = 920$ [A] 이므로

$I_n = \dfrac{P}{\sqrt{3}\,V} = \dfrac{12000 \times 10^3}{\sqrt{3} \times 6600} = 1049.7$ [A]일 때

$\therefore k_s = \dfrac{I_s}{I_n} = \dfrac{920}{1049.7} = 0.88$

# 25   4. 회로이론(CBT시험 복원문제)

2025년 2회 전기산업기사

※ 본 기출문제는 수험자의 기억을 바탕으로 하여 복원한 문제이므로 실제 문제와 다를 수 있음을 미리 알려드립니다.

## 01 전압 $e = 5 + 10\sqrt{2}\sin\omega t + 5\sqrt{2}\sin 3\omega t$ [V]일 때 실효값은?

① 12.2 [V]  ② 11.6 [V]
③ 10.6 [V]  ④ 9.6 [V]

**비정현파의 실효값**

$E = \sqrt{E_0^2 + \left(\dfrac{E_{m1}}{\sqrt{2}}\right)^2 + \left(\dfrac{E_{m3}}{\sqrt{2}}\right)^2}$ [V] 식에서

$e = 5 + 10\sqrt{2}\sin\omega t + 50\sqrt{2}\sin 3\omega t$ [V]일 때
$E_0 = 5$ [V], $E_{m1} = 10\sqrt{2}$ [V],
$E_{m3} = 50\sqrt{2}$ [V] 이므로 실효값 $E$는

$\therefore E = \sqrt{E_0^2 + \left(\dfrac{E_{m1}}{\sqrt{2}}\right)^2 + \left(\dfrac{E_{m3}}{\sqrt{2}}\right)^2}$
$= \sqrt{5^2 + 10^2 + 5^2} = 12.2$ [A]

## 02 그림과 같은 고역 여파기에서 공칭 임피던스 $K$ [Ω] 및 차단 주파수 $f_c$ [kHz]는 얼마인가?

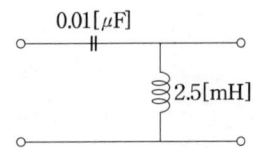

① 500, 약 25.9  ② 460, 약 20.9
③ 480, 약 18.9  ④ 500, 약 15.9

**고역필터**

$K = \sqrt{\dfrac{L}{C}}$, $C = \dfrac{1}{4\pi f_c K}$, $L = \dfrac{K}{4\pi f_c}$ 식에서

$C = 0.01$ [μF], $L = 2.5$ [mH]이므로

$K = \sqrt{\dfrac{L}{C}} = \sqrt{\dfrac{2.5 \times 10^{-3}}{0.01 \times 10^{-6}}} = 500$ [Ω]

$f_c = \dfrac{1}{4\pi f_c C} = \dfrac{1}{4\pi \times 500 \times 0.01 \times 10^{-6}}$
$= 15.9 \times 10^3$ [Hz] = 15.9 [kHz]

$\therefore K = 500$ [Ω], $f_c = 15.9$ [kHz]

## 03 그림과 같은 회로에서 공진 시의 어드미턴스 [℧]는?

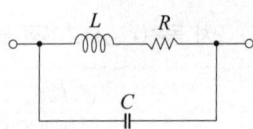

① $\dfrac{CR}{L}$   ② $\dfrac{LC}{R}$
③ $\dfrac{C}{RL}$  ④ $\dfrac{R}{LC}$

**반공진회로**

R, L 직렬회로의 임피던스를 $Z_1$, C의 임피던스를 $Z_2$라 하여 구하면
$Z_1 = R + j\omega L$ [Ω], $Z_2 = -j\dfrac{1}{\omega C}$ [Ω]이다.

회로는 병렬접속되어 있으므로 어드미턴스를 구하여 허수부를 영(0)으로 취하면 병렬공진이 이루어진다.

$Y = \dfrac{1}{Z_1} + \dfrac{1}{Z_2} = \dfrac{1}{R + j\omega L} + j\omega C$

$= \dfrac{R - j\omega L}{R^2 + (\omega L)^2} + j\omega C$

$= \dfrac{R}{R^2 + (\omega L)^2} + j\left(\omega C - \dfrac{\omega L}{R^2 + (\omega L)^2}\right)$ [℧]

$\omega C = \dfrac{\omega L}{R^2 + (\omega L)^2}$ 이므로 $R^2 + (\omega L)^2 = \dfrac{L}{C}$

공진시 어드미턴스 $Y_r$은

$\therefore Y_r = \dfrac{R}{R^2 + (\omega L)^2} = \dfrac{R}{\dfrac{L}{C}} = \dfrac{CR}{L}$ [℧]

정답  01 ①  02 ④  03 ①

## 04 전기 회로에서 일어나는 과도현상은 그 회로의 시정수와 관계가 있다. 이 사이의 관계를 옳게 표현한 것은?

① 회로의 시정수가 클수록 과도현상은 오랫동안 지속 된다.
② 시정수는 과도현상의 지속 시간에는 상관되지 않는다.
③ 시정수의 역이 클수록 과도현상은 천천히 사라진다.
④ 시정수가 클수록 과도현상은 빨리 사라진다.

**시정수**
시정수가 크면 클수록 과도시간은 길어져서 정상상태에 도달하는데 오래 걸리게 되며 반대로 시정수가 작으면 작을수록 과도시간은 짧게 되어 일찍 소멸하게 된다.

## 05 그림의 회로에서 출력 전압 $V_o$는 입력 전압 $V_i$와 비교할 때 위상 변화는?

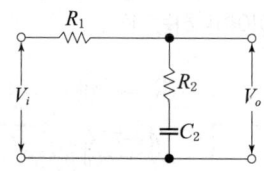

① 위상이 뒤진다.
② 위상이 앞선다.
③ 동상이다.
④ 낮은 주파수에서는 위상이 뒤떨어지고 높은 주파수에서는 앞선다.

**보상회로**

$E_i(s) = \left(R_1 + R_2 + \dfrac{1}{Cs}\right)I(s)$,

$E_o(s) = \left(R_2 + \dfrac{1}{Cs}\right)I(s)$ 이므로

$G(s) = \dfrac{E_o(s)}{E_i(s)} = \dfrac{\left(R_2 + \dfrac{1}{Cs}\right)I(s)}{\left(R_1 + R_2 + \dfrac{1}{Cs}\right)I(s)}$

$= \dfrac{R_2 + \dfrac{1}{Cs}}{R_1 + R_2 + \dfrac{1}{Cs}} = \dfrac{R_2 Cs + 1}{(R_1 + R_2)Cs + 1}$

$= \dfrac{s + \dfrac{1}{R_2 C}}{s + \dfrac{1}{(R_1 + R_2)C}} = \dfrac{s+b}{s+a}$ 이다.

$a = \dfrac{1}{(R_1 + R_2)C}$, $b = \dfrac{1}{R_2 C}$ 일 때

∴ $a < b$ 이므로 적분회로이며 지상보상회로이고 출력전압의 위상이 뒤진 회로이므로 입력전압의 위상이 앞선 회로이다.

**참고 보상회로**

(1) 진상보상회로 : 출력전압의 위상이 입력전압의 위상보다 앞선 회로이다.

$G(s) = \dfrac{s+b}{s+a} \approx Ts$ : 미분회로

∴ 전달함수가 미분회로인 경우 진상보상회로가 되며 $a > b$인 조건을 만족해야 한다. 또한 미분회로는 속응성(응답속도)을 개선하기 위하여 진동을 억제한다.

(2) 지상보상회로 : 출력전압의 위상이 입력전압의 위상보다 뒤진 회로이다.

$G(s) = \dfrac{s+b}{s+a} \approx \dfrac{1}{Ts}$ : 적분회로

∴ 전달함수가 적분회로인 경우 지상보상회로가 되며 $a < b$인 조건을 만족해야 한다. 또한 적분회로는 잔류편차를 제거하여 정상특성을 개선한다.

**06** 다음 회로에서 4단자 정수 행렬 중 맞는 것은?

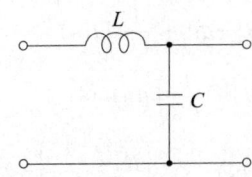

① $\begin{bmatrix} 1-\omega^2 LC & j\omega L \\ j\omega C & 1 \end{bmatrix}$

② $\begin{bmatrix} 1-j\omega L & 1 \\ 0 & 1 \end{bmatrix}$

③ $\begin{bmatrix} 1 & \omega^2 LC \\ j\omega C & 1 \end{bmatrix}$

④ $\begin{bmatrix} 1-\omega^2 LC & j\omega C \\ j\omega L & 1 \end{bmatrix}$

| 4단자 정수의 회로망 특성 |
|---|
| $\begin{bmatrix} A & B \\ C & D \end{bmatrix} = \begin{bmatrix} 1 + \dfrac{j\omega L}{-j\dfrac{1}{\omega C}} & j\omega L \\ \dfrac{1}{-j\dfrac{1}{\omega C}} & 1 \end{bmatrix}$ $= \begin{bmatrix} 1-\omega^2 LC & j\omega L \\ j\omega C & 1 \end{bmatrix}$ |

| 중첩의 원리 |
|---|
| (1) 전압원을 단락한 경우<br>$I_1 = \dfrac{5}{5+20} \times 5 = 1\,[A]$<br>(2) 전류원을 개방한 경우<br>$I_2 = \dfrac{20}{5+20} = 0.8\,[A]$<br>전류 $I_1$과 $I_2$의 방향이 같으므로<br>∴ $I = I_1 + I_2 = 1 + 0.8 = 1.8\,[A]$<br>**별해** 밀만의 정리를 이용할 경우 20[Ω] 저항의 단자 전압 $V_{ab}$는<br>$V_{ab} = \dfrac{\dfrac{20}{5}+5}{\dfrac{1}{5}+\dfrac{1}{20}} = 36\,[V]$ 이므로<br>∴ $I = \dfrac{V_{ab}}{20} = \dfrac{36}{20} = 1.8\,[A]$ |

**07** 그림에서 20[Ω]의 저항에 흐르는 전류는 몇 [A]인가?

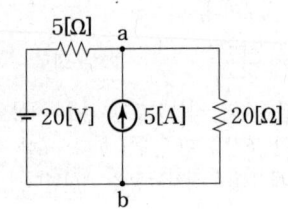

① 0.4  ② 1.8
③ 3  ④ 3.4

**08** 그림과 같이 회로에서 $L = 4\,[mH]$, $C = 0.1\,[\mu F]$일 때 이 회로가 정저항 회로가 되려면 $R$의 값은 얼마이어야 하는가?

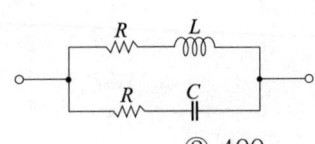

① 100  ② 400
③ 300  ④ 200

| 정저항 회로 조건식 |
|---|
| $R = \sqrt{\dfrac{L}{C}}\,[\Omega]$ 식에서<br>$L = 4\,[mH]$, $C = 0.1\,[\mu F]$ 이므로<br>∴ $R = \sqrt{\dfrac{L}{C}} = \sqrt{\dfrac{4 \times 10^{-3}}{0.1 \times 10^{-6}}} = 200\,[\Omega]$ |

**09** 9[Ω]과 3[Ω]의 저항 3개를 그림과 같이 연결하였을 때 A, B 사이의 합성저항은 얼마인가?

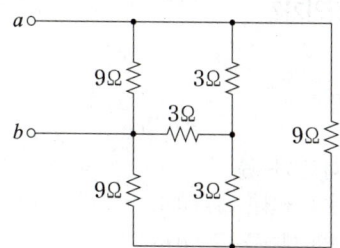

① 6　　　　　　　② 4
③ 3　　　　　　　④ 2

9[Ω] Δ결선을 Y결선으로 변경하면 $\frac{1}{3}$ 배 감소되어 3[Ω]으로 바뀌고 등가회로 그림은 다음과 같다.

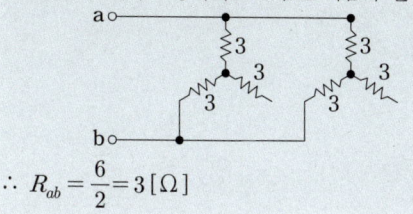

∴ $R_{ab} = \frac{6}{2} = 3\,[\Omega]$

**10** 비정현파 전압

$v = 100\sqrt{2}\sin\omega t + 50\sqrt{2}\sin(3\omega t - \frac{\pi}{6})$ [V]과 전류 $i = 40\sqrt{2}\sin(3\omega t - \frac{\pi}{6}) + 100\sqrt{2}\sin 5\omega t$ [A]에서 전력[kW]는 얼마인가?

① 1　　　　　　　② 5.2
③ 4.9　　　　　　④ 2

비정현파의 소비전력
전압의 주파수 성분은 기본파, 3고조파로 구성되어 있으며 전류의 주파수 성분은 3고조파, 5고조파로 이루어져 있으므로 전력은 3고조파 성분만 계산된다.
제3고조파 전압과 전류의 위상은 같으므로 위상차는 0°이다.
∴ $P = \frac{1}{2} \times 50\sqrt{2} \times 40\sqrt{2} \times \cos(0°) = 1000$ [W]
　 = 1 [kW]

**11** 다음 라플라스 변환 함수
$F(s) = \dfrac{3s+2}{s(s^2+2s+6)}$ 에서 최종값은 얼마인가?

① 3　　　　　　　② $\dfrac{1}{3}$
③ 2　　　　　　　④ $\dfrac{1}{6}$

최종값 정리
$F(\infty) = \lim_{t \to \infty} f(t) = \lim_{s \to 0} sF(s)$
$= \lim_{s \to 0} \dfrac{s(3s+2)}{s(s^2+2s+6)} = \lim_{s \to 0} \dfrac{3s+2}{s^2+2s+6}$
$= \dfrac{0+2}{0+0+6} = \dfrac{1}{3}$

**12** 불평형 회로에서 영상분이 존재하는 3상 회로 구성은?

① Δ - Δ 결선의 3상 3선식
② Δ - Y 결선의 3상 3선식
③ Y - Y 결선의 3상 3선식
④ Y - Y 결선의 3상 4선식

영상분
불평형 회로에서 영상분이 나타날 수 있는 회로구성은 3상 4선식 Y결선으로서 중성점이 접지되어 있어야 한다. 또한 지락사고가 생길 경우 영상분을 구할 수 있다.

**13** 다음 정현파의 파고율은?

① 1.41　　　　　　② 0.91
③ 1.73　　　　　　④ 1.11

파형의 파고율

| 파형 | 정현파 | 반파정류파 | 구형파 | 반파구형파 | 톱니파 | 삼각파 |
|---|---|---|---|---|---|---|
| 파고율 | $\sqrt{2}$ | 2 | 1 | $\sqrt{2}$ | $\sqrt{3}$ | $\sqrt{3}$ |

∴ $\sqrt{2} = 1.41$

**14** 다음 그림 회로에서 전류 $i(t)$를 나타낸 것은?

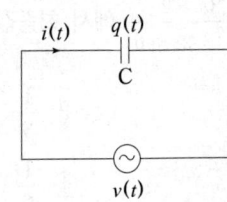

① $i(t) = \dfrac{q(t)}{j\omega C}$  ② $i(t) = \dfrac{q(t)v(t)}{C}$

③ $i(t) = C\dfrac{dv(t)}{dt}$  ④ $i(t) = C\dfrac{dq(t)}{dt}$

코일과 콘덴서에서 전압, 전류 공식
(1) 코일
$$v(t) = L\dfrac{di(t)}{dt}\,[\text{V}],\ i(t) = \dfrac{1}{L}\int v(t)\,dt\,[\text{A}]$$
(2) 콘덴서
$$v(t) = \dfrac{1}{C}\int i(t)\,dt\,[\text{V}],\ i(t) = C\dfrac{dv(t)}{dt}\,[\text{A}]$$

**16** 기본파의 80[%]인 제 3고조파와 60[%]인 제 5고조파를 포함하는 전압파의 왜형률은 다음 중 어느 것인가?

① 10  ② 5
③ 0.5  ④ 1

비정현파의 왜형률
3고조파의 왜형률 $\epsilon_3 = 0.8$,
5고조파의 왜형률 $\epsilon_5 = 0.6$이므로
∴ $\epsilon = \sqrt{\epsilon_3^2 + \epsilon_5^2} = \sqrt{0.8^2 + 0.6^2} = 1$

**15** 100[V], 50[Hz]의 교류 전압을 저항 100[Ω] 커패시턴스 10[μF]의 직렬 회로에 가할 때 역률은?

① 0.25  ② 0.27
③ 0.3  ④ 0.35

R-C 직렬회로의 역률($\cos\theta$)
$V = 100\,[\text{V}],\ f = 50\,[\text{Hz}],\ R = 100\,[\Omega]$,
$C = 10\,[\mu\text{F}]$이고 $X_C = \dfrac{1}{\omega C} = \dfrac{1}{2\pi f C}\,[\Omega]$ 이므로
$\cos\theta = \dfrac{R}{Z} = \dfrac{R}{\sqrt{R^2 + X_C^2}}$
$= \dfrac{100}{\sqrt{100^2 + \left(\dfrac{1}{2\pi \times 50 \times 10 \times 10^{-6}}\right)^2}} = 0.3$

**17** 3상 유도전동기의 출력이 10[Hp], 전압 200[V], 효율 90[%], 역률 85[%]일 때, 전동기의 선전류는 몇 [A]인가?

① 14  ② 28
③ 20  ④ 40

3상 유도전동기의 선전류 계산
$I = \dfrac{P}{\sqrt{3}\,V\cos\theta\cdot\eta}\,[\text{A}]$ 식에서
$P = 10\,[\text{Hp}],\ V = 200\,[\text{V}],\ \eta = 0.9$,
$\cos\theta = 0.85$ 이므로
$I = \dfrac{P}{\sqrt{3}\,V\cos\theta\cdot\eta} = \dfrac{10 \times 746}{\sqrt{3} \times 200 \times 0.85 \times 0.9}$
$= 28\,[\text{A}]$

정답  14 ③  15 ③  16 ④  17 ②

**18** 그림과 같은 (a), (b)의 회로가 서로 역회로의 관계가 있으려면 $L$ 값은 몇 [mH]인가?

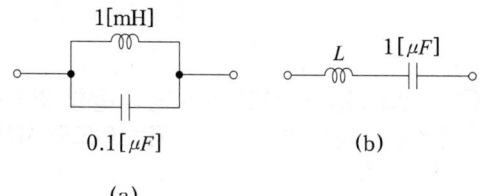

① 0.001　　② 0.01
③ 0.1　　　④ 1

역회로
$K^2 = \dfrac{L_2}{C_1} = \dfrac{L_1}{C_2}$ 식에서
$L_1 = 1 \text{[mH]}$, $C_1 = 0.1\,[\mu F]$, $C_2 = 1\,[\mu F]$ 이므로
$\therefore L_2 = \dfrac{C_1}{C_2} L_1 = \dfrac{0.1}{1} \times 1 = 0.1 +\text{[mH]}$

**19** 자기 인덕턴스 $L = 100$ [mH]에서 전압 $v = 220\sqrt{2}\sin(377t + 30)$ [V]를 가할 때 유도 리액턴스 $X_L$ [Ω]은?

① 3.8　　② 75.4
③ 7.5　　④ 37.7

유도 리액턴스($X_L$)
$X_L = \omega L = 2\pi f L\,[\Omega]$ 식에서
$v(t) = V_m \sin(\omega t + \theta)$
$\qquad = 220\sqrt{2}\sin\left(377t + \dfrac{\pi}{6}\right)$ [V]일 때
$\omega = 377$ [rad/s]임을 알 수 있다.
$L = 100$ [mH] 이므로
$\therefore X_L = \omega L = 377 \times 100 \times 10^{-3} = 37.7\,[\Omega]$

**20** 그림의 회로에서 스위치 S를 닫을 때 콘덴서의 초기 전하를 무시하고 회로에서 콘덴서의 단자전압을 구하면? (단, $E = 100$ [V], $R = 5000$ [Ω], $C = 20\,[\mu F]$임)

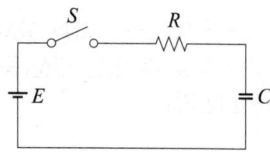

① $100(1 - e^{+10t})$　　② $100e^{-10t}$
③ $100(1 - e^{-10t})$　　④ $100e^{+10t}$

R-C 과도현상
콘덴서의 단자전압(충전전압) $E_C$는
$E_C = E(1 - e^{-\frac{t}{RC}})$ [V] 식에서
$\therefore E_C = 100(1 - e^{-\frac{t}{5000 \times 20 \times 10^{-6}}})$
$\qquad = 100(1 - e^{-10t})$ [V]

# 5. 전기설비기술기준(CBT시험 복원문제)

2025년 2회 전기산업기사

※ 본 기출문제는 수험자의 기억을 바탕으로 하여 복원한 문제이므로 실제 문제와 다를 수 있음을 미리 알려드립니다.

**01** 저압 옥내배선을 합성수지관 공사에 의하여 실시하는 경우 사용할 수 있는 단선(동선)의 최대 굵기는 몇 [mm²]인가?

① 2.5　　　② 6
③ 10　　　④ 16

**합성수지관공사**

| 구분 | 내용 |
|---|---|
| 전선 | (1) 전선은 절연전선(옥외용 비닐절연전선을 제외한다)일 것. <br> (2) 전선은 연선일 것. 다만, 단면적 10[mm²] (알루미늄선은 단면적 16[mm²]) 이하의 것은 적용하지 않는다. <br> (3) 전선은 합성수지관 안에서 접속점이 없도록 할 것. |

**02** 지중 통신선로에서 통신선 시설은 지중 공가설비로 사용하는 광섬유 케이블 및 동축케이블은 지름 몇 [mm] 이하이여야 하는가?

① 6　　　② 16
③ 22　　　④ 38

**지중통신선로설비 시설**
지중 공가설비로 사용하는 통신선이 광섬유 케이블 및 동축케이블일 때 지름 22[mm] 이하일 것

**03** 제1종 특고압 보안공사에 사용할 수 있는 지지물은?

① A종 철주　　　② 목주
③ A종 철근 콘크리트주　④ 철탑

**제1종 특고압 보안공사**
전선로의 지지물에는 B종 철주·B종 철근 콘크리트주 또는 철탑을 사용할 것.

**04** 고압 가공전선으로 ACSR을 사용할 경우에 그 안전율은 최소 얼마 이상이 되는 이도로 시설하여야 하는가?

① 2.2　　　② 2.5
③ 2.7　　　④ 3.0

**각종 안전율에 대한 종합 정리**
(1) 지지물 : 기초 안전율 2(이상시 상정하중에 대한 철탑의 기초에 대하여는 1.33)
(2) 전선 : 2.5(경동선 또는 내열 동합금선은 2.2)
(3) 지선 : 2.5
(4) 특고압 가공전선을 지지하는 애자장치 : 2.5
(5) 무선용 안테나를 지지하는 지지물, 케이블 트레이 : 1.5

**05** 시가지에 시설하는 통신선은 특고압 가공전선로의 지지물에 시설하여서는 아니 된다. 그러나 통신선이 지름 몇 [mm] 이상의 절연전선 또는 이와 동등 이상의 세기 및 절연효력이 있는 것이면 시설이 가능한가?

① 4　　　② 4.5
③ 5　　　④ 5.5

**특고압 가공전선로 첨가 설치 통신선의 시가지 인입 제한**
시가지에 시설하는 통신선은 특고압 가공전선로의 지지물에 시설하여서는 아니 된다. 단, 다음에 규정하는 통신선을 사용하는 경우에는 그러하지 아니하다.
(1) 첨가통신용 제1종 케이블 이상의 절연효력이 있는 것(광섬유 케이블 포함)
(2) 첨가통신용 제1종 케이블
(3) 첨가통신용 제2종 케이블
(4) 통신선이 절연전선과 동등 이상의 절연효력이 있고 인장강도 5.26[kN] 이상의 것 또는 연선의 경우 단면적 16[mm²](단선의 경우 지름 4[mm] 이상의 절연전선

정답　01 ③　02 ③　03 ④　04 ②　05 ①

**06** 사용전압 400[V]이하 가공전선을 절연전선으로 사용할 경우 그 최소 굵기는 지름 몇 [mm]인가?

① 2
② 2.6
③ 3.2
④ 4

저·고압 가공전선의 굵기

| 구분 | | 인장강도 및 굵기 |
|---|---|---|
| 저압 400[V] 이하 | | 3.43[kN] 이상의 것 또는 3.2[mm] 이상의 경동선 |
| | | 절연전선인 경우 2.3[kN] 이상의 것 또는 2.6[mm] 이상 경동선 |
| 저압 400[V] 초과 및 고압 | 시가지 외 | 5.26[kN] 이상의 것 또는 4[mm] 이상의 경동선 |
| | 시가지 | 8.01[kN] 이상의 것 또는 5[mm] 이상의 경동선 |

**07** 중성점 접지용 접지도체의 최소 단면적은 얼마인가?

① 2.5[mm²]
② 6[mm²]
③ 10[mm²]
④ 16[mm²]

접지도체의 굵기
(1) 특고압·고압 전기설비용 접지도체는 단면적 6[mm²] 이상의 연동선 또는 동등 이상의 단면적 및 강도를 가져야 한다.
(2) 중성점 접지용 접지도체는 공칭단면적 16[mm²] 이상의 연동선 또는 동등 이상의 단면적 및 세기를 가져야 한다. 다만, 다음의 경우에는 공칭단면적 6[mm²] 이상의 연동선 또는 동등 이상의 단면적 및 강도를 가져야 한다.
㉠ 7[kV] 이하의 전로
㉡ 사용전압이 25[kV] 이하인 특고압 가공전선로. 다만, 중성선 다중접지식의 것으로서 전로에 지락이 생겼을 때 2초 이내에 자동적으로 이를 전로로부터 차단하는 장치가 되어 있는 것.

**08** 금속관공사에 의한 저압 옥내배선의 방법으로 틀린 것은?

① 사용되는 전선은 16[mm²] 단선을 사용하였다.
② 전선은 연선을 사용하였다.
③ 콘크리트에 매설하는 금속관의 두께는 1.2[mm]를 사용하였다.
④ 관 내부에서는 전선의 접속을 하지 않는다.

금속관공사의 설비기준
(1) 전선은 절연전선(옥외용 비닐절연전선을 제외한다)일 것.
(2) 전선은 연선일 것. 다만, 단면적 10[mm²](알루미늄선은 단면적 16[mm²]) 이하의 것은 적용하지 않는다.
(3) 전선은 금속관 안에서 접속점이 없도록 할 것.
(4) 관의 두께는 콘크리트에 매설하는 것은 1.2[mm] 이상, 이외의 것은 1[mm] 이상일 것.

**09** 과전류 차단기로 시설하는 퓨즈 중 고압전로에 사용하는 퓨즈에 대한 설명이다. 틀린 것은?

① 포장퓨즈는 2배의 전류로 60분 안에 용단.
② 비포장퓨즈는 정격전류의 1.25배의 전류에 견딜 것
③ 포장퓨즈는 정격전류의 1.3배의 전류에 견딜 것
④ 비포장퓨즈는 2배의 전류로 2분 안에 용단

과전류차단기의 시설
과전류차단기로 시설하는 퓨즈 중 고압전로에 사용하는 포장 퓨즈는 정격전류의 1.3배의 전류에 견디고 또한 2배의 전류로 120분 안에 용단되는 것, 그리고 비포장 퓨즈는 정격전류의 1.25배의 전류에 견디고 또한 2배의 전류로 2분 안에 용단되는 것이어야 한다.

**10** 고압 가공전선로의 지지물로서 B종 철근콘크리트주를 시설하는 경우의 최대 경간[m]은?

① 150　　② 200
③ 250　　④ 400

가공전선로의 경간

| 구분<br>지지물종류 | A종주,<br>목주 | B종주 | 철탑 |
|---|---|---|---|
| 표준경간 | 150[m] | 250[m] | 600[m]<br>㉠ 400[m] |

㉠ 특고압 기공전선로의 경간으로 철탑이 단주인 경우에 적용한다.

**11** 수중조명등에 전기를 공급하는 절연변압기의 2차측 전로의 사용전압이 몇 [V] 이하인 경우에 1차 권선과 2차 권선 사이에 금속제의 혼촉방지판을 설치하여야 하는가?

① 300[V] 이하　　② 150[V] 이하
③ 15[V] 이하　　④ 30[V] 이하

수중조명등
(1) 수중조명등에 전기를 공급하기 위해서는 절연변압기를 사용하고, 그 사용전압은 절연변압기 1차측 전로 400[V] 이하, 2차측 전로 150[V] 이하로 하여야 한다. 또한 2차측 전로는 비접지로 하여야 한다.
(2) 절연변압기는 그 2차측 전로의 사용전압이 30[V] 이하인 경우는 1차 권선과 2차권선 사이에 금속제의 혼촉방지판을 설치하고 접지공사를 하여야 한다.
(3) 절연변압기의 2차측 전로의 사용전압이 30[V]를 초과하는 경우에는 그 전로에 지락이 생겼을 때에 자동적으로 전로를 차단하는 정격감도전류 30[mA] 이하의 누전차단기를 시설하여야 한다.

**12** 터널 내 전선로의 저압전선을 애자공사에 의하여 시설하고 이를 레일면상 또는 노면상 얼마 이상의 높이에 시설하는가?

① 2.0[m]　　② 2.5[m]
③ 3.0[m]이상　　④ 3.5[m]이상

터널 안 전선로의 시설
철도·궤도 또는 자동차도 전용터널 안의 전선로

| 구분 | 내용 |
|---|---|
| 저압<br>전선 | (1) 애자공사에 의하여 인장강도 2.3[kN] 이상의 절연전선 또는 지름 2.6[mm] 이상의 경동선의 절연전선을 사용하고 또한 이를 레일면상 또는 노면상 2.5[m] 이상의 높이로 유지할 것.<br>(2) 케이블공사, 금속관공사, 합성수지관공사, 가요전선관공사, 애자공사에 의할 것. |
| 고압<br>전선 | (1) 애자공사에 의하여 인장강도 5.26[kN] 이상의 것 또는 지름 4[mm] 이상의 경동선의 고압 절연전선 또는 특고압 절연전선을 사용하고 또한 이를 레일면상 또는 노면상 3[m] 이상의 높이로 유지할 것.<br>(2) 전선은 케이블공사, 애자공사에 의할 것.<br>(3) 케이블을 조영재의 옆면 또는 아랫면에 따라 붙일 경우에는 케이블의 지지점간의 거리를 2[m](수직으로 붙일 경우에는 6[m]) 이하로 할 것. |

**13** 수소냉각식의 발전기·무효전력 보상장치 또는 이에 부속하는 수소냉각장치 시설에 관한 사항이다. 다음 중 옳지 않은 것은?

① 발전기 또는 무효전력 보상장치는 기밀구조(氣密構造)의 것이고 또한 수소가 대기압에서 폭발하는 경우에 생기는 압력에 견디는 강도를 가지는 것일 것.
② 수소의 순도가 85[%] 이상으로 상승한 경우에 이를 경보하는 장치를 시설할 것.
③ 압력이 현저히 변동한 경우에 이를 경보하는 장치를 시설할 것.
④ 발전기 내부 또는 무효전력 보상장치 내부의 수소의 압력를 계측하는 장치를 시설할 것.

> **수소냉각식 발전기 등의 시설**
> 수소냉각식의 발전기·조상기(무효전력 보상장치) 또는 이에 부속하는 수소냉각장치는 다음 각 호에 따라 시설하여야 한다.
> (1) 발전기 또는 조상기(무효전력 보상장치)는 기밀구조의 것이고 또한 수소가 대기압에서 폭발하는 경우에 생기는 압력에 견디는 강도를 가지는 것일 것.
> (2) 발전기 내부 또는 조상기(무효전력 보상장치) 내부의 수소의 순도가 85 [%] 이하로 저하한 경우에 이를 경보하는 장치를 시설할 것.
> (3) 발전기 내부 또는 조상기(무효전력 보상장치) 내부의 수소의 압력을 계측하는 장치 및 그 압력이 현저히 변동한 경우에 이를 경보하는 장치를 시설할 것.

**14** 과전류 차단기로 저압전로에 사용하는 범용의 퓨즈 정격전류가 16[A]인 경우 용단전류의 정격전류 배수는?

① 2.1배　　② 1.9배
③ 1.6배　　④ 1.5배

**범용의 퓨즈**

| 정격전류의 구분 | 시간 | 정격전류의 배수 | |
|---|---|---|---|
| | | 불용단 전류 | 용단전류 |
| 4[A] 이하 | 60분 | 1.5배 | 2.1배 |
| 4[A] 초과 16[A] 미만 | 60분 | 1.5배 | 1.9배 |
| 16[A] 이상 63[A] 이하 | 60분 | 1.25배 | 1.6배 |
| 63[A] 초과 160[A] 이하 | 120분 | 1.25배 | 1.6배 |
| 160[A] 초과 400[A] 이하 | 180분 | 1.25배 | 1.6배 |
| 400[A] 초과 | 240분 | 1.25배 | 1.6배 |

**15** 용량 몇 [kVA] 이상의 조상기에는 그 내부에 고장이 생긴 경우에 자동적으로 이를 전로로부터 차단하는 장치를 하여야 하는가?

① 5,000　　② 10,000
③ 15,000　　④ 20,000

> **조상설비의 보호장치**
> 조상설비는 뱅크용량의 구분에 따른 아래와 같은 고장이 생긴 경우 자동적으로 전로로부터 차단하는 장치를 시설하여야 한다.

| 설비종별 | 뱅크용량의 구분 | 자동적으로 전로로부터 차단하는 장치 |
|---|---|---|
| 전력용 커패시터 및 분로리액터 | 500[kVA] 초과 15,000[kVA] 미만 | 내부고장 과전류 |
| | 15,000[kVA] 이상 | 내부고장 과전류 과전압 |
| 조상기(調相機) | 15,000[kVA] 이상 | 내부고장 |

정답　13 ②　14 ③　15 ③

**16** 전력계통에서 돌발적으로 발생하는 이상현상에 대비하여 대지와 계통을 연결하는 것으로, 중성점을 대지에 접속하는 것을 무엇이라 하는가?

① 계통연계  ② 단독접지
③ 통합접지  ④ 계통접지

**용어의 정의**
(1) 계통연계 : 둘 이상의 전력계통 사이를 전력이 상호 융통될 수 있도록 선로를 통하여 연결하는 것으로 전력계통 상호간을 송전선, 변압기 또는 직류-교류 변환설비 등에 연결하는 것.
(2) 단독접지 : 고압·특고압 계통의 접지극과 저압 계통의 접지극이 독립적으로 설치된 경우
(3) 통합접지 : 전기설비의 계통접지·건축물의 피뢰설비·전자통신설비 등의 접지극을 통합하여 접지하는 방식
(4) 계통접지 : 전력계통에서 돌발적으로 발생하는 이상현상에 대비하여 대지와 계통을 연결하는 것으로, 중성점을 대지에 접속하는 것

**17** 상전선의 색상으로 맞는 것은?

① $L_1$ - 검은색  ② $L_2$ - 갈색
③ $L_3$ - 회색    ④ N - 녹색

**전선의 색상**

| 상(문자) | 색상 |
|---|---|
| $L_1$ | 갈색 |
| $L_2$ | 검은색 |
| $L_3$ | 회색 |
| N | 청색 |
| 보호도체 | 녹색-노란색 |

**18** 22,900[V]의 특고압 가공전선으로 경동연선을 시가지에 시설할 경우 전선의 지표상의 높이는 최소 몇 [m] 이상이어야 하는가? (단 특고압 절연전선을 사용하는 경우이다.)

① 4   ② 6
③ 8   ④ 10

**특고압 가공전선의 높이**

| 구분 | 시설장소 | 전선의 높이 | |
|---|---|---|---|
| 특고압 | 시가지 | 35[kV] 이하 | ① 지표상 10[m] / ② 특고압 절연전선 사용시 8[m] |
| | | 35[kV] 초과 170[kV] 이하 | 10,000 [V]마다 12 [cm] 가산하여 ①, ②항 +(사용전압[kV]/10-3.5)×0.12 소수점 절상 |

**19** 임시 전선로의 시설에서 저압 방호구에 넣은 절연전선 등을 사용하는 저압 가공전선 또는 고압 방호구에 넣은 고압 절연전선 등을 사용하는 고압 가공전선과 조영물의 조영재 사이의 간격 건조물의 상부 조영재의 위쪽에서 접근하는 경우 몇 [m] 이상인가?

① 1[m]    ② 0.4[m]
③ 0.1[m]  ④ 4[m]

**임시전선로 시설(저압 방호구)의 간격**
저압 방호구에 넣은 절연전선 등을 사용하는 저압 가공전선 또는 고압 방호구에 넣은 고압 절연전선 등을 사용하는 고압 가공전선과 조영물의 조영재 사이의 간격은 다음 표에서 정한 값까지 감할 수 있다.

| 조영물 조영재의 구분 | | 접근상태 | 간격 |
|---|---|---|---|
| 건조물 | 상부 조영재 | 위쪽 | 1[m] |
| | | 옆쪽 또는 아래쪽 | 0.4[m] |
| | 상부 이외의 조영재 | | 0.4[m] |
| 건조물 이외의 조영재 | 상부 조영재 | 위쪽 | 1[m] |
| | | 옆쪽 또는 아래쪽 | 0.4[m](저압 0.3[m]) |
| | 상부 이외의 조영재 | | 0.4[m](저압 0.3[m]) |

**20** 옥내에 시설하는 사용전압이 400[V] 이하인 전구선으로 캡타이어케이블을 사용할 경우, 단면적이 몇 [mm²] 이상인 것을 사용하여야 하는가?

① 0.75
② 2
③ 3.5
④ 5.5

> **코드 및 이동전선**
> 옥내에 시설하는 사용전압이 400[V] 이하의 전구선(이하 전원코드로 명기한다) 및 이동전선은 고정배선으로 사용하여서는 아니 되며 조명용 전원코드 또는 이동전선은 단면적 0.75[mm²] 이상의 코드 또는 캡타이어케이블을 용도에 적합하게 선정하여야 한다.

# 25  1. 전기자기학(CBT시험 복원문제)

2025년 3회 전기산업기사

※ 본 기출문제는 수험자의 기억을 바탕으로 하여 복원한 문제이므로 실제 문제와 다를 수 있음을 미리 알려드립니다.

**01** 면적 300[cm²]인 두 평행판 전극의 간격은 2[cm]이고, 평행판 사이에 $\epsilon_s = 5$인 유전체를 넣고 20[kV]를 인가했을 때 전극 사이에 작용하는 정전력[N]은?

① 0.66
② 0.99
③ 1.28
④ 1.56

평행판 사이의 정전력($F$)
극간 흡인력은 $F = f S [N]$ 이므로 정리하면
$$F = \frac{1}{2}\epsilon E^2 S = \frac{1}{2}\epsilon_o \epsilon_s \left(\frac{V}{d}\right)^2 S$$
$$= \frac{1}{2} \times 8.855 \times 10^{-12} \times 5 \times \left(\frac{20 \times 10^3}{2 \times 10^{-2}}\right)^2$$
$$\times 300 \times 10^{-4}$$
$$= 0.66 [N]$$

**02** 전자 $e$[C]이 공기 중의 자계 $H$[AT/m] 내를 $H$에 수직방향으로 $v$[m/s]의 속도로 돌입하였을 때 받는 힘은 몇 [N]인가?

① $\mu_0 evH$
② $evH$
③ $\dfrac{eH}{\epsilon_o \mu_o}$
④ $\dfrac{\epsilon_o H}{\mu_o v}$

로렌쯔의 힘($F$)
$F = e(E + v \times B)$ [N] 식에서 전계 $E$가 주어지지 않는 경우이므로 $F = e(v \times B)$ [N]이다.
$B = \mu_0 H$[Wb/m²], $\theta = 90°$ 이므로
∴ $F = e(v \times B) = evB\sin\theta = \mu_0 evH\sin 90°$
    $= \mu_0 evH$[N]

**03** 간격 $d$[m]로 평행한 무한히 넓은 2개의 도체판에 각각 단위면적마다 $+\sigma$[C/m²], $-\sigma$[C/m²]의 전하가 대전되어 있을 때 두 도체 간의 전위차는 몇 [V]인가?

① 0
② ∞
③ $\dfrac{\sigma}{\epsilon_0} d$
④ $\dfrac{\sigma}{2\epsilon_0} d$

무한평행판 전극 사이의 전위차($V$)
한쪽에 $+\sigma$ [C/m²], 다른 한쪽에 $-\sigma$ [C/m²]로 대전된 경우 전극 사이의 전위차($V$)는
∴ $V = \dfrac{\sigma}{\epsilon_0} d$ [V]

**04** 대전 도체의 성질로 가장 알맞은 것은?

① 도체 내부에 정전에너지가 저축된다.
② 도체 표면의 정전응력은 $\dfrac{\sigma^2}{2\epsilon_0}$ [N/m²]이다.
③ 도체 표면의 전계의 세기는 $\dfrac{\sigma^2}{\epsilon_0}$ [V/m]이다.
④ 도체의 내부전위와 도체 표면의 전위는 다르다.

대전 도체의 성질
(1) 대전 도체는 도체 표면과 도체 내부의 전위가 같기 때문에 도체 내에 전하가 축적되지 않는다.
(2) 대전 도체 표면에 작용하는 정전응력(=단위 면적당 정전력)은
$$f = \frac{\sigma^2}{2\epsilon_0} = \frac{D^2}{2\epsilon_0} = \frac{1}{2}\epsilon_0 E^2 = \frac{1}{2}E_0 D [N/m^2]$$이다.
(3) 대전 도체 표면의 전계의 세기는
$$E = \frac{\sigma}{\epsilon_0} [V/m]$$

정답  01 ①  02 ①  03 ③  04 ②

**05** 비유전율이 9이고, 비투자율이 1인 매질 내의 고유 임피던스는 약 몇 [Ω]인가?

① 42　　　　　② 84
③ 126　　　　 ④ 377

> **고유 임피던스**
> $\eta = \sqrt{\dfrac{\mu}{\epsilon}} = \sqrt{\dfrac{\mu_o}{\epsilon_o}}\sqrt{\dfrac{\mu_s}{\epsilon_s}} = 377\sqrt{\dfrac{\mu_s}{\epsilon_s}}$ [Ω] 식에서
> $\epsilon_s = 9$, $\mu_s = 1$ 이므로
> $\eta = 377\sqrt{\dfrac{\mu_s}{\epsilon_s}} = 377 \times \sqrt{\dfrac{1}{9}} = 126$ [Ω]

**06** 길이 40[cm]의 철선을 정사각형으로 만들고 전류 5[A]를 흘렸을 때, 그 중심에서의 자계의 세기는 약 몇 [AT/m]인가?

① 85　　　　　② 40
③ 45　　　　　④ 80

> **자계의 세기($H$)**
> 정사각형 중심점에 작용하는 자계는
> $H = \dfrac{2\sqrt{2}\,I}{\pi l}$ [AT/m] 식에서
> 길이 40[cm]의 철선으로 정사각형을 만들면
> 한변의 길이가 $l = \dfrac{40}{4} = 10$[cm] 이므로
> $\therefore H = \dfrac{2\sqrt{2}\,I}{\pi l} = \dfrac{2\sqrt{2}\times 5}{\pi \times 10 \times 10^{-2}} = 45$ [AT/m]

**07** 대기 중의 두 전극 사이에 있는 어떤 점의 전계의 세기가 6[V/cm], 지면의 도전율이 $10^{-4}$[℧/cm]일 때 이 점의 전류밀도는 몇 [A/cm²]인가?

① $6 \times 10^{-4}$　　② $6 \times 10^{-3}$
③ $6 \times 10^{-2}$　　④ $6 \times 10^{-1}$

> **도체의 옴의 법칙**
> $i = kE = \dfrac{E}{\rho}$ [A/m²] 식에서
> $E = 6$ [V/cm], $k = 10^{-4}$ [℧/cm] 이므로
> $\therefore i = kE = 10^{-4} \times 6 = 6 \times 10^{-4}$ [A/cm²]

**08** 다음 중 맥스웰 방정식으로 틀린 것은?

① rot $E = -\dfrac{\partial B}{\partial t}$　　② div $D = 0$

③ rot $H = i + \dfrac{\partial D}{\partial t}$　　④ div $B = 0$

> **맥스웰 방정식**
> (1) 자계의 시간적 변화에 따라 전계의 회전이 생긴다.
> 　rot $E = \nabla \times E = -\dfrac{\partial B}{\partial t} = -\mu \dfrac{\partial H}{\partial t}$
> (2) 전도전류($i$)와 변위전류($i_d$)는 자계를 발생시킨다.
> 　rot $H = \nabla \times H = i + i_d = i + \dfrac{\partial D}{\partial t} = i + \epsilon \dfrac{\partial E}{\partial t}$
> (3) 독립된 자극은 존재할 수 없다.
> 　div $B = 0$
> (4) 전하에서 전속선이 발산된다.
> 　div $D = \rho_v$

정답　05 ③　06 ③　07 ①　08 ②

**09** 철심이 들어있는 환상코일이 있다. 1차 코일의 권수 $N_1=100$회일 때 자기인덕턴스는 0.01[H]였다. 이 철심에 2차 코일 $N_2=200$회를 감았을 때 1, 2차 코일의 상호인덕턴스는 몇 [H]인가? (단, 이 경우 결합계수 $k=1$로 한다.)

① 0.01 ② 0.02
③ 0.03 ④ 0.04

상호인덕턴스($M$)
$M = \dfrac{N_1 N_2}{R_m} = \dfrac{\mu S N_1 N_2}{l} = \dfrac{L_1 N_2}{N_1} = \dfrac{L_2 N_1}{N_2}$
$= k\sqrt{L_1 L_2}$ [H] 식에서
$N_1=100,\ L_1=0.01$ [mH], $N_2=200$,
$k=1$ 이므로
$\therefore M = \dfrac{L_1 N_2}{N_1} = \dfrac{0.01 \times 200}{100} = 0.02$ [mH]

**10** 유전체 내의 전계 $E$와 분극의 세기 $P$의 관계식은?

① $P=\epsilon_0(\epsilon_s-1)E$ ② $P=\epsilon_s(\epsilon_0-1)E$
③ $P=\epsilon_0(\epsilon_s+1)E$ ④ $P=\epsilon_s(\epsilon_0+1)E$

분극의 세기($P$)
전속밀도 $D$, 전계의 세기 $E$, 유전율 $\epsilon$, 비유전율 $\epsilon_s$, 분극률 $\chi$라 하면
$P = D - \epsilon_0 E = \epsilon E - \epsilon_0 E = \epsilon_0(\epsilon_s - 1)E = \chi E$
$= \left(1 - \dfrac{1}{\epsilon_s}\right) D$ [C/m²]

**11** 평행판 콘덴서 $C_1$의 양극판 면적을 3배로 하고 간격을 1/2배로 할 때 $C_2$라 하면 정전 용량은 처음의 몇 배가 되는가?

① $3/2\,C_1$ ② $2/3\,C_1$
③ $1/6\,C_1$ ④ $6\,C_1$

평행판 콘덴서의 정전용량
평행판 사이의 정전용량 $C_1 = \dfrac{\epsilon_o S}{d}$ [F] 이므로
면적을 $3S$, 간격을 $d$로 하면
$\therefore C_2 = \dfrac{\epsilon_o(3S)}{\frac{1}{2}d} = \dfrac{6\epsilon_o S}{d} = 6\,C_1$ [F]

**12** 그림과 같이 진공 중에 자극면적이 2[cm²], 간격이 0.1[cm]인 자성체 내에서 포화자속밀도가 2[Wb/m²]일 때 두 자극면 사이에 작용하는 힘의 크기는 약 몇 [N]인가?

① 53
② 106
③ 159
④ 318

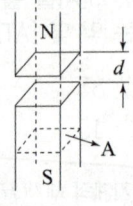

전자력($F$)
$W = w \times$ 체적 $= \dfrac{B^2}{2\mu} \times$ 체적[J],
$F = f \times$ 면적 $= \dfrac{B^2}{2\mu} \times$ 면적[N] 식에서
$S = 2$ [cm²], $d = 0.1$ [cm], $B = 2$ [Wb/m²] 이므로
$\therefore F = \dfrac{B^2}{2\mu_0} \times S = \dfrac{2^2}{2 \times 4\pi \times 10^{-7}} \times 2 \times 10^{-4}$
$= 318$ [N]

**13** 극판면적 10[cm²], 간격 1[mm]인 평행판 콘덴서에 비유전율이 3인 유전체를 채웠을 때 전압 100[V]를 가하면 축적되는 에너지는 약 몇 [J]인가?

① $1.32 \times 10^{-7}$　　② $1.32 \times 10^{-9}$
③ $2.64 \times 10^{-7}$　　④ $2.64 \times 10^{-9}$

> 유전체 내의 정전에너지($W$)
> $W = \frac{1}{2} C V^2$ [J], $C = \frac{\epsilon_0 \epsilon_s S}{d}$ [F] 식에서
> $C = \frac{\epsilon_0 \epsilon_s S}{d} = \frac{8.855 \times 10^{-12} \times 3 \times 10 \times 10^{-4}}{1 \times 10^{-3}}$
> $= 2.66 \times 10^{-11}$ [F] 이므로
> ∴ $W = \frac{1}{2} C V^2 = \frac{1}{2} \times 2.66 \times 10^{-11} \times 100^2$
> $= 1.32 \times 10^{-7}$ [J]

**15** 자계 중에 이것과 직각으로 놓인 도체에 $I$ [A]의 전류를 흘릴 때 $f$[N]의 힘이 작용 하였다. 이 도선을 $v$[m/s]의 속도로 자계와 직각으로 운동시킬 때의 기전력 $e$[V]는?

① $\frac{vI}{f}$　　② $\frac{f^2 v}{I}$
③ $\frac{fv}{I}$　　④ $\frac{fv^2}{I}$

> 플레밍의 법칙
> 플레밍의 오른손 법칙에서 $e = Blv\sin\theta$ [V],
> 플레밍의 왼손 법칙에서 $f = IBl\sin\theta$ [N]일 때
> $Bl\sin\theta = \frac{f}{I}$ 이므로
> ∴ $e = vBl\sin\theta = \frac{fv}{I}$ [V]

**14** 히스테리시스 곡선이 횡축과 만나는 점은 무엇을 나타내는가?

① 투자율　　② 전류자속밀도
③ 자력선　　④ 보자력

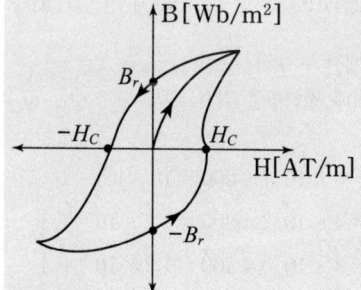

> 교번자계에 의한 $B-H$ 곡선(히스테리시스 루프)
> (1) 횡축 : 자계
> (2) 종축 : 자속밀도
> (3) 횡축과 만나는 점 : 보자력
> (4) 종축과 만나는 점 : 잔류자기

**16** 두 유전체의 경계면에서 정전계가 만족하는 것은?

① 전계의 법선성분이 같다.
② 전계의 접선성분이 같다.
③ 전속밀도의 접선성분이 같다.
④ 분극 세기의 접선성분이 같다.

> 유전체 내에서의 경계조건
> (1) 전계의 세기는 경계면의 접선성분이 서로 같다.
>   $E_1 \sin\theta_1 = E_2 \sin\theta_2$
> (2) 전속밀도는 경계면의 법선성분이 서로 같다.
>   $D_1 \cos\theta_1 = D_2 \cos\theta_2$ 또는
>   $\epsilon_1 E_1 \cos\theta_1 = \epsilon_2 E_2 \cos\theta_2$
> (3) 굴절각 조건
>   $\frac{\epsilon_1}{\epsilon_2} = \frac{\tan\theta_1}{\tan\theta_2}$ 또는 $\epsilon_1 \tan\theta_2 = \epsilon_2 \tan\theta_1$

정답  13 ①  14 ④  15 ③  16 ②

**17** 전자유도작용에서 벡터퍼텐셜을 $A$[Wb/m]라 할 때 유도되는 전계 $E$[V/m]는?

① $\dfrac{\partial A}{\partial t}$   ② $\displaystyle\int A dt$

③ $-\dfrac{\partial A}{\partial t}$   ④ $-\displaystyle\int A dt$

> **자계벡터포텐셜($A$)**
> 패러데이법칙에 의한 맥스웰 방정식은
> rot $E = -\dfrac{\partial B}{\partial t}$ 이고
> 자계벡터포텐셜($A$)과 자속밀도($B$) 관계는
> $B = $ rot $A$ 이므로
> rot $E = -\dfrac{\partial B}{\partial t} =$ rot$\left(-\dfrac{\partial A}{\partial t}\right)$ 임을 알 수 있다.
> ∴ $E = -\dfrac{\partial A}{\partial t}$ 이다.

**19** 접지된 구도체와 점전하간에 작용하는 힘은?

① 항상 흡인력이다.   ② 항상 반발력이다.
③ 조건적 흡인력이다.   ④ 보건적 반발력이다.

> **전기영상법**
> 접지 구도체와 점전하에서
> 점전하 $Q$[C], 영상전하 $Q' = -\dfrac{a}{d}Q$ [C] 사이에 작용하는 힘의 방향은 전하량의 부호가 반대이므로 항상 흡인력이 작용한다.

**18** 그림과 같은 반지름 $a$[m]인 반구의 도체 2개가 대지에 매설 되어있다. 이 경우 양 반구도체 사이의 저항은? (단, 대지의 고유저항을 $\rho$라 하고, 도체의 저항률은 0이며, $l \gg a$ 이다.)

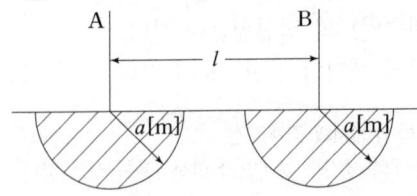

① $\dfrac{\rho}{2\pi a}$   ② $\dfrac{\rho}{\pi a}$

③ $2\pi\rho$   ④ $\pi\rho$

> 반구도체의 정전용량 $C_1 = C_2 = 2\pi\epsilon a$ [F]
> 반구도체의 저항 $R_1 = R_2 = \dfrac{\rho\epsilon}{C_1} = \dfrac{\rho\epsilon}{2\pi\epsilon a} = \dfrac{\rho}{2\pi a}$ [Ω]
> 반구도체 사이의 전체저항은 $R = R_1 + R_2 = \dfrac{\rho}{\pi a}$ [Ω]

**20** 내압과 용량이 각각 200[V], 5[$\mu$F], 300[V], 4[$\mu$F], 400[V], 3[$\mu$F], 500[V], 3[$\mu$F]인 4개의 콘덴서를 직렬연결하고 양단에 직류전압을 가하여 전압을 서서히 상승시키면 최초로 파괴되는 콘덴서는? (단, 콘덴서의 재질이나 형태는 동일하다.)

① 200[V], 5[$\mu$F]   ② 300[V], 4[$\mu$F]
③ 400[V], 3[$\mu$F]   ④ 500[V], 3[$\mu$F]

> **콘덴서의 내압계산**
> 각 콘덴서의 최대 전하량을 각각 $Q_1, Q_2, Q_3, Q_4$라 하면
> $Q_1 = C_1 V_1 = 5 \times 10^{-6} \times 200 = 10^{-3}$ [C]
> $Q_2 = C_2 V_2 = 4 \times 10^{-6} \times 300 = 1.2 \times 10^{-3}$ [C]
> $Q_3 = C_3 V_3 = 3 \times 10^{-6} \times 400 = 1.2 \times 10^{-3}$ [C]
> $Q_4 = C_4 V_4 = 3 \times 10^{-6} \times 500 = 1.5 \times 10^{-3}$ [C]이다.
> 따라서 최대 전하량이 제일 작은 $C_1$ 콘덴서가 최초로 파괴된다.
> ∴ 200[V] $-$ 5[$\mu$F]

# 2. 전력공학 (CBT시험 복원문제)

*2025년 3회 전기산업기사*

※ 본 기출문제는 수험자의 기억을 바탕으로 하여 복원한 문제이므로 실제 문제와 다를 수 있음을 미리 알려드립니다.

## 01
100[kVA], 6000/200[V]의 단상변압기의 %임피던스 강하가 4[%]이다. 1차 단락전류[A]는?

① 516.7　　② 416.7
③ 316.7　　④ 216.7

**단락전류계산**

$I_{s1} = \dfrac{100}{\%Z} \times I_{n1}$ [A] 식에서

$I_{n1} = \dfrac{P}{V} = \dfrac{100 \times 10^3}{6000} = 16.67$ [A] 이므로

$\%Z = 4$ [%]일 때

$\therefore I_{s1} = \dfrac{100}{4} \times 16.67 = 416.7$ [A]

## 02
배전선의 전압조정 방법이 아닌 것은?

① 승압기 사용　　② 저전압계전기 사용
③ 병렬콘덴서 사용　　④ 주상변압기 탭 전환

**배전선의 전압조정**
(1) 유도전압조정기에 의한 방법
(2) 병렬콘덴서에 의한 방법
(3) 승압기에 의한 방법
(4) 주상변압기의 탭 절환에 의한 방법
∴ 저전압 계전기는 전압이 일정 값 이하로 떨어졌을 때 차단기를 트립시키기 위해 사용한다.

## 03
송전선로에서 연가를 하는 주된 목적은?

① 미관상 필요
② 직격뢰의 방지
③ 선로정수의 평형
④ 지지물의 높이를 낮추기 위하여

**연가의 목적**
(1) 선로정수를 평형시킨다.
(2) 소호리액터 접지시 직렬공진을 방지하여 이상전압을 억제한다.
(3) 유도장해를 억제한다.

## 04
피뢰기의 제한전압에 대한 설명으로 옳은 것은?

① 방전을 개시할 때의 단자전압의 순시값
② 피뢰기 동작 중 단자전압의 파고값
③ 특성요소에 흐르는 전압의 순시값
④ 피뢰기에 걸린 회로전압

**피뢰기의 용어해설**
(1) 제한전압 – 충격파전류가 흐르고 있을 때의 피뢰기의 단자전압
(2) 충격파 방전개시전압 – 충격파 방전을 개시할 때 피뢰기 단자의 최대전압
(3) 상용주파 방전개시전압 – 정상운전 중 상용주파수에서 방전이 개시되는 전압
(4) 정격전압 – 속류가 차단되는 순간 피뢰기 단자전압
(5) 공칭전압 – 상용주파 허용단자 전압

**정답** 01 ②　02 ②　03 ③　04 ②

**05** 물에 각종 광물질 또는 가스 외에 다양한 이온들이 존재하는데, 이때 이온의 화학적 결합물인 염류가 온도상승 등으로 인해 용해도가 감소하여 침전됨으로써 전열면의 표면이나 배관 등에 부착되는 현상은?

① 포밍 ② 스케일
③ 캐리오버 ④ 부식

> **보일러 급수의 영향**
> (1) 포밍 : 보일러 표면에 거품이 일어나는 현상이다.
> (2) 스케일 : 고형물질이 석출되어 보일러 내면에 부착되는 현상이다.
> (3) 캐리오버 : 물속에 있던 불순물이 고온고압에서 약간의 양이 증기에 용해되어 증기와 함께 관벽 밖으로 운반되는 현상이다.

**07** 유효낙차 75[m], 최대 사용 수량 200[m³/s], 수차 및 발전기의 합성효율이 70[%]인 수력발전소의 최대출력은 약 몇 [MW]인가?

① 102.9 ② 157.3
③ 167.5 ④ 177.8

> **수력발전소의 출력**
> $P_g = 9.8 Q H \eta_0$ [kW] 식에서
> $H = 75$ [m], $Q = 200$ [m³/s], $\eta_0 = 0.7$ 이므로
> $\therefore P_g = 9.8 Q H \eta_0 = 9.8 \times 200 \times 75 \times 0.7 \times 10^{-3}$
> $= 102.9$ [MW]

**06** 설비용량 800[kW], 부등률 1.2, 수용률 60[%]일 때, 변전시설 용량은 최저 약 몇 [kVA] 이상이어야 하는가? (단, 역률은 90[%] 이상 유지되어야 한다.)

① 450 ② 500
③ 550 ④ 600

> **변압기 용량**
> 변압기 용량은 합성최대수용전력으로서 수용률과 역률과 부등률이 주어진 경우
> 변압기 용량 $= \dfrac{\text{설비용량} \times \text{수용률}}{\text{역률} \times \text{부등률}}$ [kVA]로 계산한다.
> $\therefore$ 변압기 용량 $= \dfrac{800 \times 0.6}{0.9 \times 1.2} = 444 ≒ 450$ [kVA]

**08** 고압 배전선로의 선간전압을 3,300[V]에서 5,700[V]로 승압하는 경우, 같은 전선으로 전력손실을 같게 한다면 약 몇 배의 전력[kW]을 공급할 수 있는가?

① 1 ② 2
③ 3 ④ 4

> **전력손실률($k$)**
> $k = \dfrac{P_l}{P} \times 100 = \dfrac{PR}{V^2 \cos^2\theta} \times 100$
> $= \dfrac{P\rho l}{V^2 \cos^2\theta A} \times 100$ [%] 식에서
> $P \propto \dfrac{1}{V^2}$ 이므로
> $V = 3,300$ [V], $V' = 5,700$ [V]일 때
> $\therefore P' = \left(\dfrac{V'}{V}\right)^2 P = \left(\dfrac{5,700}{3,300}\right)^2 P ≒ 3P$

**정답** 05 ② 06 ① 07 ① 08 ③

**09** 전력선에 의한 통신선로의 전자유도장해의 발생요인은 주로 무엇 때문인가?

① 영상전류가 흘러서
② 부하전류가 크므로
③ 상호 정전용량이 크므로
④ 전력선의 교차가 불충분하여

유도장해의 종류와 원인

| 종류 | 원인 |
|---|---|
| 정전유도 | 상호정전용량에 의한 영상전압 |
| 전자유도 | 상호인덕턴스에 의한 영상전류 |
| 고조파유도 | 고조파에 의한 장해 |

**11** 수용가군 총합의 부하율은 각 수용가의 수용률 및 수용가 사이의 부등률이 변화할 때 옳은 것은?

① 부등률과 수용률이 비례한다.
② 부등률에 비례하고 수용률에 반비례한다.
③ 수용률에 비례하고 부등률에 반비례한다.
④ 부등률과 수용률에 반비례한다.

부하율, 수용률, 부등률

$$부하율 = \frac{평균전력}{최대전력} \times 100[\%]$$

$$수용률 = \frac{최대수용전력}{수용설비용량} \times 100[\%]$$

$$부등률 = \frac{개개의 최대수용전력의 합}{합성최대수용전력} \text{ 식에서}$$

$$부하율 \propto \frac{1}{최대전력}, \ 수용률 \propto 최대수용전력$$

$$부등률 \propto \frac{1}{합성최대수용전력} \text{ 이므로}$$

∴ 부하율은 부등률에 비례하고 수용률에 반비례한다.

**10** 공통중성선 다중접지 3상 4선식 배전선로의 고압측(1차측) 중성선과 저압측(2차측) 중성선을 전기적으로 연결하는 목적은?

① 저압측의 단락사고를 검출하기 위함
② 저압측의 접지사고를 검출하기 위함
③ 주상변압기의 중성선측 부싱(bushing)을 생략하기 위함
④ 고저압 혼촉시 수용가에 침입하는 상승전압을 억제하기 위함

고압측 중성선과 저압측 중성선을 전기적으로 연결
고압 및 공통중성선 다중접지 3상 4선식 특고압 배전선로의 고압측(1차측) 중성선과 저압측(2차측)중성선을 전기적으로 연결하는 목적은 고·저압 혼촉시 저압측(수용가)에 침입하는 전위상승을 억제하기 위함이다.

**12** 전선로에 댐퍼(damper)를 사용하는 목적은?

① 전선의 진동 방지
② 전력손실 격감
③ 낙뢰의 내습방지
④ 많은 전력을 보내기 위하여

전선의 진동
전선이 진동하는 원인은 강심 알루미늄전선(ACSR)과 같이 전선이 비교적 가볍거나 전선의 지름이 큰 경우, 경간이 길 경우에 발생하고 이러한 전선의 진동은 전선의 장력을 증가시켜 전선의 단선을 초래할 수 있기 때문에 다음과 같은 대책이 필요하다.
(1) 댐퍼(damper)를 설치한다.
(2) 아마로드(armour rod)와 같은 진동 제지권선을 설치한다.
(3) 클램프나 전선 접촉기 등을 가벼운 것으로 바꾸고 클램프 부근에 적당히 전선을 첨가한다.

정답 09 ① 10 ④ 11 ② 12 ①

**13** 코로나 현상 방지에 가장 효과적인 방법은?
① 전선의 높이를 가급적 낮게 한다.
② 전선의 선간 거리를 증가시킨다.
③ 전선의 바깥지름을 크게 한다.
④ 전선 표면의 절연강도를 증가시킨다.

**코로나 방지대책**
(1) 복도체 방식을 채용한다. - L감소, C증가
(2) 코로나 임계전압을 크게 한다. - 전선의 지름을 크게 한다.
(3) 가선 금구를 개량한다.

**14** 전환 변압기 1차측에 몇 개의 탭이 있는 이유는?
① 예비용 단자
② 부하 전류를 조정하기 위하여
③ 수전점의 전압을 조정하기 위하여
④ 변압기의 여자전류를 조정하기 위하여

**탭(Tap)전환 변압기**
변압기는 1차 권선수와 2차 권선수를 이용하여 전압을 변압하는 기기이기 때문에 변압기 1차측에 몇 개의 탭(Tap)을 설치하여 권선수를 조정하면 변압기 2차측 부하전류에 관계없이 부하측에서 발생하는 전압변동을 조정할 수 있다. 따라서 탭전환 변압기 1차측에 탭을 설치한 이유는 수전점의 전압을 조정하기 위해서이다.

**15** 전력계통의 조상설비에 대한 특징으로 옳지 않은 것은?
① 전력용커패시터는 진상 무효전력만을 단계적으로 공급한다.
② 동기조상기는 지상 무효전력만을 연속적으로 공급한다.
③ 조상설비에는 회전기와 정지형 설비가 있다.
④ 조상설비의 종류에는 동기조상기와 비동기조상기, 전력용 커패시터, 분로리액터 등이 있다.

**조상설비**
(1) 동기조상기 : 진상 및 지상전류를 모두 공급하고 조정이 연속적이다.
(2) 전력용 콘덴서 : 진상전류만 공급하고 조정이 계단적이다.
(3) 분로리액터 : 지상전류만 공급하고 조정이 계단적이다.

**16** 정격전압 25.8[kV], 정격차단용량 715[MVA]인 차단기의 정격차단전류는 약 몇 [kA]인가?
① 20.2  ② 16
③ 31    ④ 9

**차단기의 정격차단용량**
$P_s = \sqrt{3}\,V I_s$ [VA] 식에서
$V = 25.8$ [kV], $P_s = 715$ [MVA] 이므로
$\therefore I_s = \dfrac{P}{\sqrt{3}\,V} = \dfrac{715}{\sqrt{3} \times 25.8} = 16$ [kA]

**정답** 13 ③  14 ③  15 ②  16 ②

**17** 3상으로 표준전압 3[kV], 800[kW]를 역률 0.9로 수전하는 공장의 수전회로에 시설할 계기용 변류기의 변류비로 적당한 것은? (단, 변류기의 2차 전류는 5[A]이며, 여유율은 1.2로 한다.)

① 10　　　　　② 20
③ 30　　　　　④ 40

> **계기용 변류기(CT)의 변류비**
> CT의 1차 정격전류($I_1$)는 전부하 전류($I_L$)에 과부하 내량(여유율)을 적용한 적당한 정격값으로 선정하게 된다.
> $I_L = \dfrac{P}{\sqrt{3}\,V\cos\theta}$ [A] 식에서
> $CT$비 $= \dfrac{I_1}{5}$ 일 때
> $V = 3$ [kV], $P = 800$ [kW], $\cos\theta = 0.9$, $I_2 = 5$ [A], $k = 1.2$ 이므로
> $I_L = \dfrac{P}{\sqrt{3}\,V\cos\theta} = \dfrac{800}{\sqrt{3}\times 3\times 0.9} = 171.07$ [A],
> $I_1 = kI_L = 1.2 \times 171.07 = 205.28$ [A]이다.
> 1차 정격전류는 200[A]가 적당하므로
> ∴ $CT$비 $= \dfrac{I_1}{I_2} = \dfrac{200}{5} = 40$

**18** 전력계통에서 안정도 종류에 속하지 않는 것은?

① 상태 안정도　　② 정태 안정도
③ 과도 안정도　　④ 동태 안정도

> **전력계통의 안정도**
> (1) 정태안정도 : 정상적인 운전상태에서 서서히 부하를 조금씩 증가했을 경우 계통에 미치는 안정도
> (2) 과도안정도 : 부하가 갑자기 크게 변동하거나 사고가 발생한 경우 계통에 커다란 충격을 주게 되는데 이때 계통에 미치는 안정도
> (3) 동태안정도 : 고속자동전압조정기(AVR)로 동기기의 여자전류를 제어할 경우의 정태안정도

**19** 저수지에서 취수구에 제수문을 설치하는 목적은?

① 낙차를 높인다.　　② 어족을 보호한다.
③ 수차를 조절한다.　　④ 유량을 조절한다.

> **제수문**
> 하천의 물을 발전소로 유도하기 위한 수로의 유입구인 취수구에 설치하는 수문을 제수문이라 하며 이것은 수로에 유입되는 유량을 조절하기 위해 설치한다.

**20** 송전단 전압이 154[kV], 수전단 전압이 150[kV]인 송전선로에서 부하를 차단하였을 때 수전단 전압이 152[kV]가 되었다면 전압변동률은 약 몇 [%]인가?

① 1.11　　　　　② 1.33
③ 1.63　　　　　④ 2.25

> **전압변동률($\delta$)**
> $\delta = \dfrac{V_{R0} - V_R}{V_R} \times 100$ [%] 식에서
> $V_S = 154$ [kV], $V_R = 150$ [kV],
> $V_{R0} = 152$ [kV] 이므로
> ∴ $\delta = \dfrac{152 - 150}{150} \times 100 = 1.33$ [%]

정답　17 ④　18 ①　19 ④　20 ②

## 3. 전기기기(CBT시험 복원문제)

2025년 3회 전기산업기사

※ 본 기출문제는 수험자의 기억을 바탕으로 하여 복원한 문제이므로 실제 문제와 다를 수 있음을 미리 알려드립니다.

**01** 3상 교류발전기의 기전력에 대하여 $\frac{\pi}{2}$[rad] 뒤진 전기자 전류가 흐르면 전기자 반작용은?

① 증자작용을 한다.
② 감자작용을 한다.
③ 횡축 반작용을 한다.
④ 교차 자화작용을 한다.

> 동기발전기 전기자반작용
> (1) 교차자화작용(=횡축반작용)
>  ㉠ 기전력과 같은 위상의 전류가 흐른다.(동상전류)
>  ㉡ 순저항($R$)부하 특성
>  ㉢ 감자효과로 기전력이 감소한다.
> (2) 감자작용(=직축반작용)
>  ㉠ 기전력보다 90° 늦은 전류가 흐른다.(지상전류)
>  ㉡ 유도($L$)부하 특성
>  ㉢ 감자작용으로 기전력이 감소한다.
> (3) 증자작용(=자화작용)
>  ㉠ 기전력보다 90° 앞선 전류가 흐른다.(진상전류)
>  ㉡ 콘덴서($C$) 부하 특성
>  ㉢ 증자효과로 기전력이 증가한다.

**02** 200[kVA]의 단상변압기가 있다. 철손이 1.6[kW]이고 전부하 동손이 2.5[kW]이다. 이 변압기의 역률이 0.8일 때 전부하시의 효율은 약 몇 [%]인가?

① 96.5
② 97.0
③ 97.5
④ 98.0

> 전부하효율($\eta$)
> $$\eta = \frac{P}{P + P_i + P_c} \times 100$$
> $$= \frac{P_n \cos\theta}{P_n \cos\theta + P_i + P_c} \times 100\,[\%]\ \text{식에서}$$
> $P_n = 200\,[\text{kVA}]$, $P_i = 1.6\,[\text{kW}]$, $P_c = 2.5\,[\text{kW}]$,
> $\cos\theta = 0.8$ 이므로
> $$\therefore\ \eta = \frac{P_n \cos\theta}{P_n \cos\theta + P_i + P_c} \times 100\,[\%]$$
> $$= \frac{200 \times 0.8}{200 \times 0.8 + 1.6 + 2.5} \times 100 = 97.5\,[\%]$$

**03** 3상 직권정류자전동기에 중간변압기를 사용하는 이유로 적당하지 않은 것은?

① 중간변압기를 이용하여 속도상승을 억제할 수 있다.
② 중간변압기를 사용하여 누설 리액턴스를 감소할 수 있다.
③ 회전자 전압을 정류작용에 맞는 값으로 선정할 수 있다.
④ 중간변압기의 권수비를 바꾸어 전동기 특성을 조정할 수 있다.

> 3상 직권정류자 전동기의 특징
> 중간변압기(직렬변압기)의 사용 목적은 다음과 같다.
> (1) 전원전압의 크기에 관계없이 회전자 전압을 정류작용에 알맞은 값으로 선정할 수 있다.(정류자 전압 조정)
> (2) 중간변압기의 권수비를 바꾸어 전동기의 특성을 조정한다.(실효 권수비 선정 조정)
> (3) 중간변압기의 철심을 포화하면 경부하시 속도상승을 억제할 수 있다.(속도 이상 상승 방지)

정답 01 ② 02 ③ 03 ②

**04** 3상 동기발전기에서 그림과 같이 1상의 권선을 서로 똑같은 2조로 나누어서 그 1조의 권선전압을 $E$[V], 각 권선의 전류를 $I$[A]라 하고 지그재그 Y형(zigzag star)으로 결선하는 경우 선간전압, 선전류 및 피상전력은?

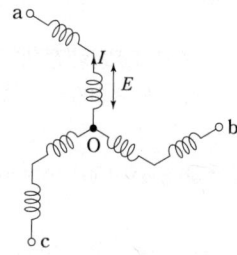

① $3E$, $I$, $\sqrt{3} \times 3E \times I = 5.2EI$
② $\sqrt{3}E$, $2I$, $\sqrt{3} \times \sqrt{3}E \times 2I = 6EI$
③ $E$, $2\sqrt{3}I$, $\sqrt{3} \times E \times 2\sqrt{3}I = 6EI$
④ $\sqrt{3}E$, $\sqrt{3}I$, $\sqrt{3} \times \sqrt{3}E \times \sqrt{3}I = 5.2EI$

| 지그재그 Y형 결선 | |
|---|---|
| 구분 | 공식 |
| 선간전압 | $3E$[V] |
| 선전류 | $I$[A] |
| 피상전력 | $\sqrt{3} \times 3E \times I = 5.2EI$[VA] |

**05** 정격용량 5,000[kVA], 정격(선간)전압 6,000[V]의 3상 교류발전기에 있어서 여자전류 200[A]에 상당하는 무부하 단자전압은 6,000[V]이고, 단락전류는 600[A]이다. 이 발전기의 동기 임피던스는 역 몇 [Ω]인가?

① 5.8  ② 10
③ 17.3  ④ 3.3

동기 임피던스($Z_s$)와 %동기 임피던스(%$Z_s$)

$\%Z_s = \dfrac{I_n}{I_s} \times 100 = \dfrac{P[\text{kVA}]\, Z_s[\Omega]}{10\{V[\text{kV}]\}^2}$ 식에서

$V = 6,000$[V], $P = 5,000$[kVA], $I_s = 600$[A]일 때

$I_n = \dfrac{P}{\sqrt{3}\,V} = \dfrac{5 \times 10^6}{\sqrt{3} \times 6,000} = 481$[A] 이므로

$\therefore Z_s = \dfrac{1,000\{V[\text{kV}]\}^2\, I_n}{P[\text{kVA}]\, I_s}$

$= \dfrac{1,000 \times 6^2 \times 481}{5,000 \times 600} = 5.8$[Ω]

**06** 3상 동기발전기에서 매극 매상의 슬롯 수가 3이면 기본파에 대한 분포권 계수는 어떻게 되는가?

① $3\sin\dfrac{\pi}{18}$  ② $\dfrac{1}{3\sin\dfrac{\pi}{18}}$
③ $6\sin\dfrac{\pi}{18}$  ④ $\dfrac{1}{6\sin\dfrac{\pi}{18}}$

분포권 계수($k_d$)

$m = 3$, $q = 3$이므로

$k_d = \dfrac{\sin\dfrac{\pi}{2m}}{q\sin\dfrac{\pi}{2mq}}$ 식에 대입하여 풀면

$\therefore k_d = \dfrac{\sin\dfrac{\pi}{2 \times 3}}{3\sin\dfrac{\pi}{2 \times 3 \times 3}} = \dfrac{\dfrac{1}{2}}{3\sin\dfrac{\pi}{18}} = \dfrac{1}{6\sin\dfrac{\pi}{18}}$

**07** 단자전압 100[V], 전기자 전류 10[A], 전기자 회로 저항 1[Ω], 회전수 1,800[rpm]으로 전부하 운전하고 있는 직류전동기의 토크는 약 몇 [N·m]인가?

① 4.78  ② 0.48
③ 0.49  ④ 4.98

직류전동기의 토크($\tau$)

$\tau = 9.55\dfrac{P}{N} = 9.55\dfrac{EI_a}{N}$ [N·m] 식에서

$V = 100$[V], $I_a = 10$[A], $R_a = 1$[Ω], $N = 1,800$[rpm] 이므로

$E = V - R_a I_a = 100 - 1 \times 10 = 90$[V]일 때

$\therefore \tau = 9.55\dfrac{EI_a}{N} = 9.55 \times \dfrac{90 \times 10}{1,800}$

$= 4.78$[N·m]

**08** 3상 유도전동기의 원선도 작성에 필요한 기본량이 아닌 것은?

① 저항 측정
② 회전수 측정
③ 구속 시험
④ 무부하 시험

원선도를 그리는데 필요한 시험
(1) 무부하시험
(2) 구속시험
(3) 권선저항 측정시험

**09** 3상 동기발전기를 병렬운전하는 경우 필요한 조건이 아닌 것은?

① 회전수가 같다.
② 상회전이 같다.
③ 발생 전압이 같다.
④ 전압 파형이 같다.

동기발전기의 병렬운전조건
(1) 기전력의 크기가 같을 것
(2) 기전력의 위상이 같을 것
(3) 기전력의 주파수가 같을 것
(4) 기전력의 파형이 같을 것
(5) 상회전이 일치할 것

**10** 변압기에서 부하에 관계없이 자속만을 만드는 전류는?

① 철손전류
② 자화전류
③ 여자전류
④ 교차전류

여자전류($I_0$), 자화전류($I_\phi$), 철손전류($I_i$)
(1) 여자전류(무부하전류) : 변압기 2차측을 개방하였을 때 2차측에 흐르는 전류로서 자화전류와 철손전류를 포함하고 있다.
(2) 자화전류 : 누설리액턴스에 흐르면서 자속을 만드는 전류이다.
(3) 철손전류 : 철손저항에 흐르면서 철손을 발생시키는 전류이다.

**11** 단상 유도전압조정기 2차전압이 100±30[V]이고, 직렬권선의 전류(2차전류)가 5[A]인 경우의 정격출력은 몇 [kVA]인가?

① 0.1[kVA]
② 0.15[kVA]
③ 0.26[kVA]
④ 0.45[kVA]

단상유도전압조정기의 조정용량(정격출력)
$V_1 = 100$ [V], $E_1 + E_2 = 100 \pm 30$ [V],
$I_2 = 5$ [A]이므로
∴ $P = E_2 I_2 = 30 \times 5 = 150$ [VA] = 0.15 [kVA]

**12** 단상 변압기에서 전부하시 2차 전압은 115[V]이고, 전압변동률은 2[%]이다. 1차 단자 전압은 몇 [V]인가?
(단, 1차, 2차 권선비는 20:1이다.)

① 2,326
② 2,336
③ 2,346
④ 2,356

변압기 전압변동률($\epsilon$)
$V_2 = 115$ [V], $\epsilon = 2$ [%], $a = 20$이므로
$\epsilon = \dfrac{V_{20} - V_2}{V_2} \times 100$ [%] 식에서
2차측 무부하 단자전압 $V_{20}$은
$V_{20} = \left(1 + \dfrac{\epsilon}{100}\right) V_2 = \left(1 + \dfrac{2}{100}\right) \times 115 = 117.3$ [V]
$a = \dfrac{V_{10}}{V_{20}} = 20$을 만족하므로
∴ $V_{10} = a V_{20} = 20 \times 117.3 = 2,346$ [V]

정답 08 ② 09 ① 10 ② 11 ② 12 ③

**13** 일반적인 농형 유도전동기에 관한 설명 중 틀린 것은?

① 2차측을 개방할 수 없다.
② 2차측의 전압을 측정할 수 있다.
③ 2차 저항 제어법으로 속도를 제어할 수 없다.
④ 1차 3선 중 2선을 바꾸면 회전방향을 바꿀 수 있다.

> 농형 유도전동기의 특징
> (1) 농형 유도전동기의 2차측은 회전자로서 철심의 슬롯 속에 나동봉을 넣고 단락환으로 단락시키기 때문에 2차측을 개방시킬 수 없는 구조로 되어 있다.
> (2) 1차측 고정자 권선에 흐르는 전류에 의해 생긴 회전 자계가 2차 권선과 쇄교하여 전자유도작용에 의해서 2차측 권선에 전압을 유도한다. 그러나 2차측 권선 전압을 측정할 수는 없다.
> (3) 2차 저항에 의한 속도제어는 권선형 유도전동기에만 적용할 수 있다.
> (4) 유도전동기는 1차측 권선 3선 중 2선을 바꾸면 역회전 할 수 있다.

**14** 와류손이 50[W]인 3,300/110[V], 60[Hz]용 단상 변압기를 50[Hz], 3,000[V]의 전원에 사용하면 이 변압기의 와류손은 약 몇 [W]로 되는가?

① 25 　② 31
③ 36 　④ 41

> 와류손($P_e$)
> $E = 4.44 f \phi_m N = 4.44 f B_m S N$ [V],
> $P_e = k_e t^2 f^2 B_m^2 = k_e t^2 f^2 \times \left(\dfrac{E}{4.44 f S N}\right)^2$
> $= k_e' \dfrac{E^2}{S^2 N^2}$ [W] 식에서
> $P_e \propto E^2$ 이므로
> $P_e = 50$ [W], $E_1 = 3,300$ [V], $E_1' = 3,000$ [V]일 때
> $P_e' = \left(\dfrac{E_1'}{E_1}\right)^2 P_e = \left(\dfrac{3,000}{3,300}\right)^2 \times 50 = 41$ [W]

**15** 부스트(Boost)컨버터의 입력전압이 45[V]로 일정하고, 스위칭 주기가 20[kHz], 듀티비(Duty ratio)가 0.6, 부하저항이 10[Ω]일 때 출력전압은 몇 [V]인가? (단, 인덕터에는 일정한 정류가 흐르고 커패시터 출력전압의 리플성분은 무시한다.)

① 27 　② 67.5
③ 75 　④ 112.5

> 부스트(boost) 컨버터
> $\dfrac{V_{out}}{V_{in}} = \dfrac{1}{1-D}$ 식에서
> $V_{in} = 45$ [V], $f = 20$ [kHz], $D = 0.6$,
> $R = 10$ [Ω] 이므로
> $\therefore V_{out} = \dfrac{1}{1-D} V_{in} = \dfrac{1}{1-0.6} \times 45 = 112.5$ [V]

**16** 6극, 60[Hz], 200[V], 7.5[kW]의 3상 유도전동기가 840[rpm]으로 회전하고 있을 때 회전자 전류의 주파수는 몇 [Hz]인가?

① 18 　② 10
③ 12 　④ 14

> 유도전동기의 운전시 회전자 주파수($f_{2s}$)
> $f_{2s} = sf$ [Hz] $N_s = \dfrac{120f}{p}$ [rpm] 식에서
> $p = 6$, $f = 60$ [Hz], $V = 200$ [V], $P = 7.5$ [kW],
> $N = 840$ [rpm]일 때
> $N_s = \dfrac{120f}{p} = \dfrac{120 \times 60}{6} = 1,200$ [rpm],
> $s = \dfrac{N_s - N}{N_s} = \dfrac{1,200 - 840}{1,200} = 0.3$ 이므로
> $\therefore f_{2s} = sf = 0.3 \times 60 = 18$ [Hz]

정답  13 ②　14 ④　15 ④　16 ①

**17** 2방향성 3단자 사이리스터는?

① SCR
② SSS
③ SCS
④ TRIAC

사이리스터의 종류

| 단자수 | 역저지 단방향성 | 2방향성 |
|---|---|---|
| 2 | pnpn스위치 | SSS, DIAC |
| 3 | SCR, GTO, LASCR | TRIAC |
| 4 | SCS | - |

**18** 동기발전기에 관한 다음 설명 중 옳지 않은 것은?

① 단락비가 크면 동기임피던스가 작다.
② 단락비가 크면 공극이 크고 철이 많이 소요된다.
③ 단락비를 적게 하기 위해서 분포권과 단절권을 사용한다.
④ 전압강하가 감소되어 전압변동률이 좋다.

단락비가 큰 동기기의 특징
(1) 동기 임피던스가 적고 전압변동율이 적다.
(2) 계자 기자력이 크고 전기자반작용이 적다.
(3) 과부하 내량이 크기 때문에 기기의 안정도가 높다.
(4) 기기의 형태, 중량이 커지고 철손 및 기계손이 증가하여 가격이 비싸고 효율은 떨어진다.
(5) 극수가 많고 공극이 크며 저속기로서 속도변동률이 적다.
(6) 선로의 충전용량이 크다.

**19** 유도전동기에서 부하를 증가시킬 때 일어나는 현상에 관한 설명 중 틀린 것은? (단, $n_s$ : 회전자계의 속도, $n$ : 회전자의 속도이다.)

① 상대속도($n_s - n$) 증가
② 2차 전류 증가
③ 토크 증가
④ 속도 증가

유도전동기의 부하증가시
(1) 유도전동기에 접속된 부하가 증가하면 전류가 증가하고 회전자의 속도($n$)는 감소한다.
(2) 상대속도 $sn_s = n_s - n$ [rpm]는 증가하게 된다.
(3) $\tau = 0.975 \dfrac{P}{n}$ [kg·m] 식에서 토크 $\tau$는 증가한다.

**20** 그림에서 밀리암페어계의 지시[mA]를 구하면 얼마인가? (단, 밀리암페어계는 가동 코일형이고, 정류기의 저항은 무시한다.)

① 9
② 6.4
③ 4.5
④ 1.8

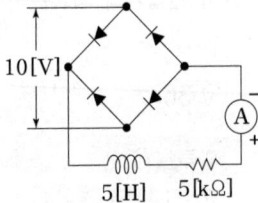

단상 전파정류회로
$E_d = \dfrac{2\sqrt{2}\,E}{\pi}$ [V], $I_d = \dfrac{E_d}{R}$ [A] 식에서
$E = 10$ [V], $L = 5$ [H], $R = 5$ [kΩ] 이므로
∴ $I_d = \dfrac{E_d}{R} = \dfrac{2\sqrt{2}\,E}{\pi R} = \dfrac{2\sqrt{2} \times 10}{\pi \times 5} = 1.8$ [mA]

# 25 4. 회로이론(CBT시험 복원문제)

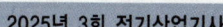

2025년 3회 전기산업기사

※ 본 기출문제는 수험자의 기억을 바탕으로 하여 복원한 문제이므로 실제 문제와 다를 수 있음을 미리 알려드립니다.

**01** 선간전압이 150[V], 선전류가 $10\sqrt{3}$ [A], 역률이 80[%]인 평형 3상 유도성 부하로 공급되는 무효전력[Var]은?

① 3600  ② 3000
③ 2700  ④ 1800

무효전력($Q$)
$Q = 3V_P I_P \sin\theta = \sqrt{3} V_L I_L \sin\theta$ [Var] 식에서
$V_L = 150$ [V], $I_L = 10\sqrt{3}$ [A], $\cos\theta = 0.8$ 이므로
$\therefore Q = \sqrt{3} V_L I_L \sin\theta = \sqrt{3} \times 150 \times 10\sqrt{3} \times 0.6$
$= 2700$ [Var]

**참고**
$\sin\theta = \sqrt{1-\cos^2\theta} = \sqrt{1-0.8^2} = 0.6$ 이다.

**02** $f(t) = \sin t \cos t$ 를 라플라스 변환하면?

① $\dfrac{1}{s^2+4}$  ② $\dfrac{1}{s^2+2}$
③ $\dfrac{1}{(s^2+2)^2}$  ④ $\dfrac{1}{(s^2+4)^2}$

삼각함수와 관련된 라플라스 변환

| $f(t)$ | $F(s)$ |
|---|---|
| $\sin t$ | $\dfrac{1}{s^2+1}$ |
| $\sin t \cos t$ | $\dfrac{1}{s^2+4}$ |
| $\sin t + 2\cos t$ | $\dfrac{2s+1}{s^2+1}$ |
| $t \sin\omega t$ | $\dfrac{2\omega s}{(s^2+\omega^2)^2}$ |
| $\sin(\omega t + \theta)$ | $\dfrac{\omega \cos\theta + s\sin\theta}{s^2+\omega^2}$ |
| $\sinh \omega t$ | $\dfrac{\omega}{s^2-\omega^2}$ |
| $\cosh \omega t$ | $\dfrac{s}{s^2-\omega^2}$ |

**03** 314[mH]의 자기 인덕턴스에 120[V], 60[Hz]의 교류전압을 가하였을 때 흐르는 전류[A]는?

① 10  ② 8
③ 1  ④ 0.5

$L$에 흐르는 전류 : $I_L$[A]
$I_L = \dfrac{V}{\omega L} = \dfrac{V}{2\pi f L}$ [A] 식에서
$L = 314$ [mH], $V = 120$ [V], $f = 60$ [Hz] 이므로
$\therefore I_L = \dfrac{120}{2\pi \times 60 \times 314 \times 10^{-3}} = 1$ [A]

**04** L-R 직렬회로에서 $e = 10 + 100\sqrt{2}\sin\omega t + 50\sqrt{2}\sin(3\omega t + 60°) + 60\sqrt{2}\sin(5\omega t + 30°)$ [V] 인 전압을 가할 때 제3고조파 전류의 실효값은 몇 [A]인가? (단, $R = 8[\Omega]$, $\omega L = 2[\Omega]$이다.)

① 1  ② 3
③ 5  ④ 7

제3고조파 전류
$I_3 = \dfrac{V_{m3}}{\sqrt{2} \times \sqrt{R^2+(3\omega L)^2}}$ [A] 식에서
$V_{m3} = 50\sqrt{2}$ [V] 이므로
$\therefore I_3 = \dfrac{V_{m3}}{\sqrt{2} \times \sqrt{R^2+(3\omega L)^2}} = \dfrac{100\sqrt{2}}{\sqrt{2} \times \sqrt{8^2+6^2}}$
$= 5$ [A]

정답  01 ③  02 ①  03 ③  04 ③

**05** 다음 4단자 정수의 정의에서 틀린 것은?

① $A = \dfrac{V_1}{V_2}\bigg|_{I_2=0}$   ② $B = \dfrac{V_1}{I_2}\bigg|_{V_1=0}$

③ $C = \dfrac{I_1}{V_2}\bigg|_{I_2=0}$   ④ $D = \dfrac{I_1}{I_2}\bigg|_{V_2=0}$

> **4단자 정수**
> $A = \dfrac{V_1}{V_2}\bigg|_{I_2=0}$, $B = \dfrac{V_1}{I_2}\bigg|_{V_2=0}$
> $C = \dfrac{I_1}{V_2}\bigg|_{I_2=0}$, $D = \dfrac{I_1}{I_2}\bigg|_{V_2=0}$

**07** 그림과 같은 회로의 전달함수 $T(s)$는?

(단, $T(s) = \dfrac{V_2(s)}{V_1(s)}$, $\tau = \dfrac{L}{R}$)

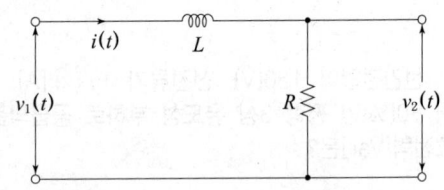

① $Ts+1$   ② $\dfrac{1}{Ts+1}$

③ $\dfrac{1}{Ts^2+1}$   ④ $Ts^2+1$

> **전달함수 $G(s)$**
> $V_1(s) = (Ls+R)I(s)$
> $V_2(s) = RI(s)$
> $\therefore G(s) = \dfrac{V_2(s)}{V_1(s)} = \dfrac{R}{Ls+R} = \dfrac{1}{\dfrac{L}{R}s+1}$
> $= \dfrac{1}{Ts+1}$

**06** 휘스톤 브리지에서 $R_L$에 흐르는 전류(I)는 약 몇 [mA]인가?

① 2.28
② 4.57
③ 7.84
④ 22.8

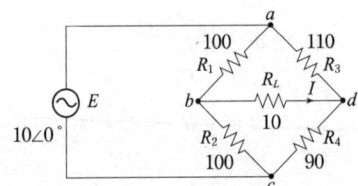

> **데브난 정리**
> b, d 단자 사이에 연결된 저항을 개방시켜 데브난 등가 회로를 구해보면
> $V_{bd} = \dfrac{100}{100+100} \times 10 - \dfrac{90}{110+90} \times 10 = 0.5$ [V]
> $R_{bd} = \dfrac{100 \times 100}{100+100} + \dfrac{110 \times 90}{110+90} = 99.5$ [Ω]
> $\therefore I = \dfrac{V_{bd}}{R_{bc}+R_L} = \dfrac{0.5}{99.5+10}$
> $= 4.57 \times 10^{-3}$ [A] $= 4.57$ [mA]

**08** 비정현파 전압
$v = 50\sqrt{2}\sin\omega t + 30\sqrt{2}\sin 2\omega t + 40\sqrt{2}\sin 3\omega t$
[V]의 왜형률은 약 얼마인가?

① $\sqrt{2}$   ② 1.0
③ $\dfrac{1}{\sqrt{2}}$   ④ 0.5

> **비정현파의 왜형률**
> 파형에서 기본파, 2고조파, 3고조파의 최대치를 각각 $V_{m1}$, $V_{m2}$, $V_{m3}$라 하면
> $V_{m1} = 50\sqrt{2}$, $V_{m2} = 30\sqrt{2}$, $V_{m3} = 40\sqrt{2}$이며 2고조파 왜형률과 3고조파 왜형률을 각각 $\epsilon_2$, $\epsilon_3$라 하면
> $\epsilon_2 = \dfrac{V_{m2}}{V_{m1}} = \dfrac{30\sqrt{2}}{50\sqrt{2}} = 0.6$
> $\epsilon_3 = \dfrac{V_{m3}}{V_{m1}} = \dfrac{40\sqrt{2}}{50\sqrt{2}} = 0.8$ 이므로
> $\therefore \epsilon = \sqrt{\epsilon_2^2 + \epsilon_3^2} = \sqrt{0.6^2 + 0.8^2} = 1$

정답 05 ② 06 ② 07 ② 08 ②

**09** $Z = 5\sqrt{3} + j5[\Omega]$인 3개의 임피던스를 $Y$결선하여 선간전압 250[V]의 평형 3상 전원에 연결하였다. 이때 소비되는 유효전력은 약 몇 [W]인가?

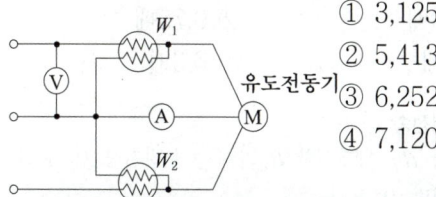

① 3,125
② 5,413
③ 6,252
④ 7,120

> Y결선의 소비전력($P_Y$)
> $P_Y = \dfrac{V_L^2 R}{R^2 + X_L^2}$ [W] 식에서
> $Z = R + jX_L = 5\sqrt{3} + j5 [\Omega]$일 때
> $R = 5\sqrt{3} [\Omega]$, $X_L = 5 [\Omega]$, $V_L = 250 [V]$ 이므로
> $\therefore P_Y = \dfrac{V_L^2 R}{R^2 + X_L^2} = \dfrac{250^2 \times 5\sqrt{3}}{(5\sqrt{3})^2 + 5^2} = 5,413 [W]$

**10** $e = E_m \cos\left(100\pi t - \dfrac{\pi}{3}\right)$[V]와 $i = I_m \sin\left(100\pi t + \dfrac{\pi}{4}\right)$[A]의 위상차를 시간으로 나타내면 약 몇 초인가?

① $3.33 \times 10^{-4}$
② $4.33 \times 10^{-4}$
③ $6.33 \times 10^{-4}$
④ $8.33 \times 10^{-4}$

> 위상차($\theta$)
> $e = E_m \cos\left(100\pi t - \dfrac{\pi}{3}\right) = E_m \sin\left(100\pi t - \dfrac{\pi}{3} + \dfrac{\pi}{2}\right)$
> $= E_m \sin\left(100\pi t + \dfrac{\pi}{6}\right)$ [V]
> $i = I_n \sin\left(100\pi t + \dfrac{\pi}{4}\right)$ [A]
> $e, i$의 위상차 $\theta$는 $\theta = \dfrac{\pi}{4} - \dfrac{\pi}{6} = \dfrac{\pi}{12}$ [rad] 이므로
> $\theta = \omega t = 100\pi t = \dfrac{\pi}{12}$ 일 때
> $\therefore t = \dfrac{1}{12 \times 100} = 8.33 \times 10^{-4}$ [sec]

**11** 그림은 평형 3상 회로에서 운전하고 있는 유도전동기의 결선도이다. 각 계기의 지시가 $W_1 = 2.36[kW]$, $W_2 = 5.95[kW]$, $V = 200[V]$, $I = 30[A]$일 때 이 유도전동기의 역률은 약 몇 [%]인가?

① 80
② 76
③ 70
④ 66

**2전력계법에서 역률**

$$\cos\theta = \frac{W_1 + W_2}{2\sqrt{W_1^2 + W_2^2 - W_1 W_2}}$$

$$= \frac{2.36 + 5.95}{2\sqrt{2.36^2 + 5.95^2 - 2.36 \times 5.59}}$$

$$\fallingdotseq 0.8 [p.u] = 80 [\%]$$

**별해**

$$\cos\theta = \frac{P}{S} = \frac{W_1 + W_2}{\sqrt{3}\,VI}$$

$$= \frac{(2.36 + 5.95) \times 10^3}{\sqrt{3} \times 200 \times 30}$$

$$= 0.799 \fallingdotseq 0.8 [p.u] = 80 [\%]$$

**12** 3상 불평형 전압에서 불평형률은?

① $\dfrac{영상전압}{정상전압} \times 100[\%]$

② $\dfrac{역상전압}{정상전압} \times 100[\%]$

③ $\dfrac{정상전압}{역상전압} \times 100[\%]$

④ $\dfrac{정상전압}{영상전압} \times 100[\%]$

**불평형률**

대칭좌표법에서 불평형률이란 정상분에 대하여 역상분의 크기에 의해 결정되는 계수이며 고장이나 사고의 정도 또는 3상의 밸런스를 표현하는 척도라 할 수 있다.

$\therefore$ 불평형률 $= \dfrac{역상분}{정상분} \times 100[\%]$

**13** 부하저항 $R_L[\Omega]$이 전원의 내부저항 $R_0[\Omega]$의 3배가 되면 부하저항 $R_L$에서 소비되는 전력 $P_L[W]$는 최대 전송전력 $P_m[W]$의 몇 배인가?

① 0.89배
② 0.75배
③ 0.5배
④ 0.3배

**최대전력전송**

부하저항 $R_L$, 내부저항 $R_0$라 하면 부하전력 $P_L$과 최대전송전력 $P_m$은

$P_L = \dfrac{E^2 R_L}{(R_L + R_0)^2}$ [W], $P_m = \dfrac{E^2}{4R_0}$ [W]이므로

$R_L = 3R_0[\Omega]$일 때 $P_L$은

$P_L = \dfrac{E^2 \times 3R_0}{(3R_0 + R_0)^2} = \dfrac{3E^2 R_0}{16R_0^2} = \dfrac{3E^2}{16R_0}$ [W]이다.

$P_L = \dfrac{3}{4} \times \dfrac{E^2}{4R_0} = \dfrac{3}{4} P_m$ [W]가 되어

$\therefore \dfrac{3}{4}$ 배 $= 0.75$ 배

**14** 단위 임펄스 $\delta(t)$의 라플라스 변환은?

① $e^{-s}$
② $\dfrac{1}{s}$
③ $\dfrac{1}{s^2}$
④ 1

**라플라스 변환**

단위임펄스 함수는 $\delta(t)$로 표시하며 중량함수와 하중함수에 비례하여 충격에 의해 생기는 함수로 정의한다.
$f(t) = \delta(t)$일 때
$\therefore \mathcal{L}[f(t)] = \mathcal{L}[\delta(t)] = 1$

**15** 그림과 같은 회로에서 지로전류 $I_L$ [A]과 $I_C$ [A]가 크기는 같고 90°의 위상차를 이루는 조건은?

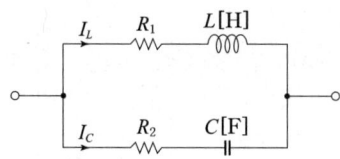

① $R_1 = R_2,\ R_2 = \dfrac{1}{\omega C}$

② $R_1 = \dfrac{1}{\omega C},\ R_2 = \omega L$

③ $R_1 = \omega L,\ R_2 = -\dfrac{1}{\omega C}$

④ $R_1 = -\omega L,\ R_2 = \dfrac{1}{\omega L}$

단자전압을 $V$ [V]라 하고 $I_L$과 $I_C$를 전개하여 $I_C$의 위상이 $I_L$의 위상보다 90° 빠르게 되는 조건을 유도하면 된다.
$I_C = j I_L$
$I_L = \dfrac{V}{R_1 + j\omega L},\ I_C = \dfrac{V}{R_2 - j\dfrac{1}{\omega C}}$ 이므로

$\dfrac{V}{R_2 - j\dfrac{1}{\omega C}} = \dfrac{jV}{R_1 + j\omega L}$ 식에서

$R_1 + j\omega L = \dfrac{1}{\omega C} + j R_2$ 일 때

$\therefore R_1 = \dfrac{1}{\omega C},\ R_2 = \omega L$

**16** 그림에서 단자 ab에 나타나는 전압 $V_{ab}$는 몇 [V]인가?

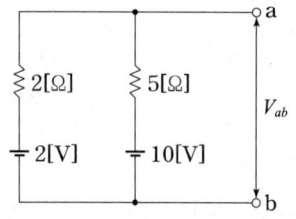

① 약 2[V]  ② 약 4.3[V]
③ 약 5.6[V]  ④ 약 8[V]

밀만의 정리

$V_{ab} = \dfrac{\dfrac{V_1}{R_1} + \dfrac{V_2}{R_2}}{\dfrac{1}{R_1} + \dfrac{1}{R_2}} = \dfrac{\dfrac{2}{2} + \dfrac{10}{5}}{\dfrac{1}{2} + \dfrac{1}{5}} = 4.3\,[\text{V}]$

**17** 주파수 1000[Hz]에서 코일 5[mH]의 리액턴스와 동일한 리액턴스를 갖게 되는 콘덴서의 정전용량은 몇 [$\mu$F]이 되는가?

① 5  ② 12
③ 20  ④ 24

R-L-C 공진조건
$f = 1000$ [Hz], $L = 5$ [mH]일 때 $X_L = X_C$인 조건은 공진조건으로 $\omega^2 LC = 1$을 만족한다.

$\therefore C = \dfrac{1}{\omega^2 L} = \dfrac{1}{(2\pi f)^2 L}$

$= \dfrac{1}{(2\pi \times 1000)^2 \times 5 \times 10^{-3}} \times 10^6$

$= 5\,[\mu\text{F}]$

**18** 불평형 3상 전류 $I_a = 15+j2$[A], $I_b = -20-j14$[A], $I_c = -3+j10$[A]일 때 영상전류 $I_0$는 약 몇 [A]인가?

① $2.67+j0.36$
② $15.7-j3.25$
③ $-1.91+j6.24$
④ $-2.67-j0.67$

영상분 전류($I_0$)

$I_0 = \dfrac{1}{3}(I_a + I_b + I_c)$

$= \dfrac{1}{3}(15+j2-20-j14-3+j10)$

$= -2.67-j0.67$ [A]

**20** 다음 회로에서 $I$를 구하면 몇 [A]인가?

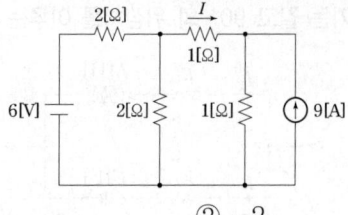

① 2
② $-2$
③ $-4$
④ 4

중첩의 원리
(전압원 단락) 6[V]의 전압원을 단락하면 2[Ω] 두 저항은 병렬이 되어 1[Ω] 저항과 직렬접속을 이루며 이때 전류 $I_1$는 $I_1 = \dfrac{1}{2+1} \times (-9) = -3$ [A]

(전류원 개방) 9[A]의 전류원을 개방하면 1[Ω] 두 저항은 직렬이 되어 2[Ω] 저항과 병렬접속을 이루며 이때 전류 $I_2$는 $I_2 = \dfrac{2}{2+2} \times \dfrac{6}{2+\dfrac{2 \times 2}{2+2}} = 1$ [A]

$\therefore I = I_1 + I_2 = -3 + 1 = -2$ [A]

**19** 다음과 같은 전류의 초기값 $i(0^+)$를 구하면?

$$I(s) = \dfrac{12(s+8)}{4s(s+6)}$$

① 1
② 2
③ 3
④ 4

초기값 정리

$i(0) = \lim\limits_{t \to 0} i(t) = \lim\limits_{s \to \infty} sI(s) = \lim\limits_{s \to \infty} \dfrac{12s(s+8)}{4s(s+6)}$

$= \lim\limits_{s \to \infty} \dfrac{12\left(1+\dfrac{8}{s}\right)}{4\left(1+\dfrac{6}{s}\right)} = \dfrac{12}{4} = 3$

# 5. 전기설비기술기준(CBT시험 복원문제)

2025년 3회 전기산업기사

※ 본 기출문제는 수험자의 기억을 바탕으로 하여 복원한 문제이므로 실제 문제와 다를 수 있음을 미리 알려드립니다.

**01** 154[kV]용 변성기를 사람이 접촉할 우려가 없도록 시설하는 경우에 울타리의 높이와 울타리에서 충전부분까지의 거리의 합계는 몇 [m] 이상이어야 하는가?

① 4
② 5
③ 6
④ 8

울타리·담 등의 높이와 울타리·담 등으로부터 충전부분까지 거리의 합계

| 사용전압 | 울타리·담 등의 높이+충전부까지의 거리 |
|---|---|
| 35[kV] 이하 | 5[m] 이상 |
| 35[kV] 초과 160[kV] 이하 | 6[m] 이상 |

**02** 비접지식 고압전로에 접속되는 변압기의 외함에 실시하는 접지공사의 접지극으로 사용할 수 있는 건물 철골의 대지 전기저항은 몇 [Ω] 이하인가?

① 2
② 3
③ 5
④ 10

수도관 등을 접지극으로 사용
대지와의 사이에 전기저항 값이 2[Ω] 이하인 건축물, 구조물의 철골 기타의 금속제는 비접지식 고압전로에 시설하는 기계기구의 철대 또는 금속제 외함의 접지공사 또는 비접지식 고압전로와 저압전로를 결합하는 변압기의 저압전로의 접지공사의 접지극으로 사용할 수 있다.

**03** 주택의 전기저장장치의 축전기에 접속하는 부하측 옥내배선을 다음에 따라 시설하는 경우 주택의 옥내전로의 대지전압은 몇 [V]인가?

① 100
② 200
③ 300
④ 600

전기저장장치 옥내 전로의 대지전압 제한.
(1) 대지전압은 직류 600[V] 이하.
(2) 전로에 지락이 생겼을 때 자동적으로 전로를 차단하는 장치를 시설할 것
(3) 사람이 닿을 우려가 없는 은폐된 장소 : 합성수지관배선, 금속관배선, 케이블 배선 전선에 적당한 방호장치를 시설할 것

**04** 계통연계하는 분산형전원을 설치하는 경우에 이상 또는 고장 발생 시 자동적으로 분산형전원을 전력계통으로부터 분리하기 위한 장치를 시설해야 하는 경우가 아닌 것은?

① 역률 저하 상태
② 단독운전 상태
③ 분산형전원의 이상 또는 고장
④ 연계한 전력계통의 이상 또는 고장

계통연계용 보호장치의 시설
계통연계하는 분산형 전원을 설치하는 경우 다음에 해당하는 이상 또는 고장발생시 자동적으로 분산형 권선을 전력계통으로부터 분리하기 위한 장치 시설 및 해당 계통과의 보호협조를 실시하여야 한다.
(1) 분산형 전원의 이상 또는 고장
(2) 연계한 전력계통의 이상 또는 고장
(3) 단독운전상태

정답 01 ③ 02 ① 03 ④ 04 ①

**05** 특고압 가공 전선로의 지지물 양쪽의 경간의 차가 큰 곳에 사용되는 철탑은?

① 내장형  ② 인류형
③ 각도형  ④ 보강형

**특고압 가공전선로의 지지물**
특고압 가공전선로의 B종 철주·B종 철근 콘크리트주 또는 철탑의 종류

| 종류 | 설명 |
|---|---|
| 직선형 | 전선로의 직선부분(3도 이하인 수평각도를 이루는 곳을 포함한다)에 사용하는 것. |
| 각도형 | 전선로 중 3도를 초과하는 수평각도를 이루는 곳에 사용하는 것. |
| 인류형 | 전가섭선을 인류하는 곳에 사용하는 것. |
| 내장형 | 전선로의 지지물 양쪽의 경간의 차가 큰 곳에 사용하는 것. |
| 보강형 | 전선로의 직선부분에 그 보강을 위하여 사용하는 것. |

**06** 고저압 혼촉에 의한 위험방지시설로 가공공동지선을 설치하여 시설하는 경우에 각 접지선을 가공공동지선으로부터 분리하였을 경우의 각 접지선과 대지간의 전기저항 값은 몇 [Ω] 이하로 하여야 하는가?

① 75  ② 150
③ 300 ④ 600

**가공공동지선**
(1) 가공공동지선은 인장강도 5.26[kN] 이상 또는 지름 4[mm] 이상의 경동선을 사용하여 저압가공전선에 관한 규정에 준하여 시설할 것.
(2) 접지공사는 각 변압기를 중심으로 하는 지름 400[m] 이내의 지역으로서 그 변압기에 접속되는 전선로 바로 아래의 부분에서 각 변압기의 양쪽에 있도록 할 것.
(3) 가공공동지선과 대지 사이의 합성 전기저항 값은 1[km]를 지름으로 하는 지역 안마다 접지저항 값을 가지는 것으로 하고 또한 각 접지도체를 가공공동지선으로부터 분리하였을 경우의 각 접지도체와 대지 사이의 전기저항 값은 300[Ω] 이하로 할 것.

**07** 직류 750[V]의 전차선로에서 차량과 전차선로나 충전부 간의 동적 최소 절연 이격거리[mm]는?

① 25  ② 75
③ 100 ④ 150

**전차선로의 충전부와 차량 간의 절연이격거리**

| 시스템 종류 | 공칭전압[V] | 동적[mm] | 정적[mm] |
|---|---|---|---|
| 직류 | 750 | 25 | 25 |
|  | 1500 | 100 | 150 |
| 단상교류 | 25000 | 170 | 270 |

**08** 저압 옥내배선을 금속관공사에 의하여 시설하는 경우에 대한 설명 중 옳은 것은?

① 전선에 옥외용 비닐절연전선을 사용하여야 한다.
② 전선은 굵기에 관계없이 연선을 사용하여야 한다.
③ 콘크리트에 매설하는 금속관 두께는 1.2[mm] 이상이어야 한다.
④ 관에는 접지공사를 하지 않아도 무방하다.

**금속관공사**
(1) 전선은 절연전선(OW 제외)사용.
(2) 전선은 금속관 안에서 접속점이 없도록 할 것.
(3) 콘크리트에 매설하는 것은 1.2[mm] 이상 (기타 : 1.0[mm] 이상)
(4) 전선관의 지지점간의 이격거리 : 2[m] 이하
(5) 관의 끝부분 및 안쪽 면은 전선의 피복을 손상하지 아니하도록 매끈한 것일 것.
(6) 관의 끝 부분에는 전선의 피복을 손상 방지 : 부싱을 사용.
(7) 관에는 접지공사를 할 것.

정답  05 ①  06 ③  07 ①  08 ③

**09** 특고압 변압기로서 내부 고장에 반드시 자동 차단되어야 하는 변압기의 뱅크 용량은 몇 [kVA] 이상인가?

① 5000
② 7500
③ 10,000
④ 15,000

**발전기, 변압기 등의 보호장치 시설**

| 기기 | 용량 | 사고의 종류 | 보호장치 |
|---|---|---|---|
| 특고용 변압기 | 5천[kVA] 이상 1만[kVA] 미만 | 변압기내부 고장 | 자동차단 또는 경보 |
| | 1만[kVA] 이상 | 변압기내부 고장 | 반드시 자동차단 |
| | 냉각장치 | 타냉식(송유 풍냉식, 송유 자냉식)사용. 온도상승 | 경보장치 |

**10** 가공 전선로의 지지물에 취급자가 오르고 내리는데 사용하는 발판 볼트 등은 지표상 몇 [m] 미만에 시설하여서는 아니 되는가?

① 1.2
② 1.8
③ 2.2
④ 2.5

**가공전선로 지지물의 철탑오름 및 전주오름 방지**
가공전선로의 지지물에 취급자가 오르고 내리는데 사용하는 발판 볼트 등을 지표상 1.8[m] 미만에 시설하여서는 아니 된다.

**11** 지중전선로를 직접매설식에 의하여 시설하는 경우에 차량 및 기타 중량물의 압력을 받을 우려가 있는 장소의 매설 깊이는 몇 [m] 이상인가?

① 1.0
② 1.2
③ 1.5
④ 1.8

**관로식과 직접매설식에서 지중전선의 매설깊이**

| 구분 | 매설깊이 |
|---|---|
| 차량 기타 중량물의 압력을 받을 우려가 있는 장소 | 1.0[m] 이상 |
| 기타 장소 | 0.6[m] 이상 |

[주] 직접매설식은 지중전선을 견고한 트라프 기타 방호물에 넣어 시설하여야 한다. 다만, 저압 또는 고압의 지중전선에 콤바인덕트 케이블을 사용하여 시설하는 경우에는 지중전선을 견고한 트라프 기타 방호물에 넣지 아니하여도 된다.

**12** 전기저장장치의 이차전지에 자동으로 전로로부터 차단하는 장치를 시설하여야 하는 경우로 틀린 것은?

① 과저항이 발생한 경우
② 과전압이 발생한 경우
③ 제어장치에 이상이 발생한 경우
④ 이차전지 모듈의 내부 온도가 급격히 상승할 경우

**이차전지는 다음의 경우 자동으로 차단하는 장치를 시설**
(1) 과전압 또는 과전류가 발생한 경우
(2) 제어장치에 이상이 발생한 경우
(3) 이차전지 모듈의 내부 온도가 급격히 상승할 경우

**13** 폭발성 또는 연소성의 가스가 침입할 우려가 있는 지중함에 그 크기가 몇 [m³] 이상의 것은 통풍장치 기타 가스를 방산시키기 위한 적당한 장치를 시설하여야 하는가?

① 0.9
② 1.0
③ 1.5
④ 2.0

**지중함의 시설**
(1) 지중함은 견고하고 차량 기타 중량물의 압력에 견디는 구조일 것.
(2) 지중함은 그 안의 고인 물을 제거할 수 있는 구조로 되어 있을 것.
(3) 폭발성 또는 연소성의 가스가 침입할 우려가 있는 것에 시설하는 지중함으로서 그 크기가 1[m³] 이상인 것에는 통풍장치 기타 가스를 방산시키기 위한 적당한 장치를 시설할 것.
(4) 지중함의 뚜껑은 시설자 이외의 자가 쉽게 열 수 없도록 시설할 것.

**15** 저압 가공인입선 시설시 도로를 횡단하여 시설하는 경우 노면상 높이는 몇 [m] 이상으로 하여야 하는가?

① 4
② 4.5
③ 5
④ 5.5

**저압 가공인입선의 시설**
(1) 전선은 절연전선, 다심형전선 또는 케이블일 것.
(2) 전선이 케이블인 경우 이외에는 인장강도 2.30[kN] 이상의 것 또는 지름 2.6[mm] 이상의 인입용 비닐절연전선일 것. 다만, 경간이 15[m] 이하인 경우는 인장강도 1.25[kN] 이상의 것 또는 지름 2[mm] 이상의 인입용 비닐절연전선일 것.
(3) 전선은 절연전선(옥외용 비닐절연전선 포함)인 경우에는 사람이 접촉할 우려가 없도록 시설.
(4) 전선의 높이

| 시설장소 | 시공높이 |
|---|---|
| 도로 | 5[m]이상 |
| 철도 또는 궤도 | 6.5[m] 이상 |
| 횡단보도교 | 3[m] 이상 |
| 기타 | 지표상 4[m] |

**14** 최대사용전압 22.9[kV]인 3상 4선식 다중접지방식의 지중 전선로의 절연내력시험을 직류로 할 경우 시험전압은 몇 [V]인가?

① 16448
② 21068
③ 32796
④ 42136

**고압 및 특고압 전로의 절연내력시험**

| 전로의 최대사용전압 | | 시험전압 | 최저시험 전압 |
|---|---|---|---|
| 7[kV] 이하 | | 1.5배 | - |
| 7[kV] 초과 60[kV] 이하 | | 1.25배 | 10.5[kV] |
| 7[kV] 초과 25[kV] 이하 중성점 다중접지 | | 0.92배 | - |
| 60[kV] 초과 | 비접지 | 1.25배 | - |
| 60[kV] 초과 170[kV] 이하 | 접지 | 1.1배 | 75[kV] |
| 170[kV] 초과 | 직접접지 | 0.72배 | - |
| 170[kV] 초과 | 직접접지 | 0.64배 | - |

직류로 시험할 경우 위 시험전압의 2배의 전압을 인가하여 시험한다.
∴ 시험전압= 22900 × 0.92 × 2 = 42136 [V]

**16** 가공 케이블 시설시 고압 가공전선에 케이블을 사용하는 경우 조가용선은 단면적이 몇 [mm²] 이상인 아연도 강연선이어야 하는가?

① 8
② 14
③ 22
④ 30

**가공케이블의 시설**
저·고압 가공전선 및 특고압 가공전선에 케이블을 사용하는 경우에는 다음에 따라 시설하여야 한다.
(1) 행거의 간격은 0.5[m] 이하
(2) 조가용선을 저·고압 가공전선에 시설하는 경우에는 인장강도 5.93[kN] 이상의 것 또는 단면적 22[mm²] 이상인 아연도강연선을 사용하고, 특고압 가공전선에 시설하는 경우에는 인장강도 13.93[kN] 이상의 연선 또는 단면적 22[mm²] 이상인 아연도강연선을 사용하여야 한다.
(3) 금속테이프 등을 0.2[m] 이하
(4) 조가용선 및 케이블의 피복에 사용하는 금속체에는 접지공사를 한다.

정답 13 ② 14 ④ 15 ③ 16 ③

**17** 철탑의 강도 계산에 사용하는 이상 시 상정하중의 종류가 아닌 것은?

① 수직 하중
② 좌굴 하중
③ 수평 횡하중
④ 수평종 하중

철탑의 강도계산에 사용하는 이상시 상정하중
(1) 수직 하중 : 가섭선·애자장치·지지물 부재 등의 중량에 의한 하중
(2) 수평 횡하중 : 풍압하중, 전선로에 수평각도가 있는 경우의 가섭선의 상정 최대장력에 의하여 생기는 수평 횡분력에 의한 하중 및 가섭선의 절단에 의하여 생기는 비틀림 힘에 의한 하중
(3) 수평 종하중 : 가섭선의 절단에 의하여 생기는 불평균 장력의 수평 종분력(水平從分力)에 의한 하중 및 비틀림 힘에 의한 하중

**18** 변전소의 주요 변압기에서 계측하여야 하는 사항 중 계측장치가 꼭 필요하지 않는 것은? (단, 전기철도용 변전소의 주요 변압기는 제외한다.)

① 전압
② 전류
③ 전력
④ 주파수

발전소와 변전소의 계측장치

| 계측장치 | 대상 |
|---|---|
| 발전기·연료전지 또는 태양전지 모듈의 전압 및 전류 또는 전력 | 발전소 |
| 발전기의 베어링 및 고정자의 온도 | 발전소 |
| 주요 변압기의 전압 및 전류 또는 전력(단, 전기철도용 변전소 주요 변압기는 전류 또는 전력) | 발전소 변전소 |
| 특고압용 변압기의 온도 | 발전소 변전소 |

**19** 22.9[kV] 전선로를 제1종 특고압 보안공사로 시설할 경우 전선으로 경동연선을 사용한다면 그 단면적은 몇 [mm²] 이상의 것을 사용하여야 하는가?

① 38
② 55
③ 80
④ 100

제1종 특고압 보안공사
(1) 전선의 단면적

| 사용전압 | 인장강도 및 굵기 |
|---|---|
| 100[kV] 미만 | 21.67[kN] = 55[mm²] 이상 |
| 100[kV] 이상 300[kV] 미만 | 58.84[kN] = 150[mm²] 이상 |
| 300[kV] 이상 | 77.47[kN] = 200[mm²] 이상 |

(2) 지지물의 종류 : B종 철주, B종 철근 콘크리트주, 철탑

**20** 소세력 회로의 전압이 15[V] 이하일 경우 2차 단락전류는 몇 [A] 이하이어야 하는가?

① 1.5
② 3
③ 5
④ 8

소세력 회로의 시설

| 소세력 회로의 최대 사용전압의 구분 | 2차 단락전류 | 과전류 차단기의 정격전류 |
|---|---|---|
| 15[V] 이하 | 8[A] | 5[A] |
| 15[V] 초과 30[V] 이하 | 5[A] | 3[A] |
| 30[V] 초과 60[V] 이하 | 3[A] | 1.5[A] |

정답 17 ② 18 ④ 19 ② 20 ④

# 전기산업기사 5주완성 ❸

定價 43,000원 (별책부록 포함)

저 자 전기산업기사수험연구회
발행인 이 종 권

2018年  1月   9日 초 판 발 행
2018年 10月   4日 2차개정발행
2019年 11月  12日 3차개정발행
2021年  1月  12日 4차개정발행
2022年  1月  10日 5차개정발행
2023年  1月  17日 6차개정발행
2023年  9月  26日 7차개정발행
2025年  1月  10日 8차개정발행
2026年  1月   6日 9차개정발행

發行處 (주) 한솔아카데미

(우)06775 서울시 서초구 마방로10길 25 트윈타워 A동 2002호
TEL : (02)575-6144/5   FAX : (02)529-1130
〈1998. 2. 19 登錄 第16-1608號〉

※ 본 교재의 내용 중에서 오타, 오류 등은 발견되는 대로 한솔아카데미 인터넷 홈페이지를 통해 공지하여 드리며 보다 완벽한 교재를 위해 끊임없이 최선의 노력을 다하겠습니다.
※ 파본은 구입하신 서점에서 교환해 드립니다.
www.inup.co.kr / www.bestbook.co.kr

ISBN 979-11-6654-739-3 14560
ISBN 979-11-6654-736-2 (세트)

# 전기 5주완성 시리즈

## 전기기사 5주완성
전기기사수험연구회
1,688쪽 | 43,000원

## 전기산업기사 5주완성
전기산업기사수험연구회
1,568쪽 | 43,000원

## 전기공사기사 5주완성
전기공사기사수험연구회
1,688쪽 | 43,000원

## 전기공사산업기사 5주완성
전기공사산업기사수험연구회
1,606쪽 | 43,000원

## 전기(산업)기사 실기
대산전기수험연구회
766쪽 | 43,000원

## 전기기사실기 20개년 과년도
대산전기수험연구회
992쪽 | 38,000원

# 전기(산업)기사 실기·기능사

## 2026년 전기기사·산업기사 실기 완벽대비

### 전기기사 실기 기본서

김대호 저
반양장
964쪽 | 39,000원

### 전기기사 실기 20개년 기출문제

김대호 저
반양장
1,340쪽 | 43,000원

### 전기산업기사 실기 기본서

김대호 저
반양장
920쪽 | 39,000원

### 전기산업기사 실기 20개년 기출문제

김대호 저
반양장
1,076쪽 | 41,000원

## 2026년 전기기능사 완벽대비

### 전기기능사 3단계 핵심 및 과년도

김승철, 신면순, 오용환, 이승원 공저
4×6배판 | 반양장
876쪽 | 28,000원

### 전기기능사 3주완성

이승원, 김승철, 윤종식 공저
4×6배판 | 반양장
532쪽 | 27,000원

### 정규시리즈①
### 전기자기학

전기기사수험연구회
4×6배판 | 반양장
406쪽 | 22,000원

### 정규시리즈②
### 전력공학

전기기사수험연구회
4×6배판 | 반양장
328쪽 | 22,000원

### 정규시리즈③
### 전기기기

전기기사수험연구회
4×6배판 | 반양장
430쪽 | 22,000원

### 정규시리즈④
### 회로이론

전기기사수험연구회
4×6배판 | 반양장
388쪽 | 22,000원

### 정규시리즈⑤
### 제어공학

전기기사수험연구회
4×6배판 | 반양장
248쪽 | 21,000원

### 정규시리즈⑥
### 전기설비기술기준

전기기사수험연구회
4×6배판 | 반양장
336쪽 | 22,000원

# 전기기사 완벽대비 시리즈

**무료동영상 교재**
### 전기시리즈①
### 전기자기학

김대호 저
4×6배판 | 반양장
20,000원

**무료동영상 교재**
### 전기시리즈②
### 전력공학

김대호 저
4×6배판 | 반양장
20,000원

**무료동영상 교재**
### 전기시리즈③
### 전기기기

김대호 저
4×6배판 | 반양장
20,000원

**무료동영상 교재**
### 전기시리즈④
### 회로이론

김대호 저
4×6배판 | 반양장
20,000원

**무료동영상 교재**
### 전기시리즈⑤
### 제어공학

김대호 저
4×6배판 | 반양장
19,000원

**무료동영상 교재**
### 전기시리즈⑥
### 전기설비기술기준

김대호 저
4×6배판 | 반양장
20,000원